원자력 안전과 규제

김효정 지음

Nuclear Safety and Regulation

수정판

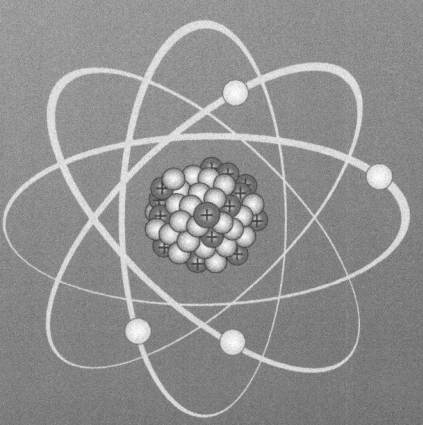

한스하우스

머 리 말

우리 사회와 환경에는 위험이 상존하고, 안전은 위험의 존재를 전제로 생기는 개념이다. 인간의 편의를 위하여 만들어 놓은 현대 과학기술의 산물들도 그 반대급부로 인체와 환경에 해를 끼치는 부산물의 생성 등 부정적인 요인을 야기하기도 한다. 자동차나 비행기 사고, 유해 화합물은 물론이거니와 각종 약품도 남용하면 위해를 면키 어렵다. 우리가 어떤 상태를 안전하다고 해서 위험이 전혀 없다는 것이 아니라 그 위험의 정도가 무시할 수 있다든가 또는 허용할 수 있는 정도라는 것이다. 따라서 과학기술의 활용에서 중요한 것은 이에 따른 큰 편익을 누리기 위하여 반대급부의 부정적인 요인을 어떻게, 어느 정도 수준으로 통제하느냐는 것이다.

원자력시설도 일반 산업시설과 다를 바 없으며, 원자력의 위험도 우리 주변에 산재하는 수많은 위험요소 가운데 하나이다. 그러나 그 위험에는 특징적인 요소가 있다. 원자력을 이용할 때는 방사성물질의 생성으로 방사선이 발생하며, 방사선의 종류나 그 세기에 따라 인체나 환경에 심각한 영향을 초래할 수 있기 때문에 원자력의 잠재적 위험은 무엇보다도 방사선에 기인한다고 할 수 있다.

방사선은 지구의 탄생에서부터 우리 환경 중에 존재해 왔다. 우주공간으로부터 지구를 향하여 내려 쪼이는 우주선과 토양, 지각, 음식물 등에 존재하는 방사성물질로부터 나오는 자연방사선에 노출되어 있으므로, 인간은 태초부터 방사선과 더불어 살아가고 있다고 하여도 과언이 아니다. 1895년 뢴트겐의 X-ray 발견 이후로는 자연방사선 외에도 질병의 진단과 치료 등 의학 분야를 포함하여 농학, 공학 등의 다양한 분야에 인공방사선이 널리 활용되고 있다. 이처럼 인간이 자연적 또는 인위적 요인에 의하여 지속적으로 방사선을 받고 있으나, 그 크기가 일정 수준 이하일 경우에는 인체에 해로운 영향을 주지 않는다. 따라서 원자력안전은 방사성물질의 환경으로의 유출을 최소화하고, 국민건강과 환경보전 차원에서 엄격한 통제와 감시가 수반되어야 하는 특징을 안고 있다.

한편 원자력에 의한 재해는 일반 산업재해와 그 특성이 다르다. 원자력사고는 발생확률은 희박하나 재해의 심각도는 매우 높으며, 재해의 범위도 광역적으로 때로는 국경을 초월하는 범위까지 진행될 수 있어 다수의 일반 공중이 피해의 대상이 될 수 있다. 또한 원자력에 의한 피해는 그 영향이 장기간에 걸쳐 발생한다는 특징이 있다. 이러한 원자력 위험의 특성 때문에 원자력안전은 작업자와 함께 일반 공중의 안전에 초점이 맞추어져야 함을 보여준다.

이 책은 원자력과 그 위험의 요인은 무엇인지, 안전은 어떻게 관리되고 확인되고 있는지에 대한 이해를 높이기 위하여 원자력의 종합서 성격으로 마련되었다. 원자력안전과 그 안전을 관리하는 규제에 대한 본질적인 개념과 원칙에 초점을 두면서, 이들이 원자력의 이용에서 어떠한 논리로 전개되고 이행되는지를 다루었다. 특히 국제적인 기준과 관례를 참조함으로써 원자력안전의 국제 규범화와 더불어 이러한 규범 속에서 우리나라의 원자력 안전관리 수준을 살펴보았다.

구체적으로 원자력발전소, 핵연료주기시설, 방사성폐기시설을 포함한 원자력시설의 구조에서부터 안전해석, 중대사고, 방사선방호 분야에 대한 개념을 파악하고, 그리고 이들의 안전과 규제에 이르는 전 분야를 다루고 있다. 원자력에 대한 이해(제1장~제3장)를 시작으로 원자력안전의 본질과 안전성 확인(제4장~제6장), 원자력 안전규제의 본질과 체계(제7장~제8장), 원자력시설의 안전과 규제(제9장~제10장)를 다루고 있으며, 모든 원자력시설과 활동에 공통적으로 적용되는 방사선방호와 방재대책(제11장~제12장)으로 마무리된다.

이 책은 원자력의 기본적인 내용을 종합적으로 이해하고자 하는 원자력전공자를 포함한 일반 공학도들의 원자력 입문서 수준으로 집필되었다. 특히 내용의 배열에서 대학교 강의용으로 사용할 수 있도록 체계를 구성하였으며, 원자력전공자에게는 한 학기 정도로, 그리고 일반 공학도를 대상으로 두 학기의 강의가 가능한 분량으로 되어있다.

책을 쓴다는 것이 힘들다는 말은 주위에서 여러번 들었지만 정말 겪어보지 않고는 그 정도를 실감할 수 없는 것 같다. 기술적인 내용도 중요하지만 무엇보다도 인내를 필요로 했다. 이전에도 시도는 했지만 여러 가지 여건으로 계획에만 머물렀던 기억을 상기하면 이번에는 어쩔 수 없는 상황에서 인내심을 키울 수밖에 없었다. 지식경제부(에너지기술평가원)에서 시행하는 에너지인력양성사업의 일환으로 시작했기 때문에 기일을 준수해야 했기 때문이다. 여하튼 결실을 맺고 보니 뿌듯한 마음이다. 보람된 기회를 준 지식경제부(에너지기술평가원)의 담당자와, 특히 경희대학교 박광헌 교수님께 심신한 감사의 말씀을 드리고자 한다.

원자력안전을 다루는 기관에 몸담은 지도 30년의 문턱에 있으니 어느 정도 경험과 지식이 축적되었을 거라고 생각했는데 막상 집필을 시작하고 보니 부족함이 많았다. 그러다 보니 많은 선후배와 동료들의 도움을 받게 되었다. 고려대학교 김영평 교수님과 서울대학교 최병선 교수님은 원자력 안전과 규제의 사회과학적 시각을 일깨워 주었으며, 한양대학교 이재기 교수님은 원자력안전의 본질적 개념에 대하여 많은 도움을 주었다. 또한 한국과학기술원 장순흥 교수님과 백원필 박사의 공저인 '원자력안전'은 이 책의 집필에 많은 아이디어를 제공하였다. 한국원자력안전기술원 박상훈 박사님을 비롯하여 정재학 박사, 최영성 박사, 현창헌 박사, 노명현 박사, 설광원 박사, 최경우 박사, 이병수 박사, 문종이 박사의 초고에 대한 검토와 집필 과정에서의 자문은 이 책의 질적 수준을 높이는데 크게 기여하였다. 그리고 이 책의 삽화를 아름답게 만들어준 김민혜 양이 있다. 이 외에도 많은 분들의 도움이 있었으나, 지면상 이름을 모두 열거하지 못함이 아쉽다. 모두에게 감사의 말씀을 드린다.

끝으로 이 책을 출간해 주신 한스하우스 출판사의 한홍수 사장님과 성민 편집담당에게 감사를 드린다. 감사에 빠트려서는 안 될 소중한 사람들이 있다. 남편의 공부하는 모습을 바라볼 때가 가장 행복하다면서 처음부터 마무리까지 격려와 지원을 아끼지 않은 아내 황혜경과, 그리고 아빠의 집필을 너무나 자랑스러워하는 귀여운 두 딸 미나와 경화에게 고마움과 감사를 표한다.

2012년 4월
김 효 정 씀

차 례

제 1 장

원자와 방사선

1.1 원자와 원자핵

1.1.1 원자와 원자핵의 구조

원자(Atom)는 물질을 구성하는 가장 기본적인 최소 단위로 화학적인 방법으로 더 이상 나눌 수 없는 입자로 정의된다. 따라서 지구상에 존재하는 모든 물질은 원자라고 하는 눈에 보이지 않는 아주 작은 입자로 구성되어 있다. 자연에 존재하는 원자의 종류는 가장 가벼운 수소원자로부터 가장 무거운 우라늄원자에 이르기까지 92가지로, 이러한 원자들이 여러 가지 다양한 형태로 결합하여 지구상의 모든 물질을 만들고 있다. 원자의 영어표기인 atom의 어원은 그리스의 철학자 데모크리토스(Democritos)가 명명한 그리스어인 a(not) temnein(to cut)에서 유래한 것으로 더 이상 작은 입자로 나눌 수 없다는 의미이다. 지구상의 대부분의 물질이나 자연현상은 이러한 원자와 원자들이 화학적으로 결합하여 만들어지는 분자(Molecule) 단위에서 설명될 수 있다. 예를 들어 물 분자(H_2O)는 2개의 수소원자와 산소원자 등 총 3개의 원자로, 알콜분자(C_2H_5OH)는 총 9개의 원자로 구성되어 있다. 금, 은, 철, 구리, 수은과 같이 한 개의 분자가 한 개의 원자로 구성되어 있기도 한다.

그러나 1897년 영국의 물리학자 J. J. Thomson의 전자(Electron) 발견, 1911년 E.

Rutherford(영국)의 원자모형 및 원자핵(Nucleus)의 발견과 1914년 양자(Proton) 발견, 1932년 J. Chadwick(영국)의 중성자(Neutron) 발견에 이르는 현대 물리학의 발전은 원자가 물질의 최소 단위가 아니며, 이러한 원자를 구성하는 더 작은 단위의 입자가 있다는 사실을 밝혀내고 있다. 여기서 원자모형은 원자가 태양을 중심으로 지구나 화성과 같은 행성이 그 주변을 돌고 있는 형태를 띠고 있다는 것이다.

원자는 그림 1.1에서 보는 바와 같이 양전기(+)를 띠는 원자핵과 그 둘레를 돌면서 음전기(−)를 띠고 있는 전자로 구성되어 있다. 원자핵은 다시 양전기를 띠는 양성자(또는 양자)와 전하가 없는 중성자로 구성되어 있으며, 원자핵이 (+)전하를 갖는 것은 양자가 (+)전하를 띠고 있기 때문이다. 원자핵을 구성하고 있는 양자와 중성자 각각을 통틀어 핵자(Nucleon)라고 한다. 원자는 몇 개의 전자궤도를 가지고 있으며 원자핵의 주위를 돌고 있는 전자를 궤도전자(Orbital Electron)라 부르고, 원자핵의 구속을 벗어나 자유롭게 이동하는 전자를 자유전자(Free Electron)라 한다.

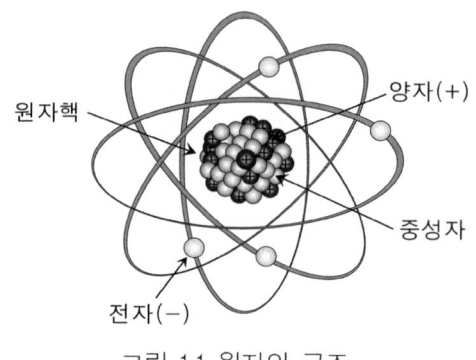

그림 1.1 원자의 구조

원자핵과 그 주변을 돌고 있는 전자의 궤도 사이는 비어 있는 공간이다. 이는 양전기를 띠고 있는 원자핵과 음전기를 띠고 있는 전자의 전기적인 작용과 전자가 원자핵 주위를 아주 빠른 속도로 회전하고 있으므로 다른 물질이 전자와 원자핵 사이를 통과할 수 없기 때문이다. 전자가 가지는 (−)전하의 총 전기량은 원자핵이 가지는 (+)전하의 총 전기량과 동일하므로 원자는 전기적으로 중성이다.

1.1.2 원자의 표기와 분류

원자핵 속에 있는 양자의 수를 원자번호(Atomic Number)라 부르고 Z로 나타내며, 중성자의 수를 N으로 나타낸다. 원자번호 Z의 값은 원소번호와 같고 또한 궤도전자의 수와도 동일하다. 양자수 Z와 중성자수 N의 합을 질량수(Mass Number)라 부르고 A(=Z+N)로 표기한다. 질량수 A는 핵자의 총수와 같다.

원자핵을 표기할 때 양자수 즉 원자번호는 원소기호(Atomic Symbol)의 왼쪽 아래에 질량수 A는 원소기호의 왼쪽 위에, 중성자수 N은 오른쪽 아래에 붙인다. 그러나 원자번호는 원소번호와 동일하고 중성자수는 질량수를 알면 쉽게 구할 수 있으므로 (N=A-Z), 원자핵의 표기에서 양자수 Z와 중성자수 N을 생략하고 원소기호(X)와 질량수만으로 표기하기도 한다. 예를 들면,

- 일반 표기   : $_Z^A X$, $^A X$, $X-A$
- 탄소 표기   : $_6^{12} C$, $^{12} C$, $C-12$,   탄소-12
- 우라늄 표기 : $_{92}^{238} U$, $^{238} U$, $U-238$,   우라늄-238

원소에는 양자수는 같지만 중성자수가 다른 것들이 있다. 이러한 원소를 동위원소 (Isotope)라 한다. 예를 들면,

- 수 소 : $_1^1 H$, $_1^2 H$ (중수소: Deuterium), $_1^3 H$ (삼중수소: Tritium)
- 탄 소 : $_6^{12} C$, $_6^{13} C$, $_6^{14} C$
- 우라늄 : $_{92}^{232} U$, $_{92}^{233} U$, $_{92}^{234} U$, $_{92}^{235} U$, $_{92}^{236} U$, $_{92}^{237} U$, $_{92}^{238} U$, $_{92}^{239} U$

동위원소 중에서 압력, 온도, 화학적 처리 등의 외부조건에 관계없이 스스로 방사선을 방출하며 다른 원소로 변환하는 원소를 방사성동위원소 (Radioisotope: RI)라 하고, 방사선을 내지 않은 원소를 안정동위원소 (약 270여종)라 한다. 방사성동위원소에는 수소(H)-1, 탄소(C)-14, 포타슘(K)-40, 토륨(Th)-232, 우라늄(U)-238 등의 자연계에 존재하는 자연방사성동위원소 (약 70여종)와 코발트(Co)-60, 요오드(I)-131, 세슘(Cs)-137, 우라늄(U)-233, 플루토늄(Pu)-239 등 원자로나 가속기에서 인공적으로 만들어 내는 인공방사성동위원 소(2,000여종 이상)가 있다. 자연에 존재하는 원소는 일정한 자연존재비(Natural Abundance)를 가진 몇 개의 동위원소로 구성된다. 예로서 수소($_1$H)는 99.985%의 H-1($_1^1 H$)과 0.0148%의 H-2($_1^2 H$)로 구성되어 있으며, 우라늄($_{92}$U)은 99.28%의 U-238($_{92}^{238} U$), 0.71%의 U-235($_{92}^{235} U$)와 0.0055%의 U-234($_{92}^{234} U$)로 구성되어 있다.

핵종(Nuclide)이란 양자나 중성자의 개수에 따라 구분하는 원자핵의 종류를 말하며, 동위원소 외에도 중성자수는 같으나 양자수가 다른 동중성자원소 (Isotone), 질량수는 같으나 양자수가 다른 동중원소 (Isobar), 양자와 중성자수는 같으나 에너지 준위가 다

른 이성체(Isomer) 등이 있다.

핵종의 특성과 성질을 나타내는 원자량, 핵반응 단면적, 자연에서의 존재 비율, 붕괴의 형태, 반감기 등의 물리상수는 여러 자료에서 찾을 수 있다. 그림 1.2는 General Electric에서 발간한 "Chart of the Nuclides"에서 예시로 발췌한 것이다. 또한 Lederer 등이 발간한 "Table of Isotopes"에서도 핵종에 대한 정보를 제공하고 있다. 부록 A에는 원소와 주요 방사성핵종의 물리상수를 수록하고 있다.

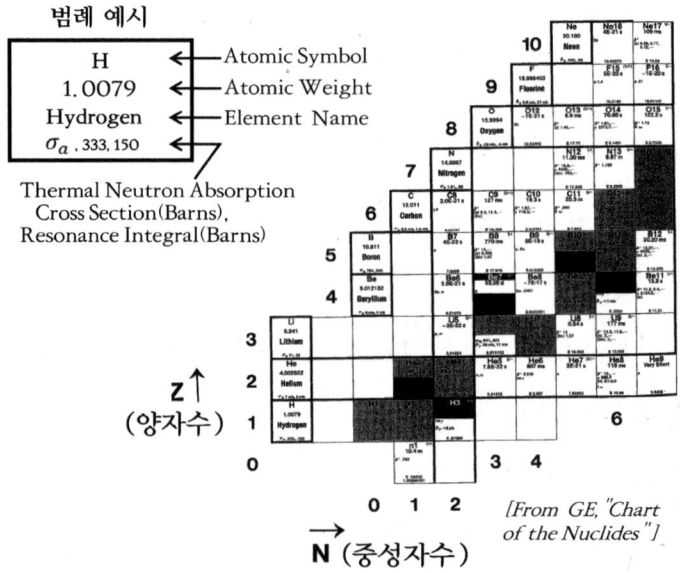

그림 1.2 방사성핵종의 물리상수 예시

1.1.3 원자의 질량과 크기

전자의 질량은 원소 중 가장 가벼운 수소원자 질량의 약 1,840분의 1정도로 작기 때문에 원자의 질량을 원자핵의 질량과 거의 같다고 볼 수 있다. 원자의 기본입자인 양자, 중성자, 전자와 몇 가지 원자의 질량을 포함한 물리상수 값은 아래 표 1.1에서 보는 바와 같다.

원자의 질량은 일상적인 물질의 단위에 비해 극히 작으므로 취급상의 불편을 고려하여 새로운 단위인 원자질량단위(Atomic Mass Unit: u)를 만들어 사용하고 있다. 탄소-12의 원자질량을 12u로 표시한다는 국제단위계(SI)의 기준에 따라, 12그램의 탄소-12에 6.023×10^{23}개(아보가드로 수)의 원자가 있으므로, 원자질량단위는 다음과 같이 표시된다.

$$amu(또는\ u) = 12 \times \frac{1}{6.023 \times 10^{23}} \times \frac{1}{12} = 1.6603 \times 10^{-24} gram$$

$$\left[\frac{gram}{mole}\right] \quad \left[\frac{mole}{atoms}\right] \quad \left[\frac{atoms}{u}\right]$$

표 1.1 원자와 기본입자의 물리상수

종류	기호	원자핵 전하	질량 (gram)	원자량 (amu: u)	등가에너지 (MeV)
양자	p	+1	1.672×10^{-24}	1.00727	938.28
중성자	n	0	1.675×10^{-24}	1.00866	939.57
전자	e	−1	9.109×10^{-28}	0.00055	0.5114
수소	$_1^1H$	+1	1.673×10^{-24}	1.00782	938.78
헬륨	$_2^4He$	+2	6.645×10^{-24}	4.00260	3728.42
탄소	$_6^{12}C$	+6	1.992×10^{-23}	12.0000	11178.0
산소	$_8^{16}O$	+8	2.655×10^{-23}	15.9949	14899.2
우라늄	$_{92}^{238}U$	+92	3.952×10^{-22}	238.050	221744.5

    원자질량단위로 환산하여 표시한 원자의 질량을 원자량(Atomic Weight)이라 하며, 표 1.1에 몇 가지 예를 주고 있다. 아보가드로 수(Avogadro's Number)는 1몰(Mole)의 물질 속에 존재하는 입자(원자, 분자, 전자)의 수로써 N으로 표시하며, 물질의 종류에 관계없이 6.023×10^{23}이다. 아보가드로 수는 일정 양의 질량을 가진 물질에 존재하는 원자의 수를 계산할 때 사용되며, 원자량 X의 원소가 M그램(gram)의 질량을 가질 때 존재하는 원자의 수는 M에 N/X를 곱하여 계산한다. 주요 방사성핵종의 질량은 부록 A에 수록되어 있다.

    원자의 크기는 원자를 둥근 공 모양이라고 가정하면 원소에 따라 다르지만 옹그스트롬($\text{Å} = 10^{-8} \text{cm}$) 단위를 갖게 되며 아주 가벼운 원자를 제외하면 대개 반지름이 $2 \times 10^{-8} \text{cm}$(2 Å) 정도이다. 원자핵의 크기는 원자의 약 10만분의 1인 10^{-13}cm 정도로써 1fm(Fermi = 10^{-13}cm) 단위로 표시하며, 질량수 A와 원자핵의 반지름 R(cm)과의 관계식은 아래와 같다.

$$R = R_o A^{1/3}$$

여기서 $R_o = 1.2 \times 10^{-13} \text{cm} = 1.2 \text{fm}$

가장 가벼운 원자인 질량수 1의 수소원자와 질량수 238인 우라늄원자의 원자핵 반지름을 계산하면,

$$R(^1H) = 1.2 \times 1^{1/3} = 1.2 fm = 1.2 \times 10^{-13} cm$$
$$R(^{238}U) = 1.2 \times 238^{1/3} = 7.4 fm = 7.4 \times 10^{-13} cm$$

질량수 1의 수소원자와 질량수 238인 우라늄원자의 원자핵 밀도를 계산하면,

$$\rho(^1H) = \frac{1.673 \times 10^{-27}}{\frac{4}{3} \times 3.14 \times (1.2 \times 10^{-15})^3} = 2.31 \times 10^{17} \quad [kg/m^3]$$

$$\rho(^{238}U) = \frac{3.952 \times 10^{-25}}{\frac{4}{3} \times 3.14 \times (7.4 \times 10^{-15})^3} = 2.33 \times 10^{17} \quad [kg/m^3]$$

물의 밀도가 $1 \times 10^3 kg/m^3$이고 금의 밀도가 $1.93 \times 10^4 kg/m^3$임을 고려할 때 원자핵의 밀도는 엄청나게 크다는 것을 알 수 있다.

1.2 원자의 변화

1.2.1 원자의 여기와 전리

원자는 몇 개의 전자궤도를 가지고 있다. 전자궤도에는 각각의 반지름에 해당하는 에너지준위가 있으며 궤도의 반지름이 커짐에 따라 에너지준위도 높아진다. 원자에 열을 주는 등 외부에서 자극을 주지 않으면 전자는 각각 에너지준위가 정해진 궤도를 돌고 있다. 이러한 상태를 기저상태(Ground State)라 부른다.

전자의 여기(Excitation: 흥분상태 또는 들뜬상태)와 전리(Ionization: 이온화)는 전자의 에너지준위와 원자핵에의 구속 여부와 관계되는 현상이다. 여기란 가열하거나 빛을 쬐어 원자를 자극하면 원자의 궤도전자가 에너지를 흡수하여 안정된 기저상태에서 에너지가 높은 상태로 옮겨가는 것을 뜻한다. 여기상태의 전자는 원자핵의 구속력을 벗어나지 않은 상태이면서 불안정하므로 그 수명이 10^{-8}초 정도로 짧아 곧 전자파(X선)를 방출하면서 기저상태로 되돌아간다.

한편 원자의 궤도전자는 원자핵과의 인력과 전자 자신의 원심력과의 균형으로 원운동을 하고 있다. 전리란 전자가 외부로부터 원자핵과의 결합에너지 이상의 에너지를 받아

원자핵의 구속력으로부터 완전히 벗어나는 것을 뜻한다. 이렇게 궤도에서 벗어난 전자를 자유전자라 부르며, 이때 원자는 전자를 잃어 양이온으로 바뀌는데, 이 현상을 전리 또는 이온화라고 부른다. 이온화에 필요한 에너지는 원자나 분자의 종류에 따라 정해져 있으며, 수소원자의 경우 13.6eV, 질소와 수소로 이루어진 공기는 약 34eV이다. 그림 1.3은 원자의 여기와 전리 현상을 도식적으로 보여준다.

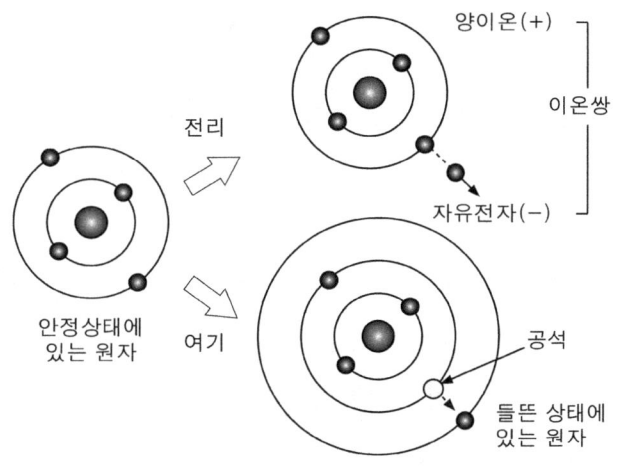

그림 1.3 원자의 여기와 전리

1.2.2 원자핵의 붕괴

원자핵에는 안정한 핵종과 불안정한 핵종이 있다. 원자핵이 외부조건에 관계없이 스스로 방사선을 방출하며 다른 원소로 변환하는 불안정한 핵종을 방사성핵종(방사성동위원소)이라 하고, 방사선을 내지 않은 핵종을 안정한 핵종이라 한다. 원자핵이 방사선을 방출하며 다른 종류의 원자핵으로 변환하는 현상을 붕괴(Decay 또는 Disintegration)라 하고, 원자핵이 붕괴할 때는 알파(Alpha: α)선, 베타(Beta: β)선, 감마(Gamma: γ)선과 같은 방사선을 방출한다. 붕괴 전의 원자핵을 어미핵종(Mother Nuclide), 붕괴 후에 새로 생성된 핵종을 딸핵종(Daughter Nuclide)이라 한다.

자연계에 존재하는 원자핵 중에서 안정한 핵종의 중성자수는 양자수의 1~1.5배이다. 그림 1.4는 안정한 핵종과 불안정한(방사성) 핵종의 분포를 보여주고 있다[Liverhant, 1960]. 안정한 핵종의 분포를 보면, 원자번호가 20 이하의 가벼운 원소에서는 중성자수가 양자수와 거의 같으나 원자번호가 커질수록 중성자수가 점점 많아진다. 즉 무거운 원자핵일수록 안정한 핵종의 중성자수가 많아지며, 따라서 원자가 무거워질수록 중성자수의 비율이 높아진다. 이는 양자수가 많아질수록 상호간에 반발력이 커지므로 중성자수의 비율을 높게 하여 핵력을 증가시킴으로써 원자핵의 붕괴를 막기 위해서다. 그림 1.4에서는 또한 불안정한 핵종의 거동을 보이고 있는데, 안정한 핵종의 위쪽에 있는 불안정한 핵종은 대개가 β^- 붕괴를, 아래쪽에 있는 핵종은 β^+ 붕괴를, 오른쪽 위부분에서는 α붕괴를 일으키고 있다.

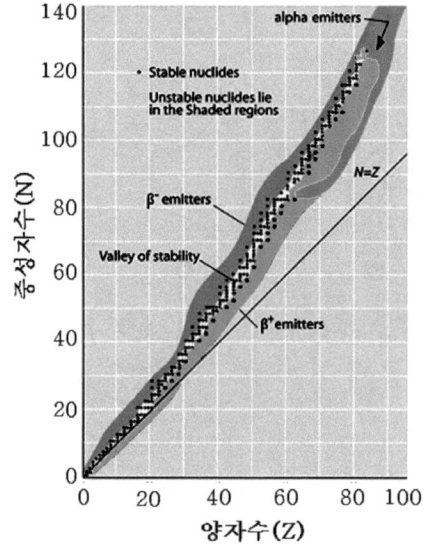

그림 1.4 안정한 핵종과 방사성핵종의 분포

1.2.3 붕괴의 형식

1) α붕괴

아주 높은 원자번호(82 이상)를 가진 무거운 방사성핵종이 붕괴할 때 2개의 양자와 2개의 중성자로 구성된 헬륨입자($_2^4He$)를 고속으로 방출하는 경우가 있는데 이 입자를 α선이라 한다. 그림 1.5에서 보는 바와 같이 α선이 방출되면 어미핵종보다 양자 2개와 중성자 2개가 줄어든 딸핵종이 생기는데 이와 같은 붕괴를 α붕괴라 한다. α붕괴의 결과로 딸핵종의 원자번호는 2가 줄고 질량수는 4가 줄어들므로 α붕괴의 일반적인 반응식은 다음과 같다.

$$_Z^A X \ \rightarrow \ _{Z-2}^{A-4} Y + _2^4 He$$

α붕괴의 전형적인 예는 라듐(Ra)이 라돈(Rn)으로의 변환으로 반응식은 다음과 같으며, 그림 1.5는 이 반응을 개념적으로 보이고 있다.

$$\, ^{226}_{88}Ra \; \rightarrow \; ^{222}_{86}Rn \; + \; ^{4}_{2}He$$

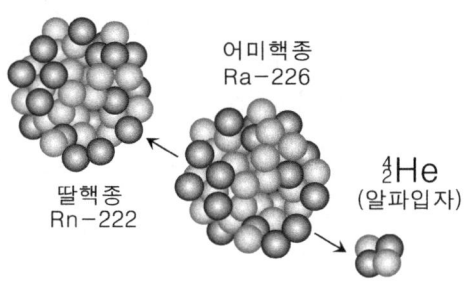

그림 1.5 라듐(Ra)-226의 α붕괴

α선은 +2e의 전하를 띠는 하전입자로써 전기장이나 자기장에서 굴절하고 쉽게 물질에 흡수되며 투과력이 매우 약하여 종이 한 장 또는 공기 수cm를 투과할 수 있을 뿐이다.

2) β붕괴

원자핵에서 음전자(Negatron)나 양전자(Positron)의 방출을 수반하는 방사성핵종의 붕괴과정을 β붕괴라 한다. 원자핵에서 중성자가 양자로 변환하면서 고속의 음전자를 방출하는데, 이 음전자를 β^{-}선이라 한다. β^{-}선이 방출되면 어미핵종보다 양자 1개가 증가하고 중성자 1개가 줄어든 딸핵종이 생기는데, 결과적으로 딸핵종의 질량수는 동일하나 원자번호는 하나가 늘게 된다.

반대로 원자핵에서 양자가 중성자로 변환하면서 양전자가 방출되는데, 이 양전자를 β^{+}선이라 한다. β^{+}선이 방출되면 어미핵종보다 중성자 1개가 증가하고 양자 1개가 줄어든 딸핵종이 생기는데, 결과적으로 딸핵종의 질량수는 동일하나 원자번호는 하나가 줄게 된다. 양전자는 음전자와 질량은 같지만 부호가 반대인 같은 양의 전기를 가지며, 부근의 (−)전하를 가진 전자와 결합하여 아주 짧은 시간(10^{-6}초)에 소멸한다. 이러한 소멸과정에서 양전자와 음전자의 정지질량에 등가하는 에너지를 갖는 2개의 γ선을 방출한다. β선은 하전입자지만 전하량이 α입자의 1/2정도이며, 투과력은 α입자보다 매우 강하여 공기 중에서 수m까지 투과할 수 있다.

β^{-}붕괴와 β^{+}붕괴의 일반적인 반응식은 다음과 같다.

$$_{Z}^{A}X \rightarrow {_{Z+1}^{A}}Y + {_{-1}^{0}}\beta + \tilde{v} \quad (\beta^{-} \text{ 붕괴})$$

$$_{Z}^{A}X \rightarrow {_{Z-1}^{A}}Y + {_{+1}^{0}}\beta + v \quad (\beta^{+} \text{ 붕괴})$$

여기에서 $\tilde{v}$와 v는 반중성미자와 중성미자를 나타낸다. 이들 입자들은 동일한 입자이나 반대 스핀을 가지며, 전기가 없고 실질적으로 질량도 없다.

β붕괴의 예로서 인(P)-32는 β^{-} 붕괴를 거치면서 안정핵종인 황(S)-32로 변환하며, 나트륨(Na)-22는 β^{+} 붕괴를 거치면서 네온(Ne)-22로 변환한다. 각각의 반응식은 다음과 같으며, 그림 1.6은 이 반응을 개념적으로 보이고 있다.

$$_{15}^{32}P \rightarrow {_{16}^{32}}S + {_{-1}^{0}}\beta + \tilde{v} \quad (\beta^{-}\text{붕괴})$$

$$_{11}^{22}Na \rightarrow {_{10}^{22}}Ne + {_{+1}^{0}}\beta + v \quad (\beta^{+} \text{ 붕괴})$$

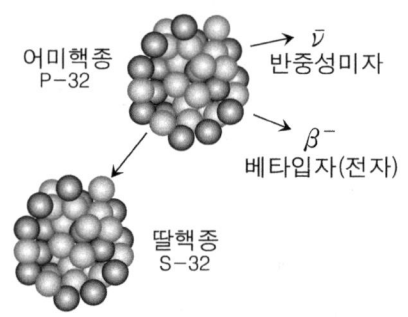

그림 1.6 인(P)-32의 β^{-} 붕괴

3) γ선 방출

원자핵의 붕괴 후에도 원자핵이 여기(Excitation) 상태에 있는 경우가 있는데 대부분은 짧은 시간 내에 여분의 에너지(0.01~10MeV)를 전자파로 방출하고 안정한 상태로 돌아간다. 이와 같이 여기상태의 원자핵에서 방출하는 전자파를 γ선이라 하며, γ선은 방출되어도 원자핵의 변환이 일어나지 않기 때문에 γ붕괴라는 표현은 사용하지 않는다.

γ선은 빛(광자, 전자기파)형태의 방사선으로 X선과 본질적으로 같은 종류이나 발견의 역사를 고려하여 원자핵 외부의 전자궤도에서 나오는 광자를 X선이라 하고 원자핵에서 나오는 광자를 γ선이라 한다. γ선은 하전입자가 아니므로 물질 내에서 흡수되는 정도는 약하나 투과력은 강하다. 일반적으로 고체물질 내에서 수cm, 공기 중에서 수십m 까지 자유롭게 통과할 수 있다. 그림 1.7은 코발트(Co)-60이 β^{-} 붕괴 후 니켈(Ni)-60으로 변

환하면서 γ선을 방출하는 과정을 개념적으로 보이고 있다.

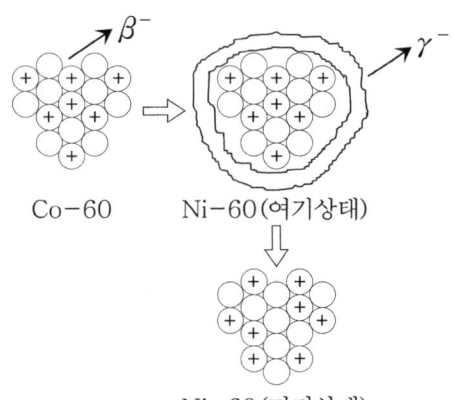

그림 1.7 코발트-60의 γ선 방출

4) 궤도전자 포획

원자핵 속에 있는 양자가 궤도전자를 포획하여 중성자로 변환하는 붕괴형식을 궤도전자 포획(Electron Capture)이라 한다. β^+ 붕괴와 같이 어미핵종보다 중성자 1개가 증가하고 양자 1개가 줄어든 딸핵종이 생기는데, 결과적으로 딸핵종의 질량수는 동일하나 원자번호는 하나가 줄게 된다. 일반적인 붕괴식과 탈륨(Tl)-201의 변환식은 다음과 같으며, 그림 1.8은 이 과정을 개념적으로 보이고 있다.

$$\,_{Z}^{A}X + \,_{-1}^{0}e \rightarrow \,_{Z-1}^{A}Y + v$$

$$\,_{81}^{201}Tl + \,_{-1}^{0}e \rightarrow \,_{80}^{201}Hg + v$$

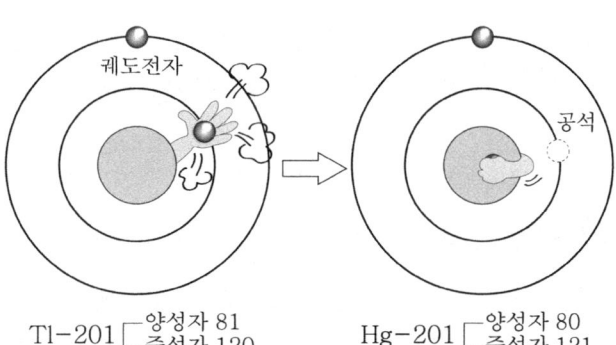

그림 1.8 탈륨(Tl)-201의 궤도전자 포획

1.3 원자의 에너지와 핵력

1.3.1 원자의 에너지

원자나 원자핵의 에너지를 나타내는 단위로 전자볼트(Electron Volt: eV)를 사용한다. 1eV는 단위전하(한 개의 전자가 갖는 전하)를 갖는 하전입자를 1볼트(V)의 전위차로 가속하였을 때 하전입자가 갖는 운동에너지를 뜻한다.

$$1eV = 전하(e) \times 전압(V)$$
$$= 1.602 \times 10^{-19}(Coulomb: C) \times 1(V) = 1.602 \times 10^{-19} J$$

아인슈타인(Einstein)의 상대성 이론에 의하면 질량과 에너지는 서로 독립적인 개념이 아니라, 서로 동일하고 상호 변환될 수 있다. 즉 질량(물질)이 줄어들면서 에너지가 생성되거나, 반대로 에너지가 소멸되면서 물질이 생성될 수 있는 것으로, 에너지와 질량의 등가성을 나타내는 다음 관계식을 제시하였다.

$$E = m_o \times c^2$$

여기서 m_o은 정지상태의 질량이며 c는 빛의 속도로써 2.997×10^8m/s의 크기이다. 이 식을 이용하여 1원자질량단위(amu)를 에너지로 변환하면,

$$E = 1.6603 \times 10^{-27} [kg] \times (2.997 \times 10^8)^2 [m^2/s^2]$$
$$= 1.4913 \times 10^{-10} [J] = 931.5 [MeV]$$

따라서 앞으로 질량을 에너지로 변환할 때에는 원자질량단위(amu: u)를 사용하고, 원자질량단위에 931.5를 곱하면 MeV 단위의 에너지를 구할 수 있다. 1그램의 질량(물질)이 사라지면서 에너지로 변환한다면 약 9×10^{13}J 또는 1.04×10^6kWd라는 막대한 에너지를 발생하게 된다. 이는 2천만 명이 50와트의 전등을 하루 동안 사용할 수 있는 에너지양이다.

1.3.2 핵력과 결합에너지

원자핵 속의 양자는 (+)전하를 띠고 있으므로 상호간에 전기적 반발력(Coulomb Force: 쿨롬력)이 작용하고 있지만 흩어지지 않고 안정된 상태를 유지하는 것은 반발력보다 더 큰 결합력이 핵자(양자와 중성자)사이에 작용하고 있기 때문이며 이 힘을 핵력

(Nuclear Force)이라 한다. 핵력은 핵자사이에 작용하여 원자핵을 형성시키는 힘으로, 쿨롬력보다 강한 인력을 가지며 원자핵의 직경 정도의 근거리($\sim 10^{-13}$cm)에서만 작용한다. 원자핵을 구성하는 핵자는 강한 핵력으로 결합하여 있는 상태가 흩어져 있는 상태보다도 위치에너지가 낮아지므로 안정적이다.

원자핵 속의 핵자를 흩어지게 하기 위해서는 핵자사이에 작용하는 핵력을 끊을 수 있을 정도의 에너지를 외부에서 주어야 하며, 이 에너지를 결합에너지(Binding Energy)라 한다. 즉 결합에너지는 핵자의 결합된 상태와 흩어진 상태의 위치에너지 차이를 의미한다. 역으로 흩어져 있는 핵자들을 결합하여 원자핵을 형성하기 위해서는 결합에너지 크기의 에너지를 원자핵 바깥으로 방출하여 에너지가 더 낮은 안정상태로 되어야 한다.

원자핵은 양자와 중성자가 몇 개씩 결합한 것으로, 핵자의 질량 총 합은 이들 핵자로 구성된 원자핵의 질량보다 약간 무거워서, 이들 사이에 질량차가 생긴다. 이 질량차를 질량결손이라 한다. 그림 1.9는 원자핵의 질량결손을 헬륨원자의 예로서 보이고 있다.

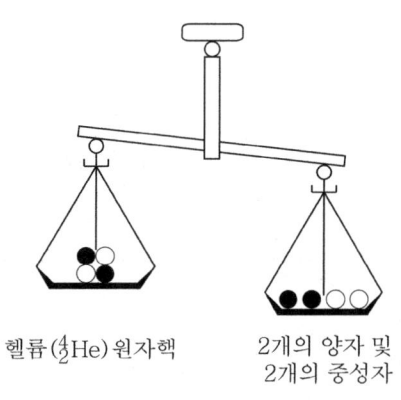

헬륨($^{4}_{2}$He) 원자핵   2개의 양자 및
                                2개의 중성자

그림 1.9 원자핵(헬륨)의 질량결손 개념

질량결손을 질량-에너지 등가법칙에 따라 에너지로 변환하면 결합에너지를 구할 수 있다. 결합에너지를 핵자수로 나눈 것을 핵자당 평균결합에너지라 한다. 양자의 질량을 m_p, 중성자의 질량을 m_n, 이들로 구성된 원자핵의 질량을 m(A, Z)라 하면, 원자핵 $^{A}_{Z}X$의 질량결손(Δm), 결합에너지(E_B), 핵자당 평균결합에너지(f_B)는 다음 식으로 구한다.

$$\Delta m = \{Z \times m_p + (A-Z) \times m_n\} - m(A, Z)$$
$$E_B = \Delta m \times c^2$$
$$f_B = \frac{E_B}{A}$$

예로서 헬륨-4($_2^4 He$)의 질량결손, 결합에너지와 핵자당 평균결합에너지를 구해보면,

$$\Delta m = \{2 \times 1.00727 + 2 \times 1.00866\} - 4.0026 = 0.0293 \; [u]$$

$$E_B = \Delta m \times c^2 = 0.0293 \; [u] \times 931.5 \; [\frac{MeV}{u}] = 27.29 \; [MeV]$$

$$f_B = \frac{27.29}{4} = 6.82 \quad [MeV]$$

이 예에서 알 수 있는 것은 양자 2개와 중성자 2개가 결합하여 한 개의 $_2^4 He$ 원자를 만들 때 0.0293u(4.86x10^{-26}그램)의 질량결손이 생기면서 27.29MeV의 에너지를 방출한다는 것이다.

원자핵의 안정도는 결합에너지의 크기에 의해 결정되는데 결합에너지가 클수록 잘 깨어지지 않으며 안정된 원자핵이라 할 수 있다. 원자핵의 핵자당 평균결합에너지를 질량수에 따라 그래프로 표시하면 그림 1.10과 같다. 핵자당 평균결합에너지는 아주 적은 질량수에서의 불규칙적인 변동을 제외하면 질량수가 많을수록 커지고 ^{56}Fe에서 최대가 된 후 점점 감소한다. 그림에서 알 수 있는 것은 에너지를 생성하기 위해서는 질량수의 양 끝에서 중앙의 에너지 최대치로 향하는 핵반응을 일으켜야 하며, 가벼운 원소에서는 핵융합을 무거운 원소 쪽에서는 핵분열을 일으켜야 한다는 것이다.

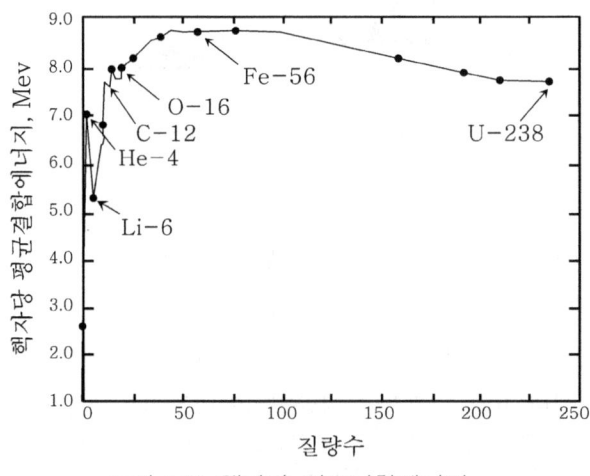

그림 1.10 핵자당 평균결합에너지

1.4 핵분열 반응

1.4.1 핵분열 반응의 형태

질량수가 많은 무거운 원자핵이 2개 이상의 원자핵으로 분열하는 현상을 핵분열이라 한다. 핵분열에 대한 연구는 1938년 독일 태생 오토 한(Otto Hahn)이 최초로 우라늄 -235에 중성자를 충돌시키면 질량이 비슷한 두 개의 바륨(Ba) 동위원소로 쪼개지고 중성자 2~3개를 방출하면서 엄청난 에너지가 발생한다는 것을 발견하면서 시작되었다. 핵분열은 구체적으로 원자핵이 중성자와 충돌하여 불안정해지면서 원래의 원자핵보다 가벼운 원자핵들로 쪼개지고, 이 과정에서 질량이 줄어들고 에너지가 발생하는 핵반응이다.

우라늄(U)-235, 플루토늄(Pu)-239, 넵투늄(Np)-237, 폴로늄(Po)-210 등은 낮은 에너지(~0.025eV)를 가진 저속(~2.2km/sec)의 중성자인 열중성자(Thermal Neutron)와 충돌하여 핵분열을 일으키고, 우라늄(U)-238, 토륨(Th)-232, 라듐(Ra)-236 등은 높은 에너지(0.5~100MeV)를 가진 고속중성자(Fast Neutron)와 충돌하여 핵분열을 일으킨다. 핵분열에서 중성자를 이용하는 것은 중성자가 전기적으로 중성이므로 원자핵에 쉽게 접근할 수 있기 때문이다. 일반적인 핵분열 반응식은 다음과 같다.

$$_Z^A X + {}_0^1 n \rightarrow {}_Z^{A+1} X \rightarrow Y + W + \nu {}_0^1 n$$

여기에서 $_Z^{A+1}X$은 불안정한 동위원소이며, Y와 W는 핵분열 후에 생성되는 핵종들로써 핵분열조각(Fission Fragment)이라 한다. ν는 핵분열 후에 방출되는 핵분열중성자(Fission Neutron)의 개수로, 보통 2~3개가 방출된다.

핵분열중성자는 넓은 범위의 운동에너지를 가지며, 평균 약 2MeV 값을 가지면서 20,000km/sec의 극히 빠른 속도로 움직이는 고속중성자이다. 열중성자와 핵분열중성자의 에너지 분포는 그림 1.11에서 보는 바와 같다.

1.4.2 핵분열생성물

핵분열 후에 생성되는 핵분열조각은 양자수에 비하여 중성자수가 많기 때문에 불안정하다. 따라서 핵분열조각은 평균 3회의 β^- 붕괴를 통하여 양자수를 늘려서 안정한 원자핵으로 변환한다. 핵분열생성물(Fission Product)은 핵분열조각과 방사성붕괴로 생성되는 핵종의 총칭이다.

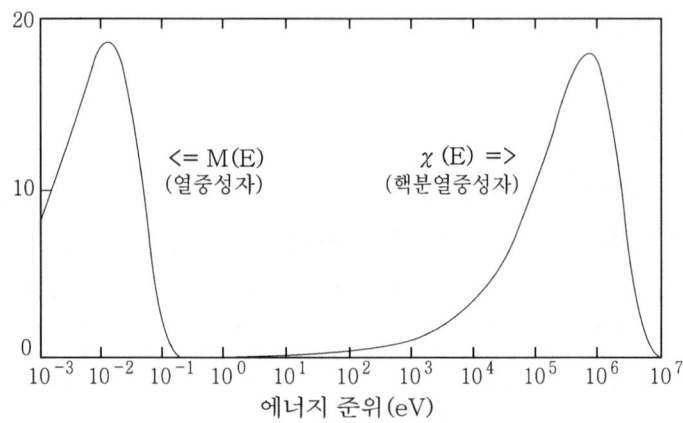

그림 1.11 열중성자와 핵분열중성자의 에너지 분포

예로서 우라늄(U)-235의 대표적인 핵분열과 붕괴 반응식은 다음과 같으며, 그림 1.12는 핵분열 반응을 개념적으로 보여주고 있다.

- 핵분열 : ${}^{235}_{92}U + {}^{1}_{0}n \rightarrow {}^{236}_{92}U \rightarrow {}^{140}_{54}Xe + {}^{94}_{38}Sr + 2({}^{1}_{0}n)$

- 붕　괴 : ${}^{140}_{54}Xe \xrightarrow{\beta^-} {}^{140}_{55}Cs \xrightarrow{\beta^-} {}^{140}_{56}Ba \xrightarrow{\beta^-} {}^{140}_{57}La \xrightarrow{\beta^-} {}^{140}_{58}Ce$ (안정 핵종)

- 붕　괴 : ${}^{94}_{38}Sr \xrightarrow{\beta^-} {}^{94}_{39}Y \xrightarrow{\beta^-} {}^{94}_{40}Zr$ (안정 핵종)

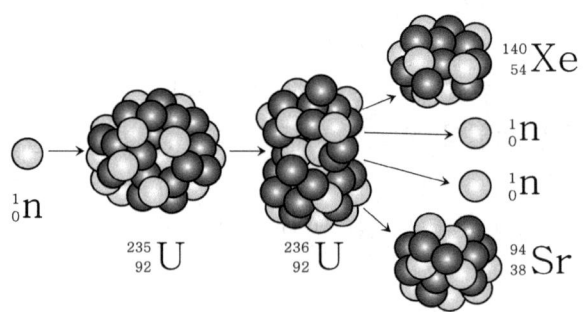

그림 1.12 우라늄(U)-235의 핵분열 반응

그림 1.13은 우라늄-235가 수eV 수준의 낮은 에너지를 가진 저속의 중성자와 충돌했을 때 핵분열조각의 질량수 분포를 보이고 있다. 그림에서 보는 바와 같이 우라늄-235의 핵분열로 생기는 핵분열조각은 80종 이상이 가능한데 그 질량수는 72에서 160에 걸쳐 있으며, 질량수 95부근(80~100)의 가벼운 핵종과 140부근(125~155)의 무거운 핵종

이 한 쌍으로 생성된다. 만약 수십 MeV의 높은 에너지를 가진 중성자와 충돌한다면 질량수 115근처에 존재하는 계곡모양은 완만해 질 것이다. 즉 높은 에너지의 중성자가 충돌했을 경우 질량수가 비슷한 핵종이 한 쌍으로 생성될 확률이 높아진다.

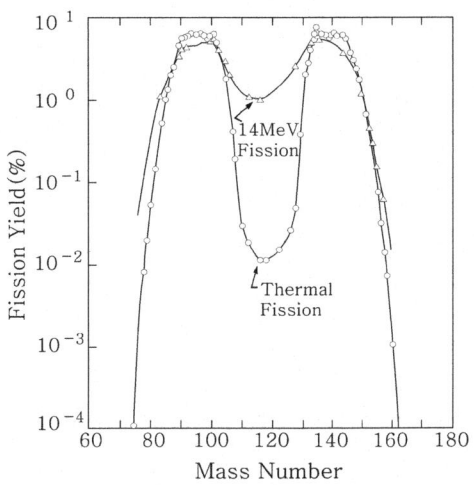

그림 1.13 우라늄(U)-235의 핵분열조각 질량수 분포

1.4.3 핵분열 반응에너지

우라늄-235의 대표적인 핵분열 반응에서 방출되는 에너지를 계산하면 표 1.2에서 보는 바와 같다.

표 1.2 우라늄(U)-235 핵분열 반응에너지 산출 예시

반응식 : $^{235}_{92}U + ^{1}_{0}n \rightarrow ^{140}_{54}Xe + ^{94}_{38}Sr + 2(^{1}_{0}n)$			
핵반응 전 질량 (amu: u)		핵반응 후 질량 (amu: u)	
$^{235}_{92}U$	235.044	$^{140}_{54}Xe$	139.910
		$^{94}_{38}Sr$	93.8939
$^{1}_{0}n$	1.00866	$2\,(^{1}_{0}n)$	2.01732
총 질량	236.052	총 질량	235.821
질량 결손 = 236.052 − 235.821 = 0.231u			
방출에너지 = 0.231 x 931.5 = 215.2MeV			

이 결과를 이용하여 1그램의 우라늄-235가 핵분열 반응에서 방출되는 에너지를 구하면,

$$215.2 \times 1 \times \frac{1}{238.03} \times (6.023 \times 10^{23}) \times (1.602 \times 10^{-19}) = 8.72 \times 10^4$$

$$[\frac{MeV}{atom}] \quad [gram] \quad [\frac{mole}{gram}] \qquad [\frac{atoms}{mole}] \qquad\qquad [\frac{MJ}{MeV}] \qquad\qquad [MJ]$$

이 에너지는 1.009MWd로 환산할 수 있으며, 이는 2만 명이 50와트의 전등을 하루 동안 사용할 수 있는 에너지양이다.

핵반응은 우리가 일상에서 경험하고 있는 화학반응과는 차이가 있다. 어떤 물질이 반응에 의하여 높은 에너지 상태에서 낮은 에너지 상태로 변환하고 그 과정에서 에너지를 방출한다는 점에서는 두 반응이 동일하나, 화학반응은 물질을 구성하는 원소의 전자나 원자 자체의 상호 작용이지만, 핵반응은 원자핵의 상호 작용에 의한 반응이라는 점에서 차이가 있다(그림 1.14). 두 반응이 원리적으로는 유사하나, 핵반응에 의하여 발생하는 에너지는 화학반응에 의한 것보다 약 백만 배 정도나 더 많다. 예로서 탄소의 화학적 연소반응($C + O_2 \rightarrow CO_2$)에 의한 에너지는 4.2eV이므로, 위에서 계산한 우라늄-235의 핵분열에서 나오는 에너지(215.2MeV)와 비교하면 그 차이는 엄청나다.

하나의 핵분열 반응에서 생성되는 에너지는 대개 200MeV 정도로 대부분 핵분열조각들의 운동에너지로 나타난다. 이 중 약 8%는 핵분열 후의 방사성붕괴에 의하여 생성되므로, 핵분열이 중단된 후에도 계속적으로 열이 발생한다.

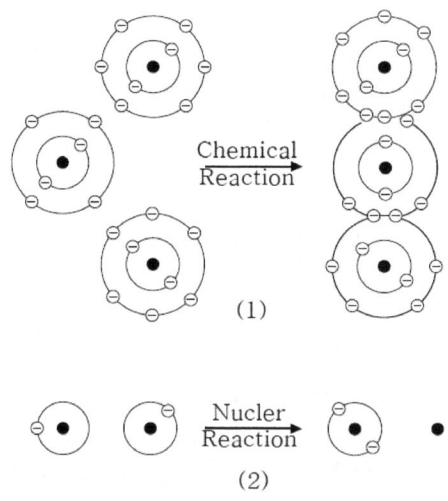

그림 1.14 화학반응과 핵반응의 차이

1.4.4 핵분열성 물질

핵분열 반응에서 중요한 개념 중의 하나는 반응이 얼마나 쉽게 일어날 수 있느냐는 정도이다. 1개의 입자를 다수의 원자들로 구성된 물질에 입사시킬 때 원자와 충돌할 확률은 원자의 수에 비례한다. 이 비례상수를 핵반응 단면적(Cross Section)이라 하고, σ로 표기하며 면적의 단위로 b(Barn)를 사용한다. 1b는 10^{-24}cm^2이다. 원자핵의 기하학적 단면적은 10^{-24}cm^2 정도이며, 핵반응 단면적은 $10^{-22} \sim 10^{-23}\text{cm}^2$ 범위에 많이 분포한다. 중성자가 핵반응 단면적이 가장 크고 핵반응을 가장 잘 일으키는 것은 중성자가 전하를 띠지 않으므로 원자핵의 반발력을 받지 않고 원자핵에 접근하기 쉽기 때문이다. 또한 저속중성자가 핵반응을 잘 일으키는 것은 속도가 늦기 때문에 원자핵 속에 머무는 시간이 길어 핵반응의 기회가 많기 때문이다.

어떤 준위의 에너지를 가진 중성자와 반응하더라도 핵분열을 일으키는 물질이나 핵종을 핵분열성 물질(Fissile Material) 또는 핵분열성 핵종(Fissile Isotope)이라 하고, 우라늄(U)-235, 우라늄(U)-233, 플루토늄(Pu)-239, 넵투늄(Np)-237 등이 여기에 속한다. 중성자를 흡수하여 방사성붕괴에 의하여 핵분열성 물질로 변환할 수 있는 물질을 핵원료물질(Fertile Material)이라 하며, 우라늄(U)-238, 토륨(Th)-232, 라듐(Ra)-236, 플루토늄(Pu)-240 등이 여기에 속한다. 핵원료물질도 높은 에너지를 가진 고속중성자와 충돌하면 직접 핵분열을 일으킬 수 있으나, 그 자체적으로 핵분열 연쇄반응을 유지할 수는 없다. 핵분열성 물질과 핵원료물질을 통틀어 핵분열 가능물질(Fissionable Material) 또는 핵물질이라 한다. 핵분열성 핵종을 함유하는 물질로써 원자로에 넣었을 경우 핵분열 연쇄반응을 실현할 수 있는 물질을 핵연료(Nuclear Fuel)라 한다.

1.5 핵융합 반응

1.5.1 핵융합 반응 형태

물질의 온도가 $10^{7}°\text{C}$ 이상의 고온상태가 되면 핵자(양자와 중성자)와 궤도전자들의 운동에너지가 매우 커지므로 원자를 이루지 못하고 자유로이 운동을 하는 상태가 된다. 이러한 상태를 플라즈마(Plasma)라고 하며, 이 상태에 있는 가벼운 원자핵들은 높은 압력에서 보다 무거운 원자핵으로 융합하는데 이 현상을 핵융합(Nuclear Fusion)이라 한다. 질량수가 많은 무거운 원자핵이 중성자와 충돌하여 2개의 가벼운 원자핵들로 쪼개지는 핵분열과는 반대로, 가벼운 원자핵 2개가 합쳐져 하나의 무거운 원자핵으로 변환하는 반응이다. 이 과정에서도 핵분열 반응과 같이 질량이 줄어들고 에너지가 발생하게 된다. 핵융합은 표면온도 약 6,000℃의 태양 내부에서 일어나고 있으며, 수소폭탄도 이러한 원리를 이용한 것이다.

핵융합이 가능한 반응은 여러 형태가 있으나 방출에너지가 크면서 반응률도 커야 하므로, 가장 바람직한 반응은 삼중수소인 $_1^3 H$(Tritium: T)와 중수소인 $_1^2 H$ (Deuterium: D)가 반응하여 헬륨($_2^4 He$)을 생성하는 T-D 반응으로 다음과 같이 표시한다.

$$_1^3 H + _1^2 H \rightarrow \ _2^4 He \ + _0^1 n$$

삼중수소와 중수소가 핵융합 반응을 일으키기 위해서는 극히 가까이 접근해야 하는데 두 핵종이 양전기를 갖고 있으므로 가까이 접근할수록 전기적 반발력이 매우 강하다. 이를 극복하기 위해서는 삼중수소와 중수소를 아주 고온으로 유지하여 운동에너지를 크게 해야 한다. 핵융합 반응 자체는 이미 가속기를 이용하여 성공하고 있지만 그 반응을 지속시켜 실용화하기 위해서는 원자를 고온의 플라즈마 상태에서 고밀도로 가두어두어야 하는데, 이를 위해서는 섭씨 약 1억도의 온도를 유지해야 한다. 그림 1.15는 T-D 핵융합 반응을 개념적으로 보이고 있다.

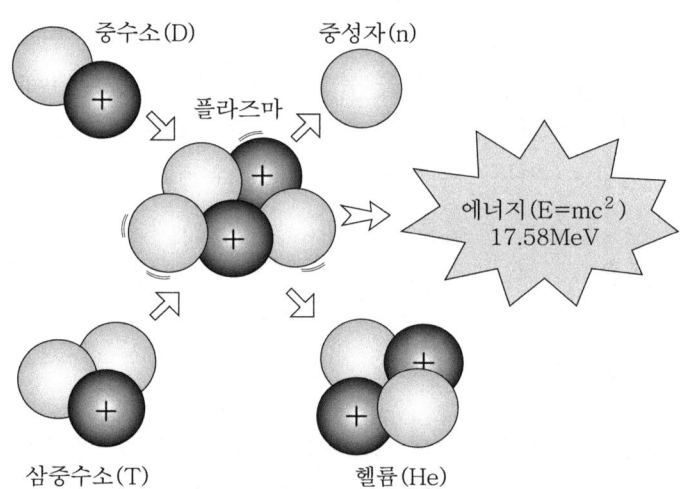

그림 1.15 T-D 핵융합 반응 개념도

1.5.2 핵융합 반응에너지

T-D 반응에 사용되는 중수소는 바닷물 속에 무진장하게 있으며, 삼중수소는 원자로

에서 일단 생성해야 하지만 이를 소모하지 않고 증식시킬 수도 있다. 즉 T-D 반응에서 생성된 중성자를 리튬(Li)-6에 충돌시키면 3중수소의 증식이 가능하다.

$$\ _{3}^{6}Li \ + \ _{0}^{1}n \ \rightarrow \ _{1}^{3}H + \ _{2}^{4}He$$

위에서 언급한 두 가지 핵반응을 한 묶음으로 나타내고, 이 핵반응에서 나오는 에너지를 산출해 보면 표 1.3과 같다.

표 1.3 핵융합 반응에너지 산출 예시

반응식 : $_{1}^{2}H + _{3}^{6}Li \ \rightarrow \ 2(_{2}^{4}He)$	
핵반응 전 질량 (amu: u)	핵반응 후 질량 (amu: u)
$_{1}^{2}H$　　　2.01410 $_{3}^{6}Li$　　　6.01512	$2(_{2}^{4}He)$　　　　8.00520
총 질량　8.02922	총 질량　8.00520
질량 결손 ＝ 8.02922 － 8.00520 ＝ 0.02402u	
방출에너지 ＝ 0.02402 × 931.5 ＝ 22.375MeV	

이 결과를 이용하여 1gram의 핵융합 반응에서 방출되는 에너지를 구하면,

$$22.375 \ \times \ 1 \ \times \ \frac{1}{8.0052} \times (6.023 \times 10^{23}) \times (1.602 \times 10^{-19}) = 2.697 \times 10^{5}$$

$$\left[\frac{MeV}{atom}\right] \ [gram] \ \left[\frac{mole}{gram}\right] \qquad \left[\frac{atoms}{mole}\right] \qquad\qquad \left[\frac{MJ}{MeV}\right] \qquad\qquad [MJ]$$

이 에너지는 3.12MWd로 환산할 수 있으며, 이는 약 6만 명이 50와트의 전등을 하루 동안 사용할 수 있는 에너지양이다.

1.6 방사선

1.6.1 방사선의 정의와 종류

방사선이란 방사성핵종의 붕괴에 의하여 방출되는 여러 가지 입자선과 전자기파를

통틀어 이르는 것이다. 즉 원자나 원자핵이 에너지준위가 높아 불안정한 상태에서 안정한 상태의 원자나 원자핵으로 변환하면서 발산하는 에너지의 흐름이다. 방사선은 입자 또는 전자기파의 형태를 가지고 있으나 눈에 보이지 않고, 피부로 느껴지지도 않으며, 냄새도 없기 때문에 물질 개념으로 이해하기 보다는 에너지의 흐름으로 이해하는 것이 바람직하다. 방사선에는 방사성핵종의 붕괴에서 언급한 알파(α)선, 베타(β)선, 감마(γ)선 외에 엑스(X)선, 전자선, 양성자선, 중성자선, 우주선 등이 있다. 방사선은 존재형태, 물리적 성질, 전리능력에 따라 다양하게 분류할 수 있다.

1) 존재형태에 따른 분류

방사선을 존재형태에 따라 분류하면 자연방사선과 인공방사선이 있다. 자연방사선은 우주공간으로부터 오는 우주선과 우라늄, 토륨 등 지각 중에 함유된 천연 방사성핵종에서 방출하는 방사선이다. 인공방사선은 원자로나 가속기 등에서 인공적으로 생성된 방사성핵종에서 방출되는 방사선이며, 방사선 발생장치에서도 엑스선이나 전자선과 같은 인공방사선을 발생시킬 수 있다. 방사선 발생장치는 다른 형태의 에너지(일반적으로 전기에너지)를 인위적으로 방사선의 에너지로 변환하여 방사선을 방출하도록 만든 장치로, 전원을 끄는 등 장치의 작동을 중지시키면 방사선 방출이 중지되는 것이 방사성물질과 다르다.

2) 물리적 성질에 따른 분류

방사선의 물리적 성질에 따라 분류하면 입자 형태의 입자방사선과 전자기파 형태의 전자기방사선이 있다. 입자방사선에는 알파선, 베타선, 전자선, 양성자선과 같이 전하를 띤 하전입자와 중성자선, 중성미자와 같이 전하를 띠지 않는 비하전입자가 있다. 전자기방사선은 질량과 전하가 없으며, 진공 속에서 광속도 크기의 속도를 가지며, 감마선, X선, 자외선 등이 이에 속한다. 표 1.4는 방사선의 물리적 성질에 따른 분류를 표시하고 있다.

3) 전리능력에 따른 분류

방사선의 전리능력에 따라 분류하면 전리방사선과 비전리방사선이 있다. 방사선이 에너지가 커서 물질 안에서 이온을 만들 수 있으면 전리방사선으로 분류하고 그 외의 것을 비전리방사선이라 한다. 전리방사선은 알파선, 베타선, 양성자 등 전하를 띠고 있는 직접전리방사선과 중성자선, 엑스선, 감마선 등 전하를 띠지 않는 간접전리방사선으로 구분하기도 한다. 비전리방사선에는 적외선, 자외선, 가시광선 등이 있으며 인체에 유해한 영향을 미칠 수 있으나, 그 영향은 전리방사선에 비하여 상대적으로 미미하다. 방사선

표 1.4 방사선의 물리적 성질에 따른 분류

물리적 성질		방사선
입자방사선	하전입자	알파(α)선
		베타(β)선
		전자선
		양성자선
		중입자선
		델타선
	비하전입자	중성자선
		중성미자
전자기방사선		엑스(X)선
		감마(γ)선
		방사광

분야에서 일반적으로 방사선이라 부르는 것은 전리방사선을 뜻한다.

1.6.2 방사선의 물리적 작용

방사선은 빠른 속도로 날아가는 입자 또는 파장이 매우 짧은 전자파로써 높은 에너지를 갖고 있다. 그러므로 방사선이 물질을 통과할 때는 물질과 상호 작용하게 되는데 이것은 방사선의 종류와 에너지 크기, 물질의 종류에 따라 다르게 작용한다.

1) 전리작용(이온화 작용)

알파선, 베타선 등 전기를 가진 입자인 방사선이 물질을 통과할 때는 그 경로에 따라 원자나 분자에 에너지를 주어 전리 또는 여기를 일으켜 전리상태 또는 여기상태의 원자나 분자를 만든다. 전리작용이란 방사선을 물질에 쪼이면 물질을 구성하고 있는 원자로부터 전자를 빼내어 한 쌍의 양이온과 음이온을 만드는 현상을 말한다. 전리작용으로 생성된 양이온이나 음이온은 전기적으로 쉽게 검출되므로 가이거-뮬러 계수기(G-M Counter) 등 방사선 검출기에 이용되고 있다.

2) 형광작용

형광작용이란 방사선 또는 자외선과 같은 전자기방사선을 물질에 쪼이면 물질 고유의 파장을 갖는 빛을 방출하는 작용이다. 이러한 현상은 방사선을 물질에 쪼이면 여기상태의 원자나 분자가 생겼다가 극히 짧은 시간에 여분의 에너지를 빛의 형태로 방출하면서 본래의 안정상태로 되돌아가면서 나타난다. 이 빛을 형광이라 하며, 형광을 발생하는 물질을 형광물질이라 한다. 형광작용은 여러 분야에서 이용되고 있는데 신틸레이션 계측기, 열형광선량계(TLD) 등 방사선 검출기에도 이용되고 있다.

3) 사진 또는 감광작용

방사선을 사진필름 또는 사진건판에 쪼인 후 현상하면 방사선을 쪼인 부분이 검게 나타나는데 이 현상을 감광작용이라 한다. 감광작용은 X선 영상의 가장 흔한 예이며, 검게 나타나는 정도(흑화도)를 광도계로 측정하면 쪼인 방사선의 양을 알 수 있다. 방사선에 노출된 사진건판을 현상하여 현미경으로 관찰하면 방사선이 지나간 자취를 알 수 있다.

4) 투과작용

방사선이 물질 속을 통과할 때 에너지의 일부는 물질 속에 흡수되어 점차 줄어든다. 에너지가 줄어드는 정도는 방사선의 종류와 에너지의 크기, 물질의 종류에 따라 달라진다. α선은 +2e의 전하를 띠는 하전입자로써 전기량도 많고 질량도 크기 때문에, 전기장이나 자기장에서 굴절하고 얇은 두께의 물질에서도 쉽게 흡수되며 투과력이 매우 약하여 공기를 수cm 투과할 수 있을 뿐이므로 종이 한 장으로도 막을 수 있다. β선은 하전입자지만 전하량이 α입자의 1/2정도이고 질량도 극히 적어 에너지 전달률이 α입자보다 매우 작으나, 투과력은 α입자보다 매우 강하여 공기 중에서 수m 까지 투과할 수 있다. γ선은 하전입자가 아닌 전자기파이므로 알파선이나 베타선에 비하여 물질 내에서 흡수되는 정도는 약하나 투과력은 강하다. 일반적으로 고체물질 내에서 수cm, 공기 중에서 수십m 까지 자유롭게 통과할 수 있다. 그림 1.16은 방사선의 종류에 따른 물질 투과력을 예시하고 있다.

방사선이 물질과 상호 작용하면 그 물질은 에너지를 흡수한다. 만약 그 물질이 생체일 경우 흡수되는 에너지가 많으면 나쁜 영향이 나타나는데, 이것을 방사선장해라고 한다. 따라서 장해를 방지하기 위해서는 방사선을 차단하는 시설이 필요한데 이를 차폐체라고 한다. 차폐체로는 물, 콘크리트, 철, 납 등이 사용되고 있다.

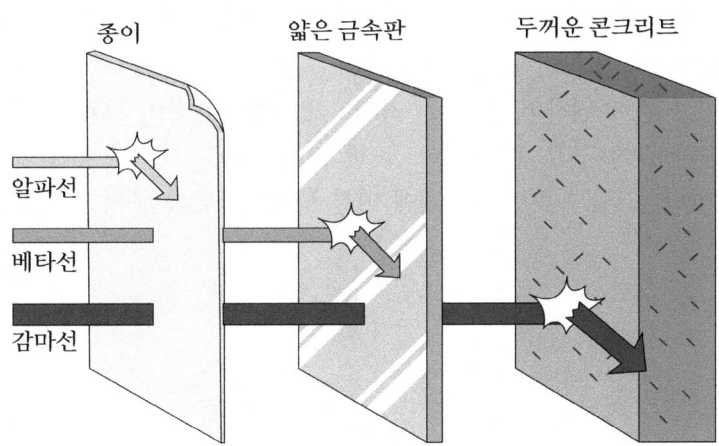

그림 1.16 방사선의 물질 투과력

1.6.3 방사선의 단위

방사선의 단위는 전리능력, 물체에 흡수된 에너지의 크기, 인체에 미치는 영향 등에 따라 각각 다르게 사용되고 있다. 방사선의 양과 단위에 대해서는 국제표준단위(SI)를 사용하도록 하고 있으나, 지금도 과거에 사용해 왔던 상용단위를 혼용하는 경우가 있다.

1) 방사능(Radioactivity)과 반감기(Half Life)

방사능이란 원자핵이 방사선을 방출하면서 다른 원자핵으로 변하는 능력을 말하며, 방사능의 세기는 방사성핵종에서 단위시간에 일어나는 핵변환(붕괴)의 수로 표시한다. 사용하는 단위로는 베크렐(Bq)과 퀴리(Ci)가 있으며, 국제표준단위(SI)로 베크렐을 사용하고 있다. 1베크렐은 매초 하나의 핵변환이 일어나는 것을 말하며, 1dps(Disintegration per Second) 또는 1tps(Transformation per Second)로 표시한다. 라듐을 발견한 퀴리부인의 이름을 딴 퀴리(Curie: Ci)를 사용하기도 하며, 1Ci는 라듐-226 1그램에서 1초 동안 핵변환(붕괴)하는 수로써 다음과 같이 표시한다.

$$1Ci = 3.7 \times 10^{10} Bq = 3.7 \times 10^{10} dps$$

반감기는 방사성핵종이 방사선을 방출하며 붕괴하는 과정에서 그 핵종의 원자수가 최초의 절반으로 감소될 때까지 걸리는 시간을 말하며, 방사능은 원자수에 비례하므로 원자수의 반감기는 방사능의 반감기와 동일하다. 반감기는 온도, 압력 등 외부의 영향을 받지 않고 방사성핵종마다 고유한 값을 가진다. 반감기는 토륨-232(141억년), 우라늄

−238(45억년), 포타슘−40(12억년)과 같이 수십억 년 이상의 긴 것부터 폴로늄−21(3x10^{-7}초)과 같이 백만분의 1초 이하의 짧은 것도 있다.

반감기가 T인 핵종이 원자의 수 N$_o$를 가지고 있다면 t시간이 경과 한 후 그 핵종의 원자수(N)는 다음과 같이 구할 수 있으며, 또한 방사능(A)도 원자수에 비례하므로 같은 식으로 구할 수 있다. 그림 1.17은 반감기에 따른 방사성물질의 붕괴를 도식화 하고 있다.

$$원자수 : N = N_o \times (\frac{1}{2})^{\frac{t}{T}}$$

$$방사능 : A = A_o \times (\frac{1}{2})^{\frac{t}{T}}$$

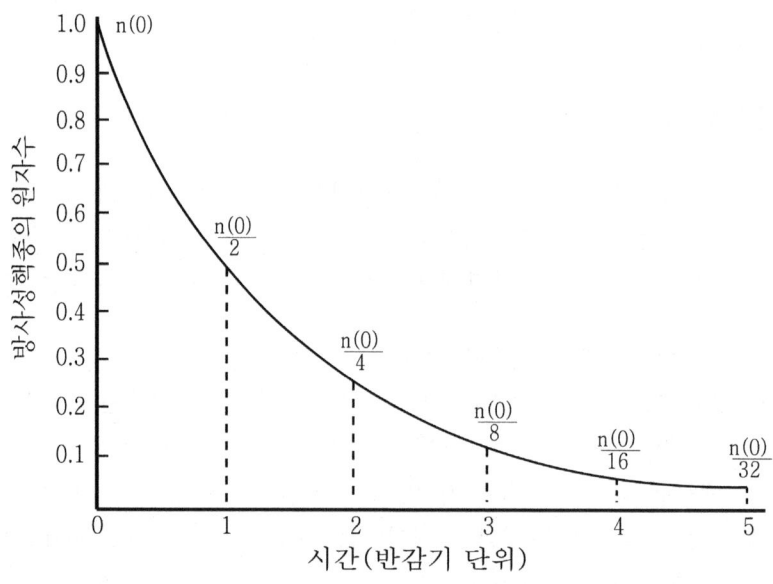

그림 1.17 반감기에 따른 방사성핵종의 붕괴

2) 조사선량(Exposure Dose: X)

조사선량이란 엑스선 또는 감마선 등이 공기 속을 통과하면서 공기를 전리(이온화)시키는 능력에 따라 표시한 방사선량으로 공기 단위질량당 생성된 전하량을 말한다. 조사선량은 공기에 대한 방사선의 영향을 평가하기 위한 선량으로, 어느 공간에 존재하는 방사선으로부터 얼마만큼 피폭이 가능한지를 나타내는 양으로 사용한다. 엑스선과 감마선에 국한하여 물질이 공기이며 방사선에너지가 3MeV 이하일 때에만 사용한다.

조사선량의 세기는 공기 1kg이 전리작용에 의하여 생성되는 양이온 또는 음이온의 전기량으로 표시한다. 국제표준단위로는 C/kg(Coulomb/kg)을 사용하며, 1C/kg은 공기 1kg에 엑스선 또는 감마선을 조사할 때 1쿨롱의 전하를 만드는 엑스선 또는 감마선의 양을 말한다. 과거에는 뢴트겐($R\ddot{o}ntgen$: R)을 사용하기도 하였는데. 1뢴트겐은 공기 1kg에 방사선이 조사될 때 2.58×10^{-4}쿨롱의 전하를 만드는 엑스선 또는 감마선의 양을 말하며, 다음과 같이 표시한다.

$$1R = 2.58 \times 10^{-4} C/kg$$

3) 흡수선량(Absorbed Dose: D)

흡수선량이란 방사선 또는 물질의 종류와는 상관없이 방사선이 물질과 작용하여 그 물질의 단위질량당 흡수된 에너지의 양을 말하는데, 물질에 대한 방사선의 영향을 평가하기 위한 선량으로 사용한다. 흡수선량의 국제표준단위로는 그레이(Gray: Gy)를 사용하고 있으며, 1Gy는 물질 1kg에 1J(Joule)의 에너지가 흡수되었을 때의 흡수선량을 말한다. 과거에는 라드(rad)를 사용하였는데, Gy와의 관계는 다음과 같다.

$$1Gy = 1J/kg$$
$$1rad = 0.01Gy$$

4) 등가선량(Equivalent Dose: H)

인체가 방사선에 피폭되었을 경우, 동일한 흡수선량이라도 방사선의 종류, 에너지의 크기, 인체부위와 조사조건에 따라 그 영향이 달라진다. 등가선량은 인체에 미치는 영향을 모든 방사선에 대하여 동일한 척도로 평가하기 위한 것으로 방사선방호의 목적으로 사용한다. 등가선량(H)은 흡수선량(D)에 방사선 가중치의 곱으로 계산하며, 방사선 가중치는 국제방사선방호위원회의 1990년 권고인 ICRP-60에 따르면 표 1.5에서 보는 바와 같다. 등가선량의 단위로는 시버트(Sievert: Sv)를 사용하고 있으며, 흡수선량 단위로 rad를 사용할 경우 램(rem)으로 표시한다. 1Sv는 100rem에 해당한다.

5) 유효선량(Effective Dose: E)

유효선량은 인체가 방사선에 피폭되었을 경우 인체의 각 조직에 나타나는 영향을 하나의 단위량으로 표시하기 위하여 사용하고 있으며, 각 조직의 등가선량에 각 조직의 감수성을 나타내는 조직가중치를 곱하여 모든 조직에 대하여 합산한 양으로 계산한다. 단위는 등가선량과 동일하게 시버트(Sv)를 사용한다. 조직가중치는 국제방사선방호위원회의 1990년 권고인 ICRP-60에 따르면 표 1.6에서 보는 바와 같다.

표 1.5 방사선 가중치(ICRP-60, 1990)

방사선 종류		방사선 가중치
광자(γ선, X선), 전자, 뮤온		1
중성자	에너지 < 10KeV	5
	10 ~ 100KeV	10
	100KeV ~ 2MeV	20
	2 ~ 20MeV	10
	에너지 > 20MeV	5
양성자(에너지> 2MeV)		5
α선, 핵분열조각, 무거운 원자핵		20

주) 2007년 국제방사선방호위원회(ICRP)는 중성자의 방사선가중치를 중성자에너지의 연속함수로, 그리고 양성자의 방사선가중치를 '2'로 적용할 것을 새롭게 권고하였음.

표 1.6 조직 가중치(ICRP-60, 1990)

조직명	가중치
생식선	0.2
적색골수, 대장, 폐, 위	0.12
방광, 유방, 간, 식도, 갑상선	0.05
피부, 뼈표면	0.01

주) 2007년 국제방사선방호위원회(ICRP)는 유방의 조직가중치를 '0.12'로, 생신선의 조직가중치를 '0.08'로 적용할 것을 새롭게 권고하였음.

6) 집단선량(Collective Dose)

집단선량은 다수의 사람이 피폭되는 경우에 그 집단의 개인피폭선량의 총합을 말한다. 단위로는 맨·시버트(man·Sv)를 사용한다.

7) 예탁선량(Committed Dose)

체내에 흡입 또는 섭취되어 존재하는 방사성핵종으로 인하여 사람이 일정기간 받게 되는 내부피폭 방사선량을 말한다. 예탁선량은 예탁등가선량이나 예탁유효선량으로 나타낼 수 있으며, 피폭을 고려하는 기간이 사전 지정되어 있지 않을 경우에 일정기간은 성인에 대해서는 50년, 아동에 대해서는 70년으로 한다.

　방사선의 단위와 정의는 표 1.7에 요약하여 정리되어 있으며, 그림 1.18은 각 방사선 량에 대한 특성을 도식화 하고 있다.

표 1.7 방사선의 단위와 정의

항 목	단 위 명	기호	정　　　의	비　고
방사능	베크렐	Bq	1초에 1개의 핵변환(붕괴)	1Bq=1dps, 국제표준단위
	큐리	Ci	라듐-226 1그램에서 1초 동안의 핵변환(붕괴) 수	$1Ci=3.7\times10^{10}Bq$
방사선 에너지	전자볼트	eV	전자가 1볼트의 전압으로 가속되어 얻는 운동에너지	$1eV=1.60\times10^{-19}J$
조사선량 (X)	kg당 쿨롱	C/kg	공기 1kg에서 1쿨롱의 전하를 생성하는 γ(X)선의 양	국제표준단위
	뢴트겐	R	공기 1kg에서 2.58×10^{-4}쿨롱의 전하를 생성하는 γ(X)선의 양	$1R=2.58\times10^{-4}C/kg$
흡수선량 (D)	그레이	Gy	물질 1kg에 1주울의 에너지 흡수가 있을 때의 선량	1Gy=1J/kg 국제표준단위
	라드	rad	물질 1kg에 0.01주울의 에너지 흡수가 있을 때의 선량	1rad=0.01Gy
등가선량 (H)	시버트	Sv	흡수선량(Gy)에 방사선 가중치의 곱으로 계산	1Sv = 1J/kg 국제표준단위
	렘	rem	흡수선량(rad)에 방사선 가중치의 곱으로 계산	1rem=0.01Sv
유효선량 (E)	시버트	Sv	등가선량(Sv)에 조직 가중치의 곱으로 계산	1Sv = 1J/kg 국제표준단위
	렘	rem	등가선량(rem)에 조직 가중치의 곱으로 계산	1rem=0.01Sv

1.6.4 방사선의 인체에 미치는 영향

　인간은 방사선과 함께 살고 있다 하여도 과언이 아니다. 우주공간에서 지속적으로 지 구를 향하여 내려 쪼이는 우주선과 토양, 지각, 음식물 등에 존재하는 방사성물질에서 나오는 자연방사선 등에 노출되어 있다. 우리가 흔히 이용하고 있는 라듐 온천장에는 미약하나마 방사성물질이 녹아 있기 때문에 온천에 들어가면 신체는 당연히 라듐 동위 원소에서 방출하는 방사선을 쪼이게 된다. 이러한 자연방사선 외에도 인간은 병을 진단

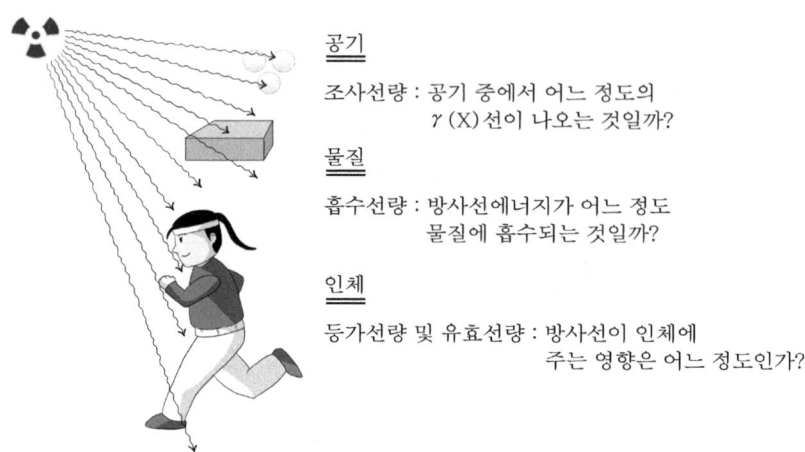

공기

조사선량 : 공기 중에서 어느 정도의
γ(X)선이 나오는 것일까?

물질

흡수선량 : 방사선에너지가 어느 정도
물질에 흡수되는 것일까?

인체

등가선량 및 유효선량 : 방사선이 인체에
주는 영향은 어느 정도인가?

그림 1.18 방사선량의 특성

하고 치료하기 위하여 병원에서 사용하는 인공방사선에 의하여 피폭을 받으며, 원자력 시설 등의 운영과 사고시에 피폭을 받을 수 있다.

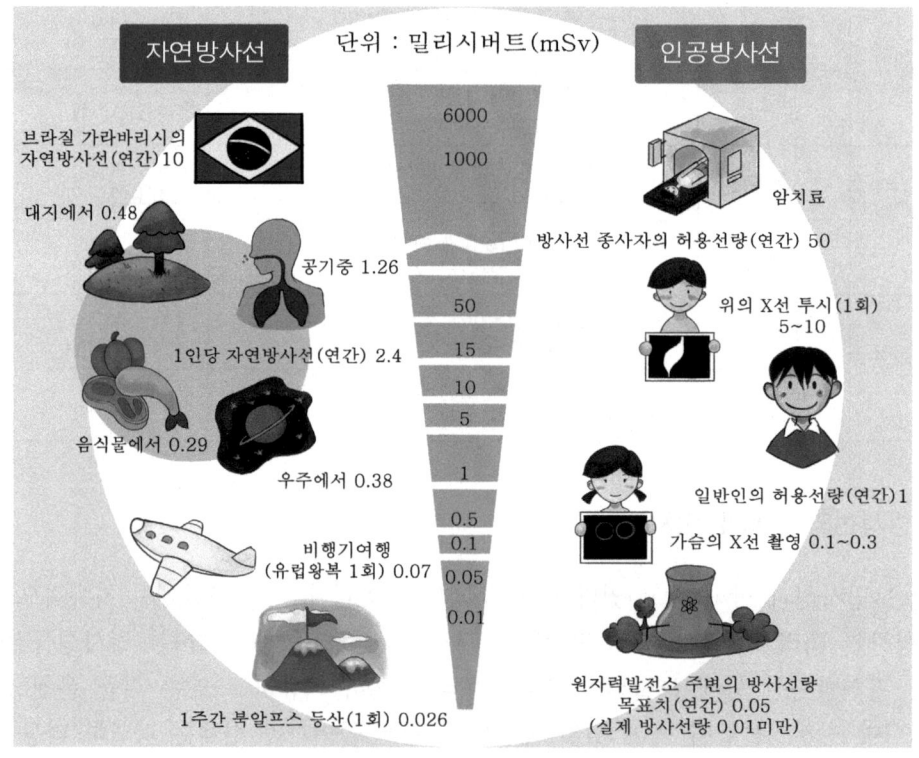

그림 1.19 자연방사선과 인공방사선에 의한 피폭

　그림 1.19는 인간이 자연방사선이나 인공방사선에 피폭되는 몇 가지 예를 보이고 있다. 우주로부터 0.38mSv, 대지에서 0.48mSv 등 개인이 1년에 자연방사선으로부터 2.4mSv의 피폭을 받고 있다. 또한 가슴에 X선 촬영을 하면 1회에 약 0.1mSv, 위의 X선 투시에는 5mSv의 인공방사선에 의한 피폭을 받는다.

　방사선이 인체에 미치는 영향은 방사선을 받은 본인에게 나타나는 신체적 영향과 그 후손에게 나타나는 유전적 영향이 있다. 신체적 영향은 피폭 후 비교적 단기간에 나타나는 급성영향(소화기 손상, 탈모, 홍반, 백혈구 감소 등)과 장기간 경과 후에 나타나는 만성영향(악성종양, 재생불량성 빈혈)으로 분류하고, 영향이 나타날 때까지의 기간을 잠복기라 한다. 유전적 영향에는 유전자 돌연변이(우성, 열성)와 염색체 구조변화 등이 있다. 방사선을 전신에 받는 전신피폭과 신체의 일부 부위에 받는 국부피폭의 경우는 그 영향이 다르며, 또한 같은 방사선량을 받더라도 한 번에 모두 받는 경우와 조금씩 여러 번 나누어 받는 경우 인체에 미치는 영향에 큰 차이가 있다.

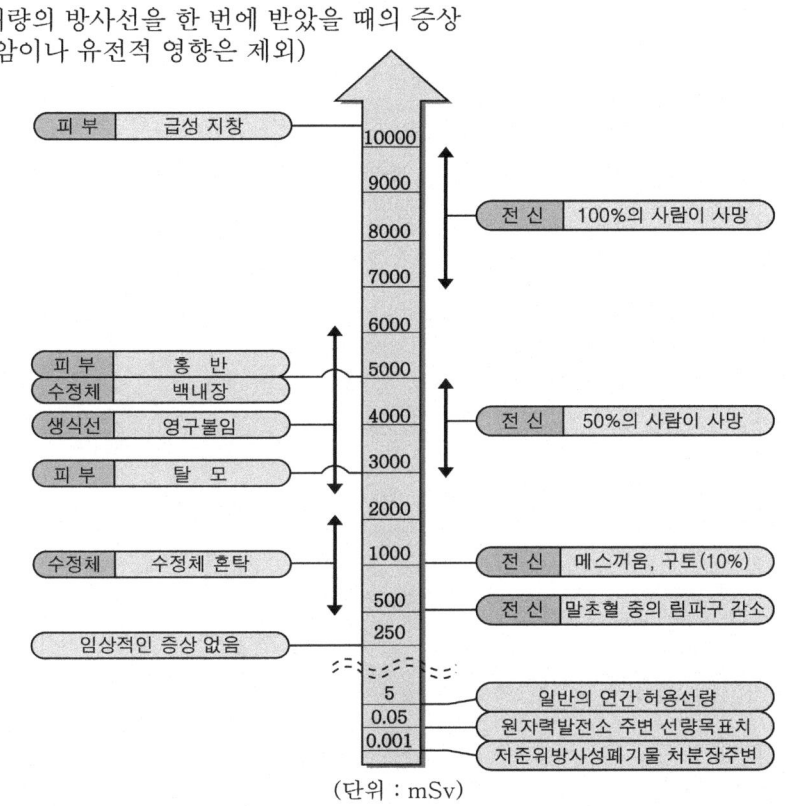

그림 1.20 방사선의 인체에 미치는 영향

   인간이 방사선에 노출되어도 별 문제가 없는 것은 우리 주위에 있는 방사선이 아주 적은 양이기 때문이다. 100mSv의 방사선을 한꺼번에 전신에 받더라도 생물학적으로 별다른 영향이 나타나지 않는다. 그러나 일시에 너무 많은 방사선을 쪼이게 되면 여러 가지 신체적 장애가 발생한다. 그림 1.20에서 보는 바와 같이, 5,000mSv의 방사선을 피부에 국부적으로 받으면 피폭한 피부에 홍반이 생기며, 1,000mSv의 방사선을 한꺼번에 전신에 받는다면 구토와 설사 증세를 보이지만 생명에는 지장이 없으나, 7,000mSv 정도의 방사선을 한꺼번에 전신에 받으면 여러 증세를 보이다가 수일 내에 사망하게 된다. 방사선의 생물학적 영향과 방사선장해에 대해서는 '제11장'에서 자세히 다루기로 한다.

제 2 장

원자로와 원자력발전소

2.1 원자로의 개념과 기본 구성

핵반응으로 생기는 에너지는 화학반응에 비해 몇 백만 배나 더 많은 엄청난 양이지만 이러한 에너지를 얻기 위해서는 핵반응을 잘 일으키는 핵물질의 선정과 핵반응을 적절히 제어할 수 있어야 한다. 원자로는 이러한 핵반응을 연속적으로 유지하고 이를 적절히 제어하는 특별한 장치이다.

원자로의 기본적인 구성을 보면 그림 2.1에서 보는 바와 같이 핵반응을 일으키는 핵연료를 내장하는 노심을 중심으로 그 주변을 핵연료에서 발생하는 열을 흡수하는 냉각재가 흐른다. 냉각재는 일반적으로 감속재 역할을 겸한다. 원자로의 노심 내에는 핵반응을 제어하기 위하여 제어장치를 설치하며, 노심의 외곽에는 중성자가 빠져 나가지 못하도록 반사체로 둘러싸고 그 주위를 감마선과 중성자의 유출을 막는 차폐체를 설치한다. 노심에서 발생한 열을 제거하는 냉각재는 고온 고압의 유체로 다량의 방사성물질을 함유하고 있으므로, 폐쇄유로(Closed Loop)의 냉각재계통으로 설치한다.

2.1.1 핵분열 연쇄반응과 핵연료

1) 핵분열 연쇄반응
핵분열이 일어날 때 생성된 핵분열중성자가 다른 원자핵과 충돌하면서 연속하여 핵분

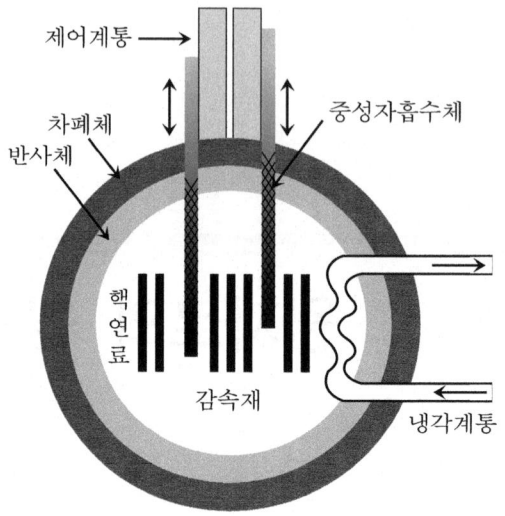

그림 2.1 원자로의 기본 구성

열을 일으키는 것을 핵분열 연쇄반응(Chain Reaction)이라 한다. 연쇄반응을 일정 규모로 서서히 일어나게 하는 것이 원자로이며, 급격히 진행하게 하는 것이 원자폭탄이다. 그림 2.2는 우라늄-235의 핵분열 연쇄반응을 개념적으로 보이고 있다.

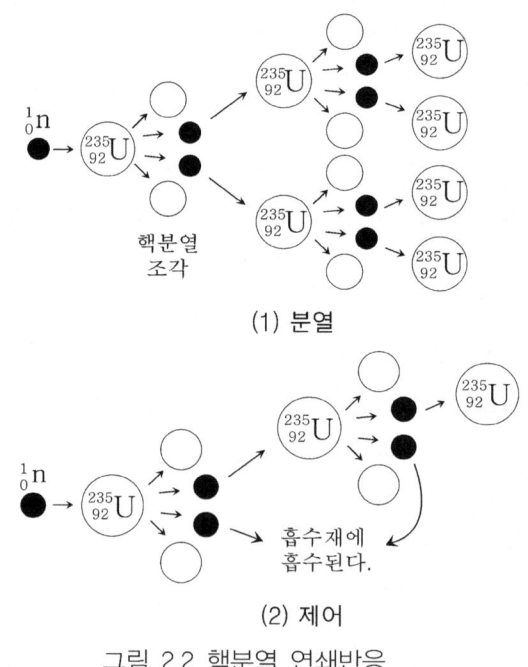

(1) 분열

(2) 제어

그림 2.2 핵분열 연쇄반응

U-235가 중성자를 흡수하면 불안정한 핵종인 U-236으로 변환하고, 이 중에서 약 85%는 핵분열을 일으키고 나머지는 U-236으로 남아있게 된다. U-235가 중성자를 흡수하여 핵분열을 일으키면 평균 2.43개의 중성자를 방출하지만, 15%의 U-236은 핵분열을 일으키지 않고 그대로 남아있기 때문에 새로이 생성되는 중성자는 평균 2.07개가 된다. 이 중 적어도 한 개의 중성자가 다음의 U-235와 충돌하여 다시 핵분열을 일으켜야 핵분열을 지속할 수 있다. 만약에 2.07개의 중성자 중 1.07개 이상의 중성자가 다른 물질에 흡수되거나 또는 밖으로 벗어나면 연쇄반응은 지속될 수 없다.

연쇄반응을 유지하려면 중성자 손실이 없어야 한다. 천연우라늄을 핵연료로 사용할 경우 U-238의 중성자 흡수를 줄이기 위하여 U-238의 천연상태의 존재비(99.28%)를 낮추어야 한다. 이것은 U-235의 존재비(0.71%)를 높여야 한다는 의미이다. 천연우라늄에서 U-235의 함유율을 높이는 것을 농축(Enrichment)이라 하며, 이러한 우라늄을 농축우라늄이라 한다. 보통 경수형 원자로에서는 2~3.5%의 저농축우라늄을 사용하고 있다. 이 외에도 중성자의 손실을 막기 위하여 가벼운 감속재의 사용과 중성자 속도의 대폭적 감속, 중성자 흡수가 적은 구조재의 사용, 중성자 반사체의 설치 등의 방법이 있다.

핵분열 후 생성된 중성자 하나 이상이 살아남아 다음의 핵분열을 일으키고 새로운 중성자를 생성할 수 있는 상태를 유지한다면, 중성자수는 시간 경과에 따라 점차 늘어나게 되고 동시에 원자로의 출력은 증가하게 된다. 핵분열 연쇄반응에서 핵분열로 생성된 한 개의 중성자당 다음의 핵분열에 의해 생성되는 중성자수의 비를 중성자 증배계수(Multiplication Factor: k로 표기)라 한다. 이 값이 1보다 크면 초임계(Supercritical) 상태로 출력이 증가하고, 1보다 작으면 미임계(Subcritical) 상태로 출력이 감소하고, 1이면 출력의 변동이 없으며 이 상태를 임계상태(Critical Condition)라 한다.

연쇄반응을 유지하려면 무엇보다도 원자로 내에 연쇄반응을 가능하게 만드는데 필요한 최소한의 핵분열성 물질이 있어야 하는데, 이 양을 임계량 또는 임계질량(Critical Mass)이라 한다. 임계질량을 줄이려면 노심의 부피에 비하여 표면적이 작아야 한다. 이를 만족시키는 모양이 구형이나, 원자로의 노심을 구형으로 만드는 것이 사실상 어렵기 때문에 높이와 지름이 비슷한 원통형으로 만드는 것이 보통이다.

2) 핵분열성 물질

대표적인 핵분열성 물질로 우라늄(U)-235, 우라늄(U)-233, 플루토늄(Pu)-239, 넵투늄(Np)-237 등이 있다. 자연에 존재하는 우라늄은 99.28%의 U-238, 0.71%의 U-235와 극소량(0.0055%)의 U-234로 구성되어 있다. 핵분열 가능물질인 U-238도 고속중성자와 충돌하면 직접 핵분열을 일으킬 수는 있으나, 그 자체적으로 연쇄반응을 유지할 수 없다.

U-238은 중성자를 흡수하면 U-239로 바뀌고, 2번의 베타 붕괴를 통하여 Pu-239로 변환하여 핵분열성 물질이 된다. 핵분열성 물질로 변환하는 비율이 높아 소비한 연료보다 더 많은 새로운 연료를 생성하는 비율을 전환비(증식비)라 하는데, 전환비가 1이상이면 증식로(Breeder), 1보다 작으면 전환로(Converter)라 하며, 전환비가 극히 낮은 것을 소멸로(Burner)라 한다. 증식로는 U-238을 Pu-239로 전환하는 고속중성자 증식로와 토륨(Th)-232를 U-233으로 전환하는 열중성자 증식로가 있다. 대개의 동력로는 전환로이며, 소멸로는 반감기가 긴 방사성핵종에 중성자를 조사하여 핵분열 또는 중성자 흡수에 잇따른 방사성 붕괴를 통하여 반감기가 짧은 핵종으로 변환하여 방사성폐기물의 양을 현저하게 감소시키기 위하여 사용되는 원자로이다.

3) 핵연료

핵연료는 핵분열성 물질로 구성되어 핵분열 반응에 의하여 에너지를 생성하고, 그 주위를 흐르는 냉각재에 의하여 냉각된다. 핵연료로 주로 천연우라늄 또는 저농축우라늄을 사용하지만, 연구용이나 고속중성자로에서는 플루토늄도 사용하고 있다.

핵연료 재료는 우수한 핵적 특성뿐만 아니라 높은 열전도도와 용융온도, 방사선 조사에 대한 안정성 등의 물리적 특성을 가져야 하며, 핵연료 자체는 제작이 용이하면서도 파손의 확률이 극히 낮아야 한다. 초기에는 핵연료 밀도가 높고 가공이 용이한 우라늄금속 또는 우라늄합금 같은 금속 핵연료를 주로 사용하였으나, 최근에는 높은 용융온도와 방사선조사 안정성을 갖는 세라믹 연료를 주로 사용하고 있다. 산화우라늄(UO_2)이나 탄화우라늄 등의 분말로 된 것을 일정 형태로 찍어내어 고온에서 구운 세라믹 형태이기 때문에 고온, 고압 및 고방사능 조건에서도 변형을 작게 일으키는 장점을 갖고 있다.

2.1.2 중성자의 감속과 감속재

우라늄-235의 핵분열 후에 생성되는 핵분열중성자(Fission Neutron)는 넓은 범위의 운동에너지를 가지며, 평균 약 2MeV의 높은 에너지를 갖는 고속중성자(Fast Neutron)이다. 이 고속중성자가 우라늄-235와 다시 충돌하여 핵분열을 일으키기 위해서는 낮은 에너지를 가진 저속의 열중성자(Thermal Neutron)로 감속되어야 한다. 고속중성자와 여러 번 충돌함으로써 에너지를 빼앗고 속도를 감소시켜 열중성자로 만들어 주는 물질을 감속재(Moderator)라 한다.

일반적으로 어떤 물체가 동일한 무게의 다른 물체와 부딪힐 때 가장 많은 에너지를 잃게 되며, 또한 무거운 물체보다도 가벼운 물체에 충돌할 때 에너지를 더 잃게 된다.

따라서 중성자의 속도를 감소시키기 위해서는 가벼운 원자핵과 여러 번 되풀이해서 충돌시키는 것이 효과적이다. 즉 원자번호가 작은 원자핵일수록 가볍기 때문에 좋은 감속재 역할을 한다. 감속재는 원자번호가 작고 가급적이면 중성자 흡수가 적어야 하며, 같은 부피에서 원자핵이 될수록 많은 것이 유리하다. 또한 원자로 내의 강력한 방사선과 높은 온도 등에 의하여 분해, 변형 또는 부패하지 않아야 하며, 값이 싸며 구하기 쉽고 처리가 쉬워야 한다.

일반적으로 많이 사용하는 감속재로는 경수(보통의 물), 중수, 흑연 등이 있다. 수소의 동위원소 중 H-1은 자연에 99.985%가 존재하고 그 성질이 잘 알려져 있어 중성자 흡수율이 다소 높은 단점은 있으나 산소와 결합한 경수(H_2O: Light Water)로써 가장 많이 감속재로 사용되고 있다. 한편 수소의 동위원소인 중수소(H-2)는 보통 자연에 0.015%만 존재하고 있어 화학적으로 분리하는데 많은 경비가 소요되지만 중성자 흡수가 극히 적어 산소와 결합한 중수(D_2O: Heavy Water)로써 감속재로 사용되고 있다. 탄소는 높은 온도에 잘 견디고 방사선 조사에도 안정을 유지하므로 주로 흑연으로써 감속재로 사용된다.

2.1.3 반응도와 제어물질

원자로의 상태에 따라 인위적으로 중성자 흡수율을 조절하여 원자로의 출력상승, 출력유지, 가동중지를 수행하기 위하여 제어물질을 사용한다. 일반적으로 제어봉(Control Rod), 가연성 독물질(Burnable Poison), 수용성 독물질(Chemical Shim) 등이 사용된다.

제어봉을 원자로 내에 삽입하면 연쇄반응은 점차 감소하게 되고, 원자로를 가동하려면 제어봉을 조금씩 빼내어 중성자를 증가시켜 중성자 증배계수가 1.0이 되도록 하여 임계상태를 만든다. 원자로 출력을 올리려면 목적하는 출력에 도달할 때 까지 제어봉을 천천히 뽑으면서 조절하면 된다. 제어봉을 완전히 뺀 상태에서 중성자 증배계수가 1을 넘는 여분의 증배율을 %로 나타낸 것이 원자로의 반응도(Reactivity: ρ로 표기)이며, 중성자 증배계수(k)와의 관계는 $\rho = (k-1)/k$로 표시된다. 즉 중성자 증배계수가 1.05이면 그때의 반응도는 약 5%이다. 반응도가 0($k = 1$)이면 임계(Critical) 상태로 출력의 변화가 없으며, 0($k > 1$)보다 크면 초임계(Supercritical) 상태로 출력이 증가하고, 0($k < 1$)보다 작으면 미임계(Subcritical) 상태로 출력이 감소한다.

제어봉은 중성자를 잘 흡수하는 붕소, 카드뮴, 가돌리늄 등으로 만들며, 가압경수로에서는 제어봉을 노심 위쪽에 비등경수로에서는 아래쪽에 설치한다. 가연성 독물질은 핵연료에 중성자를 많이 흡수하는 독물질을 우라늄과 함께 섞어 넣어 중성자를 흡수하게 하는 것으로, 이러한 독물질은 중성자를 흡수하면서 점점 타서 없어진다. 또한 수용성 독물질인 붕산을 냉각재 내에 녹여 중성자수를 조절하기도 한다.

2.1.4 열 제거와 냉각재

핵분열 반응에서 생긴 에너지를 원자로에서 제거하여 핵연료의 온도를 일정 수준 이하로 유지하기 위하여 냉각재가 사용되며, 냉각재의 순환유로(Loop)를 형성하기 위하여 냉각재계통이 설치된다. 가압경수로에서는 냉각재를 증기발생기로 보내지만 비등경수로에서는 노심 상단부에서 냉각재가 증기로 바뀌기 때문에 이를 직접 터빈으로 보낸다.

냉각재는 우수한 열전달, 낮은 부식성 등의 특성을 가지면서, 중성자 조사에 의하여 분해되거나 변질하지 않아야 한다. 또한 냉각재는 중성자의 흡수가 적어야 하며, 특히 불순물을 함유하면 노심을 통과하면서 중성자를 흡수하여 방사능을 띠게 되므로 순도 유지에 유의해야 한다.

냉각재로는 액체로서 경수나 중수를, 기체로서 헬륨, 이산화탄소, 질소, 공기를, 액체금속으로 액체나트륨 등을 주로 사용한다.

2.1.5 반사체와 차폐체

노심에서 빠져나오는 중성자를 반사시키기 위하여 노심 둘레에 반사체를 두는데, 주로 냉각재를 그대로 사용하기도 하고 별도로 설치하기도 한다. 냉각재로 쓰이는 경수나 중수는 반사체 겸용으로 쓰이고, 별도로 흑연, 베릴륨, 지르코늄 등을 노심 둘레에 배치하기도 한다.

감마선과 중성자 등의 방사선 유출을 막기 위하여 차폐체를 설치하는데, 대상으로 하는 방사선에 따라 달라지나 일반적으로 특수 콘크리트를 사용하는 경우가 많고 납, 철, 바륨 등 밀도가 큰 물질을 사용하기도 한다.

2.2 원자로의 종류와 발전용원자로

2.2.1 원자로의 분류

원자로는 핵반응 방식, 중성자 에너지 영역, 핵연료 증식 여부, 핵연료 또는 핵원료물질, 냉각재와 감속재 등의 선택에 따라 개념적으로 무수한 종류의 원자로가 가능하나 현실적으로 제한된 종류만이 실용화되어 있다. 또한 원자로는 사용목적과 개발단계에 따라 구분할 수 있다. 표 2.1은 원자로의 분류별 종류를 나타내고 있다.

표 2.1 원자로의 분류

분류방식	종류
핵반응	핵분열 원자로(Fission Reactor) 핵융합 원자로(Fusion Reactor)
중성자 에너지영역	고속로(Fast Reactor) 열중성자로(Thermal Reactor)
핵연료증식	증식로(Breeder) 전환로(Converter) 소멸로(Burner)
냉각재 및 감속재 종류	경수로(Light Water Reactor: LWR) • 가압경수로(Pressurized LWR: PWR) • 비등경수로(Boiling LWR: BWR) 중수로(Heavy Water Reactor: HWR) 기체냉각로(Gas Cooled Reactor) 액체금속로(Liquid Metal Reactor)
사용목적	동력로(Power Reactor) : 발전용, 추진용, 열공급용 생산로(Production Reactor) 연구로(Research Reactor) 시험로(Test Reactor) 교육용원자로(Teaching Reactor)
개발단계	실험로(Experimental Reactor) 원형로(Prototype Reactor) 실증로(Demonstration Reactor) 상용로(Commercial Reactor)

　핵반응 방식으로 핵분열원자로와 핵융합원자로, 중성자 에너지 영역에 따라 고속로와 열중성자로, 핵연료 증식 여부에 따라 증식로, 전환로와 소멸로 등으로 구분할 수 있다. 냉각재 또는 감속재의 종류에 따라 경수로, 중수로, 기체냉각로, 액체금속로 등으로 구분할 수 있으며, 경수로의 경우 증기의 생성 방식에 따라 가압경수로와 비등경수로로 구분한다.

　사용목적에 따라 에너지 생산을 위한 동력로, 핵분열성물질 또는 방사성 동위원소의 생산을 위한 생산로, 연구 또는 재료시험 등을 위한 연구로 또는 시험로, 학생들의 교육을 위한 교육용원자로 등으로 구분할 수 있다. 동력로는 전력을 생산하는 발전용원자

로, 선박, 우주선, 로켓 등의 동력원으로 사용하는 추진용원자로, 원자로에서 발생하는
열을 이용하여 난방 등에 이용하는 열공급로 등으로 세분할 수 있으며, 해수를 담수로
전환하기 위한 에너지원으로 사용되기도 한다.

개발단계에 따라 원자로 이론의 실증을 위한 실험로, 실용화의 가능성을 확인하기 위
한 원형로, 원자로의 안전성과 경제성을 입증하기 위한 실증로, 상업적으로 이용하기
위한 상용로로 구분할 수 있다.

2.2.2 발전용원자로의 종류

원자로에서 핵분열 반응이 연쇄적으로 일어나면서 발생하는 막대한 에너지를 이용하
여 물을 증기로 만들고, 그 힘으로 터빈을 돌려 발전기를 통하여 전기를 생산하는 시설
을 원자력발전소(Nuclear Power Plant)라 한다. 전기를 생산하는 시설로 우리에게 잘
알려져 있는 화력발전은 석유나 석탄을 연소하여 그 에너지를 이용하여 물을 증기로
만들고, 그 힘으로 터빈을 돌려 발전기를 통하여 전기를 생산한다. 그림 2.3에서 보는
바와 같이, 원자력발전이나 화력발전은 에너지를 발생시키는 방식을 제외하면 개념적으
로 큰 차이가 없다.

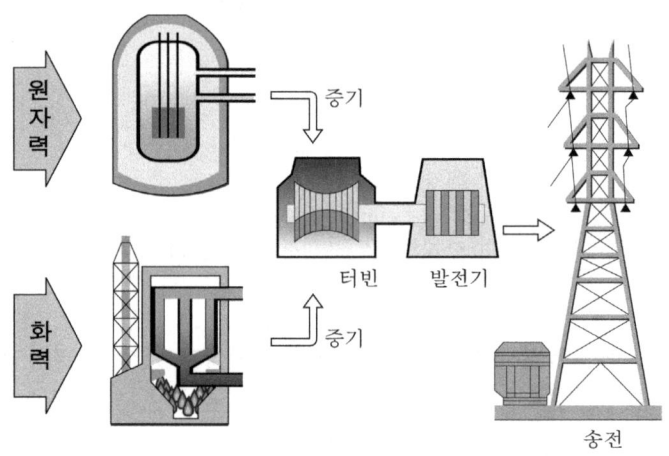

그림 2.3 원자력발전과 화력발전의 개념적 비교

현재 전기생산을 목적으로 상업용으로 개발되어 운전되고 있는 발전용원자로는 액체
금속로를 제외하고는 핵분열 방식의 열중성자를 사용하는 전환로이다. 그 특징을 살펴
보면 다음과 같으며, 그림 2.4~2.9는 각 원자로를 개념적으로 도식화하고 있다.

1) 가압경수로

열중성자에 의한 핵분열 반응에서 나오는 에너지를 이용하여 전기를 생산하는 열중성자로이며, 냉각재와 감속재로 보통의 물(경수)을 사용한다. 핵연료는 핵분열성 물질인 우라늄-235가 2~5% 포함된 저농축우라늄을 사용하고 있다. 원자로가 있는 1차 측의 냉각재에 높은 압력을 가하여 고온에서도 액체상태를 유지시키고, 열교환기(증기발생기)를 통하여 터빈이 있는 2차 측의 물을 증기로 바꾸어 터빈으로 보낸다. 보통 12~18개월 주기로 원자로를 중지하고, 전체 핵연료의 1/3을 교체한다. 가압경수로의 개념도는 그림 2.4에서 보는 바와 같으며, 보다 자세한 사항은 '2.3절'에서 다루기로 한다.

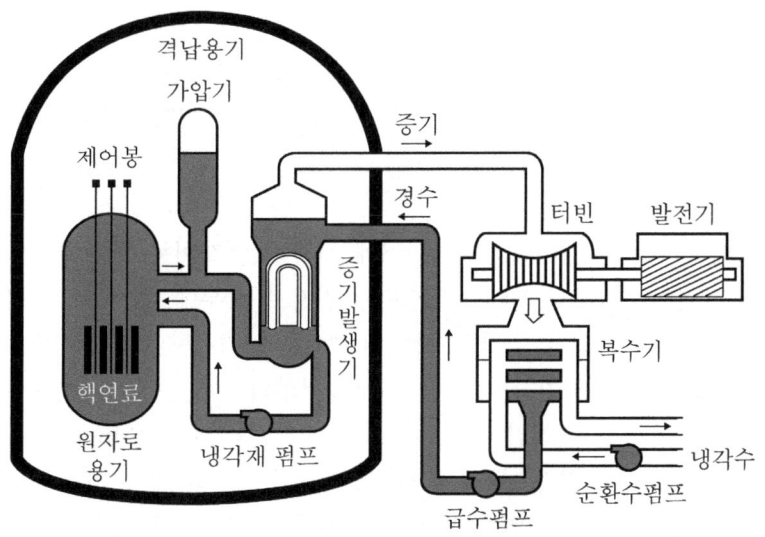

그림 2.4 가압경수로 개념도

1957년 12월 미국의 쉬핑포트(Shipping Port)에서 전기출력 60MWe의 원자력발전을 시작으로, 1961년 6월 180MWe의 발전소를 가동하면서 상업운전이 본격화 되었다. 현재 전 세계에서 265기가 가동 중이며, 가동 원전의 약 60%를 차지하고 있는 주종 원자로이며, 우리나라에서도 현재 가동 원전 23기 중에서 19기가 이 노형에 속한다.

동일한 형태의 가압경수로이면서 일반적인 가압경수로와 달리 증기발생기가 수평으로 설치된 원자로로 러시아에서 운전 중인 VVER이 있다. VVER은 'Water-Water Energetic Reactor'의 러시아어로부터 유래되었으며, 6개의 순환유로(Loop)를 가진 440MWe의 VVER 440-230과 4개의 순환유로를 가진 1000MWe의 VVER 1000이 있다.

2) 비등경수로

가압경수로와 동일한 열중성자로이면서 냉각재와 감속재, 핵연료, 핵연료 교체주기 등은 가압경수로와 동일하고, 경수를 감속재 및 냉각재로 사용하기 때문에 경수형 원자로로 분류된다. 가압경수로와 달리 1차 측과 2차 측이 분리되지 않으므로 증기발생기가 별도로 설치되지 않으며, 냉각재는 원자로에서 열을 받아 직접 증기로 변하여 증기분리기(Steam Separator)를 통하여 터빈으로 나가므로 냉각재를 가압경수로에 비하여 높은 압력으로 유지할 필요가 없다. 그러나 원자로와 터빈 측이 물리적으로 분리되어 있지 않아 냉각재와 증기에 방사성물질이 포함되어 있기 때문에 원자로 압력용기 뿐만 아니라 터빈과 복수기도 격납건물 내에 위치시켜야 하며, 방사성물질의 차폐가 어렵다는 단점이 있다. 비등경수로는 핵반응이 일어나는 원자로용기 내에서 냉각재가 비등하여 직접 증기를 생산하는 개념으로 화력발전소에서 증기를 발생시키는 방법과 같다. 터빈을 돌려 전기를 생산한 증기는 진공상태의 복수기에서 물로 변환되어 급수펌프를 통해 다시 원자로에 공급된다. 한편 복수기는 바다, 호수, 강으로부터 순환수 펌프를 통해 공급되는 냉각수에 의해 냉각된다.

비등경수로는 원자로의 정지 및 출력제어에 사용되는 제어봉 설계에서 다른 원자로와 특히 구별된다. 가압경수로의 제어봉집합체는 원자로 상부에 위치하여 노심 상부에서부터 삽입되지만, 비등경수로는 원자로 상부에 증기분리기 등이 위치하기 때문에 제어봉집합체는 원자로 하부에 위치하며 노심 하부에서부터 고압의 유압계통에 의해 삽입된다. 또한 비등경수로에는 환형감압수조(Torus) 또는 감압수조(Suppression Pool)가 존재하는데, 이는 원자로나 원자로냉각재 재순환계통으로부터 많은 양의 증기가 방출되는 사고가 발생하였을 때 방출된 열을 제거하고 압력을 낮추는데 사용된다. 비등경수로의 개념도는 그림 2.5에서 보는 바와 같다.

1960년 6월 미국의 일리노이즈 주에 건설된 전기출력 197MWe의 드레스덴(Dresden) 원자력발전소를 시작으로, 현재 전 세계에서 92기가 가동 중에 있으며, 가동 중인 원전의 약 21%를 차지하고 있다.

3) 가압중수로

중수로는 경수로와 동일하게 열중성자로이나, 냉각재와 감속재로 중수를 사용하고 핵연료로 천연우라늄을 사용하는 특징이 있다. 정상운전 중에 가압경수로와 동일하게 원자로냉각재를 가압하므로 가압중수로(Pressurized HWR: PHWR)라 부르기도 한다. 원자로냉각재계통이 가압되기 때문에 노심에서 일부 국부 비등을 제외하고는 비등이 발생하지 않는다. 중수로는 천연우라늄을 사용하기 때문에 중성자 흡수율이 경수보다 매우

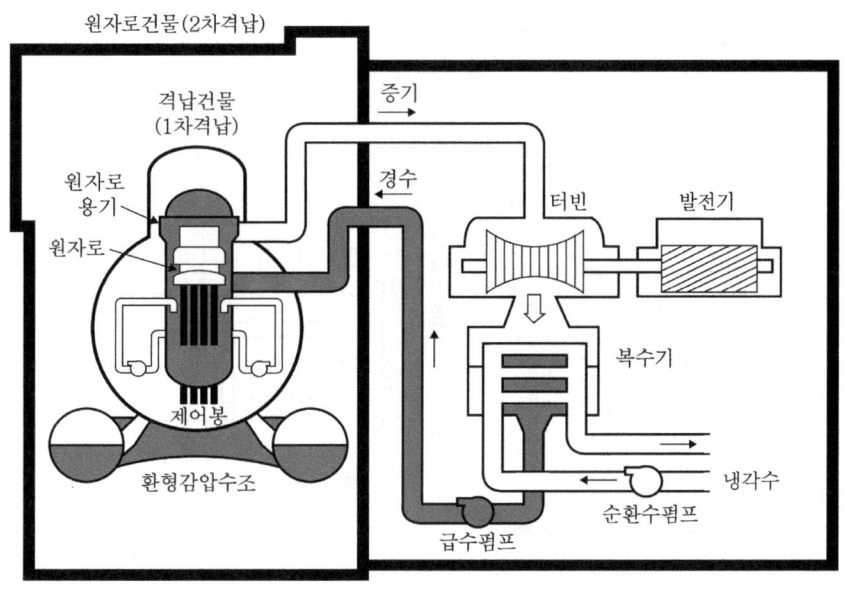

그림 2.5 비등경수로 개념도

낮은 중수를 감속재 겸 냉각재로 사용해야 한다. 중수는 중성자 흡수단면적이 극히 작아서 천연우라늄을 사용하더라도 임계조건의 달성이 가능하나, 잉여 반응도가 극히 작으므로 가동 중에 핵연료의 교환이 필요하다. 중수로는 가압관식과 가압용기식의 2종류가 있다. 가압중수로의 개념도는 그림 2.6에서 보는 바와 같으며, 보다 자세한 사항은 '2.7절'에서 다루기로 한다.

대표적인 원자로로 캐나다에서 개발하여 캔두(Canadian Deuterium Natural Uranium Reactor: CANDU)라 불리는 가압관식 중수로는 감속재와 냉각재가 공간적으로 분리되어 있다. 감속재는 칼란드리아(Calandria: 경수로의 원자로용기)라고 불리는 큰 원통형 탱크 내에 존재하며, 냉각재는 칼란드리아 내부에서 핵연료다발이 들어 있는 압력관 속을 흐른다. 1968년 캐나다의 온타리오주에 설치된 200MWe급의 더글라스 포인트(Douglas Point) 원자력발전소를 시작으로 전 세계에서 45기(10.3%)가 가동 중에 있으며, 우리나라에도 4기가 가동 중에 있다.

4) 기체냉각로

이산화탄소나 헬륨 등의 기체를 냉각재로 사용하는 열중성자로이다. 감속재로는 중성자 흡수단면적이 아주 작으면서도 감속성능이 좋은 흑연을 주로 사용한다. 영국에서 운전되고 있는 마그녹스(MAGNOX) 원자로와 개량형 기체냉각로(Advanced Gas Cooled

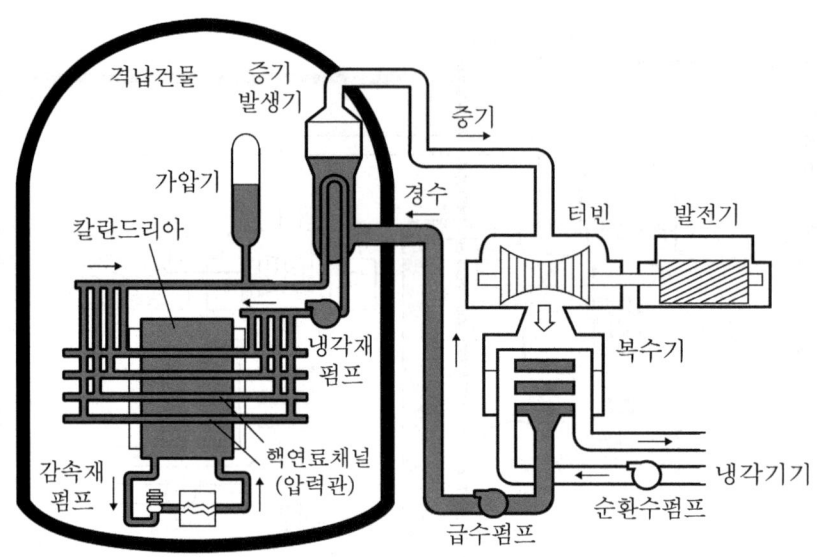

그림 2.6 가압중수로 개념도

Reactor: AGR)는 이산화탄소를 냉각재로, 흑연을 감속재로 사용하고 있다. 최근에 세계적으로 개발되고 있는 고온 기체냉각로(High Temperature Gas Cooled Reactor: HTGR)는 헬륨을 냉각재로, 흑연을 감속재로 사용하고 열에 강한 탄소와 탄화규소로 피복한 입자연료를 사용하고 있다. 고온 기체냉각로는 800℃ 이상의 높은 출구온도를 가진 고온의 기체를 얻을 수 있어, 미래의 에너지원으로 각광받는 수소 생산에 활용하려는 연구가 활발히 진행되고 있다.

냉각재로 이산화탄소나 헬륨은 취급이 용이하고 방사선에 안정적이며, 특히 열중성자 흡수율이 작기 때문에 천연우라늄을 핵연료로 사용할 수 있다. 또한 기체 냉각재는 저압에서도 고온상태를 유지할 수 있기 때문에 열전달계통을 고압용기로 제작할 필요가 없다. 그러나 기체는 열전달 특성이 나쁘기 때문에 원자로용기와 열교환기가 크고 기체펌프의 용량도 커야 하는 단점이 있다.

초기의 기체냉각로인 MAGNOX 원자로는 1955년 영국에서 개발한 것으로 천연우라늄을 마그네슘 합금으로 피복한 핵연료봉을 흑연감속재 사이에 장전하여 노심을 구성하였다. 이런 형태의 원자로를 마그네슘 합금인 핵연료피복재의 이름을 따서 MAGNOX 원자로라고 불렀으며, 1960년대에는 주로 군사적인 목적으로 Pu-239 생산에 이용되었다. 1956년 10월 영국에서 건설된 콜더홀(Calder Hall) 원자력발전소가 최초의 MAGNOX 원자로이며, 현재 MAGNOX 원자로는 더 이상 건설되지 않는다.

개량형 기체냉각원자로(AGR)는 초기의 MAGNOX로부터 개발되었지만, 핵연료로 약

2%의 저농축우라늄을 사용하고 핵연료피복재로 스테인레스 강을 사용하기 때문에 발전 효율이 매우 높다(약 40%). AGR은 기체냉각재를 사용하기 때문에 열전달계통인 1차계통과 증기를 발생하는 2차계통으로 구분된다. 1차계통은 저압이지만 고온의 냉각기체가 들어있고 많은 양의 냉각재가 순환되어야 하기 때문에 원자로 압력용기는 대형의 콘크리트로 만들어진다. 대형 콘크리트 압력용기는 1차계통의 증기발생기와 냉각재순환기(Gas Circulator)를 내부에 설치할 수 있는 크기를 가지며, 내부의 각 장치로부터 외부로 연결된 관들이 관통하는 부위는 이중 격납용기 개념으로 기체 배관이 파손되었을 때 냉각재의 유출을 최소화하도록 설계되어 있다.

원자로의 냉각기체는 원자로의 하단으로 들어와 각각의 핵연료채널을 따라 위로 흐르는 동안 열을 전달받으며, 665℃의 냉각기체가 콘크리트 압력용기 속의 노심 주위에 설치되어 있는 12개의 증기발생기 상단으로 흘러 들어간다. 증기발생기에서 2차 측의 경수에 열을 전달한 냉각기체는 냉각재순환기에 의해 노심 하부로 들어간다. 기체냉각로의 개념도는 그림 2.7에서 보는 바와 같다.

기체냉각로는 1956년 10월 영국에서 전기출력 49MWe의 콜더홀(Calder Hall) 원자력발전소를 시작으로 전 세계에서 18기(4.1%)가 가동 중에 있다.

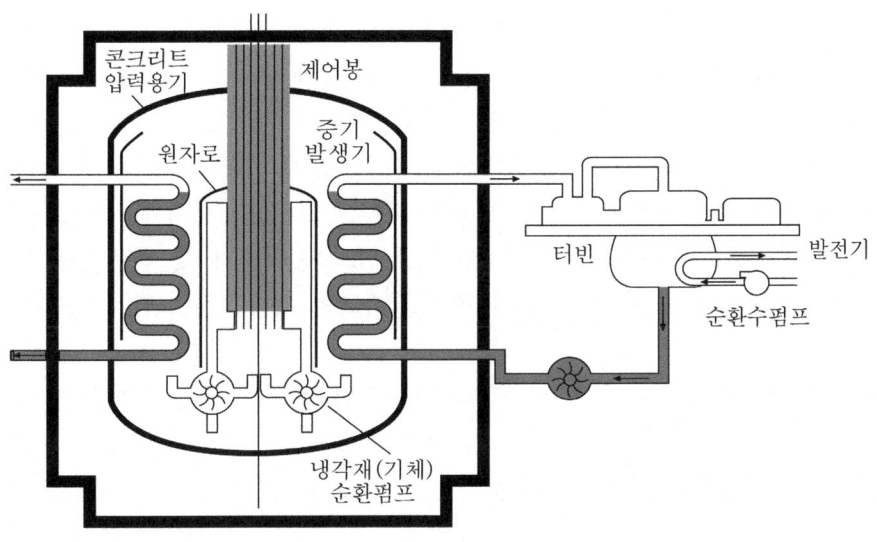

그림 2.7 기체냉각로 개념도

5) 액체금속로

고속중성자를 이용하여 핵분열 반응을 일으키는 고속중성자로이면서 핵분열 가능물질인 U-238을 핵분열성 물질인 Pu-239로 변환시키므로 고속증식로(Fast Breeder Reactor: FBR)라고도 한다. 경수로에서도 U-238이 중성자를 흡수하여 Pu-239로 변환하나 그 비율이 높지 않은 반면에, 액체금속로에서는 핵분열에 의해 생성하는 중성자의 수가 많고 또한 냉각재에 의한 중성자의 흡수가 적어 Pu-239로의 변환 비율이 매우 높기 때문에 소비한 연료보다 더 많은 연료를 만들 수 있다. 이러한 성질을 이용하여 우라늄과 플루토늄의 혼합체(MOX)를 핵연료로 사용한다. 또한 우라늄원소의 대부분을 차지하고 있는 U-238을 핵분열성 물질로 변환하기 때문에 우라늄자원의 활용을 극대화할 수 있다는 큰 이점이 있다.

액체금속로의 노심은 크게 두 부분으로 구성된다. 노심 안쪽에는 UO_2와 PuO_2로 혼합된 핵연료집합체가 있으며, 핵분열 반응을 통하여 열을 발생한다. 노심의 바깥쪽에는 천연우라늄(0.7%)보다 U-235의 비율이 더 적게 포함되어 있는 감손우라늄으로 구성되어 있으며, U-238로부터 Pu-239로의 변환이 주로 이루어진다.

액체금속로는 고속중성자에 의해 핵분열이 발생하기 때문에 중성자 감속재가 필요하지 않다. 따라서 감속재로 뛰어난 성능을 가진 물을 냉각재로 사용할 필요가 없으며, 주로 액체금속으로 소듐(Sodium, Na)이 사용된다. 소듐(나트륨)은 중성자 감속을 잘 시키지 않으며, 끓는점이 높고(1MPa에서 900℃) 냉각효과가 우수하여 1차계통을 높은 압력으로 유지할 필요가 없기 때문에 원자로용기의 건설·제작이 비교적 용이하다. 그러나 노심에서 중성자와 만나면 강한 방사능을 띠며 물과 반응하면 폭발하기 때문에 방사능관리와 냉각계통의 안전성에 유의해야 한다. 따라서 원자로를 순환하는 높은 방사능을 가진 소듐의 1차 냉각재계통과, 터빈 측의 물-증기 계통(3차계통) 사이에 깨끗한 소듐이 순환하는 중간 냉각재계통(2차계통)을 설치하고 있다. 1차계통의 소듐의 열은 중간열교환기에서 2차계통의 소듐으로 전달되고, 3차계통(증기 및 터빈계통)으로의 열전달은 증기발생기를 통하여 이루어진다. 액체금속로의 개념도는 그림 2.8에서 보는 바와 같다.

1970년대에 실증용으로 프랑스의 PHENIX, 소련의 BN-350, 영국의 PFR이 건설·운전되어 원자로의 핵적 특성, 제어 및 안전 관련 기술자료, 1차계통 성능 등의 설계특성들을 확인하였다. 규모가 가장 큰 액체금속로로 1986년부터 운전을 시작한 프랑스의 SUPERPHENIX가 있으며, 열출력 3,000MWth, 전기출력 1,180MWe의 용량을 가지고 있다.

6) 경수냉각 흑연감속로

경수냉각 흑연감속로(Light Water Cooled, Graphite Moderated Reactor: LWGR)는

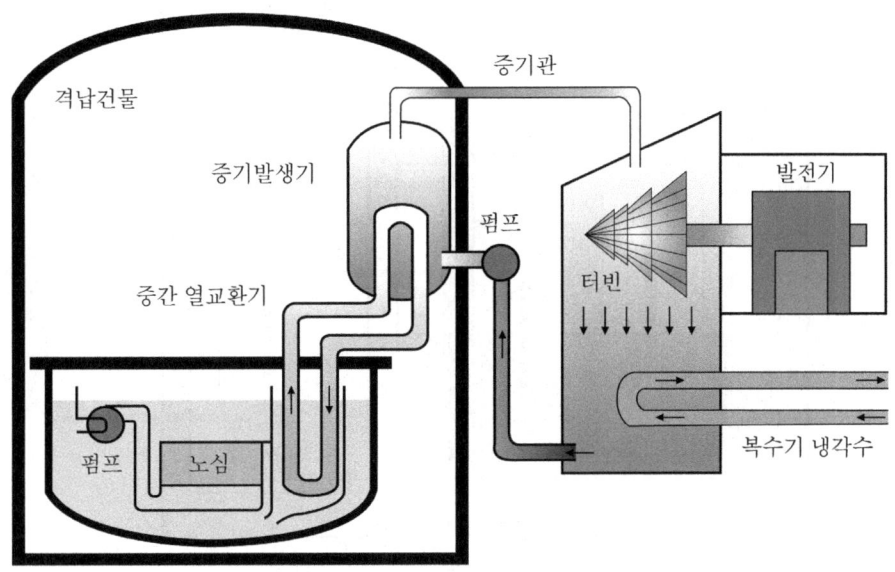

그림 2.8 액체금속로 개념도

구소련에서 플루토늄 생산을 목적으로 개발한 독특한 원자로로서, RBMK(러시아어로 '고출력 압력관형 원자로')라고 불리고 있다. 흑연을 감속재로 사용하고 경수를 냉각재로 사용하는 비등경수로로써, CANDU에서와 같이 압력관을 사용한다.

원자로 노심은 감속재로 사용하는 거대한 흑연 블록(Block)과 약 1,600개의 수직 압력관(직경 약 9cm)으로 구성되어 있으며, 흑연 블록은 직경 약 12.8m의 강철용기에 둘러싸여 있다. 원자로냉각재 순환유로는 2개로 각 유로가 노심의 절반을 담당하며, 각 유로마다 원자로냉각재펌프와 증기드럼(Steam Drum)을 갖고 있다. 압력관 사이를 통과하는 냉각재(물)는 노심에서 직접 증기로 변환되고, 이 물-증기의 혼합물은 습분분리기로 이동한다. RBMK는 CANDU와 같이 운전 중에도 핵연료를 재장전할 수 있고, 냉각재가 압력관 속으로 흐르기 때문에 압력용기가 요구되지 않는다. 그림 2.9는 경수냉각 흑연감속로(RBMK)의 개념도를 보이고 있다.

1954년 러시아 Obninsk에 건설된 5MWe 실증로에서 처음으로 전력을 생산하기 시작하였으며, 1986년 4월 26일 사고가 발생했던 체르노빌 원자력발전소도 이와 동일한 노형이다. 현재 15기(3.4%)가 가동 중에 있으며, 러시아에 11기, 우크라이나와 리투아니아에 각각 2기가 가동되고 있다.

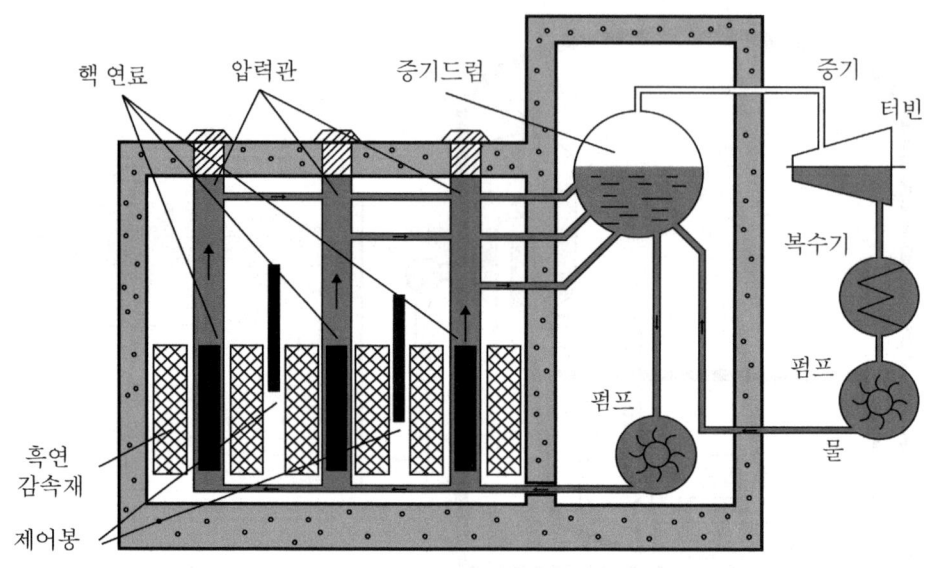

그림 2.9 경수냉각 흑연감속로(RBMK) 개념도

2.2.3 원자로의 역사와 원자력발전소 현황

인류는 20세기 초기에 이르기까지 핵반응에너지의 원리를 이해하지 못하였으나, 아인슈타인의 에너지-질량 등가원리가 그 유명한 $E = mc^2$ 공식으로 규명되자 이 거대한 에너지를 인공적으로 생산하고자 시도를 하게 되었다. 1942년 12월 2일 이탈리아의 물리학자 페르미(Enrico Fermi)가 미국의 시카고대학 축구경기장 스타디움의 지하실에서 세계 최초의 원자로인 CP(Chicago Pile)-1 원자로(그림 2.10)를 이용하여 핵분열 연쇄반응을 실현함으로써 원자로의 역사는 시작된다. 이 원자로는 감속재로 400톤의 흑연을 우라늄(UO_2) 핵연료 주변에 쌓아올린 파일 형태로, 제2차 세계대전이 한창이던 1941년 미국의 원자폭탄 제조계획인 '맨해탄 프로젝트'의 일환으로 방사성동위원소인 플루토늄을 생산하기 위한 원자로였다.

여기서 생산된 플루토늄은 1945년 8월 일본의 나가사키에 투하된 플루토늄 폭탄인 '뚱뚱한 아저씨'(Fat Man)의 제조에 사용되었다. 또한 히로시마에 투하된 우라늄 폭탄인 '작은 소년'(Little Boy)은 고농축우라늄을 사용하여 제조되었다. 그러나 '작은 소년'은 귀엽지 않았고 '뚱뚱한 아저씨'는 예상과 달리 인자하지 않았으며 다만 존재하는 모든 것을 파괴하는 대량살상무기에 지나지 않았다. 이처럼 원자력의 원초적이고 거대한 에너지는 제2차 세계대전이라는 인류사의 비극 기간을 통해 핵무기라는 가공할 무기로 그 첫 모습을 드러내었다.

그림 2.10 세계 최초의 원자로 CP-1

　핵무기의 가공할 위력에 대한 충격과 그 반성으로 국제사회는 원자력이 평화적으로만 이용될 때 그 값어치가 있음을 절감하게 되었다. 1953년 핵폭탄 투하의 당사국인 미국의 아이젠하워 대통령이 국제연합(UN) 총회에서 '원자력의 평화적 이용'(Atoms for Peace)을 제창한 것을 계기로 원자력은 평화적인 에너지원으로 발돋움하게 되었다. 즉 원자력의 가공할 파괴력을 산업과 생활의 에너지원으로 전환시키고자 하는 노력이 경주되었다.

　1951년 12월 미국에서 최초로 전기를 생산하는 실험용 원자로인 EBR-1이 개발되었으며, 1954년 러시아의 Obninsk에 전기출력 5MWe급의 흑연감속 비등경수로(LWGR)인 APS-1 원자력발전소가 완성되었다. 1956년 10월 영국에서 세계 최초의 상업용 원자력발전소 콜더홀(Calder Hall)-1의 운전이 개시되면서 상업용 원자력발전소 시대가 시작되었다. 콜더홀 발전소는 전기출력 49MWe급의 가스냉각로로써, 그 당시 영국에 농축우라늄이 없었기 때문에 천연우라늄을 사용하였고 흑연을 감속재로 이산화탄소를 냉각재로 사용하였다.

　미국의 제너럴일렉트릭(GE)사는 1956년 전기출력 24MWe급의 비등경수형 원자로인 GE 바레시토스(Vallecitos)와 1960년 드레스덴(Dresden)-1 비등경수로(197MWe)를 건설하여 전기를 생산하였다. 또한 1957년 웨스팅하우스(WH)사가 원자력잠수함의 원자로기술을 활용하여 전기출력 60MWe급의 쉬핑포트(Shipping Port) 가압경수형 원자로를 설치하였으며, 1960년 양키(Yankee) 가압경수로(167MWe)를 완성하였다. 1969년 614MWe급의 비등경수로인 오이스터 크릭(Oyster Creek)이 상용발전을 시작하면서 본격적인 원자력발전의 실용기를 맞이하게 되었다.

2009년 12월 기준으로 전 세계에서 437기의 원자력발전소가 가동 중에 있으며, 총 370,705MW의 발전용량을 갖고 있다. 또한 건설 중인 발전소는 55기로 50,929MW의 발전용량을 갖고 있다. 원자력발전소의 각 국가별 건설 및 운전현황, 원자로 노형 및 발전 점유율, 가동년수 등은 부록 B에 수록되어 있다.

2.2.4 우리나라 원자로 개발 역사와 현황

우리나라는 1956년 2월 미국과 '원자력의 비군사적 이용에 관한 한·미간 협력 협정'의 체결과 함께 문교부 소속의 기술교육국 내에 '원자력과'를 신설하고, 1958년 3월 11일 원자력법을 제정하면서 원자력 연구개발의 첫 걸음을 시작하였다. 1959년 7월 우리나라 최초의 원자로인 열출력 100kW급 TRIGA Mark-II 연구용원자로가 건설되기 시작하여 1962년 3월 첫 임계에 도달하였다. 1960년대 후반에 접어들어 원자로 이용연구가 활성화되고 방사성동위원소 수요가 증가되면서, 1972년 5월 열출력 2MW급의 TRIGA Mark-III 연구로를 추가로 건설하여 가동하였다. 또한 1982년 12월에는 교육용원자로인 AGN-201(10W)이 경희대학교에 설치되어 학생들의 실습 및 교육용으로 사용되고 있다.

1995년 열출력 30MW급의 하나로(HANARO) 연구용원자로가 캐나다의 AECL사와 공동설계로 완성되어 가동 중에 있으며, 동위원소의 생산과 중성자 산란 등의 기초 물성 연구 등에 활용되고 있다. 한편 연구용원자로의 공동설계를 통하여 습득한 기술을 토대로 2010년 3월 요르단에 열출력 10MW급(5MW 출력증강 가능)의 연구용원자로를 수출하여 건설 중에 있다. 그림 2.11은 우리나라 최초의 연구용원자로인 TRIGA Mark-II의 실제 모습을, 그림 2.12는 AGN-201 교육용원자로와 하나로 연구용원자로의 실제 모습을 보이고 있다.

1968년 3월 우리나라 최초의 상용원자로인 고리1호기의 건설 추진방침이 확정되면서, 1969년 한국전력은 미국의 웨스팅하우스사로부터 가압경수로형(600MWe급)인 고리1호기의 도입계약을 체결하였다. 1972년 5월 건설허가와 함께 착공에 들어가 1977년 6월 최초 임계에 도달하고 1978년 4월부터 상업운전에 돌입하게 되었다. 1973년 10월 중동전쟁으로 야기된 제1차 석유파동을 계기로 탈석유정책과 함께 석유에너지를 대체할 저렴하고 안정된 에너지원의 확보를 위하여, 1978년 2월 캐나다 원자력공사(AECL)로부터 국내 최초로 천연우라늄과 중수를 이용하는 캔두형 가압중수로인 월성1호기(600MWe급)를 도입하여 건설이 시작되었다. 연이어 미국의 웨스팅하우스사로부터 가압

(오른쪽 : 연구용원자로 기공식 모습과 원자로 가동 기념우표)
그림 2.11 최초의 연구용원자로 TRIGA Mark-II

그림 2.12 AGN-201 교육용원자로와 하나로 연구용원자로

경수로형 원자력발전소인 고리2호기(600MWe급), 고리3호기 및 4호기(900MWe급)가
순차적으로 도입되었다.

　이 당시의 국내 산업계는 원자력발전소의 계통과 기기를 설계·제작할 수 있는 기술능
력과 설비를 갖추지 못했고, 경험도 일천한 상태였다. 따라서 당시에 건설이 시작된 원
자로 중 고리1호기, 월성1호기와 고리2호기까지는 공급국의 원자력회사가 모든 책임을
지고 기기를 공급 및 설치하는 일괄 수주(Turn-key)방식으로 진행되었다.

　1980년대에 신규 원자력발전소의 건설이 증가함에 따라 원자력발전소 설계기술 자립화의 필요성이 더욱 절실해졌으며, 원자로에 공급되는 핵연료의 국산화사업과 다목적 연구용원자로의 개발 등 상용 원자력발전소 건설 이외의 분야에서도 기술자립화 노력 이 병행하여 추진되었다. 이의 일환으로 미국의 컴버스천 엔지니어링(CE)사로부터 1,000MWe급의 영광3/4호기 도입에서 기술전수 및 원자로계통 설계에 공동으로 참여함 으로써 95%까지 설계기술자립을 이루었다. 이를 토대로 1990년대에 후속 호기인 울진 3/4호기의 자립설계를 통하여 한국표준형원자로(OPR-1000)의 설계를 완성하게 되었으 며, 영광5/6호기부터 신월성1/2호기에 이르는 8개 호기의 원자력발전소를 건설 및 운 영하게 되었다.

기존 한국표준형원자로(OPR-1000)보다 안전성과 경제성이 향상된 신형경수로인 1,400MWe급 APR-1400의 설계를 자체 개발하여 신고리3/4호기와 신울진1/2호기로 건 설되고 있다. APR-1400은 2009년 12월 아랍에미리트(공)에 수출되어 건설이 진행 중 에 있다.

한편 원자력발전소의 국산화와 병행하여 1982년부터 중수로핵연료에 대한 국산화사 업이 추진되었으며, 1987년 7월부터 중수로핵연료의 양산이 개시되어 월성1호기에 공 급되었다. 또한 중수로핵연료의 국산화에 이어 경수로핵연료의 국산화를 위해 1983년 7월 경수로핵연료 제조공장의 건설과 핵연료 설계기술개발을 독일 Siemens-KWU사와 공동으로 착수하였으며, 1989년부터 경수로 국산핵연료의 양산이 개시되어 고리2호기 에 공급되었다.

우리나라는 부록 B에서 보는 바와 같이 2011년 12월 기준으로 총 23기의 원자력발전소 를 가동하고 있으며, 5기가 건설 중에 있다. 원자력발전 설비용량은 18,716MWe로 점유율 23.6%를 차지하고 있으며, 실제 발전량은 154,723GWh로 31.2%의 점유율을 보이고 있다 (부록 표 B.5). 그림 2.13은 고리, 월성, 영광, 울진원자력발전소의 전경을 보이고 있다.

2.3 가압경수형 원자력발전소와 핵증기공급계통

이 절에서는 가압경수형 원자력발전소의 기본구성과 핵증기공급계통의 기능 및 설계 에서 고려해야 할 기본적인 안전요건, 그리고 설치현황에 대하여 기술하기로 한다. 또한 발전소를 구성하는 증기 및 전력변환계통, 발전소 보호, 제어 및 감시계통, 보조계통 등 에 대해서는 계속되는 각 절에서 다루기로 한다. 여기에서 사용하는 대부분의 자료들은 OPR-1000 모델의 가장 최신형으로 최근에 상업운전을 시작한 신고리1호기(최종안전성 분석보고서)를 참조하고 있다. 우리나라의 표준원전 모델인 OPR-1000 (Optimized Power

그림 2.13 원자력발전소 전경

Reactor)은 전기출력 1,000MWe급의 가압경수로이면서, 현재 가동 중인 원자력발전소인 울진3/4호기, 영광5/6호기, 울진5/6호기, 신고리1/2호기 등의 기본 모델이다. 부록(표 B.6)에서는 우리나라 원자력발전소의 호기별 설비 사양을 비교하고 있다.

공학적안전설비 계통은 발전소의 사고 예방 및 완화에 중요한 기능을 수행하는 계통으로 '제3장'에서 자세히 다루기로 한다. 또한 핵연료 취급 및 저장계통, 방사성폐기물 처리계통은 '제10장'에서, 그리고 방사선방호설비에 대해서는 '제11장'에서 종합적으로 다루기로 한다.

2.3.1 가압경수형 원자력발전소의 기본 구성

가압경수형 원자력발전소는 크게 원자로의 핵분열 반응에서 발생하는 에너지를 이용하여 증기를 공급하는 핵증기공급계통(Nuclear Steam Supply System: NSSS)인 1차계통과 전기를 생산하는 증기 및 동력변환계통(Steam and Power Conversion System)인 2차계통으로 분리되어 있다.

핵증기공급계통은 원자로 노심을 포함하는 원자로용기, 증기발생기, 원자로냉각재펌프 및 가압기 등을 포함하는 원자로냉각재계통, 그리고 원자로냉각재계통에 부속된 정지냉각계통과 화학 및 체적 제어계통으로 구성되어 있다. 증기 및 동력변환 계통은 주증기계통, 주급수계통, 복수계통, 터빈 및 발전기 계통으로 구성되어 있다. 1차 및 2차 계통 외에도 발전소의 운전에 필요한 보호, 제어 및 감시계통과 보조계통, 사고의 예방과 완화에 필요한 공학적안전설비 계통, 그리고 방사성폐기물 처리계통 등이 있다.

그림 2.14는 원자력발전소 1차계통과 연계 계통들의 전체적인 구성과 배치를 보여주고 있으며, 그림 2.15는 2차계통의 구성을 나타내고 있다.

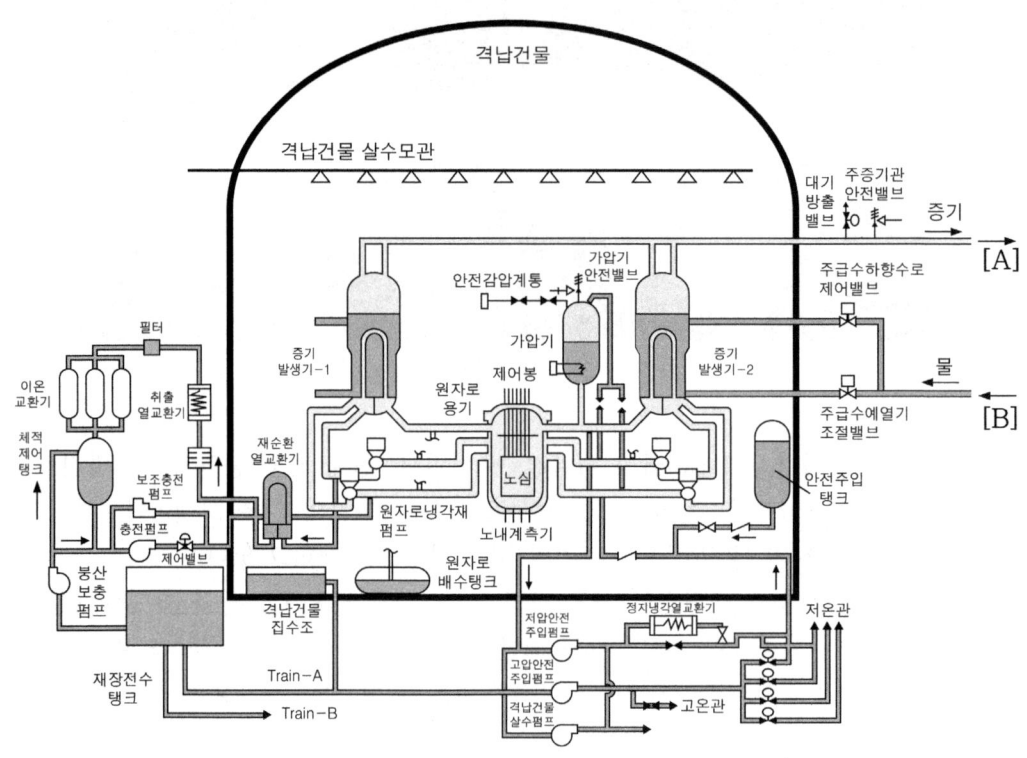

그림 2.14 원자력발전소 1차계통 구성 및 배치도

원자력발전소의 전체적인 배치는 그림 2.16에서 보는 바와 같이 원자로건물(격납건물), 터빈건물, 보조건물, 핵연료건물 및 복합건물 등으로 구분되어 있다. 원자로건물에는 원자로용기, 증기발생기, 원자로냉각재펌프, 가압기 등 핵증기공급계통이 설치되어 있다. 원통형의 원자로건물은 두꺼운 콘크리트 구조물과 그 내부에 강철판으로 밀폐한 격납용기로 되어 있어 방사성물질이 외부로 누출되지 않도록 하고 있다. 터빈건물에는 터빈, 발전기, 복수기와 증기 및 주급수계통 설비들이 있으며, 보조건물에는 발전소의 주제어실을 포함하여 보조계통들이 위치하고 있다. 복합건물에는 폐기물처리계통, 방사성세탁계통, 화학 및 체적제어계통 등이 설치되어 있다.

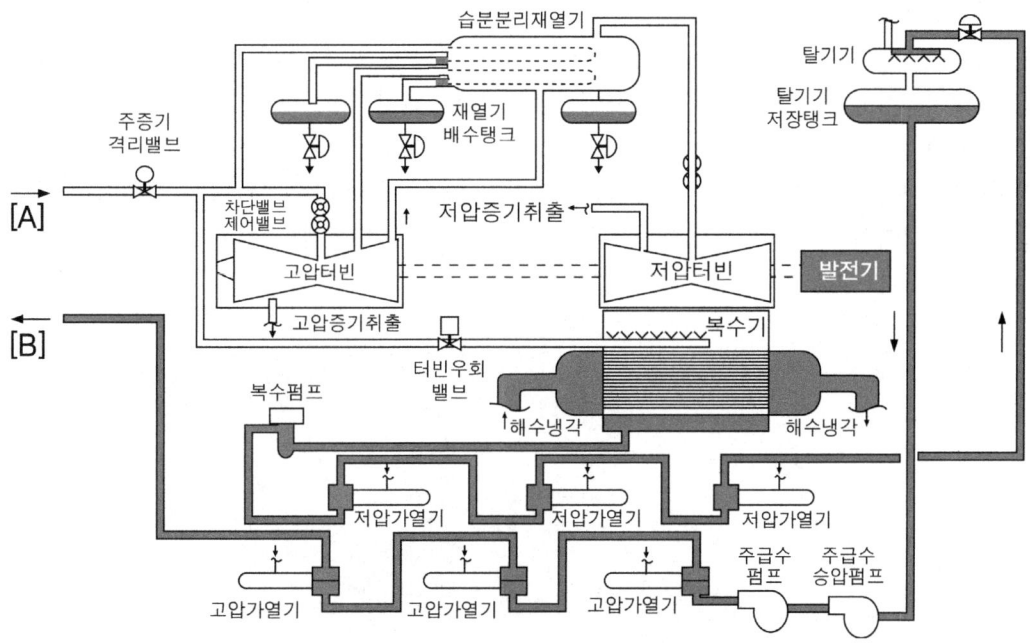

그림 2.15 원자력발전소 2차계통 구성 및 배치도

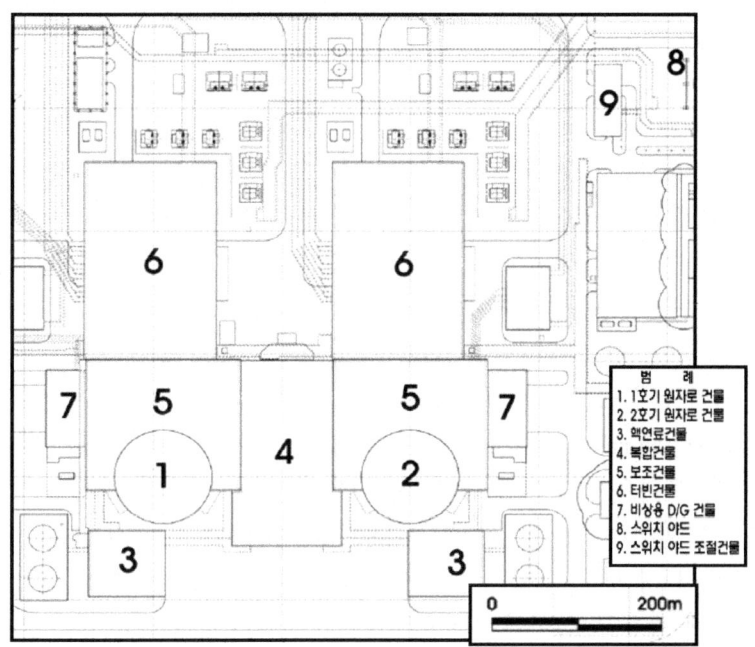

그림 2.16 가압경수형 원자력발전소(신고리1호기) 배치

원자로 보조건물에는 안전 및 보조 계통들이 배치되어 있으며, 핵연료건물에는 사용 전 및 사용 후 핵연료를 저장하는 저장설비가 배치되어 있다. 핵연료건물은 연료이송관 및 연료이송장치를 통하여 원자로건물(격납건물)과 연결되며, 사용후핵연료는 방사선차폐와 붕괴열을 제거하기 위하여 수중에 보관된다. 기기냉각수는 대개 발전소가 바다에 인접하기 때문에 직접 해수를 사용하나, 그렇지 않을 경우에는 냉각탑을 설치하여 기기냉각수를 처리하기도 한다. 그림 2.17은 신고리1/2호기의 실제 전경을 보이고 있다.

그림 2.17 신고리1/2호기 전경

2.3.2 원자로냉각재계통

원자로냉각재계통(Reactor Coolant System: RCS)은 원자로 노심에서 발생한 열을 1차계통의 배관을 통하여 증기발생기에서 2차계통으로 전달하는 역할을 하며, 열전달 매체로 냉각재를 함유하고 있는 계통이다. 따라서 원자로냉각재계통은 냉각재의 체적변화 및 누설 등을 고려하여 정상운전 및 예상운전과도 상태에서 설계조건에 적합하도록 냉각재의 압력과 양을 일정하게 유지해야 하며, 연계계통으로의 역류를 방지하고 격리가 가능해야 한다. 또한 냉각재의 방사성물질 농도 및 수질조건을 규정된 운전제한치 이하로 유지하고 처리할 수 있어야 한다.

여기서 정상운전(Normal Operation)은 규정된 운전제한조건 범위 안에서 수행되는 발전소운전으로, 출력운전, 원자로정지, 원자로정지운전, 기동, 보수, 시험 및 핵연료재장전시의 운전을 말한다. 또한 예상운전과도(Anticipated Operational Occurrence)는 정상운전을 벗어난 상태의 운전으로, 발전소의 수명기간 동안 적어도 한번 이상 발생할 수 있으나 안전에 중요한 설비에 심각한 손상을 일으키지 않거나 사고상태로 진전되지 않는 상태를 말한다.

원자로냉각재압력경계는 비정상 누설과 급속히 진전되는 파손 및 대규모 파단의 발생 확률이 극히 낮도록 설계해야 하며, 원자로냉각재 누설을 신속히 탐지할 수 있는 설비와 가능한 한 누설원의 위치를 파악할 수 있는 설비를 갖추어야 한다. 또한 원자로냉각재계통과 관련 보조계통, 제어계통 및 보호계통은 정상운전 및 예상운전과도 동안 원자로냉각재압력경계 설계조건을 초과하지 않도록 충분한 여유도를 가져야 한다. 여기서 원자로냉각재압력경계는 원자로냉각재로부터 압력을 받는 부분으로 압력용기, 배관, 펌프 및 밸브를 말하며, 원자로냉각재계통의 안전밸브 및 방출밸브와 격납건물을 관통하는 계통배관의 경우 최 외곽 격납건물 격리밸브를 포함한다.

1) 계통의 구성

원자로냉각재계통에는 핵연료를 내장하고 있는 원자로용기와 이에 연결된 2개의 원자로냉각재 순환유로(Loop)들이 있다. 각 순환유로에는 1개의 증기발생기와 2대의 원자로냉각재펌프, 1개의 원자로용기 출구배관(고온관: Hot Leg)과 2개의 원자로용기 입구배관(저온관: Cold Leg)이 있다. 어느 한쪽 순환유로의 고온관에는 냉각재계통의 압력 유지를 위하여 가압기(Pressurizer) 1대가 연결되어 있다. 그림 2.18은 원자로냉각재계통의 구성과 유동 경로를 보이고 있다.

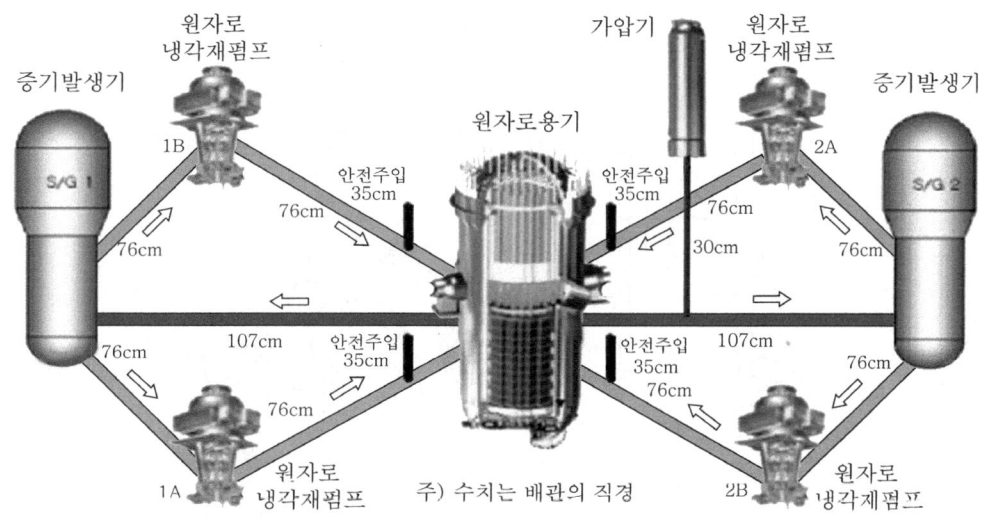

그림 2.18 원자로냉각재계통 구성 및 유동 경로

2) 증기발생기(Steam Generator: SG)

원자로에서 발생한 열은 원자로냉각재에 전달되고, 원자로용기 출구배관을 통하여 증기발생기로 보내지며, 증기발생기의 전열관을 통한 열전달에 의하여 2차계통의 물을 증기로 변환시킨다. 증기발생기를 거친 원자로냉각재는 2개의 원자로냉각재 유로로 나누어지며, 냉각재펌프에 의하여 원자로용기 입구 배관을 통하여 다시 원자로용기로 되돌려 보내진다.

증기발생기는 1차계통인 원자로냉각재계통과 2차계통인 주증기계통 간의 경계를 형성하며, 증기발생기 전열관과 관판(Tube Sheet)은 원자로냉각재에 함유되어 있는 방사성 물질이 2차계통으로 누출되는 것을 방지하기 위하여 방호벽의 역할을 한다. 각 증기발생기에는 그림 2.19에서 보는 바와 같이 원자로냉각재가 유입되는 1개의 입구노즐과 전열관을 통한 열전달 후 증기발생기를 빠져나가는 2개의 원자로냉각재 출구노즐이 1차계통과 연결되어 있다.

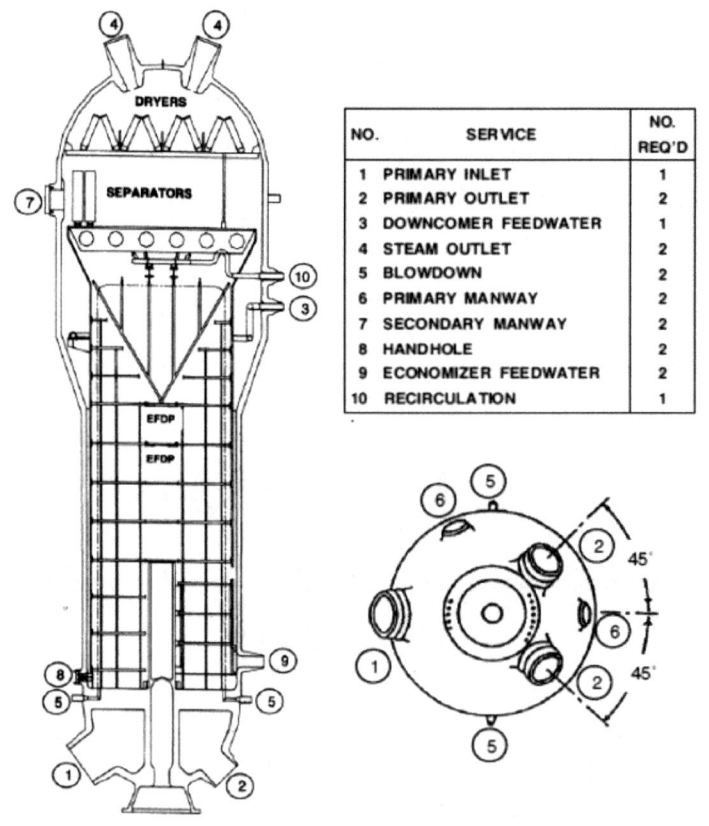

NO.	SERVICE	NO. REQ'D
1	PRIMARY INLET	1
2	PRIMARY OUTLET	2
3	DOWNCOMER FEEDWATER	1
4	STEAM OUTLET	2
5	BLOWDOWN	2
6	PRIMARY MANWAY	2
7	SECONDARY MANWAY	2
8	HANDHOLE	2
9	ECONOMIZER FEEDWATER	2
10	RECIRCULATION	1

그림 2.19 증기발생기 구성 및 유로

증기발생기 2차 측에는 3개의 급수 입구노즐, 2개의 증기 출구노즐, 습분분리기

(Separator), 건조기(Dryer) 등이 설치되어 있다. 각 증기발생기에는 외경 19.05mm, 평균 높이 17.7m의 전열관 8,340개가 내장되어 있으며, 전열관 내부로는 원자로냉각재가 흐르고 쉘 측으로는 이차 측의 냉각재가 흐른다. 그림 2.20은 증기발생기를 원자력발전소로 운반하여 설치하는 전경을 보이고 있다.

그림 2.20 증기발생기 운반 및 설치 전경

3) 원자로냉각재펌프(Reactor Coolant Pump) 및 가압기(Pressurizer)

원자로냉각재펌프는 정상운전 동안 원자로 노심에서 발생한 열을 적절히 제거할 수 있도록 원자로냉각재를 강제 순환시키고, 발전소 기동시에는 원자로냉각재를 가열하는 기능을 한다. 원자로냉각재펌프와 관성바퀴(Flywheel)를 부착한 전동기는 전원상실사고 시 노심을 적절히 냉각할 수 있도록 충분한 관성서행(Coastdown) 유량을 제공한다. 원자로냉각재펌프는 수직, 단단(Single Stage), 하부 흡입, 수평 배출, 전동기 구동의 원심펌프이다.

원자로냉각재계통의 압력은 증기와 물이 열적 평형을 이루고 있는 가압기에서 제어되며, 가압기 내의 증기는 원자로냉각재의 온도변화에 따른 수축이나 팽창에 의한 압력변화를 수용할 수 있도록 침수형 가열기에 의해 생성되고 가압기 살수에 의해 응축된다.

가압기는 수직으로 설치된 내경 2.43m, 높이 12.37m의 원통형 압력용기로 원자로냉각재계통의 고온관에 밀림관(Surge Line)으로 연결되어 있고, 저온관으로부터 나오는 살수관은 가압기 상부에 연결된다. 가압기 상부에는 직경 20cm의 안전밸브(Safety Valve) 3개가 설치되어 과도한 계통압력을 방출하며(설정치 175.8kg/cm²), 하부에는 36개의 교체가능한 직접접촉식 침수형 전열기가 수직으로 설치되어 가압기 내의 냉각재 온도를 유지시킨다.

4) 계통의 운전변수 및 연계계통

그림 2.21은 원자로냉각재계통에 연결되는 다른 여러 계통들과의 연계를 보이고 있다. 주요 연계계통으로 안전주입계통, 정지냉각계통, 화학 및 체적제어계통(냉각재 충전 및 추출) 등이 있다. 표 2.2는 가압경수형 원자력발전소(신고리1호기) 주요 운전변수들의 설계값을 나타내고 있다.

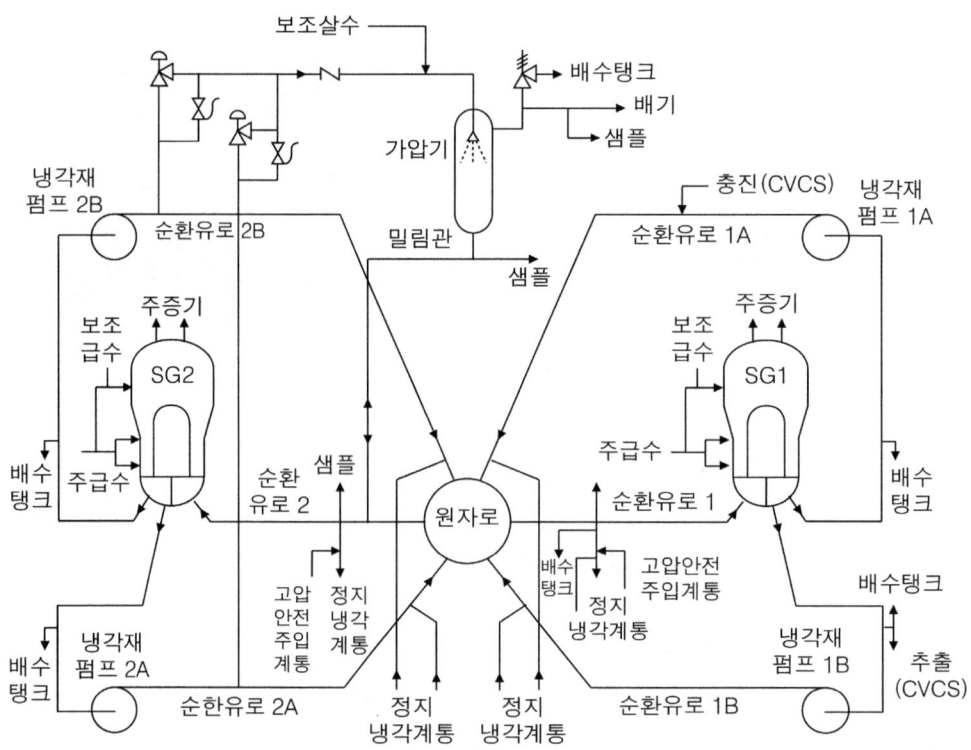

그림 2.21 원자로냉각재계통과 다른 계통과의 연계도

표 2.2 가압경수형 원자력발전소의 주요 운전변수(신고리1호기)

운 전 변 수		설 계 값
원자로냉각재계통	전기출력	1,000MWe
	핵증기공급계통 열출력	2,825MWth
	원자로 열출력	2,815MWth
	원자로냉각재펌프 출력(4대)	10MWth
	원자로냉각재계통 설계/운전압력	175.8/158.2kg/cm^2
	원자로냉각재계통 설계온도	343.3°C
	노심 입구/출구 온도	295.8/327.3°C
	노심 평균 온도	311.6°C
	원자로냉각재계통 총 유량	55.1×10^{6}kg/hr
	노심 유량	53.5×10^{6}kg/hr
	고온관/저온관 직경	1.067/0.762m
	원자로냉각재계통 체적(가압기 제외)	287.4m^3
	가압기 액체/증기 체적	25.6m^3/25.8m^3
	가압기 높이/내경	12.37/2.43m
	가압기 밀림관 내경	0.3m
	안전밸브 개수/설정압력/내경	3개/175.8kg/cm^2/20cm
증기발생기	증기발생기 개수	2대
	증기발생기 크기(높이x내경)	20.8mx5.39m
	1대당 2차측 증기노즐 개수/내경	2개/0.587m
	1대당 1차측 입구노즐/출구노즐 개수	1개/2개
	증기(2차측) 설계/운전압력	89.3/75.2kg/cm^2
	증기(2차측) 설계/운전온도	301.7/287°C
	증기 유량(각 노즐별)	1.442×10^{6}kg/hr
	최대 습분 동반율	0.25%
	주급수 온도	232.2°C
	1차측 체적(증기발생기 1대)	53.8m^3
	전열관 개수(증기발생기 1대)	8,340개
	전열관 높이(평균)	17.7m
	전열관 외경/두께	19.05/1.07mm
	증기발생기 2차측 주증기배관 개수	2개
	각 주증기배관 안전밸브 개수/설정압력	4개/87.9~92.5kg/cm^2

2.3.3 원자로용기

원자로용기(Reactor Vessel)는 핵연료를 장전하여 핵분열 연쇄반응이 발생하는 노심을 내장하고 있어, 핵증기공급계통의 열원 역할을 하면서 방사능 준위가 가장 높은 곳이다. 따라서 원자로용기는 방사선의 영향과 고온 고압의 상태에서도 견디도록 설계해야 하며, 방사선 조사에 의하여 원자로용기 재료의 물성이 현저하게 저하될 우려가 있는 경우에는 이를 방지하기 위한 열차폐체를 설치해야 한다. 또한 방사선 조사에 의한 재료의 물성변화가 원자로용기의 구조적 건전성에 미치는 영향을 주기적으로 평가하기 위한 감시시험계획을 수립하고, 원자로용기의 내부에 감시시험편을 부착해야 한다.

원자로용기는 원자로냉각재계통 배관과 함께 핵분열생성물의 유출에 대한 방호벽 역할을 하며, 원자로용기 내에 설치되어 있는 핵연료집합체, 제어봉집합체 및 노내계측기 집합체 등을 지지하고 정렬한다. 또한 노심에서 발생하는 열을 제거하도록 원자로용기를 통과하는 원자로냉각재에 대한 유동경로를 제공한다. 원자로용기의 구성과 유동 경로는 그림 2.22에서 보는 바와 같다.

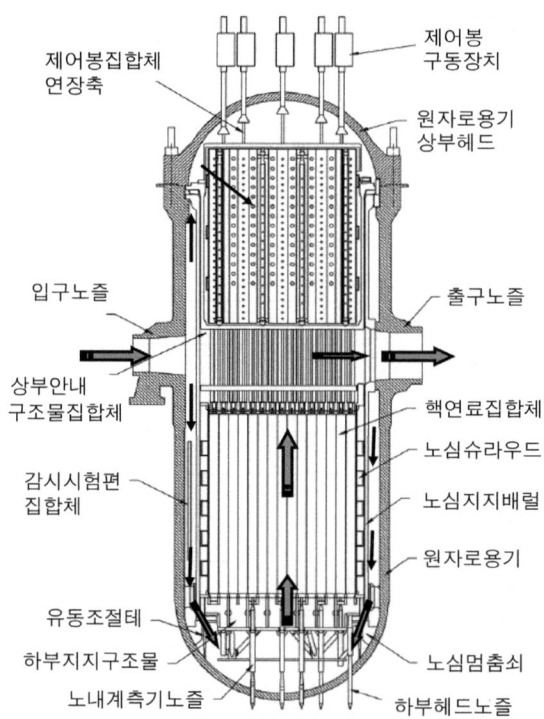

그림 2.22 가압경수형 원자로용기의 구성과 유동 경로

원자로용기는 탄소강 합금재질로써 단조형태로 제작이 이루어지며, 원자로냉각재와 접촉하는 내부 표면은 부식을 방지하기 위하여 최소한 3.2mm 두께의 스테인레스 강으로 피복된다. 원자로용기는 분리가 가능한 상부헤드, 용기에 용접된 하부헤드와 원자로용기 몸통으로 구성되어 있는 4.12m 직경의 수직형 원통 용기이다. 그림 2.23은 원자로용기의 현장 설치 전경을 보이고 있다.

그림 2.23 원자로용기 설치 전경

노내 계측기집합체는 노심의 중성자속(Neutron Flux) 감시를 위하여 원자로용기 하부의 노즐을 통하여 설치되며, 45개의 계측기집합체 각각에는 5개의 자기동작 로듐(Rh) 검출기가 노심 높이의 10%, 30%, 50%, 90% 위치에 수직으로 배치되어 있어 노심 내의 중성자속을 3차원적으로 측정한다. 노내 중성자속 감시계통은 20%에서 100% 출력의 다양한 운전조건에서 노심 내의 총 출력분포를 측정하고, 각 핵연료집합체 내의 연료연소도를 예측키 위한 자료를 제공하며, 출력편향비 및 축방향 출력분포에 대한 자료를 제공하여 노외 계측기를 교정하는 기능을 가지고 있다. 고정형 노내 검출기는 알루미나(Al_2O_3)로 절연되고 금속으로 둘러싸인 직경 1.57mm의 동축 케이블이며, 중성자와 반응하는 로듐소자는 직경이 0.46mm, 길이가 40cm인 와이어 타입이다

2.3.4 원자로 노심, 핵연료와 제어봉집합체

원자로 노심(Reactor Core)은 원자로냉각재계통, 제어계통 및 보호계통과 함께 정상운전 및 예상운전과도시 적절한 여유도를 가지고 핵연료의 허용손상한계를 초과하지 않도록 설계해야 한다. 여기서 핵연료 허용손상한계는 정상운전 및 예상운전과도 동안에 핵연료의 손상을 방지하기 위하여 핵비등이탈률과 핵연료중심선 온도 등에 대하여 설정한 설계제한치를 말한다. 원자로의 노심 및 관련 냉각계통은 출력운전범위 내에서

원자로의 보호를 위하여 급격한 반응도 증가가 자연적으로 억제되도록 설계해야 한다. 또한 원자로의 노심냉각계통, 제어계통 및 보호계통은 핵연료의 허용손상한계를 초과하는 상태를 유발할 수 있는 출력 및 출력분포 진동이 발생되지 않도록 설계하거나, 이를 적절하게 탐지하고 제어할 수 있도록 설계해야 한다.

이 절에서는 원자로 노심과 핵연료에 대하여 기술하고, 원자로의 보호, 제어 및 감시 계통에 대해서는 '2.5절'에서 다루기로 한다.

1) 원자로 노심

원자로 노심은 출력조건 하에서 노심에서 발생하는 열을 제거하기 위하여 원자로냉각 재의 강제 순환이 가능하도록 하고, 운전정지 조건에서도 자연대류 또는 강제대류로 붕괴열의 제거가 가능하도록 적절한 유로를 유지해야 한다. 따라서 노심 내의 핵연료집합체는 연료봉을 지지하고 위치를 고정하여 적절한 공간이 유지되도록 함으로써, 어떠한 경우에도 노심냉각이 가능하도록 기하학적 형상을 유지해야 한다.

신고리1호기의 경우 원자로 노심은 등가 직경 3.12m, 높이 3.81m인 원통형 모양으로, 177개의 핵연료집합체(Fuel Assembly)가 그림 2.24에서 보는 바와 같이 배치되어 있다.

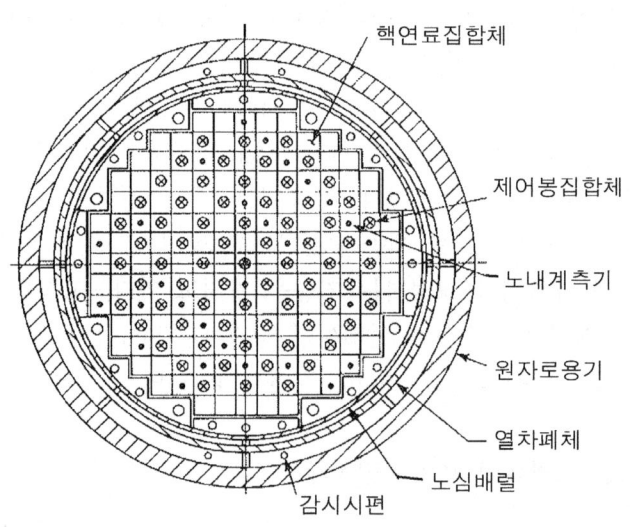

핵연료집합체
제어봉집합체
노내계측기
원자로용기
열차폐체
노심배럴
감시시편

그림 2.24 원자로용기 단면 및 내부 기기의 위치

2) 핵연료

핵연료집합체는 그림 2.25에서 보는 바와 같이 0.2m의 정사각형 단면으로 유효 길이 3.81m, 총 길이 4.53m의 구조를 가지고, 236개의 핵연료봉(Fuel Rod)이 16×16 배열로 위치한다. 핵연료봉에는 저농축 이산화우라늄(UO_2) 또는 가돌리니아(Gadolinia: Gd_2O_3)와 혼합된 이산화우라늄으로 구성된 소결체인 핵연료펠렛이 지르칼로이-4 재질의 피복재(Cladding) 내에 차곡차곡 쌓여져 있다(그림 2.26). 피복재는 중성자 흡수가 적고 기계적, 금속적, 화학적으로 그 기능이 우수해야 하기 때문에 주로 지르코늄의 합금인 지르칼로이(Zircaloy)를 사용하고 있다.

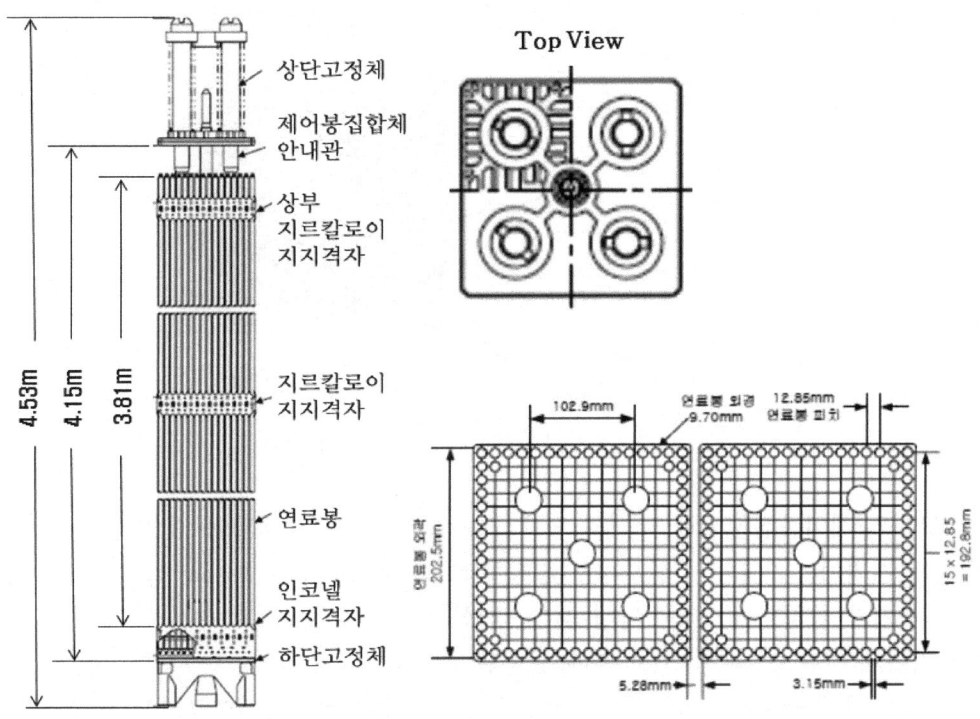

그림 2.25 가압경수형 원자로 핵연료집합체

핵연료봉은 스테인레스 강의 압축스프링과 연료봉 상단 및 하단에 알루미늄이나 스페이스를 삽입한 후 헬륨기체를 가압하여 제작된다. 가돌리니아를 함유한 가연성 독물질 봉은 수명초기에 감속재온도계수를 감소시키고 첨두출력을 완화시키기 위하여 일부 핵연료집합체에만 들어 있다.

각 핵연료집합체는 5개의 안내관(Guide Tube), 11개의 연료봉 지지격자(Spacer Grid), 상·하단 고정체(End Fitting), 누름장치(Holddown Device) 등으로 구성되어 있다. 각 핵연료집합체에 설치된 4개의 외측 안내관으로 제어봉집합체(CEA)들이 삽입 및 인출되며, 가운데 있는 1개의 안내관은 노내 계측기의 설치를 위한 공간이다. 원자로 노심

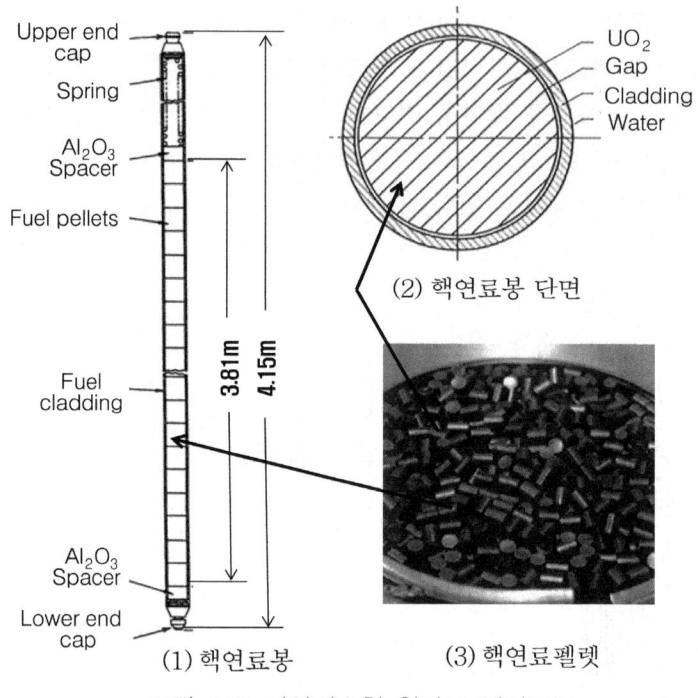

그림 2.26 가압경수형 원자로 핵연료봉

에는 73개의 제어봉집합체와 45개의 노내 계측기집합체가 설치되어 있으며, 원자로 노심의 가장자리에는 2개의 중성자 선원집합체(Neutron Source Assembly)와 노외 중성자속 검출기가 설치되어 있다. 노내 계측기집합체는 원자로용기의 하부헤드를 통과하여 핵연료집합체 하단으로부터 노심 내에 삽입된다.

표 2.3은 가압경수형 원자력발전소(신고리1호기) 원자로 및 핵연료의 설계값을 나타내고 있다.

3) 제어봉집합체(CEA) 및 구동장치

제어봉집합체(Control Element Assembly: CEA)는 원자로의 단기 반응도제어 및 원자로정지를 수행하는 기기로, 12개봉(12 Rod) 구조의 전강도(Full Strength)용 32개, 4개봉(4 Rod) 구조 41개로 총 73개의 제어봉집합체가 있다(그림 2.27). 12개봉 제어봉집합체 32개중 28개는 원자로정지에 사용되며, 나머지는 반응도제어에 사용된다. 전강도 제어봉집합체는 총 길이가 6.42m이고, 제어봉 자체의 길이가 6.21m로 하부로부터 65~70%는 중성자 흡수물질인 탄화붕소(B_4C)가 내장되어 있다. 제어봉집합체의 노심 배치는 그림 2.24에 보이고 있다.

표 2.3 가압경수형 원자로 및 핵연료의 설계값

설 계 변 수		설 계 값
원자로	원자로용기 내경	4.12m
	원자로용기 높이	14.64m
	원자로용기 두께	20.47~21.74cm
	원자로 노심 유효 직경	3.12m
	원자로 노심 높이	3.81m
핵연료	핵연료집합체 개수	177개
	제어봉집합체 개수	73개
	노내 계측기집합체 개수	45개
	핵연료집합체 격자배열(정방형)	20cm
	핵연료집합체 유효길이(총길이)	3.81m(4.53m)
	핵연료집합체당 핵연료봉 개수	236개
	핵연료집합체 무게	652kg
	핵연료집합체의 핵연료봉 배열	16X16
	핵연료봉 피치	1.285cm
	핵연료봉 유효길이/총길이	3.81/4.09m
	핵연료봉 피복관 외경/내경/	9.7/8.4mm
	핵연료봉 내부 충진기체/압력	헬륨/26.7kg/cm^2
	핵연료펠렛 직경/길이	8.26/9.91mm
	핵연료펠렛 밀도	10,440kg/m^3

제어봉집합체는 자력식 인양구조(Magnetic Jack)로 되어 있는 제어봉구동장치(Control Element Drive Mechanism: CEDM)에 의하여 노심 내에서 수직으로 인출, 삽입, 유지, 낙하할 수 있다. 제어봉구동장치는 원자로용기 헤드 위쪽의 노즐에 설치되며 압력 하우징, 전동 설비, 코일, 위치지시스위치(Reed Switch) 등으로 구성된다. 원자로 정지신호 또는 제어신호에 의하여 구동되며, 구동력은 제어봉 구동장치 하우징을 둘러싼 코일 뭉치에 의해 공급된다.

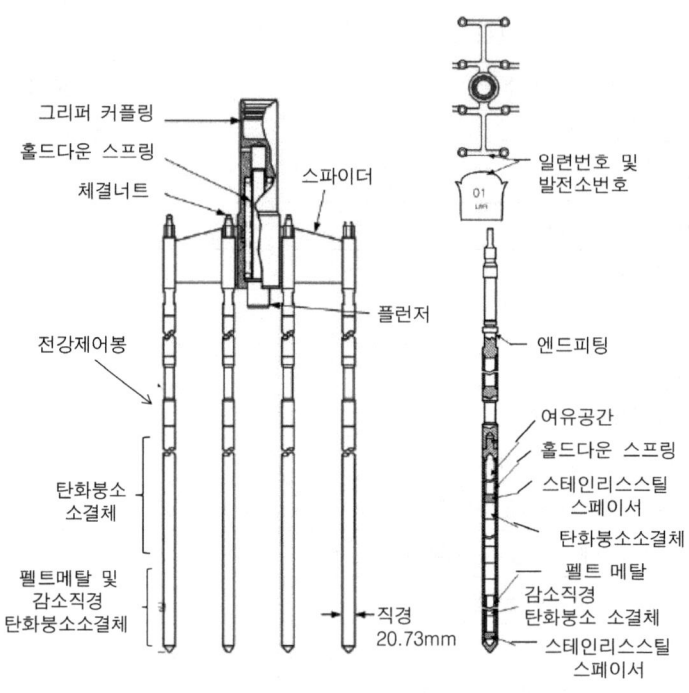

그림 2.27 12개봉 구조 제어봉집합체

2.3.5 원자로냉각재 부속계통

1) 화학 및 체적제어계통(Chemical and Volume Control System: CVCS)

화학 및 체적제어계통은 가압기수위 제어, 붕소농도 제어, 원자로냉각재에 함유되어 있는 총 방사능준위 측정, 산소농도 제어, 냉각재순도 유지 등의 기능을 수행한다. 원자로냉각재 유로에서 냉각재를 추출(Letdown)하여 열교환기, 탈염기, 체적제어탱크, 충전펌프를 거쳐 다시 원자로냉각재 유로에 충전(Charging)하고, 또한 원자로냉각재펌프의 밀봉수 및 가압기 보조살수를 공급한다. 화학 및 체적제어계통은 단기적인 원자로 반응도 제어기능을 수행하는 제어봉집합체와는 달리 장기간의 반응도 변화를 조절하기 위하여 사용되며, 제어봉집합체가 없더라도 원자로를 미임계 상태로 유지할 수 있다.

2) 정지냉각계통(Shutdown Cooling System: SCS)

정지냉각계통은 발전소의 운전정지 후 원자로냉각재계통의 냉각 및 잔열제거를 통하여 계통의 온도를 정상운전 온도에서 핵연료재장전 온도까지 낮추어 발전소 정지상태를 유지하는 기능을 수행한다. 원자로냉각재계통의 초기 냉각은 증기발생기의 열을 복수기 또는 대기로 방출함으로써 이루어지며, 원자로냉각재의 온도와 압력이 177°C와

$28.8kg/cm^2$ 이하로 낮아지면 정지냉각펌프의 작동을 통하여 핵연료재장전 조건인 대기압 상태의 51℃까지 냉각을 수행한다. 일반적으로 저압안전주입펌프를 냉각펌프로 활용하며, 99℃ 이하에서는 격납건물 살수펌프를 활용할 수도 있다. 원자로냉각재계통 고온관에서 흡입된 냉각재를 정지냉각 열교환기를 통하여 냉각시킨 후 저온관으로 주입한다. 또한 핵연료재장전시 재장전수조에 붕산수를 공급하며, 화학 및 체적제어계통에 연결되어 원자로냉각재 정화기능을 수행한다. 2개 계열이 설치되어 있으며, 각 계열에는 냉각펌프, 정지냉각열교환기, 밸브 등으로 구성되어 있다.

3) 안전감압계통, 배기계통 및 시료채취계통

안전감압계통(Safety Depressurization System: SDS)은 가압기 상부에 독립된 2개 계열로 연결되어 있으며, 설계기준 초과사고인 급수완전상실사고시 수동운전을 통하여 원자로냉각재계통의 신속한 감압기능을 제공한다. 원자로냉각재 배기계통(Reactor Coolant Gas Vent System: RCGVS)은 원자로용기 상부헤드 및 가압기 상부증기 영역에 모인 기포와 비응축성 기체를 제거함으로써 원자로냉각재계통에 대한 배기를 수행한다. 시료채취계통(Sampling System)은 원자로냉각재계통의 운전에 필요한 붕산농도, 방사선량 및 수질상태를 감시하기 위하여 시료를 채취하고 분석한다.

4) 안전주입계통(Safety Injection System: SIS)

안전주입계통은 원자로냉각재 상실사고 등의 설계기준사고시 원자로냉각재계통에 고농도의 붕산수를 주입하여 노심 냉각 및 정지 여유도를 확보하는 기능을 수행한다. 이 계통에 대해서는 '제3장'에서 자세히 다루기로 한다.

2.4 가압경수로 증기 및 전력변환 계통

증기 및 전력변환계통은 주증기계통, 주급수계통, 복수계통과 터빈-발전기계통으로 구성된다. 증기발생기의 2차 측으로 들어온 급수는 1차 측의 원자로냉각재와 세관을 통한 열전달에 의하여 비등하면서 증기로 바뀌고 주증기배관을 통하여 터빈계통으로 보내진다. 증기가 갖고 있는 열에너지는 터빈에서 기계적 에너지로 변환하고, 이 기계적 에너지는 발전기에서 전기적 에너지로 변환하면서 전기를 생산하게 된다. 터빈을 거친 증기는 복수기(Condenser)에서 응축되어 물로 변하고 복수(응축수)펌프 및 주급수펌프에 의하여 다시 증기발생기로 보내진다. 그림 2.28은 증기 및 전력변환계통의 구성과 유로를 보이고 있다.

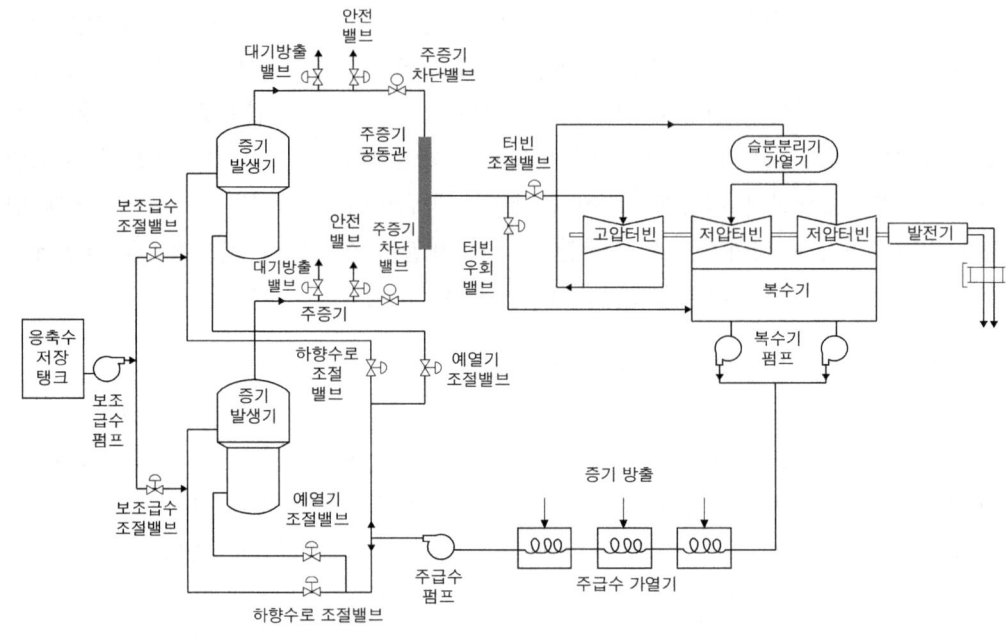

그림 2.28 증기 및 전력변환계통의 구성과 유로

2.4.1 주증기계통

주증기계통(Main Steam System)은 증기발생기에서 생성된 증기를 터빈-발전기계통으로 수송하는 기능을 수행하며, 주증기배관, 주증기 대기방출밸브(Atmospheric Dump Valve: ADV), 주증기안전밸브(Main Steam Safety Valve: MSSV), 주증기격리밸브(Main Steam Isolation Valve: MSIV) 및 터빈우회밸브(Turbine Bypass Valve) 등으로 구성되어 있다. 각 증기발생기에 연결된 2개의 주증기배관을 통해 나오는 증기는 주증기 공동관(Steam Common Head)에 모여 터빈-발전기 계통으로 보내진다. 주증기안전밸브는 2차 측의 과압을 방지하며, 주증기격리밸브는 사고시 증기발생기를 격리하는 기능을 수행한다. 또한 대기방출밸브는 발전소의 냉각 및 기동운전에서 원자로냉각재계통에서 발생한 열을 제거하기 위하여 증기를 대기로 방출하는 기능을 수행한다.

각 증기발생기에 연결된 2개의 주증기배관은 격납건물 벽에 고정되어 있으며, 각 배관에는 4개의 스프링작동 주증기안전밸브(설정치 87.88, 90.7, 92.45, 92.45kg/cm^2), 1개의 주증기 대기방출밸브와 1개의 주증기격리밸브가 부착되어 있다. 이 밸브들은 모두 격납건물 밖에 위치한다. 주증기격리밸브는 최대 증기유량 상태에서 5초 이내에 차단될 수 있으며, 주증기배관 또는 관련기기의 파단사고시 자동적으로 작동한다. 주증기

안전밸브는 주증기격리밸브 전단에 설치되며, 전체 방출용량은 발전소 최대 증기유량과 동일한 증기유량을 방출시키기에 충분하다. 주증기 대기방출밸브는 주증기격리밸브가 닫혀 있거나 복수기가 이용 불가능할 때 증기를 방출하여 1차계통을 냉각시키기 위하여 설치되며, 주제어실 또는 원격정지반에서 수동으로 조절이 가능하다.

주증기격리밸브 후단의 주증기 공동관에 설치된 총 8개의 공기구동형 터빈우회밸브는 외부전기 부하상실 또는 터빈-발전기 정지 후 주증기 유량의 55%를 방출할 수 있는 용량을 갖고 있다. 이 중에서 40%는 6개의 터빈우회밸브를 통해 복수기로 우회되고, 15%는 2개의 터빈우회밸브를 통해 대기로 방출된다. 이 용량은 원자로정지나 원자로냉각재계통 및 주증기배관의 안전밸브 열림이 없이 발전기의 부하를 단계적으로 떨어뜨려 발전소 소내 부하를 제공할 수 있는 값이다.

2.4.2 터빈-발전기계통

터빈(Turbine)은 증기발생기에서 나온 고온 고압의 증기를 팽창시켜 열에너지를 기계적 에너지(터빈 회전력)로 변환하는 설비로 1대의 고압터빈과 3대의 저압터빈으로 나누어진다. 증기발생기에서 나온 고온 고압의 증기는 먼저 고압터빈을 통과하고, 고압터빈을 경유한 증기는 온도와 압력이 떨어지고 습분을 많이 함유(약 15%)하게 된다. 이 증기를 습분분리재열기(Moisture Separator and Reheater)를 통하여 습분을 제거하고 재가열하여 온도를 상승시켜 저압터빈에 공급한다. 저압터빈은 복수기로 증기를 배기하며, 복수기에서 증기는 응축한다.

발전기는 터빈에서 나온 기계적 에너지로 발전기를 회전시켜 기계적 에너지를 전기적 에너지로 변환하면서 전기를 생산하는 설비로서, 터빈과 동일한 축에 연결되어 있으며 회전자(Rotor)와 고정자(Stator)로 구성되어 있다. 그림 2.29는 터빈-발전기의 설치 전경을 보이고 있다.

2.4.3 복수계통과 주급수계통

복수계통은 터빈에서 나온 증기를 응축하고 이를 온수조에 수집하여 주급수계통에 이송하는 기능을 갖는 계통으로 주복수기, 복수펌프 및 탈염기, 그리고 저압 급수가열기 등으로 이루어져 있다.

주급수계통(Main Feedwater System)은 복수계통으로부터 복수(응축수)를 공급받아 주급수펌프(Main Feedwater Pump)를 통해 고압 급수가열기를 거쳐 증기발생기로 급수를 공급하여 증기발생기의 수위를 일정하게 유지시키는 역할을 한다. 정상 출력운전

그림 2.29 터빈-발전기 설치 전경

중 2대의 전동기구동(Motor Driven) 급수승압펌프(Booster Pump)와 2대의 터빈구동 (Turbine Driven) 급수펌프가 정격급수 유량을 증기발생기에 공급한다. 추가로 1대의 승압펌프와 전동기구동 급수펌프는 후비(Back-up)용으로써 대기상태를 유지한다. 각 승압펌프와 급수펌프는 최대 65%의 급수를 공급할 수 있다.

정상운전 중 급수는 탈기기 저장탱크(Deaerator Storage Tank)에서 급수 승압펌프, 주급수펌프, 고압급수가열기, 급수제어밸브 및 급수차단밸브를 거쳐 증기발생기로 공급된다. 기동, 정지 및 고온대기 상태에서는 전동기구동 기동용 급수펌프가 증기발생기에 급수를 공급한다. 급수차단밸브는 유압에 의해서 개방되고 질소압력에 의해 닫히며, 주증기 차단신호 발생시 5초 이내에 닫히도록 설계되어 있다.

2.5 가압경수로 발전소 보호, 제어 및 감시계통

원자력발전소에는 안전하고 신뢰성 있는 운전에 필요한 정보를 얻기 위하여 정상운전, 예상운전과도 및 사고조건에서 예상되는 모든 범위에 걸쳐서 운전 관련 변수와 계통들을 감시할 수 있는 계측장치를 설치해야 한다. 또한 운전 관련 변수와 계통들을 설정된 운전범위 이내로 유지시키기 위하여 높은 신뢰성을 갖는 제어설비를 갖추어야 하며, 안전에 중요한 정보에 대해서는 연속적으로 자동 기록하는 장치를 설치해야 한다. 주요 운전 관련 변수들은 다음과 같다.
- 노심의 중성자속 밀도
- 제어봉의 위치 및 액체 제어재를 사용하는 경우 그 농도

- 1차 냉각재의 방사성물질 및 불순물 농도
- 원자로용기 입구 및 출구의 압력, 온도 및 유량
- 원자로용기(가압기 포함) 내부 및 증기발생기 내부의 수위
- 증기발생기 2차 측 출구에서의 증기 압력, 온도 및 유량과 2차 측의 방사성물질 농도
- 격납용기의 압력, 수소 농도 및 방사성물질 농도
- 배기중 및 배수중 방사성물질 농도
- 방사선관리구역 안의 방사선량률
- 발전소 부지의 풍향, 풍속, 대기안정도, 강우량 및 기온
- 발전소제한구역경계에서의 공기중 방사성물질 농도 및 방사선량률

2.5.1 발전소 보호계통

발전소 보호계통(Plant Protection System: PPS)은 사고나 운전과도상태가 발생하더라도 발전소를 안전한 상태로 유지하기 위해 설치되는 계통이다. 보호계통은 안전 관련 운전변수들을 계속 감시하다가 이들이 미리 설정한 제한치에 도달하면 자동으로 작동하여 노심 및 원자로냉각재계통의 건전성을 확보하고, 방사성물질의 외부 유출을 최소화하기 위하여 설치된다.

따라서 발전소 보호계통은 안전기능에 적합한 기능적 신뢰성을 확보하기 위하여 단일 고장에 의하여 보호기능을 상실하지 않도록 다중성 및 독립성이 보장되어야 한다. 보호계통은 자연현상을 포함한 최악의 가상환경조건, 예상운전과도 및 사고조건 등의 영향에도 그 기능을 상실하지 않아야 하며, 발생 가능한 고장 및 다중성 상실을 확인하기 위하여 주기적으로 시험이 가능해야 한다.

발전소 보호계통은 원자로 보호계통, 공학적안전설비 작동계통과 다양성 보호계통으로 구성되어 있으며, 이들 계통의 기능을 수행하는데 필요한 계기, 전기 및 기계적 장치와 회로를 포함한다.

1) 원자로 보호계통(Reactor Protection System: RPS)

원자로 보호계통은 발전소의 관련 운전변수가 미리 설정한 제한치를 벗어날 경우 원자로 정지신호를 제어봉구동장치에 보내어 이를 구동시켜 제어봉집합체를 노심에 삽입함으로써 자동적으로 원자로를 정지(Scram)시키는 기능을 수행한다. 원자로 보호계통의 원자로 정지신호와 관련된 발전소의 운전변수를 트립변수(Trip Parameter)라 하며, 모든 트립변수는 각각 전기적, 물리적으로 격리된 4개의 채널에서 측정된다. 원자로 정지신호를 발생하기 위해서는 동일 변수의 2개 이상의 측정값이 동시에 트립 설정치를

벗어나야 한다.

원자로 정지신호는 원자로정지 스위치기어 차단기를 개방시켜 제어봉구동장치 코일의 전원이 비여자됨으로써 모든 제어봉들을 노심하부로 떨어지게 하며, 낙하시간은 4초 이내(90% 삽입 기준)이다. 원자로 정지신호의 트립변수로는 가변 과출력, 국부출력밀도, 핵비등이탈률, 가압기 고압력 및 저압력 등의 운전변수가 있으며, 표 2.4에서 트립변수와 설정치를 설계 공칭값과 비교하여 신고리1호기를 참조하여 예시하고 있다.

표 2.4 원자로 보호계통 트립변수 설정치 예시

트립 변수	설계 공칭값	설정치
고 대수출력 준위	–	0.029% 출력
가변 과출력	100% 출력	109.9% 출력
'고' 국부출력밀도	485W/cm	689W/cm
'저' 핵비등이탈률	2.18	1.21
가압기 '고' 압력	158kg/cm^2	167.5kg/cm^2
가압기 '저' 압력	158kg/cm^2	125.1kg/cm^2
증기발생기 '저' 수위(광역)	79%	44.6%
증기발생기 '고' 수위(협역)	44%	92.9%
증기발생기 '저' 압력	75.6kg/cm^2	62.9kg/cm^2
격납건물 '고' 압력	1.0kg/cm^2	1.167kg/cm^2
원자로냉각재 '저' 유량	100%	95%
원자로냉각재펌프 '저' 속도	100%	95%

그림 2.30은 세계 최초의 원자로인 CP-1(그림 2.10)에 사용된 원자로 보호계통의 개념도로써, 원자로를 정지시키기 위하여 원자로 변수를 감시하고 있던 도끼를 든 사람(Axe Man)이 원자로 제어물질을 매달고 있는 끈을 도끼로 잘라 제어물질을 원자로에 낙하시키는 모습을 보이고 있다. 지금도 사용하고 있는 원자로정지를 표현하는 SCRAM (Safety Control Rod Axe Man)은 여기서 유래한 것이다.

2) 공학적안전설비 작동계통(Engineered Safety Features Actuation System: ESFAS)

공학적안전설비 작동계통은 발전소의 관련 운전변수가 미리 설정한 제한치를 벗어날 경우 공학적안전설비계통에 작동신호를 보내어 이 계통의 밸브, 펌프, 팬 등을 기동시킴으로써 사고의 예방과 완화에 필요한 안전기능을 수행하게 하는 역할을 한다. 공학적안전설비 작동계통은 안전주입 작동신호, 격납용기 격리 작동신호, 격납용 기살수 작동신

그림 2.30 CP-1원자로의 원자로정지(SCRAM) 개념도

호, 격납용기재순환 작동신호, 주증기관 격리신호, 보조급수 작동신호 등을 포함하고 있다. 이 계통은 '제3장'에서 보다 자세히 다루기로 한다.

3) 다양성 보호계통(Diverse Protection System: DPS)

다양성 보호계통은 발전소 보호계통이 작동해야 할 조건에도 작동하지 않는 경우 동작하며, 공통원인의 고장(Common Cause Failure)에 대응하기 위하여 발전소 보호계통과는 전혀 별개의 독립된 기기들로 구성되어 있는 계통이다. 다양성 보호계통은 물리적, 전기적으로 완전히 격리된 2개의 채널이 있으며, 비안전 관련계통으로 원자로정지, 터빈정지 및 보조급수계통 기동 신호를 작동시켜 발전소 보호계통을 보강한다.

2.5.2 발전소 제어계통(Plant Control System)

발전소 제어계통은 발전소의 계통이 설정된 운전조건 상태에서 운전될 수 있도록 계통의 운전변수들을 자동으로 제어하는 기능을 가지며, 비안전 관련 계통이다. 발전소 제어계통은 원자로출력, 원자로냉각재 온도, 가압기 압력 및 수위, 주급수, 증기 우회, 원자로출력 감발 등의 제어계통을 포함한다.

원자로 제어계통은 원자로냉각재 온도와 원자로출력을 자동으로 조절하는 기능을 가지며, 터빈부하 신호, 원자로냉각재 온도 신호 및 노외 핵계측 제어채널의 출력준위 신호를 받아 제어봉구동장치를 통하여 제어봉집합체를 삽입 또는 인출함으로써 노심출력을 제어한다. 제어봉구동장치 제어계통은 제어봉집합체마다 하나씩 설치되어 있는 제어봉구동장치의 코일에 구동신호를 제어함으로써 제어봉 운동의 방향, 속도, 기간 등을 자동 및 수동으로 제어한다. 큰 반응도 변화가 이루어지는 원자로 기동시에는 수동운전을 하게 되며, 제어봉집합체의 고속운전은 25~100cm/min 사이에서 정해질 수 있으나 일반적으로 75cm/min로 정하고 있으며, 저속운전은 고속운전의 1/10이다.

가압기 압력 제어계통은 원자로냉각재계통의 압력을 자동으로 조절하는 기능을 가지며, 가압기의 전열기 군과 살수밸브를 사용하여 제어한다. 가압기 수위 제어계통은 화학 및 체적제어계통의 충전유량과 추출유량을 제어함으로써 가압기 수위에 자동 및 수동제어 수단을 제공한다. 급수제어계통은 급수유량을 조절하여 증기발생기 수위를 조절하는 기능을 가지며, 증기발생기 하향수로 및 급수예열기의 밸브와 급수펌프의 속도를 조절함으로써 증기발생기의 수위를 제어한다.

2.5.3 발전소 감시계통

발전소 감시계통(Plant Monitoring System: PMS)은 발전소의 다양한 운전변수를 검색하고 전산기계통에서 처리하여 운전원에게 안전운전을 위한 정보를 제공한다. 발전소 감시계통은 발전소의 보호와 제어 기능을 수행하지 않으며, 발전소 운전변수의 가시적 표시, 추이분석 및 경보발생 기능을 수행한다. 발전소감시계통은 노심 운전제한치 감시계통(COLSS), 노내 및 노외 핵계측 계통, 부적절한 노심냉각 감시계통, 1차계통 건전성 감시계통, 운전불능 기기상태 감시계통, 필수안전기능 감시계통으로 구성되어 있다.

1차계통 건전성 감시계통에는 원자로냉각재계통에서 압전형 가속기를 이용하여 충돌신호를 감지함으로써 금속파편의 존재를 감시하는 금속파편감시계통, 중성자속 감시기를 이용하여 노심 지지부와 핵연료집합체의 움직임을 감시하는 원자로 내부진동 감시계통, 그리고 가압기 안전밸브의 개폐 동작 상태와 원자로냉각재계통의 누설 및 균열 상태를 감시하는 음향누설 감시계통이 있다.

필수안전기능 감시계통은 원자로의 안전운전에 필수적인 안전기능의 상태를 감시하는 것으로, 노심반응도 제어, 노심 및 원자로냉각재계통 열제거, 원자로냉각재계통 냉각재 재고량 및 압력 제어, 격납건물 건전성 제어 및 격리, 방사능 누출 제어, 필수 보조계통 유지 등을 감시한다.

2.6 가압경수로 보조계통

2.6.1 냉각수계통

냉각수계통은 1차 기기냉각수계통과 1차 기기냉각해수계통, 2차 기기냉각수계통과 2차 기기냉각해수계통, 그리고 순환수계통으로 구성된다. 1차 기기냉각수계통은 안전 관련 계통으로 발전소 정상운전시 특정 보조기기에 냉각수를 공급하며, 사고시에는 공학적안전설비계통에 냉각수를 공급한다. 1차 기기냉각해수계통은 1차 기기냉각수계통의 열교환기에 냉각해수를 공급하는 안전 관련 계통이다.

1차 기기냉각수계통은 방사능오염 가능성이 있는 계통으로부터 통제되지 않은 방사능 누출을 방지하기 위하여, 이들 계통과 기기냉각해수계통 사이에서 중간 방호벽 역할을 수행하고 있는 폐쇄 순환계통이다. 이 계통은 2개의 독립된 계열이 있으며, 각 계열에는 열교환기 2대, 냉각수펌프 2대, 보충펌프 1대 등으로 구성된다. 이 계통은 격납건물 살수 열교환기, 정지냉각 열교환기, 비상디젤발전기 냉각기, 필수 냉동기 및 사용후핵연료 저장조 냉각 열교환기 등에 열부하를 제거하기 위하여 최고 35℃의 냉각수를 공급한다. 1차 기기냉각수계통으로 전달된 열은 열교환기를 통하여 1차 기기냉각해수계통으로 방출된다.

2차 기기냉각수계통은 2대의 냉각수펌프와 2대의 열교환기 등으로 구성된 비안전 관련 계통으로, 발전기 수소냉각기, 주터빈 윤활유 냉각기, 발전기 고정자 냉각기, 급수펌프 터빈윤활유 냉각기 등의 기기에 최고 35℃의 냉각수를 계속하여 공급한다. 열을 흡수한 2차 기기냉각수는 열교환기를 통하여 2차 기기냉각해수계통으로 열을 전달한 후에 재순환한다

순환수계통은 복수기의 열을 제거하기 위해 냉각수인 해수를 공급하고 흡수된 열을 최종 열제거원인 바다로 배출하는 계통으로, 16.6% 용량의 순환수펌프 6대가 설치되어 있다.

2.6.2 전력계통

전력계통은 발전소의 운전에 필요한 계통·기기에 전력을 공급하기 위하여 설치되며, 발전소가 운전 중일 때에는 주발전기로부터 보조변압기를 통하여 소내 전력을 공급한다. 그러나 발전소 운전정지 등으로 소내 전력을 공급할 수 없을 경우에는, 발전소 외부의 345kV 소외 전력계통으로부터 주변압기와 보조변압기를 통하여 전력을 공급하게 된다. 발전소 내의 배전계통은 13.8kV, 4.16kV, 480V, 220V 등의 모선으로 구성되어

있으며, 안전등급과 비안전등급으로 구분된다.

발전소의 안전 관련 설비들은 발전소 내에 설치되어 있는 비상디젤발전기가 전력을 공급하는 안전등급 모선에서 전력을 공급받는다. 안전등급 모선에 소내 또는 소외의 정상적인 전력공급이 중단될 경우에는 비상디젤발전기가 자동으로 기동되어 전력을 공급하게 된다. 2대의 안전등급 비상디젤발전기가 발전소 보조건물 내에 설치되며 물리적으로 격리되고, 전기적으로 완전히 독립되어 설치되어 있다. 비상디젤발전기들은 기동신호를 받은 후 10초 이내에 정격 전압(4.16kV) 및 주파수(60Hz)에 도달하여 전력을 공급하며, 기동신호에는 안전주입작동신호, 격납건물 살수작동신호, 보조급수 작동신호 또는 해당 안전등급 모선의 전원상실신호 등이 있다.

발전소 내에서 모든 전원이 상실되는 소내 정전사고(Station Blackout)에 대비하여 대체교류전원용 디젤발전기가 별도로 설치되어 있다. 소내 정전사고가 발생하면 10분 이내에 주제어실의 운전원이 수동으로 디젤발전기를 기동시킬 수 있으며 안전등급 4.16kV 모선에만 전력을 공급할 수 있다. 대체교류전원용 및 비상 디젤발전기의 연속 운전 정격출력은 1대당 7,000kW이다.

이 외에도 지금까지 언급한 모든 교류 전력계통이 상실된 경우에도 작동해야 할 직류기기(주로 계측용 및 제어용)의 운전을 위하여 직류 전력계통이 설치되어 있으며, 축전지, 충전기 및 분전반으로 구성되어 있다.

2.6.3 주제어실

주제어실(Main Control Room: MCR)은 발전소의 주요 계통·기기의 운전 상태에 대한 정보를 파악하고 각종 경보기, 지시기, 제어기 등을 통하여 발전소의 안전운전을 위한 제반 조치를 취할 수 있도록 설치되며, 일반적인 의미의 중앙통제실 역할을 한다. 따라서 주제어실에는 제어계통 설비를 조작하는 장치, 비상노심 냉각장치 등 비상시에 원자로의 안전을 확보하기 위한 설비를 조작하는 장치, 원자로와 1차 냉각계통을 구성하는 주요 기기의 동작 상태를 표시하는 장치, 주요 계측장치의 계측결과를 표시하고 기록하는 장치 등을 설치해야 한다. 주제어실과 이와 연결되는 통로에는 사고기간 동안 운전원이 피폭선량한도를 초과하지 아니하고 출입하거나 거주할 수 있도록 방사선과 유독가스에 대한 방사선방호 및 환기설비를 설치해야 한다. 또한 화재 등에 의하여 주제어실을 사용할 수 없는 경우에 주제어실로부터 물리적·전기적으로 분리되어 있는 장소에서 원자로의 운전을 정지시키고 안전한 상태로 유지시킬 수 있는 장치(원격정지반)를 설치해야 한다.

주제어실은 제어실에 근무하는 운전원의 편이성과 효율성을 고려하고, 인적실수 가능성의 최소화를 위하여 종합적인 인간공학 개념을 바탕으로 설계된다. 이 개념에는 제어실 환경, 운전원 조작반과 체위, 주제어반 구성과 배치, 기기접근성, 표준화된 색깔과 기기형태, 제어작동 방향 등이 포함된다.

주제어실 자체는 계통이 아니며, 주제어반(Main Control Panel), 안전변수 감시계통, 발전소 경보계통, 제어실 조명 및 환경제어 등 여러 계통들이 모여져 구성되어 있다. 주제어반에는 발전소의 상태를 감시하고 제어가 요구되는 모든 계통변수들이 표시되며, 이 변수들은 핵증기공급계통, 공학적안전설비계통, 전기계통, 보조계통 및 감시계통으로부터 제공된다.

발전소 감시계통의 일부인 안전변수 지시계통(Safety Parameter Display System: SPDS)은 제어실 운전원이 발전소의 필수안전기능에 관한 정보를 용이하고 확실하게 파악할 수 있도록 연속적인 표시정보를 발전소 감시계통의 전산기 표시창에 제공한다. 필수안전기능에는 노심반응도 제어, 노심 열제거, 원자로냉각재계통과 격납건물 건전성, 방사능 제어 등을 포함한다. 노심 열제거와 관련하여 저온관과 고온관 온도, 원자로냉각재펌프 전류와 차단기 상태, 원자로용기 수위 등의 운전변수에 대한 정보가 제공된다.

원격정지반(Remote Shutdown Panel; RSP)은 발전소 운전을 주제어실에서 수행하기 어려울 때 발전소를 고온정지 상태로 유지하기 위해 주제어반의 설계와 동일한 인간공학 원리에 따라 설치된다. 원격정지반은 주제어실로부터 접근이 용이하고 일반인의 출입이 제한된 지역에 위치하며, 화재방벽에 의하여 분리된 2개의 방에 각각 설치된다. 각 방에 위치한 원격정지반은 독립된 수직 자립형 판넬로, 발전소의 고온정지와 일부 저온정지에 필요한 계기와 제어기기만을 구비하고 있다. 그림 2.31은 원자력발전소의 주제어실, 안전변수 지시반 및 원격정지반의 실제 모습을 보이고 있다.

2.6.4 압축공기, 공기조화 및 화재방호계통

발전소 압축공기계통은 계기용 압축공기계통과 소내용 압축공기계통으로 구성되어 있다. 계기용 압축공기계통은 공기구동 밸브, 공기동작 제어기기 및 계측기 등에 건조한 무오일성의 여과된 압축공기를 공급하며, 소내용 압축공기계통은 발전소 정상운전 및 정지 중에 발전소에서 필요로 하는 작업용 압축공기를 공급한다.

공기조화계통은 발전소 종사자의 안전과 편의를 위해 제어된 대기환경을 제공하며, 기기들의 효율적인 기능과 제어가 이루어지도록 하는 것이다. 이 계통은 주제어실, 핵연료건물, 보조건물, 방사성폐기물건물, 터빈건물, 공학적안전설비계통, 격납건물 등에

(1) 주제어실

(2) 원격정지반

(3) 안전변수지시반

그림 2.31 주제어실, 원격정지반 및 안전변수지시반

설치되어 있다.

화재방호계통은 발전소 운전시에 발생할 수 있는 화재에 대비하여 초기 화재를 예방하고 화재 발생의 지속적인 감시·관리와 진화하는 기능을 수행한다. 또한 즉각적인 진화가 되지 않는 화재의 경우에는 발전소의 안전에 중요한 계통·기기 및 구조물을 보호하는 역할을 수행한다. 화재방호계통은 크게 화재감시계통과 화재진압계통으로 구분할 수 있는데, 감시계통에는 화재 감지기를 비롯한 화재 경보와 감지계통이 있으며, 진압계통에는 소방펌프, 스프링클러계통, 방화벽 등이 있다.

2.7 가압중수형 원자력발전소

가압중수형 원자력발전소는 앞에서 설명한 가압경수형 원자력발전소와 몇가지 특징적인 차이를 제외하면 유사한 원자로형이다. 주요 차이로는 원자로냉각재계통 유로의 배치, 수평 핵연료채널을 포함한 원자로용기의 구성, 냉각재와 감속재의 중수 사용, 천연우라늄 핵연료사용, 핵연료의 운전중 교체, 삼중수소 감시설비 설치 등이 있다. 이외에도 액체 독물질을 이용한 원자로정지, 비상노심냉각 및 격납건물 살수에 사용되는 저장용수의 원자로 상단부 설치 등이 있다.

여기에서는 가압중수형 원자력발전소의 모든 계통과 설비에 대하여 설명하기 보다는 가압경수형 원자력발전소와 차이가 나는 분야에 대하여 중점적으로 다루기로 하며, 사용하는 그림과 자료들은 월성3호기를 참조한 것이다.

2.7.1 원자로냉각재계통

원자로냉각재계통은 원자로에서 핵분열에 의해 발생한 열을 원자로냉각재(중수)를 순환시킴으로써 증기발생기에서 2차계통으로 전달하는 역할을 한다. 냉각재계통은 380개의 핵연료채널, 4개의 수직형 증기발생기, 4개의 전동기 구동펌프, 4개의 원자로 입구모관(Inlet Header), 4개의 원자로 출구모관(Outlet Header), 1개의 전기가열식 가압기와 이들 부품들을 연결하는 배관과 밸브 등으로 구성되어 있다.

원자로냉각재계통은 그림 2.32에서 보는 바와 같이 물리적으로 분리된 2개의 독립된 폐쇄 순환유로(Closed Loop)로 배열되어 있다. 각 순환유로는 원자로 내에 설치된 전체 핵연료채널에서 발생되는 열의 절반을 제거하며, 원자로노심 양단에 2개의 입구모관과 2개의 출구모관이 설치된다. 가압중수는 수평으로 설치된 원자로 입구모관으로부터 각각의 자관(Feeder Pipe)들을 통하여 핵연료채널로 들어가며, 핵연료채널을 지나 각각의 출구자관을 거쳐 수평으로 설치된 원자로 출구모관으로 나온다.

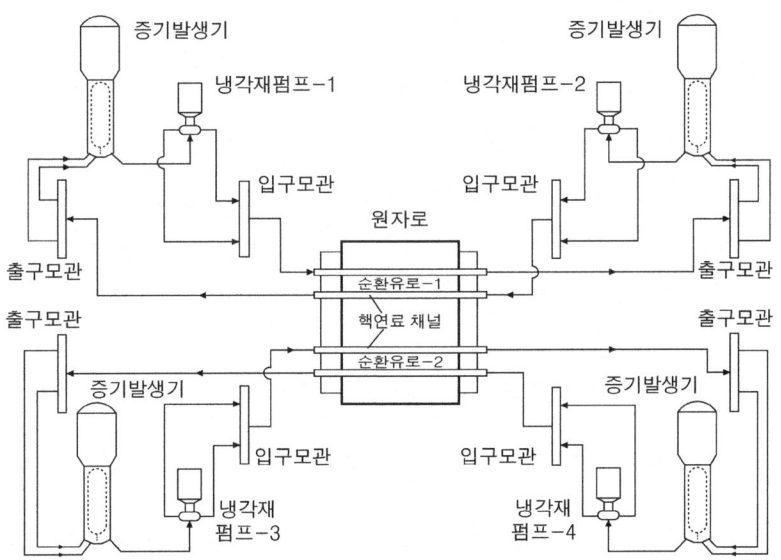

그림 2.32 가압중수형 원자로냉각재계통 유로

원자로냉각재계통의 압력은 출구모관에 연결된 공동의 가압기에 의해 조절된다. 각 원자로 출구모관과 증기발생기 사이에는 2개의 관으로 연결되고, 증기발생기와 원자로 냉각재펌프의 흡입구는 하나의 관으로 연결되며, 냉각재펌프는 2개의 방출관을 통해 원자로 입구모관으로 냉각재를 수송한다. 표 2.5는 가압중수형 원자력발전소(월성3호기) 주요 운전변수들의 설계값을 나타내고 있다.

표 2.5 가압중수형 원자력발전소 주요 운전변수

운 전 변 수		설 계 값
원자로냉각재 및 감속재계통	전기출력	700MWe
	원자로 열출력	2,061MWth
	원자로냉각재펌프 출력(4대)	17MWth
	원자로 입구(모관) 압력	115kg/cm^2
	원자로 출구(모관) 압력	102kg/cm^2
	원자로 입구(모관) 온도	266.3°C
	원자로 출구(모관) 온도	310.0°C
	원자로냉각재 평균 노심온도	288.0°C
	노심 유량	27.7×10^{6}kg/h
	원자로 출구(모관) 건도	4.0%
	칼란드리아 감속재 온도	69°C
	칼란드리아 감속재 중수 순도	99.85wt%
	원자로냉각재 중수 순도	99.10wt%
증기발생기	증기발생기(2차측) 압력	47.9kg/cm^2
	증기발생기(2차측) 온도	260°C
	증기발생기 총유량 (4대)	3.72×10^{6}kg/hr
	증기발생기 최소 증기건도	99.75%
	증기발생기 급수 온도	186.7°C

2.7.2 원자로

원자로는 칼란드리아(Calandria), 핵연료채널 집합체, 반응도 제어기기 등의 주요 기기로 구성되어 있다(그림 2.33). 칼란드리아는 수평 원통형 스테인리스 강 용기로, 내부는

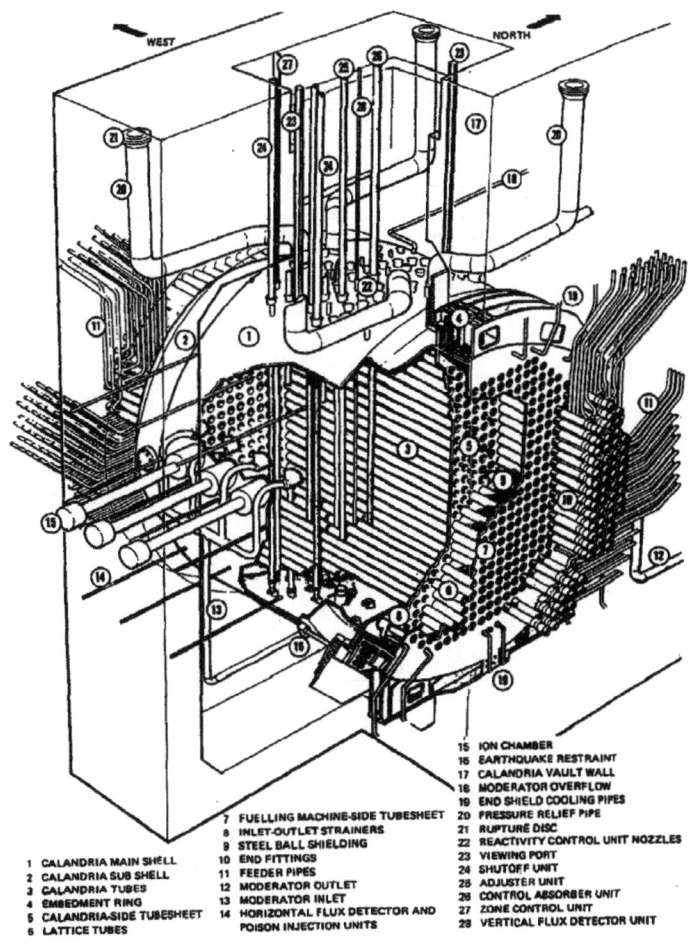

1 CALANDRIA MAIN SHELL
2 CALANDRIA SUB SHELL
3 CALANDRIA TUBES
4 EMBEDMENT RING
5 CALANDRIA-SIDE TUBESHEET
6 LATTICE TUBES
7 FUELLING MACHINE-SIDE TUBESHEET
8 INLET-OUTLET STRAINERS
9 STEEL BALL SHIELDING
10 END FITTINGS
11 FEEDER PIPES
12 MODERATOR OUTLET
13 MODERATOR INLET
14 HORIZONTAL FLUX DETECTOR AND
   POISON INJECTION UNITS
15 ION CHAMBER
16 EARTHQUAKE RESTRAINT
17 CALANDRIA VAULT WALL
18 MODERATOR OVERFLOW
19 END SHIELD COOLING PIPES
20 PRESSURE RELIEF PIPE
21 RUPTURE DISC
22 REACTIVITY CONTROL UNIT NOZZLES
23 VIEWING PORT
24 SHUTOFF UNIT
25 ADJUSTER UNIT
26 CONTROL ABSORBER UNIT
27 ZONE CONTROL UNIT
28 VERTICAL FLUX DETECTOR UNIT

그림 2.33 가압중수형 원자로의 구성

저온 저압의 중수 감속재로 채워져 있으며 380개의 칼란드리아관(Calandria Tube)이 수평으로 걸쳐 있다. 칼란드리아는 콘크리트 구조물인 칼란드리아 격실 내에 설치되어 있으며, 이 격실과 칼란드리아 사이는 열차폐와 냉각 매개체 역할을 하는 경수로 채워져 있다.

칼란드리아는 핵연료채널을 둘러싸고 있는 중수 감속재와 반사체를 내장하고, 핵연료채널 및 반응도 제어기기의 내부 부품과 배관들을 지지하는 역할을 하는 등 가압경수로의 원자로용기와 유사한 기능을 수행한다. 그러나 경수로의 원자로용기에는 고온 고압의 냉각재가 흐르고 있으나, 칼란드리아는 저온 저압의 중수 감속재로 채워져 있으며 내부의 압력관에만 고온 고압의 중수 냉각재가 흐르고 있다. 칼란드리아 내부의 중수감속재를 냉각시키기 위하여 중수 재순환루프로 구성된 감속재계통이 설치되며, 이 계통은 사고시 칼란드리아의 열제거 기능을 수행하기도 한다. 표 2.6은 가압중수형 원자력발전소(월성3호기) 원자로와 핵연료의 설계값을 나타내고 있다.

표 2.6 가압중수형 원자로와 핵연료 설계값(월성3호기)

설계변수		설계값
원자로	칼란드리아 내경	7.6m
	핵연료채널 수	380개
	핵연료채널 길이	5.94m
	핵연료채널당 핵연료다발 개수	12개
	칼란드리아관 격자배열(정방형)	28.6cm
	칼란드리아관 내경	12.9cm
	칼란드리아관 벽두께	1.4mm
	압력관 내경	10.34cm
	압력관 벽두께	4.34mm
	칼라드리아관-압력관 사이 충진기체	이산화탄소
핵연료	핵연료다발 길이	49.5cm
	핵연료다발 외경	10.2cm
	핵연료다발 무게	23.7kg
	핵연료다발당 핵연료봉 개수	37개
	핵연료봉 피복관 외경	13.1mm
	핵연료봉 피복관 두께	0.4mm
	핵연료봉 내부 충진기체	헬륨
	핵연료펠렛 직경	12.2mm
	핵연료펠렛 길이	16mm
	핵연료봉내 핵연료펠렛 갯수	30개
	핵연료펠렛 밀도	$10,600 kg/m^3$

2.7.3 핵연료채널 집합체와 핵연료다발

지르칼로이(Zircaloy) 재질로 만들어진 380개의 칼란드리아관은 정방피치(Square Pitch)의 원형 격자배열을 형성하며, 핵연료를 장전한 380개의 핵연료채널(그림 2.34)

집합체가 칼란드리아를 통과할 수 있도록 통로를 제공한다. 핵연료채널의 주요 구성 기기인 압력관(Pressure Tube)은 칼란드리아관 안쪽에 위치한다(그림 2.35). 압력관은 핵연료다발을 담고 있으며, 압력관 내부로 원자로냉각재인 고온 고압의 냉각재(중수)가 통과하면서 핵분열에서 발생한 열을 흡수하여 증기발생기로 보내진다. 압력관과 칼란드리아관 사이의 환형공간은 이산화탄소로 충진되어 있으며, 상대적으로 저온인 감속재로부터 고온의 압력관에 대한 열차폐 역할을 한다.

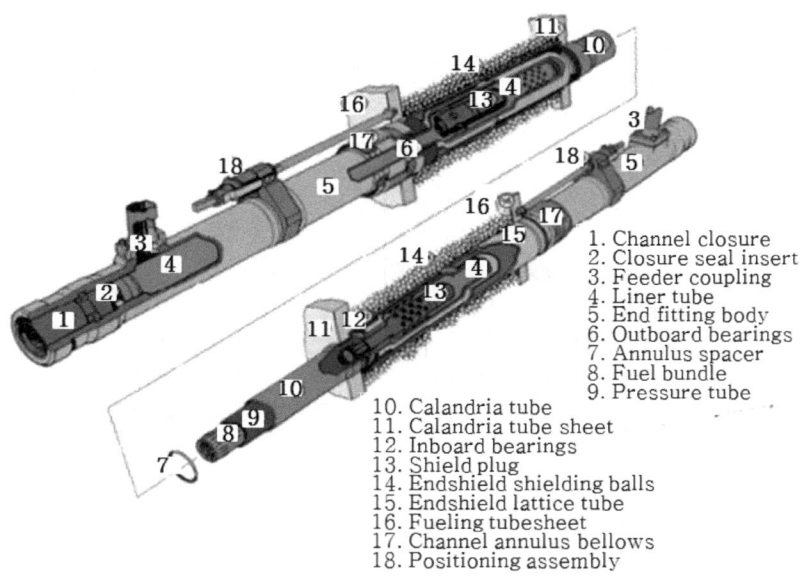

1. Channel closure
2. Closure seal insert
3. Feeder coupling
4. Liner tube
5. End fitting body
6. Outboard bearings
7. Annulus spacer
8. Fuel bundle
9. Pressure tube
10. Calandria tube
11. Calandria tube sheet
12. Inboard bearings
13. Shield plug
14. Endshield shielding balls
15. Endshield lattice tube
16. Fueling tubesheet
17. Channel annulus bellows
18. Positioning assembly

그림 2.34 가압중수형 원자로 핵연료채널

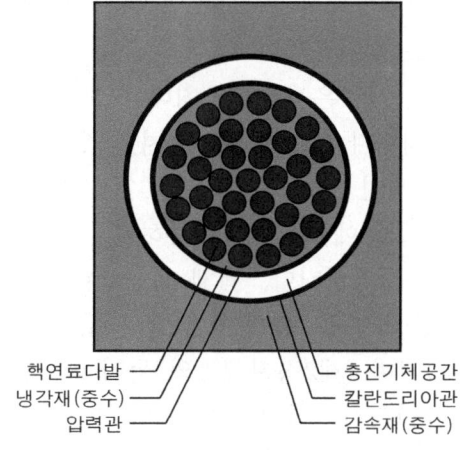

핵연료다발
냉각재(중수)
압력관
충진기체공간
칼란드리아관
감속재(중수)

그림 2.35 가압중수형 원자로 칼란드리아관과 압력관 단면도

원자로의 핵연료다발(그림 2.36)은 37개의 핵연료봉으로 구성되며, 원주 직경이 0cm, 2.98cm, 5.75cm, 8.66cm 위치에 1개, 6개, 12개, 18개의 핵연료봉이 각각 배열되어 있다. 각 핵연료봉에는 지르칼로이-4 피복관 내에 농축도 0.71%의 우라늄-235로 가공된 천연 이산화우라늄(UO_2) 소결체인 핵연료펠렛 30개가 차곡차곡 채워져 있다.

천연우라늄의 사용은 농축이 필요 없어 연료비가 저렴하고, 연료 확보를 위한 해외 의존도를 줄일 수 있다.

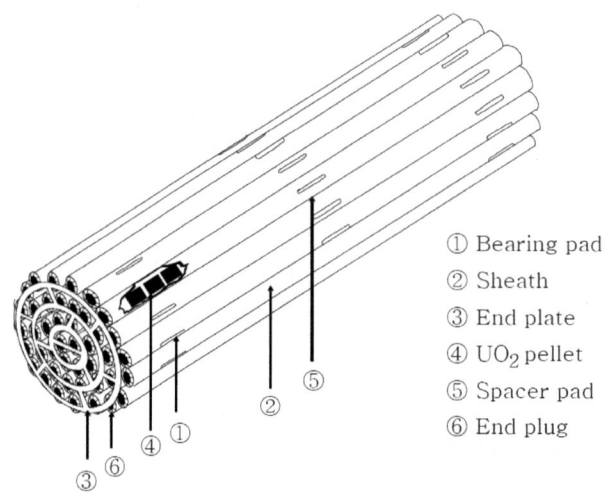

① Bearing pad
② Sheath
③ End plate
④ UO_2 pellet
⑤ Spacer pad
⑥ End plug

그림 2.36 가압중수형 원자로 핵연료다발

2.7.4 원자로 정지계통

원자로정지는 정지봉이 칼란드리아 속으로 급속히 낙하하여 원자로를 정지시키는 제1정지계통과 액체독물질을 칼란드리아 내부의 중수 감속재로 주입하는 제2정지계통에 의해 수행된다. 이 두 계통은 안전을 최대한 보장하기 위하여 완전히 독립된 구조와 기능을 갖도록 설치된다. 수직으로 설치된 원자로정지 기기는 스테인레스강으로 피복된 카드뮴 흡수체인 28개의 정지봉, 수직 안내관, 구동기기로 구성된다. 이것은 제1정지계통의 논리회로에 의하여 작동하며, 중력과 강력한 스프링 작동이 정지봉을 신속하게 노심에 삽입시킨다. 액체 독물질주입 정지기기는 칼란드리아의 중수 감속재에 6개의 수평 노즐을 통하여 중성자 흡수액체인 독물질(가돌리늄)을 주입하여 원자로를 정지시키며, 제2정지계통의 논리회로에 의하여 작동한다. 제1정지계통은 가압경수로와 유사하나, 액체독물질을 이용하는 제2정지계통은 가압경수로에 비하여 원자로정지 기능의 다양성 확보에 중요한 역할을 한다.

2.7.5 운전중 핵연료 교체

중수로는 천연우라늄(U-235 농축도 0.71%)을 핵연료로 사용하기 때문에 초기 노심의 여유반응도(2.1%)가 경수로(26%)보다 낮아 장기간 연속운전이 불가능하므로 운전 중에 핵연료의 교체가 필요하다. 운전 중 핵연료교체는 원자로를 정지하지 않아도 되며, 핵연료의 평균 연소도가 좋아지고, 핵연료를 서로 반대방향에서 순차적으로 교체함으로써 중성자속(Neutron Flux) 분포의 편중을 방지할 수 있으며, 결함이 있는 핵연료를 쉽게 인출할 수 있는 등 많은 장점을 갖고 있다. 반면에, 단점으로 핵연료교환기의 고장시 원자로 운전에 지장을 주며, 중수의 손실과 삼중수소의 누출 위험이 있다.

핵연료 인출은 칼란드리아 양쪽에 있는 2개의 원격조정 핵연료교환기로 380개의 핵연료채널중 하나를 선택하여 핵연료다발을 밀어 넣으면 같은 채널의 반대편에 있는 핵연료교환기에서 이미 사용한 핵연료다발을 받아들인다. 핵연료는 압력관에 있는 냉각재의 유로 방향과 동일한 방향으로 장전하며, 대략 7일 주기로 14개의 핵연료채널에서 각각 8다발씩 교체하고 있다.

2.7.6 중수 감속재 사용과 삼중수소 감시설비

감속재로 중수를 사용하는 것은 핵분열성 물질인 우라늄-235에 흡수되는 열중성자수에 비하여 핵분열에 의하여 방출되는 중성자수가 저농축우라늄을 사용하는 경수로보다 적으므로 경수보다 중성자 흡수가 적은 물질을 사용해야 하기 때문이다. 중수(D_2O)와 경수(H_2O)는 색깔이나 맛이 같으며, 원자량(중수 20.030, 경수 18.016), 밀도(1.1, 1.0), 비등점(101.4℃, 100℃), 빙점(3.8℃, 0℃) 등의 물리적 성질은 유사하다. 그러나 중성자의 미시적 흡수단면적은 0.0013barns(중수)와 0.5896barns(경수)로 현저한 차이를 보이면서, 중수는 중성자 흡수가 매우 적은 이점을 갖고 있다.

감속재로 사용하는 중수의 순도는 99.85%이며 냉각재의 중수 순도는 99.1%이다. 감속재의 중수 순도가 99% 이하로 떨어지면 원자로의 임계상태를 유지하기 어렵게 된다. 원자로에 사용되는 중수는 약 150톤의 냉각재와 264톤의 감속재로 총 414톤이다. 중수는 고가이고 순도를 유지해야 하므로 배수나 누수로 인한 중수를 수집하거나 세정하기 위하여 중수 수집계통, 세정계통, 승급계통 등이 설치되어 있다.

수소의 동위원소 중에서 질량수가 3인 삼중수소(^3_1H)는 중성자(^1_0n)와 중수소(^2_1H)의 반응으로 생성되므로, 중수를 사용하는 중수로의 경우 경수로보다 많은 양의 삼중수소가 발생한다. 감속재와 냉각재로 중수를 사용하는 월성 원자력발전소의 기체 삼중수소

방출량은 제한구역의 경계에서 기체폐기물로 인한 주민선량의 70%를 차지한다. 삼중수소는 방사성동위원소로 반감기가 12.3년이고 에너지가 매우 약한 베타선을 방출하면서 붕괴하므로 인체에 대한 외부 피폭은 별 문제가 되지 않으나, 호흡에 의하여 체내에 흡수되는 내부피폭의 경우에는 결장장기가 전신인 특성을 가지므로 인체에 영향을 미친다. 또한 중수가 외부로 누설되면 환경오염의 원인이 된다. 따라서 중수형 원자력발전소에서는 원자로건물과 보조건물 등에서 시료를 채취하여 삼중수소의 농도를 지속적으로 감시하고 있다.

제 3 장

원자력발전소 안전설비와
지진 안전성

3.1 공학적안전설비 계통 개요

3.1.1 기능과 안전특성

공학적안전설비(Engineered Safety Features: ESF)는 원자로냉각재 상실사고 등 가상의 설계기준사고시 원자로 노심을 냉각하고 원자로냉각재계통으로부터 핵분열생성물의 유출에 대한 방어 기능을 제공하기 위하여 설치되는 제반 안전설비를 말한다. 이 설비는 방사성물질의 유출에 대한 방어벽인 핵연료, 피복재, 원자로냉각재계통과 격납건물을 보호함으로써, 사고의 진전을 억제하고 사고의 결말을 완화 및 최소화하는 기능을 수행한다.

핵연료와 피복재 보호기능으로써 핵연료의 열생성을 최소화하기 위하여 노심을 미임계 상태로 유지하고, 핵연료에서 발생한 열을 제거하기 위하여 1차 측과 2차 측에 냉각재를 제공하여 노심냉각과 열제거원을 유지한다. 원자로냉각재계통 보호기능으로써 원자로냉각재계통의 과충수 및 압력제어기능의 상실과 압력경계의 파단을 방지하여 계통의 건전성을 확보한다. 격납건물 보호기능으로써 격납건물 내의 온도, 압력, 수소농도 등을 제한치 이내로 유지하여 그 건전성을 확보한다.

공학적안전설비는 감속재온도계수나 도플러 효과 등 원자로의 물리적 특성에 의하여 원자로를 안전하게 유지하는 고유안전성(Inherent Safety) 원리('4.1절' 참조)와는 달리 공학적 원리에 따라 설계된다. 이러한 설비들은 그 기능의 중요성을 감안하여 신뢰성 확보를 위해서 다음과 같은 설계특성을 가져야 한다.

ⅰ) 다중성(Redundancy) : 발생할 수 있는 기기 또는 계통의 고장에 대비하여 안전기능의 수행에 필요한 수량보다 여유있게 기기 또는 계통을 설치해야 한다. 최근에는 한 계통의 고장과 다른 계통의 보수작업을 고려하여 N+2 개념으로 설치하기도 한다. 여기서 N은 해당 계통의 안전기능 수행에 필요한 최소한의 수량을 의미한다.

ⅱ) 다양성(Diversity) : 기기나 계통이 다중성을 확보하더라도 작동 원리가 같을 경우 공통원인고장(Common Cause Failure)에 의하여 한꺼번에 작동이 되지 않을 수 있으므로, 작동원리가 서로 다른 기기나 계통을 설치해야 한다. 여기서 공통원인고장이란 동일한 원리로 작동하는 2개 이상의 계통 또는 기기가 하나의 사건이나 원인에 의하여 동시에 그 기능을 상실하는 것을 의미한다. 예로서 보조급수계통을 전동기구동 급수펌프와 증기터빈구동 급수펌프로 설치하여 전원이 상실하더라도 작동원리가 다른 증기터빈구동 급수펌프는 그 기능을 수행할 수 있도록 설계하는 것이다. 또한 원자로정지를 위하여 원자로 제어봉의 삽입과 이와 작동 원리가 전혀 다른 중성자흡수액체인 독물질의 주입은 다양성의 좋은 예이다. 다양성원칙은 설계의 필수적인 요건은 아니며, 가능한 반영을 권고하는 사항이다.

ⅲ) 독립성(Independency) : 어느 한 기기 또는 계통의 사고가 동일한 기능을 수행하는 다른 계통 또는 기기에 영향을 미치지 않도록 물리적, 전기적으로 상호 분리되도록 설치해야 한다. 여기서 물리적 독립성은 화재, 홍수 등의 외적 요인으로 동시에 기능을 상실하는 가능성을 방지하기 위하여 설비 간에 충분한 거리를 유지하거나, 차단벽을 설치하여 물리적 격리성(Physical Separation)을 갖도록 하는 것이다. 또한 전기적 독립성은 다중성 개념으로 설치된 계통이나 기기에 각각 별개의 독립된 전원을 공급하도록 설계하는 것이다.

ⅳ) 고장-안전성(Fail-Safe Design) : 계통이나 기기가 고장이나 전원상실 등으로 그 기능을 상실했을 경우 외부에서 특별한 조치가 없어도 자동적으로 발전소의 안전에 유리한 상태로 작동되게 설계해야 한다. 예로서 원자로보호계통의 제어봉집합체는 제어봉구동장치에 전원이 상실된 경우 중력에 의하여 자동적으로 원자로 내에 삽입하여 원자로를 정지시키도록 설계되어 있다

ⅴ) 연동장치(Interlock) : 일부 계통과 기기는 미리 설정한 조건에서만 작동하도록 하여 운전원의 오작동 등에 의한 사고의 발생가능성을 배제할 수 있도록 설계하는 개념이다.

공학적안전설비는 이러한 설계특성 외에도 주기적으로 그 기능의 시험이 가능해야 하고, 지진이나 극한적인 환경조건(온도, 압력, 습도 등)에서도 그 기능을 수행할 수 있어야 한다. 또한 비상전원(비상디젤발전기)으로부터 전원을 공급받을 수 있도록 설계해야 한다. 이상의 설계특성은 원자로 보호계통에도 동일하게 적용된다.

3.1.2 계통의 종류와 작동신호

공학적안전설비는 그 기능에 따라 표 3.1에서 보는 바와 같이 크게 비상노심냉각계통, 격납건물계통, 보조급수계통, 주제어실 거주성계통, 핵분열생성물 제거 및 제어계통으로 구분할 수 있다. 각 계통의 구성기기와 기능에 대해서는 다음 각 절에서 다루기로 하며, 여기에서 사용되는 자료들은 OPR-1000 모델의 가장 최신형으로 최근에 상업운전을 시작한 신고리1호기(최종안전성분석보고서)를 참조하고 있다.

표 3.1 공학적안전설비의 기능과 구성

기능	구성
비상노심냉각계통	고압안전주입계통
	저압안전주입계통
	안전주입탱크
	재장전수탱크
격납건물계통	격납건물 열제거계통(격납건물 살수계통)
	가연성 기체제어계통(수소 제거, 혼합, 감시 계통)
	격납건물 격리계통
보조급수계통	전동기 구동펌프
	터빈 구동펌프
주제어실 거주성계통	주제어실 비상공기조화계통
	방사선감시계통
핵분열생성물 제거 및 제어계통	격납건물 살수계통
	주제어실 비상보충계통
	비상노심냉각계통 기기실 배기계통
	핵연료건물 비상배기계통

공학적안전설비계통은 공학적안전설비 작동신호(ESF Actuation Signal: ESFAS)에 의하여 작동하며, 표 3.2는 각 계통의 작동신호와 설정치를 보이고 있다. 작동신호를 발생하는 모든 운전변수는 원자로보호계통의 경우와 마찬가지로 전기적⊠물리적으로 격리된 4개의 채널에서 측정되며, 작동신호를 발생하기 위해서는 2개 이상의 측정값이 동시에 설정치를 벗어나야 한다.

표 3.2 공학적안전설비 작동신호와 설정치

기능	작동신호	정상운전치	설정치
안전주입 및 격납건물격리	가압기 '저'압력	158kg/cm^2	125.1kg/cm^2
	격납건물 '고'압력	1.0kg/cm^2	1.167kg/cm^2
격납건물살수	격납건물 '고-고'압력	1.0kg/cm^2	2.45kg/cm^2
격납건물재순환	재장전수탱크 '저'수위	88~98%	7.2 %
주증기관격리	증기발생기 '저'압력	75.2kg/cm^2	62.9kg/cm^2
	격납건물 '고'압력	1.0kg/cm^2	1.167kg/cm^2
	증기발생기 '고'수위(협역)	44%	92.9%
보조급수주입	증기발생기 '저'수위(광역)	79%	23.1%
	증기발생기 차압	0.0	17.382kg/cm^2

공학적안전설비의 계통과 기기들에 대해서는 발전소의 운영기술지침서 ('3.5절' 참조)에 운전제한조건과 적용 운전모드, 제한조건을 벗어났을 경우의 조치사항 그리고 점검 요구사항을 명시하고 있다. 이 요건에 따라 각 계통과 기기들에 대하여 정기적으로 점검을 수행하여 그 성능이 유지되고 있음을 확인해야 한다.

3.2 비상노심냉각계통

3.2.1 기능과 구성

비상노심냉각계통 (Emergency Core Cooling System)은 원자로냉각재계통 배관의 파단에 의한 냉각재상실사고 (Loss of Coolant Accident), 주증기관 파단사고(Main Steam Line Break), 핵연료제어봉집합체 인출사고 (CEA Ejection Accident) 등의 설계기준사

고시 고농도의 붕산수를 원자로냉각재계통에 주입하여 노심을 냉각하고 노심에 부반응도를 증가시켜 충분한 정지여유도를 확보하기 위하여 설치되며, 안전주입계통(Safety Injection System)이라고도 한다. 특히 냉각재상실사고 시에는 노심의 심각한 변형을 막고, 핵연료피복재와 냉각재와의 반응을 제한하고, 그리고 핵연료용융을 방지하는 기능을 수행한다.

비상노심냉각계통은 앞에서 언급한 공학적안전설비의 설계특성에 따라 설계되며, 냉각재상실사고 시에는 다음의 설계기준을 만족할 수 있는 성능을 갖추어야 한다.
  ① 핵연료피복재의 표면 최대온도는 1,204℃를 초과하지 않아야 한다.
  ② 핵연료피복재의 두께는 산화반응 등에 의해 17% 이상 감소하지 않아야 한다.
  ③ 핵연료피복재의 화학반응에 의한 수소생성량은 노심을 구성하는 모든 부품의 지르코늄이 물과 반응하여 생성될 수 있는 총 수소생성량의 1%를 초과하지 않아야 한다.
  ④ 노심은 냉각이 가능한 기하학적 형상을 유지해야 한다.
  ⑤ 장기간의 노심냉각을 통하여 노심을 충분히 낮은 온도로 유지할 수 있어야 한다.

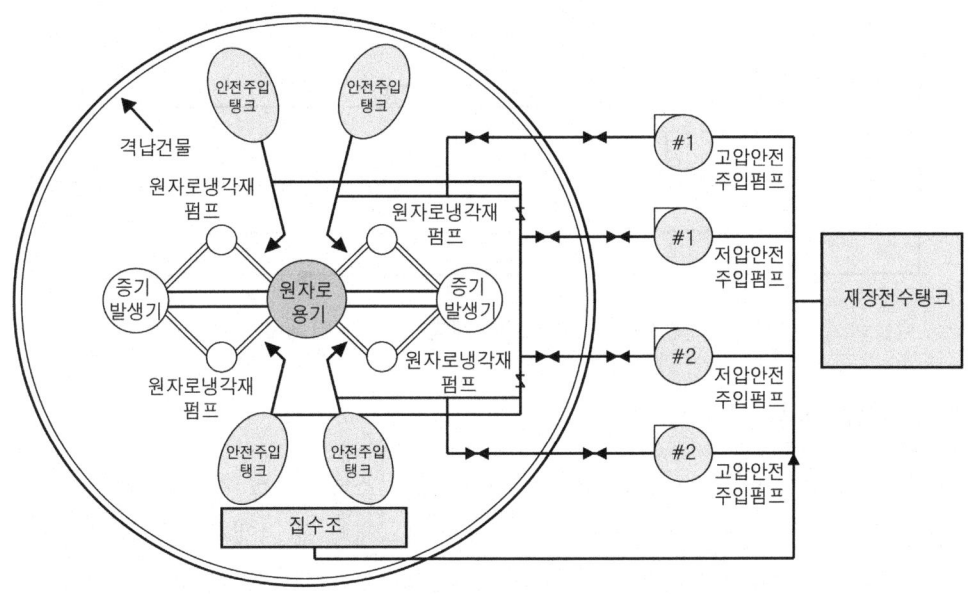

그림 3.1 비상노심냉각계통 개념도

비상노심냉각계통은 그림 3.1에서 보는 바와 같이 고압안전주입계통과 저압안전주입계통으로 구분되는 능동계통과, 피동계통인 안전주입탱크, 그리고 고농도 붕산수의 공급원인 재장전수탱크로 구성되어 있다. 능동계통은 공학적안전설비 작동신호의 하나인 안전주입신호에 의하여 자동적으로 동작하며, 피동계통인 안전주입탱크는 냉각재계통 저온관에 연결되어 냉각재계통 압력이 탱크압력 이하로 감소하면 별도의 구동원이 없어도 압력 차이에 의해 탱크 내의 고농도 붕산수가 자동으로 냉각재계통에 주입된다. 그림 3.2는 비상노심냉각계통의 흐름도를 보이고 있다.

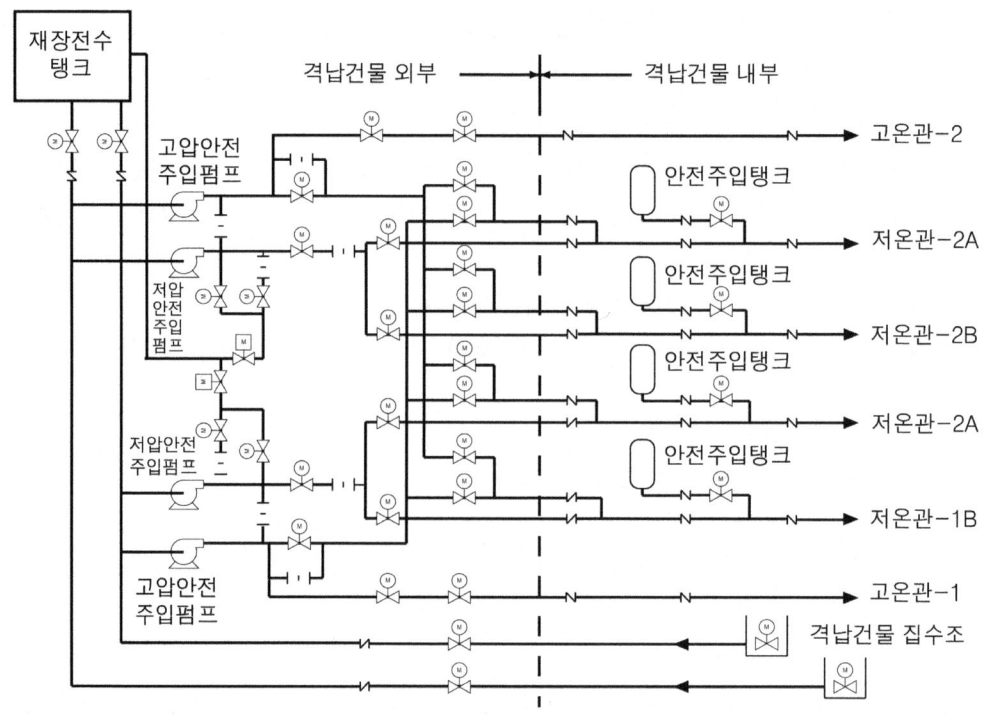

그림 3.2 비상노심냉각계통 구성과 흐름도

3.2.2 안전주입탱크

안전주입탱크(Safety Injection Tank)는 탄소강에 스테인레스 강으로 피복되어 있는 수직 원통형 탱크로, 원자로냉각재계통의 저온관에 1개씩 총 4개가 설치되어 있다. 각 탱크에는 농도 4,200ppm(2.5wt%)의 붕산수 52.6m^3(14,000갤론)이 채워져 있으며, 질소를 충전하여 42.9kg/cm^{2}의 압력으로 가압되어 있다. 발전소의 정상운전시 안전주입탱크는 직렬로 연결된 2개의 역지밸브(Check Valve)에 의해 원자로냉각재계통과 격리되어 있다. 원자로냉각재 상실사고 등으로 원자로냉각재계통 압력이 탱크의 설정압력 이하로 떨어지면 탱크 내의 고농도 붕산수가 자동으로 압력 차이에 의하여 원자로냉각재계통의

저온관에 부착된 안전주입노즐을 통하여 주입된다. 안전주입탱크를 포함한 비상노심냉각
계통 주요 기기의 설계사양은 신고리1호기를 참조하여 표 3.3에서 보는 바와 같다.

표 3.3 비상노심냉각계통의 주요 기기 설계사양(신고리1호기)

설 계 변 수		설 계 값	설 계 변 수		설 계 값
안 전 주 입 탱 크	탱크의 개수	4	저 압 안 전 주 입 펌 프	펌프의 대수	2
	각 탱크 총 체적	68m^3		설계 압력	63.3kg/cm^2
	액체 체적	52.6m^3		최대 흡입압력	41.5kg/cm^2
	충진 기체	질소		설계 온도	204.4°C
	붕산수 농도	4,200ppm(2.5wt%)		설계 유량	3,850gpm
	설계 온도	93.3°C		설계 수두	102.1m
	운전 온도	48.9°C		허용 최대 유량	4,670gpm
	설계 압력	49.2kg/cm^2		최대유량시 수두	88.4m
	운전 압력	42.9kg/cm^2	재 장 전 수 탱 크	체적	2,642m^3
고 압 안 전 주 입 펌 프	대수	2		붕산수 농도	4,200ppm(2.5wt%)
	설계 압력	141.1kg/cm^2		운전 온도	51.7°C
	최대 흡입압력	7.03kg/cm^2		운전 압력	대기압
	설계 온도	176.7°C	집 수 조	깊이	1.8m
	설계 유량	815gpm		단면적	2.1mx2.4m
	설계 수두	868.7m		용량	9.46m^3
	허용 최대유량	1,130gpm		운전 압력	대기압
	최대유량시 수두	481.6m			

3.2.3 고압안전주입계통

고압안전주입계통(High Pressure Safety Injection System)은 2개의 계열로 구성되
고, 각 계열에는 1대의 고압안전주입펌프와 안전주입작동신호에 의해서 자동으로 열리
는 4개의 전동기구동 격리밸브가 설치되어 있으며, 원자로냉각재계통의 4개 저온관에
연결되어 있다. 고압안전주입펌프는 스테인레스 강으로 제작된 8단의 수평형 원심펌프
이고 기계적 밀봉장치(Mechanical Seal)를 채택하고 있다. 고압안전주입펌프는 설계유

량은 적으나 설계수두가 크기 때문에 원자로냉각재계통의 압력이 비교적 작게 감소하는
소형 냉각재상실사고의 경우 냉각수를 주입하여 노심냉각에 크게 기여하게 된다. 고압안
전주입펌프의 전동기는 수평형 유도 전동기로 정격부하에서 5초 이내에 정격속도까지
가속할 수 있다. 그림 3.3은 고압안전주입펌프의 실제 설치된 전경을 보이고 있다.

그림 3.3 고압안전주입펌프 설치 전경

발전소의 정상운전시 고압안전주입계통은 항상 대기모드(Standby Mode)를 유지하며,
전동기구동 격리밸브를 제외하고 모든 관련 밸브는 재장전수탱크(Refueling Water
Tank)로부터 원자로냉각재계통으로 붕산수를 주입할 수 있도록 배열되어 있다. 안전주
입작동신호(예로서 가압기 '저'압력 125.1kg/cm^2)가 발생하면 고압안전주입계통은 자동
으로 안전주입모드(Injection Mode)로 전환되며, 고압안전주입펌프는 자동 기동되고,
격리밸브 역시 자동으로 열려 재장전수탱크의 고농도 붕산수를 원자로냉각재계통의 저
온관에 부착된 안전주입노즐을 통하여 주입하게 된다. 재장전수탱크는 농도 4,200ppm
(2.5wt%)의 붕산수 2,642m^3(698,000갤론)을 대기압 상태에서 저장하고, 모든 공학적
안전설비 계통에 최소 20분까지 수원을 제공하도록 설계되어 있다.

재장전수탱크의 수위가 7.2%의 저수위에 도달하면 재순환작동신호에 의하여 고압안
전주입계통은 자동으로 재순환모드(Recirculation Mode)로 전환되며, 고압안전주입펌
프의 흡입 수원은 재장전수탱크에서 격납건물 재순환집수조(Recirculation Sump)로 변
경된다. 재순환집수조는 격납건물의 바닥에 1.8m 깊이를 갖는 사각형구조(2.1mx2.4m)
로 설치된 9.46m^3(2,500갤론) 용량의 집수조로써 원자로수조(Reactor Cavity)를 제외

하면 격납건물 내에서 가장 낮은 위치에 있으며, 입구에는 이물질의 유입을 방지하기 위하여 그물망 등이 설치되어 있다. 고압안전주입계통은 장기 노심냉각 모드(Long Term Cooling Mode)에서 운전원의 판단에 의하여 원자로냉각재계통 고온관과 저온관의 동시 주입을 위하여 수동으로 다시 정렬될 수 있다.

3.2.4 저압안전주입계통

저압안전주입계통(Low Pressure Safety Injection System)은 2개의 독립된 계열로 구성되고, 각 계열에는 1대의 저압안전주입펌프와 안전주입작동신호에 의해서 자동으로 열리는 2개의 전동기구동 격리밸브가 설치되어 있으며, 원자로냉각재계통의 2개 저온관에 연결되어 있다. 저압안전주입펌프는 스테인레스 강으로 제작된 1단의 수직형 원심펌프이고 기계적 밀봉장치(Mechanical Seal)를 채택하고 있다. 표 3.3에서 보는 바와 같이 저압안전주입펌프는 고압안전주입펌프에 비하여 설계수두는 약 1/8로 아주 작으나 4.7배의 설계유량을 가지므로, 원자로냉각재계통의 압력이 급격하게 낮아지는 대형 냉각재상실사고의 경우 다량의 냉각수를 주입하여 노심냉각에 중요한 역할을 하게 된다. 저압안전주입펌프의 전동기는 수직형 유도 전동기로 정격부하에서 5초 이내에 정격속도까지 가속할 수 있다.

저압안전주입계통은 원자로냉각재계통 온도가 177°C 이상에서 대기모드를 유지하며, 전동기구동 격리밸브를 제외하고 모든 관련 밸브는 재장전수탱크로부터 원자로냉각재계통으로 붕산수를 주입할 수 있도록 배열되어 있다. 안전주입작동신호가 발생하면 고압안전주입계통과 동일한 작동 논리에 의하여 고농도 붕산수를 원자로냉각재계통에 주입하게 된다. 재장전수탱크의 수위가 7.2%의 저수위에 도달하여 재순환작동신호가 발생하면 저압안전주입펌프는 자동으로 정지하고 안전주입 기능을 수행하지 않는다.

저압안전주입펌프의 다른 기능은 정상적인 발전소 정지냉각운전 또는 장기 노심냉각에 필요한 정지냉각 유량을 열교환기를 통하여 공급하는 것이다.

3.2.5 비상노심냉각계통 성능평가

비상노심냉각계통의 성능을 평가하기 위하여 설계기준사고인 냉각재상실사고에 대하여 해석을 수행하여 앞에서 언급한 핵연료피복재의 표면 최대온도, 산화율, 수소생성량, 노심냉각형상 및 장기 노심냉각 등의 안전설계기준을 만족시켜야 한다.

원자로냉각재계통의 배관파단이 발생하면 냉각재가 방출하면서 계통의 압력이 급격히 감소한다. 냉각재가 방출함에 따라 냉각재의 재고량이 감소하면서 노심의 냉각기능이 저하되어 핵연료의 온도는 급속히 증가하게 된다. 한편으로 원자로냉각재계통 압력이 안전주입탱크의 설정압력보다 낮아짐에 따라 안전주입탱크로부터 냉각수가 자동으로 원자로냉각재계통에 주입되며, 또한 가압기 '저'압력으로 안전주입 작동신호가 발생한다. 이러한 안전주입계통의 작동에 의하여 노심냉각 기능을 회복함으로써 핵연료 온도는 감소하게 된다.

신고리1호기의 경우 전산코드를 이용한 냉각재상실사고의 해석을 통하여 원자로냉각재펌프 방출배관의 양단 파단에 의한 대형 냉각재상실사고가 핵연료피복재 온도를 가장 높게 나타내는 설계기준사고로 계산되어 있다. 핵연료피복재 최대온도는 사고 후 260.7초에 1,149.9°C로 나타나 1,204°C 이하이므로 설계기준을 만족하고 있다. 비상노심냉각계통의 성능평가를 위한 대형 냉각재상실사고의 해석방법, 해석용 전산프로그램, 초기조건의 설정 등에 대해서는 '제5장'에서 자세히 다루기로 한다.

3.3 격납건물계통

3.3.1 기능과 구성

격납건물계통(Containment System)은 정상운전 또는 사고시에 원자로냉각재계통으로부터 방사성물질의 외부 유출을 제한하는 최종 방어벽의 기능을 수행하기 위하여 설치된다. 이 외에도 비행기 충돌 등의 외부사건에 대한 원자로의 보호와 장기 노심냉각을 위한 수원을 제공하는 등의 기능을 수행하기도 한다. 따라서 격납건물과 관련 계통은 설계에 고려되는 모든 사고조건에 대하여 격납건물 외부로 방사성물질의 누출이 최소화되도록 누설밀봉과 방호벽 기능을 갖도록 설치해야 하며, 다음의 기술기준에 적합하도록 설계해야 한다.

i) 설계기준사고 후 격납건물의 압력과 온도를 급속히 감소시키고 허용가능한 낮은 수준으로 유지할 수 있도록 격납건물 열제거 수단을 구비할 것.

ii) 설계기준사고시 외부환경으로의 방사선 누출을 최소화하기 위한 핵분열생성물의 농도 저감 수단과 격납건물의 건전성 유지를 위협할 수 있는 격납건물 내부로 유출되는 가연성기체의 제어 수단을 구비할 것.

iii) 설계기준사고로 인한 압력과 온도 조건에서 여유도를 가지고 구조적 건전성을 유지할 수 있어야 하며, 설계누설률이 초과되지 않도록 할 것.

iv) 격납건물 설계기준사고시 예상되는 격납건물 최대압력에서 누설시험을 수행할 수 있을 것.

v) 격납건물 압력경계에 사용되는 재료는 격납건물의 압력이 상승하는 경우에 대비하여 그 안전성을 최대한 유지할 수 있는 특성을 가져야 하며, 파열이 급속히 진전되는 것을 최소화할 수 있는 여유도를 가질 것.

vi) 제한치 이상으로 방사능이 외부환경으로 유출되는 것을 방지하기 위하여 격납건물을 외부환경으로부터 신뢰성 있게 격리할 수 있을 것.

격납건물의 안전설계기준을 구체적으로 살펴보면, 격납건물은 원자로냉각재계통의 배관 파단에 의한 냉각재상실사고, 주증기관 또는 주급수관 파단사고 등의 가상적인 설계기준사고시 발생하는 격납건물 내부의 고온·고압에 견딜 수 있어야 한다. 또한 설계기준사고의 최대압력 상태에서 처음 24시간 동안의 격납건물 외부로의 누설률은 격납건물 공기질량의 0.1%, 이후에는 24시간 누설률이 0.05%를 초과하지 않아야 한다. 궁극적으로는 방사성물질의 누출에 의한 부지제한구역경계(일반적으로 600~900m)에서의 방사선량이 안전제한치(전신 0.25Sv, 갑상선 3Sv)를 초과하지 않도록 설정해야 한다.

이러한 안전설계기준을 만족하기 위하여 격납건물 자체의 건전성을 위협하는 격납건물 내부의 압력이나 온도의 상승과 가연성기체의 생성을 제한하고, 방사성물질의 외부유출에 대한 방어벽 기능을 수행할 수 있도록 관련 설비가 제공되어 있다. 격납건물계통의 주요 설비로는 격납건물 구조물, 격납건물 열제거계통, 격납건물 격리계통, 가연성기체제어계통이 있다.

격납건물은 그림 3.4에서 보는 바와 같이 콘크리트 바닥기초, 원통형 콘크리트 벽, 반구형 돔 형태의 콘크리트 지붕으로 구성된 구조물로 설치되어 있으며, 구조물 내부에는 밀봉을 위해 탄소강 라이닝(Lining)이 용접되어 누설밀봉 압력경계를 이루고 있다. 원통형 콘크리트 벽은 인장강도를 높이기 위하여 포스트텐셔닝(Post Tensioning)공법으로 설치된다. 격납건물에는 설비출입구(Equipment Hatch), 작업자출입구(Personnel Access Hatch), 작업자 비상출구(Personnel Emergency Exit Hatch) 등의 관통부가 있다. 또한 격납건물 벽에 설치된 주요 관통부는 주증기, 급수, 공기조화계통 관련 배관통로이며, 그 외의 관통부는 다양한 프로세스 배관, 전기선 관통부, 핵연료 이송관 등의 통로이다. 표 3.4는 격납건물 구조물과 주요 기기의 사양을 신고리1호기를 참조하여 나타내고 있으며, 그림 3.5는 원자력발전소와 격납건물 건설 현장 모습을 보이고 있다.

3.3.2 격납건물 열제거계통

격납건물 열제거계통(Containment Heat Removal System)은 크게 능동 열제거원인 격납건물 살수계통(Containment Spray System)과 피동 열제거원인 격납건물 구조물로

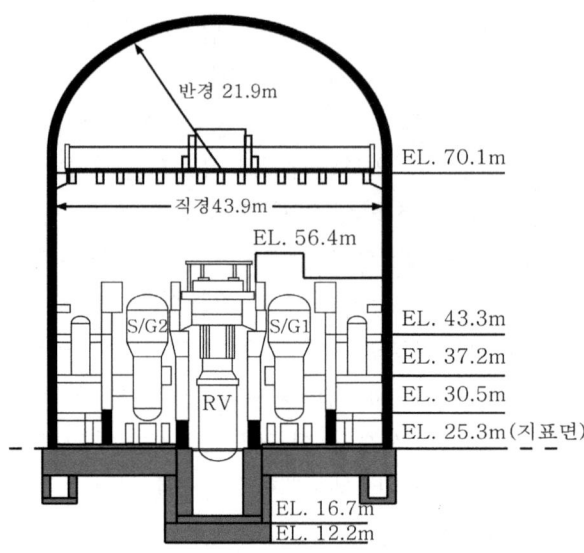

그림 3.4 격납건물 개념도

표 3.4 격납건물계통 주요 기기 설계사양(신고리1호기)

설 계 변 수		설 계 값
격납건물	설계/운전 압력	5.04/0.997kg/cm^2
	설계/운전 온도	140.6/49°C
	운전 습도	90%
	원통형 벽 직경/두께	43.9m/1.22m
	내부 강판 라이닝 두께	6.35mm
	원통형 벽 높이	43.9m
	반구형 돔 높이/두께	66.75m/1.07m
	순 자유 체적	7.72x10^{4}m^3
	바닥기초 직경/두께	48.8m/3.66m
격납건물 살수계통	살수펌프 개수	2대(계열당 1대)
	펌프 유량	4,240gpm
	펌프 수두/유효흡입수두	164.6m/7.32mm
	주 노즐 수량	230개(계열당)
	주 노즐 유량	15.2gpm(노즐당)
	보조 노즐 수량	80개(계열당)
	보조 노즐 유량	3gpm(노즐당)
	노즐 내경	6.35mm
	노즐 형식	중공 원추형

그림 3.5 원자력발전소와 격납건물 건설 현장 모습

구분된다. 격납건물 살수계통은 유일한 격납건물 능동 열제거계통으로, 사고발생시 격납건물 내부의 열에너지를 제거함으로써 격납건물 내부의 압력과 온도를 제한치 이내로 유지하고 격납건물이 방사성물질의 외부 유출에 대한 최종 방어벽 기능을 수행할 수 있도록 한다. 이 외에도 사고시 격납건물 대기로부터 요오드와 기타 방사성물질을 제거하고, 가연성 기체의 국부적 침적을 방지하기 위해 격납건물 대기를 혼합시키는 기능을 한다. 여기에서는 격납건물 살수계통의 열제거 기능에 대하여 설명하고, 그 외의 기능은 '3.4절'에서 다루기로 한다.

원자로냉각재계통의 배관 파단에 의한 냉각재상실사고, 제어봉인출사고, 격납건물 내부의 주증기관 또는 주급수관 파단사고 등의 가상사고가 발생하면 고온 고압의 유체가 격납건물 대기로 방출하면서 격납건물 내의 압력과 온도가 급상승하여 격납건물의 건전성을 위협하게 된다. 격납건물 내의 압력이 상승하면 격납건물 살수계통 작동신호(격납건물 '고-고' 압력)가 발생하여 격납건물 살수모관 격리밸브가 자동으로 열리고 살수펌프가 자동으로 기동하게 된다. 이에 따라 격납건물 살수계통의 살수노즐에서 물이 분사되어 수증기를 응축시킴으로써 격납건물 내의 압력과 온도를 적절히 감소시킬 수 있다.

격납건물 살수계통의 열제거 성능에 대한 설계기준으로 가상사고 발생시 격납건물 내부의 최대 압력과 온도는 설계압력과 설계온도를 초과하지 않아야 한다. 또한 24시간 이내에 격납건물 압력을 최대압력의 50% 이하로 감소시킬 수 있어야 하며, 원자로냉각재 상실사고 이후 9시간 이내에 격납건물 재순환집수조의 온도를 109℃ 이하로 감소시킬 수 있어야 한다.

　격납건물 살수계통은 100% 용량을 가진 독립된 2개의 계열로 구성되어 있으며, 각 계열에는 1대의 살수펌프, 1대의 살수열교환기, 1개의 독립된 주 살수와 보조 살수 모관, 배관, 계측장비들이 설치되어 있다. 또한 살수의 공급원으로 재장전수탱크와 격납건물 재순환집수조가 있다. 각 계열의 격납건물 살수펌프는 재장전수탱크 또는 격납건물 재순환집수조에서 취수하여 살수열교환기와 살수모관 및 살수노즐을 통하여 격납건물 대기로 살수용액을 방출하도록 되어있다. 살수된 유체는 재순환집수조에 모여서 다시 살수계통으로 재순환된다.

　재장전수탱크의 수위가 7.2%의 저수위에 도달하면 재순환작동신호에 의하여 자동으로 재순환모드로 전환되며, 살수펌프의 흡입 수원은 재장전수탱크에서 격납건물 재순환집수조로 변경된다. 주 살수모관은 살수되는 물방울이 대기의 방사성물질을 흡수하는 시간을 최대화하고 증기와 공기가 대기에서 열적 평형을 이룰 수 있도록 하기 위하여 격납건물의 상부에 설치되며, 보조 살수모관은 환형지역(2차 차폐벽과 격납건물 외벽사이), 운전층 하부의 격실 등에 설치된다. 그림 3.6은 격납건물 살수계통의 구성과 흐름도를 보이고 있다.

　격납건물 살수펌프는 스테인레스 강으로 제작된 단상의 수직원심형 펌프이다. 스테인레스 강으로 제작된 주 살수노즐은 각 계열에 230개가 설치되어 있으며, 각 노즐은 설계기준압력에서 15.2gpm의 용량을 가지며 노즐내경은 6.35mm이다. 보조 살수노즐은 각 계열에 80개가 설치되어 있고, 각 노즐은 3gpm의 용량을 가진다.

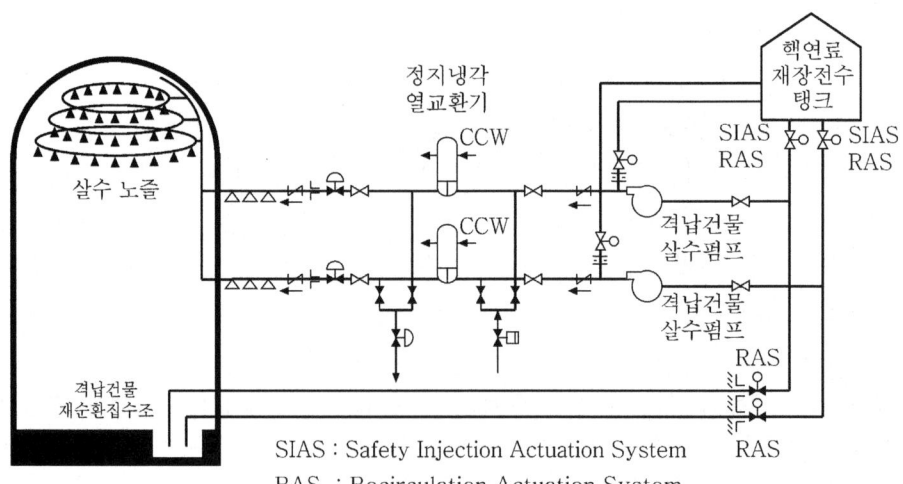

SIAS : Safety Injection Actuation System
RAS　: Recirculation Actuation System
CCW : Component Cooling Water

그림 3.6 격납건물 살수계통 구성과 흐름도

3.3.3 격납건물 가연성기체 제어계통

사고시에 격납건물 내에는 여러 요인에 의하여 생성된 수소가 축적된다. 수소생성 요인은 i) 핵연료피복재인 지르코늄과 냉각재의 반응에 의한 수소생성, ii) 원자로냉각재에 용존되어 있거나 가압기의 기체공간에 존재하는 수소의 방출, iii) 격납건물 내의 각종 금속물질(특히 알루미늄과 아연)의 산화반응에 의한 부식생성물로서의 수소생성, iv) 노심과 격납건물 집수조 냉각수의 방사분해에 의한 수소생성 등이다. 방사분해는 냉각수가 핵분열생성물의 붕괴시 방출되는 감마선에 조사되어 수소와 산소분자를 생성하게 되는 반응을 뜻한다. 격납건물 내에 축적되는 수소가 일정농도 이상 높아지면 폭발의 위험이 있으며 이로 인하여 격납건물의 심각한 손상이 우려되므로, 수소의 농도를 감시하고 제어하기 위하여 가연성기체 제어계통이 설치된다.

가연성기체 제어계통의 설계기준으로써 격납건물 내의 수소농도를 최소 연소 제한치인 체적비 4% 이하로 유지해야 하고, 격납건물 내의 공기가 균일하게 혼합되어 국부적인 수소농도가 4.5%를 초과하지 않아야 하며, 수소농도를 감시할 수 있는 기기를 설치해야 한다. 따라서 이 계통은 수소제거계통, 수소혼합계통, 수소감시계통으로 구성되어 있다.

1) 수소제거계통(Hydrogen Removal System)

수소제거계통은 일반적으로 수소재결합기계통(Hydrogen Recombiner System)를 채택하고 있으나, 최근에는 수소폭발의 위험성을 고려하여 수소제거 능력을 강화하기 위하여 점화기(Igniter)를 설치하고 있다.

수소재결합기계통은 2대의 이동식 수소재결합기와 2개의 독립적인 계열로 격납건물의 외부인 보조건물에 설치되어 있다. 각 계열은 격납건물 내부 흡입관의 습분분리기와 흡입관 및 회귀관의 모터구동 밸브 등으로 구성되어 있다. 수소재결합기는 이동이 가능하여 발전소 동일 부지에 있는 모든 호기에 공용으로 사용된다. 사고시 보조건물 내의 수소재결합기 설치지역으로 이송되어 설치되며, 수소농도가 체적비 3.5%에 도달하기 전에 주제어실 또는 현장 제어반에서 수동으로 작동시킨다.

격납건물 내부의 공기는 격납건물 내부에 위치한 습분분리기와 흡입관을 통하여 송풍기에 의하여 수소재결합기에 공급된다. 공급된 공기는 수소재결합기에서 가열되고 수소와 산소의 재결합 열반응에 의해 체적비 0.1% 이하의 수소농도로 낮추어져 격납건물로 되돌려 보내진다. 수소재결합기 흡입관 입구측에 설치된 습분분리기는 흡입공기 속의 습분을 낮추기 위해 사용된다. 수소재결합기계통의 각 계열은 상호 독립된 비상전원으로부터 전력을 공급받으며, 처리용량은 약 $2m^3/min$이다.

최근에는 전원상실의 경우에 대비하기 위하여 전원이 필요 없는 피동촉매형 수소재결합기를 설치하기도 한다. 신고리1호기의 경우 가연성기체 제어계통의 기능을 개선하여 피동촉매형 수소재결합기를 설치하고 있으며, 설계기준사고 대처용으로 6개와 중대사고 대처용으로 15개를 설치하고 있다.

수소점화기는 일반적으로 중대사고시 격납건물 내의 평균 및 국부 수소농도를 체적비 10% 이내에서 제어하기 위하여 설치하며, 주제어실에서 운전원의 원격 수동조작에 의하여 작동한다. 점화기는 비안전등급이나 내진범주-I로 설계하고, 1E 등급의 전원을 공급받도록 설계한다. 점화기는 원자로 공동 격실, 원자로 배수탱크 격실과 증기발생기 격실에 약 20대가 설치되며, 독립된 2개의 계열에서 전원을 공급받도록 설계하여 한 계열의 전원상실 시에도 그 기능을 수행할 수 있도록 설계한다.

2) 수소혼합계통(Hydrogen Mixing System)

수소혼합계통은 사고시 격납건물 내부 수소의 국부적인 수소농도가 4.5%를 초과하지 않도록 유지시키는 기능을 수행한다. 수소혼합은 자연대류와 격납건물 살수계통에 의해 이루어진다. 자연대류는 격납건물 대기와 격납건물 벽면의 온도차에 의해서 발생하며, 격납건물 살수계통의 작동은 격납건물 내의 대기에 심한 난류현상을 유발시킴으로써 수소가 국부적으로 축적되는 것을 방지한다.

3) 수소감시계통(Hydrogen Monitoring System)

수소감시계통은 격납건물 내의 수소농도를 감시하는 안전 관련 계통으로, 격납건물 수소농도를 측정할 수 있도록 2개의 독립적인 계열로 구성된다. 각 계열은 수소 분석 캐비넷과 감시 캐비넷으로 구성되며, 한 트레인의 고장 시에도 수소감시를 계속할 수 있다. 분석 캐비넷은 시료를 채취·전송 및 측정하는 기능을 수행하며, 감시 캐비넷은 자료수집 계산과 모든 분석기 기능의 자동 또는 수동운전을 수행할 수 있다. 수소감시 계통은 한 계열당 한 개의 시료 채취점으로부터 격납건물 관통부를 통해 시료를 채취하며, 격납건물 내의 수소농도를 체적 백분율로 다중 안전 지시계에 의해서 주제어실에 제공한다.

3.3.4 격납건물 격리계통

격납건물 격리계통(Containment Isolation System)은 사고 발생시 원자로냉각재계통과 격납건물 내의 방사성물질의 외부 대기로의 유출을 차단하기 위하여, 정상운전시 개방되어 있으나 사고완화에 이용되지 않는 격납건물 관통배관을 자동적으로 격리시키는 기능을 수행한다. 격납건물 격리를 위한 특정 계통은 없으며, 격납건물 관통배관에 격리밸브를 설치하고 격납건물 격리 작동신호에 의하여 자동으로 격리밸브를 작동시킨다.

격납건물 격리계통의 설계기준으로 격납건물 관통배관에는 관통부의 내부와 외부에 각각 한 개의 격리밸브를 설치해야 하며, 계통 신뢰도가 확보된다면 한 개의 밸브만 설치할 수 있다. 또한 격납건물을 관통하는 배관과 격리밸브의 설계 온도와 압력은 격납건물 설계조건을 만족시켜야 하며, 격리밸브는 격납건물 격리 작동신호를 받았을 때 각 밸브에 정해진 시간 이내에 닫혀야 한다. 신고리1호기의 경우 약 80여개의 격납건물 관통부에 약 200여개의 격리밸브가 설치되어 있으며, 가압기 '저'압력 및 격납건물 '고' 압력의 격납건물 격리신호에 의하여 작동한다. 일부 격리밸브는 격납건물 살수작동신호에 의해서 또는 원격에서 수동으로 작동할 수 있다. 그림 3.7은 격납건물 관통부 외부에 설치된 공기구동 격리밸브의 실제 모습을 보이고 있다.

그림 3.7 격납건물 관통부 외부의 공기구동 격리밸브 예시

3.3.5 격납건물 누설시험

격납건물, 격납건물 관통부와 격납건물 격리계통들은 주기적으로 누설률 시험을 할 수 있도록 설계해야 하며, 격납건물 내부로부터의 누설이 제한치 이내임을 입증해야 한다. 누설률 제한치는 설계기준사고시 격납건물 내부의 최대압력 상태에서 24시간 동안의 누설량이 격납건물 공기질량의 0.1% 이하이어야 한다. 누설시험은 격납건물 자체에 대한 종합 누설시험(Type-A), 격납건물 관통부 누설시험(Type-B), 격납건물 격리밸브 누설시험(Type-C) 등 3가지 형태가 있다. 격납건물 종합 누설시험은 관통부와 격리밸브 등 일련의 국부 누설시험들이 완료된 후 수행된다.

격납건물 관통부 누설시험(Type-B)은 작업자 출입구, 기기 출입구, 핵연료 이송관, 전기관통부 등의 관통부에 대하여 수행되며, 각 관통부는 밀봉을 유지하면서 격납건물 최대압력 상태에서 시험되어야 한다. 격납건물 격리밸브 누설시험(Type-C)은 시험대상의 격리밸브들을 추가적인 조정 없이 사고 후 정렬되는 상태에서 국부적으로 압력을 가하여 시험을 수행한다. Type-B 및 C 시험에 대한 총 누설률은 누설률 제한치의 60% 이하이어야 한다.

3.3.6 격납건물 성능평가

격납건물의 성능을 평가하기 위하여 냉각재상실사고, 주증기관 또는 주급수관 파단사고 등 다양한 설계기준사고들에 대하여 해석을 수행하여 격납건물 내부의 최대 온도와 압력의 거동을 계산하고 안전설계기준을 만족하는지 확인해야 한다. 그림 3.8은 원자로 냉각재계통 배관 파단에 의한 냉각재상실사고시 격납건물 내부의 거동을 보이고 있다.

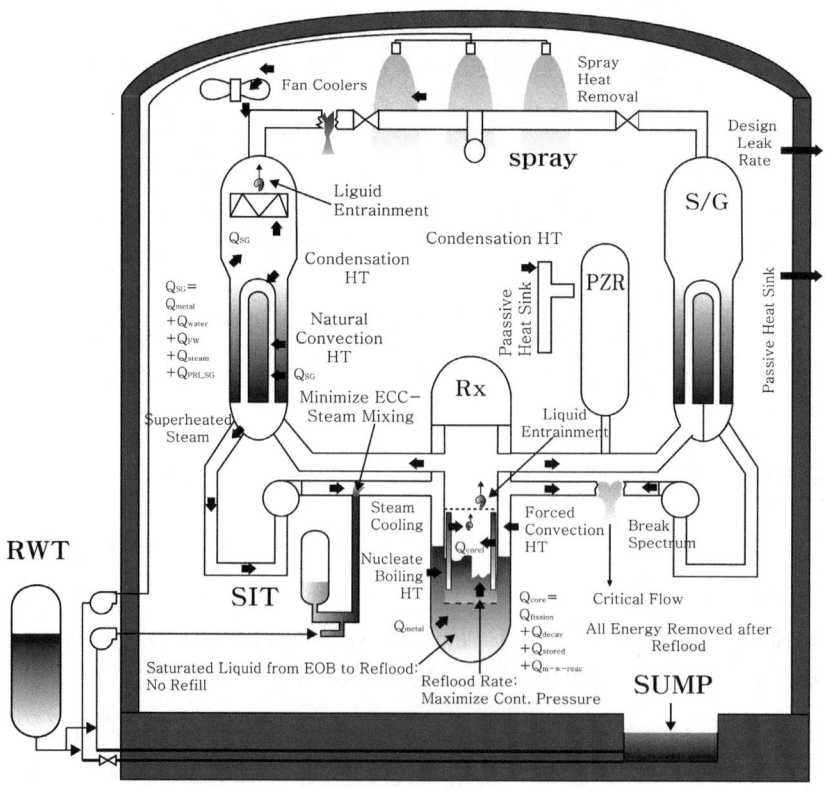

그림 3.8 원자로냉각재 상실사고시 격납건물 거동

　　배관 파단으로 고온 고압의 냉각재가 격납건물로 방출하면서 격납건물 내부의 압력과 온도는 상승하게 된다. 격납건물 압력의 상승으로 격납건물 '고'압력에 의한 안전주입 작동신호가 발생하고 격납건물 '고-고'압력에 의한 격납건물 살수계통 작동신호가 발생한다. 원자로냉각재계통은 배관파단으로 냉각재를 상실하면서 계통압력이 떨어지고, 계통압력이 안전주입탱크의 설정압력보다 낮아짐에 따라 안전주입탱크로부터 냉각수가 자동으로 원자로냉각재계통에 주입된다. 비상노심냉각계통과 격납건물 살수계통의 작동으로 격납건물 내부의 압력과 온도는 점점 감소하기 시작한다.

　　신고리1호기의 경우 다양한 가상 사고들에 대한 전산코드(CONTEMPT)를 이용한 해석을 통하여 원자로냉각재펌프 방출배관의 양단 파단에 의한 대형 냉각재상실사고가 격납건물의 압력과 온도를 가장 높이는 설계기준사고로 계산되었다. 표 3.5는 이 사고의 전개과정을 시간별로, 그림 3.9는 격납건물 내부의 압력과 온도의 거동을 보이고 있다. 격납건물 내부의 최대 압력은 사고 후 365초에 $4.4kg/cm^2$(62.67psia)로 나타나 격납건물 설계압력 $5.04kg/cm^2$이하로 설계기준을 만족하고 있다. 격납건물 내부의 최대 온도는 사고 후 95.2초에 143°C(289.3°F)로 설계온도 140.6°C 보다 약간 높게 나타내고 있으나, 이러한 과열 조건은 짧은 기간 동안 지속되기 때문에 격납건물 설계에 영향을 주지 않는다. 최대 압력에 상응하는 기체분압에서의 포화조건에 근거하여 온도를 계산하면 134.4°C로 설계온도 140.6°C 이하로 나타난다.

표 3.5 격납건물 성능평가 사고 전개

시간 (초)	사 건
0.0	파단사고 발생
3.23	격납건물 '고-고' 압력 설정치 도달
9.5	안전주입탱크 냉각수 주입 시작
14.2	격납건물 1차 첨두압력 도달 ($3.9kg/cm^2$)
17.0	안전주입펌프 안전주입 시작, 냉각재계통 방출 단계 종료
71.3	안전주입탱크 냉각수 고갈
95.2	격납건물 살수 시작, 격납건물 최대 온도 (143°C)
187.3	노심 재관수 단계 종료
365.0	격납건물 첨두압력 ($4.4kg/cm^2$)
1,661	격납건물 집수조로 부터 냉각수 재순환 시작
86,400	잠열 추가 종료

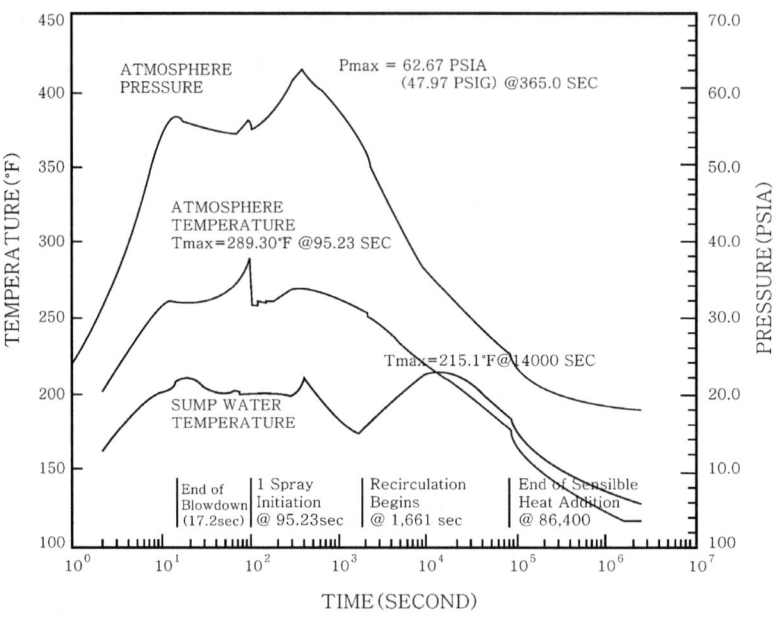

그림 3.9 대형 냉각재상실사고시 격납건물 압력과 온도

3.4 기타 공학적안전설비 계통

3.4.1 보조급수계통

보조급수계통(Auxiliary Feedwater System)은 주급수계통이 주급수관 파단 또는 주증기관 파단 등의 사고로 인해 증기발생기에 급수를 공급하지 못할 경우에 발전소 고온대기상태의 유지와 정지냉각계통 기동시점까지의 원자로 냉각기간 동안 증기발생기로 급수를 공급하여 원자로에서 발생한 열을 제거하는 기능을 수행한다. 원자로를 냉각시키기 위하여 1대 또는 2대의 증기발생기에 공급해야 하는 총 보조급수유량은 대기로 방출되는 증기량과 증기수축을 고려하여 약 1,136m³(300,000갤론)이다.

사고발생시 보조급수계통은 공학적안전설비 작동신호의 하나인 보조급수 작동신호(증기발생기 '저'수위)에 의하여 자동으로 작동되며, 45초 이내에 증기발생기에 급수를 공급한다. 보조급수계통에 의하여 공급되는 급수량은 증기발생기 2차측 압력이 89.3kg/cm² 일 때 0.757~2.84m³/min (200~750gpm) 이며, 보조급수의 온도는 복수저장탱크에 저장된 복수의 온도에 따라 5~49°C 사이에서 유지된다. 증기발생기 수위는 보조급수 조절밸브에 의해 중간 고수위와 저수위 사이에서 안정화된다. 증기발생기에서 발생된 증기는 주증기 대기방출밸브를 통하여 대기로 방출되며, 복수기가 이용 가능한 경우에는 터빈우회계통을 이용하여 복수기로 증기를 방출시킬 수 있다. 원자로냉각재의 온도와 압력이 177°C와 28.8kg/cm^2 이하로 떨어지면 정지냉각계통을 이용하여 원자로를 냉각시킬 수 있다.

보조급수계통은 독립된 2개의 계열로 구분되며, 각 계열은 소내 비상전력계통(비상디젤발전기)으로부터 전력을 공급받는 100% 용량의 전동기구동 펌프 1대와 주증기계통에서 공급되는 증기로 구동되는 100% 용량의 증기터빈구동 펌프 1대, 전동기구동 격리밸브와 역지밸브 등으로 구성된다. 보조급수펌프는 수평형 펌프로 복수(응축수)저장탱크에서 흡입을 취하며, 필요시 탈염수계통(Demineral Water System)과 원수계통(Raw Water System)에서도 냉각수를 공급받을 수 있도록 설계되어 있다. 터빈구동 펌프에 공급되는 구동용 증기는 주증기격리밸브 전단에 있는 주증기배관에서 공급된다. 그림 3.10은 보조급수계통의 구성과 흐름도를 보이고 있다.

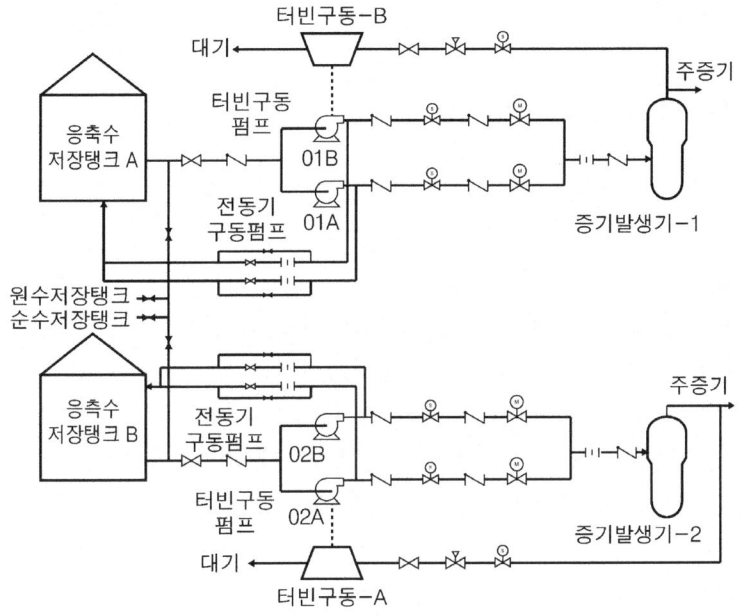

그림 3.10 보조급수계통 구성과 흐름도

3.4.2 주제어실 거주성계통

주제어실 거주성계통(Control Room Habitability System)은 독성 및 방사성 가스의 유출사고에 대비하여 주제어실 구역 내의 운전원에게 적절한 운전 환경을 제공하기 위하여 설치된다. 이 계통은 비상 보충공기정화기를 갖춘 주제어실 공기조화계통, 차폐체, 방사선감시, 매연의 감지와 배출, 그리고 필요시 독성가스 보호장치 등을 포함한다. 또한 적당량의 음식물, 식수, 호흡공기, 위생설비와 의약품들이 사고 후 또는 사고 기간 동안 운전원의 상주를 위하여 공급되어야 한다.

주제어실 비상 공기조화계통은 수동으로 선택하는 2개의 외부 흡입구에서 유입된 공기 또는 재순환 공기를 여과시켜 주제어실 구역에 공급하여 정압을 유지해야 한다. 또한 외부 흡입구에 방사능과 연기 감시기를 설치하여 주제어실 공기조화계통에 공급되는 공기를 계속 감시해야 한다. 주제어실 비상환기작동신호 또는 안전주입작동신호 발생시 비상 보충공기정화기가 자동으로 기동하여 주제어실 공기조화계통으로 공급되는 외부 공기로 부터 방사성 요오드와 입자들을 제거한다. 공기조화계통은 2개의 100% 다중 계열로 구성되어 있으며, 물리적으로 독립된 전원계통으로부터 전력을 공급받는다.

주제어실 거주성계통은 사고조건 하에서 적어도 30일 동안 최소한 5명의 주제어실 운전요원을 지원할 수 있도록 설계되어 있다. 또한 최소 8시간 체류분의 음식이 제공되어야 하고, 무제한의 식수공급과 소내 응급구조 설비를 구비해야 한다.

3.4.3 핵분열생성물 제거 및 제어계통

핵분열생성물은 공학적안전설비 계통으로 설치된 공기정화기 또는 격납건물 살수계통을 통하여 제거된다. 공기정화기는 주제어실 공기조화계통의 일부인 주제어실 비상보충계통, 비상노심냉각계통 기기실 공기조화계통의 일부인 배기계통, 핵연료건물 공기조화계통의 일부인 비상배기계통에 설치되며, 해당 계통의 공기에 포함될 수 있는 요오드와 입자들을 여과하기 위하여 사용된다. 각 공기정화기는 습분 분리기, 전기 가열코일, 전단 여과기, 전단 고효율 입자여과기, 활성탄 흡착기, 후단 고효율 입자여과기, 송풍기와 몸체로 구성되어 있으며, 습분 분리기 부분과 활성탄 흡착기 부분에는 배수장치가 설치되어 있다. 활성탄 흡착기는 방사성요오드에 대하여 99.83%, 할로겐화 탄화수소기체에 대하여 99.95%, 고효율 입자여과기는 0.3μm 크기 이상의 입자에 대하여 99.97% 이상 제거할 수 있다.

격납건물 살수계통은 사고발생시 격납건물 내부의 열에너지 제거, 가연성 기체의 국부적 침적을 방지하기 위한 격납건물 대기의 혼합, 격납건물 대기로부터 요오드와 기타 방사성물질을 제거하는 기능을 수행한다. 격납건물 살수계통의 구성, 열제거와 대기혼합 기능에 대해서는 앞에서 이미 설명하였으므로, 여기에서는 방사성물질의 제거기능에 대하여 다루기로 한다.

  안전주입 단계에서의 격납건물 살수에 의한 요오드 흡수는 오염되지 않은 핵연료재장전수탱크로부터 붕산수를 공급함으로써 이루어지며, 재순환 단계에서는 격납건물 재순환집수조가 살수 공급원이 된다. 재순환 단계의 살수용액은 핵분열생성물을 다량 포함하고 있으므로, 살수용액의 수소이온농도(Hydrogen Ion Concentration: pH)의 정도에 따라 안전주입 단계에서 흡수된 요오드가 살수용액으로부터 이탈하여 격납건물 대기 중으로 다시 휘발할 수 있다. 이러한 요오드의 재 발생을 방지하고 살수용액의 계속적인 요오드 흡수능력을 보장하기 위하여 재순환 단계에서의 pH 조절이 요구된다. 격납건물 집수조의 화학첨가제인 삼인산나트륨(Tri-Sodium Phosphate)은 냉각재상실사고 후 재순환 단계까지 집수조 pH를 7.0 이상으로 증가시키고, 이후에는 pH가 7.0과 8.5 사이를 유지하도록 설계해야 한다.

3.5 원자력발전소 안전운영

3.5.1 운영기술지침서

  원자력발전소에서는 발전소의 안전운영에 필요한 설비와 운전변수가 안전성분석에 의해 결정된 운전제한조건 이내에 유지되고 있음을 보장하기 위하여 발전소운영자가 준수해야 할 기본적인 사항을 기술한 운영기술지침서를 보유하고 있다. 지침서는 표 3.6에서 보는 바와 같이 크게 '원자로시설의 운전', '원자로시설의 방사선 및 환경관리', '원자로시설의 운영관리'에 관한 사항으로 구분하고 있다.
  '원자로시설의 운전'에서는 '사용 및 적용', '안전제한치(Safety Limits)', '운전제한조건(Limiting Condition for Operation) 및 점검요구사항(Surveillance Requirements)', 설계상 중요한 안전특성 등 발전소의 운전에 필요한 주요 사항을 명시하고 있다. '사용 및 적용'에서는 노심반응도, 출력 준위, 원자로냉각재 저온관 온도에 따라 발전소의 다양한 운전모드를 정의하고 있다(표 3.7).
  '안전제한치'는 핵분열생성물 유출의 방어 방벽으로 원자로냉각재계통의 건전성을 보장하기 위하여 설정하며, 원자로노심의 핵비등이탈률과 원자로냉각재계통 압력의 제한치, 적용 운전모드, 제한치를 벗어났을 경우의 조치사항 등을 기술하고 있다(그림 3.11). '운전제한조건 및 점검요구사항'에서는 반응도제어계통, 출력분포제한, 계측설비, 원자로냉각재계통 등에 포함되어 있는 각종 계통·기기의 주요 운전변수들에 대한 운전제한조건과 적용 운전모드, 제한조건을 벗어났을 경우의 조치사항, 점검요구사항을 규정하고 있다(그림 3.12).

표 3.6 운영기술지침서의 주요 구성과 내용

구 성	내 용	
1. 원자로 시설의 운전	1) 사용 및 적용	• 용어의 정의, 제한시간, 점검주기
	2) 안전제한치	• 안전제한치, 제한치 초과시 조치
	3) 운전제한조건 및 점검요구사항	• 반응도제어계통 • 출력분포제한 • 계측설비 • 원자로냉각재계통 • 비상노심냉각계통 • 격납건물계통 • 발전소계통 • 전력계통 • 재장전운전
	4) 설계특성	• 부지위치, 노심, 핵연료저장
2. 원자로 시설의 방사선 및 환경관리	1) 방사선방호	• 원자로시설보전 • 방사선안전관리 • 방사선측정기관리
	2) 방사성물질 등의 관리	• 방사성폐기물관리 • 배기 및 배수 감시설비 • 핵연료물질의 수불, 운반, 저장 및 취급 • 방사성동위원소 취급
	3) 원자로시설로 부터의 환경보전	• 환경감시
3. 원자로 시설의 운영관리	1) 조직 및 기능	• 부서별 기능, 인원편성, 운영책임, 발전소원자력안전위원회, 절차서
	2) 원자로시설의 순시점검	• 순시원 배치, 기기설비 순시점검, 조치
	3) 비상시 운전원 조치사항	• 비상상황 조치, 원자로정지 후 조치, 원자로 및 비상노심냉각계통 수동정지
	4) 계획서 및 지침서	• 안전기능결정지침서, 가동중검사/시험 계획서, 화재방호계획서 등
	5) 보고 요구사항	• 환경방사능 조사 및 평가보고서 • 방사선관리보고서 • 가동중검사 결과보고서 • 사고 및 고장 보고서 • 교체노심 안전성 평가보고서

이와는 별도로 '안전제한치', '운전제한조건 및 점검요구사항'의 기술적 배경을 설명하는 기술배경서가 마련되어 있다. 기술배경서에는 안전제한치 및 운전제한조건의 배경과 안전해석 결과와의 연계를 다루고 있으며, 조치사항과 점검요구사항에 대한 규제관점의 배경과 이들의 수행을 위한 상세한 활동을 기술하고 있다.

표 3.7 원자력발전소의 운전모드

운전 모드	반응도조건 (Keff[1])	정격열출력[2] (% power)	원자로냉각재계통 저온관 온도(T_{cold})
1. 출력운전	$\geq$ 0.99	> 5%	−
2. 기동	$\geq$ 0.99	$\leq$ 5%	−
3. 고온대기	< 0.99	0	$\geq$ 177°C
4. 고온정지[3]	< 0.99	0	177°C > T_{cold} > 99°C
5. 상온정지[3]	< 0.99	0	$\leq$ 99°C
6. 핵연료재장전[4]	−	0	−

주 1) 유효증배계수(Effective Multiplication Factor) : 중성자의 실제 증가비율
   2) 붕괴열 제외
   3) 원자로용기 상부헤드의 모든 볼트가 체결되어 있는 상태
   4) 상부헤드의 볼트 중에서 하나 이상이 완전히 체결되어 있지 않은 상태

2.0 안전제한치

2.1 안전제한치

2.1.1 노심 안전제한치(Safety Limits)

2.1.1.1 운전모드 1, 2에서 핵비등이탈률(DNBR)은 **1.30 이상**으로 유지되어야 한다.

2.1.1.2 운전모드 1, 2에서 첨두 선출력밀도(LHR)(핵연료봉 동적현상이 반영된)는 **689 W/cm (21.0 kW/ft) 이하**로 유지되어야 한다.

2.1.2 원자로냉각재계통 압력 안전제한치

운전모드 1, 2, 3, 4, 5에서 원자로냉각재계통 압력은 **193.3 kg/cm²A (2,750 psia) 이하**로 유지되어야 한다.

2.2 안전제한치 위반

2.2.1 안전제한치 2.1.1.1 또는 안전제한치 2.1.1.2를 위반한 경우, **1시간 이내**에 운전모드 3으로 간다.

2.2.2 안전제한치 2.1.2를 위반한 경우

2.2.2.1 운전모드 1, 2에서는 **1시간 이내**에 제한치 이내로 복구하고 **운전모드 3**으로 간다.

2.2.2.2 운전모드 3, 4, 5에서는 **5분 이내**에 제한치 이내로 복구한다.

2.2.3 교육과학기술부 고시(원자력이용시설의 사고·고장 발생시 보고·공개 규정 고시)에 따라 교육과학기술부에 보고한다.

2.2.4 **30일 이내** 교육과학기술부 고시에 따라 보고서를 작성한다. 보고서는 발전처장 및 교육과학기술부에 제출한다.

2.2.5 교육과학기술부로부터 허가가 있을 때까지는 발전소 운전을 재개하지 않는다.

그림 3.11 기술지침서 안전제한치 예시

```
3.4.4  원자로냉각재계통 유로 : 운전모드 1, 2

운전제한조건 3.4.4          2개의 원자로냉각재계통 유로가 운전가능하고 각 유로에 있는
                          2대의 원자로냉각재펌프가 운전중이어야 한다.


적용                      운전모드 1, 2

불만족시 조치
┌─────────────────────┬─────────────────────────────┬──────────┐
│      불만족상태       │          조치요구사항         │  제한시간 │
├─────────────────────┼─────────────────────────────┼──────────┤
│ 1.  운전제한조건을 불 │ 1.1   운전모드 3으로 진입한다. │  6시간   │
│     만족할 때         │                              │          │
└─────────────────────┴─────────────────────────────┴──────────┘


점검요구사항
┌─────────────────────────────────────────────────────┬──────────┐
│                     점 검 내 용                       │  점검주기 │
├─────────────────────────────────────────────────────┼──────────┤
│ 점검요구사항 3.4.4.1   각 원자로냉각재계통 유로가 운전중인지 확인 │ 12시간   │
│                       한다.                           │          │
└─────────────────────────────────────────────────────┴──────────┘
```

그림 3.12 기술지침서 운전제한조건 및 점검요구사항 예시

우리나라 「원자력안전법」의 하위 법령인 「원자로시설 등의 기술기준에 관한 규칙」
에서 원자력발전소 운영자는 운영기술지침서에 규정된 원자로시설의 운전제한조건이
만족되는지 점검·감시하고, 만족되지 않는 경우 적합한 조치를 취해야 하며, 안전성 증
진을 위하여 운영기술지침서를 지속적으로 검토하여 필요한 경우에는 개정하도록 규정
하고 있다. 또한 원자로의 불시정지가 발생한 경우에는 그 발생 원인과 원자로시설의
손상유무에 관하여 검사하고, 재운전을 개시하기 전에 안전성을 확인한 후 운전하도록
규정하고 있다.

3.5.2 발전소 운영관리

「원자로시설 등의 기술기준에 관한 규칙」에서 원자로시설의 안전운영을 위하여 원자
력발전소 운영자가 준수해야 할 운영에 관한 기준을 다음과 같이 규정하고 있다.
  i) 원자로시설의 안전운전에 필요한 조직과 부서를 구성하고 업무수행에 요구되는
      책임과 권한을 부여해야 하며, 원자로조종감독자면허, 원자로조종사면허, 핵연
      료물질취급감독자면허 및 핵연료물질취급자면허 등의 소지자를 비롯한 유자격
      종사자를 확보해야 한다.
  ii) 비상시 대응을 위한 기능상의 책임과 권한을 명확히 하고 발전소 내·외의 연락
      체제를 수립해야 하며, 운전 중 발생하는 안전 관련 사항의 검토를 위하여 공

학적·기술적 지원조직을 갖추어야 한다.

iii) 원자로운전, 핵연료물질과 방사성동위원소의 취급에서 자격을 갖춘 자가 수행하게 해야 하며, 원자로운전원에 대해서는 매년 약물복용과 정신질환 등에 관한 진단을 실시하여 이상이 없는 자가 원자로를 운전하도록 해야 한다.

iv) 정상운전 및 사고시 운영절차에 따라 업무를 원활히 수행할 수 있도록 발전소 종사자에 대한 훈련계획을 수립해야 한다.

원자력발전소의 운영을 위하여 발전소 현장에는 발전관리, 정비관리, 기술지원, 방사선관리, 화학관리, 품질관리, 행정관리, 방사선환경관리를 위한 조직이 구성되어 있다. 또한 발전소 안전에 관한 문제에 대하여 발전소장을 자문하기 위하여 발전소원자력안전위원회가 구성되어 운영되고 있다. 발전소의 운전을 위하여 6개 조의 교대근무조가 편성되어 있으며, 3개 조가 교대근무를 하고 나머지 3개 조는 각각 교육, 휴무 그리고 일상업무를 수행한다. 각 교대근무조는 발전팀장, 안전차장, 원자로운전원, 터빈운전원, 현장운전원 등을 포함하여 10명으로 구성되고, 주제어실에는 최소한 1명의 원자로조종감독자면허 소지자, 2명의 원자로조종사면허 소지자와 2명의 보조 운전원이 상주하고 있다. 또한 핵연료가 원자로에 장전되어 있는 경우에는 방사선안전관리요원이 발전소 내에 상주하며, 발전소 안전운전을 위해 교대운전원들에게 기술지원 업무를 수행하는 안전담당과 최소한 5명의 현장 소방요원이 항상 발전소 내에 상주한다.

발전소에서는 원자로시설의 안전운전과 이상 시의 긴급조치를 취하기 위하여 일정 인원으로 순시점검조를 편성하여 매일 1회 이상 발전소를 순시점검하고 있다. 순시점검 대상시설은 원자로냉각재계통 설비, 급수, 배수와 배기설비, 비상용 전원설비 등을 포함하며, 긴급한 것으로 판단되는 설비의 이상을 발견한 경우에는 가능한 신속하게 적절한 조치를 취해야 한다. 운전원은 원자로의 정지시 지체없이 필요한 조치를 취하고 정지원인을 조사하여 안전을 확인해야 한다. 원자로를 재 기동하고자 할 때에는 명백한 오작동 또는 예정된 시험계획에 의한 원자로정지 등의 특별한 경우를 제외하고 발전소 원자력안전위원회의 심의를 거쳐 발전소장의 승인을 받아야 한다.

발전소의 안전운영과 관련한 중요한 활동들은 보고서로 작성하여 규제기관에 정기적으로 보고해야 하며, 다음의 보고서들이 이에 포함된다.

- 원자력시설 주변의 환경방사능 조사 및 평가보고서
- 방사성물질의 운반 현황과 방사선작업종사자의 개인별 방사선 피폭선량 등을 포함하는 방사선관리보고서
- 발전소 설비의 자체검사 결과에 대한 가동중검사 결과보고서
- 계획되지 않은 원자로정지를 포함한 사고 및 고장 보고서

- 노심재장전에 따른 설계변수의 타당성과 안전성 분석에 미치는 영향을 평가한 교체노심 안전성평가보고서

이들 보고사항들은 규제기관에서 규정한 안전규제 요건의 일환으로 이행되어야 하는 필수사항이다. 이 외에도 원자력발전소의 안전운영을 위하여 운영기술지침서에서 보는 바와 같이 방사선방호, 방사성물질의 관리, 발전소로부터의 환경보전 등에 관한 사항이 있으나, 이들에 대해서는 '제11장' 및 '제12장'에서 별도로 다루기로 한다.

3.5.3 절차서, 계획서 및 지침서

「원자로시설 등의 기술기준에 관한 규칙」에 따라 원자력발전소 운영자는 발전소 운영에 필요한 행정, 운전, 시험 및 보수 등과 관련된 각종 운영절차서를 운전을 개시하기 전에 문서로 작성하여 비치해야 한다. 운전절차서는 정상운전절차서, 비정상운전절차서, 비상운전절차서로 구성하되, 정상운전, 예상운전과도, 설계기준사고 등 설계에 요구되는 제반 조치사항을 포함하도록 규정하고 있다.

원자력발전소에는 운전, 정비, 검사와 시험을 수행하기 위하여 다음과 같은 문서화된 절차서가 작성, 이행 및 관리되고 있으며, 주기적으로 그 적용성과 타당성을 검토하고 있다.

- 기술행정절차서, 종합운전절차서, 계통운전절차서
- 시험절차서 및 점검절차서, 정비절차서
- 화학 및 방사화학 절차서, 방사선 방호 및 관리 절차서
- 핵연료교체, 보안계획, 비상계획, 소외 피폭선량 계산 프로그램 및 화재방호 절차서

절차서의 준수는 안전규제의 일환으로 운영기술지침서에 규정된 사항이므로 발전소의 모든 활동은 관련 절차서에 따라 수행되어야 한다. 이 외에도 운영기술지침서에 명시된 안전기능결정지침서, 가동중 검사 및 시험 계획서, 화재방호계획서 등의 계획서 및 지침서와 관련된 이행절차서가 마련되어 있다. 모든 안전성 관련 절차서는 발전소원자력안전위원회에서 심의하여 발전소장의 승인 후 사용되고 있으며, 변경시에도 동일한 절차에 따라 검토와 승인을 받도록 운영기술지침서에 명시되어 있다.

3.5.4 발전소 운전

원자력발전소를 기동하기 위해서는 발전소가 얼마나 오랫동안 정지되어 있었고 얼마나 많은 보수가 행하여졌는가에 따라 일부 차이는 있지만, 거의 모든 계통·기기의 동작

점검과 운영기술지침서 운전제한 요건들의 충족 여부가 사전에 수행되어야 한다. 대표적인 것으로 안전등급 펌프와 밸브들의 성능시험과 건전성 확인, 원자로 보호계통의 시간응답 시험과 공학적안전설비 작동계통의 시험 등이 포함된다.

원자력발전소의 운전모드-5인 상온정지(Cold Shutdown) 상태에서 운전모드-1의 전출력운전(Full Power Operation)까지의 과정은 크게 발전소의 가열준비와 가열, 원자로 임계와 저출력운전, 출력상승과 전출력운전 등의 단계로 진행된다.

1) 발전소 가열운전

가열 준비로 정지냉각펌프와 화학 및 체적제어계통을 사용하여 적절한 수질의 냉각재를 원자로냉각재계통과 가압기에 채운다. 이때 계통 내에 존재하는 공기를 제거하기 위하여 가압기 배기밸브, 원자로용기 상부의 배기밸브, 원자로냉각재펌프 밀봉부와 제어봉구동장치를 통해 정적 배기를 실시한다. 이후 충전펌프와 유출수 배압 조절밸브를 이용하여 원자로냉각재펌프 운전에 필요한 최소압력 이상까지 1차계통을 가압시키고, 열전달 유로당 1대 이상의 냉각재펌프를 짧은 시간 동안 기동하여 증기발생기 전열관 상부의 U자 부위 등 정적 배기가 이루어지지 않은 부분에 대한 동적 배기를 실시한다. 증기발생기 2차 측은 기동용 급수펌프 또는 보조급수펌프를 이용하여 정상수위로 충수한다. 또한 원자로냉각재펌프 기동시 압력변동을 최소화하기 위하여 원자로냉각재펌프를 운전하기 전에 가압기 전열기를 사용하여 가압기에 증기기포를 형성해야 한다.

발전소의 가열은 원자력발전소를 미임계 상온정지(운전모드-5) 상태에서 운전모드-3인 고온대기(Hot Standby) 상태로 전환하는 단계이다. 이때 가열은 원자로를 기동하지 않고 원자로냉각재펌프를 기동하여 펌프에서 발생하는 열(펌프 당 2.5MWth)을 이용하여 수동으로 이루어진다. 원자로냉각재계통의 저온관 온도가 99°C 이하에서는 2대의 펌프를 기동하고, 260°C까지는 3대를 기동하며, 이 온도를 초과하면 나머지 4번째 펌프를 기동한다. 이때 원자로냉각재의 가열률은 시간당 56°C를 초과하지 않아야 한다. 이처럼 단계적으로 펌프를 기동하는 것은 밀도가 높은 차가운 냉각재가 노심으로 유입하여 야기할 수 있는 피복재의 마모를 최소화하기 위한 것이다.

원자로냉각재계통이 가열됨에 따라 임의 온도에서의 취성파괴를 고려한 최대 허용압력을 나타내는 원자로용기의 압력-온도 제한치를 준수하면서 원자로냉각재펌프의 유효흡입수두(NPSH) 조건을 만족시킬 수 있도록 이 계통의 압력을 증가해야 한다. 압력조절은 가압기 전열기를 수동 조작함으로써 이루어진다. 발전소 가열 과정이 종료되면 발전소는 다음과 같은 상태로 운전모드-3에 있게 된다.

ⅰ) 원자로냉각재계통은 4대의 원자로냉각재펌프의 기동으로 고온 영출력 온도

296°C에 있으며, 펌프에서 생성된 과잉의 에너지는 주증기 우회계통에 의해 복수기 또는 대기로 방출된다.

ii) 가압기 압력은 158kg/cm²에 있으며 가압기 압력과 수위제어 계통은 자동모드에 있다.

iii) 복수 및 급수계통은 정화되고, 주급수 또는 보조급수 펌프를 이용하여 증기발생기로 급수된다.

iv) 원자로 보호계통은 운전가능(Operable) 상태에 있다.

2) 원자로 임계와 저출력운전

원자로 임계상태는 발전소를 운전모드-3(고온대기)에서 운전모드-2인 기동(Start Up) 상태로 전환하게 한다. 임계에 도달하기 전에 화학 및 체적제어계통을 통하여 원자로냉각재계통에 필요한 붕소농도를 유지하고, 원자로 제어봉집합체를 인출함으로써 임계상태에 도달하도록 한다. 임계상태에 도달한 후에 원자로출력을 5%까지 상승시킨다. 3% 출력에서 주급수펌프를 투입할 준비를 하고, 주급수계통이 동작하면 보조급수계통은 대기상태로 정렬한다. 5%까지 출력을 상승하는 동안 터빈과 관련 배관에 대한 예열 절차를 수행한다. 터빈 예열과 주급수펌프 동작을 위해 5% 정도의 증기유량은 요구되지 않기 때문에 주증기 우회밸브를 조절하여 잉여증기를 복수기로 배출한다. 5% 출력에서 발전소의 상태는 다음과 같다.

i) 원자로는 5%의 출력을 가지고 임계상태에 있으며, 제어봉집합체는 삽입한계곡선의 제한치 내에 있다.

ii) 적어도 1대의 복수펌프와 1대의 주급수펌프가 동작 중이며, 증기발생기 수위는 수동 제어상태에 있다.

iii) 원자로보호계통과 공학적안전설비 작동계통은 운전가능 상태에 있다.

3) 출력상승과 전출력운전

발전소 출력상승은 발전소를 운전모드-2(기동)에서 운전모드-1(출력운전) 상태로 전환하게 한다. 터빈이 예열되고 있는 동안 원자로출력은 대략 10%까지 완만히 상승하며, 잉여증기는 주증기 우회밸브에 의해 복수기로 방출된다. 터빈 예열이 완료되면 터빈은 동기속도인 1,800rpm으로 회전하며, 이 상태에서 발전기는 여자되고 송배전계통과 동기시킨다. 원자로출력이 상승함에 따라 터빈의 부하는 점점 증가한다.

제어봉집합체 구동 제한 때문에 원자로출력은 일반적으로 원자로냉각재계통의 붕소농도를 희석시킴으로써 완만하게 상승한다. 출력이 완만하게 증가하고 터빈에 부하가 걸림에 따라 주증기 우회밸브를 통한 터빈 우회 증기유량은 감소한다. 터빈출력이 원자로

출력과 일치하면 우회밸브는 닫히며 주증기 우회계통은 대기상태에 놓이게 된다. 대략 15% 출력에서 급수제어계통이 자동으로 작동하며, 발전소 부하상승이 계속되면 주급수펌프와 복수승압펌프를 추가하여 운전한다.

4) 발전소 냉각운전

발전소 냉각이란 정상운전(운전모드-1) 온도와 압력 상태로부터 발전소를 상온정지(운전모드-5) 상태로 전환하는 운전을 의미한다. 출력상승과 전출력 운전절차의 역순으로 운전하며, 운전모드-2의 마지막 단계에 이르면 수동으로 제어봉을 노심에 삽입하여 원자로를 정지하고 화학 및 체적제어계통을 이용하여 붕산농도를 재장전 붕산농도까지 증가시킨다. 열제거는 터빈우회계통의 압력설정치를 재조정하여 복수기나 대기로 증기를 방출시켜 이루어지며, 급수는 증기발생기 하향수로(Downcomer) 노즐을 통하여 공급된다.

가압기 가열기를 끄고 가압기 살수밸브를 수동 조절하여 원자로냉각재 압력을 감소시킨다. 원자로냉각재 펌프는 열전달 유로의 온도분포를 일정하게 유지하고 가압기 살수용 수두를 유지하도록 필요에 따라 운전한다. 냉각 중에는 원자로냉각재의 수축으로 인한 가압기 수위를 보상하고 붕산농도를 증가시키기 위하여 화학 및 체적제어계통으로부터 보충수를 공급받는다. 원자로냉각재 온도와 압력이 177°C와 28.8kg/cm^{2}에 도달하면 정지냉각계통의 운전을 시작한다.

3.6 원자력발전소 지진안전성

최근 일본의 동북부지역에서 발생한 규모 9.0의 지진과 이에 뒤따른 지진해일에 의하여 후쿠시마 원전에 노심용융과 수소폭발 등의 심각한 사고를 야기하였으며, 국경을 초월하는 방사성물질의 유출에 따라 전 세계적으로 엄청난 파문을 초래하였다. 이 사고로 일본은 대부분의 원전을 운전 정지하였으며, 원전을 보유한 각 국은 원전의 안전성을 재평가하고 있다. 또한 국제원자력기구(IAEA)에서는 원전의 안전성 제고를 위한 국제적인 대처 방안을 강구하는 노력을 기울이고 있다.

자연현상에 의한 외부사건은 원전의 설계·운영에 이미 반영되고 있지만, 후쿠시마 원전사고는 지금까지 고려한 외부사건에 대한 대처방안이 충분하지 않음을 보여주고 있으며, 자연현상에 대한 새로운 경각심을 주고 있다. 우리나라도 이 사고의 여파로 모든 원전에 대한 종합적인 점검을 수행하고 외부사건에 대한 대처능력 강화를 위하여 수많은 후속조치를 이행하고 있다. 이 절에서는 지진과 지질해일에 대하여 알아보고, 이러한 현상에 대하여 원전의 설계·운영에 어떻게 고려하고 있는지에 대하여 살펴보기로 한다. 여기에 참조한 자료는 한국원자력안전기술원 연구보고서[이성규 외, 1999]를 중심으로 기상청 보고서[류상범 외, 2010 및 2011], 발표논문[노명현, 2003; 임창복 외, 2004 및 2005; 박창업, 2005], 그리고 신고리1/2호기 최종안전성분석보고서이다.

3.6.1 지진의 개요

1) 지진의 발생 원인과 종류

지진이란 지구 내부의 한 곳에 집중되어 있던 에너지가 순간적으로 방출되면서 그 에너지의 일부가 지진파의 형태로 전달되어 땅이 흔들리는 자연현상을 뜻한다. 지구는 약 6,370km의 반경을 갖는 구형체로, 지구 중심으로부터 내핵(반경 약 1,220km), 외핵(반경 약 3,490km), 맨틀과 최외각에 두께 약 40km 정도의 지각으로 구성되어 있다. 맨틀의 상부는 고체이나 하부는 점성체로, 맨틀의 상부에 있는 고체와 지각이 커다란 퍼즐 조각처럼 쪼개져 판의 형태로 서로 맞물려 있다. 지구는 이러한 10여개의 지각판(70~250km 두께)으로 구성되어 있으며, 이 지각판은 맨틀의 점성층 위에서 1년에 수 cm의 속도로 천천히 움직이는데, 이에 관한 이론을 판구조론이라 한다.

지진은 판구조경계부에서 발생하는 '판경계 지진'과 판 내부에서 발생하는 '판내부 지진'으로 구분된다. '판경계 지진'은 지각판이 서로 간섭하여 경계부에서 미끄러짐이 일어날 때 발생하며, 대부분의 큰 지진들은 이 판 경계부에서 발생한다. '판내부 지진'은 판 경계부에서 미처 방출되지 않은 응력이 판 내부로 전파되어 내부의 활성단층과 같은 약한 부분이 응력에 견디지 못하고 깨지면서 발생한다.

우리나라와 인접하면서 지진이 자주 발생하는 일본은 북미판, 태평양판, 유라시아판, 필리핀판 등 4개의 판이 만나는 경계부에 위치하고 있다(그림 3.13). 2011년 3월 11일 일본 후쿠시마 원전사고의 원인을 제공한 동북부지역에서 발생한 규모 9.0의 지진은 4개의 판의 경계부에서 서로 미는 힘이 발생하고, 이 판의 접촉면에서 큰 힘이 쌓이다가 견딜 수 없게 되면서 순간적으로 태평양판의 위로 북미판이 올라서면서 쌓였던 힘이 방출되어 발생한 것이다.

지진은 발생한 깊이에 따라 천발지진(70km 이하), 중발지진(70~300km)과 심발지진(300km 이상)으로 구분한다. 지각판이 만나는 판 경계지역에서는 3종류가 모두 발생하나, 판내부 지진 또는 판이 갈라지는 발산경계에서는 주로 천발지진이 발생한다. 현재까지 관측된 지진의 최대 깊이는 약 700km이다. 또한 발생 원인에 따라 인공지진과 자연지진으로 구분한다. 인공지진은 땅속에서 화약을 폭발시키거나 지하 핵실험 등의

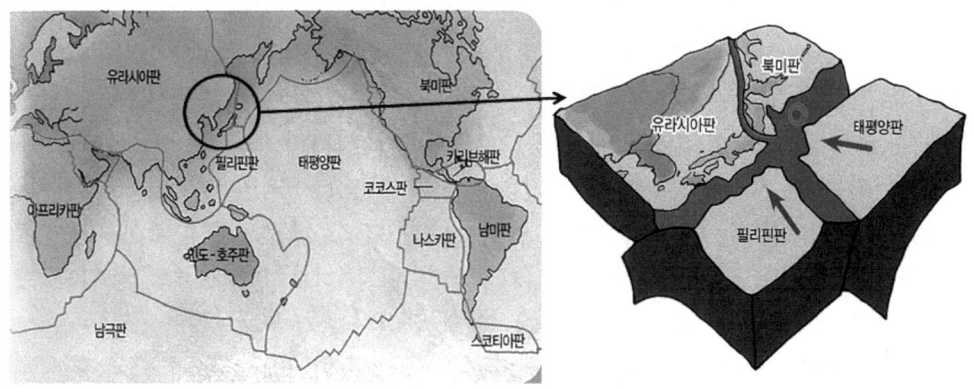

그림 3.13 일본 주변의 지각판 분포

인위적 행위에 의하여 지진과 유사한 현상이 일어나는 것을 말하며, 자연지진은 사람의 행위가 원인이 되지 않는 지진을 뜻한다. 지진의 시간적 분포로써 큰 규모의 지진을 일으키는 단층 내에서 큰 지진 전에 발생하는 작은 규모의 '전진', 일련의 지진 중에서 가장 규모가 큰 '본진', 그리고 '본진' 후에 발생하는 작은 규모의 '여진'이 있다.

 2) 지진의 요소와 크기

 지진요소란 지진이 발생한 시각을 나타내는 진원시(Origin Time), 실제 지진이 일어난 위치를 나타내는 진원(Hypocenter)과 진원에서 수직의 지표면 상의 지점을 나타내는 진앙(Epicenter), 그리고 지진의 크기를 나타내는 규모(Magnitude)를 의미한다. 진원과 진앙의 거리를 진원깊이(Focal Depth), 관측점에서 진원까지의 거리를 진원거리(Hypocentral Distance) 그리고 진앙까지의 거리를 진앙거리(Epicentral Distance)로 표시한다. 그림 3.14는 지진요소를 도식화 하고 있다.

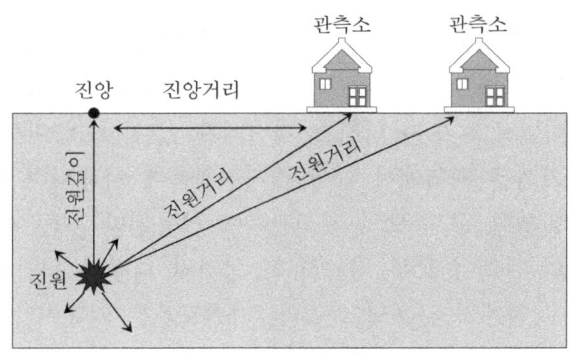

그림 3.14 지진요소의 개념도

규모는 지진 자체가 갖는 에너지의 크기로 지진파가 관측된 어느 위치에서 계산하더라도 동일하게 나타내는 절대적 크기를 말하며, 미국의 지진학자 리히터(Charles F. Richter)가 처음 도입하여 리히터 규모라 부른다. 규모(M)와 지진에너지(ES in erg)와의 관계식 중의 한 예로서 logES = 11.8+1.5M으로 표시되며, 규모가 1.0 증가할 때마다 지진에너지는 약 30배 증가한다. 지진의 규모가 9.0정도 되면 지구상에서 일어나는 최대급의 지진이라 할 수 있는데, 이 에너지는 1,000MWe 발전소가 약 60년 동안 발전하는 전력에 상당하는 값이다. 2차 세계대전 당시 일본 히로시마에 투하된 원자폭탄의 경우 지진규모로는 4~5에 해당하는 것으로 알려져 있다.

이와는 달리 어떤 장소에서의 지진의 세기를 사람의 느낌이나 주변의 물체 또는 구조물의 흔들림 등으로 표현하는 진도(Seismic Intensity)가 있다. 진도는 어느 장소에 전달된 진동의 세기를 나타내는 상대적 개념으로, 지진파가 전달된 위치에 따라 다르게 나타난다. 즉 아무리 큰 규모의 지진이라도 아주 멀리서 관측되면 그 영향이 작아져 진도가 작아지며, 같은 지역에서도 지반조건이나 건물상태 등에 따라 진도가 달라진다. 진도는 사람의 느낌이나 건물의 흔들림의 정도를 등급화한 척도로 표현하거나, 계측기에 의하여 직접 관측한 중력가속도(1g = 980cm/sec^2 = 980gal)로 나타내고 있다. 진도를 나타내는 단위로 12등급으로 분류된 수정메르칼리진도(Modified Mercalli Intensity: MMI) 등급을 사용하고 있다. 이는 1902년 이탈리아 지진학자 메르칼리(Mercalli)가 처음 개발하였으나, 1931년 미국의 지진학자들에 의하여 수정되어 이렇게 칭해지고 있다. 이 외에도 일본 기상청에서 사용하고 있는 JMA 등급이 있다. 표 3.8은 지진의 규모와 진도를 비교하여 표시하고 있다.

3) 지진의 관측

진원으로부터 발생된 지진동을 관측하기 위한 기기로 그 기록형태에 따라 검진기와 지진계가 있다. 검진기는 지진동의 방향만을 알 수 있으며, 파형 자체는 기록되지 않는다. 반면에 지진계는 지진파를 기록하기 위하여 센서와 기록계로 구성되어 있으며, 센서는 지반의 운동을 감지하는 장치이고, 기록계는 지진자료를 저장시키는 장치이다. 지진파형을 기록하는 것으로 아날로그 또는 디지털 지진계가 있다. 1Hz 이상의 고주파수를 가지는 단주기 지진계는 가까운 지역에서 발생한 지진관측에 사용되며, 장주기 지진계는 멀리 떨어진 지역에서 발생한 큰 규모의 지진관측에 사용된다. 최근에는 지진계의 발달로 고주파수와 저주파수의 관측이 모두 가능하며, 근거리 지진과 원거리 지진을 동시에 관측할 수 있는 광대역 지진계가 사용되고 있다. 가속도계는 지면이나 구조물 등의 진동의 정도를 측정할 수 있으며, 여기서 얻어진 가속도 값은 지진 발생시 인체와 구조물에 미

표 3.8 지진의 규모와 진도 비교

진도 (MMI)	현 상	지반 가속도(g)	리히터 규모(M)	JMA (명칭)
I	미세한 진동으로 지진계와 극소수의 사람만 느낌		1.0	0 (무진)
II	매달린 물체가 약하게 흔들리며, 소수의 사람만 느낌	0.0014	2.3	I (미진)
III	가벼운 트럭이 지나가는 정도의 진동으로 매달린 물체가 흔들림	0.0032	3.0	II (경진)
IV	무거운 트럭이 지나가는 정도의 진동으로 창문이 떨림	0.0072	3.7	
V	불안정한 작은 물체가 이동하고 실외에서 느끼며 방향이 추정됨	0.0144	4.3	III (약진)
VI	가구가 움직이고 그릇, 창문이 깨지며 모든 사람들이 느낌	0.0323	5.0	IV (중진)
VII	느슨한 구조물이 붕괴하고 서있기 힘들며 운전자가 감지	0.0722	5.7	
VIII	보통의 건축물에 부분적 붕괴와 자동차 운전에 장애	0.1441	6.3	V (강진)
IX	지표면 균열과 지하 송수관이 파손되고 일반적인 공포 느낌	0.3227	7.0	VI (열진)
X	지표면이 갈라지고 대부분의 석조물, 누각 파괴와 제방 손상	0.7224	7.7	
XI	다리가 부서지고 지표면에 심한 균열 발생과 철로가 크게 휨	1.4414	8.3	VII (격진)
XII	물체가 공중으로 튀어나오며 지표면에 파동이 생김	3.2268	9.0	

주) MMI : Modified Mercalli Intensity
　　JMA : Japan Meteorological Agency (일본기상청)

치는 세기로 나타낼 수 있으며 구조물의 내진설계시 중요한 자료로 활용된다.

우리나라의 지진관측은 1905년 인천기상관측소에 기계식 지진계를 설치하면서 시작되었다. 현재 지진과 지진해일 경보시스템을 확충하여 113개의 지진관측소가 설치되어 있으며, 기상청의 국가지진센터에서 24시간 감시하고 있다. 현재의 과학으로 지진의 관측은 가능하나 지진의 예측은 불가능하다. 지진 발생 전에 지표면의 높이, 라돈가스 방출, 지진활동 비율 등의 변화를 통하여 지진발생을 예측하려는 노력은 있었으나 대부분 실패하였다.

한편 자연현상이나 동물의 거동으로 지진의 징후를 찾을 수 있다. 야생동물 중에서 쥐나 뱀처럼 굴에서 생활하는 동물들은 땅속의 변화에 민감하여 지진이 발생하기 전에 이동하는 것으로 알려져 있다. 또한 우물 물이 갑자기 탁해지거나 마르고, 새로운 샘이 생기고, 비석이 기울어지고 또는 지면이 꺼지거나 돌출하는 등의 자연현상이 지진의 징후를 나타내는 것으로 전래되고 있다. 이러한 현상들이 과학적으로 입증되지는 않았지만 결코 무시할 수는 없다. 실제로 중국에서 1975년 2월 4일 규모 7.2의 하이청지진의 예보에 성공하였기 때문이다. 그러나 다음 해인 1976년 당산지진에서는 이러한 현상이

관찰되지 않았으며 막대한 인명피해가 발생하였다. 이 역시 일반적으로 관찰되는 현상
이 아님을 보여주는 사례가 될 수 있다.

4) 한반도 지진발생 현황

지진은 선사시대 이전의 고지진, 역사시대의 역사지진, 관측기록에 의한 계기지진으
로 구분한다. 역사문헌에는 지진에 의한 피해가 기록되어 있으며, 이를 통해 각 지역의
진도를 추정하고 규모로 환산하여 지진의 특성을 파악하고 있다. 이러한 기록은 미래에
발생할 수 있는 지진을 예측하는데 중요한 자료로 활용된다. 우리나라의 지진자료는 약
1,900여년에 걸친 역사지진자료와 1905년 이후의 계기지진자료로 나눌 수 있으며, 역
사지진자료는 삼국시대의 초기부터 조선시대에 걸쳐 여러 역사문헌에 기술되어 있다.

한반도는 지리적으로 환태평양 지진대를 벗어난 위치에 있어 역사지진과 계기지진을
볼 때, 대규모 지진발생 확률은 낮은 것으로 평가되고 있다. 계기지진 최고치는 규모 6.2
로 1952년 3월 19일 황해북도 중화군 남남동쪽 약 11km 지역에서 발생하였다. 우리나라
의 지진발생은 1998년 이전의 연평균 19회에서 1999년 이후 연평균 43회로 증가하는 추
세를 보이고 있으나, 대부분 규모 4.0이하의 소규모 지진들이다. 이러한 증가 추이는 지
진관측망 확충과 디지털지진계 설치에 따른 관측성능의 향상에 의한 것으로 보인다. 규
모 3.0이상 지진의 발생빈도는 연평균 약 10회로 거의 일정하게 나타나고 있으며, 전국
적으로 고르게 분포하고 있다. 표 3.9는 한반도에서 발생한 주요 지진을 표시하고 있다.

표 3.9 한반도에서 발생한 주요 지진 현황

일시	지진명	위치	규모
2007. 1. 20	오대산지진	평창군 도암면-진부면 경계지역	4.8
2004. 5. 29	울진해역지진	경북 울진 동쪽 약 80km 해역	5.2
2003. 3. 30	백령도해역	백령도 서남서쪽 약 80km 해역	5.0
2003. 3. 23	홍도해역	전남 홍도 북서쪽 약 50km 해역	4.9
1994. 7. 26	홍도해역	전남 홍도 서북서쪽 약 100km 해역	4.9
1982. 3. 1	울진해역	경북 울진 북동쪽 약 45km 해역	4.7
1981. 4. 15	포항해역	경북 포항 동쪽 약 65km 해역	4.8
1980. 1. 8	의주지진	평안북도 서부 의주-귀성 지역	5.3
1978. 10. 7	홍성지진	충청남도 홍성읍 지역	5.0
1978. 9. 16	속리산지진	충청북도 속리산 부근	5.2
1952. 3. 19	중화지진	황해북도 중화군 남남동쪽 약 11km 지역	6.2
1936. 7. 3	지리산지진	지리산 남쪽 약 10km	5.0

3.6.2 원자력발전소 위치선정과 설계지진

1) 지질 및 지진 조사

원자력발전소의 부지선정에서 고려해야 하는 자연현상은 기상현상(태풍, 폭설, 폭우 등), 수문현상(홍수, 해일 등)과 지질현상(활동성단층, 지진, 기초지반 붕괴, 함몰과 침하 등)으로 구분할 수 있다 원전부지의 지질특성 조사의 상세 정도와 내용은 원전으로부터 거리에 따라 달라진다. 부지반경 320km 이내의 광역조사에서는 주로 인공위성 영상자료, 항공사진, 기존 연구 및 조사보고서, 지진자료 등을 기초로 하여 단층, 습곡 등의 광역 지질구조를 조사하여 원전부지 조사에 대한 지질과 지진특성 평가에 필요한 기초자료를 제공한다. 또한 원전부지와 부지 주변의 지진학적 특성과 지진활동도, 지진과 지질구조와의 연관성 분석을 위하여 부지 반경 320km 이내에 일부라도 포함되는 모든 역사지진 및 계기지진과 이들의 지진요소 등에 대하여 조사한다. 이 조사에는 일반적으로 진도(MMI) VI 이상의 모든 역사지진과 리히터 규모 3.0 이상의 모든 계기지진이 포함된다.

원전부지 주변에서 수행되는 부지조사(부지반경 40km 및 8km 이내)에서는 광역조사 결과를 기초로 현장조사를 통하여 원전의 안전성에 장해를 줄 수 있는 지질구조(단층, 습곡, 절리 등)의 존재여부를 규명한다. 조사결과 활동성단층(Capable Fault)이 존재할 경우 활동성단층의 특성(단층의 길이, 폭, 최대잠재지진 등)을 상세히 파악하여 설계지진 평가에 반영한다. 또한 원자로 반경 1km 이내의 부지 내 조사에서는 활동성 지질구조, 연약지반, 사면 등 부지의 안전성에 위해한 요소의 확인과 원자로 등 안전 관련 구조물의 설계에 반영하기 위한 기초지반의 지질공학적 특성자료를 수집한다. 이를 위하여 정밀지표지질조사, 시추조사를 비롯한 각종 물리탐사를 수행한다. 조사결과 원자로 건물과 안전 관련 구조물에 심각한 영향을 미칠 수 있는 활동성단층(Capable Fault)이 존재할 경우 이 부지는 원전부지로 부적합하다.

2) 활동성단층

활동성단층에 대한 평가기준은 1960년대부터 국가별로 지질학적 또는 시설별 특성에 따라 특징적으로 설정하여 적용하고 있다. 미국, 국제원자력기구(IAEA)와 중국의 경우 학술적인 개념에서의 활성단층(Active Fault)과는 구분하여 원자력발전소 내진 안전성과 관련하여 공학적인 개념의 활동성단층(Capable Fault)이라는 개념을 적용하고 있다. 학술적인 개념으로 활성단층은 제4기 지질시대(약 180만년 이전)의 지층에 변위가 있는 단층을 의미하며, 일본에서는 활성단층 개념을 적용하고 있다. 우리나라는 미국 원자력규제위원회(NRC)에서 적용하고 있는 활동성단층에 대한 기준을 준용하고 있다.

미국 원자력규제위원회는 연방규제규칙인 10CFR100 Appendix A에 활동성단층을 정의하고 있으며, 다음 중 하나 이상의 특성을 보이는 단층을 의미한다.

  i) 과거 35,000년(1997년부터 50,000년으로 개정) 이내에 적어도 1회 또는 과거 500,000년 이내에 2회 이상 지표와 지표 근처에서 변위가 존재하는 단층

  ii) 단층과의 직접적인 연관성을 설명할 수 있을 정도의 정확도를 가진 지진계에 의하여 계측된 큰 규모 지진활동도(Macro-Seismicity)

  iii) 상기 정의에 따라 활동성인 것으로 판정된 단층과 구조적인 연관성이 있어 한 단층의 운동이 다른 단층의 운동을 유발할 것으로 추정되는 단층

한편 활동성단층이 존재하더라도 단층의 길이가 일정 크기 이하이면 이에 상응하는 지진의 규모가 발전소에 미치는 영향이 미미하기 때문에 설계에 고려하지 않아도 된다. 여기서 일정 크기는 다음과 같이 구분한다.

• 발전소로부터 반경 32km 이내　　　: 단층길이 1.6km
• 발전소로부터 반경 32km~80km　 : 단층길이 8km
• 발전소로부터 반경 80km~160km　: 단층길이 16km
• 발전소로부터 반경 160km~240km : 단층길이 32km
• 발전소로부터 반경 240km~320km : 단층길이 64km

3) 설계지진과 설계응답스펙트럼

원자력발전소에서 설계지진은 안전정지지진(Safe Shutdown Earthquake: SSE)과 운전기준지진(Operation Basis Earthquake: OBE)으로 구분하고 있다. 안전정지지진은 발전소 부지에서 예측될 수 있는 최대 지진동으로, 안전 관련 계통·기기 및 구조물이 건전성을 유지할 수 있도록 설계하는데 적용하는 지진이다. 반면에 운전기준지진은 발전소 운전 수명기간 동안에 발전소 부지에 영향을 미칠 수 있을 것으로 예상되는 지진동으로, 과도한 위험을 초래하지 않고 발전소를 지속적으로 운전하는데 필요한 설비가 기능을 유지하도록 설계하는데 적용하는 지진이다. 안전정지지진은 발전소의 건전성 자체에 관계된 지진인 반면, 운전기준지진은 발전소의 운전 가능성에 초점을 맞추고 있다. 일반적으로 운전기준지진의 크기는 안전정지지진의 1/2로 설정한다.

지진은 아무 곳에서나 발생하는 것이 아니고 과거에 지진발생 이력이 있는 지역에 밀집하여 반복적으로 일어나며, 이 지역을 지진원이라 한다. 설계지진을 결정하기 위하여 해당 원자력발전소를 중심으로 반경 320km 이내의 광역지역에 대한 지질 및 지진학적 조사를 통하여 지진원인 지진지체구조구(Seismotectonic Province)와 지구조(Tectonic

Structure)를 결정한다. 여기서 지진지체구조구는 지진발생빈도와 최대지진 등의 지진 특성이 동일할 것으로 추정되는 구역을 말하며, 지구조는 활동성단층과 같이 지진활동 과 직접적으로 관련된 지질구조를 말한다. 다음으로 지진지체구조구 및 지구조와 관련 하여 과거에 발생한 지진기록을 조사하여 최대잠재지진과 그 크기 등을 결정한다.

지진의 발생위치는 실제 지진의 발생위치에 관계없이 해당 지진지체구조구 또는 지구 조에서 부지에 가장 가까운 곳으로 가정하고, 적절한 감쇄식을 사용하여 부지에서의 최 대잠재지진을 결정한다. 지진지체구조구가 해당부지에 걸쳐있는 경우에는 최대잠재지진 이 부지 내에서 발생한 것으로 가정한다. 이러한 절차에 따라 평가된 최대잠재지진들이 발전소 부지에 미칠 수 있는 최대 지반가속도를 모두 평가하여 가장 큰 값을 가진 최 대잠재지진을 해당 부지의 설계지진으로 결정한다.

설계지진은 일반적으로 건물 기초지반에 작용하는 지진동으로 나타나며, 설계지진이 실제 구조물에 미치는 영향을 평가하기 위하여 설계지진에 대응하는 설계응답스펙트럼 (Design Response Spectrum)을 결정해야 한다. 설계응답스펙트럼은 변이, 속도, 가속 도 응답스펙트럼으로 표현되며, 규모, 거리, 전파경로 등 지진학적 특성이 설계지진과 유사한 지진을 많이 사용함으로써 스펙트럼의 특성이 특정지진에 편중되지 않도록 해 야 한다. 그러나 우리나라의 경우 원전부지가 지진활동이 적고 규모도 작은 지역에 있 으므로 설계지진과 유사한 지진을 충분히 확보하는 것이 쉽지 않다. 그러므로 우리나라 와 같은 지역의 경우 설계지진은 반경 320km 이내의 광역지역에 대한 지질 및 지진학 적 조사를 통하여 최대지진동을 추정하여 이 값과 기존의 표준화된 응답스펙트럼을 이 용하여 설계응답스펙트럼을 작성하게 된다.

3.6.3 원자력발전소 내진설계

원자력발전소의 안전 관련 계통·기기 및 구조물은 발생가능한 모든 하중에 대하여 그 기능을 유지할 수 있도록 설계되어야 하며, 지진하중은 중요한 설계요소 중의 하나이 다. 내진설계 과정은 그림 3.15에서 보는 바와 같이 설비의 내진등급분류 단계, 내진해 석 입력자료의 선정단계, 동적 지진응답 해석 단계, 구조물의 내진설계 단계, 계통·기 기의 내진 설계와 검증 단계로 진행된다. 동적 지진응답 해석단계에서는 지반조건이 견 고하지 않을 때 지반-구조물 상호작용 해석과정이 선행단계로 추가된다. 한편 내진설 계 과정과는 별도로 지진에 대한 확률론적 안전성평가를 통하여 지진안전여유도를 재 평가하게 되며, 지진발생시 원자로시설의 가동정지와 안전성 재평가를 위한 지진계측설 비를 설치·운영한다.

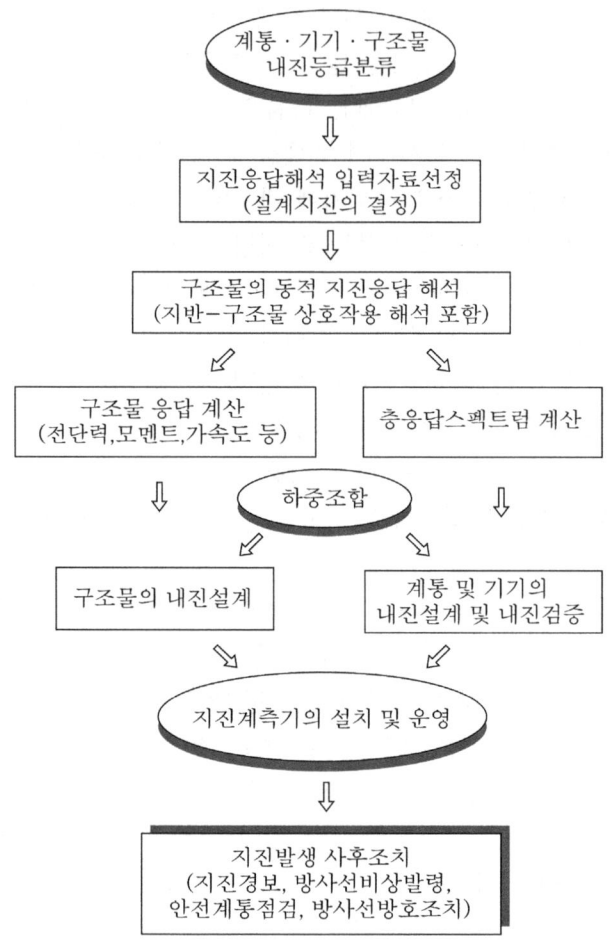

그림 3.15 원자력발전소 내진설계와 감시

1) 내진등급 분류

원자력발전소 설비의 내진설계를 위해서는 계통·기기 및 구조물의 중요도에 따른 내진등급을 분류해야 한다. 내진등급에서는 안전정지지진(SSE)이 발생하여도 안전기능을 수행할 수 있어야 하는 설비를 내진범주-I, 안전정지지진에서 안전기능의 수행은 요구되지 않으나 구조적 건전성은 유지해야 하는 설비를 내진범주-II, 그 외의 설비를 비내진범주로 분류한다.

예로서 원자로용기, 가압기, 비상노심냉각펌프와 안전주입탱크, 보조급수펌프, 제어봉구동장치, 격납건물, 격납건물 살수계통, 안전등급 밸브, 비상디젤발전기 건물 등은 내진범주-I에 속한다. 핵연료재장전기, 핵연료이송계통, 사용후핵연료 취급기, 탈기기, 제어봉집합체 교체대, 다양성보호계통, 터빈건물, 주제어실 등은 내진범주-II에 포함된다.

2) 지진응답해석 입력자료 선정

내진등급 분류에 따른 설비의 내진설계를 위해서는 지진해석에 사용할 설계지진과 감쇠비와 같은 지진응답해석 입력자료를 선정해야 하며, 설계지진은 최대 지진가속도의 크기, 설계응답스펙트럼, 지진의 지속시간 등을 이용하여 정의한다.

3) 구조물의 동적 지진응답 해석

설계지진으로 결정된 지진운동은 구조물의 영향권 밖에 있는 자연상태의 지점(자유장)에서 정의된 것이다. 따라서 구조물이 설치되면 대상구조물까지 전달되면서 에너지의 분산, 지진파의 굴절과 반사, 지반과 구조물과의 공진 현상 등에 의하여 그 형태와 크기가 변하게 된다. 이러한 현상을 지반-구조물 상호작용이라고 하며, 지반이 연약할수록 또한 구조물의 강성이 클수록 그 공학적인 중요성이 증대하게 된다. 따라서 지반이 견고하지 않을 경우에는 대상 구조물 기초에서의 입력운동을 구하거나 지반과 구조물 시스템 전체를 해석대상으로 하여 지진응답을 구하는 지반-구조물 상호작용 해석과정을 수행한다. 이 경우 지반과 암반의 구성과 재료특성의 불규칙한 성질, 비선형 지반거동, 지진동 지속시간 동안 구조물과 지반 사이의 접촉 상실 또는 부분 분리의 영향 등과 같은 현상들을 해석에 고려해야 한다.

지반이 견고하여 지반-구조물 상호작용 해석과정을 거치지 않아도 되는 경우 지진응답을 구하는 방법은 크게 정적 해석법에 의한 방법과 동적 해석법에 의한 방법으로 나눌 수 있으며, 대상 시설이 매우 단순한 경우를 제외하고는 동적 해석법에 의하여 지진응답을 구한다. 동적 지진응답해석 방법으로는 일반적으로 응답스펙트럼해석법과 시간이력해석법을 사용한다. 응답스펙트럼해석법은 주로 대상 설비의 설계를 위한 부재력을 구하기 위하여 사용하며, 시간이력해석법은 기기의 내진검증이나 계통·기기의 내진설계를 위한 입력으로 사용되는 건물의 높이 층별 층응답스펙트럼을 구하기 위하여 사용한다.

4) 구조물 및 기기의 내진설계

내진설계 단계에서는 동적 지진응답해석으로부터 얻어진 지진응답(변위, 가속도, 부재력 등)을 다른 하중들에 의한 응답과 조합하여 구조물 또는 기기가 조합된 하중에 대한 저항력을 갖도록 설계한다. 이 과정에서는 다른 하중들과 지진하중을 어떻게 조합하며 설계저항력을 얼마로 할 것인가에 대한 결정이 중요하다. 설계하중으로는 가동전 시험 중에 받는 하중, 정상운전 및 정지시 받는 하중, 안전정지지진과 같은 극한환경상태에서 받는 하중, 냉각재상실사고를 포함한 비정상 상태에서 받는 하중 등을 모두 포함하여 조합한다.

5) 기기의 내진검증(Seismic Qualification)

원자력발전소의 안전 관련 기기에 대해서는 내진안전성을 입증해야 하며 이를 내진검증이라고 한다. 기기의 내진검증은 내환경검증(Environmental Qualification)의 일환으로 이루어지며 지진하중을 받는 기기의 구조적 건전성과 작동성을 확인함으로써 내진안전성을 입증하게 된다.

내진검증 방법은 해석에 의한 방법, 시험에 의한 방법, 해석과 시험을 혼용하는 방법 또는 경험에 의한 방법 등으로 구분할 수 있다. 해석에 의한 방법은 주로 수학적 해석모델이 가능한 기계기기에 적용되는 방법으로써, 구조물의 지진응답해석 과정과 유사한 과정을 거쳐 검증을 수행한다. 시험에 의한 방법은 전기 및 계측기기와 같이 해석이 불가능한 기기에 주로 적용하며 진동대(Shaking Table)를 사용한 실증시험을 수행함으로써 내진안전성을 입증한다. 해석과 시험을 혼용하는 방법은 해석이나 시험중 하나의 방법만으로는 내진성능 확인이 어려운 기기의 경우 두 가지 방법을 상호 보완적으로 혼용하는 방법이다. 경험자료를 이용하는 방법은 해석이나 시험을 직접 수행하지 않고 기존의 유사 기기에 대한 검증결과 또는 실제 지진발생시의 지진응답 거동 등과 같은 경험자료를 이용하여 간접적으로 내진안전성을 확인하는 방법으로써, 가동 중인 원전에 설치되어 있는 기기에 대하여 추가 내진검증이 필요한 경우에 주로 사용된다.

6) 지진계측설비 및 지진발생후 조치

지진계측설비는 지진발생시 발전소 설비의 응답을 측정·기록하여 운전원에게 발전소 가동정지에 대한 판단기준을 제공하고, 설비의 안전성평가를 위한 자료를 제공하기 위하여 설치된다. 지진계측설비는 발전소의 주요 부위에 설치되며, 안전정지지진보다 훨씬 작은 지진(1/10~1/20 수준)들도 계측하여 안전성 검토를 수행하게 된다. 안전정지지진의 1/2 이상 되는 지진발생 시에는 일단 발전소 가동을 중지시켜 시설의 손상여부를 점검하고, 설계과정에서 예측한 지진응답들과 비교·검토를 통한 안전성평가를 수행한다. 따라서 지진계측설비는 지진발생시 발전소 설비의 응답을 적절히 나타낼 수 있고 측정응답을 설계응답과 비교·평가할 수 있는 위치에 설치해야 하며, 시간이력가속도계, 지진스위치 등이 사용되고 있다.

3.6.4 지진안전성 확보 현황

이 절에서는 지질과 지진 관련 우리나라의 안전기준을 살펴보고, 이를 토대로 원자력발전소의 지진안전성 확보현황을 다루기로 한다. 여기에서 사용하는 자료는 우리나라 표준원전모델인 OPR-1000의 최신 모델로 최근에 가동을 시작한 신고리1호기를 참조하고 있다.

1) 안전기준

원자력발전소의 지질과 지진 관련 안전기준은 「원자로시설 등의 기술기준에 관한 규칙」에서 규정하고 있으며, 상세한 규정에 대해서는 원자력안전위원회의 관련 고시에서 다루고 있다.

기술기준규칙에서는 원자력발전소의 지질과 지진 관련 위치기준으로 i) 원자로시설은 지진 또는 지각의 변동이 일어날 가능성이 희박하다고 인정되는 곳에 설치해야 하며, ii) 그 설치지점과 주변의 지표면이 붕괴되거나 함몰될 가능성이 없고, iii) 경사면과 지반이 안정된 곳에 설치하도록 규정하고 있다. 지질과 지진에 대한 세부적인 사항은 '원자로시설의 위치에 관한 기술기준'(원자력안전위원회고시 제2012-03호)에서 미국 연방규제규칙의 10CFR100 Appendix A(Seismic and Geologic Siting Criteria for Nuclear Power Plants)를 준용하고 있다.

원자력발전소의 설비에 대한 지질과 지진 관련 구조와 성능기준으로 안전에 중요한 계통·기기 및 구조물은 지진·태풍·홍수·해일 등을 포함한 예상가능한 자연현상의 영향에 의하여 그 안전기능이 손상되지 않도록 규정하고 있다. 또한 설계기준의 설정시에는 해당 부지와 인근 지역에서의 역사적 기록을 고려할 때 가장 심한 자연현상과 외부 인위적 사건을 고려하도록 규정하고 있다.

2) 지질 및 지진동 조사

부지반경 320km 지역에 대한 광역지질 조사로써 한반도 지질자료를 종합적으로 분석하고, 단층과 밀접한 관계가 있는 것으로 증명된 인공위성 영상과 음영도 상에서 판독한 선구조를 한반도 전체와 각 구조구에 따라 방향성을 통계적으로 분석하고 있다. 또한 부지반경 40km 지역에 대한 부지지질조사와 함께 8km 지역에 대한 부지지질조사는 제4기층 분석, 암상 및 지질구조 분석, 지구물리탐사, 절대연대측정 분야로 세분하여 조사가 수행되며, 필요에 따라 정밀지질도 작성과 물리탐사(굴절탄성파탐사, 전기비저항탐사), 트렌치 조사, 시추조사 등의 방법이 병행된다. 정밀지표지질조사와 절대연대 측정을 통하여 부지반경 8km 이내에 활동성단층의 존재여부를 확인하고 있다.

우리나라 남부에서는 울산단층의 동측지역에서 발견된 제4기 단층들 중에서 읍천단층과 수렴단층이 지진잠재단층으로 조사되어 있다. 읍천단층의 경우, 단층에서 발생한 지진의 지진계에 의한 기록은 없으나 활동성단층으로 판명되어 정밀조사와 잠재지진 평가가

수행된 바 있다. 단층의 길이와 변위를 고려하여 평가된 읍천단층의 최대잠재지진 규모
는 6.0이며 인근의 발생 지진과 읍천단층과의 상관성은 없는 것으로 판단하고 있다.

설계지진은 부지반경 320km 내에 존재하는 지체구조구(신고리원전의 경우 15개)로부
터 잠재적인 최대지진을 평가하여 결정되며, 최대잠재지진은 최대 역사지진 자료의 신
뢰성을 고려하여 보수적인 방법으로 평가하고 있다. 각 지체구조구의 최대잠재지진은
각 구조구 내에서 부지와 가장 가까운 지점까지 이동되고 부지까지 감쇄되며, 부지 지
면에서의 최대가속도를 평가하고 적절한 보수적인 방법을 사용하여 설계지진 지반가속
도를 계산하고 있다.

3) 설계지진 및 지반가속도 설정현황

국내에서 발생된 1,800여개의 역사지진, 1,000여개의 계기지진과 지각 구조의 분석결
과에 따라 지반가속도를 결정한 후 지진발생의 불확실성과 안전여유도를 감안하여 원
자력발전소의 설계지진값을 결정하고 있다. 우리나라 원자력발전소의 설계지진에 대한
지반가속도는 표 3.10에서 보는 바와 같이 보수성을 고려하여 0.2g를 적용하고 있으며,
최근에 건설하는 원전에 대해서는 보다 강화된 지진안전성을 위하여 0.3g를 적용하고
있다. 화력발전소에 적용하는 0.12g, 수력발전소의 0.1g와 비교할 때 상당히 보수적인
값을 사용하고 있다. 신고리1/2호기 부지의 안전정지지진(SSE)은 수평지반가속도
0.2g, 수직지반가속도 0.13g로 설정하고 있다. 또한 운전기준지진(OBE)은 수평지반가
속도 0.1g와 수직지반가속도 0.067g로 설정하고 있다.

표 3.10 원자력발전소 설계지진 지반가속도

부지	최대잠재지진	최대지반 가속도	원자력발전소	설계지진 지반가속도
고리	지리산지진 (규모 5.0)	0.15g	고리 1~4호기	0.2g
			신고리 1~2호기	
			신고리 3~4호기	0.3g
월성	읍천단층 (최대잠재지진, 규모 6.0)	0.183g	월성 1~4호기	0.2g
			신월성 1~2호기	
울진	지리산지진 (규모 5.0)	0.15g	울진 1~6호기	0.2g
			신울진 1~2호기	0.3g
영광	속리산지진 (규모 5.2)	0.165g	영광 1~6호기	0.2g

일본의 경우 지질 및 지진학적 측면에서 국토의 거의 전체가 활성단층의 영향을 받으므로 원전의 설계지진값으로 평균 0.4g(0.37~0.6g)를 적용하고 있다. 일본은 2006년 내진설계지침을 개정하여 이 값을 상향 조정하고, 이에 따라 기존시설에 대한 내진 보강이 진행되고 있다. 미국의 경우 우리나라와 지진활동이 유사한 것으로 평가되는 중·동부 지역에 위치한 원전부지의 설계지진값은 대부분 0.2g 이하(최소 0.1g)이며, 서부 지역 원전부지의 최대 설계지진값은 0.75g이다. 이 외에도 프랑스는 0.1~0.3g, 독일은 0.05~0.2g, 중국은 0.15~0.3g, 캐나다는 0.05~0.2g를 적용하고 있다.

4) 계통·기기 및 구조물의 내진설계

원자로격납건물을 비롯한 안전 관련 구조물들은 암반상에 위치하므로 고정지반으로 가정하여 내진해석이 수행되며, 내진해석에는 간략화한 동적 구조해석 모델을 이용한 시간이력해석법이 적용된다. 내진해석을 통해 구한 구조물의 각 층별 지진응답시간이력으로부터 층응답스펙트럼을 계산하게 된다. 층응답스펙트럼은 구조물을 이루는 부재(벽체, 슬래브, 기둥 등)를 내진설계하거나 계통·기기를 내진검증 또는 내진설계하기 위한 입력하중으로 사용된다.

구조물 부재들은 자중, 활하중, 운전하중 등 정상운전과 정지시 받는 하중, 안전정지지진과 같은 극한환경상태에서 받는 하중, 냉각재상실사고를 포함한 비정상 상태에서 받는 하중 등을 같이 고려하여 설계되어 있다. 또한 원자로냉각재계통 이외의 기기들은 기기들이 설치되어 있는 위치에서의 구조물 지진응답에 의한 하중과 각 기기에 가해지는 정상운전하중, 과도조건 하중, 사고조건 하중 등을 같이 고려하여 설계 및 검증되어 있다.

원자로냉각재계통의 내진해석은 우선 원자로냉각재계통의 간략화한 동적 해석모델을 원자로격납건물의 간략화한 해석모델과 결합시켜 시간이력해석방법으로 수행한다. 그리고 여기서 얻어진 가속도 지진응답을 입력하중으로 하여 다시 여러 가지 상세 해석모델을 이용한 시간이력해석 또는 응답스펙트럼해석을 수행한다. 상세 해석모델에는 원자로냉각재계통과 원자로 내부구조물 사이의 동적 상호작용을 고려하기 위한 상세한 원자로 내부구조물 모델도 포함된다. 원자로냉각재계통의 각 기기들은 이와 같이 구해진 지진응답과 각 기기에 가해지는 정상운전하중, 과도조건 하중, 사고조건 하중 등을 같이 고려하여 설계되어 있다.

5) 지진계측설비 및 주변지역 지진관측망 구축 현황

원자로시설 내부에는 지진계측설비로 시간이력가속도계, 지진스위치 외에 속도계에 의한 트리거, 다중채널기록계, 경보와 재생장치를 포함하는 지진감시 캐비닛이 보조전기 기기실에 설치되어 있다. 3축으로 구성된 지진스위치는 설치된 장소의 한 개의 축 이상에서 지진동이 미리 설정한 가속도(운전기준지진 가속도)를 초과할 경우 작동하며, 격납건물 기초바닥에 설치된다. 3축 시간이력가속도계는 가속도감지기, 기록계와 지진 트리거로 구성되며, 시간함수로 절대 가속도를 측정하여 어느 방향이라도 설정치(안전 정지지진 가속도의 1/20: 0.01g) 이상의 가속도를 갖는 지진동이 발생하면 진동의 이력 기록을 확보할 수 있다. 시간이력가속도계는 격납건물 기초바닥, 운전층 높이의 격납건 물 벽체, 보조건물 기초바닥 등에 6개가 설치된다. 경보등은 지진계측설비의 이상이 감 지되었을 경우 또는 3축 지진스위치가 설치된 장소에서 어떤 방향이라도 0.01g의 지 진, 운전기준지진이나 안전정지지진의 최대가속도를 초과할 경우 경보를 울린다. 지진 계측설비는 1개월 주기의 채널점검, 6개월 주기의 기능시험, 계획예방정비시의 교정을 통하여 적절히 관리되고 있다.

시간이력가속도계와 지진스위치는 보조전기 기기실에 설치된 지진감시시스템에 연계 되어 있으며, 지진감시시스템은 지진동 시간이력의 최대가속도값이나 응답스펙트럼에 의해서 운전기준지진 초과여부를 결정할 수 있는 정보를 주제어실 운전원에게 제공한 다. 운전원은 운전기준지진 초과시에는 규정된 절차에 따라 원자로를 정지시키고, 관련 분야 전문가들과 함께 기기와 구조물의 손상여부에 대한 상세조사를 수행한다. 구조물 내진해석모델을 사용하여 구조물에 가해진 실제 지진하중에 의한 층응답스펙트럼을 산 정하여 설계하중과 비교하고, 산정한 지진하중이 안전정지지진에 의한 설계하중을 초과 한 경우 관련 기기와 구조물을 선정하여 내진재평가를 수행한다.

이 외에도 원자력발전소에서는 발전소 주변지역의 지진감시를 위하여 지진관측망을 구축하여 운영하고 있다. 고리원전(7개소), 월성원전(11개소), 영광원전(3개소), 울진원 전(3개소) 등에 총 24개소가 운영되고 있으며, 각 관측소에는 가속도계, 속도계, 기록 계 각 1대씩이 설치되어 있다. 고속 LAN 망을 통해 한국원자력안전기술원, 한국지질자 원연구원, 기상청 등과 실시간 자료를 공유하고 있다.

6) 지진발생 후속조치

원자력발전소 운영자는 지진이 관측되었을 경우 발전소의 안전을 위한 조치를 취하게 된다. 그림 3.16에서 보는 바와 같이 지반가속도가 안전정지지진 가속도의 1/20(대개 0.01g)을 초과할 경우에는 발전소의 주제어실에 경보를 발령한다. 지반가속도가 운전기 준지진 가속도(대개 0.1g)를 초과할 경우에는 비정상절차서에 따라 원자로를 수동으로 정지하고 백색비상을 발령해야 하며, 안전 관련 설비에 대한 손상여부를 점검해야 한 다. 또한 안전정지지진 가속도(대개 0.2g)를 초과할 경우에는 원자로정지와 청색비상을 발령하고, 방사선비상계획에 따른 조치를 수행해야 한다. 비상발령과 방사선비상계획에 관한 사항은 '12.4절'에 기술되어 있다.

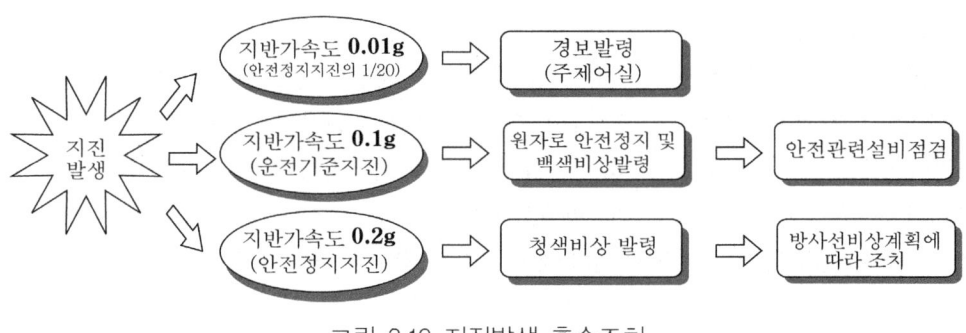

그림 3.16 지진발생 후속조치

2011년 3월 발생한 일본 동북부지진에 의한 후쿠시마 원전사고의 후속조치로써 지반가속도가 일정 크기(0.18g) 이상의 지진이 감지될 경우 원자로가 자동 정지되도록 설비를 개선하고, 설계기준 초과 지진에 대비하여 원자로 안전정지 유지계통의 내진성능을 신형원전의 설계지진(0.3g) 수준으로 보강하도록 하고 있다. 또한 주제어실 지진발생 경보창 등의 내진성능을 개선하고, 주제어실 운전원의 보호를 위해 주제어실 천정 및 조명설비의 낙하방지 조치와 주제어실 사무집기를 고정하는 조치를 시행하고 있다.

3.6.5 원자력발전소 지진해일과 대처현황

1) 지진해일의 발생 원인과 특성

지진해일은 영어로는 Tsunami(쓰나미)라 하며, 갑자기 해안을 덮치는 큰 파도를 의미하는 일본어에서 유래되었다. 이 용어는 1896년 6월 15일 일본 산리꾸 연안에서 발생한 지진해일로 22,000여명이 사망한 사실이 전 세계에 전해지면서 세계 공통어로 사용하게 되었다.

지진해일은 해저에서 발생한 대규모의 지진에 의하여 바다 밑바닥이 솟아오르거나 가라앉으면서 발생하는 파장과 주기가 긴 파도를 말하며, 지진해일파가 빠른 속도로 퍼져 나가 해안가에 위험과 피해를 일으킬 수 있다. 지진해일은 규모 6.0 이상의 지진에 의해 발생하고, 같은 규모의 지진에서도 진원깊이가 얕을수록 지진해일은 크게 발생한다. 지진해일파는 보통 심해에서 파장이 100km 이상이며 주기가 10~60분으로, 파장과 주기가 길기 때문에 일반 해양파와 구분된다. 해저의 화산, 화산섬의 폭발, 핵폭발에 의하여 발생하는 파도도 지진해일로 분류하고 있으나, 태풍과 같은 기상 요인에 의한 파도는 포함하지 않는다. 지진해일은 수일 동안 진행되는 폭풍해일과는 달리 10여시간의 짧은 시간 동안 나타나며, 해수면 상승폭은 폭풍해일에 비해 훨씬 크게 나타난다.

지진해일은 심해에서 파장이 길고 파고(파도높이)는 수십cm 이하로 작지만 빠른 속도로 전파되며, 해안에 접근하면 파장은 작아지고 파고는 커진다. 지진해일이 해안으로 가까워질수록 파고가 높아지는 이유는 심해에서는 지진해일의 에너지가 해수면에서 깊은 해저까지 분산되지만 해안으로 가면 수심이 낮아져 짧은 거리에 에너지가 집중되기 때문이다. 지진해일은 수심이 6km 이상인 곳에서 비행기의 속도와 비슷한 시속 800km로 이동할 수 있으며, 얕은 바다에서는 파고가 급격하게 높아짐에 따라 속도가 시속 45~60km로 줄면서 파도가 강해진다. 지진해일이 해안에 도달할 때의 최대 파도 높이를 처오름(Run-Up)이라 하며, 지진의 발생위치와 크기, 지진해일의 전파경로, 해안선의 모양과 구조 등에 따라 차이가 있지만 30m를 넘을 수도 있다.

우리나라에서 발생하는 지진해일은 대개가 일본의 서쪽 해저에서 발생하는 지진에 의해 유발되는 원발성(Teleseism) 지진해일이며, 과거 1,000년 동안 인명과 재산의 심한 피해를 초래하는 약 10회의 지진해일이 발생하였다. 가장 큰 지진해일로 1983년 5월 26일 일본 혼슈 아키다현 서쪽 근해에서 발생한 규모 7.7의 동해중부 지진에 의하여 우리나라 동해안(임원)에 90~110분 동안 10분 주기로 지진해일(파도높이 2~4m)이 밀려와 인명과 재산 피해가 발생한 적이 있다. 이 지진으로 일본 해안에는 15m 높이의 파도가 밀려와 엄청난 피해를 발생시켰다. 또한 1993년 7월 12일 일본 홋카이도 오쿠시리섬 북서 해역에서 발생한 규모 7.8의 지진에 의하여 우리나라 동해안에 90~180분 동안 10분 주기로 지진해일(파도높이 1.5~2.5m)이 밀려와 피해를 주었다. 이 지진해일은 일본 오쿠시리섬의 서쪽 해안에 위치한 모나이 지역에서 31.7m의 높은 해일고를 기록하였다.

그림 3.17은 2011년 3월 11일 일본 동북부지진(규모 9.0)에 의해 후쿠시마 원자력발전소를 강타한 지진해일(파도높이 14~15m)과 발전소의 해수범람 모습을 보이고 있다.

2) 지진해일 대처 현황

원자력발전소에 대한 지진해일의 영향은 해수의 범람으로 발전소 전원과 안전계통의 기능상실 뿐만 아니라, 지진해일이 바다 쪽으로 밀려 나갈 때 기기냉각용 해수 취수부의 수위 저하로 인한 기기냉각 해수 공급기능의 상실을 초래할 수 있다. 우리나라는 모든 원자력발전소가 해안에 위치하고 있으며, 특히 동해는 수심이 깊고 지진이 자주 발생하는 일본을 마주하고 있어 지진해일에 의한 영향을 발전소의 설계에 반영하고 있다.

원자력발전소 부지인근 해안에서 발생한 역사적 지진해일 기록을 조사하고 일본 서쪽 해저의 예상최대지진에 의한 지진해일 영향을 고려하여 가능한 최대 지진해일을 결정

그림 3.17 일본 후쿠시마 원전의 지진해일과 침수 전경

하고, 지진해일과 폭풍해일을 평가하여 설계기준 해수위(가능최고해수위 및 가능최저해수위)를 산정하고 있다. 가능최고해수위는 만조위, 지진해일 또는 폭풍해일에 의한 최고해수위, 처오름의 높이를 조합하여 결정하고, 가능최저해수위는 저조위, 지진해일 또는 폭풍해일에 의한 최저 해수위를 조합하여 결정하고 있다. 표 3.11은 우리나라 원자력발전소의 지진해일과 폭풍해일을 고려한 최고 해수위와 부지고에 따른 여유고를 나타내고 있다. 원전 부지의 가능최저해수위도 기기냉각 해수 펌프의 흡입구보다 높게 설계하여 기기냉각 해수 공급기능의 상실을 초래하지 않도록 하고 있다.

표 3.11 원자력발전소 최고 해수위와 부지고의 여유고

부지	최고수위(m)		가능최고해수위(m)	부지고(m)	여유고(m)
	지진	폭풍			
고리	0.3	2.5	7.2	7.5(고리1/2)*	0.3
				9.5(고리3/4)	2.3
월성	0.5	2.0	7.2	12.0	4.8
영광	–	2.3	8.4	10.0	1.6
울진	3.0	0.9	5.7	10.0	4.3

* 고리1/2호기 : 부지고 5.8m + 해안방벽 1.7m

후쿠시마 원전사고의 후속조치로써 해일에 대한 안전 여유고가 상대적으로 낮은 고리원전의 해안방벽을 타 원전의 부지높이 수준(10m)으로 증축하고, 비상전력계통과 주요

안전설비의 침수가능성에 대비하여 구조물에 내진설계된 방수문과 방수형 배수펌프를 설치하도록 하고 있다. 또한 대형 폭풍과 지진해일에 대비하여 기기냉각해수계통 펌프의 전동기와 전력함 등 전기설비에 대하여 방수조치를 취하고, 전동기 예비품 확보와 기능상실시 복구절차를 수립하도록 하고 있다.

제 4 장

원자력 안전 개념과 원칙

4.1 원자력 안전 개념

4.1.1 원자력안전의 특성

안전은 위험이라는 것의 존재를 전제로 하여 생기는 개념으로, 안전이란 위험을 뒤집어 놓은 것이라고 할 수 있다. 우리가 어떤 사물 또는 어떤 상태를 안전하다고 결론지었다고 해서 위험이 전혀 없다는 것을 의미하는 것은 아니다. 오히려 위험은 존재하나 그 위험의 정도가 무시할 수 있다든가 아니면 허용할 수 있는 정도임을 뜻하는 것이다. 이러한 안전의 판단은 인간이 하는 것이며 이를 판단하기 위해서는 위험을 측정할 척도나 기준이 필요하게 된다.

위험은 인간의 생명이나 재산에 유형의 손실을 발생시키게 하는 상황 또는 이와 같은 상황이 발생할 가능성이 있는 것으로 볼 수 있다. 상황이 발생할 가능성에 머물러 있을 경우 잠재적 위험이라 하고, 이미 발생한 경우에는 현존화한 위험이라고 부른다. 현존화한 위험은 위험보다는 사고 또는 재난으로 다루어져야 하며, 우리가 일상에서 위험이라고 하는 것은 잠재적 위험을 의미한다고 볼 수 있다. 위험을 논할 때는 어떠한 위험인가 하는 위험의 종류와 어느 정도의 위험인가 하는 위험의 크기(Consequence), 그리고 위험의 발생가능성이 어느 정도인가 하는 확률(Probability)을 고려해야 한다.

따라서 위험에 대해 평가 또는 판단하는 의사결정의 경우 그 지표로 사용하는 것이 위험의 크기와 발생확률을 함께 고려하는 위험도(Risk)라는 개념이다. 위험도는 잠재적 위험에 관한 것이며 이제부터 일어나는 것에 대한 개념으로 이미 일어나 버린 사실에는 이 개념을 사용하지 않는다.

현대 과학기술을 이용한 에너지의 생산과 활용은 문명의 발달과 인간의 삶의 질 향상 등에 큰 역할을 하지만, 그 반대급부로 인체와 환경에 해를 끼치는 부산물의 생성 등 부정적인 요인도 야기하고 있다. 따라서 과학기술의 활용에서 중요한 것은 이에 따른 큰 편익을 누리기 위하여 반대급부의 부정적인 요인을 어떻게, 어느 정도 수준으로 통제하느냐는 것이다.

원자력발전소도 일반 산업시설과 다를 바 없으나, 안전의 관점에서 중요하게 다루어야 할 2가지의 특징적인 요소가 있다. 하나는 에너지의 생성과정에서 방사성물질이 발생하는 것이며, 다른 하나는 원자로가 정지된 이후에도 핵연료에서 방사성핵종의 붕괴에 의한 붕괴열이 오랜 기간 동안 발생한다는 것이다.

원자력발전소는 원자로에 장전된 핵연료에서 핵분열 반응에 의하여 막대한 열에너지를 발생하기 때문에 계통이나 기기의 이상이 발생할 경우 즉각적으로 원자로의 반응도를 조절하여 운전을 중지하고 에너지의 발생을 중단시켜야 한다. 또한 원자로정지 이후의 붕괴열을 제거하기 위하여 지속적으로 냉각을 수행하여 핵연료의 온도상승에 의한 손상을 방지하고, 방사성물질이 외부로 유출되지 않도록 물리적 방벽들이 제 기능을 수행할 수 있도록 해야 한다. 방사성 붕괴열은 그림 4.1에서 보는 바와 같이 원자로정지 후 원자로 정격출력의 약 8%에서 시간에 따라 감소하고 있으나 그 크기는 상당히 높은 수준이다.

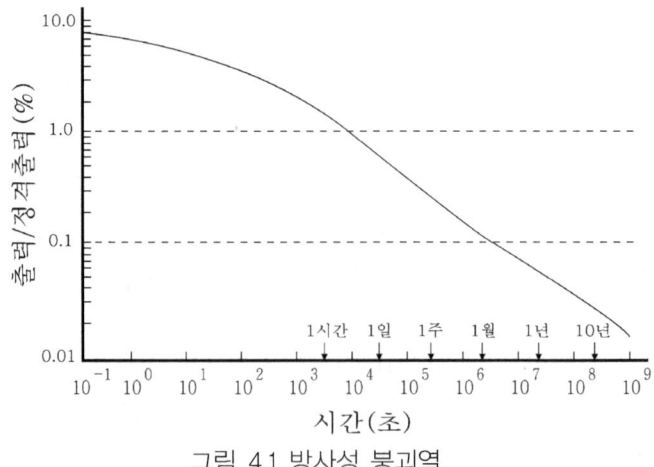

그림 4.1 방사성 붕괴열

원자로의 반응도제어, 핵연료의 냉각, 방사성물질의 격납과 외부 유출차단은 원자력발전소의 3가지 기본안전기능(Fundamental Safety Function)으로 분류되고 있으며, 원자로보호계통과 공학적안전설비의 설치는 이러한 안전기능을 수행하기 위하여 설치된다.

원자력발전소는 일반 산업시설과 달리 핵분열 반응의 과정에서 방사성물질인 핵분열생성물을 발생하고 있으며, 방사선의 종류나 방사능의 세기에 따라 인체나 환경에 심각한 영향을 초래할 수 있기 때문에 원자력발전소의 잠재적 위험은 무엇보다도 방사선에 기인한다고 할 수 있다. 한편 방사선은 우리 사회에서 질병의 진단과 치료 등 의학 분야를 포함하여 농학, 공학 등의 다양한 분야에 널리 활용되고 있으며, 또한 태양 및 지각 등에서 자연방사선이 발생되고 있어 인간은 방사선에 항상 노출되어 있다.

이처럼 인간이 인위적 또는 자연적 요인에 의하여 방사선피폭을 지속적으로 받고 있으나, 그 크기가 일정 수준 이하일 경우에는 인체에 해로운 영향을 주지 않는다. 따라서 원자력발전소의 안전은 사고를 포함한 제반 운영과정에서 방사성물질의 외부 환경으로의 유출을 최소화하고, 작업자와 인근 주민의 방사선피폭을 일정 수준으로 제한하는 것이 무엇보다도 중요한 요소이다.

원자력에 의한 재해는 일반 산업재해와 그 특성이 다르다. 원자력사고는 발생확률은 희박하나 재해의 심각도는 매우 높으며, 재해의 범위도 광역적으로 때로는 국경을 초월하는 범위까지 진행될 수 있어 종사자를 포함한 다수의 일반대중이 피해의 대상이 될 수 있다. 또한 원자력에 의한 피해는 그 영향이 장기간에 걸쳐 발생한다는 특징이 있다. 이러한 원자력 위험의 특성 때문에 원자력의 안전은 작업자의 안전과 함께 일반 공중의 안전에 초점이 맞추어져야 함을 보여준다.

4.1.2 방사성물질의 발생과 외부 유출

원자력시설에서 발생하는 방사성물질의 대부분은 원자로 내의 핵분열 반응에 의한 핵분열생성물로써 다양한 방사성핵종으로 나타나고 있다. 고체 핵분열생성물은 원자로냉각재로 빠져나가는 극히 일부를 제외하고는 대부분이 산화우라늄 소결체인 핵연료펠렛에 위치하고 있으며, 불활성기체(Noble Gas)는 핵연료펠렛과 피복재 사이의 공간에 머무르고 있다. 그러나 핵연료봉이 손상되면 핵분열생성물은 원자로냉각재로 빠져나와 머무르거나 또는 격납건물로 유출할 수 있다. 이 외에도 핵연료 제조과정에서 핵연료피복재에 남아있는 이산화우라늄 분말이 핵분열을 일으키거나, 핵연료피복재의 결합으로 인한 핵분열생성물의 누출, 그리고 원자로냉각재와 접촉하는 구조물의 산화반응에 의한 부식생성물의 방사분해 등의 요인에 의하여 방사성물질이 발생하며 원자로냉각재에 포함되어 순환하게 된다.

한편 원자력발전소 2차 측에는 직접적인 방사성물질의 생성원은 없다. 다만 1차 측과 경계를 이루는 증기발생기 전열관에서의 극히 미세한 누설로 방사성물질이 존재할 수는 있으나, 그 양은 미미하여 무시할 수 있을 정도이다. 표 4.1은 전기출력 1,000MWe급의 가압경수로에서 일반적으로 발생할 수 있는 방사성핵종의 종류를 나열하고 있다[Petrangeli, 2006].

원자력발전소에는 방사성물질의 외부 유출을 막기 위하여 핵연료펠렛, 피복재, 원자로냉각재계통 압력경계, 격납건물과 같은 다중의 물리적 방벽을 유지하고 있다. 따라서 원자력발전소의 정상적인 운전 상태에서는 원자로냉각재계통과 핵연료에 머무르는 방사성물질의 외부 환경으로의 유출은 무시할 수 있을 정도이다. 일부 환기계통 등을 통하여 극미량의 기체 방사성핵종이 유출되나, 환기계통에 설치된 여과기를 통하여 대부분 제거되기 때문이다. 한편 핵연료를 사용한 후 원자로에서 꺼내어 수년 동안 수중에 저장하는 것은 핵연료의 붕괴열을 낮추고 핵분열생성물의 방사능 준위를 낮추기 위함이다.

그러나 사고조건에서는 사고의 형태에 따라 물리적 방벽이 그 기능을 상실하여 원자로냉각재계통과 격납건물의 방사능 준위가 상승하고, 또한 방사성물질의 외부환경으로의 유출을 위한 다양한 경로가 형성될 수 있다. 원자로냉각재계통의 배관 파단으로 인한 냉각재상실사고시 불활성기체와 요오드 핵종의 격납건물로의 방출과 이에 따른 격납건물 구조물로부터의 누설과 격납건물 배기계통을 통한 유출, 안전주입 및 격납건물 살수의 재순환모드에서 관련된 배관과 밸브를 통한 방사성물질의 유출이 발생한다. 또한 증기발생기 전열관 파열 사고시 방사성물질을 함유하는 1차 측 원자로냉각재의 2차 측으로의 유출과 이에 따른 증기발생기 2차 측 압력상승에 의한 주증기 안전밸브의 개방으로 증기와 함께 방사성물질의 외부 유출이 발생한다.

이 외에도 격납건물 내에서 핵연료집합체 낙하로 인한 핵연료 취급사고시 격납건물 배기계통을 통한 방사능 유출, 기체방사성폐기물계통 파손사고, 액체방사성폐기물계통 누설 또는 파손사고 등을 들 수 있다. 외부 환경으로 유출되는 방사능 준위는 핵연료의 파손상태, 원자로냉각재와 증기의 방출량, 사고시 원자로의 운전상태 등 다양한 조건에 따라 달라질 수 있다.

표 4.1 원자력발전소에서 발생하는 방사성핵종

분류	원소명	핵종	반감기(일)	방사능(Bq $\times 10^{18}$)
불활성기체 (Noble Gas)	크립톤 (Krypton)	^{85}Kr ^{85m}Kr ^{87}Kr ^{88}Kr	3,950 0.183 0.0528 0.117	2.072 0.888 1.739 2.516
	제논 (Xenon)	^{133}Xe ^{135}Xe	5.28 0.384	6.290 1.258
요오드 (Iodine)	요오드 (Iodine)	^{131}I ^{132}I ^{133}I ^{134}I ^{135}I	8.05 0.0958 0.875 0.0366 0.28	3.145 4.440 6.290 7.030 5.550
세슘 및 루비듐 (Caesium & Rubidium)	세슘 (Caesium)	^{134}Cs ^{136}Cs ^{137}Cs	750 13 11,000	0.2775 0.111 0.1739
	루비듐 (Rubidium)	^{86}Rb	18.7	0.00096
텔루륨 및 안티몬 (Tellurium& Antimony)	텔루륨 (Tellurium)	^{127}Te ^{127m}Te ^{129}Te ^{129m}Te ^{131m}Te ^{132}Te	0.391 109 0.048 0.34 1.25 3.25	0.2183 0.0407 1.147 0.1961 0.481 4.44
	안티몬 (Antimony)	^{127}Sb ^{129}Sb	3.88 0.179	0.2257 1.221
알칼리토류 (Alkaline Earths)	스트론튬 (Strontium)	^{89}Sr ^{90}Sr ^{91}Sr	52.1 11,030 0.403	3.478 0.1369 4.07
	바륨 (Barium)	^{140}Ba	12.8	5.92
휘발성산화물 (Volatile Oxides)	코발트 (Cobalt)	^{58}Co ^{60}Co	71 1,920	0.02886 0.01073
	몰리브덴 (Molybdenum)	^{99}Mo	2.8	5.92
	테크네튬 (Technetium)	^{99m}Tc	0.25	5.18
	루테늄 (Ruthenium)	^{103}Ru ^{105}Ru ^{106}Ru ^{107}Ru	39.5 0.185 366 1.5	4.07 2.664 0.925 1.813
비휘발성산화물 (Non-Volatile Oxides)	이트륨 (Yttrium)	^{90}Y ^{91}Y	2.67 59	0.1443 4.44
	지르코늄 (Zirconium)	^{95}Zr ^{97}Zr	65.2 0.71	5.55 5.55
	나이오븀 (Niobium)	^{95}Nb	35	5.55
	란타넘 (Lanthanum)	^{140}La	1.67	5.92
	세륨 (cerium)	^{141}Ce ^{143}Ce ^{144}Ce	32.3 1.38 284	5.55 4.81 3.145
	프라세오디뮴 (Praseodymium)	^{143}Pr	13.7	4.81
	네오디뮴 (Neodymium)	^{147}Nd	11.1	2.22
	넵투늄 (Neptunium)	^{239}Np	2.35	60.68
	플루토늄 (Plutonium)	^{238}Pu ^{239}Pu ^{240}Pu ^{241}Pu	32,500 8.9×10^6 2.4×10^6 5,350	0.002109 0.000777 0.000777 0.1258
	아메리슘 (Americium)	^{241}Am	1.5×10^5	0.0000629
			총계	193

자료출처 : Petrangeli, G., "Nuclear Safety", Elsevier Butterworth-Heinemann, New York, 2006

4.1.3 원자로의 고유안전성

원자력발전소는 안전기능을 수행하기 위하여 원자로보호계통 (Reactor Protection System)과 공학적안전설비 (Engineered Safety Features) 등의 공학적 원리에 따라 의도적으로 설치하는 계통들과는 별개로 원자로가 갖는 고유한 물리적 특성에 의하여 안전을 유지하는 특성을 갖고 있다. 즉 고유 안전성 개념(Inherent Safety Characteristics) 이란 발전소가 과도상태 또는 사고 등의 요인에 의하여 정상적인 상태를 벗어나더라도 원자로의 물리적 특성에 의하여 안전한 상태로 되돌아가려는 성질을 나타내는 것을 의미한다.

원자로의 고유 안전성은 노심의 반응도계수 고유의 즉발 궤환효과(Prompt Feedback Effect)에 의하여 급격한 반응도의 증가를 상쇄하여 노심출력을 제어하는 기능으로 나타나며, 중요한 반응도 계수는 다음과 같다[장순흥 외, 1998; 한국원자력산업회의 , 1988].

1) 핵연료 온도계수 (Fuel Temperature Coefficient)

원자로의 출력이 상승하여 핵연료의 온도가 높아지면, 우라늄−238의 공명흡수 에너지 영역이 확대되는 도플러 효과(Doppler Effect)가 나타난다. 이에 따라 중성자가 감속과정에서 U−238에 많이 흡수되면서 핵분열에 필요한 열중성자 수가 감소하기 때문에 핵분열의 감소에 의하여 출력이 감소하게 된다. 즉 도플러 효과에 의하여 핵연료 온도계수가 음의 값을 갖게 되면서 핵분열 확률을 낮추므로 원자로출력을 감소시키게 된다. 반대로, 핵연료 온도가 감소하면 출력을 증가시키는 역할을 한다. 핵연료 온도계수는 핵연료 온도변화에 따른 반응도의 변화로 정의하며, 핵연료 연소도가 증가하면서 보다 큰 음의 값을 가지나 가압경수로의 경우 대개 $-3.8 \times 10^{-5} \sim -2.0 \times 10^{-5} \Delta \rho /^{o}C$ 범위에 있다.

2) 감속재 온도계수 (Moderator Temperature Coefficient)

원자로의 출력이 증가하여 감속재(경수 또는 중수)의 온도가 높아지면, 체적이 증가하면서 감속재의 밀도가 낮아지게 된다. 이에 따라 감속재의 단위체적당 원자핵의 수가 적어지기 때문에 중성자의 충돌 횟수가 적어지면서 중성자 감속이 줄어들게 된다. 이로 인하여 중성자가 원자로 외부로 빠져 나가거나 감속과정에서 U−238에 흡수될 확률이 높아지면서 열중성자의 수가 줄어들게 된다. 핵분열에 필요한 열중성자 수의 감소는 핵분열의 감소와 함께 출력을 감소시키게 된다. 즉 감속재의 온도 증가에 의하여 중성자 감속이 줄어들어 노심 반응도의 감소를 초래하면서 노심 출력이 감소하게 된다. 반대로, 감속재 온도가 감소하면 출력을 증가시키는 역할을 한다. 감속재 온도계수는 감속재의 온도변화에 따른 반응도의 변화로 정의하며, 핵연료 연소도가 증가하면서 보다 큰 음의 값을 가지나 가압경수로의 경우 대개 $-4.5 \times 10^{-4} \sim -1.5 \times 10^{-4} \Delta \rho /^{o}C$ 범위에 있다.

이 외에도 감속재 밀도계수(또는 압력계수)와 감속재 기포계수가 있으나, 이들은 계수의 크기가 작으며 단위 출력변화에 따른 압력이나 기포율의 변화 자체도 미미하기 때문에 노심 반응도에 크게 영향을 미치지 않는다. 그림 4.2는 원자로 고유 안전성에 대한 개념을 도식적으로 나타내고 있다.

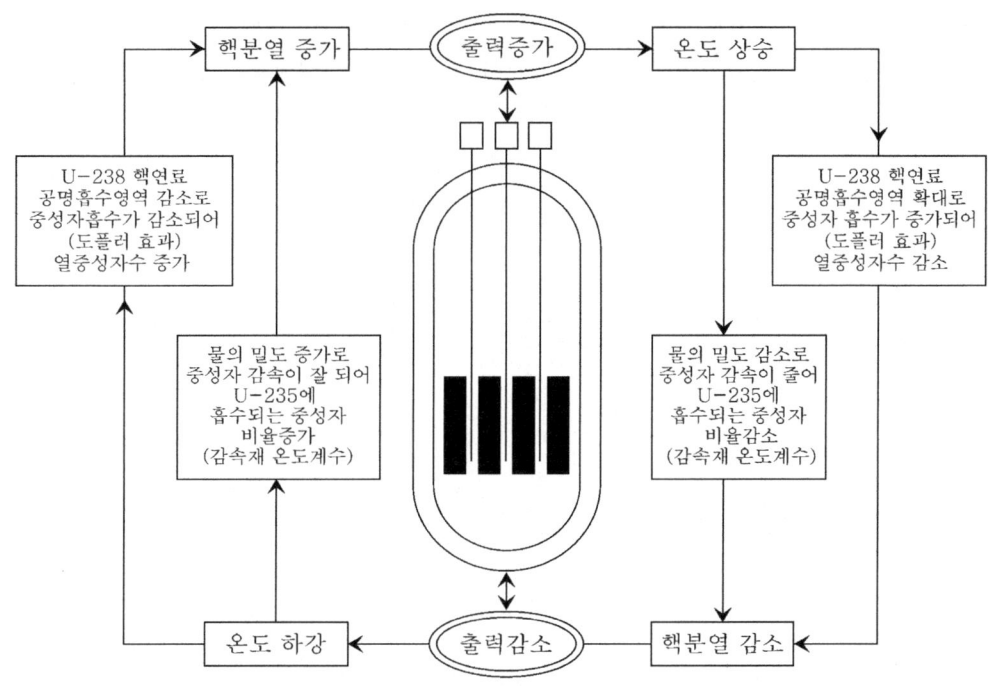

그림 4.2 원자로 고유 안전성 개념도

4.1.4 원자력과 위험 프로파일

일상적으로 위험이 없으면 안전하다고 말하나 우리 사회는 어떻게 보면 위험과 더불어 살고 있다. 따라서 절대적인 안전은 없는 것이나 다름없으며 인간의 편의를 위하여 만들어 놓은 각종 기술의 산물들도 언제나 상당한 정도의 위험을 내포하고 있다. 자동차나 비행기 사고, 유해 화합물은 물론이거니와 각종 약품까지도 남용하면 위해를 면키 어렵다.

이러한 위험의 존재를 알면서도 그들을 활용하는 것은 종국적으로 더 안전한 삶을 영위하고자 하는 의도의 표현이다. 수술이 위험한 일인지 알면서도 치료를 위하여 받아들이고, 질병을 치료함으로써 생명의 안전을 얻는 것에서 알 수 있듯이, 안전은 위험이 없는 상태가 아니라 재난의 피해에 노출되지 않는 정도를 말한다. 원자력의 위험도 우리 주변에 산재하는 수많은 위험요소 가운데 하나이며, 이러한 환경에서 절대 안전이란 무의미한 것이며 위험은 상대적으로 평가되는 것이 필연적이다.

표 4.2는 통계적으로 나타난 현대사회에서의 원인별 개인위험을 보여주고 있으며, 질병, 사고사 그리고 자연재해의 순으로 위험도가 작아진다. 일상생활에서 보편적으로 이용하는 자동차의 사고 위험도는 1.4×10^{-4}/년으로 1년 동안 10,000명 중 1.4명이 사망하는 것으로 나타나고 있다. 현대 산업사회에서 일반적으로 일상생활에서 용인하기 어려운 위험의 수준은 10^{-4}/년(10,000명당 1명의 사망률), 거의 위험으로 인식하지 않는 위험 수준은 대체로 10^{-6}/년으로 간주되고 있으며, 그리고 10^{-7}/년 이하이면 사소한 위험으로 번개에 맞아 사망하는 정도의 위험으로 간주되고 있다.

표 4.2 원인별 개인 위험의 비교

구분	사망원인	위험도
질 병[1]	심장병	3.7×10^{-4}/년
	암	1.2×10^{-3}/년
	뇌출혈	4.2×10^{-4}/년
	폐렴	1.1×10^{-4}/년
	당뇨병	1.7×10^{-4}/년
사고사[1]	자동차사고	1.4×10^{-4}/년
	추락사고	4.3×10^{-5}/년
	익사	1.3×10^{-5}/년
	화재사고	6.0×10^{-6}/년
자연 재해	지진, 홍수, 태풍	9.0×10^{-7}/년
	폭염	9.0×10^{-7}/년
	동사	4.0×10^{-6}/년
	낙뢰사고	4.0×10^{-7}/년

주, 1) 우리나라 국민의 2010년 원인별 사망률[통계청, 2011]

1975년 미국 원자력규제위원회(USNRC)가 발간한 WASH-1400 보고서[Rasmussen, 1975]에 의하면 가압경수로의 노심용융사고 빈도를 6×10^{-5}으로 계산하고 있으며, 이러한 노심용융사고가 일어나고 발전소 격납용기가 파손되어 발전소 주변의 개인이 사망할 확률을 3×10^{-9}으로 제시하고 있다. 이 수치는 확률론적 해석에서 계산된 값이지만, 원자력 사고와 다른 요인의 사고에 의한 위험도(표 4.2)를 비교해 볼 수 있다.

그림 4.3은 WASH-1400 보고서에서 제시하고 있는 100개 원자력발전소의 운영에 따른 위험도를 비행기, 화재, 폭발 등의 요인에 의한 인공적인 재해, 그리고 폭풍, 지진 등의 자연재해에 의한 위험도와 비교한 위험도 프로파일이다. 가로축은 사고로 인한 사망자수(N)를, 세로축은 N명 이상의 사망을 유발하는 사고의 발생가능성을 표시하고 있다. 그림에서 원자력발전소의 위험도가 다른 요인에 의한 것보다 0.1% 이하의 수준임을 알 수 있으며, 이는 원자력 안전목표의 설정에 중요한 지표를 제시하고 있다.

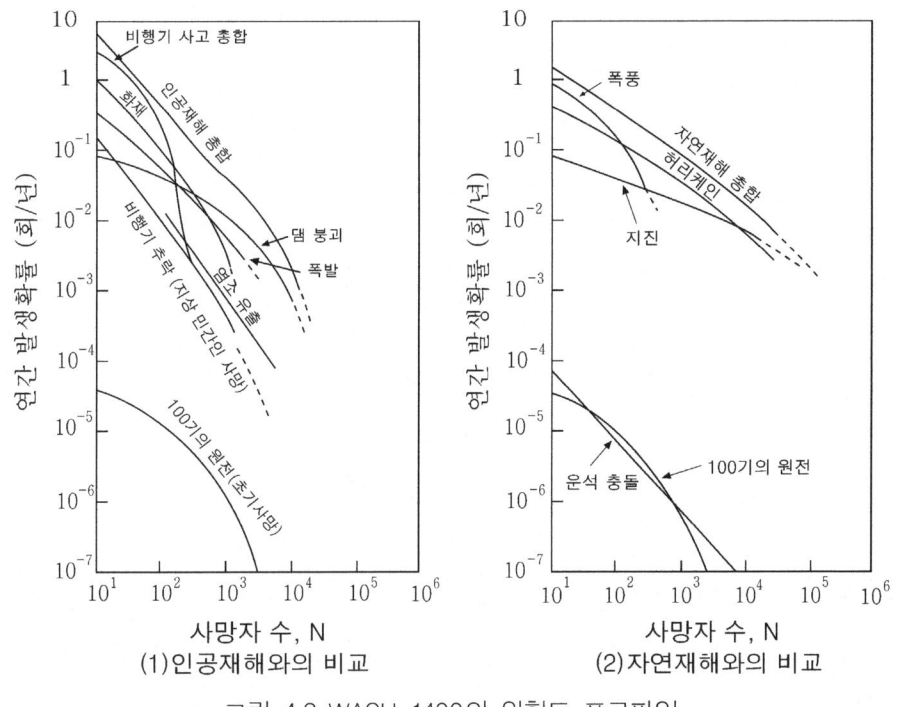

그림 4.3 WASH-1400의 위험도 프로파일

국제원자력기구(IAEA)에서는 1969년부터 1996년 기간 동안 세계적으로 발생한 사고 데이터를 조사·분석하여 각 에너지시스템의 수명주기에서 발생할 수 있는 위험도를 전력생산단위당 사고 또는 인명손상의 수를 사용하여 비교·평가하였다. 특히 원자력발전소에 대해서는 확률론적 안전성평가 결과를 활용하여 사고발생의 잠재적 위험도까지 고려하여 평가하였다[Hirschberg, 1999]. 그림 4.4에서 보는 바와 같이 100명의 사망자를 유발할 수 있는 사고발생의 확률을 전력생산단위(GWe)당 사망빈도로 표시하면 원자력발전소의 경우 10^{-7}/GWe, 천연가스는 약 10^{-4}/GWe, 석탄은 10^{-3}/GWe의 값을 보이고 있다.

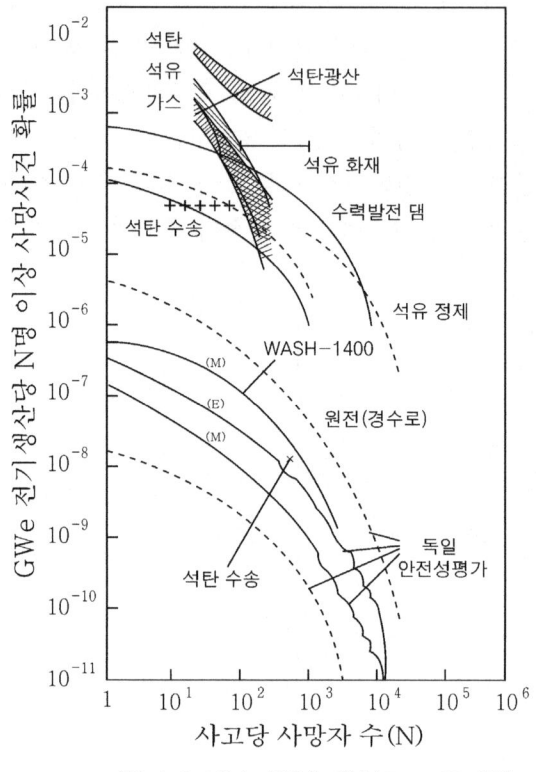

그림 4.4 에너지원별 위험도 프로파일

4.1.5 원자로와 원자폭탄의 차이

원자로와 원자폭탄은 우라늄 또는 플루토늄의 중성자에 의한 핵분열 연쇄반응에서 생성되는 엄청난 에너지를 이용한다는 점에서 동일한 물리적 현상을 기초로 하고 있다. 그러나 에너지생성의 속도에 있어서 둘 사이에는 매우 큰 차이가 있다. 핵분열 연쇄반응은 임의의 중성자가 핵분열을 일으키고, 그 결과 생성된 몇 개의 중성자 중에서 일부가 또 다른 핵분열을 일으키는 과정의 연속이다. 핵분열 연쇄반응에서의 반응률 또는 에너지생성률의 변화속도는 생성된 핵분열중성자들이 또 다른 핵분열을 일으키는 비율과 연속적인 핵분열 단계의 시간 간격에 따라 결정된다. 대부분의 핵분열중성자들이 또 다른 핵분열을 일으키고 이에 소요되는 시간 간격이 극히 짧다면 에너지생성률은 급속도로 증가한다[장순흥 외, 1998].

일정출력으로 운전 중인 원자로에서는 연쇄반응의 균형이 잘 이루어진다. 하나의 핵분열에서 생성된 중성자들 중에서 평균적으로 하나의 중성자가 다음 단계의 핵분열을 일으키며, 나머지는 원자로 내부의 다른 물질들에 흡수되거나 원자로 밖으로 사라지도록 원자로가 설계되어 있기 때문이다. 따라서 핵분열에 의해 생성되는 중성자의 수나 에너지발생량은 시간이 지나더라도 일정하게 유지된다.

반면에 원자폭탄은 중성자 밀도를 가능한 한 빠른 속도로 증가시킬 수 있도록 설계하여, 다량의 우라늄이나 플루토늄과 반응하여 순간적(10^{-6}초)으로 에너지를 발생시킴으로써 폭발력이 최대가 되도록 한다. 이러한 상황은 매우 높은 농축도(90% 이상)을 가진 우라늄이나 플루토늄이 높은 밀도로 있을 때만 가능하다. 그러나 핵분열 반응이 시작되면 생성되는 에너지로 인하여 핵연료물질이 분산되므로 밀도가 급격히 낮아져 핵분열 연쇄반응의 지속이 불가능하게 된다. 따라서 원자폭탄에서는 화학적인 폭약을 고도의 기술로 폭발시켜서 분산되려는 핵연료물질들에 반대 방향의 힘을 가함으로써, 중성자 밀도의 증가에 따라 에너지발생률이 충분히 높아질 때까지 핵연료물질이 분산되지 않도록 한다.

원자로는 핵연료 농축도(2~5%)가 원자폭탄에 비해 훨씬 낮을 뿐만 아니라, 급격한 핵분열 반응시 흩어지려는 핵연료물질들을 얼마 동안 가두는 별도의 장치도 없으므로, 원자폭탄에서와 같은 대규모의 순간적인 폭발은 발생할 수 없다. 체르노빌(Chernobyl) 원전사고의 경우 약 4초 동안에 출력이 100배 이상으로 급상승하였지만, 발생한 총 열에너지는 수십만 MJ로써 2분 동안 원자로를 정상 운전할 때 발생하는 에너지(3.6×10^5MJ)보다도 작았다. 이에 반하여 소형 원자폭탄의 폭발시 발생하는 열에너지는 수십억 MJ에 달한다.

체르노빌 원자로의 경우 출력이 급상승(폭주)하여 노심이 용융하였지만, 핵폭발은 발생하지 않았다. 건물이 붕괴되고 많은 양의 방사성물질이 누출된 것은 용융된 핵연료가 물과 반응하여 생긴 증기폭발과 흑연의 연소 때문이었다. 원자폭탄이 투하되었던 히로시마에서 도시 전체가 파괴되었던 것에 비해 체르노빌에서 사고가 발생했던 4호기에 인접한 1호기와 3호기의 상태를 비교하면 폭발력의 차이를 실감할 수 있다. 또한 최근 일본의 후쿠시마 원전사고에서도 핵연료의 용융이 발생하고, 이에 따른 수소폭발과 화재가 발생하였지만 핵폭발은 일어나지 않았다.

결론적으로 원자력발전소의 안전은 원자폭탄과 같은 대규모의 순간적인 폭발 문제가 아니라 사고시 방사성물질의 유출 가능성에 있으며, 발전소의 제반 안전설비도 사고를 사전에 예방하고 방사성물질의 유출을 최소화하기 위하여 설치된다.

4.2 원자력 안전목표와 안전원칙

4.2.1 안전과 안전목표의 의미

'안전하다'는 것은 무엇을 의미하는가? 안전의 반대 개념인 위험의 스펙트럼이 워낙 넓기 때문에 어디까지가 안전하고 어디까지가 위험한 것인지는 그 경계가 불분명하다. 그림 4.5에서 보는 바와 같이 위험과 안전의 경계는 명확한 것이 아니라 그 중간에 불확실한 회색지대로 연결된다. 이러한 회색지대가 개입됨으로써 안전에 대한 판단에는 상당한 정도의 주관이 개입될 소지가 크고, 이것이 안전에 대한 객관적인 판단을 혼란스럽게 만드는 요인이 된다.

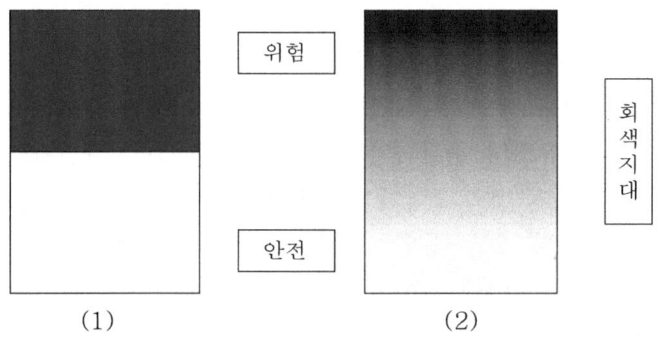

그림 4.5 안전과 위험의 경계

미국사회에서 전형적으로 꼽히는 30가지 생활주변의 위험에 대한 조사에서 여성 유권자연맹과 대학생은 원자력을 30개 위험 중 1위로 평가하고 있는데 반하여, 위험 전문가 그룹이 평가한 순위는 20위로 위험을 판단하는 주체에 따라 아주 다르게 나타난다. 이와 같이 주관적이고 본질적 불확실성에도 불구하고 안전에 대해 어떤 분명한 기준이 필요하다는 점이다. 이 기준은 그림 4.5의 회색지대 어디엔가 설정해야 할 것인데 문제는 어디에 설정하느냐이다. 이 준위를 설정하는 데에는 객관적으로 평가한 위험을 근거로 하되 어느 정도 사회적 합의가 따라야 하며, 이 준위가 곧 정량적 원자력 안전목표가 될 것이다.

현대 산업사회에서 거의 위험으로 인식하지 않는 위험의 수준은 대체로 10^{-6}/년으로 간주하고 있다. 따라서 이 수준의 위험은 그림 4.6에서 무조건적으로 용인되는 위험에 해당한다고 볼 수 있다. 한편 일반적으로 일반인이 일상생활에서 용인하기 어려운 위험의 수준은 10^{-4}/년으로 조사되고 있으므로 어떤 행위의 위험에 대한 목표를 설정한다면 10^{-6}/년과 10^{-4}/년 사이에 있는 값이 합리적일 것이다.

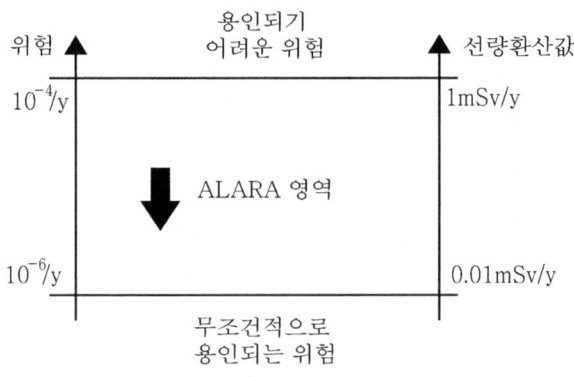

그림 4.6 위험의 용인도와 방사선량

　　원자력 위험이란 궁극적으로 방사선 위험과 연계되므로 위험을 방사선량으로 환산하여 보는 것도 의미가 있다. 국제방사선방호위원회의 권고(ICRP- 60)에서 일반인에 대한 선량한도를 설정한 정량적 근거는 위험을 10^{-4}/년에 두고 있고, 그 결과로 일반인에 대한 선량한도를 1 mSv/년으로 채택하고 있다. 선량한도의 개념이 그러하듯이 이 값은 원전의 정상운영에 대한 안전목표의 상한선으로 간주할 수 있다[이재기, 1998]. 이 값의 도출에 적용된 개념을 무조건 용인되는 위험 수준인 10^{-6}/년에 적용한다면 선량 값으로는 0.01 mSv/년이 된다. 자연방사선 피폭량이 평균적으로 연간 2.4 mSv이므로 이 선량은 자연방사선 피폭의 0.5% 수준으로 무시되는 것이 당연하며, 이 값이 원자력발전소의 정상운영에 대한 안전목표의 하한선으로 볼 수 있다.

　　그림 4.6의 상한선과 하한선 사이의 어느 위치에 정량적 안전목표가 설정되어야 하느냐의 문제는 최적화의 문제가 된다. 위험이란 상존하는 것이고 위험의 경감을 위해서는 비용의 부담이 있기 때문에 경제적 사회에서는 일정한 범위 내에서는 위험과 비용의 교환이 불가피하기 때문이다. 따라서 경제적·사회적 인자를 고려하여 합리적으로 위험을 최소화한다는 ALARA(As Low As Reasonably Achievable) 개념이 적용되어 최적의 방호수준을 결정하는 선이 곧 정상운영에 대한 정량적 안전목표가 된다. 그러나 원자력발전소라는 거대한 시스템을 하나로 하여 최적화를 모색하는 것은 현실적으로 용이하지 않으므로 적절히 구분하여 최적화를 도모한다. 즉 원전 종사자에 대한 직업상 피폭에 대해서는 환경으로 방출되는 방사능에 의한 일반인의 피폭과 별개로 최적화하는 접근을 따르고 있다.

사고 상황에 대비한 안전은 한층 더 어려운 문제를 수반한다. 정상운영에 대한 안전은 필연적으로 일어나는 상황, 즉 확률 1의 상황이므로 결정론적 해석이 가능하지만 사고는 그 자체가 우연적(확률적) 사건이기 때문에 불확실성이 크게 증가한다. 원론적으로는 사고 상황에서 예상되는 잠재 위험도에 대한 방호도 그 위험도가 정상 상황의 위험도 수준에 준하도록 한다는 개념이 적용된다. 잠재 위험도는 그 위험을 초래할 사고가 발생할 확률과 그 사고가 발생한 경우의 조건부 위험(결말)의 곱으로 표현되므로 만약 정상운영에 대한 안전목표가 10^{-6}/년이고 어떤 사고의 발생확률이 10^{-3}/년이라면 그 사고로 인한 위험은 10^{-3}보다 작아야 한다. 이를 그림 4.6의 스케일에 따라 선량으로 환산한다면 10mSv보다 낮도록 공학적 안전계통이 설계되어야 한다는 의미이다. 같은 논리를 따른다면 선량이 1Sv 수준에 이를 수 있는 중대사고의 확률은 10^{-5}/년 이하가 되어야 한다.

그러나 문제는 이렇게 단순하지만은 않다. 즉 어떤 사고가 일어날 확률을 알아야 하는데 이것이 말처럼 쉽지 않다는 점이다. 오늘날 신뢰도 공학이나 확률론적 안전성분석 기법에 많은 발전이 있고, 이 방법이 확률의 문제에 접근하는 훌륭한 수단이기는 하지만 본질적으로 확률이 낮은 사건에 대해서는 아무래도 그 불확실성의 한계를 벗어날 수 없다.

동전이나 주사위를 던지는 것 같이 확률이 높고 시행이 쉬운 사건에 대해서는 그 확률을 충분히, 정확히 그리고 간단하게 평가할 수 있지만 확률이 10^{-4}/년과 같이 희귀한 사건에 대해서는 그 결과에 대해 확신을 가질 수 없다. 통계적 법칙에 따르면 확률이 1/10인 사건과 1/100인 사건을 경험적으로 동일한 신뢰도로 확인하기 위한 샘플 크기는 후자가 100배로 커져야 한다. 이러한 불확실성의 문제가 본질적으로 과학과 기술이 갖는 한계로 엄연히 존재한다고 볼 때, 용인 가능한 불확실성의 범위가 어느 정도인가에 대한 논의와 합의를 토대로 안전목표가 설정되어야 할 것이다.

4.2.2 기본안전목표 및 기본안전원칙

국제원자력기구(IAEA)는 1993년 '원자력시설의 안전', 1995년 '방사성폐기물관리 원칙', 1996년 '방사선방호 및 방사선원의 안전' 등 3개의 안전기본문서(Safety Fundamental Document)를 통하여 각 분야별로 안전목표와 안전원칙을 설정하였다. '원자력시설의 안전'에서는 안전목표를 일반 안전목표, 방사선 방호목표, 기술적 안전목표로 구분하고, 안전원칙을 기본관리원칙, 심층방어전략, 일반기술원칙으로 구분하였으며, 부지선정, 설계, 운전 등에 대한 세부원칙을 설정하였다.

2006년 국제원자력기구는 각 분야별로 설정된 안전목표와 안전원칙을 통합하여, 방사선리스크를 야기하는 모든 원자력 시설 및 활동에 공히 적용하는 통일되고 일관성 있는 안전목표와 안전원칙을 설정하였다. 단일 안전기본문서로 발간된 '기본안전원칙'(Fundamental Safety Principles, SF-1, 2006)에서는 정성적인 기본안전목표와 10개의 기본안전원칙을 제시하고 있다.

기본안전목표는 부지선정에서부터 설계, 건설, 운전, 해체 등에 이르는 원자력시설의 전 주기 동안에 원자력 시설 및 활동에서 궁극적으로 성취해야 할 안전의 지향 목표를 규정하고 있다. 기본안전목표를 '방사선 위해로부터 인간과 환경을 보호하는 것'으로 제시하고, 원자력시설의 운전과 원자력활동의 수행이 합리적으로 가능한 최상의 안전수준을 달성하기 위하여 무엇을 해야 하는가를 다음과 같이 제시하고 있다.

- 방사성물질의 환경으로의 유출과 인간의 방사선피폭 제어
- 원자로 노심, 핵연쇄반응, 방사선원의 제어기능 상실을 야기할 수 있는 사건의 발생가능성 제한
- 이러한 사건이 발생하더라도 그 사고의 결말 완화

안전원칙은 안전목표를 달성하기 위하여 원칙적으로 다루어야 할 안전의 주안점을 제시하면서, 안전기준의 설정과 안전을 위한 제반 활동의 기본적인 철학을 제공하고 있다. 국제원자력기구가 제시하는 10개의 기본안전원칙은 다음과 같다.

① 안전에 대한 책임 : 안전에 대한 궁극적인 책임은 방사선 위험을 야기하는 시설이나 활동에 책임이 있는 개인이나 조직에 있다.

② 정부의 역할 : 독립적인 규제기관을 포함하여 안전을 위한 효과적인 법적 및 행정 체계를 수립하고 유지해야 한다.

③ 안전을 위한 지도력과 경영 : 방사선 위험과 관련된 조직과 위험을 야기하는 원자력 시설 및 활동에는 안전을 위한 지도력과 경영계획을 수립하고 유지해야 한다.

④ 시설 및 활동의 정당화(Justification) : 방사선 위험을 야기하는 시설 및 활동은 방사선 위험을 능가하는 총체적인 이득이 있어야 한다.

⑤ 방호의 최적화(Optimization) : 방사선방호는 합리적으로 달성 가능한 최상의 안전을 제공하도록 최적화해야 한다.

⑥ 개인에 대한 위험의 제한(Limitation) : 방사선 위험을 제어하는 조치는 허용할 수 없는 위험에 개인이 노출되지 않는다는 것을 보장할 수 있어야 한다.

⑦ 현재와 미래 세대의 보호 : 현재와 미래의 인간과 환경을 방사선 위험으로부터 보호해야 한다.

⑧ 사고의 예방 : 원자력 또는 방사선 사고를 예방하고 완화하기 위한 모든 실질적

인 노력을 경주해야 한다.

⑨ 비상대책 및 대응 : 원자력 및 방사선 사건에 대한 비상대책과 대응을 위한 체
계를 수립해야 한다.

⑩ 현존하는 또는 규제되지 않았던 방사선 위험의 감소를 위한 방호조치 : 현존하
는 또는 과거에 규제되지 않았던 방사선 위험의 감소를 위한 방호조치를 정당
화하고 최적화해야 한다.

이상에서 논의한 안전목표와 안전원칙은 정성적이고 포괄적이며 함축적으로 표현되어
있어 정성적 안전목표의 달성 여부를 측정할 수 있는 정량적인 척도가 필요하다. 이러
한 척도로서 정량적 안전목표를 제시하고 있으며, 주로 확률론적 안전성평가 방법에 기
초하여 설정하고 있다. 정량적인 안전목표에서 제시하는 척도 수치는 안전기준과는 달
리 절대적인 의미를 갖는 것은 아니며 정성적 안전목표의 보조적인 성격을 갖는다. 이
는 과학기술의 발달에 따라 목표 값 자체가 내포하는 의미가 변할 수 있으며, 확률론적
안전성평가 방법이 갖고 있는 불확실성도 크기 때문이다.

국제원자력기구가 설정한 정량적 안전목표는 현재 운전 중인 기존의 원자력발전소와
향후 신규로 건설할 발전소에 대하여 달리 적용하고 있다. 기존 발전소에 대한 정량적
안전목표는 다음과 같다.

i) 원자로 노심손상 발생빈도(Core Damage Frequency: CDF)는 10^{-4}/RY 이하이
어야 한다. 즉 발전소의 운전년수 10,000년에 노심 손상 발생 가능성은 한 번
이하이어야 한다. 여기서 RY는 원자로·년(Reactor Year)을 나타내며, 원자로의
일년 동안 운전을 의미한다.

ii) 방사성물질의 대규모 초기 외부유출빈도(Large Early Release Frequency:
LERF)는 10^{-5}/RY 이하이어야 한다.

신규 발전소에 대한 안전목표는 노심손상 발생빈도 10^{-5}/RY 이하, 방사성물질의 대규
모 초기 외부유출빈도 10^{-6}/RY 이하로 설정하고 있다. 신규 발전소의 목표 값을 기존 발
전소보다 각각 1/10로 낮춘 것은 앞으로 발전소의 기수와 운전년수가 증가하더라도 이로
인한 전체적인 위험도가 현재의 수준 보다 낮아지도록 유지하기 위해서이다.

4.2.3 미국의 정성적 및 정량적 안전목표

1979년 미국의 스리마일아일랜드(Three Mile Island) 원전사고 이후 원자력규제위원
회(NRC)는 이 사고에 대한 대통령 특별자문위원회의 권고에 따라 안전목표 개발계획
에 착수하고, 1983년 안전목표 예비정책성명을 발간하여 규제과정에 잠정적으로 활용

하였다. 그 활용결과를 바탕으로 원자력발전소의 운전 및 사고시 일반대중에게 허용가
능한 방사선 위험도를 폭넓게 설정하기 위하여 정성적 목표와 정량적 목표로 구성된
'안전목표 정책성명'을 1986년 8월에 발간함으로써 규제과정에 안전목표의 적용을 공
식화하였다.

정성적 목표는 개인 및 사회적 위험도와 관련하여 다음과 같이 설정되어 있다.

i) 개인적 위험도 : 원자력발전소 운영의 결과로 개인의 생명과 건강에 심각한 위
험이 추가적으로 발생하지 않도록 보호조치가 취해져야 한다.

ii) 사회적 위험도 : 원자력발전소 운영의 결과로 발생하는 개인의 생명과 건강에
대한 사회적 위험도는 다른 방법에 의해 전기를 생산할 때의 위험도 이하이어
야 하며, 다른 요인들에 의한 사회적 위험도에 추가적으로 심각한 위험도를 부
가해서는 안 된다.

정량적 안전목표는 정성적 안전목표의 달성 여부를 측정할 수 있는 정량적인 척도로
서 다음과 같이 설정되어 있다.

i) 즉시 치사위험도 : 원자력발전소 사고로 인하여 발전소 주변의 주민 개인의 초
기 사망위험도는 다른 일반적인 사고로 인한 초기 사망위험도 합의 0.1%를 초
과하지 않아야 한다.

ii) 암 치사위험도 : 원자력발전소 운영으로 발전소 주변의 주민집단의 암 사망 위
험도는 다른 원인에 의한 암 사망위험도 합의 0.1%를 초과하지 않아야 한다.

이러한 안전목표를 달성하기 위하여 성능지침으로 원자력발전소의 노심손상빈도를
10^{-4}/RY(신규 원전의 경우 10^{-5}/RY)로 설정하고, 또한 외부로의 방사능 유출빈도를
10^{-5}/RY(신규 원전의 경우 10^{-6}/RY)로 설정하고 있다.

4.2.4 원자력발전소 심층방어

1) 심층방어 개념

심층방어(Defence in Depth)는 원자력발전소의 안전성 확보에 가장 중요하고 특징적
인 개념이다. 심층방어는 원래 군사용어로 최전선에서 후방에 이르기까지 다단계의 방
비 대책을 마련한다는 의미이며, 다중방어 또는 다층방어라고도 한다. 앞에서 설명한
바와 같이 원자력안전의 궁극적 목표는 '방사선 위해로부터 인간과 환경을 보호하는 것'
이다. 따라서 심층방어는 방사성물질의 주 생성원인 핵연료펠렛에서 외부환경에 이르기
까지 방사성물질의 유출을 억제하기 위하여 연속적으로 다양한 전략과 수단을 제공하
여 안전목표를 달성하자는 개념이다.

심층방어 개념은 운전원의 실수 또는 기계적 고장에 대비하여 방사성물질의 환경으로
유출을 방지하기 위한 물리적 다중방벽(Multiple Barriers)을 포함한 다단계 방호
(Multiple Levels of Protection)를 통하여 이행된다. 이 개념은 발전소와 방벽 자체에
대한 손상을 방지함으로써 방벽들을 보호하고, 이러한 방벽들이 충분히 제 기능을 수행
하지 못하여도 방사선 위해로부터 대중과 환경을 보호할 수 있는 폭넓은 수단을 제공
한다. 궁극적으로 심층방어 개념은 사고의 예방과 완화를 위한 전략이며, 원자로 반응
도 제어, 핵연료 냉각, 방사성물질의 격납과 외부 유출차단 등 3가지 기본안전기능이
효과적으로 수행될 수 있도록 지원하는 개념이다.

2) 물리적 다중방벽과 다단계 방호

물리적 다중방벽은 방사성물질이 생성되는 위치에서부터 외부 환경 사이에서 방사성
물질의 외부 유출을 차단하기 위하여 연속적으로 설치된 방벽으로, 핵연료펠렛(제1방
벽), 핵연료피복재(제2방벽), 원자로냉각재 압력경계(제3방벽) 그리고 격납건물(제4방
벽)로 구성된다(그림 4.7). 제한구역으로 설정된 지역은 물리적인 방벽은 아니나 일반
인의 거주가 허용되지 않기 때문에 가상의 방벽 역할을 할 수 있다. 4개의 물리적 방벽
들 중에서 어느 하나라도 건전성을 유지하면 방사성물질의 대량 외부유출은 발생하지
않는다. 따라서 물리적 방벽의 각각은 충분한 여유도를 가지고 보수적으로 설계하고,
방벽에 영향을 미칠 수 있는 발전소의 운전변수들을 제어 및 감시함으로써 그 건전성
을 지속적으로 유지해야 한다. 다음에 설명할 다단계방호의 제4단계까지는 이러한 물리
적 방벽의 건전성을 유지하는 기능을 수행한다.

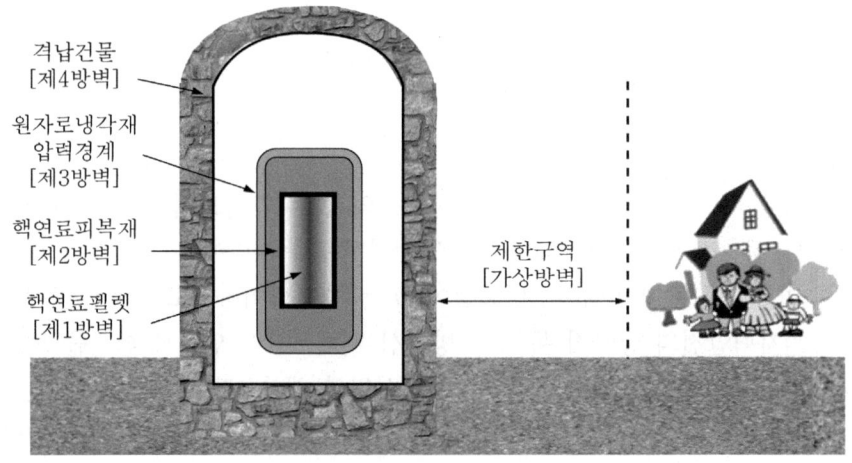

그림 4.7 심층방어의 물리적 다중방벽

심층방어의 다단계 방호는 정상상태의 유지, 비정상상태의 제어, 사고예방, 사고완화, 소외 비상대응의 5단계로 구성되어 있으며, 각 단계별 목표와 이를 달성하기 위한 수단은 표 4.3에서 보는 바와 같다. 다단계 방호의 제1단계부터 제3단계까지는 설계기준 범주 이내에서 안전설비의 구조적 건전성을 유지하고 대중에 대한 방사선 위해를 제한하는 기능을 수행한다. 제4단계와 제5단계는 설계기준의 범주를 초과한 상태에서 심각한 발전소상태를 제어하고 방사성물질의 외부 유출을 최소화하면서 외부의 대중을 보호하기 위한 역할을 수행한다.

표 4.3 심층방어의 다단계 방호

단 계	목 표 및 기 능	핵 심 수 단
1 단계	• 정상상태의 유지 – 비정상 운전상태 및 계통 손상의 방지	• 보수적인 설계 • 고품질의 건설, 운전 및 보수 • 공학적 관행, 안전문화
2 단계	• 비정상상태의 제어 – 비정상 운전상태의 제어 및 계통 손상 탐지 – 사고조건으로의 진전 방지	• 제어 및 보호계통 • 감시 설비
3 단계	• 사고 예방 – 사고의 설계기준 범주로 제어	• 공학적 안전설비 • 비상절차서
4 단계	• 사고 완화 – 중대사고 조건의 제어 – 방사성물질 유출 최소화	• 격납건물 • 사고관리절차서
5 단계	• 소외 비상대응	• 제한구역, 비상대책(본부)

다단계 방호는 앞 단계가 그 기능의 수행에 실패한다면 다음 단계가 연속하여 방호기능을 수행한다는 개념이다. 즉 제1단계가 정상상태의 유지에 실패한다면, 즉각 제2단계에서 제어 및 보호계통을 통하여 비정상 운전상태를 제어하고 사고조건으로의 진전을 방지해야 한다. 따라서 제1단계의 기능이 아무리 충분하게 효과적으로 갖추어져 있다 하더라도 제2단계도 마찬가지로 그 기능을 충분히 효과적으로 수행할 수 있도록 갖추어져 있어야 한다.

3) 물리적 방벽과 다단계 방호의 연계성

그림 4.8은 심층방어를 구성하는 물리적 다중방벽과 다단계방호의 관계를 보이고 있다[IAEA, 1998]. 정상상태에서의 방사성물질이 사고로 인한 유출로 대중과 환경에 위해를 가할 수 있는 상태로 진전하는 과정에서, 이러한 상태의 진전을 억제하기 위하여 다중방벽과 다단계 방호가 어떻게 상호 작용하는지를 나타내고 있다.

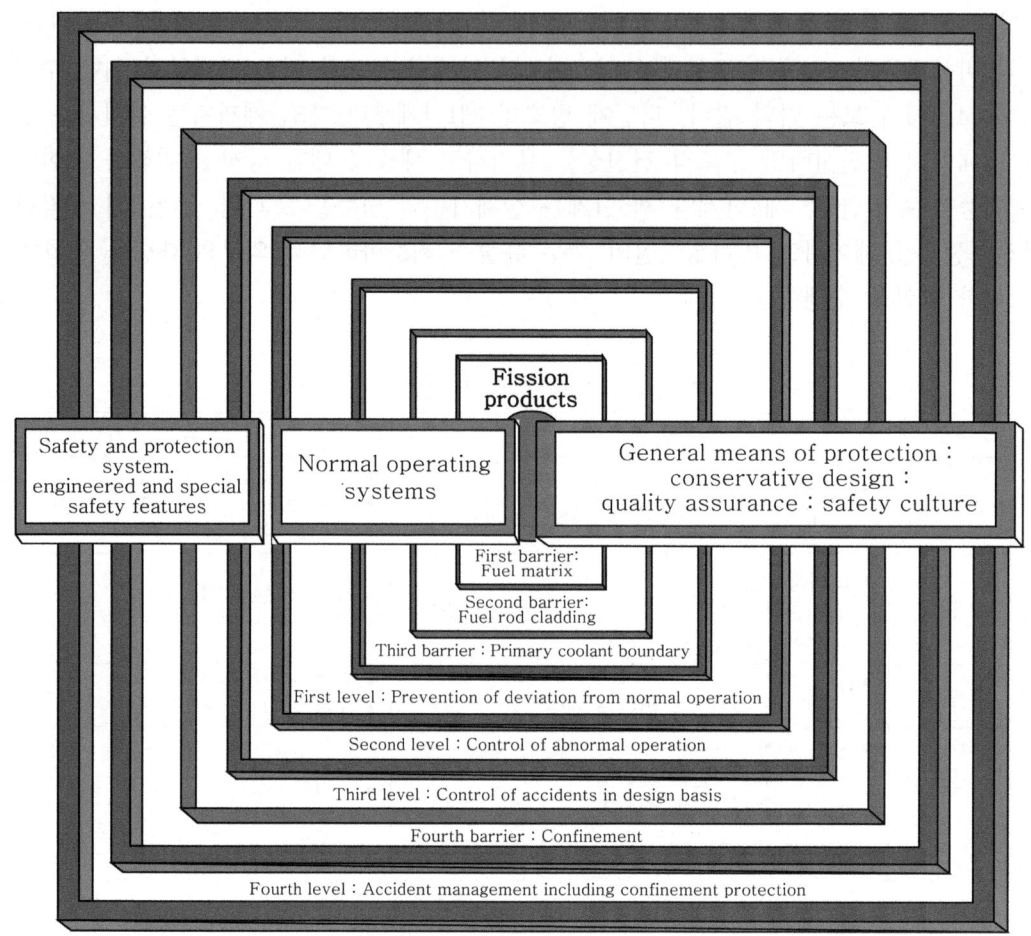

그림 4.8 물리적 다중방벽과 다단계방호의 관계

그림에서 방사성물질이 중앙에 있으며, 방호의 제1단계는 보수적 설계, 품질보증, 안전문화 등의 수단에 의하여 상태의 진전을 억제하는 전 과정에 공히 적용된다. 방호의 제2단계는 정상운전계통을 이용하여 비정상상태의 제어를 통하여 제1방벽부터 제3방벽까지의 건전성을 유지하는 역할을 수행한다. 방호의 제3단계는 공학적안전설비와 보호계통 등을 통하여 사고를 설계기준 범주로 제어하며, 제4단계는 다양한 안전계통과 사고관리의 수단에 의하여 제4방벽인 격납건물의 건전성을 유지하는 역할을 수행한다.

그림 4.9는 심층방어의 각 방호단계에서의 발전소 상태, 발전소 상태의 제어, 제어절차, 활용 계통 및 수단, 방벽의 상태에 대한 종합적인 연계 관계를 도식화하고 있다.

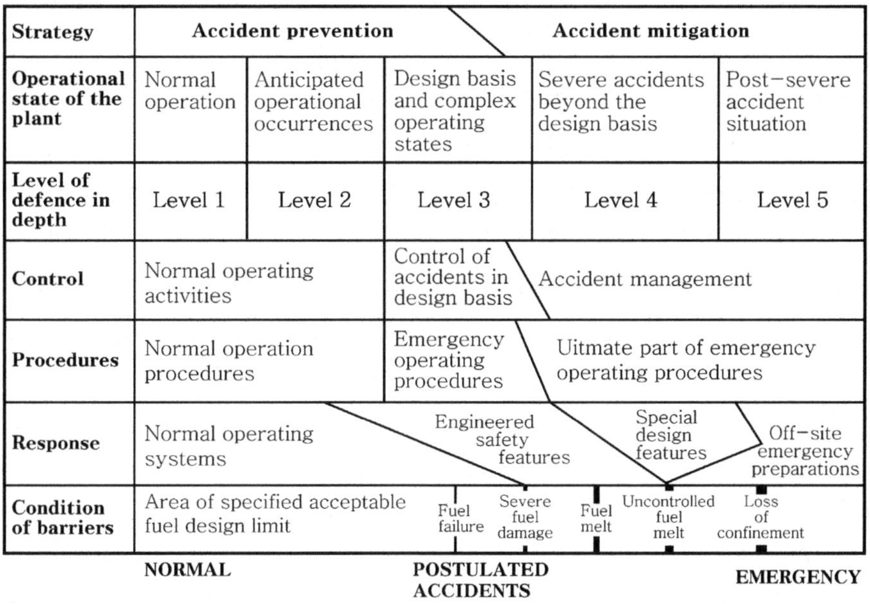

Strategy	Accident prevention			Accident mitigation	
Operational state of the plant	Normal operation	Anticipated operational occurrences	Design basis and complex operating states	Severe accidents beyond the design basis	Post-severe accident situation
Level of defence in depth	Level 1	Level 2	Level 3	Level 4	Level 5
Control	Normal operating activities		Control of accidents in design basis	Accident management	
Procedures	Normal operation procedures		Emergency operating procedures	Uitmate part of emergency operating procedures	
Response	Normal operating systems		Engineered safety features	Special design features	Off-site emergency preparations
Condition of barriers	Area of specified acceptable fuel design limit	Fuel failure	Severe fuel damage	Fuel melt	Uncontrolled fuel melt	Loss of confinement
	NORMAL		POSTULATED ACCIDENTS		EMERGENCY

그림 4.9 심층방어와 종합적인 연계 관계

4.3 원자력 안전기준

4.3.1 안전기준의 개요

안전기준은 앞에서 설명한 안전목표를 달성하고 안전원칙을 기술적으로 구체화하기 위하여 설정된다. 이는 원자력시설, 방사성물질 등의 안전관리에 적용되는 기술적 잣대로 규제자에게는 명확한 규제판단의 기준이며, 사업자에게는 안전성을 확보하기 위해 필히 준수해야 할 기본적인 요건이다. 따라서 원자력을 보유한 국가들은 나름대로의 안전기준을 확보하여 안전관리 활동에 적용하고 있으며, 대개 법령으로 규정하고 있다. 여기에서 기준이란 일반적인 의미에서 바람직한 사회적 가치의 실현을 위하여 요구되는 개인이나 기업의 최소한의 행동기준을 의미하며 안전기준, 환경기준, 보건기준, 위생기준 등이 그러한 예이다. 안전지침은 안전기준을 명확하고 객관적으로 적용할 수 있도록 기술적으로 상세한 지침을 제시한 것으로, 안전기준과는 달리 강제성을 갖지 않는다. 안전기준과 지침은 과학의 발전과 신기술의 도입, 환경변화, 국제규범 등을 반영하기 위하여 지속적으로 제정 및 개정해야 한다.

국제원자력기구(IAEA)는 원자력안전기준(Nuclear Safety Standards: NUSS) 프로그

램을 통하여 안전기준과 안전지침을 개발하고, 각 국가들에 이를 자국의 안전기준에 반영할 것을 권고하고 있다. 이는 체르노빌과 후쿠시마 원전사고에서 경험한 바와 같이 원자력 사고는 국경을 초월하여 영향을 미칠 수 있으므로, 원자력안전의 국제 규범화를 통하여 전 세계적으로 높은 수준의 안전성을 확보하기 위한 노력의 일환이다. 국제원자력기구는 1957년부터 안전기준의 개발을 시작하여 1958년 최초의 안전문서(Safety Series No. 1)로 '방사성동위원소의 안전한 취급'을 발간하고 '방사선 방호의 기본 안전기준'을 포함한 많은 안전문서를 발간하였다. 1974년 원자력안전기준 프로그램을 공식적으로 시작하여 안전기준 체계를 구성하였으며, 현재 약 96개의 안전문서가 발간되고 33개의 초안이 검토 중에 있다. 모든 안전문서는 홈페이지를 통하여 공개하고 있다.

안전문서는 최상위에 안전기본(Safety Fundamentals)문서가 있으며, 그 아래에 안전기준(Safety Requirements), 안전지침(Safety Guide)의 체계를 갖고 있다. 안전기본문서는 단일문서로 발간된 '기본안전원칙'(SF-1)으로써 기본안전목표와 10개의 기본안전원칙을 제시하고 있다. 안전기준은 안전의 필수 요건을 규정하고, 안전지침은 안전기준의 충족을 위한 상세한 기술적 방법론들을 제시하고 있다. 안전문서는 그림 4.10에서 보는 바와 같이 모든 원자력 시설 및 활동에 적용되며, 안전기준을 7개 분야의 일반안전기준과 6개의 원자력 시설 및 활동에 대한 특정안전기준으로 구분하고 있다. 그림 4.11은 IAEA 안전문서 체계를 국가의 법령체계와 위상을 비교한 것으로, 안전 목표와 원칙 그리고 안전기준은 법령의 수준에 명시되며, 일반적으로 발간하는 기술보고서는 산업기준의 위상을 갖는다.

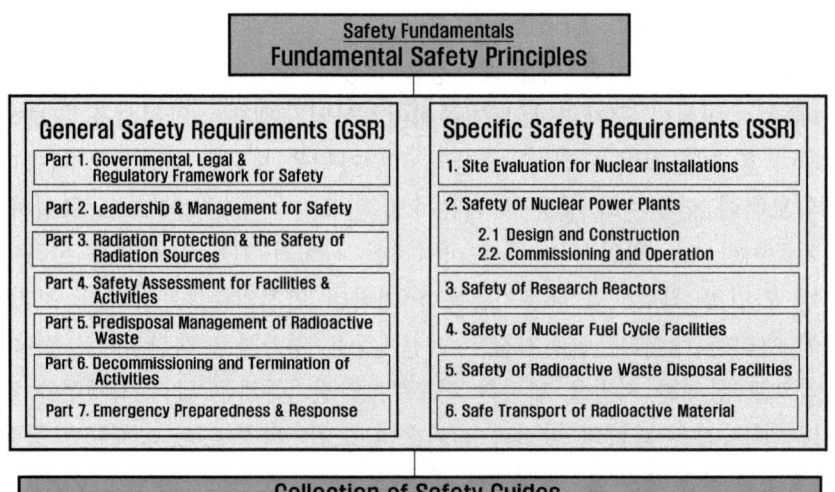

그림 4.10 국제원자력기구의 안전문서 체계

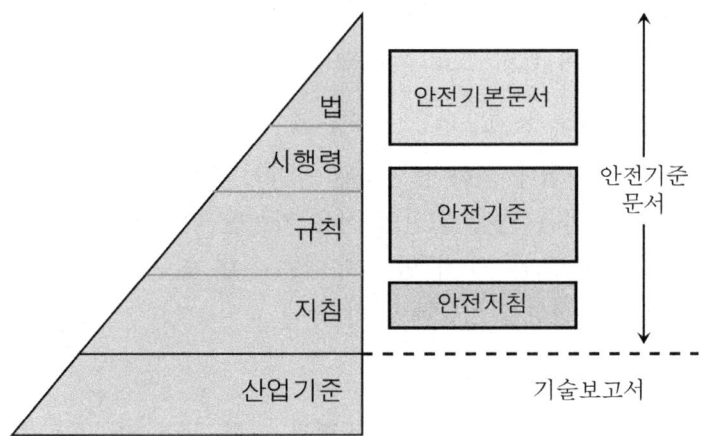

그림 4.11 안전문서 체계와 법령 체계와의 비교

이 절에서는 원자력안전기준 프로그램(NUSS)에 따라 개발한 원자력발전소의 설계와 운전에 관련된 주요 안전기준을 소개하고, 다음 절에서 안전성 평가에 대하여 소개하기로 한다.

4.3.2 설계 안전기준

국제원자력기구는 안전기준문서인 '원자력발전소의 안전: 설계'(SSR-2/1, 2012)에서 원자력발전소의 안전설계를 위한 제반 안전기준을 명시하고 있다. 이 문서에서 설계 안전기준을 '설계에서의 안전경영', '핵심 기술요건', '발전소 설계일반요건', '특정계통의 설계요건'으로 구분하여 82개의 기준을 제시하고 있다. 이 기준들은 원칙 수준의 요건을 제시하고 있으며, 상세한 기술적 안전기준 설정의 방향을 제시하고 있다. 그 일부는 국제원자력안전자문그룹(International Nuclear Safety Advisory Group: INSAG)에서 작성한 '원자력발전소의 기본안전원칙'(INSAG-3, Rev.1, 1998) 등에서 제시한 안전원칙을 안전기준으로 전환한 것이다. 여기에서는 설계 안전기준과 안전원칙을 토대로 몇가지 주요한 요건들에 대하여 기술하고자 한다. 심층방어 개념의 설계에의 반영도 중요한 요건이나 이미 앞에서 설명하였으므로 여기서는 생략한다.

1) 경영시스템 수립 및 이행
발전소 설계의 경영, 수행 및 평가의 전반적인 체제를 갖춘 경영시스템을 수립하고 이행해야 한다. 경영시스템은 설계의 품질이 언제나 보증될 수 있도록 각 계통·기기 및 구조물에 대한 설계 프로세스를 구비해야 하며, 여기에는 설계결함의 발견과 수정, 설계 적절성의 점검, 설계수정의 관리 등을 포함해야 한다.

2) 입증된 공학적 관행의 준수

원자력기술은 시험과 경험에 의하여 입증된 공학적 관행에 근거해야 하며, 안전에 중요한 계통·기기 및 구조물은 가장 최신의 적용 가능한 기준에 따라 설계해야 한다. 만약 입증되지 않은 설계를 도입하고자 할 경우에는 관련 연구결과, 성능시험, 다른 분야의 운영경험을 토대로 안전성을 입증해야 한다.

3) 운전경험 및 연구결과의 반영

발전소는 운전 중인 발전소에서 얻어진 경험과 안전 관련 연구결과를 적절히 반영하여 설계해야 한다. 관련 조직들은 이러한 정보를 상호간에 교환하고 분석하여, 이로 부터 얻어진 교훈을 설계에 반영해야 한다.

4) 기본안전기능의 수행

발전소는 안전성 확보를 위하여 원자로 반응도 제어, 핵연료 냉각, 방사성물질의 격납과 외부 유출차단 등 3가지 기본안전기능을 수행해야 한다. 이러한 기본안전기능의 수행에 필요한 계통·기기 및 구조물을 체계적으로 도출하고, 이들이 요구되는 안전기능을 적절히 수행하는가를 지속적으로 감시해야 한다.

5) 설비의 등급분류

계측 및 제어의 소프트웨어를 포함하여 안전에 중요한 모든 계통·기기 및 구조물을 도출하여 안전기능의 관점에서 그 중요도에 따라 등급별로 분류하고, 이 등급에 준하여 해당 설비의 품질과 신뢰도를 확보해야 한다. 등급분류는 해당 설비의 안전기능, 안전기능 상실시의 영향, 안전기능 수행을 위한 작동 횟수, 작동 요구시간 등을 고려하여 결정론적 방법에 의하여 수행한다. 여러 기능을 수행하는 설비는 가장 중요한 기능을 수행하는 등급으로 분류하고, 낮은 등급으로 분류된 설비의 기능상실이 높은 등급 설비의 기능상실로 전파되지 않도록 설계해야 한다.

6) 기기검증

안전에 중요한 계통·기기 및 구조물은 작동이 요구되는 시점의 다양한 환경조건에서도 해당 기능을 수행할 수 있어야 하며, 이를 확인하기 위한 검증프로그램을 마련하여 이행해야 한다. 검증은 시험이나 해석적인 방법에 의하여 수행하며, 지진 등의 외부 자연사건과 설계와 안전해석에서 도출한 가장 심각한 온도, 압력, 습도, 방사선, 진동,

전자기파 등의 환경조건을 고려해야 한다.

7) 계통 및 기기의 신뢰도

안전에 중요한 계통·기기 및 구조물은 충분한 신뢰도를 가지고 설계기준사건에 대응할 수 있어야 하며, 공통원인고장에 의한 신뢰도 저하를 방지하기 위하여 다중성, 다양성, 독립성의 원칙을 적용하여 설계해야 한다. 설계와 해석에서는 단일고장기준(Single Failure Criterion)을 적용하여 설계기준사건에 대응하기 위하여 필요한 안전계통의 한 계통 또는 기기가 기능을 상실하는 것으로 가정해야 한다.

8) 인적요소의 반영

인적요소와 인간-기계 연계(Man-Machine Interface)를 설계에 체계적으로 반영해야 하며, 운전하기 쉬운 설계로 인적 실수의 영향을 제한할 수 있어야 한다. 인간-기계 연계를 원활히 하기 위하여 운전원의 작업공간과 작업환경은 인간공학적 원리에 따라 설계해야 하며, 발전소의 배치와 각종 절차서(예로서 사고관리절차서)에도 세심한 주의를 기울여야 한다. 발전소의 종사자는 자기의 직무를 충실히 수행하기 위하여 훈련을 받아야 하며 자격을 갖추어야 한다.

9) 방사선방호

대중과 발전소 종사자에 대한 방사선원은 설정된 제한치 이내에서 합리적으로 달성가능한 낮은 수준으로 설계해야 한다. 발생가능한 모든 방사선원을 고려해야 하며, 이러한 방사선원이 기술적·행정적으로 통제되고 있음을 확신할 수 있는 체계를 갖추고 있어야 한다.

10) 안전성평가

발전소의 설계가 관련 요건을 모두 충족시키고 있음을 확인하기 위하여 발전소의 건설·운전을 시작하기 전에 결정론적 및 확률론적 방법으로 종합적인 안전성평가를 수행해야 한다. 평가결과를 문서화하고, 안전에 중요한 새로운 정보가 있을 경우에는 이 평가결과를 개정해야 한다. 평가결과는 평가를 수행하지 않은 전문가에 의하여 독립적으로 검토되어야 한다. 안전성평가에 대해서는 '4.4절'에서 자세히 다루기로 한다.

4.3.3 운전 안전기준

국제원자력기구는 안전기준문서인 '원자력발전소의 안전: 시운전 및 운전'(SSR-2/2, 2011)에서 원자력발전소의 안전운전을 위한 제반 안전기준을 명시하고 있다. 이 문서에서 운전 안전기준을 '운전조직', '가동안전성 경영', '가동안전성 프로그램', '발전소 시운전', '발전소 운전', '보수, 시험, 감시 및 검사', '해체 준비'로 구분하여 33개의 기준을 제시하고 있다. 이 기준들도 설계 안전기준과 같이 원칙 수준의 요건을 제시하고 있으며, 상세한 기술적 안전기준 설정의 방향을 제시하고 있다. 그 일부는 국제원자력안전자문그룹(INSAG)에서 작성한 '원자력발전소의 기본안전원칙'(INSAG-3, Rev.1, 1998) 등에서 제시한 안전원칙을 안전기준으로 전환한 것이다. 여기에서는 운전 안전기준과 안전원칙을 토대로 몇 가지 주요한 요건들에 대하여 기술하고자 한다. 다음에 기술한 요건 외에도 설계 안전기준에서 규정한 운전경험 반영, 인적요소, 기기검증, 방사선방호는 운전에서도 공히 적용되는 사항이다.

1) 경영시스템 수립 및 이행

운전조직은 발전소의 안전운영을 위한 경영시스템을 수립하고 이행해야 하며, 이 시스템을 통하여 발전소가 허가받은 조건 이내에서 안전하게 운영되고 있다는 것을 입증할 수 있어야 한다. 경영시스템은 안전에 영향을 미치는 프로세스와 활동이 건강과 환경의 보호, 보안과 품질 등의 다른 요건들을 적절히 포함할 수 있도록 경영의 모든 요소들을 통합하여 수립해야 한다.

2) 운전 제한치 및 조건의 준수

운영조직은 사고의 예방과 완화를 위하여 발전소 운전의 안전경계가 되는 운전 제한치와 조건들을 설정하고, 이에 따라 운전해야 한다. 운전 제한치와 조건들은 핵연료장전에서 출력운전에 이르는 모든 운전모드에 대하여 설정해야 하며, 안전한계치와 안전계통 제한설정치, 운전제한조건, 점검 및 시험 요구사항, 설정된 상태를 벗어났을 경우의 조치사항 등을 포함해야 한다.

3) 운전절차서 구비 및 준수

정상운전, 과도상태 및 사고조건에 적절히 대응할 수 있는 절차서를 구비하고, 종사자는 이 절차서를 충실히 준수해야 한다. 절차서는 사건위주(Event Oriented)의 방법과 징후위주(Symptom Oriented)의 방법으로 개발해야 하며, 운전경험과 실제 발전소의 형상 변화에 따라 적기에 개정해야 한다.

4) 보수, 시험, 점검 및 검사 프로그램 수립과 이행

운영조직은 안전 관련 계통·기기 및 구조물이 제 기능을 적절히 수행할 수 있다는 것을 보장하기 위하여 보수, 시험, 점검과 검사를 위한 프로그램을 마련하고, 발전소의 수명기간 동안 해당 절차서에 따라 정기적으로 이행해야 한다. 각 활동의 주기는 설비의 안전중요도, 신뢰도와 가용성, 운전경험, 노화특성, 제작자의 권고 등을 토대로 설정하며, 결과의 경향분석을 통하여 프로그램의 효과성을 제고해야 한다.

5) 노화관리 프로그램 수립 및 이행

운영조직은 계통·기기 및 구조물이 발전소 수명기간 동안 요구되는 안전기능을 수행할 수 있음을 입증하기 위하여 노화관리 프로그램을 수립하여 이행해야 한다. 프로그램은 온도, 방사선, 부식효과, 설비의 기능저하 등 운전 및 환경 조건에 의한 장기적 효과를 고려해야 한다.

6) 종사자의 훈련과 자격

안전에 영향을 미치는 모든 활동은 적절한 자격과 직무수행 능력을 갖춘 종사자에 의하여 수행되어야 한다. 운영조직은 자격과 직무능력에 대한 기준을 명확히 설정하고, 특정 직무에 대해서는 공식적인 자격증을 보유하도록 해야 한다. 운영조직은 종사자가 각자의 직무를 안전하고 효율적으로 수행할 수 있도록 훈련프로그램을 마련하고, 모의운전기(Simulator)를 포함한 훈련설비를 갖추어야 한다.

7) 주기적 안전성평가

운영조직은 발전소의 수명기간 동안 운전경험과 새로운 안전정보를 토대로 종합적이고 체계적인 안전성평가를 주기적으로 수행해야 한다. 안전성평가는 발전소의 축적된 노화효과, 발전소의 변경, 현행 안전기준, 기술의 진보, 조직과 경영의 현안 등을 다루어야 하며, 발전소의 안전에 관련한 모든 사항을 포함한다. 평가결과 안전에 미흡한 사항을 발견하면 시정조치해야 한다.

4.4 원자력 안전성평가 요건

4.4.1 안전성평가 개요

국제원자력기구는 안전기준문서인 '시설 및 활동의 안전성평가'(GSR Part 4, 2009)에서 원자력발전소를 포함한 원자력 시설과 활동에 대한 20개의 안전기준을 제시하고 있다. 이를 토대로 원자력의 안전성평가는 무엇이며, 어떻게 평가해야 하는지에 대하여 살펴보기로 한다.

안전성평가(Safety Assessment)는 원자력시설의 설계가 관련되는 모든 안전기준을 만족하고 있음을 입증하기 위하여 수행하는 체계적인 프로세스로써, 원자력안전과 방사선방호에 관련된 모든 요소를 포함한다. 안전성평가는 원자력시설의 운영조직에 의하여 수행되고 문서화되어, 원자력시설의 건설·운영 등을 위한 인·허가 절차의 일환으로 규제기관에 제출된다. 안전성평가는 원자력시설의 부지선정, 설계, 건설, 시운전, 운전과 해체에 이르는 수명기간 동안 건설·운영 등을 위한 인·허가 목적을 포함하여 안전현안에 대한 안전성을 입증하기 위하여 수행된다. 또한 안전성평가는 정상운전 상태를 포함하여 사고조건에 이르는 모든 상태에 대하여 수행되어야 한다.

안전성평가의 전체적인 단계는 그림 4.12에서 보는 바와 같이 '평가준비'를 시작으로, 특정 평가항목과 안전해석을 포함하는 '안전성평가 수행', '평가결과의 활용', '문서화', '독립적 검토' 등 일련의 단계로 나누어진다. '평가준비' 단계에서는 설계자료, 해석도구, 안전기준을 포함하여 필요한 인력과 재원이 마련되어 있어야 한다.

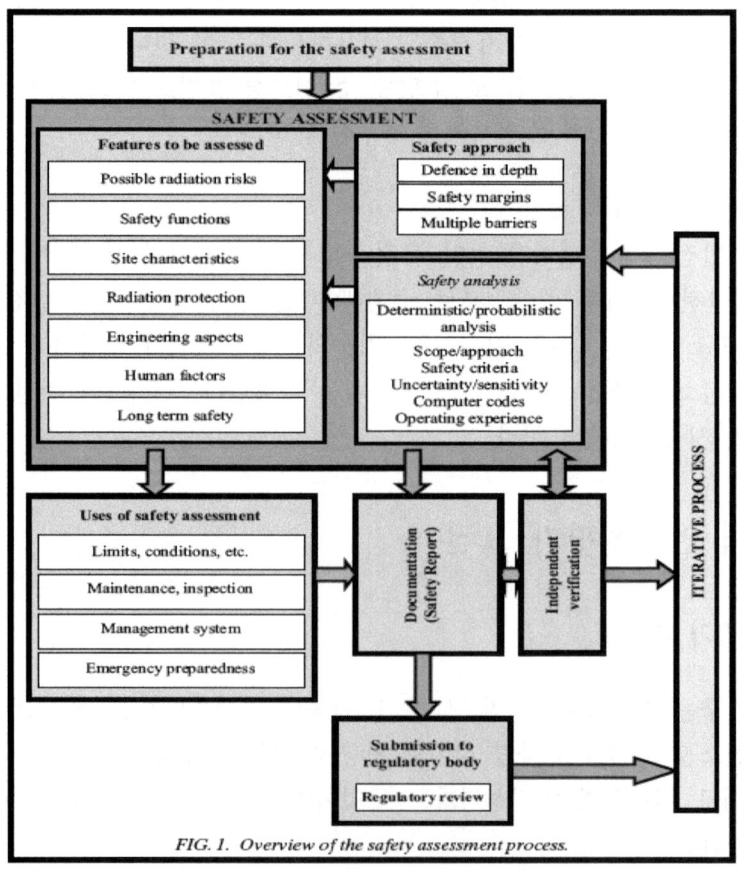

FIG. 1. Overview of the safety assessment process.

그림 4.12 원자력시설의 안전성평가 프로세스

4.4.2 안전성평가 특정 요건

1) 가능한 방사선위험 평가

원자력시설과 연관된 가능한 방사선위험을 도출하고 평가해야 한다. 가능한 방사선위험은 가능한 최대의 방사선결말을 의미하며, 작업자와 대중의 방사선피폭 가능성, 방사성물질의 외부로의 유출 수준과 가능성을 포함해야 한다. 평가는 원자로가 반응도 제어기능을 상실하고, 방사선원이 통제되지 않는 사고조건에서 수행해야 한다.

2) 안전기능의 평가

원자력시설과 연관된 모든 안전기능을 명시하고 평가해야 하며, 공학적 계통·기기 및 구조물, 물리적·자연적 방벽, 고유안전특성, 인적활동과 연관된 안전기능을 포함해야 한다. 평가는 정상상태, 과도상태와 사고조건에서 안전기능이 수행될 수 있는지를 결정해야 한다. 또한 안전기능을 수행하는 계통·기기 및 구조물이 적절한 수준의 신뢰도, 다중성, 다양성, 독립성을 확보하고 있는지, 그리고 가능한 취약점이 무엇인지를 평가해야 한다.

3) 부지특성의 평가

원자력시설의 안전과 관련한 부지의 특성을 평가하기 위하여 방사성물질의 확산과 이동에 영향을 미치는 물리적, 화학적, 방사선학적 특성과 부지주변의 인구분포를 평가해야 한다. 또한 극심한 기후조건, 지진, 홍수 등의 자연적 외부사건과 비행기충돌, 교통 및 산업 활동에서 야기되는 위해 등의 인위적 외부사건도 평가에 포함해야 한다. 부지평가의 범위와 상세수준은 발전소와 연관된 가능한 방사선위험, 원자로의 형태, 평가의 목적(신규 부지평가, 기존부지 재평가 또는 방사성폐기물 처분장 부지평가)에 따라 일관성이 있어야 한다.

4) 방사선방호 대책의 수립

방사선위해로부터 대중과 환경을 보호하기 위한 적절한 조치가 마련되어 있는지를 평가해야 한다. 평가는 작업종사자와 대중 개개인의 방사선피폭을 방사선량 제한치 이내로 제어할 수 있는지를 결정해야 한다. 또한 개인 방사선 피폭선량의 크기, 피폭된 사람의 수, 피복 가능성 등이 경제·사회적 요소를 고려하여 합리적으로 달성 가능한 한 낮게(ALARA) 설정되도록 방사선방호가 최적화되어 있는지를 평가해야 한다.

5) 공학적 측면의 평가

원자력 시설 및 활동에 사용되는 계통·기기 및 구조물이 강건하고 입증된 기술로 설계되었는지, 그리고 운전경험을 반영하고 설계원칙을 충실히 준수하고 있는지를 평가해야 한다. 안전성평가는 심층방어 개념을 반영하기 위하여 물리적 다중방벽과 안전여유도와 관련한 안전기준을 만족하고 있는지를 평가해야 한다. 또한 계통·기기 및 구조물을 안전의 중요도에 따라 적절히 분류하여 등급에 따른 안전기준을 만족하고 있는지, 그리고 이러한 설비는 다양한 환경조건에서도 해당하는 안전기능을 수행할 수 있도록 검증되어 있으며, 다중성, 다양성, 독립성을 고려한 신뢰도를 확보하고 있는지에 대하여 평가해야 한다.

이 외에도 시설에 사용하는 재료와 관련 기준 적용의 적합성, 그리고 노화와 마모 또는 누적피로, 취성, 부식, 화학적 분해, 방사선에 의한 손상 등의 수명제한요소를 평가해야 하며, 이를 종합한 노화관리프로그램을 포함해야 한다. 공학적 측면의 제반 평가는 외부사건과 내부사건, 그리고 내부사건으로 야기되는 제반 하중과 환경조건을 고려하여 수행해야 한다.

6) 인적요소 평가

인간과 시설과의 상호작용을 평가하고, 원자력시설의 정상운전을 포함하여 과도상태와 사고의 대응에 필요한 절차서 및 사고대책이 적절한 수준의 안전을 보장할 수 있는지를 평가해야 한다. 종사자 개개인의 직무능력, 훈련프로그램, 인간공학적 설계, 인간-기계 연계 등 설계 안전기준에서 제시하는 기준들이 적절히 반영되어 있는지를 평가해야 하며, 안전문화의 측면을 고려할 것을 권고하고 있다.

7) 수명기간 동안의 안전성평가

안전성평가는 원자력시설의 수명기간 전 단계에 걸쳐 수행해야 하며, 설계, 운전, 폐로와 해체를 포함하여 방사성폐기물의 장기 저장과 폐기물 저장시설의 폐쇄 후의 활동에 대해서도 수행해야 한다.

4.4.3 안전성평가 안전해석 요건

안전해석(Safety Analysis) 요건으로 안전해석의 범위, 결정론적 및 확률론적 방법, 안전의 판단 기준, 불확실도와 민감도 분석, 전산 코드의 사용, 운전경험 자료의 사용에 대한 요건을 기술하고 있다. 안전해석 요건에 대해서는 '제5장'에서 상세히 다루기로 한다.

4.4.4 안전성평가 기타 요건

이상의 안전성평가 요건 외에도 평가결과에 대한 문서화 및 검증, 결과의 활용과 유지에 대한 요건이 있다.

1) 안전성평가 결과의 문서화

안전성평가 결과는 안전보고서(Safety Report)의 형태로 문서화해야 한다. 안전보고서는 원자력시설이 안전원칙과 안전기준을 준수하고 있다는 것을 입증하기 위하여 수행한 정성적인 또는 정량적인 평가나 해석 결과를 포함해야 하며, 독립적인 검토와 규제기관의 심사가 충분하도록 상세해야 한다. 안전보고서는 필요에 따라 개정해야 하며, 시설이 완전히 해체될 때까지 유지해야 한다.

2) 독립적 검토

운영조직은 안전성평가 결과를 사용하거나 규제기관에 제출하기 전에 결과의 신뢰도를 높이기 위하여 안전성평가에 참여하지 않은 적절한 자격과 경험을 가진 개인이나 그룹에 의하여 독립적인 검토를 수행해야 한다. 독립적 검토는 안전성평가가 포괄적으로 수행되었는지에 대한 전반적인 검토와 방사선 위험에 중요한 영향을 미치는 분야에 대한 심층검토를 병행하여 수행해야 한다.

3) 안전성평가 결과의 활용과 유지

안전성평가 결과는 보수, 점검, 검사 프로그램의 개발, 시설의 운영과 비상운전절차서의 개발, 작업종사자의 직무능력을 설정하기 위하여 활용할 수 있다. 안전성평가 결과를 주기적으로 검토하고 개정해야 하며, 이러한 검토와 개정은 시설의 안전에 상당한 영향을 미치는 변화, 중요한 기술의 진전, 규제현안 또는 중요 사건의 발생으로 안전현안의 발생, 안전해석에 사용된 전산코드의 상당한 수정이나 입력자료의 변경 등이 있을 경우에는 필히 수행해야 한다.

4.5 원자력 안전문화

4.5.1 안전문화 개요

원자력시설에서 발생하는 많은 문제들이 어떤 형태로든 인간의 실수에서 비롯되나, 그럼에도 인간은 문제를 인지하고 해결하는데 가장 효과적인 존재이다. 통계적으로 원자력발전소의 고장이나 사고의 20~30%가 인간의 실수에 원인이 있는 반면에, 원자력발전소가 우수한 운영실적을 보이는 것도 인간이 중요한 기여를 하고 있기 때문이다. 또한 안전문화의 동기를 제기한 체르노빌 원전사고나 최근의 후쿠시마 원전사고에서 경험한 바와 같이 원전의 안전에 대한 인간의 역할과 책임이 긍정적인 측면과 부정적인 측면에서 매우 중요하다는 것을 상기시키고 있다. 따라서 원자력발전소의 안전에 관여하는 개개인과 이들을 경영하는 조직들은 안전문화를 정착하여 인간의 실수를 방지하고 인간행위의 긍정적인 장점을 최대한 활용함으로써 원자력의 안전을 최상의 수준으로 유지할 수 있도록 노력해야 할 것이다.

원자력 안전문화(Safety Culture)란 용어는 1986년 체르노빌 원전사고의 원인에 대하여 국제원자력기구(IAEA)를 중심으로 국제적인 전문가들의 논의 과정에서 처음으로 등장하였다. 원자력안전에 관여하는 조직과 개개인의 자세의 중요성을 강조하기 위한 개념으로 1988년 국제원자력기구가 발간한 '원자력발전소 기본안전 원칙'(INSAG-3)에서 안전문화를 가장 우선적인 안전원칙으로 제시하면서 공식화되었으며, 1991년 '안전문화'(INSAG-4)에서 안전문화의 개념을 정의하고 효과적인 안전문화를 실천하기 위한 특성들을 제기하였다. 초기에는 안전문화에 대한 이해수준이 낮았으나 1990년대 후반에 들어서면서 안전문화에 대한 이해도와 관심이 높아지기 시작하였다. 원자력발전소의 안전성 확보에는 발전소 안전설비와 같은 하드웨어적인 요소와 운전절차나 품질활동과 같은 소프트웨어적인 요소도 중요하지만, 원자력안전에 관여하는 조직과 개개인의 자세를 포함하는 안전문화가 안전성 확보를 위한 기본요소로 인식되면서 그 중요성이 부각되었다.

4.5.2 안전문화 구성 요소

안전문화는 '원자력안전을 최우선으로 고려하는 조직이나 개개인의 특성과 자세의 결집'으로 정의되고 있다. 조직이나 개개인의 모든 활동에서 고려해야 할 안전문화의 보편적인 특성으로 다음을 강조하고 있다.
- 안전의 중요성에 대한 개개인의 인식
- 개개인의 훈련과 교육을 통한 높은 수준의 지식과 직무수행 능력
- 안전을 최우선시하는 고위 경영층의 솔선수범과 안전이라는 공동목표에 대한 개개인의 수용
- 지도력, 상벌제도와 개개인의 자발적인 태도를 통한 동기 부여
- 감사나 검토 관행을 포함하여 개개인의 의문을 갖는 태도를 기꺼이 수용하는 자세
- 공식적인 업무분장과 개개인의 직무에 대한 이해

안전문화는 조직체제와 각 경영계층의 책임, 조직체제에 속하는 각 계층 종사자의 태도 등 두 가지 일반적인 요소로 구성되며, 조직체제와 책임은 정책차원과 관리자차원으로 세분된다. 그림 4.13은 안전문화의 구성요소를 정책차원, 관리자, 개인의 이행사행으로 구분하여 보여주고 있으며, 각각의 구성요소에 대한 세부적인 요건을 예시하고 있다.

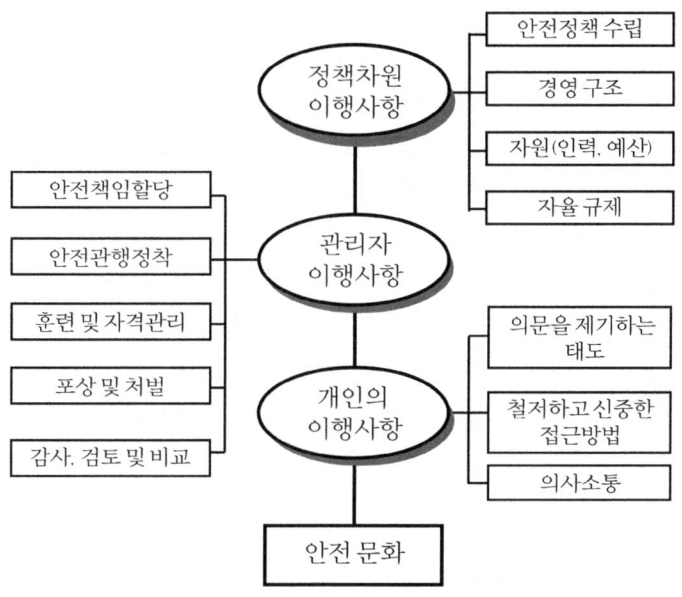

그림 4.13 원자력 안전문화의 개념

1) 정책차원의 요건

모든 중요한 활동에서 개인의 행동방식은 상위층에서 설정하는 요건에 좌우되며, 원자력안전에 영향을 미치는 최상위 요건은 법률적 수준으로 규정된다. 안전에 관계되는 활동을 추구하는 조직은 안전정책을 천명함으로써 그들의 책임을 널리 알리고 이해시키며, 기관의 목표와 안전에 대한 이행약속을 대외적으로 밝히고 종사자들에게 지침을 제공해야 한다.

이러한 안전정책의 이행을 위하여 안전문제에 대한 책임소재를 명확히 해야 하며, 안전에 중요한 영향을 미치는 대규모 조직은 내부에 경영부서를 독립적으로 설치하여 원자력안전 활동을 감독하는 책임을 부여해야 한다. 충분한 경험을 가진 인력과 그들의 직무를 효과적으로 수행할 수 있는 환경, 그리고 안전업무를 수행할 수 있는 재원이 마련되어야 한다. 또한 모든 조직은 원자력안전에 기여하는 활동에 대하여 자체적으로 정기적인 검토를 해야 하며, 이러한 검토에는 직원 배치와 교육, 운전경험의 반영, 설계

변경, 설비개선, 운전절차서 관리 등이 포함된다.

2) 관리자의 요건

원자력시설에 종사하는 개개인들의 안전에 대한 태도는 그들의 근무환경에 의해 크게 좌우된다. 그러므로 개개인에게 효과적인 안전문화의 관건은 안전에 대한 올바른 자세를 장려하고 환경을 조성하는 것이며, 조직의 안전 정책과 목표에 따라 이러한 관행을 확립하는 것이 관리자의 책임이다. 개인에게 부여된 책임은 애매하지 않도록 상세하게 정의하고 문서화해야 하며, 책임과 권한이 누락되거나 중복되지 않고 공동책임에 따른 문제가 없도록 검토해야 한다. 관리자는 안전 관련 업무가 엄정하게 수행되고 있음을 보증해야 하며, 관리 및 감독 체계를 구축해야 한다.

관리자는 종사자가 그들의 직무를 수행할 수 있는 충분한 능력을 가지고 있음을 보증해야 하며, 훈련과 교육을 통하여 그들의 직무가 얼마나 중요하고 착각이나 태만으로 인한 실수가 어떤 결과를 초래할 수 있는가를 인식할 수 있도록 해야 한다. 또한 적절한 포상과 처벌 제도를 통해 개개인에게 안전업무에 대한 동기부여를 할 필요가 있으나, 포상이 발전소의 생산실적 위주로 치우침으로써 안전이 위협받거나, 지나친 제재로 인해 실수가 은폐되는 일이 없도록 해야 한다.

3) 개개인의 자세

안전문화 정착의 관건은 앞에서 기술한 조직체제와 경영에 직접적인 영향을 받는 종사자 개개인에 달려있다. 개개인이 안전에 영향을 미치는 업무를 수행함에 있어서 안전문화에 충실하기 위해서는 의문을 제기하는 태도, 철저하고 신중한 접근자세, 의사소통의 자세를 견지해야 한다. 개개인은 안전에 관련된 업무를 수행하기 전에 다음과 같은 의문을 제기하는 태도를 가져야 한다.

- 나는 업무를 잘 이해하고 있는가?
- 나의 책임은 무엇인가?
- 이 책임은 안전과 어떻게 연관되어 있는가?
- 업무수행에 필요한 지식은 가지고 있는가?
- 임무를 수행하기 위해 더 이상의 지식이 필요치 않는가?
- 무엇이 잘못될 수 있는가?
- 실수나 오류의 결과는 무엇인가?
- 실수를 방지하기 위해 무엇을 해야 하는가?

개개인은 철저하고 신중한 접근자세를 견지하기 위하여 작업절차를 이해하고 그 절차를 준수해야 하며, 문제가 발생하면 작업을 중지하고 신중히 생각하고 필요하면 도움을 구하는 자세를 가져야 한다. 의사소통의 자세를 위하여 유용한 정보를 서로 교환하고, 작업결과를 보고하고 기록하며, 안전성 확보를 위한 새로운 제안을 하는 자세를 가져야 한다.

4.5.3 안전문화 추진 현황

1) 국제원자력기구

국제원자력기구(IAEA)는 1994년부터 조직안전문화평가지침(ASCOT Guidelines)을 개발하여 회원국의 안전문화 실천에 대한 이행현황을 평가하고, 효과적인 안전문화 이행을 위한 안전문화 검토서비스를 제공하여 왔다. 초기에는 조직안전문화평가팀(ASCOT)을 구성하여 운영하였으나, 안전문화의 평가범위를 확대하고 안전문화평가팀(Safety Culture Assessment Review Team: SCART)으로 명칭을 변경하여 운영하고 있다.

국제원자력기구는 2008년 보다 체계적이고 효과적인 안전문화 평가서비스를 제공하기 위하여 안전문화 평가지침서(SCART Guidelines)를 발간하였다. 이 지침서에는 5개의 평가범주와 37개의 평가요소를 규정하고 있다. 평가범주는 안전에 대한 확고한 가치의 인식, 안전에 대한 명확한 리더쉽, 안전에 대한 명확한 책임, 안전의 모든 활동에의 고려, 안전에 대한 지속적 학습 등을 포함하고 있다. 국제원자력기구가 주관하고 국제적 전문가 6명으로 구성된 안전문화평가팀은 회원국의 요청에 따라 약 2주 동안에 안전문화 이행실태를 평가하고 권고와 제안사항, 추천할 만한 모범사례를 포함하는 평가보고서를 제공하여 자체적인 안전문화의 개선에 활용하도록 하고 있다.

2) 미국

미국 원자력규제위원회(USNRC)는 규제활동에 연관되는 개인이나 조직이 안전과 보안의 중요성에 상응하는 긍정적 안전문화의 실천을 기대하면서, 2009년 10월 '안전문화정책성명' 초안을 마련하여 의견수렴 과정을 거친 후, 2011년 6월 '안전문화정책성명'을 공포하였다. 이 성명에서 안전문화를 "공중과 환경의 보호를 보장하기 위해 다른 경쟁적인 목표들보다 안전을 우선적으로 강조하는 경영진과 개개인들의 집단적 약속에 기인하는 핵심 가치와 행위"로 정의하고 있다. 또한 9개의 안전문화 특성을 제시하고 있으며, 그 내용은 다음과 같다.

- 경영층의 안전가치와 실행 : 경영층은 안전에 관한 결정과 행위에서 솔선수범해야 한다.
- 문제 파악과 해결 : 안전에 영향을 미치는 문제는 즉각 도출하여 평가하고, 안전의 중요성에 상응하게 개선해야 한다.

- 개개인의 책임 : 모든 개개인은 안전에 대한 책임을 가져야 한다.
- 업무수행 절차 : 업무수행의 기획과 관리는 안전을 유지할 수 있도록 이행되어야 한다.
- 지속적 학습 : 안전을 보증할 수 있는 수단과 방법 등에 대한 학습의 기회를 가져야 한다.
- 문제점을 제기하는 환경 : 개개인이 보복의 우려, 협박, 희롱이나 차별 없이 안전의 문제를 제기할 수 있는 환경을 조성해야 한다.
- 효과적인 의사소통 : 안전에 초점을 두고 의사소통이 이루어져야 한다.
- 존중의 작업환경 : 조직은 신뢰와 존중이 충만해야 한다.
- 의문제기 태도 : 개개인은 자만을 경계해야 하며, 실수나 부적절한 행동을 초래할 수 있는 불일치 사항을 도출하기 위하여 기존의 상태나 활동에 대하여 지속적으로 관심을 가져야 한다.

USNRC는 원자력산업계의 모든 개인이나 조직이 9개의 특성을 그들의 활동에 적용하여 조장함으로써 긍정적인 안전문화를 정착시키는데 필요한 조치를 취할 것을 기대하고 있다. 그러나 이 특성들을 규제의 목적으로 사용하지는 않을 것임을 공식화하고 있다.

3) 기타 국가

일본은 아직까지 안전문화에 대한 구체적인 이행방안을 수립하지 않고 있으며, 원자력사업자의 품질경영시스템을 통한 안전문화 평가체계 구축을 준비하고 있다. 독일은 원자력사업자에게 안전경영시스템의 개발을 의무화하여 안전관리 분야의 안전문화 정착에 노력하고 있으며, 사업자는 자체 안전문화 평가시스템을 마련하여 시행하고 있다. 프랑스도 안전문화에 대한 규제 접근 보다는 사업자의 안전관리 분야에 대하여 점검하고 있다. 캐나다는 안전문화의 평가를 규제검사와 연계하기 위한 체계를 개발하고 있으며, 사업자는 자체적으로 안전문화를 평가하여 규제기관에 그 결과를 제출하고 있다.

우리나라는 조직 체계와 관리에 대하여 규제검사를 통하여 평가하고 있으며, 종사자 개개인의 안전문화에 대해서는 사업자가 자발적으로 수행하도록 권장하고 있다. 최근에는 원자력 안전문화의 중요성을 감안하여 안전문화정책성명을 제정하기 위한 노력을 기울이고 있다.

4.6 원자력안전의 국제적 공조 체제

원자력에 대한 안전관리 책임과 권한이 해당 국가에 있는 것은 당연한 일이지만 세계적인 원자력안전성 확보를 위해서는 해당 국가에만 전적으로 의존할 수 없다는 인식과 함께 원자력안전에 대한 국제적 공조체제가 활발히 진행되고 있다. 이에 따라 각 국가별로 추진해 온 원자력 안전성확보 개념과 함께 세계중심의 안전성확보 개념을 병행함으로써 원자력 안전과 규제에 대한 국제적 수준의 조화를 도모하고 있다.

국제적 공조체제를 위한 노력과 활동은 원자력안전기준의 국제 규범화, 원자력 안전과 규제 활동에 대한 국제적 전문가그룹에 의한 검토와 지원, 국제협약을 통한 신속한 정보교류와 상호지원, 그리고 원자력안전의 국가간 교차검토를 통한 안전수준의 조화 등의 다양한 형태로 활발히 전개되고 있다. 특히 국제원자력기구(IAEA)가 주관하고 있는 '원자력안전협약'과 '사용후핵연료 및 방사성폐기물 안전관리 공동협약'은 국제규범화를 통하여 원자력안전과 규제에 대한 국제적 수준의 조화를 이루는데 큰 기여를 하고 있다.

4.6.1 국제원자력기구

1) 기능 및 구성

국제원자력기구(International Atomic Energy Agency: IAEA)는 원자력의 평화적 이용을 촉진하여 세계의 평화, 보건과 번영에 공헌하고, 원자력 활동이 군사적으로 이용되지 않도록 하기 위하여 1957년 7월 29일 국제연합(UN) 산하의 기구로 발족하였다. IAEA의 주요 기능은 크게 원자력의 평화적 이용 촉진, 핵물질에 대한 사찰과 검증, 원자력안전에 대한 국제규범으로서의 안전기준 개발로 구분할 수 있다. 주요 업무로는 i) 기술이전, 연구개발의 촉진, 원자력의 응용과 활용지원 등의 기술협력과 국제공동연구사업 수행, ii) 안전과 보안에 관련된 안전기준 및 지침의 개발, 기술지원, 검토서비스 제공과 국제협약 이행의 촉진 활동, iii) 핵물질의 군사적 목적으로 전용을 방지하기 위한 회원국의 핵물질 사찰 등의 안전보장조치 수행, iv) 원자력의 평화적 이용과 관련된 각종 정보의 수집, 처리, 관리와 제공 등이 있다.

2011년 11월 기준으로 152개국이 회원국으로 참여하고 있으며, 우리나라는 IAEA 발족시 가입하였다. 의결기구로 총회와 이사회가 있으며, 집행조직으로 사무총장과 6명의 사무차장 그리고 2,300여명의 사무직원이 있다. 정기총회는 매년 9월 오스트리아 비엔나에 위치하고 있는 IAEA본부에서 개최되며, 모든 회원국이 참여할 수 있다. 이사회는 총회에서 선출하는 지역별로 할당된 22개국과 이사회에서 지명하는 13개의 원자력선진 국으로 구성되며, 임기는 2년이다. 이사회는 매년 3월, 6월, 9월의 총회 직전 및 직후, 11월 등 5회 개최되며, 사업과 예산의 검토와 총회 권고, 회원국 가입 심의, 사무총장 임명 추천 등 총회를 대신하여 실질적인 정책을 결정한다. 사무총장은 이사회의 추천과 총회의 승인으로 임명되며, 임기는 4년으로 연임에 대한 제한은 없다. 운영예산은 회원 국의 정규(강제)분담금과 자발적 기여금에 의한 기술지원협력자금과 특별예산으로 구성 되며, 매년 약 4,000억원의 예산으로 운영되고 있다.

2) 조직 및 업무

IAEA의 조직은 그림 4.14에서 보는 바와 같이 사무총장 산하에 6개의 '부' (Department)를 두고 있으며, 각 '부'는 사무차장이 관장하고 있다. 이 중에서 안전과 직접적으로 관련되는 조직은 '원자력안전·보안부'와 '안전보장조치부'이다.

1986년 체르노빌 원전사고 이후 원자력안전에 관한 국제적 협력과 노력의 필요성이 강조됨에 따라 1996년 원자력진흥 분야와 분리하여 '원자력안전부'를 설치하였다. 또한 2001년 미국의 9.11테러 이후 원자력보안의 중요성을 고려하여 2004년 보안 분야를 추 가하여 '원자력안전·보안부'로 명칭을 변경하였다. '원자력안전·보안부' 산하의 '원자력 시설안전국'은 원자력시설의 설계, 건설, 운전과 폐기에 이르는 전 과정의 안전성 확보 를 위한 업무를 수행하며, 안전기준의 개발과 이들 기준의 적용에 관한 지원업무를 포 함하고 있다. '방사선·수송·폐기물안전국'은 방사선방호, 방사성물질의 수송과 방사성폐 기물의 안전과 관련한 업무를 수행하며, 이 분야의 안전기준개발과 지원업무를 수행하 고 있다. 이와는 별도로 '원자력안전·보안부' 산하에 안전과 보안 업무를 총괄하는 '안 전·보안총괄과', 핵테러와 위협행위에 대비하기 위한 원자력보안계획을 조정 및 이행하 는 '원자력보안실', 원자력사고의 비상대응능력에 관한 업무를 수행하는 '사고·비상센터' 가 설치되어 있다.

'안전보장조치부'는 1970년 3월 핵비확산조약(NPT)의 발효로 그 역할이 강화되었으며, 산하에 6개의 '국'이 있다. 이 중에서 3개의 운영국은 지역별로 분류된 회원국에 대하 여 안전보장조치 사찰관을 배정하여 핵물질과 환경샘플 채취, 핵물질의 격납과 감시 장 비 관리, 봉인, 감지기 및 감시 자료의 검토와 평가 등 핵물질 사찰 업무를 수행하고 있다. '운영 A국'은 한국, 일본, 중국, 호주 및 동남아 지역 국가를, '운영 B국'은 인도, 파키스탄, 중동, 아프리카 및 미주 지역 국가를, '운영 C국'은 우크라이나, 카자흐스탄 및 유럽 지역 국가를 대상으로 하고 있다.

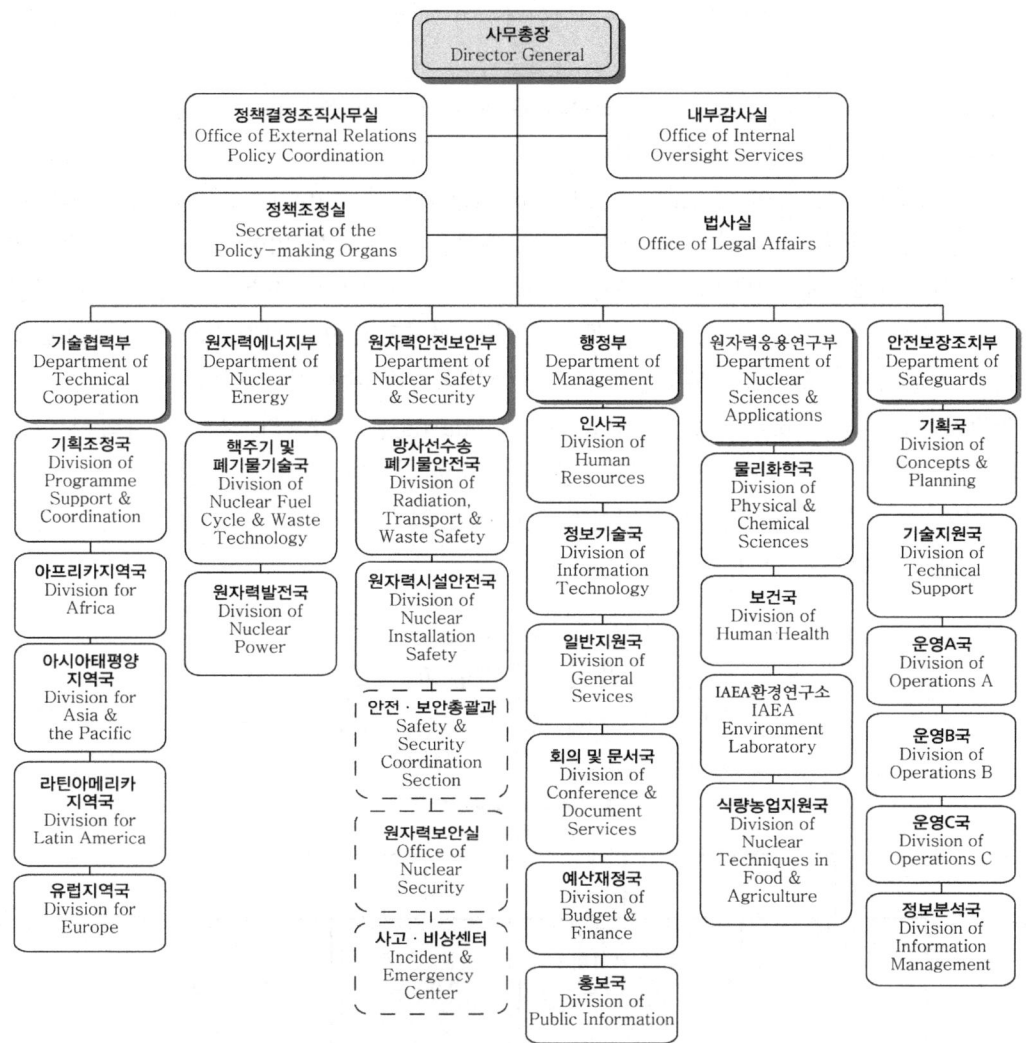

그림 4.14 국제원자력기구(IAEA) 조직

3) 자문위원회 운영

IAEA는 산하에 많은 위원회를 운영하고 있으며, 안전 및 보안과 관련된 위원회로는 국제원자력안전그룹, 안전보장조치이행자문단, 안전기준위원회가 있다. 국제원자력안전그룹 (International Nuclear Safety Group: INSAG)은 사무총장에게 원자력안전 분야의 주요 현안에 대한 자문을 위하여 1985년 구성된 국제원자력안전자문그룹(International Nuclear Safety Advisory Group: INSAG)의 위상을 강화하고 독립성을 부여하기 위하여, 2003년 10월 그 명칭을 변경하여 설립되었다. 사무총장이 임명하는 위원장을 포함하여

11~18명의 위원으로 구성되며, 임기는 4년이다. 이 그룹은 체르노빌 원전사고(INSAG-1), 원자력발전소 기본안전원칙(INSAG-3), 안전문화(INSAG-4), 심층방어(INSAG-10) 등 주요 안전현안에 대한 원칙적인 수준의 INSAG 보고서를 발간하여 안전기준의 개발 등에 기본적인 원칙과 방향을 제공하고 있다.

안전보장조치이행자문단(Standing Advisory Group on Safeguard Implementation)은 안전보장조치 분야의 현안에 대하여 사무총장을 자문하기 위하여 1975년 구성되었으며, 현재 14개국에서 24명의 전문가가 3년 임기의 위원으로 활동하고 있다. 이 자문단은 IAEA의 안전보장조치 운영기법의 효율성을 평가하고 안전보장조치 관련 신기술의 개발과 지원 등에 대하여 사무총장에게 기술적인 자문을 수행하고 있다.

안전기준위원회(Commission on Safety Standards)는 IAEA의 모든 원자력 분야의 안전기준 개발에 대한 검토와 승인과정을 총괄하고 있으며, 1996년 1월에 설치되어 매년 2회의 정기회의를 갖고 있다. 위원회 산하에는 그림 4.15에서 보는 바와 같이 분야별로 4개의 위원회를 두고 있다.

그림 4.15 국제원자력기구 안전기준위원회 구성

4) 원자력 안전기준 및 지침 개발

안전기준의 개발은 IAEA의 주요 활동 중의 하나로써, 원자력안전의 국제 규범화에 중요한 역할을 하고 있다. 1957년부터 안전기준을 개발하여 왔으며, 1974년 원자력안전기준(NUSS) 프로그램으로 본격화 되었다. 안전기본문서, 안전기준, 안전지침, 기술보고서로 안전기준 문서체계를 구성하고 있으며, 현재 약 96개의 안전문서가 개발되어 있다. 안전기준프로그램의 보다 상세한 내용은 '4.3절'에서 기술하고 있다.

5) 원자력 안전 및 규제 검토서비스 제공

IAEA는 주요 활동으로 회원국의 원자력 안전과 규제에 대한 다양한 검토서비스를 제공하고 있다. 검토서비스는 회원국의 요청에 의하여 수행되며, 해당 분야의 국제적인 전문가로 팀을 구성하여 일정기간 현지에서 검토를 수행한다. 검토는 IAEA의 해당분야 안전기준 및 지침과 국제적 관행에 따라 수행된다. 수행결과는 일반적으로 안전기준에 부합하지 않는 경우의 권고사항(Recommendation)과 안전지침 및 국제적 관행을 토대로 효과성과 효율성을 제고하기 위한 제안사항(Suggestion)으로 분류되어 회원국에 제공하게 된다. 또한 모범사례(Good Practice)를 도출하여 다른 회원국들이 참조할 수 있도록 하고 있다. 여기에서는 활동이 많은 주요 검토서비스에 대하여 소개하고자 한다.

i) 통합규제검토서비스(Integrated Regulatory Review Services: IRRS) : 회원국의 안전규제 체계와 인·허가심사, 규제검사 등 규제기능의 수행현황을 평가하여 규제의 효과성을 제고하기 위하여 회원국의 초청에 의하여 수행된다. 검토수행 범주는 그림 4.16에서 보는 바와 같이 IAEA의 안전기준에 근거한 12개의 기술현안(Technical Issue)과 초청국과의 협의로 정해지는 정책현안(Policy Issue)으로 구성되어 있으며, 초청국의 요청에 따라 전체범위(Full Scope) 또는 제한범위(Limited Scope)로 구분하여 수행된다. 수행범위에 따라 4~15명의 전문가가 초청국의 규제기관에서 5~15일 동안 검토를 수행하며, 검토수행 후 권고사항의 이행현황을 점검하기 위하여 18~24개월 이후에 후속검토가 수행된다.

ii) 가동안전성 검토서비스 : 가동안전성평가팀(Operational Safety Review Team)을 구성하여 IAEA 안전기준을 토대로 가동 중인 원전의 안전성을 평가하는 것으로 1982년부터 수행해 오고 있다. 평가분야는 원자력발전소의 조직·행정과 경영, 훈련과 자격, 운전, 보수, 기술지원, 운전경험반영, 방사선방호, 화학분석, 비상대책 등 9개 분야이다. 10~15명의 전문가로 팀을 구성하며, 2~3주 동안 초청국의 해당 원자력발전소 현장에서 IAEA 안전기준 및 지침을 토대로 해당 분야에 대한 평가를 수행한다. 평가 18개월 후에는 3~4명의 전문가가 약 1주 동안 해당 발전소를 방문하여 평가결과의 이행현황을 검토한다.

iii) 안전문화 검토서비스 : 안전문화평가팀(Safety Culture Assessment Review Team)을 구성하여 회원국의 안전문화 실천현황을 평가하고 효과적인 안전문화 이행을 위한 안전문화 검토서비스를 제공하고 있다. 6명으로 구성된 평가팀은 약 2주 동안에 5개의 평가범주에 37개의 평가요소를 다루고 있다. 자세한 사항은 '4.5절'에 기술되어 있다.

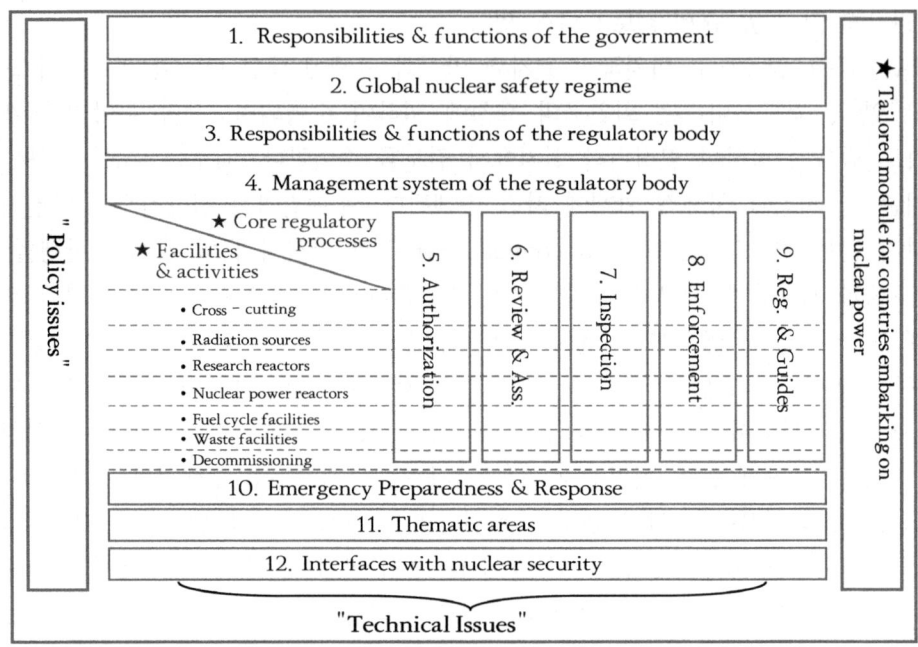

그림 4.16 국제원자력기구의 통합규제검토서비스 검토 범주

4.6.2 경제협력개발기구 산하 원자력기구

경제협력개발기구(Organization for Economic Cooperation & Development: OECD) 산하의 원자력기구(Nuclear Energy Agency: NEA)는 원자력을 평화적인 목적으로 안전하고 경제적으로 이용하는데 필요한 주요 정책을 협의하고, 원자력의 연구개발과 공동연구 수행을 목적으로 설립되었다. 1957년 12월 유럽경제협력기구(OEEC) 산하의 유럽원자력기구로 출발하였으나, 1972년 4월 비유럽국인 일본과 호주의 가입으로 OECD/NEA로 명칭을 변경하였다. 2011년 기준으로 총 29개국이 회원으로 참여하고 있으며, 우리나라는 1993년 5월에 가입하였다.

OECD/NEA의 조직은 의사결정기구인 위원회와 집행조직으로 구성되며, 집행조직에는 사무총장과 사무차장, 안전·규제국, 과학·개발국 등의 사무국에 약 80명의 직원이 있다. NEA는 위원회 중심으로 운영되고 있으며, 제반 사업을 심의하는 최고 정책결정기구로 운영위원회가 있다. 운영위원회 산하에는 7개의 기술위원회(그림 4.17)가 회원국이 지명하는 해당 분야의 전문가로 구성되어 있으며, 산하에 실무그룹이 활동하고 있다. 원자력 안전 및 규제와 관련된 위원회는 원자력규제위원회(Committee on Nuclear Regulatory Activities), 원자력시설안전위원회(Committee on the Safety of Nuclear

Installations), 방사선방호 및 공중보건위원회(Committee on Radiation Protection & Public Health)가 있다.

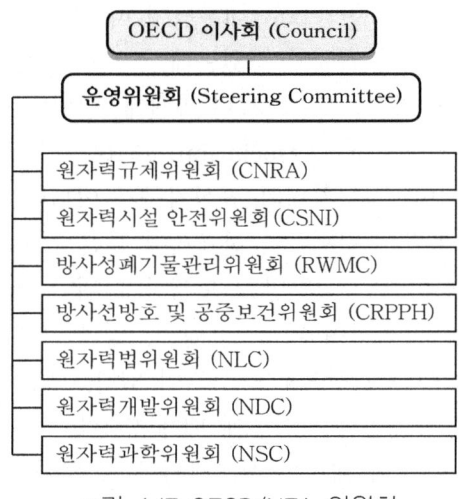

그림 4.17 OECD/NEA 위원회

4.6.3 국제방사선방호위원회 및 규제자 협의체

1) 국제방사선방호위원회

국제방사선방호위원회(International Commission on Radiological Protection: ICRP)는 방사선의 산업적·의료적 이용 활성화에 따른 방사선피폭의 제한과 방사선방호를 위하여 1928년 설립된 국제 X선·라듐 방호위원회의 명칭을 변경하여 1950년부터 활동하고 있는 순수 국제전문기구이다. 위원회는 방사선피폭으로 인한 인체의 장해를 방지하고 제한하여 인류의 건강을 보호하고 환경을 보전하기 위하여 전리방사선의 방호에 관한 기본 원칙과 기준을 제공하고 있다. 위원회의 조직은 13인 이하로 구성되는 본위원회와 15인 내외로 각각 구성되는 5개 분과위원회로 구성되어 있다. 분과위원회는 방사선영향(제1분과), 선량계측(제2분과), 의료방사선(제3분과), 제도(제4분과), 환경보호(제5분과) 분야를 각각 다루고 있다.

ICRP는 유엔방사선영향과학위원회(UNSCEAR)의 방사선영향에 대한 평가자료를 근거로 방사선방호에 관한 권고(Recommendation)를 수립하여 발간하고 있으며, 국제원자력기구(IAEA)는 ICRP 권고를 방사선방호에 관한 안전기준의 개발에 반영하고 있다. ICRP 권고는 강제성이 있는 것은 아니지만 ICRP의 기술적 위상과 전문성을 고려하여 많은 국가에서 이를 수용하고 있다. 우리나라는 1990년 발간한 ICRP-60 권고를 토대로 일반인과 종사자의 선량한도 등을 1998년 원자력법령에 반영한 바 있다.

2) 규제자 협의체

원자력안전이 국경을 초월하는 현안으로 대두됨에 따라 공통 현안을 토의하고 해결방안 모색을 위한 규제자 협의체가 결성되고 있는데, 그 중 대표적인 것으로 미국 원자력규제위원회(NRC) 위원장의 주창으로 1997년 5월에 설립된 국제원자력규제자협의회(International Nuclear Regulators Association: INRA)가 있다. 주요 원자력선진국의 안전규제기관장으로 구성되며, 정부차원의 공식기구가 아니라 개인차원의 협의체적 성격을 띠고 있다. INRA의 목적은 원자력 안전규제에 관한 기술, 법령 및 행정상의 주요 현안들에 대한 의견을 교환하고 해결방법을 모색하기 위한 국제적인 합의를 추구하는 것이다. 회원은 우리나라를 포함하여 미국, 프랑스, 영국, 독일, 스페인, 스웨덴, 캐나다, 일본 등 9개국의 안전규제기관장으로 구성되어 있다. 매년 2차례의 회의를 통해 각 회원국의 원자력 안전규제 공통점과 상이점에 대해 의견을 교환하고 있으며, 규제의 효율성, 규제기관의 권한, 규제조직 내의 품질경영 등을 논의하고 있다.

한편 원자력발전 프로그램을 갖고 있는 유럽연합(EU) 내의 원자력규제기관들이 안전규제 관행과 기준을 조화시키기 위해 설립한 서유럽원자력규제자협의회(Western European Nuclear Regulator's Association: WENRA)가 있다. 이 협의회는 1999년 2월 설립되면서 프랑스, 독일, 영국, 스페인, 스웨덴, 스위스, 이탈리아, 핀란드, 네덜란드, 벨기에 등의 10개국으로 시작하였으나, 이후 불가리아, 헝가리, 리투아니아, 루마니아, 체코, 슬로바키아, 슬로베니아 등 동유럽 7개국이 합류하여 17개국 규제기관이 참여하고 있다.

4.6.4 원자력안전협약

1) 배경과 현황

1986년 4월 발생한 체르노빌 원전사고를 계기로 국경을 초월하는 피해의 광범위성과 심각성을 실감한 국제사회는 원자력안전을 보장하기 위하여 국제적인 공동노력이 체계적으로 수행되어야 한다는데 인식을 함께 하게 되었다. 이에 따라 국제원자력기구(IAEA)는 1991년 9월 제35차 총회에서 원자력안전에 대한 국제공동노력의 제도적 장치를 강구하기 위한 결의안을 채택하였다. 수차례에 걸친 전문가회의를 통하여 '원자력안전협약'(Convention on Nuclear Safety)의 초안이 기초되었으며, 1994년 6월 IAEA 본부에서 84개국 대표들이 참가한 외교회의에서 정식으로 채택되어 각 국가에 서명 개방되었다.

'원자력안전협약'은 협약규정에 따라 17개 원전보유국을 포함 22개국의 비준서 기탁 후 90일이 경과된 1996년 10월 24일에 공식 발효되었다. 2011년 12월 기준으로 우리나라를 포함한 72개국이 체약국으로 가입되어 있으며, 원자력발전소를 보유하고 있는 모든 국가가 참여하고 있다.

2) 협약의 내용과 이행 현황

'원자력안전협약'은 원자력시설의 잠재적 위해에 대한 효과적인 방어대책의 수립과 사고의 미연 방지 및 완화를 위하여 체약국의 자체적인 노력과 국제협력을 증진함으로써 세계적으로 높은 수준의 안전성 확보에 그 목적을 두고 있다. 협약은 육상의 민수용 원자력발전소를 대상으로 하고 있으며, 발전소에서 발생하는 방사성폐기물의 처리 및 처분 시설의 경우 발전소부지 내에 위치할 경우 협약 대상에 포함한다.

안전협약은 표 4.4에서 보는 바와 같이 4장 35개 조항으로 구성되어 있다. 주요 내용으로는 안전규제요건의 제도적 구비, 규제기관의 독립성, 원전운영자의 안전관리책임, 안전우선원칙, 부지선정에서부터 설계, 건설 및 운전단계에서의 안전성 확보와 관련된 의무사항 등을 규정하고 있다. 특히 가동원전에 대해서는 조속히 안전성을 평가하여 필요한 개선조치를 취하고, 보완이 불가능한 경우 가동중지계획을 수립·시행해야 한다는 특별 조항을 두고 있다. 무엇보다도 '원자력안전협약'의 주요 초점은 이러한 의무사항들에 대한 이행현황을 각 체약국은 국가보고서로 작성하여 3년(최초 30개월)마다 IAEA에 제출하여야 하며, 이에 대한 교차검토가 3년 주기의 검토회의를 통하여 체약국들에 의하여 수행된다는 점에 있다.

표 4.4 원자력안전협약 목차

Chapters	Articles
PREAMBLE	
CHAPTER 1 OBJECTIVES, DEFINITIONS AND SCOPE OF APPLICATION	Objectives, Definitions, Scope of Application
CHAPTER 2 OBLIGATIONS	(a) General Provisions(3 Articles) (b) Legislation and Regulation(3 Articles) (c) General Safety Considerations(7 Articles) (d) Safety of Installations(3 Articles)
CHAPTER 3 MEETINGS OF THE CONTRACTING PARTIES	Review Meetings, Timetable, Procedural Arrangements, Extraordinary Meetings, Attendance, Summary Reports, Languages, Confidentiality, Secretariat
CHAPTER 4 FINAL CLAUSES AND OTHER PROVISIONS	Resolution of Disagreements, Signature, Ratification, Acceptance, Approval, Accession, Entry Into Force, Amendments to the Convention, Denunciation, Depositary, Authentic Texts

안전협약의 핵심인 검토회의의 추진일정은 그림 4.18에서 보는 바와 같으며, 검토회의 19개월 전에 조직회의(Organizational Meeting)를 개최하여 체약국을 5~6개의 국가그룹으로 나누고, 총회와 각 국가그룹의 의장단을 선출한다. 각 체약국은 검토회의 7.5개월 전까지 국가보고서(National Report)를 제출해야 하며, 타국의 보고서에 대한 질의와 답변을 수행한다. 검토회의는 총회와 각 국가그룹 검토세션으로 나누어 약 2주간에 걸쳐 진행되며, 회의결과는 보고서로 작성되어 배포된다. 1999년 4월 IAEA 본부에서 개최된 제1차 검토회의를 시작으로 2011년 4월 제5차 검토회의가 개최되었다.

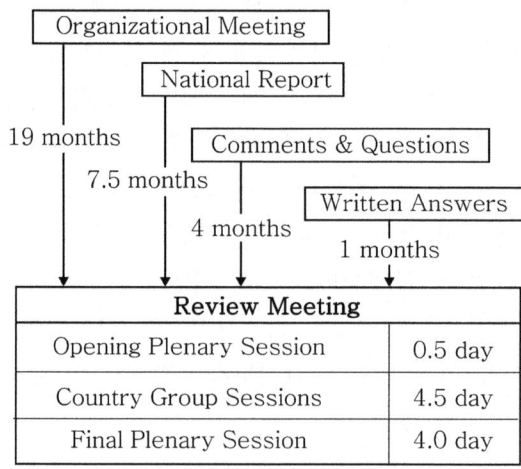

그림 4.18 원자력안전협약 검토회의 추진일정

3) 협약의 의의

'원자력안전협약'의 발효는 원자력안전의 국제규범화 시대가 본격적으로 도래하였음을 의미한다. 즉 원전에 대한 안전관리의 책임이 원전보유국에 있음은 어느 누구도 부인하지 못하지만, 안전관리에 대한 제반 활동들이 국제규범의 측면에서 평가되고 국제질서 속에서 조화를 이루면서 수행되어야 함을 의미하는 것이다. 특히 협약의 의무사항으로 제출되는 국가보고서는 자국의 원자력시설에 대한 안전관리 전반의 실태를 국제사회에 진술하는 공식문서로써, 이에 대한 국제적인 평가는 그 나라의 원자력안전관리에 대한 평가로 볼 수 있다. 비록 의무조항의 준수여부가 물리적 제재를 수반하고 있지는 않지만, 원자력안전관리활동의 투명성을 조장하고 원자력안전에 대한 국제적 토론의 새로운 장을 제공하고 있다는 점에서 시사하는 바가 매우 크다고 할 수 있다.

4.6.5 사용후핵연료 및 방사성폐기물 안전관리 공동협약

국제원자력기구(IAEA)는 1994년 9월 제38차 정기총회에서 원자력발전으로부터 발생하는 사용후핵연료를 포함한 방사성폐기물의 안전한 관리와 처분을 위해 공동협약 추진을 위한 결의안을 채택하였다. '사용후핵연료 및 방사성폐기물 안전관리 공동협약'(Joint Convention on the Safety of Spent Fuel Management & on the Safety of Radioactive Waste Management)은 1997년 9월 외교회의에서 채택되어 회원국에 서명 개방되었다. 본 협약은 2001년 6월 18일 발효되었으며, 2011년 9월 현재 우리나라를 포함한 63개국이 체약국으로 참여하고 있다.

공동협약의 목적은 세계적으로 높은 수준의 사용후핵연료 및 방사성폐기물 관리의 안전을 달성하고 유지하는데 있다. 적용범위는 민수용 원자로의 운전에서 발생한 사용후핵연료 및 방사성폐기물의 안전관리를 포함한다. 다만 군사·방위 프로그램에서 발생한 사용후핵연료 및 방사성폐기물은 체약국이 협약의 대상으로 선언하거나, 민수용 프로그램 내로 영구히 이전·관리되는 경우에는 본 협약의 적용대상이 된다.

공동협약의 의무사항으로 체약국들은 방사성폐기물관리 전반에 걸쳐 방사선위해로 부터 일반대중, 사회 그리고 환경을 보호하기 위하여 IAEA 방사성폐기물 안전원칙을 기반으로 법적·제도적 체제를 마련하도록 규정하고 있다. 사용후핵연료 및 방사성폐기물의 안전관리를 위한 일반요건으로 핵임계방지와 잔열제거의 보장, 방사성폐기물 발생의 최소화, 국가 차원의 적절한 보호수단 적용에 의한 개인, 사회 및 환경의 효과적인 보호, 생물학적·화학적 및 기타 위해의 고려, 미래 세대에 대한 영향과 과도한 부담 경감 등을 규정하고 있다. 또한 시설의 부지선정, 설계와 건설, 안전성평가, 운영, 사용후핵연료 처분, 방사성폐기물 폐쇄 후 조치 등 각 단계에서의 기술적 의무사항을 규정하고 있다.

체약국은 이러한 의무사항들에 대한 이행현황을 국가보고서로 작성하여 3년(최초 30개월)마다 IAEA에 제출하여야 하며, 이에 대한 교차검토가 검토회의를 통하여 체약국들에 의하여 수행된다. 국가보고서 제출, 검토회의 수행 등을 포함하는 제반 운영절차는 '원자력안전협약'의 절차와 매우 유사하게 진행된다. 2003년 11월 비엔나의 IAEA 본부에서 개최된 제1차 검토회의를 시작으로, 매 3년 주기로 2006년 5월 2차 회의, 2009년 5월 제3차 회의가 개최되었다.

4.6.6 기타 원자력 관련 국제협약

1986년 4월 발생한 체르노빌 원전사고를 계기로 원자력사고 피해의 국경을 초월하는 광역성과 심각성을 실감한 국제사회는 국제원자력기구(IAEA)를 중심으로 이러한 원자력사고에 공동으로 대처하기 위하여 1986년 10월 '핵사고의 조기통보에 관한 협약'(Convention on Early Notification of a Nuclear Accident)과 1987년 2월 '핵사고 또는 방사능 긴급사태시 지원에 관한 협약'(Convention on Assistance in the case of a Nuclear Accident or Radiological Emergency)을 체결하였다. 협약의 발효로 원자력 사고시 사고발생 국가는 이에 대한 정보를 인접국은 물론 국제원자력기구를 포함한 전 세계에 신속히 알려 적절히 대처하게 하고, 피해당사국에 대한 전문가 파견 등 지원을 위한 국제적인 협력 체계를 갖추게 되었다. 2011년 11월 기준으로 '핵사고의 조기통보에 관한 협약'에는 108개국이, '핵사고 또는 방사능 긴급사태시 지원에 관한 협약'에는 108개국이 체약국으로 참여하고 있다.

이 외에도 핵물질의 사용, 저장 및 운반시의 탈취, 테러 등의 방호조치에 대한 국제적인 공조체계를 구축하기 위하여 국제원자력기구 주관으로 1987년 2월 '핵물질의 물리적 방호에 관한 협약'(Convention on the Physical Protection of Nuclear Material)이 발효되었으며, 2010년 9월 기준으로 145개국이 체약국으로 참여하고 있다. 또한 핵무기 및 그 기술의 확산 방지와 원자력의 평화적 이용을 촉진하기 위하여 1970년 3월 '핵무기비확산 조약'(Treaty on the Non-Proliferation of Nuclear Weapons: NPT)이 발효되었으며, 2011년 현재 190개국이 가입되어 있다.

제 5 장

원자력 안전해석과 사건등급분류

5.1 안전해석 개요

5.1.1 안전해석의 목적과 범위

안전해석(Safety Analysis)이란 원자력 시설 및 활동에 연관된 잠재적 재해를 평가하는 것으로 정의되며, 설계가 관련되는 모든 안전기준을 충족한다는 것을 입증하기 위하여 수행하는 체계적인 프로세스로써 안전성평가('4.4절' 참조)의 일부로 수행된다. 안전해석은 정상운전, 예상운전과도상태, 사고조건과 사고 후의 상태 등 원자력시설의 모든 상태에 대한 시설의 대처능력을 해석하는 것으로, 설계기준사고와 이를 초과하는 사고(중대사고)를 포함한다. 예상운전과도상태와 사고의 범주에 속하는 사건들을 외부사건과 내부사건을 고려하여 체계적이고 논리적인 방법으로 도출하고, 각 사건의 발생빈도와 결말을 분석해야 한다. 각 사건들은 발생빈도에 따라 또는 적절한 방법으로 분류하고, 경계치해석(Bounding Analysis)으로 수행할 수 있다.

안전해석은 결정론적 및 확률론적 방법으로 수행해야 한다. 결정론적 방법은 보수적이고 결정론적인 기준을 설정하여 적용하는 것으로, 해석결과가 이 기준을 만족하면 종사자나 대중 개개인에 대한 방사선 위험이 허용할 수 있는 낮은 수준이라는 확신을 제공할 수 있어야 한다. 이 방법은 기기의 성능, 해석모델, 해석에서의 가정 등에서 야기될 수 있는 불확실성을 보상하기 위하여 충분한 안전여유도를 제공하는 개념이다. 확률론적 방법은 방사선 위험을 야기할 수 있는 모든 요소를 결정하고, 설계가 확률론적 안전기준을 만족하는지를 평가하는 방법이다. 이 방법은 결정론적 방법에 의하여 평가할 수 없는 원자력시설의 성능, 설계의 취약점, 원자력시설의 위험도에 대한 통찰력(Insights)을 제공할 수 있다. 본 장에서는 결정론적 안전해석에 대하여 설명하고, 확률론적 안전해석은 '제6장'에서 다루기로 한다.

원자력시설에 대한 결정론적 안전해석의 목적은 원자력시설의 안전에 중요한 계통·기기 및 구조물에 대한 설계기준을 설정하고, 설정된 허용기준을 만족하도록 설계되었음을 입증하기 위한 것이다. 즉 안전해석을 통하여 i) 원자력시설의 계통·기기 및 구조물이 사고의 예방과 완화에 적절하게 설계되고 성능을 갖추고 있는지를 입증하고, ii) 안전한계치, 운전제한조건, 안전계통 제한설정치 등을 포함하는 운영기술지침서에 대한 기술적 배경을 제공하고, iii) 사고조건에서의 소외 방사선원을 평가함으로써 부지의 제한구역, 저인구구역경계의 설정에 결정적 근거를 제공한다.

5.1.2 안전해석 수행 절차

안전해석의 전체적인 수행과정은 그림 5.1에서 보는 바와 같이 발생 가능한 또는 가상적인 사건에 대하여 사건 전개과정(시나리오)을 구성하고, 예비적으로 설정한 원자력시설 설계자료, 운전 제한치와 조건, 운전원조치 등의 입력자료를 토대로 수치적 해석을 수행하여 해석결과가 해당 사건의 허용기준을 만족하는지를 평가한다. 해석결과가 허용기준을 만족하면 입력자료를 확정하고 안전보고서를 작성하게 되나, 그렇지 못할 경우에는 입력자료를 변경하여 다시 해석을 수행하고 허용기준을 만족할 수 있는 입력자료를 산출함으로써 원자력시설의 설계를 완결하게 된다.

안전해석은 원자력시설의 설계자 또는 운영자에 의하여 수행되고, 그 결과는 규제기관에 제출되어 검토되어야 한다. 규제기관은 검토과정에서 원자력시설의 안전성을 재확인하기 위하여 자체적인 해석 코드와 방법을 사용하여 독립적인 검증해석을 수행한다. 규제기관은 검증해석을 통하여 i) 제출된 안전해석 결과가 합리적이고 완벽한 방법으로 수행되었는지, ii) 안전기준을 충족하기 위하여 필요한 설비의 성능과 운전원조치가 안전해석에서 적절히 반영되었는지를 확인하고, iii) 설계기준사고에 대한 원자력시설의 거동과 설계에 대한 이해를 높인다.

안전해석을 수행하기 위하여 해석의 대상이 되는 초기사건을 도출하여 발생빈도에 따라 또는 적절한 방법으로 분류하고, 해당 사건에 대한 허용기준을 설정해야 한다. 또한

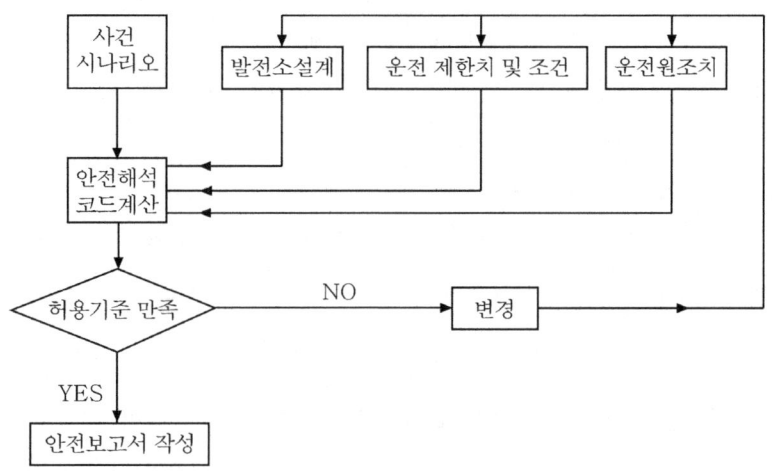

그림 5.1 안전해석 수행 개념도

해석방법과 해석코드가 사전에 마련되어야 한다.

5.2 초기사건의 도출과 사건분류

5.2.1 원자력발전소 상태 분류

발전소에서 일어날 수 있는 초기사건의 도출과 사건의 분류에 앞서 발전소의 상태에 대하여 살펴보기로 한다. 발전소의 상태는 그림 5.2에서 보는 바와 같이 크게 운전상태와 사고조건으로 구분된다. 운전상태는 정상운전 상태와 예상운전과도로 나누어지고, 사고조건은 설계기준사고와 이를 초과하는 중대사고로 구분된다. 정상운전은 발전소가 규정된 운전 제한치와 조건에서 운전되고 있는 상태로서, 발전소의 기동과 출력운전, 원자로정지, 원자로정지운전, 보수, 시험 및 핵연료재장전시의 운전 등 제반 정상적인 활동을 포함한다.

예상운전과도는 정상운전을 벗어난 상태의 운전으로써 발전소의 수명기간 동안 적어도 한번 이상 발생할 수 있으나, 안전에 중요한 설비에 심각한 손상을 일으키지 않으며 사고상태로 진전되지 않는 사건을 말한다. 설계기준사고는 발전소의 계통·기기 및 구조물의 설계기준이 되는 사고로써, 이러한 설비들이 설정된 설계기준을 만족하고 핵연료의 손상이나 방사성물질의 유출을 제한치 이내로 유지할 수 있는 사건을 의미한다. 중대사고는 설계기준을 초과하는 사고로써 심각한 노심손상을 야기하는 사고를 뜻한다.

발전소 상태 (Plant States)					
운전상태 (Operating States)			사고조건 (Accident Conditions)		
정상운전 (Normal Operation)	예상운전과도 (Anticipated Operational Occurrences: AOO)	(a)	설계기준사고 (Design Basis Accidents)	(b)	중대사고 (Severe Accidents)

a) 설계기준사고로 분류하지 않으나 고려하는 사고 : 원자로정지불능예상과도(Anticipated Transients without Scram), 전원완전상실사고(Station Blackout)
b) 심각한 노심손상을 야기하지 않는 설계기준초과사고 : 급수완전상실사고(Loss of Total Feedwater)

그림 5.2 원자력발전소 상태 분류

이 외에 설계기준사고로 분류하지 않으나 고려해야 하는 사고로써 원자로정지불능예상과도 및 전원완전상실사고가 있으며, 설계기준 초과 사고이지만 심각한 노심손상을 야기하지 않는 급수완전상실사고가 있다.

5.2.2 초기사건의 도출

초기사건(Initiating Event)은 예상운전과도상태 또는 사고조건을 야기하는 사건으로써, 설계와 해석의 반복되는 일련의 계산과정, 공학적 판단, 발전소의 설계와 운전경험을 통하여 설계단계에서 도출해야 한다. 초기사건은 다중으로 설치된 기기 중에서 한 기기의 기능상실과 같은 경미한 결말을 초래하는 사건으로부터 원자로냉각재계통의 주요 배관 파단과 같은 심각한 결말을 야기하는 사건을 포함하여 광범위한 스펙트럼을 가지며, 발전소의 내부사건과 외부사건을 포함해야 한다.

내부사건은 계통과 기기의 손상, 불완전한 보수나 제어기기의 부적절한 설정 등을 포함하는 운전원의 실수, 그리고 화재, 폭발, 침수 등의 내부적 요인으로 발전소의 안전계통에 미치는 영향을 고려해야 한다. 외부사건은 지진, 홍수, 폭풍, 지진해일과 심각한 기상조건을 포함하는 자연적 위해와 더불어 비행기 충돌, 유독가스, 화재 등 외부의 산업활동으로 발전소에 영향을 미칠 수 있는 인위적 위해를 고려해야 한다.

5.2.3 초기사건의 분류

1) 예상되는 발생빈도별 사건분류

사건의 분류에는 다양한 방법이 있으나, 일반적으로 예상되는 발생빈도 또는 기능적 형태에 따라 분류할 수 있다. 발생빈도에 따른 분류는 각 초기사건에 대한 허용기준을 설정하는 기술적 근거가 되며, 사건의 발생빈도별 허용기준의 설정에 대해서는 '5.3절'

에서 다루기로 한다. 예상되는 발생빈도별 사건분류는 나라마다 약간의 차이가 있으나, 우리나라에서도 개념적으로 채택하고 있는 미국의 분류방식에 따르면 그림 5.3에서 보는 바와 같다. 원자력시설의 인·허가에 대한 요건을 규정하고 있는 미국의 연방규제규칙 10CFR50에서는 정상, 예상운전과도, 사고로 분류하고 있으며, 미국원자력규제위원회(USNRC)의 규제지침 RG 1.70에서는 정상, 보통빈도사건, 희귀빈도사건, 제한사고로 분류하고 있다. 또한 미국원자력학회(ANS)에서는 4개 또는 5개의 범주로 분류하기도 한다.

Event Frequency [/RY]	USNRC		ANS	
	10CFR50	RG 1.70	51.1−1973	51.1−1983
계획운전 (Planned Operation)	정상 (Normal)	정상 (Normal)	Condition I	PC−1
10^{-1}	예상운전과도 (Anticipated Operational Occurrences: AOOs)	보통 빈도 사건 (Incidents of Moderate Frequency)	Condition II	PC−2
10^{-2}		희귀 빈도 사건 (Infrequent Incidents)	Condition III	PC−3
10^{-3} 10^{-4} 10^{-5} 10^{-6}	사고 (Accidents)	제한사고 (Limiting Faults)	Condition IV	PC−4 PC−5 Not decided

주) 10FR50 : Domestic licensing of production and utilization facilities
　　RG 1.70 : Standard format and content of safety analysis report for NPPs

그림 5.3 발생빈도에 따른 사건 분류

10CFR50의 분류는 발전소의 상태분류(그림 5.2)와 큰 차이가 없으나, RG 1.70과 ANS에서는 예상운전과도상태를 보통빈도사건과 희귀빈도사건으로 세분하고 있다. 발생빈도별 사건분류의 정의와 사건 사례는 다음과 같다.

　i) 정상운전(Condition I) : 발전소가 규정된 운전 제한치와 조건에서 사전에 설정한 계획대로 운전되고 있는 상태로써, 발전소 출력운전, 원자로 기동과 정지, 보수, 시험, 핵연료 장전 등을 포함한다.

　ii) 보통빈도사건(Condition II) : 발전소의 수명기간 동안 여러번 일어날 수 있는 사건으로, 터빈트립, 주급수유량상실, 원자로냉각재유량의 감소 등이 여기에 포함된다.

iii) 희귀빈도사건(Condition III) : 발전소의 수명기간 동안 한번 일어날 수 있는 사건으로, 소형 원자로냉각재상실사고, 핵연료집합체의 부적절한 장전과 운전, 핵연료취급사고 등이 포함된다.

iv) 제한사고(Condition IV) : 발전소 수명기간 동안 발생하지 않을 것으로 예상되나 방사성물질의 심각한 유출 가능성 때문에 고려하는 가상적인 사건으로, 주급수관 파단사고, 주증기관 파단사고, 대형 원자로냉각재 상실사고, 원자로냉각재펌프 회전자 고착사고 등이 포함된다.

2) 기능적 사건분류

기능적 사건분류는 발전소의 기본안전기능을 저해하는 주원인에 따른 분류로서, 같은 그룹의 사건들은 기본안전기능을 저해하는 요인이 동일하므로 그룹의 모든 사건들을 해석하지 않고 가장 심각한 영향을 미치는 사건에 대하여 경계치해석을 수행할 수 있는 장점이 있다. 이러한 방식에 따라 초기사건은 일반적으로 다음과 같이 분류할 수 있으며, 표 5.1은 신고리1호기를 참조하여 기능적 분류에 따른 사건의 예시와 각 사건에 대하여 발생빈도에 따른 분류를 함께 표시하고 있다.

i) 2차계통에 의한 열제거 증가 : 2차 측에 의한 열제거 증가는 1차계통의 냉각으로 인한 원자로냉각재계통의 온도와 압력의 감소를 야기하며, 이에 따른 음의 감속재 온도계수로 인한 노심열속(출력)의 증가로 특징지을 수 있다. 따라서 이 분류의 사건들은 노심의 열적 여유도, 특히 핵연료의 허용기준인 핵비등이탈률 측면에서 고려의 대상이 된다.

ii) 2차계통에 의한 열제거 감소 : 2차 측에 의한 열제거 감소는 1차계통의 과열로 인한 원자로냉각재계통의 온도와 압력의 증가로 특징지을 수 있다. 따라서 이 분류의 사건들은 허용기준인 원자로냉각재 압력경계의 건전성 측면에서 고려의 대상이 된다.

iii) 원자로냉각재 유량 감소 : 원자로냉각재펌프의 손상으로 야기되는 냉각재 유량 감소는 노심의 열제거 능력이 순식간에 감소하여 1차계통을 과열시킴으로써 원자로냉각재계통의 온도와 압력 증가로 특징지을 수 있다. 따라서 이 분류의 사건들은 허용기준인 원자로냉각재 압력경계의 건전성과 노심의 열적 여유도 관점에서 고려의 대상이 된다.

iv) 반응도 및 출력분포 이상 : 노심에서의 제어봉이나 붕소 제어의 기능 손상으로

표 5.1 기능적 사건분류와 예시

사건 분류	사건 예시
2차계통에 의한 열제거 증가	급수온도 감소(II), 급수유량 증가(II), 주증기유량 증가(II), 증기발생기 압력방출밸브나 안전밸브의 부주의한 개방(II), 주증기관 파단(IV)
2차계통에 의한 열제거 감소	소외 부하상실(II), 터빈 정지(II), 복수기 진공 상실(II), 주증기관 격리밸브 잠김(II), 발전소 보조계통용 비-비상교류전원 상실(II), 정상급수 유량 상실(II), 주급수관 파단(IV)
원자로냉각재 유량 감소	원자로냉각재 유량 완전상실(II), 원자로냉각재펌프 회전자 고착(IV), 원자로냉각재펌프 축 파손(IV)
반응도 및 출력 분포 이상	저출력 기동상태시 제어봉집합체 인출(II), 출력중 제어봉집합체 인출(II), 단일제어봉집합체 낙하(II), 비작동 원자로냉각재펌프 기동(II), 원자로냉각재 붕소 희석(II), 핵연료집합체 오장전 운전(III), 제어봉집합체 이탈(IV)
원자로냉각재 재고량 증가	비상노심냉각계통의 오작동(II), 화학 및 체적제어 계통 오작동(II), 가압기 수위제어계통 오작동(II)
원자로냉각재 재고량 감소	가압기 안전밸브 또는 압력방출밸브의 부주의한 개방(IV), 격납건물 외부 일차계통 냉각재 수송배관 파단(II), 증기발생기 전열관 파단(IV), 원자로냉각재계통 배관 파단(IV)
부속 계통 또는 기기로부터 방사성물질 유출	기체 방사성폐기물 계통 파손(IV), 액체 방사성폐기물 계통 파손 또는 누설(IV), 액체방사성물질 함유 탱크 파손(IV), 사용후핵연료 취급사고(IV), 사용후핵연료 수송용기 낙하사고(IV)
원자로 정지불능 예상과도 (ATWS)	원자로 정지불능 예상과도(-)

인한 반응도 제어와 출력분포 이상은 노심의 국부적인 위치에서 높은 출력을 야기하거나 급격한 반응도 증가를 야기시켜 심각한 노심 열여유도 저하를 가져올 수 있다. 이 분류의 사건들은 다른 사건들과 비교하여 노심 특성에 크게 영향을 미치므로 핵연료재장전시 노심 장전모형을 결정하는데 많은 제한 요소를 줄 수 있다.

v) 원자로냉각재 재고량 증가 : 원자로냉각재 재고량의 증가는 비상노심냉각계통의 예기치 않은 작동이나 화학체적제어계통의 오작동에 의하여 원자로냉각재계통에 고농도의 붕산수가 주입되거나 붕산이 없는 물이 주입되어 원자로냉각재계통의 재고량과 압력의 증가를 야기할 수 있다. 그러나 원자로냉각재계통의 압력이 고압안전주입펌프 작동수두보다 낮고 정지냉각계통이 격리된 상태에서만 발생할 수 있으며, 원자로냉각재계통의 압력이 펌프의 작동수두에 도달하면

물의 주입은 종료된다. 이 분류의 사건들은 원자로냉각재계통의 압력을 증가시키지만 다른 사건의 결과에 포함되므로 가압경수로에서는 안전성 문제가 되지 않는다.

vi) 원자로냉각재 재고량 감소 : 원자로냉각재 압력경계의 파단 또는 손상으로 인한 원자로냉각재 재고량 감소로 노심 열제거 기능이 급격히 저하하여 핵연료의 급격한 온도증가를 초래하는 특성을 가진다. 이 분류의 사건들은 핵연료의 건전성과 더불어 방사성물질의 외부 유출에 대한 허용기준 관점에서 중요한 사고로 분류되고 있다.

vii) 부속 계통 또는 기기로부터 방사성물질 유출 : 방사성물질을 제어하는 계통의 기능상실, 액체방사성폐기물을 저장하는 탱크의 파손 또는 사용후핵연료 취급 시의 사고로 인하여 방사성물질의 직접적인 외부유출을 초래하게 된다. 이 분류의 사건들은 방사성물질의 외부 유출에 대한 허용기준 관점에서 고려의 대상이 된다.

이 외에도 설계기준사고로 분류하지 않는 사고이나 그 중요성을 감안하여 해석을 수행하는 원자로정지불능예상과도(ATWS), 전원완전상실사고가 있다.

5.3 사건의 허용기준

5.3.1 허용기준의 개념

안전해석을 위하여 안전을 판단할 수 있는 기준을 설정해야 하며, 이 기준은 안전목표의 달성, 안전원칙의 적용, 그리고 관련 설계기준과 규제기준에 충분히 부합해야 한다. 안전목표, 안전원칙 등 높은 수준의 요건을 만족하는지를 평가하기 위하여 상세기준이나 지침을 설정할 수 있다. 대개의 기준은 법령의 형태로 규정되어 있으며, 규제기관이 사업자의 안전활동에 대한 규제의 판단기준으로 사용하기 때문에 규제기준이라고도 한다.

허용기준은 방사성물질의 유출을 억제하는 물리적 방벽의 손상을 예방하고 허용할 수 없는 방사성물질의 유출을 방지함으로써 적절한 수준의 심층방어가 유지되고 있음을 입증하기 위하여 각 사건에 적용되는 안전의 척도이다. 각 사건의 위험도(발생빈도 x 결말)가 동일한 수준이어야 한다는 원칙에 따라 예상되는 발생빈도가 높은 사건은 경미한 결말을 야기해야 하며, 심각한 결말을 야기하는 사건은 그 발생빈도가 매우 낮아야 한다.

따라서 발생빈도가 높은 사건은 그 결말을 작게 하기 위하여 엄격한 허용기준을 적용해야 하며, 발생빈도가 낮은 사건은 상대적으로 완화된 기준을 적용할 수 있다. 예로서 보통빈도사건(Condition II)에 대해서는 핵연료의 손상을 허용하지 않으나, 제한사고 (Condition IV)에 대해서는 핵연료피복재의 일부 손상을 허용하고 있다. 또한 사건의 발생빈도에 따라 소외 방사선피폭선량의 제한치를 달리 설정하고 있으며, 그림 5.4는 이를 예시하고 있다.

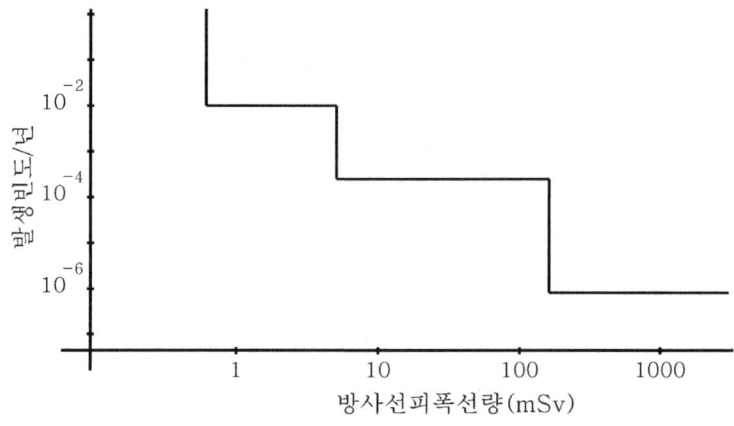

그림 5.4 사건의 발생빈도에 따른 방사선피폭선량 제한치 예시

5.3.2 허용기준의 형태

허용기준은 일반적으로 일반 허용기준과 특정 허용기준으로 구분할 수 있다. 일반 허용기준은 작업종사자와 공중의 개인별 및 집단적 방사선 피폭선량, 방사성물질의 유출에 대한 물리적 방벽의 건전성, 그리고 기본안전기능의 수행에 요구되는 계통의 성능이나 운전원의 능력에 대한 기준이다. 특정 허용기준은 안전해석에서 계산된 변수들의 제한치 (예: 핵연료피복재 온도, 핵연료피복재 산화율), 사고 전·후의 발전소의 상태(예: 장기간 안전상태의 유지), 계통·기기 및 구조물의 성능요건(예: 안전주입 유량), 사고환경을 고려한 운전원 조치요건(예: 경보계통의 신뢰성, 제어지역의 거주성) 등을 포함한다.

방사선피폭선량에 대한 허용기준으로 작업종사자의 경우 연간 50mSv 그리고 5년에 100mSv를 초과하지 않아야 하며, 일반인에 대해서는 연간 1mSv로 제한하고 있다. 사고 상황에서는 부지 제한구역 경계에서의 제한치로 설정된 사고 후 2시간 동안의 전신 피폭선량 0.25Sv 및 갑상선 피폭선량 3Sv의 10%~100%를 적용하고 있다.

핵연료의 건전성과 관련한 허용기준으로 핵연료의 임의 위치에서의 핵비등이탈률 (Departure from Nucleate Boiling Ratio: DNBR) 또는 핵연료중심선 온도가 설계제한치인 핵연료 허용손상한계를 만족해야 한다. 여기서 핵비등이탈률은 임계열유속 (Critical Heat Flux: CFR)과 실제 열유속과의 비율을 말하며, 핵비등이탈률이 제한치 (대개 1.2~1.3) 이상이어야 한다는 것은 실제 열유속이 임계열유속보다 작아야 핵연료가 건전성을 유지한다는 의미이다. 핵비등이탈률 제한치는 열유속의 계산에서 존재하는 불확실도를 고려하여 95%확률에 95%신뢰도를 고려하여 설정된다. 원자로냉각재계통의 건전성과 관련한 허용기준으로 계통압력을 설계압력의 110~120%로 제한하고 있다.

이 외에도 '3.2절'에서 기술한 바와 같이 원자로냉각재계통 배관의 파단에 의한 냉각재상실사고시 비상노심냉각계통의 성능요건으로 핵연료피복재의 표면 최대온도(1,204℃), 핵연료피복재의 산화율(17%), 수소생성량(1%), 노심의 냉각형상 유지, 장기 노심냉각 등의 특정 허용기준을 설정하고 있다.

표 5.2는 사건의 예상되는 발생빈도별 허용기준을 예시하고 있으며, 보통빈도사건에 대해서는 핵연료손상을 허용하지 않기 때문에 소외 방사선량 계산을 요구하지 않는다. 각 사건에 대한 해석상의 가정이나 사건의 특성에 따라 허용기준이 달라질 수 있다. 예로서 보통빈도의 사건일지라도 해석에서 단일고장을 고려할 경우 희귀빈도사건으로 분류하여 핵연료의 일부 손상을 허용하고 있다. 주급수관 파단사고, 냉각재펌프 회전자 고착사고, 냉각재펌프 축 파손사고는 모두 제한사고이지만 소외선량을 부지제한치의 10% 이내로 하고 있으며, 원자로냉각재상실사고는 100%로 설정하고 있다.

표 5.2 사건의 발생빈도별 허용기준

사건 분류	핵연료	1차 및 2차 계통	격납건물	소외 방사선량
보통빈도사건 (Condition II)	건전성유지 (DNBR > 제한치)	설계압력의 110% 이내	건전성유지	해당없음 (핵연료건전)
희귀빈도사건 (Condition III)	• 일부 손상 허용 • 노심냉각 형상 유지	설계압력의 110% 이내	건전성유지	부지제한치[1]의 10%이내
제한사고 (Condition IV)	• 손상 허용 • 노심냉각 형상 유지	설계압력의 110~120% 이내	건전성유지	부지제한치[1]의 10~100%이내

주. 1) 부지제한치 : 사고 후 2시간 동안 누적된 전신 피폭선량 0.25Sv 및 갑상선 피폭선량 3Sv

5.3.3 허용기준과 안전여유도

각 사건에 적용되는 허용기준은 물리적 방벽의 손상예방과 방사성물질의 유출방지를 위하여 충분한 안전여유도를 가지고 설정되어야 한다. 이는 물리적 방벽의 건전성과 방사성물질의 유출에 따른 영향을 예측하는데 상당한 불확실성이 존재하고, 사건에 따른 발전소의 거동과 현상을 수치적으로 해석하는데 있어 많은 불확실성이 수반되기 때문이다. 그림 5.5는 허용기준과 안전여유도에 대한 관계를 개념적으로 보이고 있다. 임의 사건의 안전해석 결과는 허용기준을 만족해야 하므로 일차적인 안전여유도가 생기며, 허용기준은 방벽의 손상을 야기할 수 있는 한계보다 낮게 설정되기 때문에 이차적인 안전여유도가 확보될 수 있다.

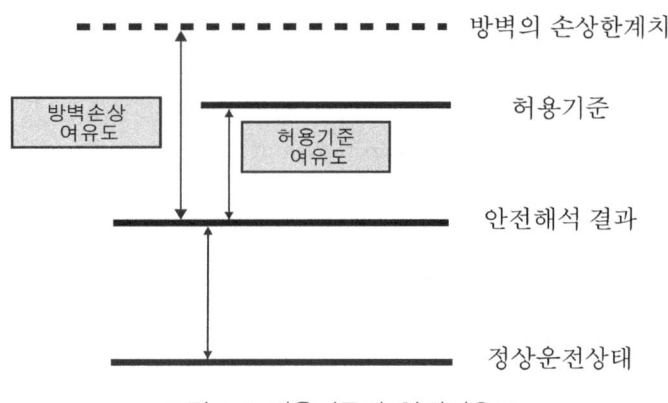

그림 5.5 허용기준과 안전여유도

그림 5.6은 물리적방벽인 핵연료의 손상영역을 보이고 있다. 원자로냉각재상실사고시 핵연료피복재 온도에 대한 허용기준은 1,204°C로 설정되어 있으나 실제 핵연료의 손상은 상당히 높은 온도에서 발생하고 있다. 또한 안전해석 결과는 허용기준보다 낮게 나타나므로 실제적으로 상당한 안전여유도를 확보하고 있음을 알 수 있다.

5.4 안전해석 방법론

5.4.1 안전해석 방법론 구분

결정론적 안전해석방법은 크게 보수적 평가방법과 최적 평가방법의 2가지로 구분된다. 보수적 평가방법은 해석에 사용되는 발전소의 운전자료, 초기조건과 경계조건, 계통의 유용성, 그리고 물리적 현상의 모델 및 상관식과 수치계산방법을 포함하는 해석코드 등을 보수적으로 설정하여 허용기준의 관점에서 보수적인 해석결과를 제공하는 방법이다. 반면에 최적 평가방법은 발전소의 실제 운전자료와 최적 해석코드 및 방법론을 사용하여 해석하고, 코드의 모델과 입력자료에 대한 불확실도를 도출하여 정량화하고 적절한 통계적 처리를 통하여 해석결과를 제공하는 방법이다.

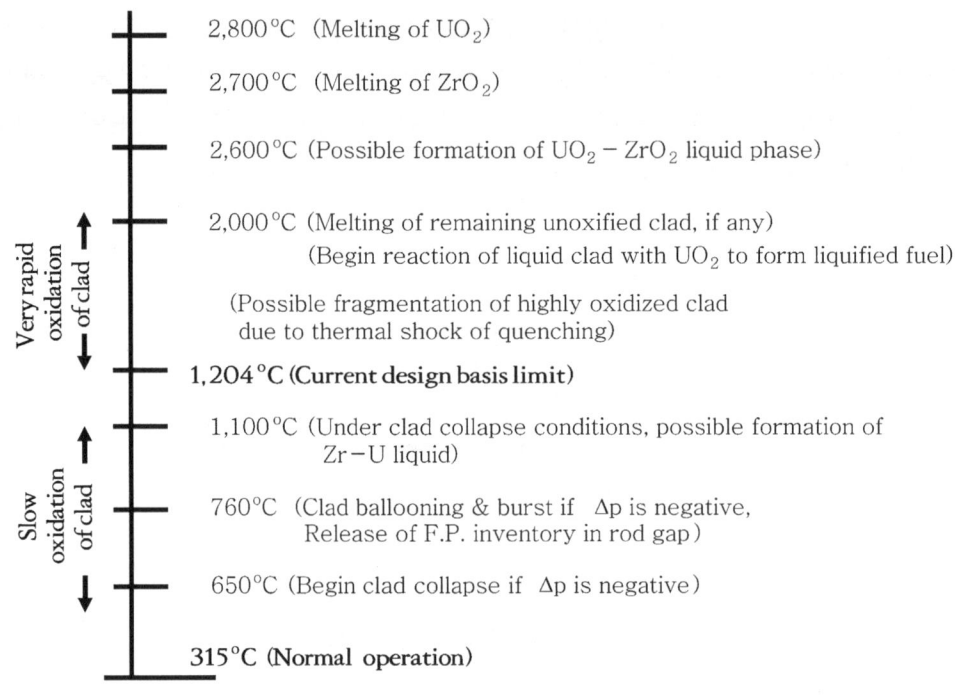

그림 5.6 핵연료 손상 영역

최적 평가방법은 발전소의 거동을 실제적으로 모사할 수 있는 장점이 있으나 복잡한 불확실도에 대한 평가를 병행하여 수행해야 한다. 예로서 그림 5.7에서 보는 바와 같이, 물리적 현상을 모사하는 모델에서 보수적 모델은 실험자료를 포괄하고 있으며, 이러한 모델을 내재하는 해석코드를 사용하여 보수적인 결과를 제공하는 것이다. 반면에 최적 모델은 실험자료의 통계적 처리에서 평균치를 예측하는 모델을 내재하는 코드를 사용하여 실제적인 발전소의 거동을 예측하는 방법이며, 이러한 모델이 갖고 있는 불확실도($\pm\sigma$)가 허용기준에 미치는 영향을 정량화하여 결과에 반영해야 한다. 마찬가지로 코드의 입력자료인 발전소의 운전자료와 계통의 성능자료들에 대해서도 보수적인 값을 사용하거나 평균치 값의 사용과 이에 따른 불확실도 평가를 병행하여 수행하는 방법론상의 차이가 있다.

보수적 모델의 사용은 물리적 현상에 대한 제한된 지식과 모사 능력, 실험자료의 부족, 전산용량의 한계에서 비롯되었으나, 최근에는 이러한 제한요소들이 대부분 개선되고 충분한 안전여유도를 확보하려는 필요에 따라 최적 평가방법이 활성화되고 있다. 이

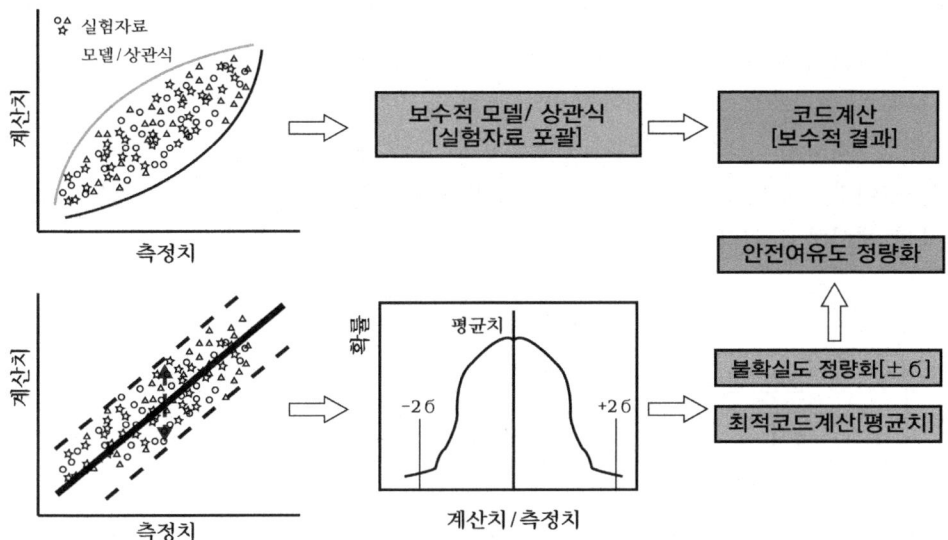

그림 5.7 안전해석 보수적모델과 최적모델의 비교

러한 방법 외에도 최적 해석코드를 사용하면서 발전소의 운전자료는 보수적으로 사용하는 혼합된 방법이 있다. 표 5.3은 안전해석방법의 종류에 따른 해석코드, 계통의 유용성, 초기 및 경계조건을 비교하고 있다.

표 5.3 안전해석방법의 종류와 가정

해석 방법	해석 코드	계통의 유용성	초기 및 경계조건
보수적 방법	보수적 모델	보수적 가정	보수적 입력자료
보수적+최적 방법	최적 모델	보수적 가정	보수적 입력자료
최적 방법	최적 모델	보수적 가정	최적 입력자료/불확실도

5.4.2 보수적 평가방법

1) 초기조건의 설정

해석하려는 사건은 해당 허용기준의 관점에서 가장 바람직하지 않은 발전소 상태에서 발생하는 것으로 가정해야 한다. 중요한 초기조건으로 원자로출력 준위와 분포, 반응도 상태, 원자로냉각재계통의 온도, 압력, 유량과 냉각재 재고량 등이 포함된다. 일반적으로 대부분의 사건들은 원자로 출력이 높은 상태에서 가장 보수적인 결과를 보이는 것으로 평가되고 있으나, 제어봉 인출사고나 주증기관 파단사고의 경우는 저출력에서 더 보수적인 결과를 나타낸다. 따라서 허용기준의 관점에서 각각의 초기조건이 어떤 상태에서 가장 보수적인 결과를 나타내는지에 대하여 민감도 분석을 통하여 평가해야 하며, 그 결과를 토대로 초기조건을 설정해야 한다. 여기서 민감도 분석(Sensitivity Analysis)이란 코드의 입력자료나 모델의 변위가 허용기준의 관점에서 해석결과에 미치는 영향을 평가하는 것이다. 표 5.4는 중요 운전변수에 대한 초기조건 선정의 범위를 신고리1호기를 참조하여 예시하고 있다.

표 5.4 안전해석 초기조건 선정 범위 예시

운전 변수	설계 공칭값	선정 범위
원자로 출력	2,815MWth	공칭값의 0~102%
축방향 출력편차(ASI)	–	$-0.3 \leq ASI \leq +0.3$
원자로냉각재계통 유량	55.1×10^6kg/hr	공칭값의 95~116%
가압기 수위	50%	21.9~60%
가압기 압력	158kg/cm^2	149.8~163.4kg/cm^2
노심입구 온도	295.8°C	287.8~300°C
증기발생기 수위(광역)	79%	35~98.2%
감속재 온도계수	$-1 \times 10^{-4} \Delta \rho /^{o}C$	$0.0 \sim -3.5 \times 10^{-4} \Delta \rho /^{o}C$
노심조건	–	핵연료주기 초기~주기 말

초기조건의 설정에는 운전변수의 설계 공칭값에 계측오차를 고려해야 하며, 기술지침서의 운전제한조건 내에서 가장 보수적인 결과를 나타내는 변수의 조합으로 구성해야 한다. 예로서 원자로의 출력은 원자로에 따라 차이는 있지만 일반적으로 2%의 출력 측정 불확실도를 고려하여 초기조건을 설정해야 한다. 또한 노심의 반응도계수, 출력분포, 핵연료의 물리적 특성 등은 핵연료의 연소도에 따라 크게 좌우되므로, 핵연료주기 초기(Beginning of Cycle: BOC)부터 주기 말(End of Cycle: EOC)까지에서 가장 보수적인 결과를 나타내는 연소도에서의 노심조건을 결정해야 한다.

해석을 위한 계산노드(Node)는 사건의 진행에서 일어나는 모든 현상과 발전소의 설계특성을 모사할 수 있도록 구성해야 한다. 계통이나 기기의 계산노드에 대하여 충분한 민감도 분석을 통하여 보수적으로 결정하고, 실험자료를 이용한 코드검증에서 사용한 계산노드를 발전소의 계산에도 일관성있게 적용해야 한다.

2) 경계조건의 설정

사건의 전개과정에서 관련 계통·기기의 작동을 포함하는 경계조건은 허용기준의 관점에서 가장 보수적인 결과를 나타내는 값으로 설정해야 한다. 또한 원자로보호계통과 공학적안전설비의 작동신호 설정치와 작동시점, 펌프, 밸브, 전원을 포함하는 안전계통의 작동에 소요되는 시간을 보수적으로 가정해야 한다. 예로서 원자로보호계통의 경우 발전소의 운전변수가 원자로정지 설정치에 도달하고부터 신호처리시간과 제어봉집합체가 노심 내로 삽입되는 시간을 고려해야 하며, 안전주입펌프의 경우 작동신호를 받아 기동에서 정격속도까지 가속되는 시간을 고려해야 한다. 표 5.5는 발전소 운전변수의 계측오차 등을 고려하여 안전해석에서 보수적으로 가정한 원자로보호계통의 트립설정치(신고리1호기)를 나타내고 있다.

표 5.5 원자로보호계통 트립 안전해석 설정치 예시

트립 변수	트립 설정치	안전해석 설정치	
		주급수관 및 주증기관파단사고	기타 사고
가변 과출력	109.9% 출력	116% 출력	116% 출력
'고' 국부출력밀도	689W/cm	−	689W/cm
'저' 핵비등이탈률	1.30	−	1.30
가압기 '고' 압력	167.5kg/cm^2	173kg/cm^2	170.2kg/cm^2
가압기 '저' 압력	125.1kg/cm^2	109kg/cm^2	119.8kg/cm^2
증기발생기 '저' 수위(광역)	44.6%	28%	35%
증기발생기 '고' 수위(협역)	92.9%	95%	95%
증기발생기 '저' 압력	62.9kg/cm^2	55.3kg/cm^2	59.8kg/cm^2
격납건물 '고' 압력	1.167kg/cm^2	1.31kg/cm^2	−

3) 계통의 유용성과 운전원 조치

안전등급으로 분류되지 않거나 사건의 환경조건에서 검증되지 않은 계통이나 기기는 작동하지 않는 것으로 가정해야 한다. 제어계통은 비안전등급으로 분류되어 있으나, 작동함으로써 사건을 악화시키는 경우에는 기능을 수행하는 것으로 가정해야 한다.

안전기능을 수행하는 계통·기기의 단일고장기준과 외부전원상실의 가정이 보수적인 해석결과를 나타내는지를 평가하여 이러한 가정을 해석에 적용할 것인지 여부를 결정해야 한다. 여기서 단일고장기준은 해당 사건의 대응에 필요한 다중 안전계통의 한 계통 또는 기기가 기능을 상실한다는 가정으로, 주로 능동 계통이나 기기에 적용된다. 예로서 주급수 또는 주증기 격리밸브 한 개의 닫힘 실패, 고압 또는 저압 안전주입펌프 한 대의 기동 실패, 비상디젤발전기 한 대의 기동 실패 등을 포함한다. 일반적으로 단일고장기준과 외부전원상실의 가정이 해석결과를 보수적으로 나타내고 있으나, 사건의 조건에 따라 반대의 결과를 나타낼 수도 있으므로 반드시 민감도분석을 수행하여 결정해야 한다.

사건의 전개과정에서 운전원의 개입이 있을 수 있으므로 이를 해석에 고려할 수는 있다. 그러나 이를 위해서는 운전원에게 사건의 진행을 파악할 수 있는 충분한 정보가 제공될 수 있고, 운전원 조치에 필요한 충분한 시간이 있어야 하며, 운전원 조치에 대한 적절한 절차서가 구비되고 훈련이 수행되었다는 것을 입증해야 한다.

5.4.3 최적 평가방법

1) 초기 및 경계조건의 설정과 계통의 유용성

안전해석의 초기 및 경계조건으로 사용되는 운전변수 각각에 대하여 가능한 운전영역에 대한 중앙값과 분포도를 결정하여 불확실도 정량화를 통한 통계적 처리를 해야 한다. 만약 이러한 통계자료가 없을 경우에는 보수적으로 입력자료를 설정해야 한다. 또한 통계적 처리가 불가능한 초기조건에 대하여는 민감도 분석을 통하여 가장 보수적인 조건을 선정하여 사용해야 하며, 냉각재상실사고의 경우 파단의 위치와 크기, 핵연료 연소도 등이 여기에 포함된다.

계통의 유용성과 관련하여 보수적 평가방법에서 기술한 단일고장기준과 외부전원상실의 가정, 안전등급과 환경검증 기기의 사용, 운전원 조치 등은 규제요건으로 규정되어 있으므로 최적 계산방법에서도 동일하게 보수적으로 적용되어야 한다.

2) 불확실도 평가

불확실도는 기기의 기능상실과 같이 무작위로 발생하는 사건이나 현상에 연관된 우연적(확률적) 불확실도와 물리적 현상의 해석모델, 모델의 단순화 및 가정과 연관된 지식의 불완전성에 기인하는 필연적 불확실도로 구분된다. 우연적(Aleatory) 불확실도는 확률론적 안전성평가에서, 필연적(Epistemic) 불확실도는 결정론적 안전성평가에서 다루어진다.

필연적 불확실도는 코드와 이에 내재된 모델, 해석노드 구성, 실험의 규모, 발전소자료, 코드사용자로부터 야기되는 불확실도로 구분되며, 각 불확실도의 근원은 다음과 같다.

  i) 코드와 모델 : 코드 자체의 불확실도와 코드 내의 지배방정식, 모델과 상관식의 단순화 및 가정에서 나타나는 불확실도

 ii) 해석노드 구성 : 계통·기기의 코드 모사를 위한 노드 구성 방식에서 나타나는 불확실도

iii) 실험의 규모 : 실험자료 자체의 불확실도와 축소규모에서 생산된 실험자료를 실물규모의 발전소 적용에서 나타나는 불확실도

 iv) 발전소자료 : 발전소 계통·기기의 운전이나 성능 자료로서 해석의 초기 및 경계조건으로 입력되는 원자로 출력준위, 펌프성능, 밸브작동시간, 핵연료거동 등의 자료에서 나타나는 불확실도

  v) 코드사용자 : 자료의 분석, 정상상태 계산결과의 수용, 해석결과의 분석에서 나타나는 불확실도

코드사용자로부터 나타날 수 있는 불확실도는 사용자의 능력에 따라 그 편차가 심하고 정량화할 수 없으므로 적절한 방법으로 최소화해야 한다. 일반적인 방법으로는 코드 메뉴얼에 규정된 절차와 관행의 준수, 엄격한 품질보증절차의 적용, 사용자에 대한 전문적 훈련 등이 있다. 실험의 규모에 따른 불확실도는 통계적 처리가 불가능하므로 다양한 규모의 실험에서 생산된 결과를 토대로 바이어스(Bias)로 처리하여 해석결과에 그대로 반영해야 한다.

또한 해석노드는 보수적 평가방법에서 기술한 바와 같이 사건의 진행에서 일어나는 현상과 설계특성을 모사할 수 있도록 충분히 상세해야 하며, 코드검증에서 사용한 계산노드를 발전소의 계산에도 일관성있게 적용해야 한다. 코드검증에서 해석노드의 구성에 따른 불확실도가 있다면 바이어스로 처리해야 한다.

따라서 불확실도에 대한 통계적 처리의 대상은 주로 코드의 모델과 발전소자료(초기 및 경계조건)가 된다. 이러한 모델과 자료는 통계적 불확실도 분석을 위하여 불확실도에 대한 확률분포를 나타낼 수 있어야 한다. 예로서 그림 5.8은 코드 내의 고유량 임계열유속 모델에 대한 실험자료와 계산결과를 비교하고 있으며, 이러한 결과를 토대로 그림 5.9에서 보는 바와 같이 모델의 불확실도에 대한 중앙값과 확률분포를 구할 수 있다.

불확실도 분석은 해석모델, 발전소모델과 코드 입력자료의 불확실도에 대한 통계적 결합과 전파를 다루는 것이다. 불확실도의 통계적 처리는 계산결과가 허용기준을 초과하지 않을 것이라는 높은 확률을 제공할 수 있어야 한다. 원자력 관련 사건의 최적해석에서 100%의 확률수준은 제한된 계산 횟수 때문에 달성하기가 어려우므로 일반적인 공학적

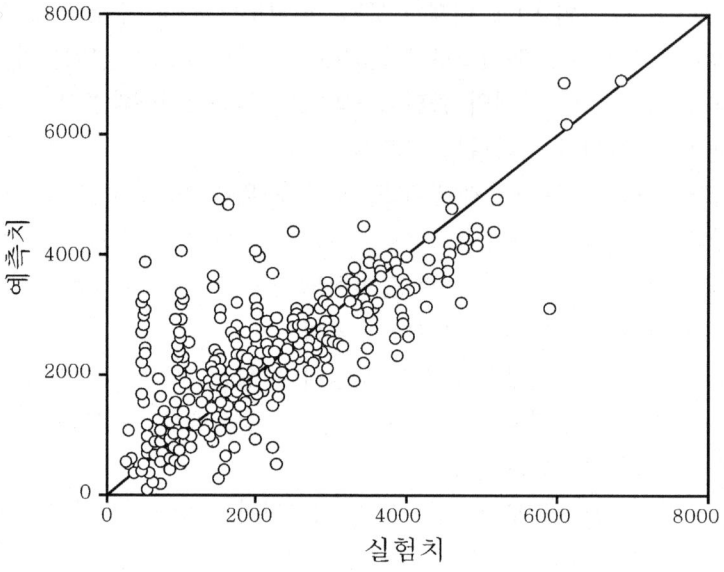

그림 5.8 고유량 임계열유속 모델의 산포도

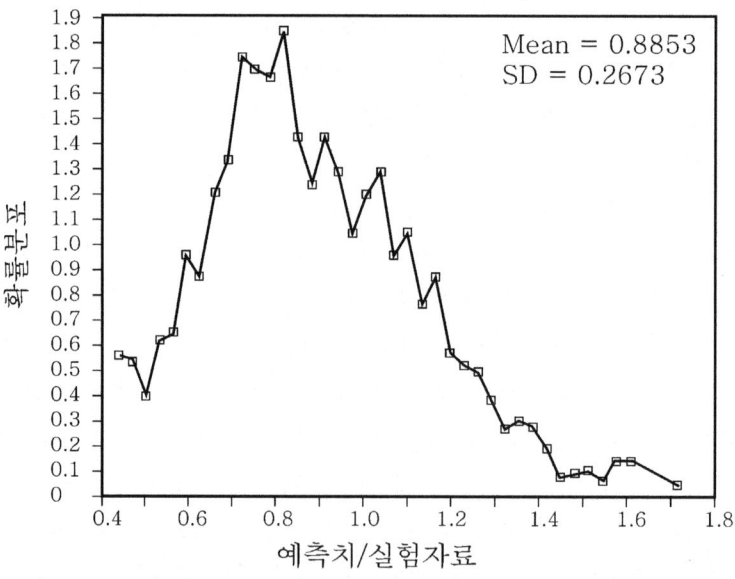

그림 5.9 고유량 임계열유속 모델 불확실도의 확률 분포

관행에 따라 95%의 확률수준을 적용하고 있다. 95% 확률수준은 이미 원자력에서 핵비
등이탈률(DNBR)의 계산에 적용한 사례가 있으며, 안전의 의미에서 적절한 확률수준으

로 입증되어 있다. 통계적 처리에는 이와 병행하여 가능한 표본추출(Sampling)의 오차를 보상하기 위하여 95% 신뢰도 수준을 함께 적용하고 있다. 또한 통계적 처리에서 해석모델이나 입력자료의 모든 변수를 고려하여 엄청난 계산을 할 수 없기 때문에 결과에 상당한 영향을 미치는 중요한 현상과 입력자료를 도출하여 제한된 계산을 수행하게 된다. 이를 위하여 전문가들이 각 사건을 평가하여 작성한 현상도출 및 등급표 (Phenomena Identification and Ranking Table: PIRT)를 활용해야 한다.

그림 5.10은 원자로냉각재 상실사고시 통계적 불확실도 분석을 통하여 산출한 최대 핵연료피복재 온도의 확률분포를 예로서 보이고 있다[김효정, 1991].

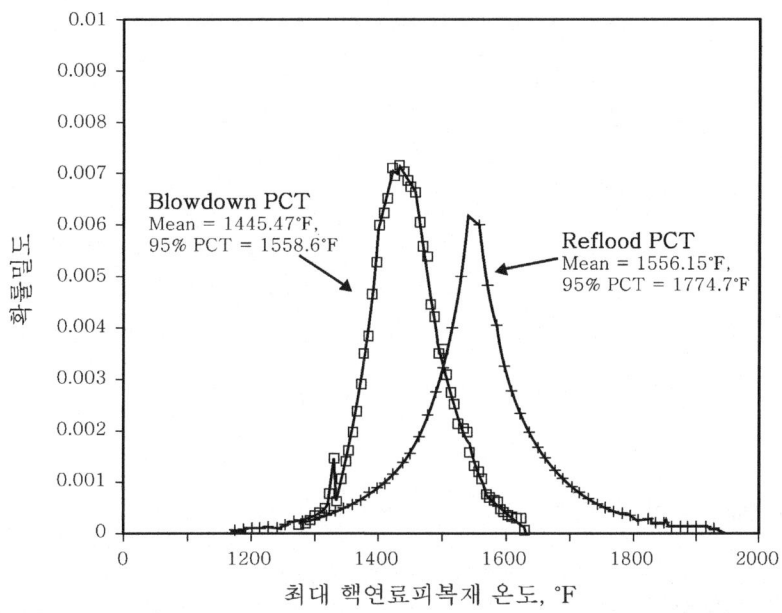

그림 5.10 최대 핵연료피복재 온도 확률분포 예시

5.4.4 보수적 및 최적 평가방법의 비교

그림 5.11은 원자로냉각재 상실사고의 허용기준인 최대 핵연료피복재 온도에 대한 보수적 평가방법과 최적 평가방법 결과를 비교하여 예로서 나타내고 있다. 두 경우 모두 제한치인 1,204℃를 만족하고 있으나, 보수적 평가방법이 높은 결과를 보이고 있다. 이는 이미 두 방법에 대한 앞에서의 설명에서 예견한 바와 같다. 일반적으로 해당 사건의 허용기준 관점에서 충분한 안전여유도가 있는 원자력발전소의 경우에는 보수적 평가방법을 사용함으로써 해석을 단순하게 경제적으로 수행할 수 있다. 반면에 안전여유도가

충분하지 않은 발전소의 경우에는 비록 계산상의 복잡성이 있더라도 최적 평가방법을 통하여 해석상의 안전여유도를 확보하는 것이 유리하다.

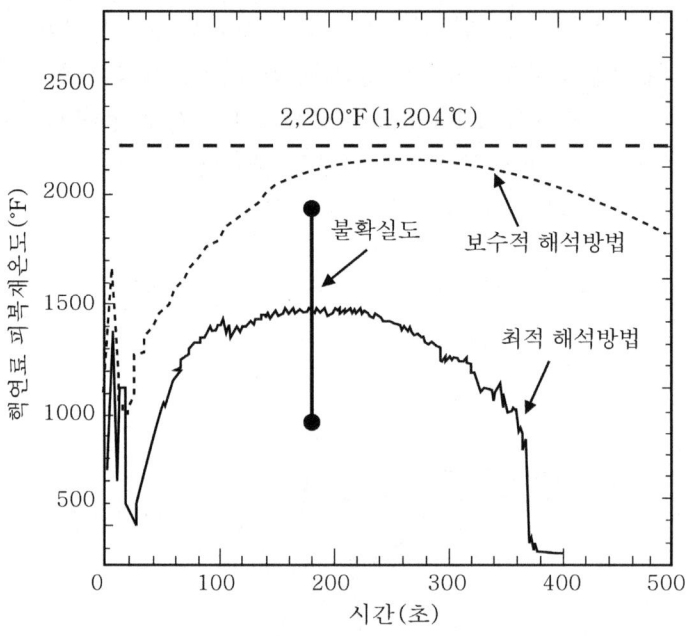

그림 5.11 보수적 평가방법과 최적 평가방법의 결과 비교

5.5 안전해석 전산코드

5.5.1 안전해석코드의 종류

원자력발전소의 운전과도상태 및 설계기준사고의 안전해석을 위하여 필수적으로 구비해야 하는 전산코드로는 노물리 해석코드, 핵연료 해석코드, 계통 및 부수계통의 열수력 해석코드, 격납건물 해석코드, 방사선원 해석코드, 구조건전성 해석코드 등이 있다(그림 5.12). 각 코드의 특징과 세계적으로 널리 사용되고 있는 주요 코드는 다음과 같다.

1) 노물리(Reactor Physics) 해석코드

정상 및 사고 조건에서 노심의 중성자 거동을 해석하는 코드로써, 일반적으로 2차원 또는 3차원적인 해석이 가능한 모델을 내포하고 있다. 다차원적인 해석모델은 노심의 국부적 또는 비대칭 영향이 중요한 경우에 사용하기 위한 것으로, 계통 열수력코드와

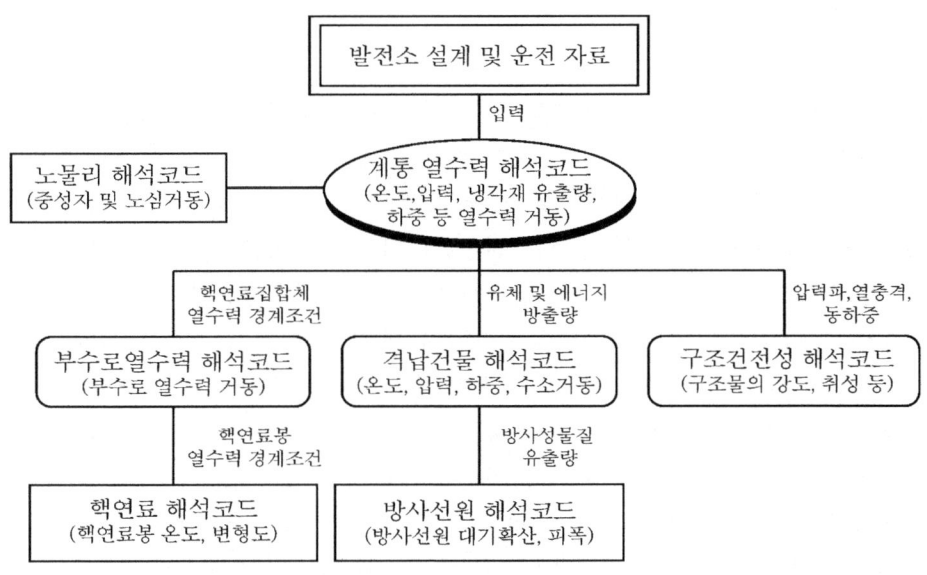

그림 5.12 안전해석코드의 상호 연계도

병합하여 사용하기도 한다. 세계적으로 널리 사용되는 코드로는 PARCS, KENO 코드 등이 있다.

2) 핵연료 해석코드

개개의 핵연료봉의 온도와 손상여부 등을 해석하기 위한 코드로써, 대개 핵연료의 종류에 따라 특정한 코드를 사용한다. 특히 고연소도 핵연료나 산화우라늄과 산화플루토늄을 혼합한 혼합산화물핵연료(Mixed Oxide Fuel: MOX)에 대한 해석코드를 개발하여 사용하고 있다. 정상상태에서의 핵연료 거동을 해석하기 위하여 FRAPCON 코드, 사고조건에서는 FRAPTRAN 코드 등이 있다.

3) 열수력 해석코드

계통의 온도, 압력, 기포율, 냉각재 유출량과 재고량 등 열수력학적 변수를 계산하기 위한 코드로써, 원자로의 형태나 종류와는 무관하게 일반적으로 개발하여 사용한다. 계통열수력 또는 부수로(Subchannel)열수력 해석코드로 구분하여 개발하기도 한다. 부수로열수력 해석코드는 주로 노심의 핵연료집합체를 둘러싸는 국부적인 유로에서의 핵연료봉 지지격자와 유로막힘이 열전달에 미치는 영향 등 다차원적인 열수력학적 거동을 상세하게 해석하기 위한 것이다. 최근에는 계통열수력 해석코드도 2차원 또는 3차원적인 해석모델을 채택하고 있어 이와 연계하거나 또는 계통열수력 해석코드에서 직접 부수로의 거동을 해석하기도 한다.

계통열수력 해석코드는 이상유동(Two Phase Flow)과 비평형(Non-Equilibrium) 상태의 수력학 및 열전달, 노심 동특성, 제어계통, 펌프와 밸브 등에 대한 모델을 포함하고 있어 가장 방대한 해석코드이다. 초기에는 일차원적인 해석코드로 시작하였으나 열수력학의 진보와 전산용량의 확대 및 전산속도의 획기적 증가로 2차원 또는 3차원적인 코드를 개발하여 사용하고 있다. 계통 해석코드의 해석결과는 그림 5.12에서 보는 바와 같이 부수로 및 핵연료 해석코드, 격납건물 해석코드, 구조건전성 해석코드에 입력치로 사용한다. 예로서 계통 해석코드에서 계산된 유체 및 에너지 방출량은 격납건물 해석코드의 경계조건으로 사용하며, 또한 계통코드에서 계산된 노심의 열수력학적 거동은 부수로 해석이나 핵연료 해석코드에 경계조건으로 사용한다.

부수로열수력 해석코드로는 COBRA-IV코드(미국)가 있으며, 계통열수력 해석코드로 CATHARE(프랑스), CATHENA(캐나다) 등이 있다. 미국은 가압경수로용의 TRAC-P와 비등경수로용의 TRAC-B, 그리고 RELAP-5 코드를 개발하여 사용하여 왔으나, 최근에는 이들 모두를 통합한 범용의 TRACE 코드를 개발하여 사용하고 있다.

4) 격납건물 해석코드

격납건물 내의 온도, 압력 등 열수력학적 거동을 해석하기 위한 코드로써, 격납건물의 형태나 종류에 크게 영향을 받지 않고 범용으로 개발하여 사용하고 있으며, 계통열수력 해석코드 보다는 단순한 체계를 갖고 있다. 이 코드는 격납건물의 계통이나 기기를 모사하는 특정 모델을 포함하고 있으며, 수소의 이송과 연소에 대한 모델을 내포하고 있다. 계통 및 격납건물 해석코드에서 계산된 방사성물질의 유출량을 방사선원 해석코드의 입력자료로 사용한다. 격납건물 해석코드로는 CONTEMPT-LT, CONTAIN 코드가 널리 사용되고 있다.

5) 방사선원 해석코드

계통 및 격납건물 해석코드에서 계산된 방사성물질의 유출량을 토대로 발전소 외부에서의 방사성물질의 대기 이송 및 확산과 발전소 제한구역 경계에서의 예상되는 방사선 피폭선량을 계산하는 코드이다. 방사선원 해석코드로는 PARVAN, AZAP 코드가 널리 활용되고 있다.

6) 구조건전성 해석코드

지진을 포함하여 사고에 의하여 발생하는 압력파, 진동, 열충격, 동하중 등의 하중조건 하에서 원자로와 격납건물 구조물, 원자로냉각재계통의 배관과 기기 등의 구조적 건전성을 해석하기 위하여 사용하는 코드이다. 일반산업에서 범용코드로 개발한 상용코드를 주로 이용하고 있으나, 원자력발전소에 사용된 재료의 기계적 물성치에 대한 자료는 별도로 확보해야 한다. 구조건전성 해석코드로는 ABAQUS, ANSYS 코드 등이 상용으로 개발되어 원자력을 포함한 일반산업의 구조건전성 해석에 널리 활용되고 있다.

원자력발전소의 설계자, 공급자 또는 운영자는 안전해석을 위한 자체적인 일련의 코드를 확보하고 있으며, 규제기관은 독립적인 규제검증을 위하여 사업자의 코드와 다른 코드체계를 구비하고 있다. 우리나라의 원자력발전소 운영자인 한국수력원자력(주)은 표 5.6에서 보는 바와 같이 냉각재상실사고(LOCA)와 비냉각재상실사고(non-LOCA)로 구분하여 일련의 안전해석 코드체계를 갖추고 신고리1/2호기를 포함한 신규 원자력발전소의 안전해석에 활용하고 있다.

냉각재상실사고 해석코드는 원자로냉각재계통에서 나타나는 물-증기의 이상유동 조건에서의 복잡한 열수력학적 거동과 현상을 모사해야 하므로 방대한 코드로 개발되고, 사용에서도 상당한 훈련과 경험이 요구된다. 반면에 비냉각재상실사고에 속하는 사건들은 계통의 일부 영역을 제외하고는 대개 단상유동 조건을 나타내기 때문에 상대적으로 단순한 코드로 해석이 가능하므로, 해석상의 안정성과 경제성을 고려하여 일반적으로 냉각재상실사고 해석코드와 구분하여 코드체계를 구성한다.

우리나라의 원자력안전규제전문기관인 한국원자력안전기술원은 사업자의 안전해석결과를 검증하기 위하여 표 5.7에서 보는 바와 같이 독립적인 규제검증용 안전해석 코드체계를 확보하여 활용하고 있다.

5.5.2 안전해석코드의 구조와 구성

원자력발전소의 예상운전과도 및 사고조건에 대한 안전해석에서 전산코드는 해석을 실체화 시키고 안전을 판단할 수 있는 정량적인 결과를 생산하는 도구이다. 안전해석코드는 다음의 요소를 필수적으로 포함하고 있어야 한다.

1) 열수력학 및 노심특성 모델

사고조건에서 나타날 수 있는 계통의 열수력학적 거동이나 현상을 체계적으로 파악하여 이들을 수학적으로 모델링하고 수치적으로 코드화해야 한다. 이상유동과 비평행상태의 열수력학적 거동을 모사할 수 있는 증기와 액체에 대한 질량, 운동량 및 에너지 지배방정식, 증기 내에 존재할 수 있는 비응축성 가스와 액체 내에 존재하는 붕소의 수송 방정식, 계통 내에 존재하는 유체의 상태방정식을 수치적으로 표현해야 한다. 또한 유동 및 열

표 5.6 설계용 안전해석 코드체계(사업자용)

구분	코드명	기능 및 특징
비냉각재상실사고	CESEC-III	과도상태의 계통해석용으로 노심열속, 온도, 압력, 유량 등 계통변수 계산, 원자로용기 상부헤드에서 증기기포 생성 및 소멸 모델링
	COAST	원자로냉각재 유량의 관성서행(Coastdown) 현상 계산, 비압축성 유체의 비정상 일차원적 유동 모델
	STRIKIN-II	핵연료봉과 피복재 온도, 엔탈피, 지르코늄과 물 산화반응 계산, 단일 유동수로와 핵연료봉의 축방향 및 반경방향 분할(각 20개) 모델
	CETOP-D	노심 유동분포 및 핵연료봉의 핵비등이탈률 계산, 노심을 4개의 노드로 모의하는 단순모델로 빠른 계산 가능
	TORC	원자로냉각재펌프의 회전차 고착 및 축파단 사고시 핵비등이탈률 계산, CETOP-D보다 상세한 모델, COBRA-IIIC 코드를 수정하여 CE-1 임계열속 상관식 반영
	HERMITE	원자로냉각재유량 감소에 따른 노심 해석용으로 3차원 중성자 확산방정식 모델, 핵연료봉을 소결체, 간극, 피복재 영역으로 구분한 열전달방정식 모델
	HRISE	과도상태의 열수력학적 조건이 CE-1 임계열속 상관식의 적용범위를 벗어날 경우의 핵비등이탈률 계산, Macbeth 상관식 등을 포함
냉각재상실사고	SATAN-IV	대형냉각재상실사고 방출단계의 계통해석용으로 1차계통의 열수력 변수와 격납건물로 방출되는 질량 및 에너지 계산
	BASH	대형냉각재상실사고 재충수 및 재관수 단계의 계통 및 노심 열수력 현상 해석용으로, 아래 모듈과 상호 연계하면서 계산 - REFILL : 재충수기간에 안전주입수가 원자로용기 하부프레늄을 채우는 과정을 계산 - LOCTA : 취출 및 재충수 단계의 핵연료봉 온도변화 상세계산 - COCO : 격납건물 내부의 압력계산 - BART : 재관수 단계의 특정 재관수율에서 노심 출구유량 계산 - NOTRUMP : 노심 출구유량에 대한 유로의 압력손실 계산
	LOCBART	LOCTA-IV와 BART를 연결한 코드, 핵연료와 피복재 온도계산
	NOTRUMP	소형냉각재상실사고의 계통해석용으로, 물과 증기의 열적 비평형 상태, 노심에서 기포상승과 핵연료봉의 열전달을 모델
	LOCTA-IV	NOTRUMP 결과를 경계조건으로 핵연료와 피복재 온도계산

전달 영역과 이에 따른 압력강하와 열전달, 유체의 임계방출량 등을 모사할 수 있는 모델 및 상관식, 펌프와 같은 특정기기의 수력학적 특성을 모사할 수 있어야 한다. 특히

표 5.7 규제검증용 안전해석 코드체계

코 드 명	기능 및 특징
RELAP5/MOD3	과도상태 및 설계기준사고의 계통해석용 범용 코드로 증기-물의 이상유동 상태에 대한 열수력학적 거동 및 현상 분석
COBRA-IV-i	노심 부수로에서의 열수력 거동 분석용으로 핵비등이탈률, 노심의 압력강하 및 유동분포 계산
PARCS	3차원 노심 동특성 해석코드로 과도 및 사고 상태시 노심의 열출력 및 출력분포 계산
FRAPCON-3	핵연료봉의 열적 및 기계적 거동 분석용으로 핵연료 펠렛 및 피복재 온도, 피복관 변형률 및 산화 등 핵연료봉 성능인자의 계산
CONTEMPT-LT	격납건물의 열수력학적 거동 분석용으로 격납건물 내부의 압력 및 온도 분포와 내부구조물인 격실의 온도 및 압력 분포 계산

핵연료(펠렛과 피복재 및 그 간극)의 열전도도, 금속-물간의 산화 반응률 등은 해석에서 중요한 역할을 하므로 상당히 정확하게 모사할 수 있어야 하며, 핵연료의 열전도도는 연소도(Burnup)에 따라 변화하므로 이를 고려해야 한다.

원자로의 노심특성으로 반응도 궤환효과와 핵분열생성물의 붕괴열 등에 대한 모델을 포함해야 하며, 반응도에는 감속재온도계수, 핵연료온도계수(도플러 효과), 기포반응도 계수 등을 포함해야 한다.

2) 수력학적 노드의 구성

발전소의 원자로, 핵연료, 증기발생기, 가압기, 펌프, 구조물, 배관, 밸브 등 기기의 수력학적 특성을 모델링하여 해석을 위한 노드(Node)를 구성해야 한다. 일반적으로 체적(Volume)과 지로(Junction) 노드로 구분하고 펌프나 밸브 등의 특정기기에 대해서는 각각의 기기 모델을 특성화하여 노드로 구성하고 있다. 또한 체적과 지로를 적절히 혼합한 다양한 모델의 노드를 구성하여 사용한다. 예로서 여러 개의 체적을 지로로 연결하는 파이프(Pipe) 노드, 한 개의 체적에 여러 개의 지로를 연결한 분기(Branch) 노드 등이 대표적인 예이다. 그림 5.13은 원자력발전소 대형냉각재상실사고의 해석을 위한 RELAP5 코드의 해석노드 구성을 예시하고 있다.

3) 트립 및 제어기능 모델

발전소의 작동논리 회로를 모사하기 위하여 계산변수들의 값을 처리하는 트립모델이 설정되어야 한다. 이 모델에는 압력이나 온도 등의 변수로써 처리하는 논리적 트립과

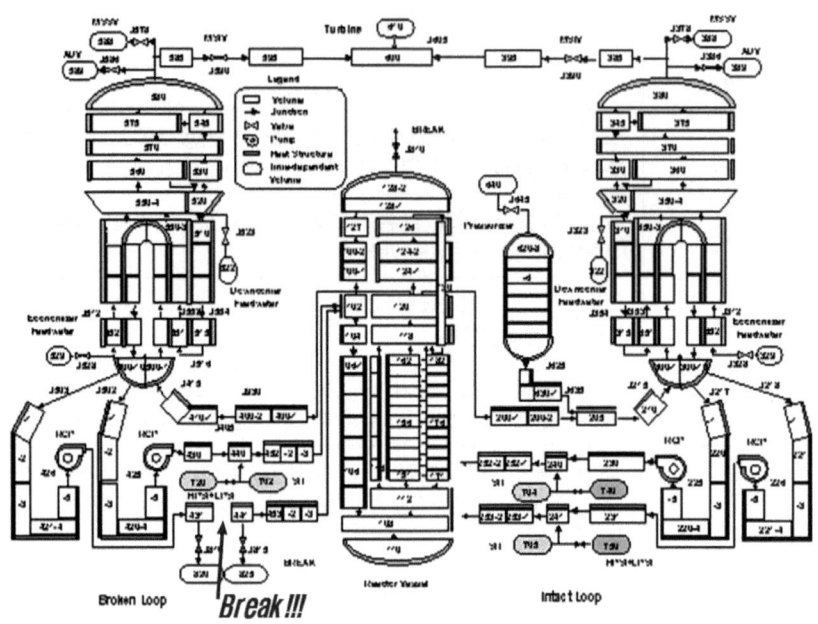

그림 5.13 원자력발전소 RELAP5코드 해석노드 구성

트립수치로만 구성하는 변수적 트립이 있다. 또한 발전소의 압력, 온도, 수위 등의 각
종 제어기능을 모사하기 위하여 계산된 변수들의 값을 이용하여 다른 형태의 값을 구
해내는 기본적인 제어모델들이 있다. 여기에는 상수, 덧셈, 뺄셈, 곱셈, 나눗셈, 지수,
표준함수, 미분, 적분 등을 포함한다.

5.5.3 코드의 검증과 확인

최적 안전해석을 위한 해석코드는 보수적 해석코드와 달리 사건의 발생에 따라 나타
나는 발전소계통의 거동과 물리적 현상을 실제적으로 모사할 수 있어야 하며, 이를 위
하여 검증(Validation)과 확인(Verification) 절차를 거쳐야 한다. 해석 코드와 모델의
확인은 수치적 전산모델이 계통의 거동이나 물리적 현상을 모사하는 수학적 모델을 적
절히 반영하고 있는지를, 그리고 해석코드가 이러한 전산모델을 코드의 요건문서에 기
술된 절차에 따라 코드화하고 있는지를 결정하는 프로세스이다. 해석코드의 검증은 코
드의 계산결과를 실제 계통에서 관측한 현상이나 실험자료와 비교함으로써 코드가 계
통의 거동과 현상을 실제적으로 모사하고 있는지를 결정하는 프로세스로써, 코드의 정
확성 평가라고도 한다.

코드평가는 허용기준에서 규정한 안전변수들에 대하여 코드가 어느 정도의 신뢰를 가

지고 예측할 수 있는지를 평가하는 것으로써, 코드의 정확성을 정량화하는 것이다. 코드평가는 개발단계에서 코드개발자에 의하여 그리고 개발된 코드에 대해서는 개발자와 독립적으로 수행하는 2단계로 나누어지며, 평가의 각 단계에서 가능하다면 다른 실험자료를 사용하는 것이 효과적이다. 따라서 코드의 평가를 위하여 다양한 실험자료와 발전소의 운전자료를 포함하는 광범위한 데이터베이스가 마련되어 있어야 하며, 평가자료는 아래와 같이 구분할 수 있다.

 i) 기본 실험(Basic Tests) : 원자력발전소와 관련 없이 수행되는 단순한 실험으로 해석 모델이나 상관식의 평가용으로 사용한다.

 ii) 개별효과 실험(Separate Effect Tests) : 원자력발전소에서 나타나는 특정 현상에 대한 실험으로 축소 또는 실물크기로 수행하기도 한다.

 iii) 종합효과 실험(Integral Effect Tests) : 원자력발전소에서 나타나는 다양한 현상을 종합하여 모사하는 실험으로 대개 낮은 압력상태에서 축소규모로 수행한다.

 iv) 운전과도상태(Operational Transients) : 발전소에서 실제로 발생한 사건 자료로써 코드평가의 가장 효과적인 자료이나 다양하지 않다.

발전소의 운전경험 자료는 코드평가 외에도 안전해석에 중요한 기초 자료가 될 수 있으므로, 이들 자료를 체계적으로 수집하고 평가해야 한다. 인적 실수와 같은 사건기록, 안전계통의 성능, 방사선 피폭선량, 방사성폐기물 발생량, 방사성물질의 유출 등에 관한 자료를 포함하고, 시설이 복잡할 경우에는 설정된 일련의 안전성능지표를 토대로 수집해야 한다.

코드평가를 통한 정확성에 대해서는 다음과 같이 4가지로 구분할 수 있다.

 i) 우수(Excellent) : 코드가 계통의 거동이나 현상을 완전하게 모사할 수 있는 것으로, 계산결과가 데이터의 불확실도 범위 이내에 존재하는 경우

 ii) 합리적(Reasonable) : 코드에 약간의 결함이 있어 계산결과가 데이터의 불확실도 범위 이내에 존재하거나 벗어나기는 하나 동일한 경향을 나타내는 경우

 iii) 미흡(Minimal) : 코드에 심각한 결함이 있어 계산결과가 중요한 일부 현상을 예측하지 못하는 경우

 iv) 사용불가(Unacceptable) : 코드에 매우 심각한 결함이 있어 계산결과와 데이타가 상당한 차이를 보이고 있으며, 그 차이를 이해할 수 없는 경우

5.5.4 안전해석코드의 계산 절차

그림 5.1은 안전해석의 전체적인 수행절차를 개념적으로 도식화하고 있으며, 여기에

서는 안전해석 코드계산 절차에 대하여 기술하기로 한다. 안전해석코드를 통한 임의 사건의 계산절차는 크게 발전소 입력자료의 수집과 초기 및 경계조건의 설정, 해석노드의 구성, 전산코드의 입력과 확인, 계산수행과 결과분석 등의 단계로 진행된다.

발전소 입력자료는 계통·기기 및 구조물의 기하학적 설계자료와 함께 '5.4 안전해석 방법론'에서 기술한 초기 및 경계조건의 설정에 필요한 자료들을 포함한다. 이들 자료를 토대로 보수적 또는 최적 해석방법에 따라 초기 및 경계조건을 설정해야 한다. 입력자료는 주로 안전성분석보고서, 기술지침서, 계통·기기의 설계보고서, 배관과 계측기 도면 등에서 얻을 수 있다. 발전소의 기하학적 설계자료를 토대로 해석노드를 구성해야 한다. 해석노드 구성의 각 단계는 문서화해야 하며, 제3자에 의한 독립적인 검토를 통하여 정확성을 확인해야 한다. 전산코드의 입력단계는 초기 및 경계조건에서 설정한 입력자료를 각 해석노드와 연계하여 코드화하는 과정으로, 코드의 초기화 논리프로그램을 통하여 입력의 정확성을 점검해야 한다. 또한 정상상태 계산결과가 계통의 초기조건과 일치하는지를 확인해야 한다.

이러한 단계를 거쳐 해당 사건시나리오에 따른 코드해석을 진행하여 결과를 생산한다. 결과의 분석은 코드계산이 적절히 수렴하였는지, 계산결과가 물리적 현상을 충분히 모사하고 있는지, 사건의 전개과정이 경계조건과 일관성있게 전개되었는지를 확인하는 것으로, 안전해석의 가장 중요한 단계이기도 한다. 따라서 그래픽 프로그램을 사용하여 필요한 모든 해석결과를 도식화하여 분석에 활용해야 한다.

5.6 대형 원자로냉각재 상실사고 안전해석

이상에서 설명한 안전해석의 예시를 위하여 다양한 사건들 중에서 안전에 중요한 설계기준사고이면서, 사고에 따른 발전소의 거동과 현상의 해석에 있어 복잡한 절차가 요구되는 대형 원자로냉각재 상실사고에 대하여 알아보기로 하자.

5.6.1 사고의 개요

냉각재상실사고(Loss of Coolant Accident: LOCA)는 원자로냉각재 보충계통(충전 및 취출)에 의한 냉각재 보충능력을 초과하는 냉각재의 상실을 야기하는 사고를 말하며, 주로 원자로냉각재 압력경계의 배관파단으로 인하여 발생한다. 냉각재상실사고의 해석 목적은 다음과 같다.

i) 냉각재상실사고 발생에 따르는 원자로냉각재계통, 2차계통, 비상노심냉각계통,

격납건물 살수계통의 거동을 평가하고,

ii) 비상노심냉각계통을 포함하는 관련 계통·기기의 성능요건(안전주입펌프 용량, 안전주입탱크 압력과 체적 등)을 결정하고,

iii) 냉각재상실사고 발생 후의 운전원 조치를 위한 비상운전절차서 개발에 유용한 정보를 제공하고,

iv) 발전소운전을 위한 기술지침서에서 관련 계통·기기의 운전제한조건의 설정에 대한 기술적 배경을 제공하고,

v) 궁극적으로 사고의 허용기준 만족여부를 입증하기 위하여 수행한다.

냉각재상실사고의 허용기준은 '3.2절'에서 기술한 바와 같이 핵연료피복재의 표면 최대온도(1,204℃), 핵연료피복재의 산화율(17%), 수소생성량(1%), 노심의 냉각형상 유지, 장기 노심냉각 기능 유지이다. 냉각재상실사고시 노심냉각 능력이 급격하게 감소하여 핵연료의 심각한 손상을 야기할 수 있으므로, 노심냉각을 제공하기 위한 비상노심냉각 계통의 성능은 매우 중요하다. 따라서 이 사고는 비상노심냉각계통의 설계기준사고로 분류된다. 이 외에도 냉각재상실사고로 인한 방사성물질의 유출로 발전소 내부의 종사자나 외부의 일반인에 대한 방사선 피폭선량이 허용기준을 만족하는지를 평가해야 한다. 대형 냉각재상실사고의 경우 부지 제한구역 경계에서의 제한치로 설정된 사고 후 2시간 동안의 전신 피폭선량 0.25Sv 및 갑상선 피폭선량 3Sv를 방사선피폭에 대한 허용기준으로 적용하고 있다.

냉각재상실사고는 배관 파단의 크기, 형태, 위치에 따라 다양한 스펙트럼을 가진다. 파단의 위치는 원자로냉각재 압력경계의 모든 배관이 대상이나, 원자로용기는 파손의 가능성이 매우 희박하므로 제외한다. 일반적으로 파단면의 직경이 25cm 미만일 경우 소형(Small Break), 그 이상일 경우 대형 냉각재상실사고(Large Break LOCA)로 구분하고 있다. 대형 냉각재상실사고의 경우 진행속도가 매우 빨라 초기에 운전원이 개입할 시간이 없으므로 사고의 대응이 전적으로 발전소의 안전계통에 의존하는 반면, 소형 냉각재상실사고는 진행속도가 비교적 느려 운전원의 개입여부에 따라 다양한 사고 진행과정을 가져올 수 있다.

냉각재상실사고는 원자로냉각재계통의 압력감소, 가압기 수위감소, 격납용기 내부의 압력과 온도 증가, 격납용기 집수조의 수위증가, 방사선감시기 경보 등의 징후를 통하여 인지할 수 있다. 사고에 대처하기 위하여 비상노심냉각계통을 통한 노심냉각, 격납건물 살수계통을 통한 격납건물 내의 압력과 온도 감소와 핵분열생성물의 제거, 격납건물 격리를 통한 방사성물질의 외부 유출 차단, 격납건물 가연성기체 제어계통을 통한 수소의 혼합과 폭발 방지, 보조급수계통을 통한 2차 측의 냉각기능을 수행하게 된다.

5.6.2 주요 현상과 사고 진행

대형 냉각재상실사고의 진행은 냉각재 방출, 재충수, 재관수, 장기냉각의 4단계로 구분할 수 있다. 방출(Blowdown) 단계는 사고의 발단인 원자로냉각재계통의 배관 파단으로 냉각재가 격납건물로 방출하기 시작하여 원자로냉각재계통의 압력이 거의 격납건물의 압력까지 떨어질 때까지의 기간으로, 기존 냉각재의 방출이 완료되는 시점이다. 그림 5.14는 방출 단계에서의 냉각재 유동 경로를 나타내고 있다. 이 단계에서 비상노심냉각수가 주입되지만 주입된 대부분의 냉각수는 노심에서 발생하는 증기에 의하여 견인(Entrain)되어 노심으로 주입되지 못하고 우회(Bypass)하여 격납건물로 빠져나가고, 노심 우회가 끝나면서 원자로용기 하부로 주입하기 시작한다.

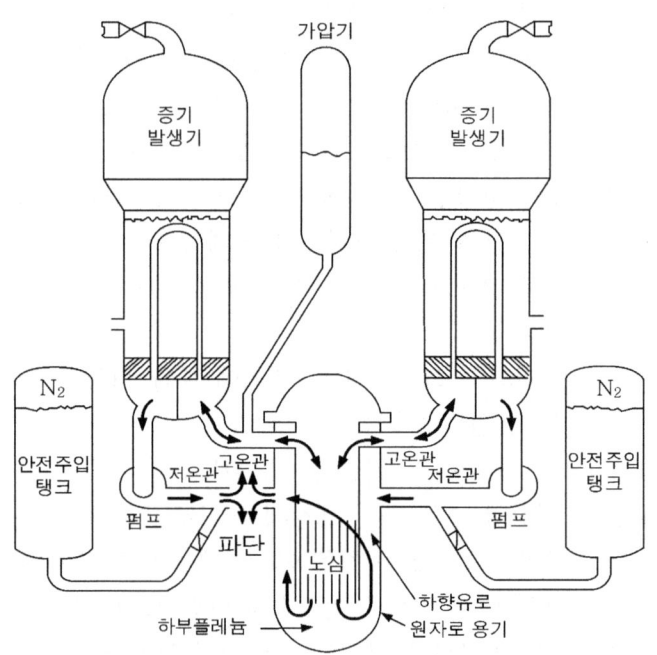

그림 5.14 방출단계에서의 냉각재 유동경로

재충수(Refill) 단계는 원자로용기 하부로 비상노심냉각수가 주입하면서부터 원자로용기 하부를 채우고 실제 노심으로 냉각수가 주입을 시작하는 시점까지이다. 그림 5.15는 재충수 종결시점에서의 원자로냉각재계통의 냉각재 분포를 보이고 있다.

재관수(Reflood) 단계는 노심으로 냉각수가 주입하면서부터 노심이 냉각수로 채워지는 시점까지로써, 이 단계에서 첨두 핵연료피복재 온도의 상승이 종료된다. 방출의 말기

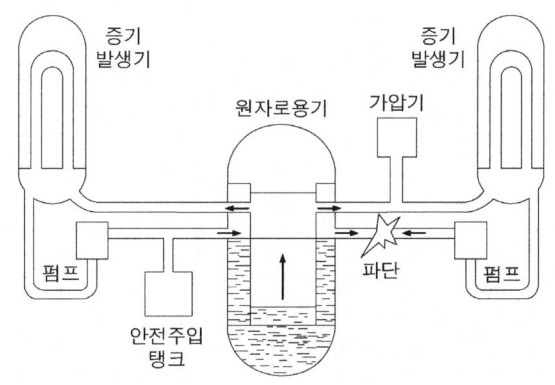

그림 5.15 재충수단계 종결시점의 원자로냉각재 분포

에서부터 재관수의 초기에 이르기까지 안전주입탱크의 냉각수가 원자로냉각재계통으로 유입하여 원자로용기 하향수로(Downcomer)로 들어가고 하향수로의 수두는 중력에 의하여 노심으로 밀고 올라갈 수 있는 추진력을 제공한다. 재관수 단계에서 안전주입탱크의 냉각수가 고갈하기 전에 안전주입펌프에 의한 안전주입이 시작되어 동일한 원리로 노심으로 냉각수를 주입한다. 재관수 단계는 주입되는 냉각수가 높은 온도로 가열된 핵연료와 접촉하여 냉각하는 단계로써 그림 5.16에서 보는 바와 같이 복잡한 열수력학적 현상이 가장 많이 발생하는 기간이다. 또한 노심의 상부 영역과 증기발생기 사이에는 증기구속(Steam Binding) 현상에 의하여 노심 상부로 진행하는 냉각수의 진행을 방해할 수도 있다.

　장기 냉각은 발전소를 안정단계로 가져가기 위하여 발전소를 냉각시키는 단계로써 운전원이 비상운전절차에 따라 모든 조치를 취하게 된다. 운전원은 재장전수 저장탱크의 냉각수가 고갈되면 격납건물 재순환 작동신호에 따라 격납건물 집수조로 안전주입 수원을 수동으로 전환시키고, 원자로냉각재계통의 고온관 및 저온관을 통하여 냉각수를 재순환시키면서 발전소를 냉각시킬 수 있다. 이 기간의 주요 초점은 노심 및 원자로냉각재계통의 열제거를 지속적으로 유지하고, 붕산 침적이 일어나지 않도록 하는 것이다.

　이러한 열수력학적 해석과 병행하여 원자로의 냉각형상 유지를 위한 내부 구조물에 대한 건전성 평가를 수행해야 한다. 이는 지진과 동시에 냉각재상실사고가 발생하였을 경우 방출 단계의 아주 짧은 시간에 방출부하에 의하여 원자로 내부의 노심지지 배럴, 하부지지 구조물, 핵연료 정렬판 등의 냉각재 유로에 접하는 구조물에 과도한 차압과 인력이 작용하여 구조물의 손상에 의한 유로의 차단이 발생할 수 있기 때문이다.

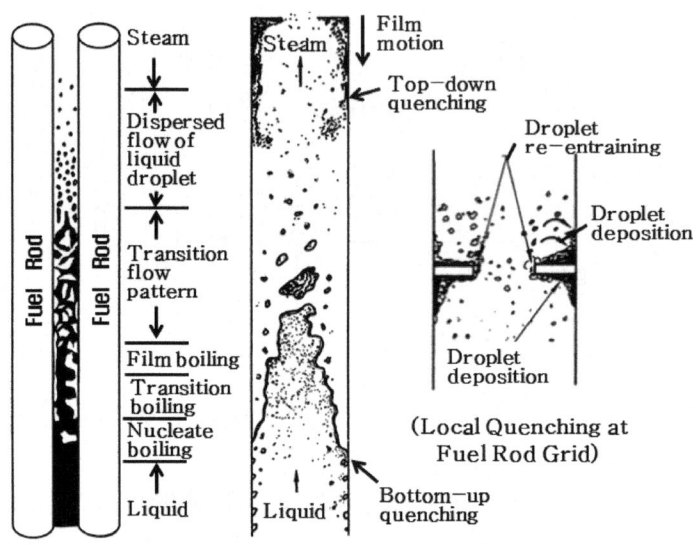

그림 5.16 재관수단계에서의 노심 유동 현상

5.6.3 대형 냉각재상실사고 해석 예시

1) 사고 조건 및 전개

대형 냉각재상실사고에 대한 실제 발전소에서의 해석과정과 결과를 예시하기 위하여 가장 최근에 보수적 방법으로 해석이 수행된 신고리1호기의 경우를 살펴보기로 한다. 대형 냉각재상실사고를 위한 파단의 위치, 크기와 형태 그리고 노심의 출력분포에 대한 다양한 스펙트럼의 민감도 분석 결과, 원자로냉각재펌프 토출(방출)관에서 0.6의 방출계수(C_D)를 가진 양단파단으로 출력분포가 약간 위쪽(노심 전체높이 3.6m에서 2.9m의 위치)에서 최대치를 가지는 경우에 핵연료피복재 온도를 가장 높게 예측하는 것으로 나타났다.

이러한 조건에서 사고의 전개는 표 5.8에서 보는 바와 같이 나타나고 있다. 사고발생 후 원자로냉각재계통으로부터 고온 고압의 냉각재의 급격한 방출로 격납건물 압력이 원자로정지 및 안전주입작동신호 설정치인 '고'압력에 도달하고 짧은 시간(1.15초)의 신호 처리과정을 거쳐 원자로정지 및 안전주입 작동신호를 발생한다. 격납건물 '고'압력 설정치는 $1.167kg/cm^2$이나 해석에서는 보수성을 추가하여 $1.3kg/cm^2$에서 늦게 안전주입계통이 작동하도록 가정하고 있다. 또한 안전주입탱크의 설정치는 $42.9kg/cm^2$이나 해석에서는 $41.1kg/cm^2$로 가정하여 안전주입을 지연시킴으로써 보수성을 추가하고 있다. 고압 및 저압 안전주입펌프에 의한 안전주입은 신호발생 약 48초 후에 시작된다.

이는 펌프의 기동시간과 주입배관의 충수 등에 시간이 소요되기도 하지만, 안전주입을 가능한 지연시켜 해석결과의 보수성을 확보할 수 있기 때문이다.

표 5.8 대형 냉각재상실사고의 주요 사고전개

사고 전개	변수 값	시간(초)
사고 발생	−	0.0
격납건물 '고' 압력으로 원자로정지 및 안전주입작동신호 설정치 도달	1.3kg/cm²	0.8
원자로정지 및 안전주입 작동신호 발생	−	1.95
안전주입탱크 냉각수 주입 시작	41.1kg/cm²	13.0
방출 단계 종료	−	29.7
재관수 단계 시작	−	38.0
2차 측 압력 최대	84.4kg/cm²	46.0
고압 및 저압 안전주입펌프 안전주입 시작	−	50.8
고온 핵연료봉 피복재 파열 발생	−	56.6
안전주입탱크 냉각수 고갈	−	84.6
최대 핵연료피복재 온도 발생	1149.9℃	260.7
재장전수 탱크 '저' 수위로 격납건물 재순환 작동신호 발생	5%	1,200
격납건물 집수조의 냉각수 주입	−	3,600
고온관 및 저온관 동시 주입모드 진입	−	7,200

원자로냉각재계통의 압력이 안전주입탱크의 설정압력보다 낮아지면 안전주입탱크로부터 자동적으로 냉각수가 주입된다. 재관수 단계에서는 고온의 핵연료피복재가 내·외부의 압력차에 의하여 파열되고, 안전주입탱크의 냉각수가 고갈된다. 재장전수 저장탱크의 수위가 설정치 아래로 떨어져 '저' 수위에 의한 격납건물 재순환 작동신호가 발생하면 운전원은 격납건물 집수조로 안전주입 수원을 수동으로 전환하여 안전주입펌프에 의한 냉각수 주입을 계속한다.

2) 열수력학적 해석결과
해석결과 최대 핵연료피복재 온도는 260초 경에 핵연료봉 하단으로부터 3.12m 위치에서 1149.9℃로 나타났으며, 유량혼합날개(Mixing Vane)가 없는 지지격자를 가진 핵연료에 부과하는 11℃의 벌점(Penalty)를 고려하더라도 1161℃로서 허용기준 1,204℃를 만족하고 있다. 또한 핵연료피복재의 최대 산화율은 8.4%로서 허용기준 17%를 만족하고, 노심 전반의 피복재 산화율은 1% 미만으로 허용기준을 만족하고 있다. 그림 5.17~20은 사고 후의 원자로냉각재계통과 격납용기의 거동을 보이고 있으며, 그림 5.21은 핵연료피복재온도의 거동과 최대치를 보이고 있다.

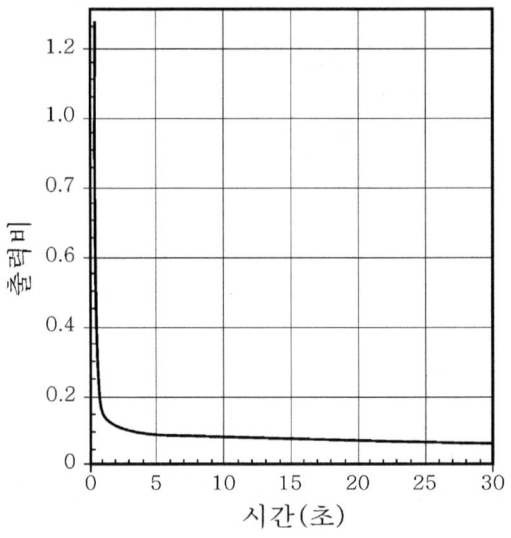

그림 5.17 방출단계의 노심출력

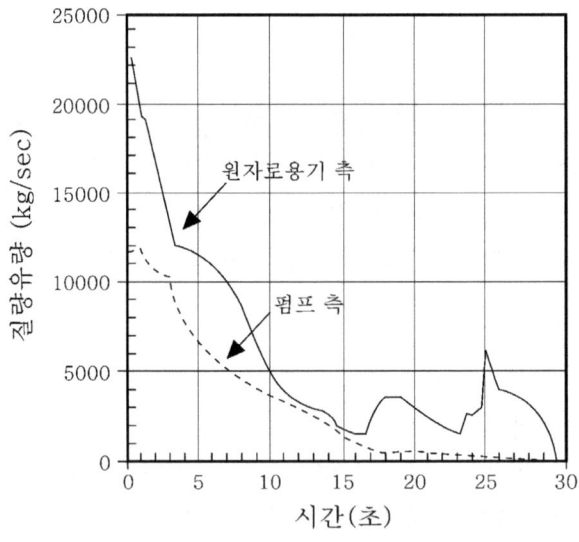

그림 5.18 방출단계의 파단유량

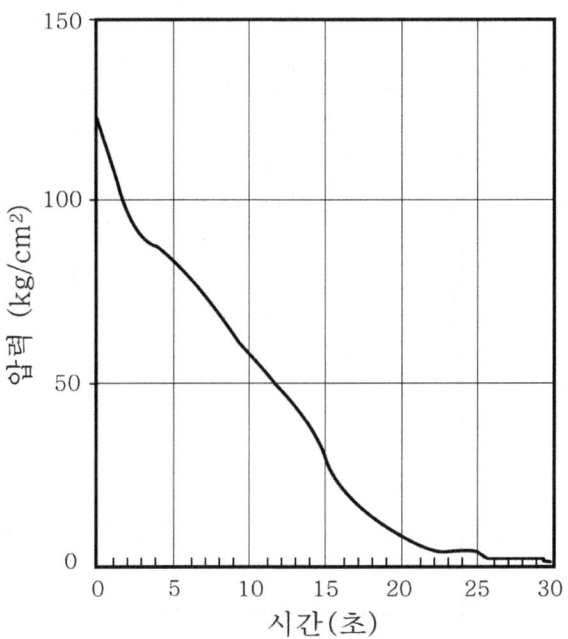

그림 5.19 방출단계의 원자로냉각재계통 압력

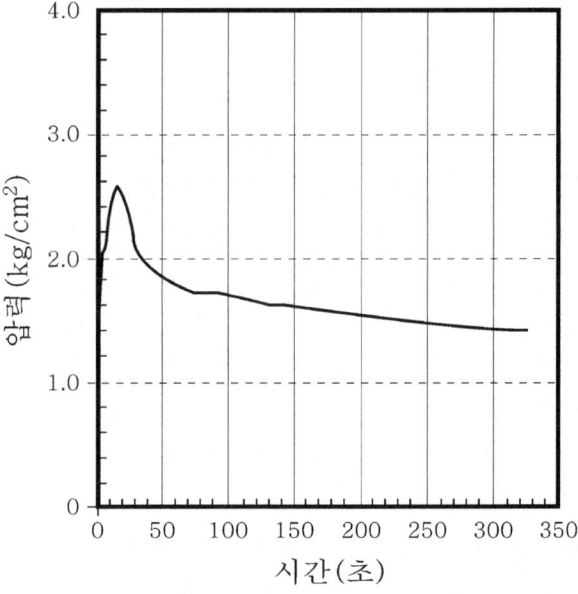

그림 5.20 방출단계의 격납건물 압력

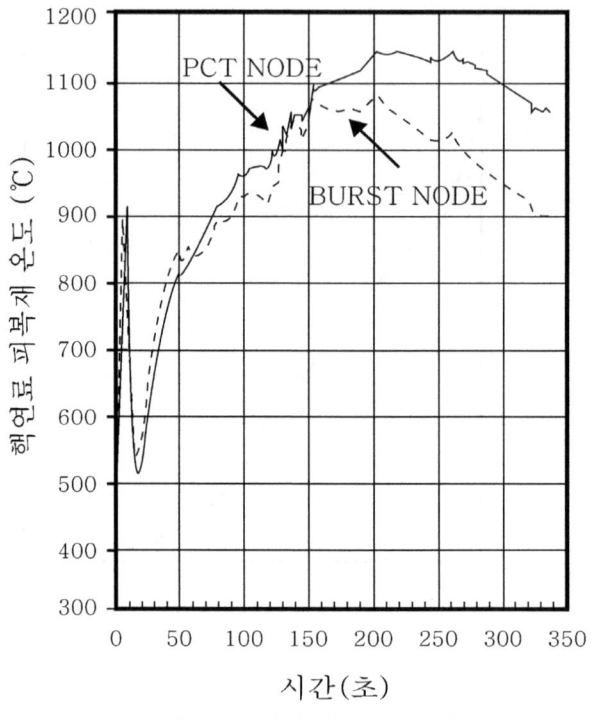

그림 5.21 최대 핵연료피복재 온도

5.6.4 방사능 영향과 결과 분석

냉각재상실사고 후 방사성물질의 유출에 의한 방사선량은 격납건물에서의 누설과 격납건물 외부에 설치되어 있는 공학적안전설비 계통에서의 누설로 구분할 수 있다. 원자로냉각재계통에서 방출된 방사성물질의 격납건물을 통한 누설에 대해서는 격납건물 정화 및 배기 계통에서의 누설을 포함한 격납건물 누설률과 격납건물 살수에 의한 핵분열생성물의 제거를 고려해야 한다. 격납건물 외부에 있는 공학적안전설비 계통에서의 누설은 장기 노심냉각과 격납건물 살수냉각을 위한 재순환 기간에 발생할 수 있다. 이는 원자로냉각재계통에서 방출되어 격납건물 집수조에 모여 있는 냉각수에 함유되어 있는 핵분열생성물이 냉각 순환모드에서 살수계통과 안전주입계통 등을 통하여 격납건물 외부로 유출할 수 있기 때문이다.

대형 냉각재상실사고시 방사성물질의 유출에 의한 발전소 내부의 작업자와 외부의 일반주민에 대한 방사선피폭선량 평가는 다음의 가정을 토대로 수행된다.

i) 방출되는 방사선원은 장기간 최대 출력으로 가동 중인 평형노심상태에서의 재고

량에 근거한다.

ii) 격납건물 내부로 순간적으로 방출된 불활성기체 전량은 격납건물로부터 초기누설이 가능하다.

iii) 격납건물 내부로 순간적으로 방출된 노심 재고량에서 50%의 요오드핵종은 격납건물로부터 초기누설이 가능하다.

iv) 격납건물 내부로 방출된 요오드핵종의 구성분율은 91%의 원소형, 5%의 입자형과 4%의 유기형 요오드로 구성된다.

v) 격납건물 대기중 기체 방사성물질은 격납건물 구조물에서의 누설, 방사성붕괴, 자연 침적 및 격납건물 살수계통에 의해 제거된다. 단 요오드핵종 중에서 유기 요오드에 대한 살수효과는 고려하지 않는다.

vi) 격납건물 구조물로부터 기체 방사성물질의 누설률은 기술지침서에 제시된 최대 값인 0.1%/day로 하루 동안의 누설을 가정하며, 이후의 누설은 0.05%/day로 가정한다.

이러한 가정을 토대로 방사능운(Plume)에 의한 전신 피폭선량과 방사성요오드의 호흡으로 인한 갑상선 피폭선량을 계산한다. 해석에서는 방사능 누출을 배출지점에 무관하게 지표면 방출로 가정하고, 피폭인은 국제방사선방호위원회(ICRP)에서 권고한 표준인으로 하며, 방사능운이 제한구역 경계로 이동하는 동안 방사성붕괴와 지표면 침적에 의한 방사능 감쇠는 없는 것으로 가정한다. 또한 개인의 전신 피폭선량은 개인이 지표면 위에 무한하게 퍼져있는 방사능운의 중심에 있다는 가정 하에 계산되며, 방사능운의 농도는 균일하고, 선량을 계산하는 위치에서의 방사능 농도는 방사능운 확산 중심선상의 최대 지표면 농도로 가정한다. 제한구역 경계와 저인구지역에서의 감마선에 의한 개인 전신선량은 다음 식으로 계산된다.

$$D_{wb} = \chi/Q \times \sum_i (DCF_{wbi} \times Q_i)$$

여기서 D_{wb} : 개인 전신 피폭선량, Sv

  χ/Q : 해당 시간 동안 제한구역 경계에서의 대기확산인자, sec/m³

  DCF_{wbi} : 방사성핵종 i의 개인 전신선량 환산인자, Sv·m³/Bq·sec

  Q_i : 해당 시간 동안 방사성핵종 i의 방사능 방출량, Bq

또한 사고 후 방사성요오드의 호흡에 의한 갑상선량은 다음 식으로 계산된다.

$$D_{th} = \chi/Q \times B \times \sum_{i}(DCF_{thi} \times Q_i)$$

여기서 D_{th} : 개인 갑상선 피폭선량, Sv

χ/Q : 해당 시간 동안 제한구역 경계에서의 대기확산인자, sec/m^3

B : 호흡률, m^3/sec

DCF_{thi} : 방사성핵종 i의 갑상선량 환산인자, Sv/Bq

Q_i : 해당 시간 동안 방사성핵종 i의 방사능 방출량, Bq

전신선량 환산인자는 방사성핵종에 따라 차이가 있으나, 대개 다음과 같은 분포를 갖는다.

- 요오드(I) : 1.04×10^{-1}(I-130) ~ 7.98×10^{-2}(I-135)
- 크립톤(Kr) : 1.02×10^{-1}(Kr-88) ~ 1.5×10^{-6}(Kr-83m)
- 제논(Xe) : 1.19×10^{-2}(Xe-135) ~ 3.89×10^{-4} (Xe-131m)

갑상선량 환산인자는 요오드에 대하여 2.93×10^{-7}(I-131) ~ 2.88×10^{-10}(I-134)의 분포를 가진다. 사고 후 2시간 동안 대기확산인자는 제한구역 경계에서 $4.06 \times 10^{-4}\text{sec/m}^3$, 호흡률은 $3.47 \times 10^{-4}\text{m}^3/\text{sec}$ 값으로 해석에 사용된다.

외부로의 방사능 방출량은 그림 5.22에서 보는 바와 같이 격납건물을 살수구역과 비

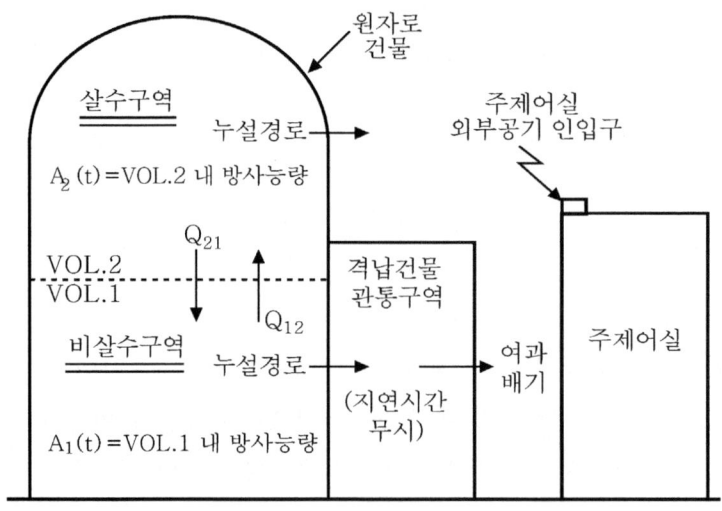

그림 5.22 격납건물 누설에 의한 선량평가 모델

살수구역으로 구역화한 냉각재상실사고시의 격납건물 누설모델을 토대로 구할 수 있다. 비살수구역과 살수구역이 잘 혼합되는 것으로 가정하여 미분방정식을 해석적으로 계산함으로써 각 구역 내에 있는 특정 핵종의 임의 시간에서의 방사능량 $A_1(t)$와 $A_2(t)$를 구할 수 있으며, 이 값들을 시간에 대해 적분함으로써 총 방사능량을 구할 수 있다.

대형 냉각재상실사고시 예상되는 방사능영향 해석결과를 보면, 부지 제한구역 경계에서의 2시간 누적 피폭선량이 전신에 대하여 0.0208Sv, 갑상선에 대하여 1.36Sv로 허용기준(전신 0.25Sv, 갑상선 3Sv)을 만족시키고 있다. 또한 발전소 주제어실 종사자에 대한 30일 누적 피폭선량은 전신에 대하여 0.0256Sv, 갑상선에 대하여 0.0776Sv로 나타나고 있으며, 허용기준인 전신에 대하여 0.05Sv를 만족하고 있다.

5.7 원자력사건 등급분류

5.7.1 국제 원자력사건 등급분류 체계

1) 국제 원자력사건 등급분류

원자력발전소의 설계 또는 안전해석에서 고려해야 하는 사건의 분류와는 달리 원자력시설에서 발생한 사건을 일반인들이 쉽게 이해할 수 있도록 하고, 일관된 기준 아래에서 체계적으로 관리하기 위하여 국제적인 원자력 사건분류 체계가 마련되어 있다. 국제원자력기구(IAEA)와 경제협력개발기구/원자력기구(OECD/NEA)는 1990년 평가지표로서 '국제 원자력사건 등급'(International Nuclear Event Scale: INES) 체계를 도입하여 원자력시설에서 발생한 사건들에 대한 등급평가를 수행하고 있다. 현재 사용하고 있는 지표는 2008년 체계로서 원자력발전소, 연구용 원자로, 핵주기시설, 사용후핵연료시설, 방사성폐기물시설 등의 원자력시설을 포함하여 방사성동위원소의 사용과 방사성물질의 운반과정에서 발생하는 사건(도난 또는 분실 등)에 광범위하게 적용할 수 있도록 개발되어 있다. 이 지표는 현재 70개 국가에서 사용하고 있으며, 우리나라는 1993년부터 적용하고 있다.

INES는 그림 5.23에서 보는 바와 같이 원자력시설에서 발생한 사건을 안전 중요도에 따라 1등급에서 7등급까지로 분류하고 있으며, 1~3등급 사건을 고장(Incident), 4등급 이상의 사건을 사고(Accident)로 정의하고 있다. 또한 안전에 중요하지 않은 사건에 대해서는 등급이하(0등급/Below Scale)라 하여 경미한 이탈(Deviation)로 분류하고 있으며, 안전과 무관한 사건은 등급외 사건(Out of Scale)으로 규정하고 있다.

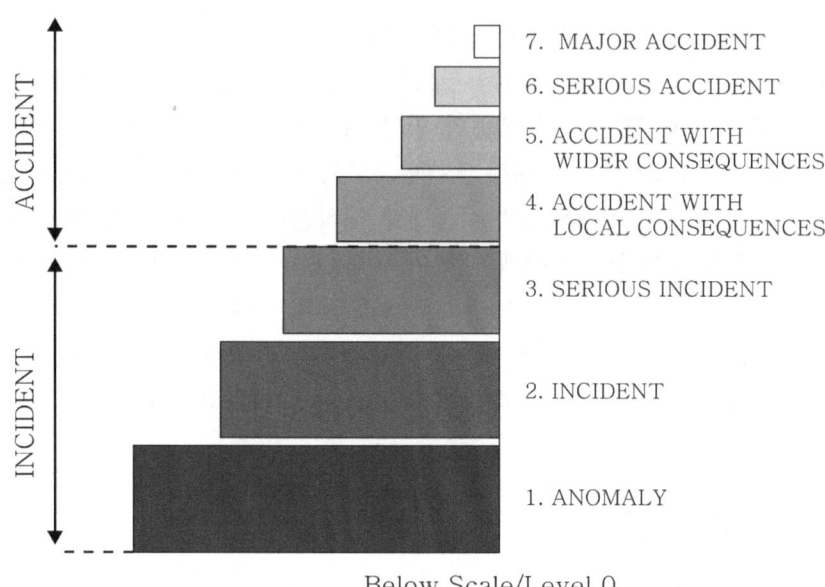

그림 5.23 국제 원자력사건 등급 체계

2) 국제 원자력사건 등급 평가기준

INES 체계에서의 원자력사건 등급 평가기준은 사건으로 인한 소외영향, 소내영향 그리고 심층방어 기능저하 등 3가지의 주요한 안전성 기여인자에 의해 분류하고 있다. 소외영향은 사건의 발생으로 인하여 원자력시설 외부로 방출되는 방사성물질의 양에 따라 3등급에서 7등급까지로 분류하고, 소내영향은 사건에 의한 시설의 손상정도와 방사성물질에 의한 발전소 내부의 오염과 종사자의 피폭정도에 따라 2등급에서 5등급까지로 분류한다. 또한 심층방어 기능저하는 방사성물질의 소내·외 방출을 방지하기 위한 물리적 방벽의 손상과 다단계 방호기능의 상실정도에 따라 0등급에서 3등급까지로 분류한다. 사고(Accident)와 고장(Incident)의 분류기준은 일반적으로 사건의 발생이 결과적으로 종사자와 주변 주민에게 방사선 영향을 미치는지의 여부이며, 영향을 미치지 않는 사건을 고장으로 분류하고 있다. 표 5.9는 INES 평가 기준과 지금까지 세계적으로 발생한 주요 사건을 예시하고 있다.

소외영향에 의한 등급평가에서 i) 방사성물질의 방출량을 토대로 명백하게 보건상의 영향을 미치며 영향지역이 넓고 영향을 미치는 시간이 장기화 될 것으로 판단될 경우 7등급, ii) 일반 대중에 대한 영향을 제한하기 위해 방사선비상계획구역에 전반적인 방어조치가 필요할 경우 6등급, iii) 보건상의 영향을 최소화하기 위해 소개나 대피 등 국지적인 방어조치가 필요할 경우 5등급으로 분류하고 있다. 소내영향에 의한 등급평가에서

표 5.9 INES 평가기준 및 주요 사건 사례

분류	등급	기준1 소외 영향	기준2 소내 영향	기준3 심층방어 기능저하	사건 사례
사 고	7 대형사고	방사성물질 대량 외부방출 $\geq 5 \times 10^{16}$Bq (I-131환산)			구소련 체르노빌 원전사고(1986), 일본 후쿠시마 원전사고(2011)
	6 심각한사고	방사성물질 대량 외부방출 $\geq 5 \times 10^{15}$Bq			
	5 소외 위험사고	방사성물질 한정적인 외부 방출 $\geq 5 \times 10^{14}$Bq	원자로노심 중대손상		영국 윈드스케일 원자로사고 (1957), 미국 TMI 원전 노심용융사고(1979)
	4 소내 위험사고	방사성물질 소량 외부방출 $\geq 5 \times 10^{13}$Bq, (1mSv피폭)	원자로노심 상당수준 손상, 종사자 치사량 피폭 (약 5Gy)		프랑스 생로랑 원전사고(1980), 일본 JCO핵임계 사고(1999)
고 장	3 심각한고장	방사성물질 극소량 외부 방출 (0.1mSv피폭)	방사성물질의 소내 중대오염, 급성방사선장해발생 종사자피폭(약 1Gy)	심층방어 손상	스페인 반델로스원전 화재사고(1989)
	2 고장		방사성물질의 소내 상당량오염, 종사자선량한도 초과피폭(50mSv)	심층방어 상당수준 기능저하	일본 미하마원전 증기발생기전열관 손상사고(1991)
	1 단순고장			운전제한 범위이탈	
등급 이하	0 경미한 이탈	안전에 중요하지 않은 사건			

| 등급
외 | Out of
Scale | 안전에 관계없는 사건 | | | |

i) 발전소 내에 방사성물질의 누출에 의한 피해가 있을 경우 5등급 또는 4등급, ii) 오염을 유발하는 경우 3등급 또는 2등급, iii) 작업자 피폭정도에 따라 2등급 내지 4등급으로 평가한다. 3등급과 4등급의 평가에서는 일반대중 중에서 최고피폭을 받은 사람의

피폭선량을 기준으로 등급을 결정한다.

소외영향, 소내영향과 심층방어 기능저하의 3가지 인자에 의한 사건의 등급평가 결과를 다른 요소를 고려하여 상향 또는 하향 조정할 수 있다. 사건이 공통원인고장에 의하여 발생하였거나, 사건의 수습이 부적절한 절차에 의하여 수행되었을 경우 그리고 안전문화가 결여된 경우에는 등급을 상향 조정할 수 있다. 안전문화 결여의 대표적인 사례로는 정당한 사유없이 운전제한조건이나 절차서를 위반한 경우, 품질보증활동의 부적절, 인적오류의 누적, 동일원인에 의한 반복적인 사건발생 등을 들 수 있다. 한편 사업자가 시정조치를 위해 충분한 시간을 가진 경우와 안전계통의 이용불능 시간이 매우 짧은 경우에는 등급을 1등급 하향조정할 수 있다.

3) 국제적 사건의 분류와 주요 사건 현황

INES 체계에 따라 등급평가를 시작한 1992년부터 지금까지(2011년 8월) 각 국가에서 국제원자력기구에 보고한 사건은 총 599건이다. 등급별로 분류하면 7등급 1건, 3등급 16건, 2등급 137건, 1등급 186건, 0등급 223건으로 평가되어 있으며, 36건이 등급외 사건으로 분류되어 있다. 표 5.9에 등급별 대표적인 사건 사례로 명시한 체르노빌 원전사고(1986년) 등 일부 사건은 1992년 이전에 발생한 사건으로 이 통계에 포함되어 있지 않다.

주요한 사건으로는 우리에게 잘 알려진 미국의 스리마일 아일랜드(TMI) 원전사고(5등급), 구 소련의 체르노빌 원전사고(7등급), 그리고 최근에 발생한 일본의 후쿠시마 원전사고(7등급)가 대표적인 사례가 될 수 있다. 이들 사고의 원인과 전개과정, 그리고 이에 따른 사고의 영향과 교훈에 대해서는 '6.5절'에서 자세히 살펴보기로 한다.

5.7.2 우리나라 사건등급분류 현황

우리나라는 1993년부터 국제원자력기구의 INES 체계를 도입하여 원자력시설에서 발생한 사건에 대한 등급평가를 수행하고 있다. 원자력사건의 체계적인 관리와 등급평가의 세부적인 사항을 규정하기 위하여 정부는 1992년 12월 1일 과학기술처고시 제92-18호 '원자력이용시설의 사고·고장 발생시 보고·공개 규정'(현재 원자력안전위원회고시 제2012-11호로 변경)을 제정하였다. 고시에서는 원자력사업자가 원자력시설의 운영이나 방사성물질의 취급 중에 사고나 고장이 발생할 경우 정부에 보고해야 하는 대상 사건, 보고방법과 절차를 포함하여 사건의 등급평가에 관한 사항을 규정하고 있다. 또한 사업자는 1등급 이상 사건을 포함하여 중요한 사건에 대해서는 언론에 공개하도록 규정하고 있다.

사건의 등급평가를 시작한 1993년부터 지금까지 총 325건의 사건이 발생하여 13건이 1등급으로 2건이 2등급으로 분류되었으며, 3등급 이상의 사건은 한 건도 발생하지 않았다. 2등급 사건으로 최근(2009년 9월 17일) 신고리1호기의 시운전과정에서 원자로냉각재 423톤이 원자로건물(격납건물)로 37분간 살수된 원자로냉각재 살수사건이 있다. 이 사건은 신고리1호기가 고온정지상태에서 살수계통 운전절차서 오류(설계변경 사항 미반영)로 인해 전단의 격리밸브가 개방된 상태에서 주제어실 운전원의 스위치 조작 오류와 현장시험원의 현장기기 임의조작으로 발생하여, 방사선비상계획에 따라 '백색 비상'이 발령되었다.

이 사건으로 원자로건물 내부 구조물과 설비가 붕산수에 오염되고 급격한 냉각으로 원자로, 원자로냉각재 배관과 펌프 등의 주요 기기가 열충격을 받았으나, 구조적 건전성에는 문제가 없었다. 또한 종사자 피폭(최대피폭자 0.83mSv로 연간선량한도의 1.6%)은 미미하고 방사성물질의 환경 유출은 없었으나, 사건진행과 복구과정에서 427톤의 액체방사성폐기물이 발생하였다. 이 사건은 사건등급기준의 심층방어 기능 저하에 해당하여 '1등급'으로 평가되었으나, 부적절한 절차와 안전문화 결여 등 추가 상향 요인을 고려하여 최종 '2등급'으로 분류되었다.

지난 10년 동안의 고장원인별 사건을 보면 표 5.10에서 보는 바와 같이 연도에 따라

표 5.10 연도별 및 고장원인별 사건 분류

고장 원인	연도별 발생비율, % (발생 횟수)										합계
	'02	'03	'04	'05	'06	'07	'08	'09	'10	'11	
인적 실수	23.8 (5)	13.0 (3)	38.9 (7)	28.6 (6)	10.5 (2)	10.0 (2)	28.6 (4)	9.1 (1)	21.4 (3)	25.0 (3)	(36)
기계 결함	23.8 (5)	30.4 (7)	22.2 (4)	19.0 (4)	21.1 (4)	35.0 (7)	14.3 (2)	9.1 (1)	14.3 (2)	25.0 (3)	(39)
전기 결함	33.3 (7)	21.7 (5)	11.1 (2)	33.3 (7)	26.3 (5)	30.0 (6)	7.1 (1)	72.7 (8)	14.3 (2)	33.3 (4)	(47)
계측 결함	4.8 (1)	13.0 (3)	27.8 (5)	19.0 (4)	31.6 (6)	20.0 (4)	35.7 (5)	9.1 (1)	35.7 (5)	16.7 (2)	(36)
외부 영향	14.3 (3)	21.7 (5)	0 (0)	0 (0)	10.5 (2)	5.0 (1)	14.3 (2)	0 (0)	14.3 (2)	0 (0)	(15)
합계	(21)	(23)	(18)	(21)	(19)	(20)	(14)	(11)	(14)	(12)	173

일부 변동은 있으나 인적실수보다는 기기의 고장에 의한 사건이 대부분이다. 2011년의 경우 인적실수에 의한 고장은 25%인 반면에 기계, 전기 및 계측기의 기기결함에 의한 고장이 75%에 이르고 있다. 우리나라에서 발생한 원자력사건의 등급분류 체계와 현황은 한국원자력안전기술원에서 운영하고 있는 원전안전운영정보시스템(http://opis.kins.re.kr)에서 자세히 볼 수 있다.

제 6 장

중대사고와 확률론적 안전성평가

6.1 확률론적 안전성평가 개요

6.1.1 배경

1979년 미국 TMI-2 원전사고와 1986년 소련 체르노빌 원전사고는 종래의 설계기준사고와 더불어 노심용융에 이르는 중대사고에 대해서도 다각적인 고려가 필요하다는 인식을 제공하였다. 중대사고는 핵연료의 심각한 파손과 용융 그리고 붕괴로 전개되는 사고를 의미하며, 노심과 격납건물 외부로 핵분열생성물의 유출을 야기한다. 중대사고가 발생할 경우 그 사회적·경제적 영향이 상당히 큰 것으로 나타나고 있으나, 중대사고는 발생확률이 매우 낮을 뿐만 아니라 사고의 시나리오가 너무나 다양하기 때문에 원자력발전소의 설계기준사고로 고려하기에는 많은 기술적 문제가 존재하게 된다.

원자력발전소의 설계기준사고에 대한 안전성 평가방법으로 사용되고 있는 심층방어 기반의 결정론적 안전성평가(Deterministic Safety Assessment) 방법은 원자력발전소의 계통·기기 및 구조물 각각에 대하여 안전기능에 따른 성능과 건전성을 평가할 수 있으나, 원자력발전소의 총체적인 안전에 미치는 개별적인 영향을 정량화할 수 없으며, 또한 총체적인 안전도(위험도)를 산출할 수 없다. 따라서 원자력발전소의 운영으로 인한 위험도를 평가하기 위한 방법으로 확률론적 안전성평가(Probabilistic Safety Assessment:

PSA) 방법이 사용되고 있다. 확률론적 위험도평가(Probabilistic Risk Assessment: PRA)라고 표기하기도 하지만 동일한 의미이다.

확률론적 안전성평가방법이 원자력발전소에 처음으로 적용된 것은 1975년 미국 MIT 대학의 라스무센(Normann C. Rasmussen)교수의 주도로 수행된 원자로 안전성 연구 보고서(WASH-1400)이다. 이 보고서에서는 원자력발전소에서 발생할 수 있는 사건의 전개 시나리오를 나타내는 사건수목(Event Tree)과 각 계통·기기의 고장을 나타내는 고장수목(Fault Tree)을 구성하고, 이를 종합하여 개별 사건의 발생확률과 함께 발전소의 총체적인 위험도를 평가하는 방법을 제시하였다.

이 기법은 운전원 조치능력의 정량화에 대한 어려움, 공통원인고장의 부적절한 처리, 계통·기기 신뢰도 자료의 결여, 계산결과에 내재하는 불확실도 정량화 등의 문제점이 제기되어 그 활용 여부에 많은 논란이 있었다. 그러나 1979년 발생한 미국의 TMI-2 원전사고가 WASH-1400 보고서에서 다루었던 과도상태, 소형 원자로냉각재 상실사고, 운전원 실수 등으로 진행되는 사고 시나리오의 가능성을 현실적으로 나타냄으로써, 확률론적 안전성평가의 가치에 대한 인식을 새롭게 하였으며 그 활용이 본격화되었다.

6.1.2 확률론적 안전성평가의 의미와 분류

확률론적 안전성평가는 원자력발전소에서 발생할 수 있는 모든 초기사건을 파악하여, 사건별 전개 시나리오와 영향을 근거으로 모든 사고에 수반되는 총체적인 위험도(Risk)를 종합적으로 분석하는 안전성 평가방법이다. 이 방법은 중대사고에 이르는 사고경위와 이에 따른 노심손상빈도, 격납건물 파손확률과 사고로 인한 주민의 피폭선량 및 환경피해 등을 정량적인 수치로 제시함으로써 구체화된다.

확률론적 안전성평가는 결정론적 안전성평가로 제공되지 않는 원자력발전소의 총체적인 안전도와 더불어 안전에 대한 통찰력(Insight)을 제공하며, 정량적인 안전목표의 설정과 의사결정체계를 지원한다. 또한 안전현안의 위험도 추정을 위한 민감도 분석 도구로도 유용하게 사용되며, 원자력발전소의 안전취약점을 파악하여 설계와 운영에서의 개선방안과 사고관리 방안의 도출에도 활용된다. 그러나 계통·기기의 신뢰도 데이터의 신뢰성과 해석 모델 및 결과에 존재하는 불확실도 등의 문제가 있기 때문에, 결정론적 안전성평가에 대한 보완도구로 사용되며 절대적인 척도보다는 상대적인 척도로서의 정량적 기법이 된다.

확률론적 안전성평가의 수행단계는 그림 6.1에서 보는 바와 같이 크게 3단계로 구분된다.

- 1단계(Level 1) : 사고경위별로 노심손상 여부를 분석하여 노심손상빈도(Core

Damage Frequency: CDF)를 평가

- 2단계(Level 2) : 노심손상 후 방사성물질의 거동과 격납건물의 기능상실을 분석하여 격납건물 외부로 대규모 방사성물질의 유출량, 유출시점 및 그 발생빈도 (Large Early Release Frequency: LERF)를 평가
- 3단계(Level 3) : 격납건물 외부로 유출된 방사성물질에 의한 주민의 방사선피폭량과 환경피해를 평가

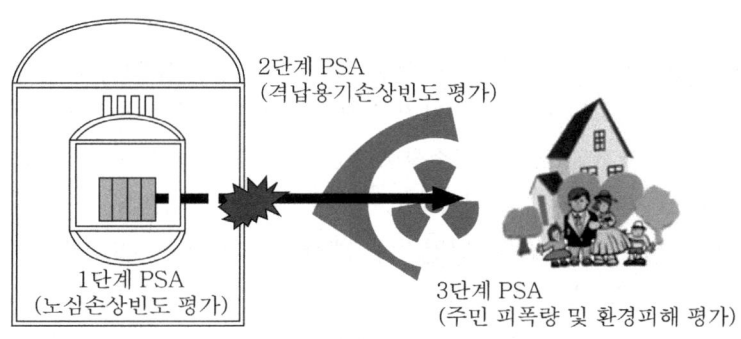

그림 6.1 확률론적 안전성평가(PSA) 수행단계

확률론적 안전성평가의 분석범위는 출력모드와 사건발생의 원인에 따라 구분할 수 있다. 출력모드에 따라 전출력(Full Power) PSA와 정지·저출력(Shutdown & Low Power) PSA로 분류하며, 사건발생의 원인에 따라 펌프나 기기 등의 고장과 같은 내부사건 (Internal Event) PSA와 지진이나 홍수와 같은 외부사건(External Event) PSA로 분류한다.

6.1.3 위험도의 정의와 정량적 안전목표

일반적으로 위험을 논할 때는 어떠한 위험인가 하는 위험의 종류와 어느 정도의 위험인가 하는 위험의 크기(Consequence), 그리고 위험의 발생가능성이 어느 정도인가 하는 확률(Probability) 또는 발생빈도(Frequency)를 고려해야 한다. 따라서 위험에 대한 평가에서 그 지표로 사용하는 것이 위험의 발생가능성과 크기를 함께 고려하는 위험도 (Risk)라는 개념으로 다음과 같이 표현된다.

위험도(Risk) = 사고발생가능성(Frequency) x 사고결말(Consequence)

확률론적 안전성평가는 원자력발전소에서 발생가능한 각 초기사건과 그 사건을 시작으로 전개되는 다양한 사고경위의 발생가능성(F_i)을 추정하고 사고경위에 따른 결말(C_i)를 추정하는 것이다. 원자력발전소의 운영으로 인하여 궁극적으로 나타나는 위험도 수치는 모든 발생가능한 초기사건에 대하여 이 세 가지 요소를 종합적으로 처리하는 과정의 결과물로서 다음과 같은 계산식으로 표현된다.

$$위험도(Risk) = \sum_i F_i \times C_i$$

확률론적 안전성평가의 각 단계별 정량적 안전목표는 '4.2절'에서 기술하고 있으며, 그 내용을 요약하면 다음과 같다. 국제원자력기구(IAEA)는 현재 운전 중인 기존의 원자력발전소에 대한 정량적 안전목표로 노심손상빈도(CDF)를 10^{-4}/RY 이하로, 대규모 방사능유출빈도(LERF)를 10^{-5}/RY 이하로 설정하고 있다. 여기서 RY(Reactor Year)는 원자로의 운전년수를 의미한다. 또한 신규 발전소에 대한 안전목표로 CDF를 10^{-5}/RY 이하로, LERF를 10^{-6}/RY 이하로 설정하고 있다. 한편 미국 원자력규제위원회(USNRC)는 정성적 안전목표와 정량적 안전목표를 제시하고 있으며, 이러한 안전목표를 달성하기 위한 성능지침으로 노심손상빈도를 10^{-4}/RY(신규 원전의 경우 10^{-5}/RY)로 설정하고, 또한 외부로의 방사능유출빈도를 10^{-5}/RY(신규 원전의 경우 10^{-6}/RY)로 설정하고 있다.

6.2 확률론적 안전성평가 단계별 수행 방법

6.2.1 1단계 PSA

1단계 PSA는 노심손상을 초래하는 사고경위(Accident Sequence)를 정량화하는 과정으로, 초기사건별로 노심손상에 도달할 수 있는 각종 사고경위들의 발생빈도 조합을 구하여 노심손상빈도를 산출하는 것이다. 이를 위한 일반적인 수행 체계는 그림 6.2에서 보는 바와 같이 초기사건의 선정, 사고경위 분석, 계통모델 분석, 인간 신뢰도 분석, 기기의 신뢰도 분석, 사고경위 정량화, 불확실도와 민감도 분석 등의 순서로 구성된다.

노심손상의 기준은 다양하게 정의되고 있으나, 일반적으로 노심의 건전성이 상실되었을 경우로써 핵연료의 용융을 포함하는 심각한 손상 또는 원자로냉각재 압력경계의 손상 등으로 노심이 냉각기능을 상실하는 상태를 의미한다. 구체적으로 일정기간 이상의 노심 상부의 노출(냉각재상실사고에서 짧은 기간의 노심노출은 제외) 또는 핵연료피복재 온도가 일정온도 이상에 도달하는 경우로 정의한다. 국제원자력기구(IAEA)의 경우에는

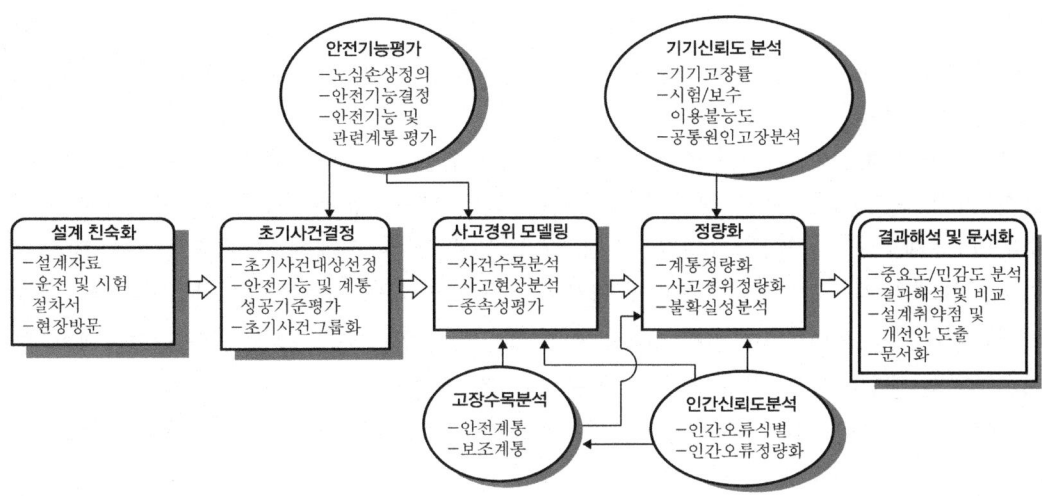

그림 6.2 1단계 PSA 수행절차

사고의 결과로 노심의 설계변수들이 설계기준 한계치(Design Basis Limits)를 초과했을 경우 노심이 손상되었다고 정의하고 있다.

1) 초기사건의 선정

초기사건(Initiating Event: IE)이란 정상운전 중인 원자력발전소의 불시적인 원자로 정지를 유발시키는 기기나 계통의 고장 또는 인적실수를 의미한다. 초기사건 선정은 평가대상 원전 고유의 계통 고장유형 뿐만 아니라 운전경험의 조사, 유사한 설계특성을 가진 원전의 PSA 검토 등을 포함하여 수행해야 한다. 초기사건은 일반적으로 냉각재상실사고와 과도사건의 두 가지 형태로 크게 구분할 수 있으며, 이에는 지진, 화재, 홍수, 태풍 등의 외부적인 요인이나 자연재해와 관련된 사건들도 포함된다.

초기사건의 목록이 작성되면 평가의 효율화를 위하여 사고의 예방 또는 완화에 필요한 필수 안전기능이 유사한 사건들을 그룹화할 수 있다. 이 경우 각 초기사건의 사건수목을 구성하여 분석하는 것과 그 결과에 큰 차이가 없어야 한다. 이는 발전소거동과 사고특성에 차이가 있는 초기사건들을 하나의 분석 대상 그룹으로 묶을 경우 주요한 발전소 고유 취약성을 간과하게 될 가능성이 있기 때문이다.

2) 사고경위 분석

사고경위 분석은 각 초기사건의 진행을 완화하는 안전계통들의 작동이 성공하거나 또는 실패함에 따라 존재하게 되는 수많은 사고경위를 성공기준(Success Criteria)에 따라 사건수목(Event Tree)을 구성하여 노심손상을 초래하는 사고경위를 논리적으로 도출하는 과정이다. 여기서 안전계통이란 원자로 미임계 유지, 노심 붕괴열 제거를 위한 원자로냉각재 및 유량의 유지와 원자로냉각재계통 과압방지 등의 안전기능을 수행하는 계통을 의미한다.

사건수목의 분석을 위해서 각 초기사건별로 노심을 건전한 상태로 유지하기 위해 필요한 안전기능을 파악하고 작동이 요구되는 안전계통과 운전원 조치를 정리하여 사건수목의 표제로 정의한다. 그리고 각 표제의 성공 또는 실패에 따라 이분수목(Binary Tree) 형태로 사고경위를 전개하여 발생가능한 노심손상 사고경위를 논리적으로 구성하게 된다. 각 초기사건에 따른 해당 안전계통의 성공기준과 작동시점을 결정해야 하며, 표제의 배열순서는 결과에 큰 영향을 미치지는 않으나, 일반적으로 해당 계통의 작동시점 순으로 배열하는 것이 사건전개의 이해를 돕고 분석의 효율성을 기할 수 있다.

안전계통의 작동요구시간(Mission Time)은 일반적으로 24시간으로 가정하며, 발전소의 상태가 다음 조건 중에서 하나를 만족하면 사고는 노심손상 없이 성공적으로 종결되었다고 가정한다.

  i) 정지냉각 운전조건을 만족하고, 정지냉각계통에 의해서 저온정지 상태의 유지
  ii) 2차 측에 의한 1차 측 열제거와 자연순환에 의한 노심잔열 제거를 통해 안정된 고온정지 상태의 유지
  iii) 주입 및 방출(Feed and Bleed) 운전 후에 비상노심냉각계통의 재순환 운전으로 노심잔열 제거상태의 유지
  iv) 대형 및 중형 냉각재상실사고에서 재순환운전과 격납건물 살수계통에 의한 노심잔열 제거상태의 유지

따라서 각 사건수목의 최종상태는 성공상태(Success State) 또는 노심손상 중의 하나로 표현된다. 그림 6.3은 신고리1호기의 대형 냉각재상실사고에 대한 사건수목을 예시로 보이고 있다.

3) 계통모델 분석

계통모델 분석은 안전계통 및 관련 보조계통들의 신뢰도분석 모델을 구성하여 이를 정량화하는 것으로, 일반적으로 고장수목(Fault Tree) 분석방법이 사용된다. 고장수목이란 계통이 필요한 기능을 수행하지 못하는 이용불능상태가 되는 모든 경우를 AND, OR 또는 NOT 등의 논리게이트를 사용하여 연역적으로 도식화한 논리수목이다.

고장수목의 구성을 위해 우선 사건경위에 연관되는 안전계통의 기능, 설계, 운전, 타 계통과의 연계성, 시험과 보수 등의 특성을 파악해야 하며, 계통 고장수목 분석을 위하여 각 계통의 정점사건(Top Event)을 정의해야 한다. 여기서 정점사건이란 계통이 요구되는

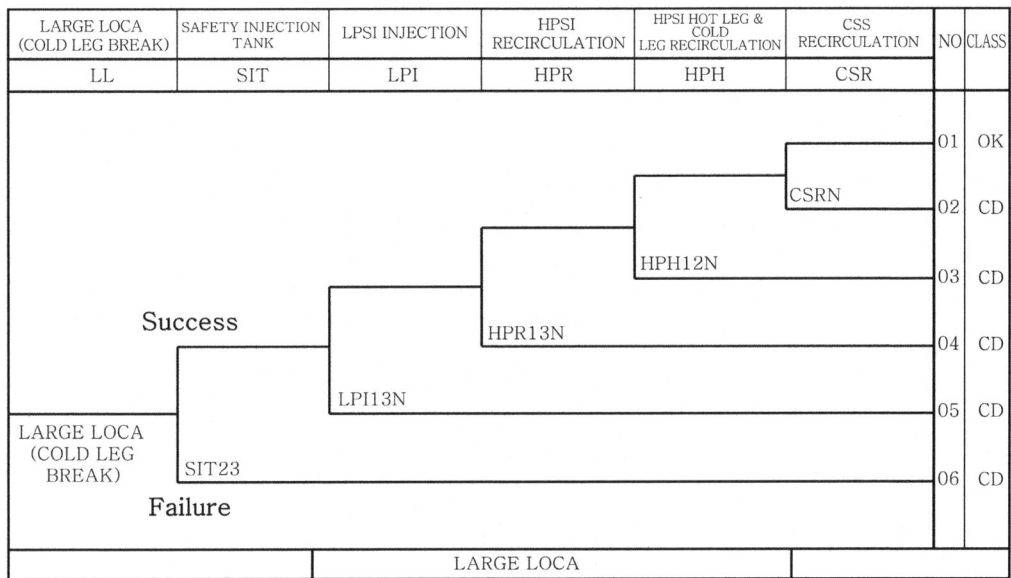

LARGE LOCA (COLD LEG BREAK)	SAFETY INJECTION TANK	LPSI INJECTION	HPSI RECIRCULATION	HPSI HOT LEG & COLD LEG RECIRCULATION	CSS RECIRCULATION	NO	CLASS
LL	SIT	LPI	HPR	HPH	CSR		

그림 6.3 대형 냉각재상실사고 사건수목 예시

SIT : 안전주입탱크, LPI : 저압안전주입, HPR : 고압 재순환 운전
HPH : 고압 안전주입계통을 이용한 저온관/고온관 동시 주입
CSR : 격납용기 살수계통을 이용한 재순환수 냉각
CD(Core Damage) : 노심손상

기능을 수행하지 못하는 사건을 말하며, 초기사건과 사고경위 분석과정에서 결정된다. 또한 각 정점사건의 원인을 연역적으로 추적하여 유용한 신뢰도자료가 있는 최소 기기 단위까지 수행해야 하며, 이 최소 단위를 기본사건(Basic Event)이라 한다. 고장수목 구성에서 고려되는 계통의 이용불능(System Unavailability) 원인에는 기기의 기계적 고장, 공통원인고장, 인간오류, 시험과 보수에 기인한 이용불능 등을 포함한다.

계통 고장수목을 구성한 후에 PSA용 전산코드를 이용하여 정점사건에 대한 최소단절 집합(Minimum Cut Set)을 기준으로 계통의 이용불능도를 계산하게 된다. 여기서 단절 집합은 계통의 고장(정점사건)을 유발하는 기기고장들의 조합을 의미하며, 최소단절집 합이란 계통의 정점사건을 유발하는 기기고장들의 최소조합을 의미한다. 그림 6.4는 신 고리1호기의 고압안전주입계통의 안전주입 실패에 대한 고장수목을 예시하고 있다.

4) 신뢰도자료 분석

신뢰도자료 분석은 사건수목과 고장수목에 포함된 모든 안전계통이나 기기의 신뢰도자 료를 분석하는 과정으로, 신뢰도자료에는 초기사건 발생빈도, 기기의 고장률, 공통원인 고장 확률, 인간오류 확률, 보수와 시험에 의한 이용불능도 등이 포함된다. PSA의 수행

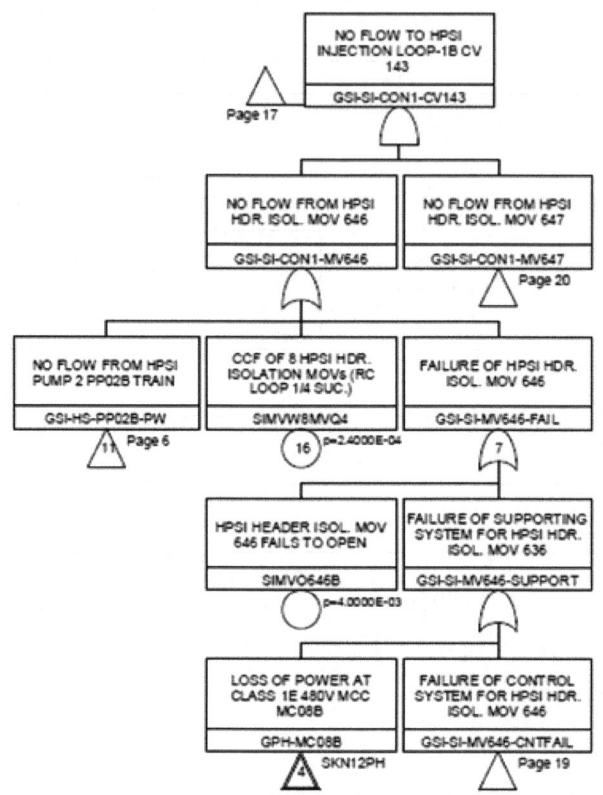

그림 6.4 고압안전주입계통 안전주입 고장수목 예시

목적에 따라 신뢰도자료 분석범위는 상당히 달라질 수 있다. 운전 중인 발전소의 경우 발전소 고유 운전이력을 조사하여 분석에 반영해야 하므로 많은 시간을 투입하여 운전과 고장자료를 수집하고 분석해야 한다. 그러나 원자력발전소 기기에 요구되는 높은 신뢰성에 부합하는 충분한 고장경험 자료가 없기 때문에 발전소 고유자료(Plant Specific Data)와 함께 일반자료(Generic Data)를 통계적으로 처리하여 사용하고 있다. 반면에 설계 중인 발전소의 경우 운전이력이 없으므로 일반자료를 사용하게 되며, 국외 원전의 자료나 국내 타 원전의 운전이력을 근거로 하고 있다.

기기 고장률의 정량화를 위해서는 계통이나 기기가 요구가 있을 때 작동하지 않는 고장(Demand Failure Model: DFM) 확률과, 성공적으로 작동된 계통이나 기기가 주어진 임무수행시간 이내에 고장(Time-related Failure Model: TFM)을 일으키는 확률을 고려해야 한다. 공통원인고장은 공통의 원인에 의해 계통 내에 있는 다중기기들이 동일한 유형의 고장을 유발하는 것을 말한다. 공통원인고장은 PSA 결과에 큰 영향을 미치는 인자로, 분석방법과 자료의 사용이 매우 중요하게 작용한다.

기기의 보수와 시험에 의한 이용불능도는 해당 기기가 작동이 요구되는 시점에 보수 또는 시험으로 작동이 실패할 확률을 뜻하며, 만약 기기가 시험상태에 있을 때에도 실제 작동요구시 동작할 수 있다면 이용불능으로 처리하지 않을 수 있다. 대부분의 안전계통의 기기들은 실제상황 우선(Test Override) 기능을 갖기 때문에, 대부분 보수작업으로 인한 이용불능도만을 고려한다.

5) 인간신뢰도 분석

인간신뢰도 분석(Human Reliability Analysis: HRA)은 사고경위 전개과정에서 발생가능한 모든 인간오류들을 파악해 내고, 이러한 인간오류들이 계통 안전성에 미치는 영향을 정량적으로 평가하는 것이다. 대개 원자력발전소의 운전과 관련된 인간의 작업성능을 대상으로 하고 있으며, 다음과 같은 절차를 통하여 분석한다.

- 인간오류 정의 : 발생가능한 모든 인간오류 도출
- 선별분석 : 상세분석에 필요한 인간오류 선별
- 직무분석 : 상세분석에 필요한 모든 관련 직무 수집
- 인간오류 모델링 : 적절한 모델을 사용하여 인간오류 표현
- 정량화 : 가용한 인간오류 확률자료를 이용한 정량화
- 문서화 : 분석 과정 및 결과 정리

PSA의 대상이 되는 인간직무에는 시험과 보수작업, 운전수행, 사고시 운전원의 대응조치나 복구조치가 포함된다. 이러한 직무상의 인간오류는 오류의 발생시점에 따라 초기사건 발생 이전에 이미 일어난 사고전 인간오류(Pre-Accident Human Error)와 사고후 인간오류(Post-Accident Human Error)로 구분할 수 있다. 사고전 오류는 초기사건 발생 이전에 계통이나 기기를 이미 이용불능 상태에 있게 하는 오류로, 대표적으로 보수나 시험 후에 계통이나 기기를 원래 상태로 복귀시키지 못한 오류가 있다. 사고후 오류는 사고의 진행과정에서 사고를 진단하고 완화하기 위한 조치의 수행에 실패하는 오류로, 사고완화를 위한 절차서를 위반하는 오류나 고장 기기와 계기의 기능 회복조치에 실패하는 오류 등이 대표적인 예이다.

6) 사고경위 정량화

지금까지 수행된 사건수목, 계통의 고장수목, 신뢰도자료 등의 모든 결과물을 체계적으로 통합하여 노심손상을 초래하는 각 초기사건에 대한 노심손상빈도를 산출하고, 이를 토대로 발전소의 노심손상빈도를 산출하는 단계이다. 우선 고장수목에 기기의 신뢰

도자료를 적용하여 각 정점사건의 발생확률을 산정하고 이를 사건수목과 연계하여 해당 초기사건의 노심손상빈도를 산출할 수 있다. 그림 6.5는 고장수목과 사건수목의 연계를 통하여 10^{-1}/년의 발생빈도를 갖는 초기사건의 노심손상빈도가 1.1×10^{-7}/년으로 산출되는 과정을 개념적으로 도식화하고 있다.

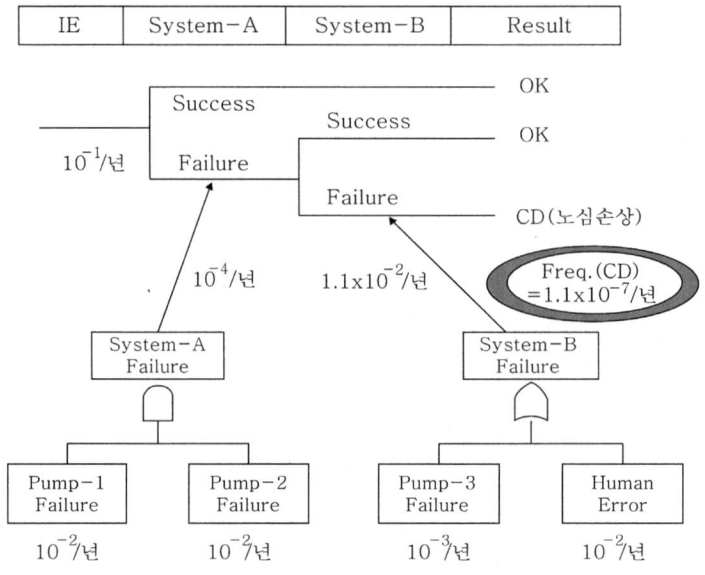

그림 6.5 고장수목과 사건수목의 연계 개념도

이러한 과정을 모든 초기사건에 대하여 적용하여 각 초기사건의 노심손상빈도를 산출하고, 이들 노심손상빈도의 조합을 통하여 발전소의 노심손상빈도를 정량적으로 평가하게 된다. 각 계통의 정점사건 및 사고경위의 정량화 단계에서 분석의 효율성을 위하여 전체 결과(노심손상빈도)에 영향이 매우 미미한 일부 최소단절집합을 제외할 수 있도록 절삭값(Cutoff Value)을 적용한다. 절삭값은 그 값을 변화시키면서 결과에 미치는 영향을 고려하여 적절한 값으로 결정하여야 하며, 일반적으로 10^{-11}/년 값을 적용한다.

사고경위 정량화를 통하여 평가된 발전소의 노심손상빈도를 신고리1호기를 예로서 살펴보면 다음과 같다. 전출력 내부사건 평가에서 16개의 초기사건이 선정되었으며, 이들 초기사건들에 대한 사건수목 정량화 분석결과 총 246개의 노심손상 사고경위가 도출되어 있다. 이에 따른 신고리1호기 발전소의 노심손상빈도는 6.94×10^{-6}/년으로 평가되어 있으며, 각 초기사건별 노심손상빈도는 표 6.1에 나타나 있다. 각 초기사건별 발전소 노심손상빈도에의 기여도를 살펴보면 냉각재상실사고(50.6%)와 과도사건

(49.4%)에 의한 기여도는 유사한 수준으로 나타나고 있으며, 소형 냉각재상실사고가 23.9%를 차지하여 가장 높은 기여도를 보이고 있다.

표 6.1 초기사건별 노심손상빈도 예시

	사건명	초기사건빈도 (/년)	노심손상빈도 (/년)	노심손상빈도 비율(%)
냉각재상실사고	대형냉각재상실사고	1.70E-04	6.52E-07	9.4
	중형냉각재상실사고	1.70E-04	5.10E-07	7.4
	소형냉각재상실사고	3.00E-03	1.66E-06	23.9
	증기발생기세관파단사고	4.50E-03	4.22E-07	6.1
	저압경계부 냉각재상실사고	1.77E-09	1.77E-09	0.0
	원자로용기파손사고	2.66E-07	2.66E-07	3.8
	냉각재상실사고 전체		3.51E-06	50.6
과도사건	대형이차측파단사고	1.50E-03	1.08E-08	0.2
	주급수상실사고	5.50E-01	1.05E-06	15.1
	복수기진공상실사고	2.30E-01	3.64E-08	0.5
	1차측기기냉각수상실사고	7.30E-02	2.47E-07	3.6
	1E급 4.16kV 교류모선상실사고	1.75E-03	3.34E-09	0.1
	1E급 125V 직류모선상실사고	3.50E-03	1.97E-07	2.8
	소외전원상실사고	3.19E-02	8.09E-07	11.7
	발전소정전사고	5.34E-06	2.31E-07	3.3
	일반과도사건	3.40E+00	5.65E-07	8.1
	정지불능과도사건	2.18E-05	2.80E-07	4.0
	과도사건 전체		3.43E-06	49.4
사건 전체			6.94E-06	100.0

7) 불확실도 및 민감도 분석

결과에 포함되어 있는 불확실도를 정량화하고 이를 바탕으로 주요 가정사항의 영향에 대한 민감도를 평가하는 것이다. 불확실도 분석은 PSA의 전반적인 단계에서 종합적으로 수행되며, 불확실도의 크기는 입력자료, 분석모델 및 계산과정의 변화 가능성에 의해 달라진다. 불확실도 분석은 확률론적 결과를 이해하는데 중요한 과정이며, 불확실도의 정량화를 통해서 그 분석의 기술현황에 대한 신뢰도를 얻을 수 있다. 일반적으로 사고경위의 정량화에 나타나는 불확실도는 계통·기기의 신뢰도자료의 불확실도에 기인하므로 이에 대한 평가가 수행되어야 한다. 그림 6.6은 신고리1호기의 신뢰도자료의 불확실도에 따른 내부사건 노심손상빈도에 대한 불확실도 분포를 보이고 있다.

민감도분석은 단일 변수나 현상의 변화에 따른 노심손상빈도의 변화를 정량적으로 평가하기 위한 것이다. 따라서 민감도분석을 위해서는 다수의 계산결과의 비교분석을 필요로 한다.

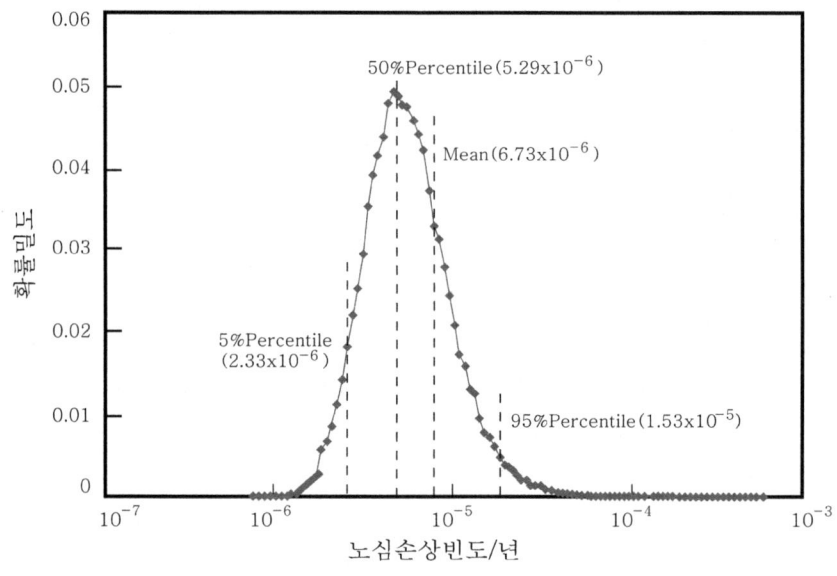

그림 6.6 노심손상빈도에 대한 확률분포 예시

6.2.2 2단계 PSA

2단계 PSA는 1단계 PSA의 수행결과인 노심손상 사고경위로부터 사고의 전개과정을 분석하고, 원자로용기와 격납건물의 손상방식과 이에 따른 격납건물 외부로 방사성물질의 유출량과 발생확률을 계산하는 단계이다. 2단계 PSA의 주요 결과는 격납건물의 손상에 관한 정보(손상시간, 손상위치, 손상확률)와 격납건물 손상에 따른 외부로 유출되는 방사선원항에 관한 정보(유출시간, 유출위치, 유출량과 유출확률)를 제공하게 된다.

2단계 PSA는 다양한 방법으로 수행이 가능하나, 일반적으로 그림 6.7에서 보는 바와 같이 크게 노심손상사고의 전개과정 분석, 격납건물 사건수목 구성, 방사선원항 평가 등으로 진행된다. 이러한 과정을 수행하기 전에 노심손상에 따른 중대사고의 전개과정과 격납건물의 거동을 평가하기 위하여, 1단계 PSA에서 다루지 않았으나 2단계 PSA

수행에 필요한 계통과 기기, 특히 격납건물의 기능과 구조 등에 대한 설계와 운전자료를 확인해야 한다.

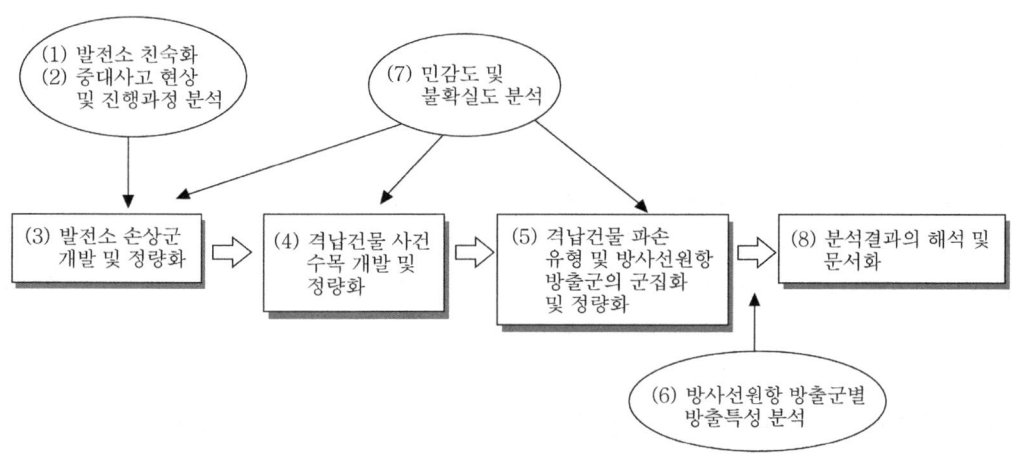

그림 6.7 2단계 PSA 수행절차

1) 노심손상사고 전개과정 분석 및 발전소 손상군 개발

노심손상사고 전개과정 분석은 노심손상에 따른 중대사고로의 진행과 이에 따른 격납건물의 거동을 분석하여 발전소 손상군(Plant Damage State: PDS)을 구성하는 단계로, 다음 단계의 격납건물 사건수목 분석에 반영되어 최종적으로 방사선원항의 평가를 가능하게 한다. 2단계 PSA에서는 1단계 PSA의 사고경위에 격납건물 관련 계통 등을 포함하여 사고경위를 확장하게 된다. 이렇게 확장된 사고경위를 효과적으로 분석하기 위하여 핵연료와 1차계통에서의 방사성물질 방출, 격납건물 내에서의 방사성물질 이송과 침적 등을 고려하여 사고진행의 유사성에 따라 발전소 상태를 발전소 손상군으로 군집화한다. 이는 많은 수의 노심손상 사고경위들을 노심손상 시기에 유사한 발전소 상태를 나타내는 소수의 군들로 군집화 하여 사고의 진행 특성을 유지하면서, 수행하여야 할 사고분석의 수를 줄이기 위한 것이다. 따라서 하나의 발전소 손상군으로 분류된 사고경위들은 격납건물의 거동과 방사성물질의 유출 특성이 유사하기 때문에 노심손상 이후 동일한 형태로 사고가 진행되는 것으로 가정한다.

발전소 손상군의 개발을 위하여 노심손상 사고경위와 격납건물 상태의 관점에서 사고의 진행에 영향을 미치는 다양한 변수들을 군집화 변수로 설정해야 한다. 대표적인 군집화 변수로는 초기사건의 유형(파단크기별 소형·중형·대형 냉각재상실사고, 과도상태, 전원완전상실), 방사성물질의 격납건물 우회여부, 격납건물 격리여부, 냉각재의 노심

주입상태, 전원회복 여부, 격납건물 열제거계통 작동여부, 격납건물 살수계통 재순환여부 등이 있다. 다음으로 1단계 사건수목을 격납건물 상태를 포함하여 손상군 사건수목(PDS Event Tree)으로 확장하고, 각 사고경위들을 군집화 변수를 이용하여 발전소 손상군으로 분류해야 한다. 끝으로 각 손상군에 속한 사고경위들의 발생빈도를 합하여 발전소 손상군의 발생빈도를 구한다.

2) 격납건물 사건수목 개발

격납건물 사건수목(Containment Event Tree: CET)은 발전소 손상군을 초기조건으로 중대사고의 주요 현상과 격납건물의 상태와 손상유형을 고려하여 노심손상으로부터 격납건물 외부로 방사성물질이 유출되기까지의 사고의 진행과정을 예측하고, 격납건물 손상확률과 방사성물질의 유출량을 계산하기 위한 논리적 체계이다. 격납건물 사건수목은 격납건물 내의 중대사고 전개에 따른 다양한 현상과 운전원조치를 모사하기 위하여 다수의 정점사건(Top Event)을 사용한다. 또한 정점사건의 수를 줄이기 위하여 중대사고 현상이나 운전원 조치를 상세히 다루는 보조수목으로 분해사건수목(Decomposition Event Tree: DET)을 사용하게 되며, 이 경우 정점사건의 수를 대개 20개 미만으로 단순화 할 수 있다.

정점사건들은 사고진행에 따른 방사성물질의 유출 크기를 고려하여 노심손상 이전 단계, 원자로용기 파손 이전의 노심손상 진행단계, 원자로용기 파손 시점 또는 직후의 원자로 외부 진행단계, 노심용융물의 방출 후 장기적인 진행단계 등 시간대로 구분하여 격납건물 사건수목에 적절히 배치한다. 대표적인 정점사건들은 현상학적 사건으로 노심용융물의 노내 냉각 가능성, 격납건물 손상을 야기하는 증기폭발 가능성, 격납건물 조기 수소폭발 가능성, 격납건물 조기 손상 가능성 등이 있으며, 격납건물 열제거계통 후기 손상여부와 살수계통 후기 손상여부가 있다. 또한 운전원 조치와 관련하여 냉각재 노내주입 회복 가능성, 원자로냉각재계통 감압능력회복 가능성, 전원회복 가능성, 격납건물 살수계통 및 열제거 능력 회복여부 등이 있다.

다음 단계로 각 발전소 손상군에 대한 정점사건의 분기점 확률을 평가함으로써 격납용기 사건수목을 정량화한다. 분기점 확률은 주어진 조건 하에서 분기점 사건이 발생할 확률이 아니라, 분기점 현상이 발생할 것인지 또는 발생하지 않을 것인지에 대한 주관적인 확률을 나타낸다. 그림 6.8은 격납건물 사건수목과 2단계 PSA 수행 연계도를 보이고 있다.

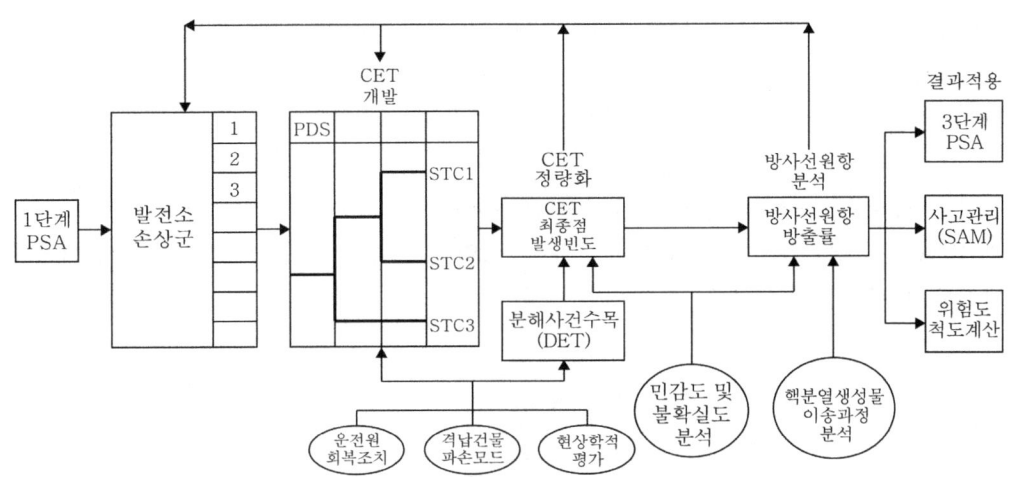

그림 6.8 격납건물 사건수목과 2단계 PSA 수행 연계도

3) 방사선원항(Source Term) 평가

2단계 PSA의 최종 단계는 격납건물 사건수목의 각 사고경위에 대하여 방출핵종의 구성, 방출시기, 방출기간, 방출위치, 방출량, 방출에너지 등으로 정의되는 방사선원항을 평가하는 것이다. 모든 격납건물 사고경위에 대해 상세 방사선원항 분석을 수행하기에는 사고경위의 수가 너무 많으며, 또한 환경으로의 방사성핵종 방출량과 방출시기가 다수의 사고경위에서 유사하게 나타난다. 따라서 격납건물 사건수목의 최종 사고경위들을 방사선원항 특성이 유사할 것으로 기대되는 한정된 개수의 방사선원항 방출군(Source Term Category: STC)으로 군집화 함으로써 분석대상 사고경위의 수를 줄이고, 각 방사선원항 방출군에 대한 발생빈도를 정량화하게 된다.

방사선원항 방출군이 정의되면 각 방출군이 가지는 확률값이나 방사성물질의 특성에 따라 방출군을 가장 적절히 대표할 수 있는 사고경위를 선정하여 방사선원항의 크기를 포함한 분석을 수행한다. 대표 사고경위로써 발생빈도가 가장 큰 발전소 손상군 중에서 발생빈도가 가장 큰 사고경위를 선정하며, 또한 방사선원항 방출군에 속하는 사고경위 중에서 발생빈도가 가장 크거나 방사선원항이 가장 클 것으로 예상되는 사고경위를 선정한다.

6.2.3 3단계 PSA

3단계 PSA는 격납건물 외부로 유출되는 방사성물질에 의하여 인체와 환경에 미치는 영향을 평가하는 PSA의 최종 단계로서, 공중 위험도(Public Risk)를 정량적으로 평가하게 된다. 공중 위험도는 방사선피폭에 의한 공중의 신체적 영향과 농경지, 토양, 농작물, 물 등의 환경오염과 경제적 손실을 포함한다.

3단계 PSA는 2단계 PSA에서 얻어진 방사성물질의 대기로의 유출을 특성화하는 방사선원항을 토대로 수행되며, 방사성핵종의 종류와 방출량 및 그 화학적 특성, 방출시기와 기간, 방출위치 등의 다양한 방출변수와 방출확률이 평가의 초기조건으로 사용된다. 3단계 PSA의 수행절차는 그림 6.9에서 보는 바와 같으며, 수행의 기본적인 계산단계와 각 단계에서 필요한 자료들을 명시하고 있다.

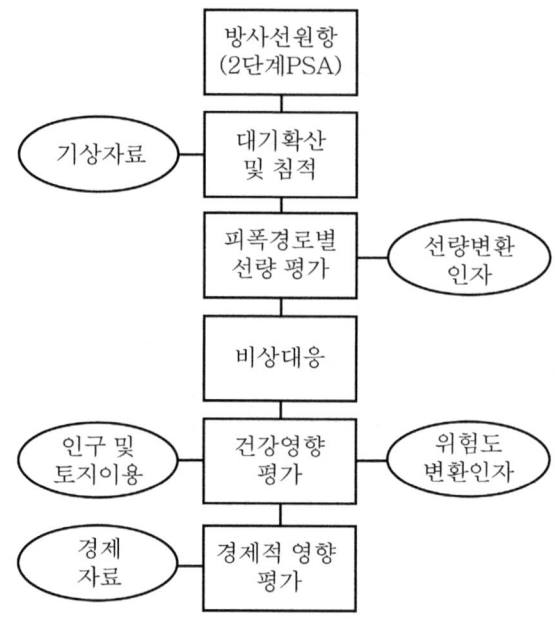

그림 6.9 3단계 PSA 수행절차

1) 방사성핵종의 대기확산 및 침전

원자력발전소 주변의 기상자료를 토대로 대기 중으로 방출된 방사성핵종의 대기확산과 농도를 산출한다. 이 단계에서는 방사성붕괴, 방사능운(Plume) 상승, 방출 지속시간 등을 고려해야 하며, 특히 침전(Deposition)에 의한 농도의 변화를 중요하게 다루어야 한다.

2) 피폭경로별 선량 평가

방사성핵종에 의하여 인체가 영향을 받을 수 있는 피폭경로를 도출하고 피폭선량을 평가해야 하며, 피폭경로는 외부피폭과 내부피폭 경로로 구분된다. 외부피폭은 방사능운에 의한 핵종(Cloudshine), 침적된 지표상의 핵종(Groundshine), 피부나 의복에 침적된 핵종 등의 요인에 의하여 발생하며, 내부피폭은 방사성핵종의 흡입, 재부유된 핵종의 호흡, 오염된 음식물 섭취 등으로 발생한다. 방사능운이나 침적된 지표상의 핵종에 의한 피폭은 β선과 γ선이 주로 영향을 미치나, β선의 짧은 비정 거리로 그 영향은 미미하여 γ선에 의한 영향만을 고려한다.

3) 비상대응 조치

중대사고로 인한 방사성물질의 외부 유출에 따른 공중의 피폭을 최소화하기 위하여 원자력발전소의 인근 주민에 대한 대피, 소개(Evacuation), 음식물 섭취제한 등의 방사선 비상대응 조치를 취하게 되며, 이러한 요소를 평가에 포함해야 한다.

4) 건강영향 평가

방사선피폭으로 의하여 인체에 미치는 영향은 발생 시기에 따라 급성영향과 만성영향, 피폭의 영향이 나타나는 개체에 따라 신체적 영향과 유전적 영향, 방사선방호의 목적에 따라 결정론적 영향과 확률론적 영향으로 구분한다.

5) 경제적 영향 평가

중대사고로 인한 모든 경제적 영향을 비용으로 나타낼 수는 있으나, 해당 국가의 경제에 대한 통계자료가 필요하기 때문에 일반적으로 방사선 비상대응조치 비용과 인근 주민을 포함한 공중의 피폭에 의한 건강영향 비용을 위주로 평가한다.

3단계 PSA 수행으로 나타나는 대표적인 결과물인 건강영향 평가 결과는 그림 6.10에서 보는 바와 같다. 여기서 가로축은 사고로 인한 사망자의 수(N)를 나타내며, 세로축은 사망자 수(N)를 초과하는 확률을 나타낸다.

6.3 확률론적 안전성평가 결과 활용

6.3.1 위험도정보 활용 규제

확률론적 안전성평가로부터 얻어지는 중요한 결과물인 위험도정보는 원자력발전소의 운영으로 초래될 수 있는 위험도에 영향을 미치는 주요 사고경위가 무엇인지, 사고경위에 연계되는 주요 계통·기기 및 구조물이 위험도에 어느 수준으로 영향을 미치는지, 그리고 노심손상빈도와 방사능의 외부로의 대량유출빈도를 토대로 종합적인 정량적 위험

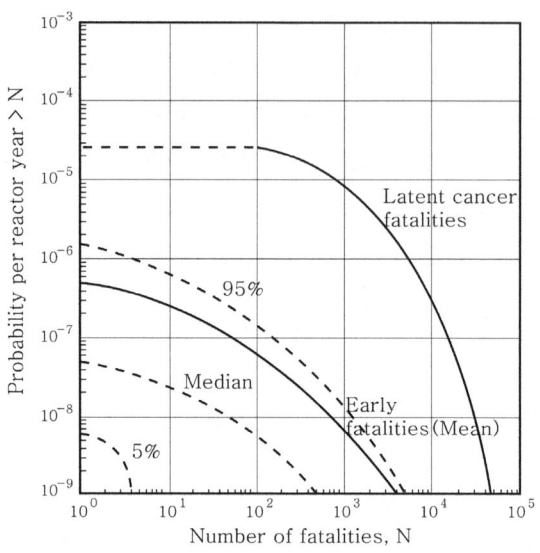

그림 6.10 3단계 PSA 건강영향 평가결과 예시

도를 제공한다. 위험도정보 활용 규제(Risk-informed Regulation)는 기존의 심층방어 개념과 공학적 판단, 운전경험 등과 함께 위험도정보를 규제의 의사결정 과정에 활용하는 기법으로, 지금까지의 심층방어 개념에 근거한 결정론적 규제방식을 위험도 관점에서 보완함으로써 안전규제의 효율성과 효과성을 높이자는데 그 목적을 두고 있다.

확률론적 안전성평가의 활용은 1995년 미국 원자력규제위원회(USNRC)가 정책성명 ("Use of PRA Methods in Nuclear Activities")을 공포하면서 활성화되었으며, 안전규제의 의사결정에 반영되었다. 그러나 실제적으로 위험도정보 활용 규제의 기틀이 마련된 것은 1998년 규제지침서인 RG 1.174를 발간하여 개별 원전의 인·허가 사항의 변경 신청에 대하여 위험도정보를 활용하는 일반적인 절차와 방법을 제시하면서부터이다. 또한 이와 함께 특정 규제사항으로 위험도정보의 가동중 시험(RG 1.175)과 가동중 검사(RG 1.178)에의 활용, 위험도정보를 이용한 품질보증의 차등화(RG 1.176), 위험도 정보를 활용한 기술지침서 운전제한조건과 점검주기의 설정(RG 1.177) 등에 관한 규제지침서가 발간되면서 본격화되었다.

지금은 규제의사결정의 많은 영역에서 확률론적 안전성평가 결과를 토대로 위험도정보의 활용이 다양하게 적용되고 있다. 여기에서는 위험도정보 활용 규제에 대한 이해를 위하여 주요 적용 사례와 방법을 살펴보기로 한다.

6.3.2 위험도정보 활용 일반규제 지침

위험도정보를 활용하는 일반적인 절차와 방법을 규정하고 있는 규제지침서(RG 1.174)에서는 개별 원전의 인·허가 사항의 변경신청에 대하여 기존의 규제 개념 및 원칙과 일관성을 유지하면서 위험도정보를 활용하는 체계를 제시하고 있으며, 기본적인 개념은 다음과 같다.

- 제안된 변경사항이 현재의 규제요건을 만족해야 한다.
- 제안된 변경사항은 심층방어 원칙을 준수해야 한다.
- 제안된 변경사항은 충분한 안전여유도를 유지해야 한다.
- 제안된 변경사항으로 인하여 발생하는 노심손상빈도(CDF) 및 위험도의 증가는 작아야 하며, 안전목표를 초과하지 않아야 한다.
- 제안된 변경사항이 안전에 미치는 영향은 측정가능한 성능지표를 이용하여 감시되어야 한다.

규제의 의사결정은 이러한 5가지 개념을 종합하여 수행되어야 하며, 그림 6.11은 이 개념을 도식화하고 있다. 위험도정보의 분석에 사용된 발전소 고유의 확률론적 안전성평가는 품질이 보증되어야 하며, 분석모델과 자료의 불확실도를 고려해야 한다. 위험도의 정량적 허용지침으로 정량적 안전목표에서 규정한 즉시 치사 위험도와 암치사 위험도가 적용되어야 하나, 실질적인 대안으로 방사성물질의 대규모 조기 외부방출빈도(LERF)의 사용도 허용된다. 이는 위험도의 분석을 위하여 PSA의 마지막 3단계까지가 수행되어야 하나, 이 경우 해석과 결과의 불확실도에 대한 논란의 여지가 있기 때문이다.

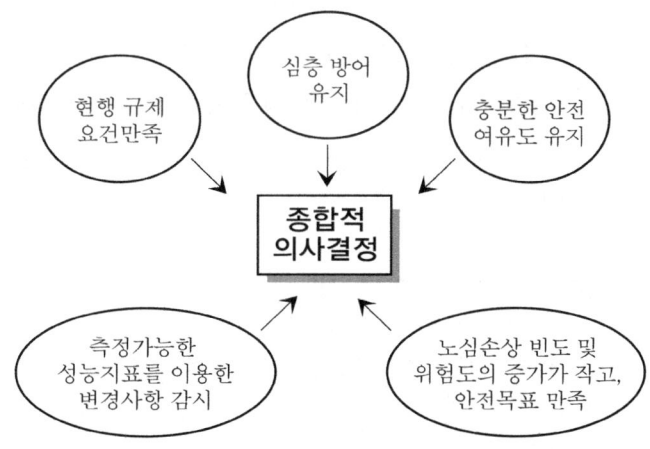

그림 6.11 위험도정보 활용 규제 의사결정 개념도

제안된 인·허가 변경사항으로 야기되는 CDF와 LERF의 증가는 작은 양으로 제한되어야 하며, 변경사항들의 누적된 효과는 추적 관리되어 의사결정에 반영되어야 한다. 그림 6.12는 CDF의 허용지침으로 기존의 CDF와 제안된 인·허가 변경사항에 의한 CDF의 증가($\triangle$CDF)와의 관계를 나타내고 있다. $\triangle$CDF가 10^{-5} 이상일 경우(Region I)에는 변경이 허용되지 않으며, $\triangle$CDF가 10^{-6} 이하일 경우(Region III)에는 기존 CDF의 크기에 비교적 구애받지 않고 변경이 허용된다.

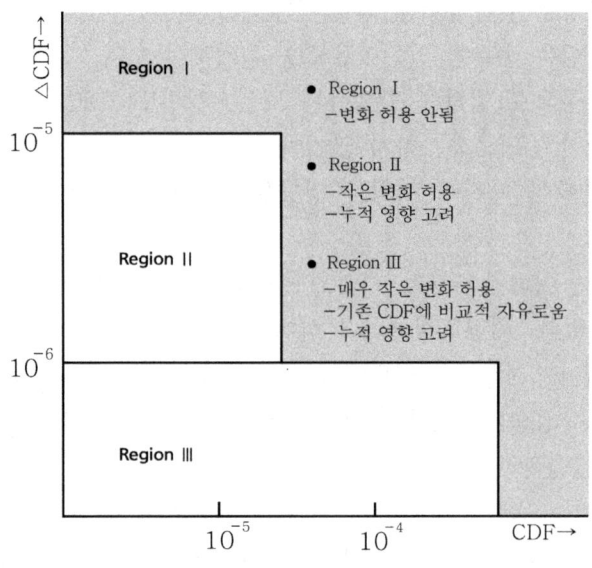

그림 6.12 노심손상빈도(CDF) 허용지침

또한 그림 6.13은 기존의 LERF와 제안된 인·허가 변경사항에 의한 $\triangle$LERF의 관계를 나타내고 있으며, $\triangle$LERF가 10^{-6} 이상일 경우(Region I)에는 변경이 허용되지 않으며, $\triangle$LERF가 10^{-7} 이하일 경우(Region III)에는 기존 LERF의 크기에 비교적 구애받지 않고 변경이 허용된다.

6.3.3 위험도정보 활용 설비의 분류와 관리

원자력발전소의 안전 관련 계통·기기 및 구조물은 해당 안전기능을 만족하게 수행하기 위하여 설계, 제작, 운전 등의 전 과정에서 품질보증이 수행되어야 한다. 일반적으로 품질보증에 대한 요건은 품질보증 조직, 계획, 설계관리 등을 포함하는 18개의 기준(표 9.8 참조)으로 구성되어 있다. 그러나 품질보증의 대상이 되는 수많은 안전 관련

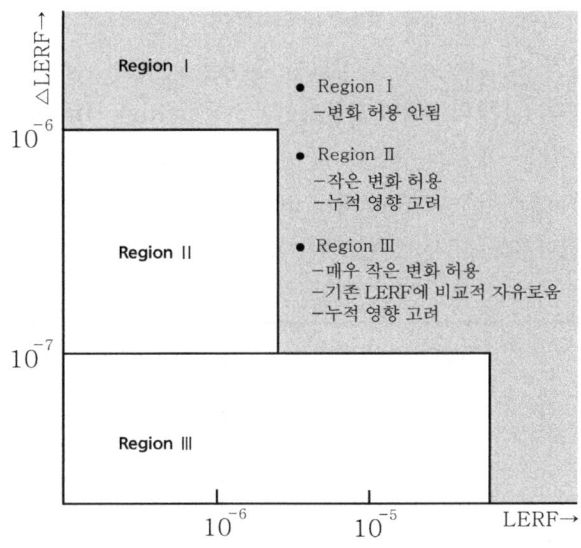

그림 6.13 대규모 조기 방출빈도(LERF) 허용지침

설비들 중에서 상당부분은 노심손상방지, 방사성물질의 외부 유출방지 등의 필수 안전 기능 유지에 미치는 영향이 미미할 뿐만 아니라, 특히 위험도에 미치는 영향이 매우 작은 것으로 나타나고 있다. 그럼에도 불구하고 규제요건의 이행을 위하여 이들 설비들의 품질보증에 많은 인력과 비용을 투자해야 하는 비효율성을 초래하게 된다.

한편으로 품질보증의 대상에 속하지 않은 비안전 계통이나 기기들 중에서도 위험도에 상당한 영향을 미치는 경우가 있어 위험도 관점에서 이들 설비에 대한 각별한 관리가 요구된다. 이는 원자력발전소의 설비가 심층방어 개념을 근간으로 결정론적 방법에 의하여 분류되고 있기 때문이며, 궁극적으로 원자력발전소의 전체적인 위험도에 미치는 영향을 고려하지 않기 때문이다.

이러한 비효율성과 위험도정보를 활용한 안전의 중요도를 고려하여 품질보증 요건의 적용을 차등화하는 방안이 제시되었으며, 1998년 미국의 원자력규제위원회는 RG 1.176을 통하여 이를 구체화하였다. 그러나 안전에 미치는 영향이 미미한 안전 관련 설비들에 대한 품질보증 요건이 완화되었으나, 안전 관련 설비에 적용되는 지진이나 환경 요인에 대한 기기검증 등의 다른 규제요건으로 인하여 크게 효과를 보지 못하였다. 이에 원자력규제위원회는 2004년 위험도정보를 활용한 설비의 분류와 안전관리에 관한 규칙(10CFR50.69)을 제정하였다. 제정된 규칙의 주요 내용은 원자력발전소의 계통·기기 및 구조물을 기존의 심층방어 개념을 토대로 결정론적 방법과 함께 위험도정보를 활용한 안전 중요도에 따라 분류하고, 이들 분류에 따라 설비의 안전관리를 수행하자는 것이다.

설비의 분류방식은 그림 6.14에서 보는 바와 같이 기존의 결정론적 방법에 의한 안전등급 또는 비안전등급과 더불어 위험도정보를 활용한 안전에 중요한 기능수행(안전중요도)의 수준을 고려하여 4개의 위험도정보 안전등급(Risk-Informed Safety Class: RISC)으로 구분하고 있다. 예로서 RISC-1은 안전중요도가 높은 안전 관련 설비를 말하며, 여기서 안전에 중요한 기능(Safety Significant Function)이란 그 기능의 상실이나 저하가 심층방어, 안전여유도 또는 위험도에 심각한 영향을 초래하는 것을 의미한다.

안전 중요도 (위험도 정보)	높음 ⇧	1 "RISC-1" 설비 안전등급 설비 안전에의 중요도가 높은 설비	2 "RISC-2" 설비 비안전등급 설비 안전에의 중요도가 높은 설비
	낮음 ⇩	3 "RISC-3" 설비 안전등급 설비 안전에의 중요도가 낮은 설비	4 "RISC-4" 설비 비안전등급 설비 안전에의 중요도가 낮은 설비

안전등급 ⇦ | ⇨ 비안전등급

결정론적 분류

그림 6.14 위험도정보 활용 설비의 분류

위험도정보 안전등급으로 분류된 설비의 안전관리에 있어서 RISC-1과 RISC-2로 분류된 설비에 대해서는 기존의 관련 설비에 적용되는 안전요건을 적용하나, RISC-3의 설비에 대해서는 10CFR50.69에 명시된 완화된 요건으로 대체할 수 있도록 규정하고 있다. 대체할 수 있는 주요 안전요건으로 전기 기기의 환경검증 요건, 가동중 시험 및 검사 요건, 정비규정 요건, 품질보증 요건, 격납건물 누설시험 요건 등이 있다.

위험도정보 안전등급 분류는 적절한 분류절차에 따라 수행되어야 하며, 이 절차는 발전소 고유의 확률론적 안전성평가의 수행, 심층방어 기능의 유지 등을 포함하고 있다. 또한 RISC-3로 분류된 설비는 충분한 안전여유도를 확보하고 있으며, 이러한 분류에 따른 CDF와 LERF의 증가가 미미하다는 것을 입증해야 한다.

6.3.4 위험도정보 활용 성능기반 규제

기존에 일반적으로 채택하고 있는 규정적 규제(Prescriptive Regulation)는 규제기관이 구체적이고 세부적인 요건을 설정하고 이를 준수할 것을 강제하는 것이다. 이에 대비되는 개념으로 성능기반규제(Performance-based Regulation)는 규제기관이 안전성 확보를 위한 측정 가능한 성능목표와 지표를 설정하고 이의 달성을 위한 수단과 방법에 대해서는 사업자의 자율에 일임하는 규제방식이다. 따라서 성능기반규제는 사업자의 창의적이고 자발적인 안전관리를 유도할 수 있고, 성능목표 달성정도에 따라 차등규제할 수 있는 규제방식으로 규제의 효율화를 도모할 수 있는 방법이다.

성능기반규제의 대표적인 예로서 미국 원자력규제위원회의 정비규정(Maintenance Rule)을 들 수 있다. 이 규정은 1991년 10CFR50.65로 제정되어 1996년 시행된 규정으로, 안전에 중요한 영향을 미치는 설비들의 효율적이고 효과적인 정비를 통하여 발전소의 안전성을 제고하자는데 목적을 두고 있다. 규정의 주요 내용을 살펴보면 다음과 같다.

원자력발전소의 계통·기기 및 구조물의 성능과 상태는 사업자가 설정한 목표를 기준으로 감시되어야 하며, 이 목표는 안전성에 부합하고 운전경험을 고려하여 설정되어야 한다. 설비의 성능이나 상태가 설정한 목표에 미달될 경우에는 적절한 시정조치가 취해져야 한다. 그러나 설비들이 의도된 기능을 수행할 수 있도록 적절한 예방정비(Preventive Maintenance)를 통하여 그 성능이나 상태를 효과적으로 관리할 수 있는 경우에는 감시가 요구되지 않는다. 성능감시 활동과 성능목표, 예방정비 활동은 적어도 핵연료재장전 주기마다 평가되어야 하며, 24개월을 초과하지 않아야 한다. 사업자는 설비의 점검, 정비 후의 시험, 시정조치, 예방정비 등을 포함하는 정비활동을 수행하기 이전에 이러한 정비활동으로 인한 위험도(CDF 및 LERF)의 증가를 평가하고 관리해야 하며, 평가 대상은 위험도에 상당한 영향을 미치는 설비에 대하여만 적용한다.

감시프로그램의 범위는 다음에 규정한 안전 관련 및 비안전 관련 설비를 포함한다.

- 설계기준사고시 원자로정지상태의 유지, 원자로냉각재 압력경계의 건전성 유지 또는 방사성물질의 외부로의 유출을 예방 및 완화하는 기능을 유지하기 위하여 작동이 요구되는 안전 관련 설비
- 사고나 과도상태를 완화하거나 비상운전절차에서 사용하는 비안전 관련 설비
- 해당 설비의 고장이 안전 관련 설비의 안전기능 수행을 저해하는 비안전 관련 설비
- 해당 설비의 고장이 원자로정지나 안전 관련 계통의 작동을 유발하는 비안전 관련 설비

안전에 중요한 설비는 위험도정보(노심손상빈도)를 활용하여 선정하고, 각 설비는 고유의 성능 목표와 기준을 가지며, 안전에 중요하지 않은 설비는 발전소의 일반적인 성능기준을 만족하면 된다. 일반적으로 설비의 고유 성능기준은 이용도, 신뢰도 또는 기

기상태로 표시되며, 발전소의 일반적인 성능기준은 발전소의 일정 운전기간 동안의 원자로 불시정지 횟수, 안전계통의 예기치 않은 작동 횟수 등으로 나타난다.

6.3.5 위험도정보 활용 기타 사례

1) 위험도정보 활용 가동중 시험

원자력발전소의 가동중 시험(In-Service Test: IST)은 사고의 예방과 완화에 사용되는 안전 관련 기기에 대하여 주기적으로 그 기능과 작동성을 확인하기 위하여 수행된다. 시험대상 기기는 대개 밸브와 펌프이다. 밸브는 주로 누설, 작동, 위치확인 등에 대한 시험이며, 펌프의 경우 압력, 유량, 차압, 진동 등이 시험 대상 항목이다.

확률론적 안전성평가 결과 가동중 시험의 대상이 되는 안전 관련 기기들의 상당수(밸브 90%, 펌프 50%)가 안전에 미미한 영향을 보이는 것으로 나타나고 있다. 따라서 확률론적 안전성평가 결과를 바탕으로 위험도에 미치는 영향의 중요도에 따라 기기를 분류하여, 위험도에 미미한 영향을 미치는 기기들에 대해서는 시험주기를 완화하는 등의 방법으로 발전소 안전활동의 효율성과 효과성을 높이자는 것이다. 이 방법은 미국 원자력규제위원회가 위험도정보를 활용한 가동중 시험에 관한 규제지침(RG 1.175)을 발간하면서 본격화되었다.

2) 위험도정보 활용 가동중 검사

원자력발전소의 안전 관련 기기는 안전기능을 수행하기 위하여 구조적 건전성이 유지되어야 하며, 이를 확인하기 위하여 주기적으로 가동중 검사(In-Service Inspection: ISI)가 수행된다. 검사대상 기기는 주로 배관과 압력용기, 증기발생기 전열관 등으로, 육안검사, 표면검사, 비파괴검사 등의 방법으로 수행된다. 위험도정보를 활용한 가동중 검사도 가동중 시험과 동일한 개념으로 확률론적 안전성평가 결과를 바탕으로 위험도에 미치는 영향의 중요도에 따라 검사주기를 차등화 함으로써 발전소 안전활동의 효율성과 효과성을 높이자는 것이다.

또한 검사 대상기기 및 위치의 수와 검사횟수를 줄임으로써 검사수행에서 발생하는 작업자의 방사선 피폭선량을 현저히 줄일 수 있는 이점이 있다. 예로서 가동중 검사의 대상이 되는 753개소에 대하여 위험도정보를 활용하여 107개소로 검사를 줄일 수 있으며, 이의 적용으로 10년 동안 작업자의 방사선피폭량을 약 75man·rem 저감한 사례가 발표된 바 있다.

이 방법은 미국 원자력규제위원회가 위험도정보를 활용한 가동중 검사에 관한 규제지침(RG 1.178)을 발간하면서 본격화되었다.

3) 위험도정보 활용 운영기술지침서

원자력발전소의 운영기술지침서는 발전소의 안전운영에 필요한 계통·기기의 운전변수가 안전성분석에 의하여 결정된 운전제한조건 이내에서 유지되고 있음을 보장하기 위하여 운전원이 준수해야 할 기본적인 사항을 규정하고 있다. 여기에는 계통·기기의 운전변수와 함께 그 기능을 확인하기 위하여 수행되어야 하는 점검요건과 주기, 허용정지시간(Allowable Outage Time) 등이 명시되어 있다.

위험도정보를 활용한 기술지침서도 가동중 시험 및 검사의 경우와 동일한 개념으로 확률론적 안전성평가 결과를 바탕으로 위험도에 미치는 영향의 중요도에 따라 점검주기와 허용정지시간을 차등화 함으로써 발전소 안전활동의 효율성과 효과성을 높이자는 것이다. 이 방법은 미국 원자력규제위원회가 위험도정보를 활용한 기술지침서에 관한 규제지침(RG 1.177)을 발간하면서 본격화되었다.

6.4 중대사고와 사고관리

6.4.1 중대사고 진행과정

중대사고는 설계기준사고를 초과하는 사고로써, 심각한 노심손상을 초래하고 방사성물질의 외부 유출을 억제하는 물리적 방벽들의 건전성을 손상시킬 수 있는 사고로 정의한다. 중대사고는 냉각재상실사고 및 과도상태 등의 초기사건의 발생에 따른 사고의 진전을 억제하기 위하여 설치된 공학적안전설비의 기능상실과 운전원의 오작동 등의 요인에 의하여 발생할 수 있으며, 비록 그 발생확률은 낮으나 다양한 사고시나리오로 전개되어 진다. 중대사고에서는 핵연료의 용융 뿐만 아니라 설계기준사고 영역에서는 발생하지 않는 수소폭발, 냉각수-핵연료 상호반응, 노심용융물-콘크리트 상호반응 등과 같은 여러 가지 복잡한 현상이 일어날 수 있다.

중대사고로 진전하는 많은 사고경위가 있으나 몇가지 예를 살펴보기로 한다. 원자로냉각재계통의 배관파단으로 인하여 냉각재상실사고 발생시 비상노심냉각계통 등의 공학적안전설비가 설계대로 작동하지 않으면 노심의 냉각능력 상실로 노심은 용융되고 노심용융물은 원자로 압력용기를 관통하여 압력용기를 둘러싸고 있는 콘크리트와 상호반응할 수 있다. 이 상황에서 격납건물 살수계통 등의 공학적안전설비가 작동하지 않으면 격납건물의 손상을 초래하고 방사성물질의 외부로의 방출이 발생할 수 있다. 공학적안전설비의 기능상실을 초래하는 다양한 경우가 있으며, 예로서 발전소의 모든 교류전원이 상실되는 경우이다.

중대사고경위의 다른 예로서 원자로정지를 야기하는 과도상태의 발생시 주급수계통과 보조급수계통의 기능상실이 발생하고 모든 교류전원이 상실할 경우 증기발생기 2차 측의 냉각수가 증발하여 고갈됨으로써 1차 측의 원자로냉각재는 비등하고 압력은 상승하게 된다. 원자로냉각재계통의 압력상승으로 가압기 압력방출밸브의 개방과 이를 통한 원자로냉각재의 방출이 이루어진다. 압력방출밸브의 개방−닫힘 설정치에 의하여 원자로냉각재계통의 압력은 일정범위 내에서 상승과 하강을 반복하지만, 이 동안에 원자로냉각재의 방출은 계속되며 비상냉각수의 공급이 충분하지 않을 경우 노심은 냉각능력을 상실하면서 중대사고의 상황으로 진전하게 된다.

중대사고의 일반적인 진행과정과 주요 현상을 도식화하면 그림 6.15에서 보는 바와 같으며, 노심냉각 기능상실, 노심노출과 가열, 노심손상과 용융, 원자로용기 파손, 격납건물 기능상실(파손 포함)과 핵분열생성물 방출로 사고가 진전되어 간다.

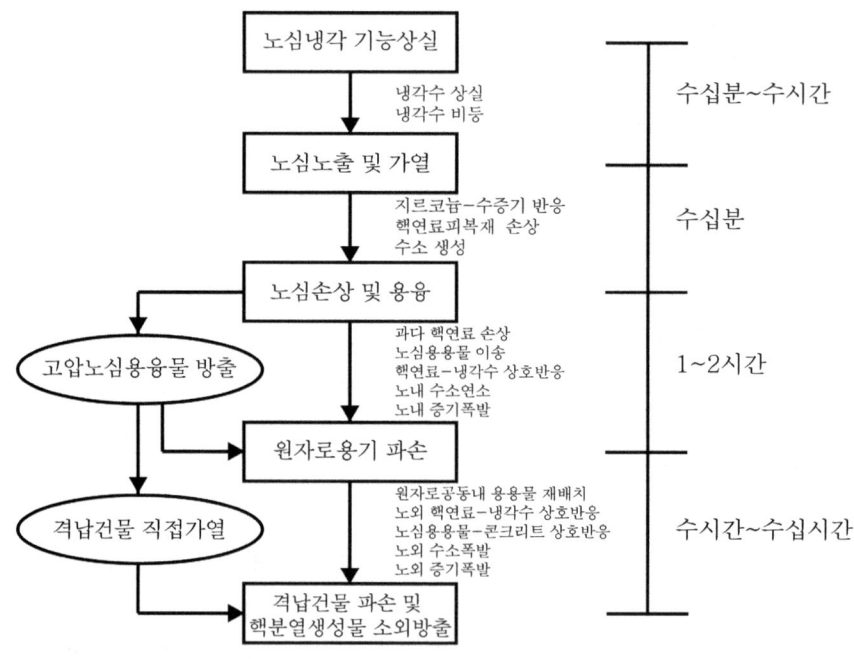

그림 6.15 중대사고 진행과정과 주요 현상

6.4.2 중대사고 현상

1) 노심냉각 기능상실과 노심가열
원자력발전소의 사고관리 관점에서 가장 핵심적인 부분은 다량의 방사성물질을 함유하고 있는 핵연료의 건전성을 확보하는 것이다. 정상운전 상태에서 핵연료는 핵분열반응에 의하여 에너지를 방출하고, 원자로 정지시에도 지속적으로 붕괴열을 방출하므로 핵연료는 냉각수가 공급되어 냉각기능이 유지되어야 한다. 노심의 냉각기능은 주로 원자로냉각재계통의 냉각재, 비상노심냉각계통의 비상냉각수, 증기발생기의 열제거 능력에 의하여 이루어진다. 그러나 원자로냉각재계통의 배관파단에 의한 냉각재상실사고나 비상노심냉각계통을 포함한 안전계통의 기능상실 등의 원인에 의하여 원자로 냉각수가 고갈되면서 노심냉각 기능이 상실될 수 있다.

원자로 냉각수의 고갈은 냉각수의 비등과 함께 핵연료의 노출과 가열을 초래하며, 핵연료에서의 열생성률과 열제거율의 불균형으로 핵연료의 급격한 온도상승을 야기하게 된다. 이러한 온도상승은 핵연료 피복재인 지르코늄과 증기의 반응($Zr+2H_2O \rightarrow ZrO_2+2H_2$)에 의하여 핵연료피복재의 산화와 함께 수소를 발생하게 된다. 또한 노심과 상부 플레넘에 있는 강구조물이 고온의 증기와 반응($3Fe+4H_2O \rightarrow Fe_3O_4+4H_2$)하여 수소와 열이 발생한다. 이러한 반응에서 발생하는 열이 추가되어 반응률이 더욱 커지게 되면서 사고가 급속히 진전되고, 노심의 노출 후 수십분 내에 노심손상이 일어날 수 있다.

2) 노심용융과 원자로용기 파손

핵연료가 가열되면 피복재가 팽창(Balooning)하면서 파손되며, 파손부위를 통하여 핵분열생성물이 핵연료 밖으로 유출된다. 가열로 인해 핵연료의 온도가 액화(Liquification) 또는 용융 온도($2,000°C$)에 도달하게 되면, 핵연료와 함께 노심이 용융되기 시작한다. 노심용융물(Corium)은 점차적으로 원자로용기 하부로 흘러내려 새로운 형태의 조밀한 노심구조를 형성하며 재배치(Relocation)된다. 노심용융물이 원자로용기 하부헤드로 이동할 때 상당량의 용융물은 노심지지대 상부에 쌓이게 되며, 노심용융물의 축적에 따른 중력하중에 의해 노심지지대가 파손되면서 용융물은 중력에 의해 원자로용기 하부헤드로 쏟아지게 된다. 핵연료의 온도상승에 따른 손상영역은 그림 5.6에 표시되어 있으며, 그림 6.16은 노심용융과 재배치 형상을 보이고 있다.

고온의 노심용융물은 원자로용기의 하부헤드에 남아 있는 차가운 냉각수와 접촉하면서 부서져 입자화 된다. 이때 열전달 면적이 급속히 증가하면서 핵연료-냉각수 상호반응(Fuel-Coolant Interaction)에 의하여 증기가 폭발적으로 발생할 수 있다. 냉각수에 떨어지는 노심용융물의 양에 따라 최대 증기 발생량이 결정되며, 노심용융물의 특성과 방출 위치에 따라 증기폭발의 특성이 달라질 수 있다. 이 증기폭발은 원자로 내에서 발생하므로, 노내 증기폭발(In-Vessel Steam Explosion)이라고 한다. 증기폭발의 현상학적 개념은 그림 6.17에서 보는 바와 같다.

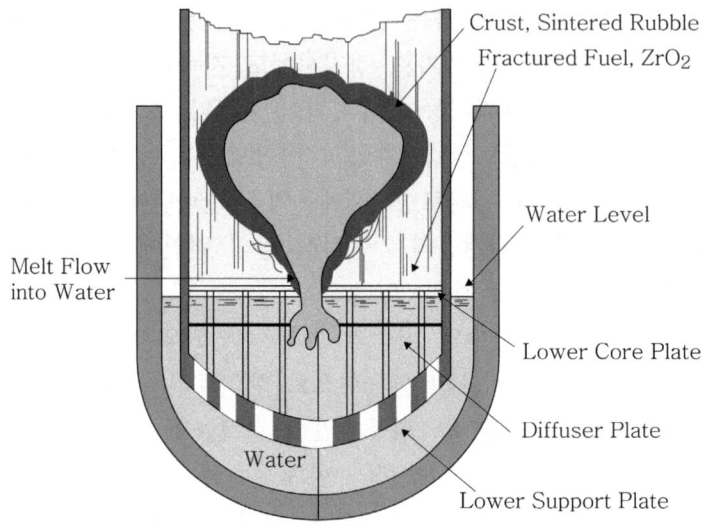

그림 6.16 노심 용융과 재배치 형상

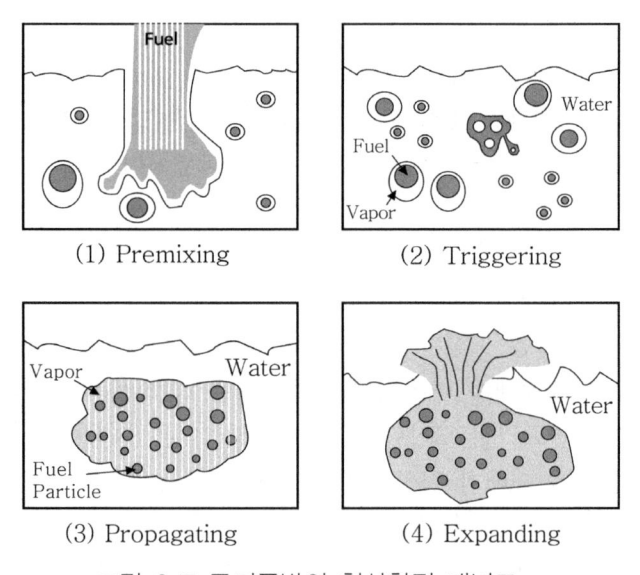

그림 6.17 증기폭발의 현상학적 개념도

원자로용기 하부헤드로 이동된 노심용융물은 증기폭발을 일으키거나 하부헤드에서 노심파편층을 형성하면서 하부헤드를 가열시킨다. 이때 원자로용기 하부헤드는 다양한 메커니즘에 의해 파손될 수 있는데, 노심용융물에 의한 원자로용기 하부 벽면에 위치한 계측기관통부와 관통부 지지 용접부에 대한 열충격, 원자로용기의 크리이프(Creep) 파손 등이 주요 요인이 될 수 있다.

한편 핵연료피복재 및 구조물과 증기의 산화반응에 의해 생성된 수소는 일정농도 이상에서 충격파를 수반하는 수소연소(Hydrogen Burning)를 원자로 내에서 일으킬 수 있다. 수소연소는 음속에 가까운 연소(Deflagration)와 확산 화염(Diffusion Flame) 또는 폭발성 초음속 연소(Detonation), 비사체(Missile) 발생 등의 형태로 나타나며, 이로 인한 열적 또는 압력의 영향에 의해 원자로용기의 건전성에 상당한 위협을 가할 수 있다.

3) 격납건물 파손

일반적으로 격납건물의 파손 유형은 증기폭발 등의 급격한 위협에 의한 조기파손(Early Containment Failure), 점진적인 과압에 의한 후기파손(Late Containment Failure) 또는 격납건물 바닥의 침식에 의한 관통(Basemat Melt-through) 등으로 나타난다. 격납건물의 파손이 원자로용기의 파손 후 비교적 오랜 시간(수시간~수십 시간)이 지난 후에 발생하게 되는 것은 방대한 자유체적(Free Volume)을 갖도록 설계되어 있는 격납건물의 특성 때문이다. 격납건물의 기능상실 또는 파손을 일으킬 수 있는 주요 현상들은 다음과 같으며, 이에 대한 실제 발생가능성에 대해서는 아직도 다양한 견해가 있다.

　i)　노외 증기폭발(Ex-Vessel Steam Explosion) : 원자로용기 하부가 파손되면 고온의 노심용융물이 파손 부위를 통하여 원자로용기를 둘러싸고 있는 주변의 원자로공동(Reactor Cavity)으로 흘러내려 재배치된다. 이때 원자로공동 내의 냉각수와 상호반응(FCI)하여 증기폭발이 발생할 수 있는데, 이 증기폭발을 원자로용기 외부에서 발생하기 때문에 노외 증기폭발이라 한다. 노외 증기폭발은 원자로공동 내의 냉각수 수위에 따라 그 특성이 다르게 나타날 수 있으나, 격납건물의 파손을 일으키는 요인으로 작용할 수 있다. 증기폭발로 발생하는 동적 부하에 의하여 직접적인 격납건물 파손과 원자로를 지지하는 차폐벽을 파손시켜 원자로냉각재계통을 붕괴시키면서 격납건물의 파손을 초래하는 메커니즘이 가능하다. 또한 증기폭발에 의해 다량의 에어로졸과 수증기가 발생하여 격납건물의 내부 압력을 크게 증가시켜 격납건물이 과압에 의해 파손될 수도 있다. 그림 6.18은 노외 증기폭발의 개념을 나타내고 있다.

　ii)　노심용융물-콘크리트 상호반응(Molten Core-Concrete Interaction) : 원자로공동으로 방출된 노심용융물이 냉각수가 부족할 경우 원자로공동의 바닥이나 벽면 콘크리트와 반응하는 현상이다. 노심용융물에 접촉된 콘크리트는 1,300~1,600°C의 고온에서 분해되면서 수소나 일산화탄소와 같은 가연성 기체를 생성하여 연소 가능성의 증가와 격납건물의 압력을 급격히 증가시키거나, 격납용기 바닥을 침식시키는 등의 현상에 의하여 격납건물의 건전성을 위협하게 된다. 또한 노심용융물 내부에 남아있던 방사성물질이 에어로졸 형태로 방출됨으로써 격납건물 내의 방사선원항에 큰 영향을 미칠 수 있다.

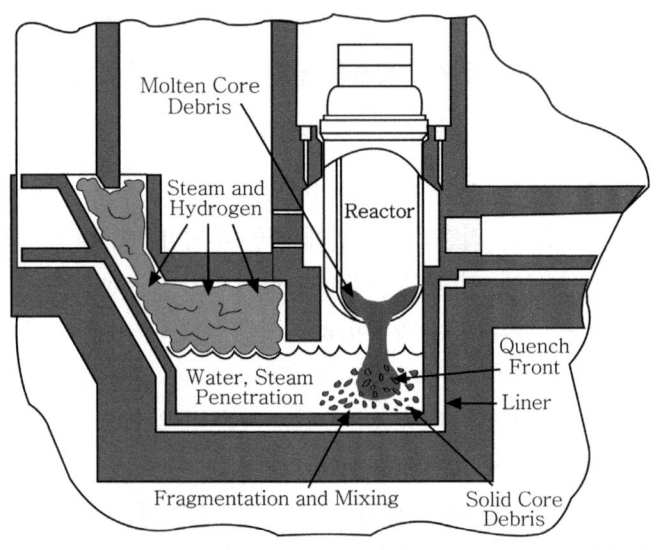

그림 6.18 노외 증기폭발의 개념도

iii) 고압 노심용융물 방출(High Pressure Melt Ejection) : 노심용융물이 원자로 하부헤드에 쌓이고 원자로냉각재계통의 고압상태(2MPa 이상)에서 원자로용기에 균열이 생기면 노심용융물이 격납건물 내로 분사되듯이 방출되는 현상을 의미한다. 이 현상은 발전소 정전사고, 급수완전상실사고, 소형 냉각재상실사고와 같은 유형의 고압사고 시나리오에서 가능할 수 있다. 분출되는 고압의 노심용융물은 작은 입자형태로 격납건물 내의 자유체적으로 비산하면서 격납건물의 온도와 압력을 급격히 상승시켜 격납건물의 건전성에 직접적인 위협이 될 수 있다. 이 현상을 격납건물 직접가열(Direct Containment Heating: DCH)이라 부르기도 한다(그림 6.19). 또한 대부분 지르코늄과 강(Steel)인 방출물질의 금속 성분은 산소 및 증기와 발열반응을 일으켜 에너지와 수소를 발생시키면서, 수소 연소와 폭발의 위험성을 가중시킨다.

iv) 격납건물 우회(Containment Bypass) : 증기발생기 세관 파손사고의 경우 격납건물의 격리기능이 제대로 작동하지 않으면 파손된 세관을 통하여 방사성물질이 격납건물을 우회하여 격납건물 외부로 방출될 수 있다.

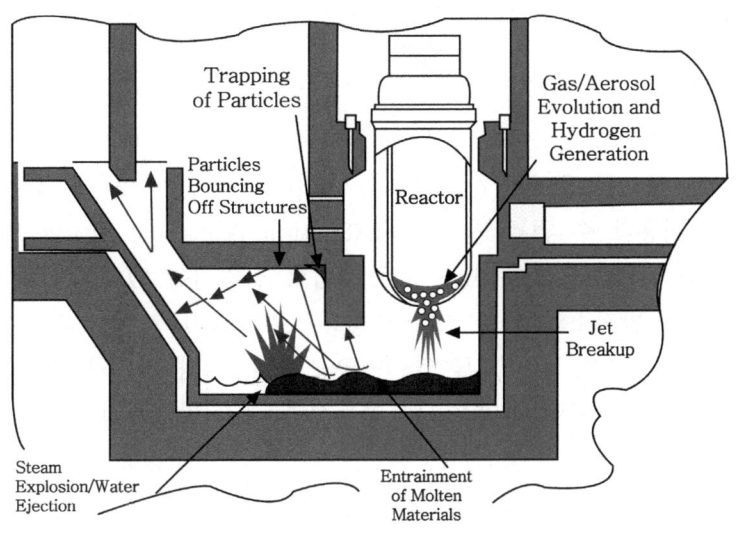

그림 6.19 격납건물 직접가열 개념도

6.4.3 중대사고 대처설비

중대사고 대처설비는 설계기준사고를 초과하는 중대사고의 예방과 사고완화를 위하여 설치되는 설비를 말하며, 설계기준사고에 대처하기 위하여 설치되는 안전계통에 추가하여 중대사고 고유의 현상과 거동을 제어하기 위하여 설치된다. 중대사고 대처설비의 대표적인 사례로는 원자로냉각재계통의 과압방지설비, 격납건물 건전성 유지를 위한 중대사고 수소제어설비와 원자로공동 구조물의 최적화 설계, 추가적인 비상전원공급계통 등이 있다.

1) 안전감압계통

중대사고의 진행과정에서 2차 측의 열제거 기능이 상실된 경우, 노심 붕괴열은 주입-방출 운전에 의해 제거될 수 있다. 주입-방출 운전은 안전감압계통을 통한 원자로냉각재의 방출과 고압안전주입펌프를 사용한 비상냉각수의 주입으로 이루어진다. 예로서 설계기준 초과사건인 급수완전상실사고의 경우 2차 측의 열제거 기능상실로 1차 측의 압력이 증가하면 운전원은 원격 수동제어를 통해 안전감압밸브를 개방하여 1차 측의 압력을 신속히 감압할 수 있다. 안전감압밸브 개방으로 감소되는 원자로냉각재 재고량을 보충하기 위하여 고압안전주입펌프가 작동하여 안전주입이 시작되면 원자로냉각재계통의 냉각재 재고량이 복구되면서 노심의 열제거가 가능해 진다.

신고리1호기의 경우 안전감압계통은 가압기의 상부에 2개의 유로로 설치되어 있으며, 각 유로에는 가압기에 부착된 10cm 크기의 노즐과 두개의 연속된 전동구동 밸브, 격납건물로 방출되는 배관으로 구성되어 있다.

2) 대체 교류전원

발전소 내·외로부터 전력공급이 상실될 경우, 안전등급의 비상 디젤발전기가 작동하여 주요 안전계통에 전력을 공급하게 된다. 그러나 소외전력 및 다중의 비상 디젤발전기(보통 2대)를 이용할 수 없는 발전소정전(Station Blackout) 사고에 대비하여 각 발전소에는 1~2대의 대체 교류디젤발전기가 추가로 설치되어 있다. 이 대체 교류디젤발전기는 일반적으로 발전소의 두개 호기에 공용으로 5,500~7,200kW의 용량을 가지고, 발전소정전 사고시 8시간 동안 교류전력을 공급할 수 있다. 이 외에도 최근 일본의 후쿠시마 원전사고 후속조치로 전원공급의 안정성과 장기 발전소정전사고에 대비하여 차량장착 이동형 비상발전기와 축전지(충전기, 케이블 포함) 등을 침수에 안전한 위치에 발전소 부지별로 1대씩 구비하고, 임시전원 연결지점을 확보하고 있다.

3) 수소 제어설비

노심손상을 동반하는 중대사고시 다량의 수소생성과 이에 따른 격납건물 내에서 수소 연소에 의한 과압을 방지하기 위하여 수소점화기(Igniter)와 같은 수소 제어설비를 설치하고 있다. 설계기준사고에서의 수소제어를 위하여 수소재결합기(Hydrogen Recombiner)와 수소점화기가 설치되지만, 중대사고에서의 수소생성량을 고려하여 많은 점화기가 추가로 설치된다. 또한 최근에는 전원상실의 경우를 고려하여 작동에 전원이 필요하지 않는 피동촉매형 수소재결합기(Passive Auto-catalytic Recombiner: PAR)를 설치하고 있다. 특히 일본 후쿠시마 원전사고 이후에는 피동촉매형 수소재결합기의 설치가 본격화되고 있다.

고리1호기에는 피동촉매형 수소재결합기 34개가 설치되어 있으나, 다른 호기에는 전원이 필요한 재결합기와 점화기가 설치되어 있다. 그러나 일본 후쿠시마 원전사고의 후속조치로 모든 원전에 전원이 필요없는 피동촉매형 수소제거설비를 설치하고 있으며, 격납건물 내의 수소농도를 실시간 감시할 수 있는 수소감시설비를 설치하고 있다.

4) 원자로공동 구조물 설계

중대사고시 원자로용기 하부의 파열부분을 통해 격납건물로 방출되는 노심용융물을 격납하고 그 영향을 최소화하기 위하여 원자로용기를 둘러싸는 원자로공동(Reactor Cavity) 구조물에 대한 중대사고 현상을 고려한 최적화 설계가 수행된다. 원자로공동의 바닥 넓이는 노심용융물 파편의 냉각능력을 충분히 확보하기 위하여 대개 $0.02m^2/MWth$ 이상으로 설계하며, 바닥의 콘크리트 두께는 기본적으로 90cm로 설계한다. 또한 원자로공동은 가능한 직각 구조를 유지하도록 설계하여 노심용융물이 가스에 포획되어 격납건물 대기로 전달되는 양을 줄이거나 전달되는 시간을 지연시키며, 고압 노심용융물이 격납건물 대기로 방출되는 양을 줄이기 위하여 노심용융물을 수집할 수 있는 공간을 확보하고 있다.

6.4.4 중대사고 관리

1) 사고관리 계획 및 전략

중대사고 관리란 중대사고가 발생하는 경우에 노심손상의 진행을 억제하고, 격납건물의 건전성을 유지하여 소외로 방사성물질의 유출을 최소화하기 위해 운전원이 취해야 할 제반 조치행위를 말하며, 사고관리를 위해 사전에 마련된 종합적인 계획을 사고관리계획이라 한다. 사고관리계획에는 사고관리전략의 개발, 전략이행을 위한 절차와 지침의 개발, 중대사고에 대처하기 위한 발전소 설비의 가용성 평가, 사고예방 및 완화를 위한 교육훈련, 의사결정의 규정 등이 포함된다.

사고관리계획의 가장 핵심적인 요소인 사고관리전략은 발전소에 대한 위협으로부터 상태를 회복시키거나 위협을 완화하기 위하여 운전원이 기기나 설비를 사용하여 취하는 행위나 조치사항을 의미한다. 일반적으로 사고관리전략은 노심손상을 방지하기 위한 사고예방전략과 노심손상 후 그 영향을 최소화하기 위한 사고완화전략으로 구분될 수 있다. 대부분의 사고예방전략은 비상운전절차서에 반영되어 있으며, 사고예방과 더불어 사고완화전략은 중대사고 관리절차서에 기술되어 있다. 사고관리전략은 취해질 행위나 조치사항, 발전소에 대한 위협, 사용될 기기 등의 3가지로 구성되며, 일반적인 전략으로 원자로냉각재계통으로의 냉각수 주입, 원자로냉각재계통의 감압, 증기발생기 감압, 격납건물 살수, 격납건물로의 냉각수 주입, 격납건물 수소제어 등이 있다.

2) 중대사고 관리지침서

중대사고 관리지침서(Severe Accident Management Guidance)는 대표원전을 참조하여 원자로 형식에 따라 개발하는 것으로, 중대사고 주제어실 지침서, 기술지원실(Technical Support Center) 전략수행제어도와, 기술지원실 지침서 등으로 구성되어 있다.

   i) 중대사고 주제어실 지침서 : 기술지원실 요원이 비상조직에 가담하기 전에 주제어실 운전원이 중대사고 예방 및 완화를 위해 취해야 할 기본조치를 기술하고 있는 지침서로, 특히 대형 냉각재상실사고와 같은 급속진행사고에 대한 초기 대처방안을 포함하고 있다. 이 지침서에는 발전소 정보와 계측기 건전성 평가, 기기상

태 파악, 방사성물질의 유출경로 감시와 시료 채취에 관한 사항을 기술하고 있다.

ii) 기술지원실 전략수행제어 : 기술지원실에서는 지침서에 명시된 전략수행제어도를 이용하여 증기발생기 수위, 원자로냉각재계통 압력, 노심출구 온도, 격납건물 수위, 발전소 부지경계 선량, 격납건물 압력, 격납건물 수소농도 등의 7가지 주요 안전변수를 감시하여 발전소의 상태를 진단한다.

iii) 기술지원실 중대사고지침서 : 기술지원실 요원이 전략수행제어도를 이용하여 발전소상태를 진단한 후, 그 진단 결과에 따라 사고완화 전략을 포함하는 다음의 7가지 중대사고지침서 중에서 해당 지침서를 선택하여 사고에 대처한다.

- 증기발생기 급수 주입(완화-01)
- 원자로냉각재계통 감압(완화-02)
- 원자로냉각재계통 냉각수 주입(완화-03)
- 격납건물 냉각수 주입(완화-04)
- 핵분열생성물 방출 제어(완화-05)
- 격납건물 상태 제어(완화-06)
- 격납건물 수소 제어(완화-07)

예로서 원자로냉각재계통의 압력상태를 파악하여 압력이 29.12kg/cm^2 이상으로 증가할 경우에는 '원자로냉각재계통 감압(완화- 02)' 절차서에 따라 사고에 대처해야 한다. 각 지침서에는 전략수행을 위한 계통·기기의 이용가능성 여부 파악, 전략수행의 긍정적 및 부정적 영향의 파악을 통한 전략수행 여부결정, 전략수행 방법 결정, 전략수행과 전략종결을 순차적으로 적용할 수 있는 절차를 기술하고 있다.

iv) 기술지원실 중대위협변수 감시 및 중대위협지침서 : 전략수행제어도에서 정의된 발전소 상태보다 더 심각한 상태를 파악하기 위한 진단도구로써, 발전소 부지경계 선량, 격납건물 압력, 격납건물 수소농도 등의 3가지 안전변수를 감시하여 발전소에 대한 중대위협을 진단한다. 따라서 이 중대위협변수 감시 설정치는 전략수행제어도의 설정치보다 더 높게 설정되어 있다. 중대위협변수 감시를 통해 발전소가 심각한 상태에 있다고 진단될 경우에는 이 중대위협에 대처하기 위하여 '핵분열생성물 방출 제어(완화- 05)', '격납건물 상태 제어(완화-06)', '격납건물 수소 제어(완화- 07)' 등의 절차서에 따라 대처해야 한다.

v) 중대사고 종료 지침 : 기술지원실에서 중대사고에 대한 대처를 종료할 때 사용되며, '장기 관심사항 감시(감시- 01)' 및 '중대사고 관리 종료(종료- 01)' 절차서로 구성된다.

3) 중대사고 관리절차서

중대사고 관리절차서(Severe Accident Management Procedure)는 중대사고 관리지침서를 사용하여 해당 개별원전에 대해 그 발전소의 특성과 설계 및 운전자료를 반영하여 개발된다. 해당 발전소의 관리절차서 개발을 위하여 필요한 주요 업무는 다음과 같다.

- 해당 원전의 운전변수 설정치 결정(50~60개)
- 해당 원전의 확률론적 안전성평가로부터 얻어질 수 있는 부가적인 사고관리전략 파악
- 해당 원전에 대한 냉각수 주입률 및 수소 가연성 등의 계산보조도구 개발(5~10개)
- 해당 원전의 기기 성능, 보조계통 상태, 계측기 성능 등에 대한 분석
- 발전소 비상운전절차서와의 연계
- 발전소 방사선 비상계획서와의 연계

중대사고 관리절차서를 개발할 때에는 마지막 단계로 확인과 검증을 수행한다. 예로서 사고추이와 전략의 수행이 명확하지 않을 경우에는 전산코드로 모사하여 발전소의 거동을 파악함으로써 그 효율성을 확인해야 한다. 또한 실제와 유사한 비상훈련 상황에서 여러 가지 사고시나리오를 모사한 후 사용자들에 의해 이 절차서가 효율적으로 사용되는지를 검증해야 한다.

6.5 중대사고 발생 경험과 교훈

지금까지 전 세계적으로 발생한 중대사고로는 우리에게 잘 알려진 미국의 스리마일 아일랜드 원전사고, 구 소련의 체르노빌 원전사고, 그리고 최근에 발생한 일본의 후쿠시마 원전사고가 대표적인 사례가 될 수 있다. 이들 중대사고를 중심으로 사고의 원인과 전개과정, 그리고 이에 따른 사고의 영향과 교훈을 살펴보면 다음과 같다.

6.5.1 TMI-2 원전사고

1) 원자력발전소 개요와 사고 전 운전조건

미국의 스리마일 아일랜드(Three Mile Island: TMI) 원자력발전소는 펜실베니아주의 주도인 해리스버그로부터 남동쪽으로 약 16km 떨어진 곳에 위치하고 있다. TMI 원자력발전소에는 Babcock & Wilcox(B&W)사가 설계한 전기출력 880MWe(열출력 2,772 MWth)의 가압경수로형 원전 2기가 운전 중이었으며, 1978년 12월부터 상업운전을 시작한 2호기(TMI-2)에서 1979년 3월 28일 4시경에 사고가 발생하였다. TMI-2 원전은 원자로용기와 2개의 관류형(Once-Through) 증기발생기, 4개의 원자로냉각재펌프, 2개의 고온관, 4개

의 저온관 등으로 구성되어 있다. 최종 열제거원으로 해수 대신에 대용량의 냉각탑
(Cooling Tower)이 설치되어 있다. 그림 6.20은 TMI-2 원전의 개략도를 나타내고 있다.

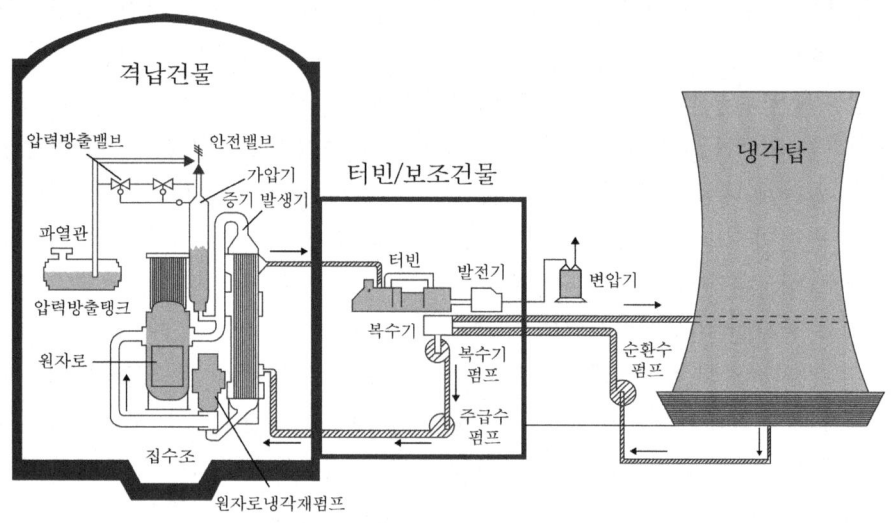

그림 6.20 TMI-2 원전의 개략도

사고 전 발전소는 원자로출력 98%, 계통압력 147kg/cm^2, 붕산농도 1,030 ppm 상태
에서 운전 중이었고, 가압기의 살수 및 전열기는 붕산농도 평형목적으로 수동 운전되고
있었으며 급수계통도 수동운전 중이었다. 또한 가압기 압력방출밸브(PORV) 1개에 소량
의 내부누설이 있었고, 보조급수계통의 밸브 2개가 닫힘 상태였으며(정상시 개방상태),
복수 탈염기(Demineralizer) 1대는 작업 중이었다.

2) 사고의 발생과 진행

터빈빌딩에 있는 복수탈염기는 2차계통의 응축수를 높은 순도로 유지하기 위한 것으로,
각 탈염기는 몇 개의 응축수 세척기와 불순물제거용 이온교환수지로 구성되어 있었다. 운
전원이 사용된 수지를 재생계통으로 보내기 위해 압축공기와 물로 부풀리는 작업을 하는
과정에서 응축수펌프의 정지로 응축수 유량상실이 발생하고, 곧 이어 주급수펌프와 터빈
이 정지되면서 사고가 시작되었다(4시 0분 36초). 증기발생기로 급수가 차단되면서 1차계
통의 온도와 압력이 상승하고, 압력의 상승(158.5kg/cm^2)으로 가압기 압력방출밸브
(PORV)가 사고발생 3초 후 자동 개방되었으며, 곧 이어 가압기 고압력(165.5kg/cm^2)신호
에 의해 원자로가 정지되었다(사고 8초 후).

원자로정지 후 가압기 압력방출밸브가 닫힘 압력에 도달했으나(사고 13초 후) 밸브가
개방고착된(Stuck-open) 상태에서 원자로냉각재가 누출되고 있었다. 사고발생 14초 후

보조급수펌프가 자동적으로 작동하였으나, 보조급수계통의 밸브가 닫혀 있어 증기발생기로 비상급수가 공급되지 못하였다. 사고발생 2분 후에 1차계통 압력이 115.3kg/cm² 이하로 낮아짐에 따라, 고압안전주입계통이 자동적으로 작동하여 핵연료교환용수 저장탱크의 붕산수를 원자로로 공급하기 시작했다. 그러나 운전원이 가압기의 기체체적 상실로 인한 압력조절 기능상실의 위험성을 고려하여 하나의 고압안전주입펌프를 정지시키고 다른 것들도 유량을 크게 줄였다(사고 후 3~5분). 그 결과 원자로냉각재계통으로 주입되는 비상냉각수의 양이 압력방출밸브를 통한 방출량보다 적게 되면서 전형적인 원자로냉각재 상실사고로 진행되었다.

사고발생 6분 후에는 원자로냉각재가 포화(Saturation)상태에서 상당량의 기포가 형성되고 냉각재가 줄어들게 되었다. 사고발생 8분 후 운전원은 증기발생기가 저압력 및 저수위 상태인 것을 발견하고 보조급수계통 밸브들을 개방함으로써 증기발생기로 비상급수가 공급되었다. 가압기 압력방출밸브의 개방고착으로 가압기 압력방출탱크의 수위와 압력이 상승하여 탱크의 안전밸브가 개방되고(사고 3분 후) 탱크의 파열판(Rupture Disk)도 파손되어(사고 15분 후) 압력방출탱크로 방출된 원자로냉각재는 격납용기 집수조(Sump)에 모이게 되었다.

사고발생 73분 후에 원자로냉각재 순환유로(Loop) B의 원자로냉각재펌프들은 저압력, 고진동, 저유량 등의 신호에 의해 정지되었으며, 100분 후에는 원자로냉각재 순환유로 A의 펌프들도 정지되었다. 펌프의 정지로 인해 냉각재 유동이 멈춤에 따라 증기가 원자로 상부에 모이게 되고, 물은 노심 하부에 억류된 채 붕괴열에 의해 계속 증발하였으며, 111분 후 노심출구 온도가 급격하게 상승(325℃)하였다. 사고발생 137분 후에는 핵연료피복재(지르코늄)와 증기의 반응으로 피복재가 파손되면서 142분경에 격납건물 내의 방사능 준위가 급증하였으며, 150분경에는 노심온도 측정 열전대가 상한치에 도달하고 160분경에 노심이 노출됨에 따라 지르코늄과 증기의 반응으로 에너지와 수소가 추가로 생성되었다.

원자로의 붕괴열과 지르코늄-증기 반응열에 의하여 핵연료피복재의 온도가 계속 상승하고, 피복재 일부가 녹기 시작한 상태에서 사고발생 174분 후에 잠시 기동된 원자로냉각재펌프(2B)는 노심 상부의 광범위한 붕괴를 유발하였다. 이후 노심 중앙부에서 상당한 범위의 용융물 풀(Molten Corium Pool)이 고체상태의 각질층(Crust)에 의해 둘러싸인 채 형성되었다. 사고발생 200분 후에 고압안전주입계통이 재작동하여 노심은 다시 물에 잠기게 되었으나, 심하게 손상된 노심으로 냉각수가 침투하지 못하고 노심가열은 계속되었다. 사고발생 224분 후에 노심은 약 25톤 정도의 용융물 상태로 바뀌었으며, 각질층 측면 상부가 붕괴되어 약 20톤의 용융물이 원자로용기 하부헤드 쪽으로 흘러내렸다. 노심용용물은 하부헤드를 파손시키지 않은 채 냉각되었으며, 사고발생 300분 후에는 고압 안전주입계통에 의한 지속적인 냉각재 공급으로 노심냉각 기능이 회복되면서 사고진행이 종료되었다.

　고압안전주입계통의 계속적인 작동과 원자로냉각재 유로 A에 있는 하나의 원자로냉각재펌프를 재 기동시켜 원자로냉각재의 강제순환이 이루어지면서 증기발생기를 통하여 1차계통의 열을 제거할 수 있었다. 사고발생 16시간 후에는 같은 냉각재 유로의 다른 펌프도 기동되었으며, 이 시점부터 노심의 안정화가 순서에 따라 진행되었다. 사고의 발생부터 안정화까지의 사고경위를 정리하면 표 6.2에서 보는 바와 같다.

표 6.2 TMI-2 원전 사고경위

경과시간	주요 사건
0초	주급수펌프 및 터빈 트립 (1979년 3월 28일 4시 0분 36초)
3초	1차계통 압력증가($158.5kg/cm^2$)로 가압기 압력방출밸브 개방
8초	가압기 고압력($165.5kg/cm^2$) 신호에 의한 원자로 정지
13초	1차계통 압력이 압력방출밸브 닫힘압력으로 감소했으나 개방고착
14초	보조급수펌프가 작동되었으나 계통밸브의 잠김으로 비상급수 차단
2분	1차계통 압력감소($115.3kg/cm^2$)로 고압안전주입계통 작동
3~5분	운전원이 고압안전주입펌프 수동정지 및 주입유량 조절
8분	운전원이 보조급수계통 밸브 수동개방, 증기발생기 비상급수 시작
15분	가압기 압력방출탱크 파열판 파손으로 냉각재의 격납용기 방출
1시간 13분	원자로냉각재 순환유로-B의 냉각재펌프 정지
1시간 40분	원자로냉각재 순환유로-A의 냉각재펌프 정지
90~170분	냉각재 고갈로 노심가열, 핵연료피복재(지르코늄)-증기 반응으로 핵연료피복재 파손(137분), 격납건물 방사능준위 급증(142분), 노심온도 측정 열전대의 상한치 초과(150분), 노심노출(160분)과 핵연료피복재의 용용
2시간 50분	발전소 소내 비상사태 발동
2시간 54분	하나의 원자로냉각재펌프(2B) 기동으로 노심상부의 광범위한 붕괴
3시간 20분	고압안전주입계통 재 작동으로 노심에 비상냉각수 주입
3시간 24분	일반 비상사태(인근지역) 발동
3시간 44분	노심용용물의 원자로용기 하부 헤드로 이동
5시간 00분	노심냉각 기능회복

3) 방사성물질의 거동

　원자로냉각재 유출 및 주입 과정에서 방사능이 높은 냉각재가 보조건물로 유출되는 결과를 가져왔다. 또한 격납건물 집수조로 모아진 원자로냉각재가 자동적으로 보조건물 내의 방사성폐기물 저장탱크로 보내졌고, 이 탱크들의 파열판이 파손됨에 따라 보조건물 바닥으로 유출되었다. 이러한 방사성물질의 격납건물 밖으로의 유출은 격납건물 격리 계통이 정상으로 작동하였다면 방지되었을 것이다. 그러나 격납건물 격리계통의 자동 작동조건이 대형 냉각재상실사고에 기준하여 설정되어 있었기 때문에, TMI 사고시에는 격납건물 압력상승이 너무 미미해서 작동하지 않았다.

　보조건물로 방출된 핵분열기체(Fission Gas)들은 환기계통에 의해 필터를 거쳐 대기로 방출되었다. 필터는 화학적으로 활성인 요오드(Iodine)의 제거에는 효과적이었으나, 비활성기체(Noble Gas)들에는 효과가 없었다. 발전소 외부의 방사능 준위가 높아감에 따라 발전소 내(사고 2시간 50분 후)와 인근지역(사고 3시간 24분 후)에 대해 비상사태가 발동되었고, 6시간 후에는 주제어실에 필수 인력만 남게 되었으며, 7시간 후에는 방독 마스크를 착용하였다.

　TMI 원전사고로 인한 다량의 방사성물질이 원자로냉각재계통과 격납건물로 방출되었으나 외부 환경으로의 유출은 비활성기체의 약 5%(2.5x10^6Ci)와 소량의 요오드(15Ci)인 것으로 나타났다. 발전소에서 80km 반경에 거주하는 주민들이 받은 집단 방사선량은 33man·Sv이며, 개인의 평균 피폭선량은 0.015mSv인 것으로 평가되었다. 또한 개인의 최대 피폭선량은 0.83mSv로 평가되었으나, 실제 일반인이 받은 최대 피폭선량은 0.37mSv 이하인 것으로 알려져 있다.

4) 사고의 주요 원인과 교훈

　TMI사고의 주요 원인은 설비고장, 설계미흡, 절차서 미비, 운전원 오작동 등이 복합된 것으로 평가되고 있으며, 주요 원인을 정리하면 다음과 같다.

　　i) 보조급수펌프가 기동되었으나 보조급수밸브가 닫혀 있어 증기발생기로의 급수가 이루어지지 않아 노심에서 발생한 열을 제거하지 못하였다. 또한 보조급수의 유량과 압력 기록계가 제어반의 같은 곳에 위치하지 않았고, 보조급수밸브 상태표시기가 표찰(Tag)에 가려 운전원은 8분 동안 보조급수가 공급되지 않고 있는 것을 인지하지 못하였다.

　　ii) 사고 전 가압기 압력방출밸브에 소량의 누설이 있었으나 운전원은 제한조건 이내로 착각하고 방치하였다. 이에 따라 압력방출밸브 하류의 온도감시기가 사고 전부터 정상보다 높은 온도를 지시하고 있었으나, 가압기 방출탱크의 감시계기

(압력, 수위) 기록계가 주제어실 뒤편에 위치하여 운전원이 인지하지 못하였다. 압력방출밸브가 개방 후 다시 닫혀야 하는 조건에서 개방고착되어 원자로냉각재의 상실을 초래하였으나, 운전원은 압력방출밸브의 위치표시기 설계미흡으로 약 2시간 동안 밸브가 개방고착된 것을 인지하지 못하였다. 또한 운전원은 압력방출탱크의 압력과 수위가 상승하여 파열판이 파손된 것을 모르고 있었다.

iii) 운전원은 가압기를 'Solid(물로 가득 찬)' 상태로 운전하지 않도록 교육 받았기 때문에 가압기 수위가 상승할 때 고압안전주입펌프를 정지하였으며, 원자로냉각재계통이 포화상태에 도달한 것을 인지하지 못하였다.

iv) 안전주입신호에 의한 격납건물 격리신호가 없었기 때문에 격납건물은 사고 후 반에 격리되었으며, 이 동안에 격납건물 배수조의 일부 냉각재가 보조건물로 방출되었다.

미국 원자력규제위원회(USNRC)는 이 사고의 경험을 토대로 TMI 후속조치사항(Action Item)을 도출하여 가동원전(52개 항목)과 신규원전(56개 항목)에 반영하였다. TMI 원전사고는 인간이나 환경에 직접적인 피해를 주지는 않았으나, 그 동안 막연하게만 생각해오던 중대사고가 실제로 일어날 수 있다는 것을 확인시켰으며, 사고의 예방과 완화를 위하여 운전원의 역할이 매우 중대하다는 것을 인지하게 하였다.

TMI 원전사고의 교훈은 세계적으로 중대사고에 대한 연구의 활성화와 다양한 중대사고 시나리오에 대한 확률론적 안전성평가 기법의 사용을 확산시키는 계기가 되었으며, 원자력발전소의 설계와 운영에도 이의 반영을 위한 많은 조치가 이행되었다. 또한 인간-기계연계(Man-Machine Interface)에서 인간공학적 원리를 도입하여 주제어실을 포함한 계통의 설계와 운영에 반영함으로써 운전원의 실수를 최소화하기 위한 노력이 한층 강화되었다. 우리나라도 TMI 후속조치사항에 대하여 가동원전를 포함하여 당시 건설 중인 고리2호기, 월성1호기, 고리3/4호기, 영광1/2호기에 반영하였다.

6.5.2 체르노빌-4 원전사고

1) 원자력발전소 개요

체르노빌(Chernobyl) 원자력발전소는 구 소련(현재의 우크라이나)의 키에프(Kiev)시 북쪽 100km 지점에 위치하고, 발전소에서 약 3km 떨어진 곳에 주로 체르노빌발전소 근무자를 위한 신흥계획도시 프리피야트(인구 49,000여명)가 있으며, 발전소에서 반경 30km 이내의 총인구는 약 12만 명이었다. 발전소에는 전기출력 1,000MWe급(열출력 3,000MWth)의 RBMK-1000 원자로 4개 호기가 가동 중이었고 VVER원자로 2개 호기가 건설 중이었으며, 1984년 4월부터 상업운전을 시작한 체르노빌-4호기에서 1986년 4월 26일 사고가 발생하였다.

RBMK(러시아어로 '고출력 압력관형 원자로')-1000 원자로는 소련 고유설계의 흑연감속 압력관형 비등경수로로써, 원자로는 직경 12m, 높이 7m인 원통형이며 감속재인 흑연 블록들로 채워진 사이를 1,661개의 수직 압력관(직경 약 9cm)이 관통하고 제어봉들이 위치하고 있다. 압력관(핵연료채널) 내에는 핵연료(U-235 농축도 2%)와 냉각재(경수)가 위치한다. 원자로냉각재 순환유로는 2개로 각 유로가 노심의 절반을 담당하며, 각 유로마다 4기의 원자로냉각재펌프(3기는 사용, 1기는 대기)와 2기의 증기드럼(Steam Drum)을 갖고 있다. 원자로냉각재계통은 운전압력이 7.2MPa이며, 원자로에서 비등하여 약 14%의 건도(Void Fraction)로 나와 증기드럼에서 물과 증기로 분리된다. RBMK-1000 원자로의 계통구성은 그림 2.9에서 개념적으로 나타내고 있다.

냉각재펌프 출구와 각 압력관 입구에 유량조절밸브(Throttle Valve)가 있어 원자로출력에 따라 냉각재 유량을 조절할 수 있도록 되어 있다. RBMK-1000은 하나의 터빈-발전기가 설치되는 다른 발전소와는 달리 2기의 500MWe급 터빈-발전기가 설치되어 있다. 원자로 반응도의 제어는 총 211개의 보론카바이드(B$_4$C) 제어봉에 의해 이루어지며, 원자로정지용 제어봉을 제외한 총 187개 제어봉 중에서 163개가 수동으로 조작된다.

RBMK 원자로의 주요 특성은 각 출력수준에서의 출력반응도계수가 원자로냉각재 조건에 따라 크게 달라지며, 고연소 및 저출력에서 원자로 안전상 바람직하지 않은 정(+)기포계수(Positive Void Coefficient)를 갖고 있다. 정상운영되는 고출력에서는 부(-)온도계수(Negative Temperature Coefficient)가 지배적이 되어 안정되나 최대출력의 20% 이하에서는 정(+)기포계수 효과가 커져 원자로는 불안정하게 되는데 이것이 출력폭주(Power Excursion)로 인한 사고의 요인이 되었다. 또한 원자로정지(Scram)를 위한 제어봉의 삽입시간이 20초 정도로 일반적인 가압경수로(4초 이내)에 비해 매우 늦어 출력급증의 경우 긴급대응이 어려우며, 가압경수로와 같은 견고한 격납건물이 설치되어 있지 않다.

2) 사고의 발생과 진행

1986년 4월 23일(토) 발전소는 정기점검을 위한 원자로 계획정지에 앞서 소외전원 상실 후 디젤발전기에 의한 비상전원 공급개시까지의 시간동안 터빈의 관성회전이 비상장비와 노심냉각수 순환펌프를 기동시키는 데 충분한 전력을 제공할 수 있는가를 시험할 계획이었다. 이 시험은 안전과는 무관하다고 간주되어 시험팀이 원자로안전 요원과의 충분한 정보교환이 없었다. 원래 시험계획은 원자로출력을 정격출력의 22~32% (700~1,000MWth)로 낮추고, 두개의 터빈-발전기 중 하나를 정지시키고, 각 원자로냉각재 유로에 있는 4개의 펌프 중에서 2개는 외부 전력원에서, 나머지 2개는 터빈발전기로부터 전기를 공급받도록 전력공급선을 전환한 상태에서 터빈으로의 증기 공급을 차단하고, 터빈의 관성회전에 의하여 전기가 생산되는 시간을 측정하도록 하는 것이었다.

그러나 실제 시험에서 운전원의 실수로 원자로의 열출력은 30MWth 정도까지 낮추어졌으며, 운전원이 수동으로 제어봉을 조정하여 열출력을 700~1,000MWth까지 올리려는 과정에서 출력감발에 따라 노심에 축적된 제논의 중성자 흡수효과를 상쇄하기 위하여 많은 제어봉을 인출해야 했다. 표준절차에 따르면 최소 30개의 제어봉이 항상 원자로 노심 내에 있어야 함에도 불구하고 제어봉을 과잉 인출하여 6~8개만 남게 되었고, 이 상태에서 원자로가 200MWth 근방에서 안정된 시각이 4월 26일 1시경이었다.

운전원은 시험 후의 충분한 노심냉각을 위하여 8개의 원자로냉각재펌프를 모두 작동함으로써 냉각재의 유량이 증가하여 증기압이 감소했는데, 운전원은 '저' 증기압 신호에 의한 원자로정지를 방지하기 위해 원자로 자동정지계통을 무력화(Block)시켜 버렸다. 이 상태에서 원자로정지와 터빈에의 증기공급을 차단하면서 시험이 시작되었으며, 외부 전원 대신 터빈의 관성회전에 의한 전력이 원자로의 계통에 공급되기 시작했다. 계획보다 저출력으로 운전되던 터빈의 관성회전에 의한 전력이 충분하지 못하여 원자로냉각재펌프의 회전이 줄게 되었고, 이에 따라 원자로냉각재 유량이 감소하면서 냉각재 온도가 상승하였다. 냉각재의 온도상승에 따른 증기생성에 의해 정(+)기포계수의 작용으로 원자로출력이 상승하기 시작했으나 제어봉 구동속도가 늦어 운전원은 이를 제어할 수 없었으며, 결국 정격출력의 약 100배(30만MWth) 정도까지 출력폭주가 일어났다. 이때의 시각은 4월 26일(토) 1시 23분이었다.

출력폭주로 핵연료가 파손되자 고온의 핵연료 파편조각들이 물과 반응하여 급격한 증기 생성으로 상태를 더욱 악화시켜 원자로 노심을 파괴하는 폭발이 발생하였으며, 2~3초 후에 두 번째 폭발이 뒤따랐다. 폭발을 일으킨 원인은 확실히 규명되지 않았지만 첫 번째 폭발은 증기폭발로 간주되며, 두번째 폭발은 수소에 기인한 것으로 평가되고 있다. 두 차례의 폭발은 원자로 노심을 포함하여 원자로건물의 지붕까지 파괴함으로써 다량의 고온·고방사능 핵연료와 흑연 파편을 공중으로 비산시켰다. 이들 파편이 공중 1km까지 치솟았고 무거운 것은 부지근처에 낙하하였으나 불활성기체를 포함하는 가벼운 성분들은 바람을 타고 서북쪽으로 날아갔다. 이어서 원자로 잔해, 터빈건물 지붕 등에 발생한 화재는 방사성물질의 방출을 증가시켰을 뿐만 아니라 이를 고공으로 끌어올려 피해를 원거리까지 확대시켰다. 특히 4월 26일 5시경부터 시작된 원자로 노심 부위의 흑연화재는 이를 진압하려는 시도가 증기폭발이나 핵임계를 유발할지도 모른다는 두려움 때문에 신속히 진화되지 못하고 10여일이나 지속되어 방사성물질의 방출을 더욱 가중시켰다.

3) 비상대응과 사고수습

사고발생 2시간 후 발전소에서 3km 떨어진 프리피야트에 비상본부가 설치되었고 사고지역에 차량출입의 통제가 개시되었으며, 4월 26일 정오부터 인근 지역에 대한 방사능 측정이 실시되었다. 4월 27일부터 노출된 원자로 상부에는 헬기를 이용하여 수백 톤의 붕소(핵임계 방지), 납(방사선차폐), 진흙과 모래(방사능 차단 및 필터), 백운석(열흡수와 탄산가스 생성으로 소화 보조) 등이 투하되었다. 노심 용융물이 하부 지층까지 침투할 우려에 대비하여 5월 9일부터 15일간 400여명이 동원되어 원자로 하부를 굴착하고 냉각계통을 가진 콘크리트판을 설치하였다.

사고발생 36시간이 지난 4월 27일 14시부터 발전소에서 3km 떨어진 프리피야트 주민에 대한 1차 소개(Evacuation)가 시작되었으며, 40,000여명의 시민이 3시간 정도에 걸쳐 소개를 완료했다. 4월 30일부터 원자로에서 반경 10km 지역의 주민들에 대한 2차 소개가 있었으며, 5월 2일에는 소개지역을 반경 30km까지 확대하여 소개를 계속하여 총 167,000여명이 소개되었다. 주민이 소개된 지역은 '금지구역'으로 지정되고 일반인의 접근이 금지되었다.

체르노빌-4호기의 잔해물인 손상된 핵연료(약 200톤)와 파손된 장비들을 격납하고 환경으로 방사성물질의 방출을 막기 위해 원자로 주위를 10층 높이의 철근콘크리트 구조물로 둘러싸는 석관(Sarcophagus) 공사가 진행되어 11월 중순에 완료되었다. 석관에 격납되어 있는 방사성물질의 총 방사능은 주로 장수명 방사성핵종에 의한 것으로 7×10^{17}Bq로 추정된다.

4) 방사성물질의 방출 및 영향

사고시 방출된 방사성물질에 의한 전체 방사능은 비활성기체들에 의한 $6 \sim 7 \times 10^{18}$Bq을 포함해 약 12×10^{18}Bq 정도로, 사고 당시 비활성기체의 100%, 휘발성 방사성핵종의 20~60%, 그리고 원자로에서 사용 중이던 핵연료의 약 3~4%가 방출된 것으로 추정되고 있다. 방출된 방사성핵종에서 인체에 영향을 미치는 주요 핵종은 요오드(I)와 세슘(Cs)으로 I-131이 $1.3 \sim 1.8 \times 10^{18}$Bq, Cs-137이 약 0.09×10^{18}Bq를 차지하는 것으로 평가되었다. 이 값들은 사고 당시 원자로 노심에 있던 I-131의 50~60%와 세슘 동위원소의 20~40%에 해당한다.

사고로 인한 주민의 피폭은 초기에는 방사성 요오드(I)와 텔레늄(Te)에 의한 내부피폭, 장기적으로는 지표에 침적된 세슘에 의한 외부피폭이 주를 이루었다. 1986년에 소개되었던 주민 중에서 10% 미만의 사람들이 50mSv 이상의 피폭을 받았고, 5% 미만의 사람들이 100mSv 이상의 피폭을 받았다. 또한 1986~1987년에 사고복구에 참여했던 20만 명은 평균적으로 100mSv 수준의 피폭을 받았으며, 이들 중 약 10%는 250mSv 수준의 피폭을 그리고 일부(수%)의 사람들이 500mSv를 초과하는 피폭을 받았다. 피폭의 경로는 일반적으로 음식이나 오염된 우유의 섭취 또는 초기 방사성구름(Plume) 아래에서의 호흡에 의해 사고로 방출된 방사성 요오드가 흡수되어 갑상선에 축적되는 것이었다.

사고의 초기에 대응했던 수십 명의 사람들은 수천 mSv의 치사 가능성이 있는 피폭을 받았으며, 특히 화재진압에 투입된 100여명의 소방수들은 다량의 방사선피폭을 받아 상당수가 생명을 잃었다. 사고 초기 복구에 참여했던 작업자 중에서 237명이 방사선 피폭의 영향으로 보이는 임상학적 증후군들을 나타내어 병원에 수용되었으며, 이중 143 명이 급성 방사선 증후군(Acute Radiation Syndrome)으로 진단되었고 28명이 첫 3개월 이내에 사망하였다. 이 외에 폭발, 관상동맥혈전증, 일반 화상으로 각 1명이 사망하여 사고 초기에 총 31명이 사망하였다.

환경에 미친 영향으로 사고 후 첫 몇 주 동안에는 원자로 부지 10㎞ 이내의 침엽수나 작은 포유동물 등 방사선에 민감한 지역 생태계에는 치사 방사선 선량까지 다다랐다. 1986년 가을에 선량률이 100분의 1수준까지 떨어지면서 자연환경이 점차 회복되기 시작했다.

5) 사고의 교훈

체르노빌 원전사고의 경험을 통하여 원자로 노심의 반응도 제어를 위한 설비 개선 등 많은 보완조치가 이루어졌으나, 무엇보다도 발전소의 운영조직을 포함한 운전원의 안전에 대한 의식과 태도가 매우 중요하다는 것을 상기시켰다. 이러한 교훈은 원자력 안전 문화(Safety Culture)로 구체화되어 원자력발전소의 안전운영에 가장 중요한 요소로 부각되었다.

또한 체르노빌 원전사고를 계기로 원자력사고는 그 피해범위가 당사국은 물론 국경을 초월하는 광역성을 갖고 있으며, 따라서 원자력안전에 대하여 전 세계가 공동적으로 대응할 문제임을 인식시키는 전환점을 맞게 되었다. 원자력사고 피해의 광범위성과 심각성을 실감한 국제사회는 이러한 원자력사고에 공동으로 대처하기 위하여, 1986년 10월 '핵사고의 조기통보에 관한 협약'과 1987년 2월 '핵사고 또는 방사능 긴급사태시 지원에 관한 협약'을 체결하였다. 협약의 발효로 원자력사고시 사고발생 국가는 이에 대한 정보를 인접국은 물론 국제원자력기구(IAEA)를 포함한 전 세계에 신속히 알려 적절히 대처하게 하고, 피해당사국에 대한 전문가 파견 등 지원을 위한 국제적인 안전협력 체계를 갖추게 되었다.

국제원자력기구를 중심으로 국제사회는 한걸음 더 나아가 원자력시설의 안전관리 책임과 권한이 원자력시설을 보유한 국가에 있지만 세계적인 원자력안전성 확보를 위해서는 원자력시설 보유국에게만 전적으로 의존할 수 없다는 인식을 함께 하게 되었다. 이에 따라 각 국가별로 추진해 온 원자력 안전성 확보개념에서 세계중심의 안전성 확보개념으로 전환해 나가고자, 국제원자력기구 주관으로 원자력안전에 대한 국제공동노력의 제도적 장치로서 1996년 10월 24일 '원자력안전협약'이 발효되었다. 국제협약에 대한 사항은 '4.6절'에 기술되어 있다.

6.5.3 후쿠시마 원전사고

1) 원자력발전소 개요

후쿠시마 제1원자력발전소(Fukushima Daiichi 원전)는 후쿠시마현 후타바군 오오쿠마쵸와 후타바쵸에 위치하고 있으며, 6기의 비등형 경수로(MARK-I, 6호기는 MARK-II)가 설치되어 총 발전용량은 4,690MW이다. 인근에 위치한 후쿠시마 제2발전소(Fukushima Dainii 원전)는 후쿠시마현 후타바군 후지오카쵸에 위치하고 있으며, 4기의 비등형 경수로(MARK-II)가 설치되어 총 발전용량은 4,400MW이다. 표 6.3은 후쿠시마 제1원자력발전소의 현황을 보이고 있으며, 제2발전소의 4개 호기는 전기출력 1,100MWe급으로 1982년 4월 1호기의 상업운전을 시작으로 1984(2호기), 1985년(3호기), 1987년(4호기) 상업운전을 각각 개시하였다. 그림 6.21은 후쿠시마 제1발전소 1호기 구조를 보이고 있으며, 0.37g(지진규모 7.1)에 대한 내진설계가 되어 있다.

표 6.3 후쿠시마 제1원자력발전소 현황

호기	노형	전기출력 (MWe)	열출력 (MWth)	상업운전	사고 전 상태	사고 후 상태
1	BWR(MARK-1)	460	1,380	1971.03	전출력운전	원자로건물파손
2	BWR(MARK-1)	784	2,381	1974.07	전출력운전	격납용기 파손
3	BWR(MARK-1)	784	2,381	1976.03	전출력운전	원자로건물파손
4	BWR(MARK-1)	784	2,381	1978.10	정지 (핵연료저장조보관)	원자로건물파손
5	BWR(MARK-1)	784	2,381	1978.04	정지 (핵연료장전완료)	정상
6	BWR(MARK-2)	1,100	3,293	1979.10	정지 (핵연료장전완료)	정상

사고가 발생한 2011년 3월 11일 후쿠시마 제1원자력발전소의 1~3호기는 정격출력으로 정상운전 중이었고, 4~6호기는 정기검사로 핵연료가 원자로에서 인출되었거나(4호기) 장전이 완료된(5호기 및 6호기) 상태였다. 4호기는 대규모 보수공사 관계로 원자로 압력용기 안에 있던 핵연료가 모두 사용후핵연료 저장수조에 이송되었으며, 사용후핵연료 저장수조에는 6,375개의 사용후핵연료가 저장되어 있었다. 후쿠시마 제2원자력발전소는 4개 호기 모두 정상운전 중이었다.

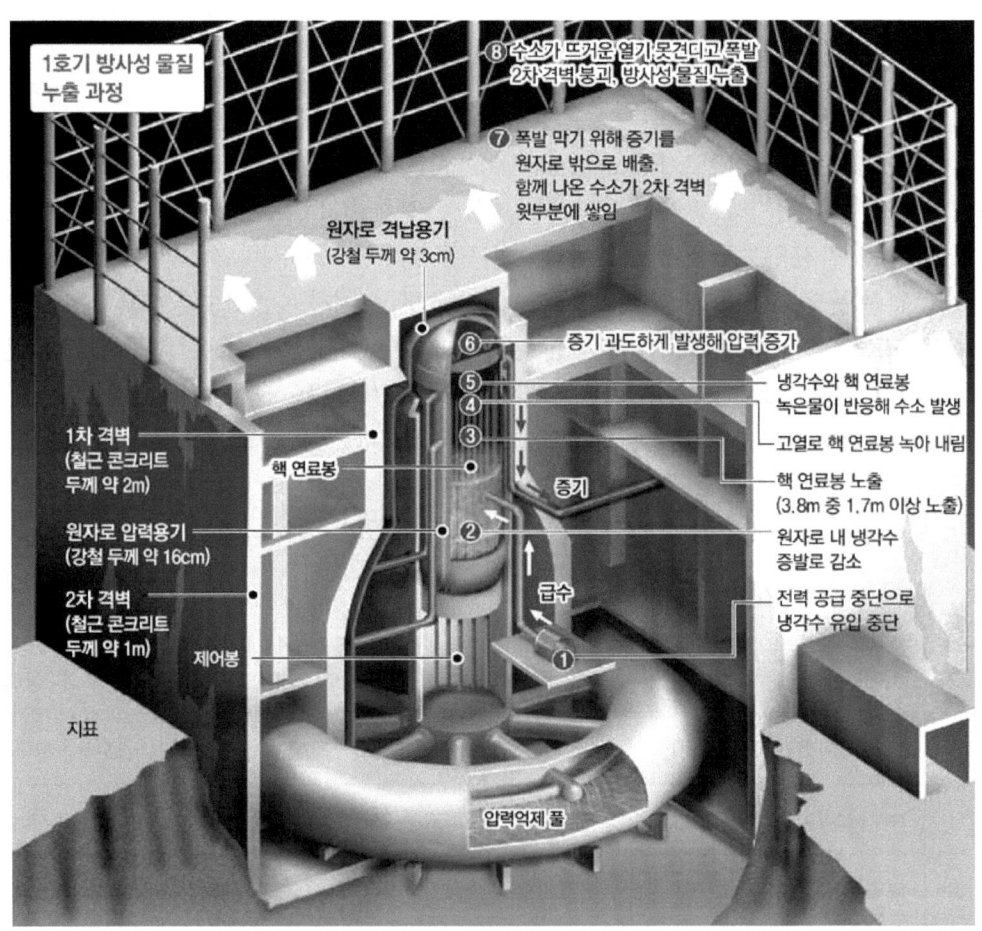

그림 6.21 후쿠시마 제1발전소 1호기 구조와 사고경과

2) 사고의 발생과 진행

2011년 3월 11일 14시 46분 동경 북동쪽으로 370km에 위치한 도호쿠(東北) 지방 부근 해저에서 규모 9.0의 지진이 발생하였다. 진앙지로부터 인접한 해변에 후쿠시마 제1

발전소(진앙지부터 150km), 후쿠시마 제2발전소(160km), 오나가와(80km), 도카이(260km)등 4개의 원자력발전소 부지가 위치하고 있었다. 진앙지 인접 4개 부지에서 매우 높은 강도의 지진이 감지되어 운전 중인 발전소 11기가 모두 자동정지되었다(14시 46분). 지진의 발생에 따른 원자로의 자동정지는 정상적으로 이루어진 것이었으나, 문제는 후쿠시마 제1발전소 인근의 송전 철탑 등이 심각한 손상을 받아 발전소가 소외 전원을 공급받을 수 없는 상황이 발생한 것이었다.

이러한 상황에서 지진 발생 약 52분 후(15시 38분) 후쿠시마 제1발전소에 14~15m 높이의 쓰나미(Tsunami, 지진해일)가 도달하였다. 이렇게 높은 쓰나미는 부지고(높이)가 10m인 후쿠시마 제1발전소의 모든 발전소 건물을 약 4~5m 깊이로 침수시켰다. 침수로 인하여 상대적으로 보조건물의 낮은 위치에 설치된 비상디젤발전기, 무정전설비와 배전반이 침수됨으로써 발전소에 비상전원을 공급할 수 없는 상황이 초래되었다(15시 42분). 발전소의 소내·외 전원이 모두 상실한 발전소전원 완전상실(Station Blackout)로 분류되는 사고가 발생한 것이다.

반면에 후쿠시마 제2발전소는 쓰나미에 의하여 발전소 일부가 침수되었으나, 소외전원 1개 선로가 정상으로 유지되었고, 추가로 2개 선로가 신속하게 복구됨에 따라 심각한 피해는 발생하지 않았다. 또한 진앙지에서 가장 인접한 오나가와 원자력발전소는 상대적으로 높은 부지고(14m)와 지형적인 특성으로 침수에는 이르지 않아 심각한 사고가 발생하지 않았다.

후쿠시마 제1발전소 1/2/3/4호기가 소외 전력망과 비상전원(디젤발전기, 배터리)의 사용이 불가능한 상황에서, 운전원은 임시 배터리를 주제어실에 설치하고 최소한의 발전소 상황파악과 제어를 시도하였다. 또한 사고후 10여일 만에 발전소로 공급되는 송전망과 연결되었으나 발전소 전력계통의 심각한 손상으로 장기간 전원공급이 불가능한 상태였다. 이에 따라 발전차를 이용하여 임시 전원을 사용하였고, 1/2/3/4호기의 비상 냉각을 위한 냉각수는 소방차를 이용하여 주입하였다.

5호기와 6호기의 경우 쓰나미에 의한 피해가 상대적으로 약하였고, 5/6호기 공용으로 사용하는 1대의 비상디젤발전기가 운전 가능하였기 때문에 전원 공급으로 최소한의 운전이 가능한 상태였다. 또한 3월 25일 이후 5/6호기로 소외전원을 공급함으로써 신속하게 안정화되었다.

3) 수소폭발에 의한 원자로건물 파손

후쿠시마 제1발전소 1/2/3호기는 지진발생 전 정격출력으로 운전 중에 있었기 때문에 원자로정지 후 다량의 잔열이 발생하는 상태임에도, 전원상실로 냉각수의 주입이 불가능함에 따라 원자로의 핵연료가 적절하게 냉각되지 않았다. 이에 따라 노심에서 냉각수가 증발하고 노심이 노출(고온에서 핵연료 용융으로 진전)되면서 다량의 증기와 수소가 발생하여 격납용기 내부의 압력을 증가시켰다. 압력이 증가하면 격납용기가 파손될 우려가 있어 1호기의 경우 제일 먼저 증기방출을 실시하였다.

증기가 격납용기 밖으로 방출되면 원자로건물 내부를 거쳐 외부로 방출하게 되는데, 방출되는 증기에 수소가 섞여 있었고 수소가 원자로건물의 상부에 모여서 일정농도 이상에 이르게 되었다. 대기압 하에서 수소체적이 약 4%를 넘으면 연소가 일어나고 약 15%를 넘으면 폭발이 일어나게 된다. 2011년 3월 12일 15시 36분 1호기 수소폭발로 원자로건물 상부가 파괴되었다. 3호기는 3월 14일 11시 1분 수소폭발을 일으켜 원자로건물이 심하게 파손되었고 2호기는 3월 15일 6시 10분 수소폭발을 일으켜 격납용기 아래쪽이 파손되었다.

4) 사용후핵연료 저장조 화재

후쿠시마 제1발전소 4호기는 쓰나미 발생 이전에 이미 정기보수를 위해 원자로정지 중이었고, 2010년 11월에 노심의 핵연료를 모두 사용후핵연료 저장수조에 옮겨놓은 상태였다. 저장수조에 보관되고 있는 핵연료도 계속해서 붕괴열을 발생하기 때문에 계속적인 냉각이 필요하다. 지진과 쓰나미 이후 전원상실로 냉각이 중지되면서 저장수조의 온도가 올라가고, 물이 증발하면서 냉각수가 줄어들어 핵연료가 노출되기 시작하였다. 핵연료피복재인 지르코늄이 산화되고 이때 발생한 수소의 급격한 연소로 이어지면서 4호기에 폭발음과 함께 화재가 발생하였다(3월 15일 6시 14분). 그러나 4호기가 안정상태로 복귀된 후 조사한 결과, 사용후핵연료 저장조에 보관중인 핵연료 상태가 양호하였기 때문에 4호기의 수소폭발은 3호기 배기계통에서 역류한 수소에 의한 폭발로 추정하기도 한다.

1/2/3호기도 사용후핵연료 저장조에 핵연료를 저장 중이었고 원자로에서 인출한 후 1년 이상 지난 사용후핵연료이지만 여전히 붕괴열이 나오고 있어 4호기보다 느리지만 냉각수의 과열과 증발이 진행되었다. 냉각수가 줄고 수위가 내려가면서 핵연료 손상의 우려가 있어 1/2/3/4호기 모두 헬리콥터, 소방차, 콘크리트 주입펌프 등을 이용해서 해수와 담수를 주입하게 되었다.

그림 6.22는 사고 전·후의 후쿠시마 제1원자력발전소 실제 전경을 보이고 있으며, 그림 6.23은 각 호기의 파손상태를 보이고 있다.

그림 6.22 사고 전·후의 후쿠시마 제1발전소 실제 전경

그림 6.23 후쿠시마 제1발전소 각 호기 파손상태

5) 방사성물질의 방출

원자로건물 수소폭발로 인하여 대기 중으로 대량의 방사성물질이 유출되었다. 일본 정부는 2011년 5월 방사성물질의 방출 총량을 평가하여, 1.6×10^{17}Bq의 요오드(I)-131과 1.5×10^{16}Bq의 세슘(Cs)-137이 방출된 것으로 발표하였다. 이는 국제원자력사건등급 (INES) 분류로 7등급에 해당하는 사고이다.

사고의 수습과정에서 상당량의 방사성 오염수의 해양 유출이 있었다. 4월 1일부터 6일까지 2호기에서 해양으로 누설된 방사성물질의 총량은 4.7×10^{15}Bq로 평가되었다. 또한 5월 10일부터 11일까지 3호기에서 약 230m³의 오염수가 해양으로 유출되었으며, 유출된 방사성물질의 총량은 2.0×10^{13}Bq로 평가되었다. 이러한 경로의 해양 유출량은 대기 유출량의 약 2.7%에 해당하는 것으로 추정하고 있다.

원자로 냉각을 위해서 주입된 냉각수(해수 또는 담수)는 원자로용기와 격납용기 내부에 축적되면서 파손부위를 통해 쓰나미로 인해 침수되어 있던 터빈건물 지하공간으로 흘러들어가 호기당 약 2만 톤의 고농도 방사성 오염수가 생겼다. 장기적인 냉각을 위해서는 이 오염수를 다시 원자로 내부로 주입하는 순환냉각이 필요한데 순환냉각설비를 설치하기 위해서는 일단 오염수를 저장해야 한다. 고농도 오염수를 저장하기 위하여 발전소에서 오염수를 저장할 수 있는 복수기, 복수저장탱크, 액체폐기물 처리설비 등의 내부에 있는 저농도의 오염수 약 1만 톤을 4월 4일부터 10일까지 바다로 방출하였다. 이에 의한 총 방사성 방출량은 1.5×10^{11}Bq에 해당하며 대기 방출량에 비하여 상대적으로 크지는 않다.

6) 비상대응과 사고수습

일본 정부는 3월 11일 19시 3분에 방사선비상을 선포하고, 21시 23분부터 발전소에서 반경 3km 지역의 주민에 대한 소개(Evacuation)를 시작하였으며 10km 이내의 주민에 대하여 옥내 대피하도록 하였다. 3월 12일 5시 44분에는 10km 반경의 주민에 대한 소개가 시작되었으며, 18시 25분에 소개 지역을 20km로, 3월 25일에 30km로 확장하였다.

후쿠시마 제1발전소 1/2/3호기 수소폭발 이후 더 이상의 노심손상을 막기 위해 해수 주입이 결정되고 소방설비를 이용해서 해수를 주입하기 시작했다. 해수의 주입은 소금이 축적되면서 노심의 유로를 막거나 주입하는 노즐을 막을 우려가 있으며, 부식성이 강해 기기나 구조물의 건전성 저하를 야기할 수 있다. 사고 초기 담수공급이 불가능한 상황에서 해수를 주입하였으나, 이 후에는 담수를 자위대 보급선과 미군 바지선 등으로 공급받으면서 담수주입으로 전환하였다.

2011년 3월 말부터 외부 전력 복구작업이 순차적으로 완료되면서 엔진을 이용해서 펌프를 가동하던 방식을 전동모터를 이용한 펌프가동으로 전환하여 냉각수를 주입하였다. 사고 초기 원자로와 격납용기로 주입된 냉각수가 발전소 건물 하부에 모여 해양 등의 환경으로 방출되었으나, 사고 수습이 진행되면서 주입된 냉각수를 다시 정화하고 냉각하여 재순환하는 시스템이 운영되고 있다.

발전소 운영자인 동경전력(주)은 4월 17일 사고복구 로드맵(Road Map)을 발표하고 이에 따른 복구 작업을 진행하고 있다. 로드맵은 발전소 수습 상황에 따라 필요사항을 추가하는 방식으로 주기적으로 보완되고 있다. 로드맵에는 단기적으로 3개월 내에 원자로와 사용후핵연료 저장조 내의 질소와 냉각수 주입 등의 긴급조치를 수행하고, 2단계(3~6개월)로 핵연료 안정 냉각, 방사선 누설 차단을 목표로 하며, 중장기적으로 핵연료 인출 등의 대책을 수행하도록 되어있다.

7) 사고의 교훈

후쿠시마 원자력발전소 사고는 지금까지 지진, 쓰나미, 홍수, 태풍 등의 외부사건에 대응할 수 있도록 발전소를 설계하고 운영하여 왔으나, 예상을 초월하는 외부사건의 가능성과 이로 인한 대형사고로의 진전을 현실적으로 보여준 사고이다. 또한 지금까지 단일 발전소의 대형사고와는 달리 동일한 위치에서 다수 호기가 공통원인에 의하여 동시에 대형사고를 야기하였다는 점에서 그 성격을 달리하고 있으며, 원자력안전에 대한 많은 시사점을 제공하고 있다.

사고의 발생과 전개, 수습과정을 통하여 안전과 관련된 현안을 간추려 보면 다음과 같다.
- 외부사건에 대응할 수 있는 발전소의 설계
- 중대사고의 예방과 완화를 위한 발전소의 안전설계 및 운영
- 전원완전상실 등의 비상상황에서의 소외 대응체계
- 심각한 사고 상황에서의 비상대책
- 동일부지에 다수호기 운전 안전성
- 중대사고 상황에서의 사용후핵연료 냉각
- 중대사고 상황에 대처할 수 있는 발전소 운전원의 교육·훈련
- 방사성물질의 방출을 초래하는 사고 후의 방사능 감시
- 비상상황에서 대중에 대한 방사선방호
- 비상상황에서의 의사소통

대부분의 현안들은 이미 발전소의 설계와 운영에서 고려되고 있으나, 예상하지 않은

자연재해나 사고전개는 결코 일어나지 않을 것이라는 자만심을 버리고 안전을 최우선으로 하는 마음가짐으로 현재의 안전수준을 재점검하는 계기가 되어야 할 것이다. 또한 동일 부지에 다수 호기의 운전에 대한 안전은 우리나라의 경우 특별한 관심을 가지고 살펴보아야 할 것이다.

제 7 장

원자력 안전규제 개념

7.1 규제의 일반적 개념

7.1.1 규제의 정의

규제의 개념에 대하여 많은 학자들이 다양한 정의를 내리고 있다. 규제대상, 규제기관 또는 규제기능을 중심으로 협의의 개념 정의를 하는 경우도 있으며, "편익이나 제재를 가하는 모든 정부활동" 또는 "사기업의 경영이나 국민생활에 어떤 식으로든 영향을 미치는 정부활동"과 같이 광의의 정의를 내리는 경우도 있다.

역사적으로 보면 과거에는 질서행정 영역에 있어 권력적 수단으로 소극적인 통제에 규제의 초점이 맞추어지는 경향이 있었다. 그러나 현재에는 국민에게 직접적인 편익을 주는 급부행정 영역에 있어 공익의 증대를 위한 행정주체의 적극적인 형성 활동에 규제 초점이 맞추어지는 경향을 보이고 있다. 이러한 개념의 확장은 현대사회에 있어 경제성장이나 과학기술의 발전 그리고 이에 따른 환경오염과 파괴라는 역기능 현상을 감안하여 더 이상 개인의 자유로운 사회적·경제적 활동을 방임할 수 없다는 논리에 근거하고 있다. 즉 국가는 사회와 경제 질서가 일정한 방향으로 나아가도록 적극적으로 조정하고 발전시키는 규율작용을 수행해야 한다는 점에 기초하고 있는 것이다. 이에 따라 규제의 대상을 경제 질서와 생활환경의 조성으로 바라보게 되면서 보호나 소성이라는 비권력적 수단도 규제의 중요한 부분으로 등장하고 있다.

규제에 대한 국내학자들의 정의를 살펴보면, "정부조직의 하나인 규제기관이 달성해야 할 목적을 효과적으로 추구하기 위해 민간 경제주체인 기업, 개인, 조직의 특정 활동이나 행위를 제한·금지·지시하거나 지도·보호·지원·조장하는 행정작용"으로 정의하고 있다[김용우, 1998]. 또한 "국가가 경제질서 또는 생활환경 등을 일정한 방향으로 정비·개선·유도하고 형성함으로써 적극적으로 사회공공복리를 증진하기 위하여 개인의 사회·경제활동을 규제·조정·보호·조장·지도하는 행정작용"으로 정의하기도 한다[박윤흔, 1991]. 이 외에도 "바람직한 경제사회 질서의 구현을 위해 정부가 시장에 개입하여 기업과 개인의 행위를 제약하는 것"으로 정의하고 있다[최병선, 1993].

이처럼 규제의 정의는 여러 가지가 있지만 「행정규제기본법」과 「기업활동규제완화에 관한 특별조치법」에서는 법령상의 정의를 다음과 같이 규정하고 있다. 「행정규제기본법」 제2조(정의)에는 "행정규제란 국가 또는 지방자치단체가 특정한 행정목적을 실현하기 위하여 국민의 권리를 제한하거나 의무를 부과하는 것으로 법령 등이나 조례·규칙에 규정되는 사항을 말한다."라고 정의하고 있다. 「기업활동규제 완화에 관한 특별조치법」 제2조(정의)에는 "행정규제란 국가, 지방자치단체 또는 법령에 따라 행정권한을 행사하거나 행정권한을 위임 또는 위탁받은 법인·단체 또는 개인이 특정한 행정목적을 실현하기 위하여 기업활동에 직접 또는 간접적으로 개입하는 것을 말한다."라고 규정하고 있다. 특별조치법의 정의는 「행정규제기본법」의 정의보다 규제의 주체, 규제의 대상에서 범위를 넓게 설정하고 있음을 알 수 있다.

7.1.2 규제의 기본원칙

우리나라 「행정규제기본법」 제5조(규제의 원칙)에서는 규제의 기본원칙을 다음과 같이 제시하고 있다. i) 국가 또는 지방자치단체는 국민의 자유와 창의를 존중해야 하며, 규제를 정하는 경우에도 그 본질적 내용을 침해하지 아니하도록 해야 한다. ii) 국가나 지방자치단체가 규제를 정할 때에는 국민의 생명·인권·보건 및 환경 등의 보호와 식품·의약품의 안전을 위한 실효성이 있는 규제가 되도록 해야 한다. iii) 규제의 대상과 수단은 규제의 목적 실현에 필요한 최소한의 범위에서 가장 효과적인 방법으로 객관성·투명성 및 공정성이 확보되도록 설정되어야 한다.

이러한 규제의 원칙은 규제법정주의, 비례의 원칙, 보충성의 원리로 구분하여 이해할 수 있다.

1) 규제법정주의

「행정규제기본법」에서 규제법정주의에 대하여 다음과 같이 규정하고 있다. i) 행정규제는 법률에 근거해야 하며, 그 내용은 알기 쉬운 용어로 구체적이고 명확하게 규정하여야 한다. ii) 규제는 법률에 직접 규정하되, 규제의 세부적인 내용은 법률 또는 상위법령이 구체적으로 범위를 정하여 위임한 바에 따라 대통령령·총리령·부령 또는 조례·규칙으로 정할 수 있으며 다만, 법령에서 전문적·기술적 사항이나 경미한 사항으로 업무의 성질상 위임이 불가피한 사항에 관하여 구체적으로 범위를 정하여 위임한 경우에는 고시 등으로 정할 수 있다. iii) 행정기관은 법률에 근거하지 아니한 규제로 국민의 권리를 제한하거나 의무를 부과할 수 없다.

2) 비례의 원칙

비례의 원칙은 과잉조치 금지의 원칙이라고도 하며, i) 행정작용에 의한 권리와 자유의 침해는 적합한 수단으로 행해져야 한다는 적합성의 원칙, ii) 적합한 수단 중에서도 최소한의 침해를 가져오는 수단을 택해야 한다는 필요성 또는 최소 침해의 원칙, iii) 침해의 정도는 공익의 정도와 상당한 비례관계가 유지되어야 한다는 상당성의 원칙 등 3가지 원칙이 단계적으로 비례의 원칙을 형성한다. 이러한 비례의 원칙은 헌법상의 법치국가 원리에서 나온 법의 일반원칙 내지는 헌법원칙이며, 따라서 행정작용이 비례원칙에 위반된 경우에는 위법이 된다.

3) 보충성의 원리

보충성의 원리는 사회적 힘이 스스로 그의 업무를 수행하지 못할 때 공적인 손이 비로소 개입함을 의미하는 것이다. 자유민주주의 국가에서는 각 개인의 인격을 존중하고 그 자유와 창의를 최대한으로 존중해 주는 것을 그 이상(理想)으로 하고 있는 만큼, 국민과 기업의 활동은 일단 그들의 자결권과 자율성이 보장되어야 하고 국가는 예외적으로 필요한 경우에 한하여 이를 보충하는 정도로만 개입할 수 있다고 보는 것이다.

7.1.3 규제의 구분과 유형

1) 규제의 구분

규제는 작용이 일어나는 영역에 따라 구분될 수도 있지만 규제의 대상에 따라 크게 경제적 규제와 사회적 규제로 구분하여 고찰하는 것이 일반적이다[최병선, 1993]. 경제적 규제란 "기업의 본원적 활동에 대한 정부규제"를 말하는데, 여기서 기업의 본원적

활동이라 하면 기업의 설립 또는 개인사업의 개시, 제품(또는 서비스)의 가격, 생산량, 품질, 거래상대방과 거래방법 및 조건 등에 대한 의사결정과 행위를 망라한다. 경제적 규제는 동일 산업에 속한 기업 간의 자유로운 경쟁을 제약한다는 공통점을 갖고 있다. 예를 들면 경제적 규제의 한 유형인 진입규제는 기존 참여기업과 그 산업에 참여를 희망하는 잠재적 기업사이의 경쟁을 제약하며, 마찬가지로 수입규제는 국내 생산자와 국외 생산자 간의 경쟁을 제약한다. 한편 독과점 및 불공정 거래에 대한 규제는 경쟁 제한이 아닌 경쟁 조장을 목적으로 하는 규제로 경제적 규제와 다른 의미를 가진다. 학자들은 경우에 따라 이를 제3의 규제유형으로 분류하기도 한다.

사회적 규제는 기업의 경제적 활동에서 부수적으로 야기되는 환경오염, 근로자 안전과 보건 등의 사회적 문제를 해결하기 위해 정부가 기업활동에 개입하는 것이다. 따라서 사회적 규제는 기업의 경제적 활동 그 자체만이 아니라 기업활동을 통해 야기되는 사회적 결과에 대한 보다 높은 가치 인식이 있을 때 비로소 가능해지게 된다. 사회적 규제는 기업에게 외부비용을 내부화하도록 하는 기능을 가지므로 기업에게는 추가적인 부담을 초래한다. 그 결과 사회적 규제를 둘러싸고 기업과 사회는 대립적인 입장에 서게 된다. 기업은 자유로운 경쟁시장을 주장하고 사회는 기업활동으로 인해 사회적 가치가 손상받아서는 안된다고 주장한다. 따라서 사회적 규제는 경제적 규제에 비해 고도의 정치성을 띠게 되고 정치사회의 민주화 수준과 밀접한 연관성을 갖게 된다.

이러한 규제의 구분에 따라 원자력의 경우를 살펴보면, 「전기사업법」에서 규정하고 있는 원자력의 이용과 진흥에 관련된 제반 규제는 경제적 규제로, 「원자력안전법」에서 규정하고 있는 원자력안전과 방사선방호와 관련한 제반 규제는 사회적 규제로 볼 수 있다.

2) 규제의 유형

규제가 실제 행해지는 유형, 즉 정부가 민간(기업과 개인)의 행위를 제약하기 위해 사용하는 방법은 다양하다[최병선, 1993]. 가장 전형적인 형태는 정부가 국가의 강제력에 의존하여 기업과 개인이 정부의 요구에 응하도록 하고, 그러지 않을 때는 불이익과 처벌을 주는 '소극적 유인 및 보상'에 의한 방법이다. 여기에는 금지, 인가·허가·면허, 정부의 결정과 제도 등이 있다. 대개의 정부규제 형태는 인가·허가·면허 등을 통한 방법으로 이루어진다. 이것은 일정한 요건을 정하여 그 요건에 부합되지 않는 한 특정행위를 하지 못하게 하는 것으로 특정산업 또는 직종에 대한 신규사업자의 진입을 규제하는 것이다.

규제는 또한 단속과 감시의 형태를 가질 수도 있다. 어떤 기준을 설정하고 이 기준의 위반여부를 확인하는 것인데 규제의 많은 부분, 예를 들면 교통규제, 식품위생규제, 산업안전규제, 환경규제 등이 이런 형태를 가진다. 정부의 결정방식으로 규제가 이루어지기도 한다. 예를 들면 공공요금 규제, 독과점 가격규제, 아파트 분양 가격규제 등의 가격규제가 대표적인 경우이다. 또한 제도형태로도 규제가 이루어진다. 최저임금제도, 남녀고용평등제도, 장애자 고용확대제도 등 경제적 약자를 보호하기 위한 또는 사회적 차별을 방지하기 위한 규제가 그것이다.

이들 규제와 약간 성격을 달리하여, 국가의 강제력에 의존하지 않고 정부가 갖고 있는 권위나 도덕적 설득에 의하여 민간의 행위를 유도하는 방법으로 규제가 이루어지기도 한다. 행정지도라고 불리는 것인데, 이런 방식의 권력행사는 관료주의적 문화가 뿌리 깊게 자리잡고 있는 우리나라나 일본과 같은 나라에서 흔히 볼 수 있다. 예를 들면, 사기업이나 공기업 부문의 임금상승률을 제시하여 지도한다던가, 은행 민영화 이후 간접적인 방법으로 은행경영에 간섭한다던가, 서비스 업계의 가격상승을 자제하도록 유도한다던가, 특정 농작물의 경작을 장려하거나 억제하는 등 아주 다양하다. 그러나 행정지도의 방식으로 정부규제가 이루어지는 것은 바람직하지 않다고 보는 견해도 있다. 왜냐하면 행정지도는 정부가 신축성을 가질 수 있다는 장점 때문에 많이 이용하고 있지만, 법령에 명문규정 없이 이루어지기 때문에 자의적일 가능성이 크기 때문이다.

이러한 전형적인 정부규제 유형과 달리 '적극적 유인 및 보상'을 부여하는 방식으로 규제가 이루어지기도 하는데, 특허와 보조금 지급이 대표적 예가 될 수 있다.

3) 자율규제

행정규제라고 할 때 규제의 주체는 당연히 정부이다. 그러나 예외적으로 규제의 주체가 정부가 아니고 피규제 산업이나 업계가 되는 경우가 있으며, 이를 가리켜 자율규제라고 부른다. 이론적으로 산업이나 직종 등 업계가 자신의 활동을 스스로 규제한다는 것은 생각하기 어렵다. 그러나 현실적으로 자율규제가 폭넓게 이루어지고 있고 또한 정부규제를 대신하는 정책수단으로 주목을 받고 있다. 이것은 첫째, 업계가 갖고 있는 전문성을 활용하지 않고서는 정부규제의 실효성을 확보하기 어려운 경우가 많고 둘째, 행정규제의 완화과정에서 과도기적으로 사용해 볼 만한 규제방식이기 때문이다[최병선, 1993].

자율규제는 보통 동일 업종을 가진 업체끼리 스스로 지켜야 할 기준을 제정하는 한편, 그것의 위반행위를 스스로 점검하는 방식으로 이루어진다. 그러나 업계가 정한 기준을 규제기관이 공인하고 그 기준의 집행에 어떤 형태로든지 강제력을 부여하지 않는 한 자율규제가 그 자체로 법적인 또는 이에 준하는 효력을 발생할 수 없다. 따라서 자율규제는 공적인 규제기관의 개입이 따라야 하며 이 개입정도에 따라 순수한 자율규제에서부터 법령에 의해 업계의 자율규제를 규정하는 것에 이르기까지 여러 가지 자율규제 유형을 생각해 볼 수 있다. 이러한 자율규제는 항상 독점 및 불공정거래의 가능성을 안고 있기 때문에 자율규제행위가 시장경쟁을 제약하는 측면이 있는지 면밀한 검토와 감시가 수반되어야 한다.

7.2 행정행위(처분)

7.2.1 행정행위의 범위

행정행위에 대해서는 여러 가지 개념이 있으나, 우리나라에서 일반적으로 인정되는 개념은 "행정청이 법 아래에서 구체적 사실에 관한 법집행으로 행하는 권력적 단독행위인 공법행위"로 해석하고 있다. 실정법상으로는 행정처분 또는 단순히 처분이라고도 한다. 행정행위의 특색으로 행정행위는 항상 법에 따라서 행해져야 한다는 법적합성에 가장 큰 특색이 있다. 또한 행정청 스스로 행정벌을 집행할 수 있는 집행력을 가지며, 행정행위에 의하여 권리와 이익이 침해된 경우에는 행정심판이나 행정소송 등에 의한 특별한 구제절차가 마련되어 있다.

「행정규제기본법」 시행령 제2조(행정규제의 범위 등)에서는 행정규제의 구체적 범위를 명시하고 있는데, 다음에 해당하는 사항으로써 법령 또는 조례·규칙에 규정되는 사항으로 규제의 범위를 정하고 있다.

  i) 일정한 요건과 기준을 정하여 놓고 행정기관이 국민으로부터 신청을 받아 처리하는 행정처분 또는 이와 유사한 사항 : 허가, 인가, 특허, 면허, 승인, 지정, 인정, 시험, 검사, 검정, 확인, 증명 등

  ii) 행정의무의 이행을 확보하기 위하여 행정기관이 행하는 행정처분 또는 감독에 관한 사항 : 허가취소, 영업정지, 등록말소, 시정명령, 확인, 조사, 단속, 과태료부과, 과징금부과 등

  iii) 일정한 작위 또는 부작위 의무를 부과하는 사항 : 고용의무, 신고의무, 등록의무, 보고의무, 공급의무, 출자금지, 명의대여금지 기타 영업 등과 관련한 의무 등

  iv) 기타 국민의 권리를 제한하거나 의무를 부과하는 행정행위(사실행위를 포함한다)에 관한 사항 : 행정지도, 내부보고, 사전협의, 자료요청

7.2.2 행정행위의 종류

행정행위에는 다양한 종류가 있으나 원자력 안전규제에 주로 사용되고 있는 행정행위

에 대한 개념을 설명하고, 「원자력안전법」에서의 사례를 다루기로 한다.

1) 하명(下命)

하명이란 규제목적을 수행하기 위하여 일정한 작위(作爲) 또는 부작위(不作爲) 등의 의무를 과하는 행정행위를 말한다. 그 성질은 자유를 제한하거나 새로운 의무를 부과하는 부담적 행정행위이며, 자유재량 행위가 아니라 기속재량 행위이다. 하명의 형식은 직접 법률과 명령의 형식에 의한 '법규하명'과 근거법규에 의거한 구체적인 행정처분의 형식에 의한 '하명처분'이 있다. 하명을 받은 상대방은 하명받은 일정한 행위를 사실상 하여야 할(작위) 또는 하지 않아야 할(부작위) 의무가 생기며, 이를 위반한 행위는 강제집행 또는 행정벌의 대상이 된다.

실정법상 하명의 예는 매우 다양하며, 「원자력안전법」에서 원자로시설의 검사 후 미흡한 사항에 대한 시정 또는 보완 명령, 발전용원자로 설치자 또는 운영자가 관련 규정을 위반한 경우에 공사정지 또는 운영정지 명령, 원자로시설의 성능이 미흡한 경우 안전에 필요한 조치 명령 등을 그 예로 들 수 있다.

2) 허가(許可)

허가란 규제법령이나 규제하명에 의한 일반적 금지나 제한을 특정한 경우에 해제하여 적법하게 일정한 사실행위 또는 행정행위를 할 수 있도록 자유를 회복시켜 주는 행위를 말한다. 국민경제의 건전한 발전이나 생활환경의 적절한 보전에 지장을 가져올 우려가 있는 일정한 활동을 일반적으로 금지 또는 제한한 후, 특정한 경우에 구체적인 사정과 사회·경제상의 영향을 고려하여 금지를 해제하는 행위를 말한다. 허가는 대상에 따라 의사면허, 운전면허 등 대인적 허가와 건축허가, 음식영업허가 등 대물적 허가로 나누어지며, 허가의 효력은 대물적 허가에만 이전성이 있다. 허가 받아야 할 행위를 허가받지 않고 행한 경우에는 행정상 강제집행이나 행정벌의 대상이 된다.

「원자력안전법」상의 허가의 예로는 발전용원자로 건설허가 및 운영허가, 연구용원자로의 건설·운영허가, 핵연료주기사업의 허가, 핵연료물질의 사용허가. 방사성동위원소와 방사선발생장치 사용허가, 폐기시설의 건설·운영허가 등을 들 수 있다.

3) 인가(認可)

인가란 일정한 규제목적을 위하여 특정인이 제3자와 행하는 법률적 행위를 보충함으로써, 그 법률적 행위의 효력을 완성시켜 주는 행정행위를 말한다. 특정인이 제3자와 행하는 법률적 행위는 원래 행정주체의 관여 없이 효력을 발생하는 것이 원칙이지만, 국가가 규제목적을 달성하기 위하여 보충적으로 국가의 의사표시를 요건으로 하는 것으로 보충행위라고도 한다. 즉 특정인의 법률적 행위는 행정청의 인가가 있음으로써 비로소 그 효력이 완성될 수 있으며, 사립대학의 설치인가, 특허기업의 운임·요금 인가 등을 예로 들 수 있다. 인가는 당사자의 출원에 의하여 행해지는 것이 원칙이며, 인가를 받아야 하는 행위를 인가 받지 아니하고 행한 때에는 그 행위는 무효로 되나 처벌 문제는 생기지 않는다.

「원자력안전법」의 예로는 발전용원자로 시설의 표준설계 인가를 들 수 있다.

4) 면제(免除)

법령에 의하여 일반적으로 과하여진 작위, 급부, 수인의무를 특정의 경우에 해제하는 행위(예: 조세의 면제, 납세의무의 면제)를 말한다. 「원자력안전법」의 예로는 방사성동위원소 허가사용자와 업무대행자의 자체 안전관리 수준이 우수할 경우의 검사 면제, 원자로조종사면허 등의 외국 면허소지자에 대한 면허시험 면제, 국가나 지방자치단체의 허가 등의 신청시 수수료 면제 등을 들 수 있다.

5) 확인(確認)

특정 사실이나 법률관계에 관하여 의문이 있거나 다툼이 있는 경우에 공적 권위로써 그 존부(存否) 또는 정부(正否)를 판단하는 행위이다. 항상 구체적 확인의 형식을 취하고 일정한 형식이 요구되는 행위이며, 법령에 의한 일반적 확인은 있을 수 없다. 「원자력안전법」의 예로는 원자로시설 또는 핵연료주기시설의 해체 확인 등이 있으며, 원자로시설의 사용전 검사와 정기검사 등의 검사도 확인에 해당한다 할 수 있다.

6) 승인(承認)

승인이란 국가나 지방자치단체의 기관이 다른 기관이나 개인의 특정한 행위에 대하여 부여하는 허가적·인가적 승락이나 동의를 말한다. 법령의 규정에 의해 필요적 행정절차상 요구되는 승인이 있으며, 이는 행정행위의 효력요건이 된다.

「원자력안전법」에서 원자로시설의 부지사전 승인, 계량관리규정의 승인, 원자로시설의 해체계획서 승인, 방사선발생장치 또는 방사성물질 운반용기의 설계 승인, 특정기술주제보고서의 승인 등이 있으며, 이들은 상기한 행정행위 중에서 허가의 개념과 유사하게 사용되는 것으로 보인다.

7) 지정(指定)

여러 행정행위 중에서 허가에 가까운 성질을 가지나, 지정은 일반금지를 해제하는 허가의 개념보다는 지정을 통하여 배타적 권익이 형성되는 보완적 행정행위인 경우가 많다. 또한 허가는 일반적으로 기속재량인데 반해 지정은 자유재량인 차이가 있다. 「원자력안전법」에서 사용후핵연료 처리 사업자의 지정이 행정주체의 행위형식으로 쓰인다.

7.2.3 피규제자의 행위

행정행위에서 규제행정 주체의 행위와는 달리, 피규제자 측에서는 행정청의 하명, 허가, 확인 등에 의거하여 행위를 하거나 효력을 보충받게 되기도 하고, 피규제자 자신이 신고 또는 등록을 함으로써 적법한 행위를 할 수도 있다. 따라서 여기서는 행정행위는 아니지만 피규제자의 행위인 신고 또는 등록의 개념에 대하여 간략히 살펴보기로 한다.

1) 신고(申告)

일정한 법률사실이나 법률관계의 존부(存否)에 관해 구두 또는 서면으로 관계 행정청에 통고하는 행위를 말한다. 보통 신고는 일정한 사항을 행정청에 알리면 그 의무는 끝나는 것이며, 그에 대한 행정청의 반사적 결정을 기다릴 필요가 없다. 예컨대 납세의무자의 소득신고 등이 그 예이다.

「행정절차법」에서는 일정한 사항을 통지함으로써 의무가 끝나는 신고를 규정하고 있는 경우 신고서가 행정청에 도달된 때에 신고의 의무가 이행된 것으로 보도록 하고 있다. 또한 법적요건을 갖춰 제출된 신고서에 대해서는 다른 실체적 이유를 들어 접수거부 또는 반려를 하지 못하도록 하는 취지를 갖고 있다.

「원자력안전법」에서의 사례로는 외국원자력선의 입·출항 신고, 핵원료물질의 사용신고, 방사성물질의 운반신고, 방사성물질의 도난신고 등을 들 수 있다.

2) 등록(登錄)

넓은 의미로는 등기를 포함하는 개념이나, 보통은 일정한 사실이나 법률관계를 행정청 등에 비치되어 있는 공부(公簿)에 기재하는 것을 말한다. 등록은 자동차·선박·항공기의 등록처럼 일정한 행위를 하기 위한 요건인 경우와 의사·수의사·변리사의 등록처럼 면허의 방법인 경우 등 여러 기능을 갖고 있다. 등기는 효력발생 요건으로 등기소에 비치되어 있는 등기부에 기재하여 행하나, 등록은 행정청 등에 비치되어 있는 공부에 기재하여 행한다는 차이가 있다. 「원자력안전법」에서의 사례로는 방사성동위원소 업무대행자의 등록, 방사선피폭량 판독업무자의 등록 등을 들 수 있다.

7.2.4 행정상 의무이행 확보

1) 의무(義務)

권리에 상대되는 개념으로, 규범에 의하여 의무자의 의사에 가하여진 부담 또는 구속을 말한다. 의무는 법률에 의하여 직접 부과되기도 하고 행정행위(처분)에 의하여 부과되기도 하며, 작위의무, 부작위의무, 급부(금전)의무 등이 있다. 법적 의무는 그 위반에 대하여 형벌이나 강제가 가해진다는 데 그 특색이 있는데, 행정법상의 의무를 불이행하는 경우에는 벌칙이 규정되어 있는 경우가 많다. 행정상의 의무이행을 확보하는 수단에는 직접적 확보수단인 행정강제와 간접적 확보수단인 행정벌, 허가의 취소와 정지 등 행정제재가 있다. 「원자력안전법」에서의 사례로는 핵연료물질사용자와 폐기시설 건설·운영자의 기술기준 준수 의무 등을 들 수 있다.

2) 행정강제(行政强制)

행정강제란 행정청이 행정목적의 실현을 확보하기 위하여 사람의 신체 또는 재산에 실력을 가하여 행정상 필요한 상태를 실현하는 사실적 작용을 말한다. 행정벌과는 행정법상의 의무이행 확보수단이란 점에서 같으나, 양자는 직접목적과 수단에 차이가 있다. 직접목적 면에서 행정강제는 장래의 행정목적 실현을 목적으로 하고 있는데 반하여, 행정벌은 과거의 비행에 대한 제재이다. 수단의 면에서 전자가 단순한 실력행사인 데 대하여 후자는 형벌 내지 과태료인 점이 다르다.

행정강제는 신속한 집행의 필요에 의하여 행정청 자신에 의해 강제집행 된다는 점에서 자력강제(自力强制) 또는 자력집행(自力執行)이라 한다. 행정강제를 위하여 행정행위의 근거법규와는 별도로 행정강제 자체를 인정하는 법률의 근거가 있어야 하며, 실정법으로는 「행정대집행법」, 「국세징수법」과 「경찰관직무집행법」 등이 있다. 「원자력진흥법」에서 부담금의 납부에 관하여 납부하명의 근거 외에 별도로 행정강제, 즉 국세체납처분에 의할 수 있음을 규정하고 있다.

3) 행정벌(行政罰)

행정벌이란 행정법상 의무위반 행위에 대하여 일반통치권에 의한 제재로서의 처벌을 말한다. 행정벌이 과하여지는 비행을 행정범이라고 하며, 행정범에 대하여 행정벌을 과하는 절차를 행정처벌이라고 한다. 행정벌은 직접적으로는 의무위반에 대한 제재로서의 의미를 가지나, 간접적으로는 의무자에게 심리적 압박을 가함으로써 앞으로 의무이행의 확보를 목적으로 한다.

행정벌은 형벌의 일종이므로 법률에 근거가 있어야 하며, 처벌의 내용에 따라 행정형벌과 행정질서벌로 나누어진다. 행정형벌은 행정법상 의무위반에 대한 제재로 사형, 징역, 금고, 자격상실, 자격정지, 벌금, 구류 및 몰수와 같은 형법상의 형을 과하는 경우를 말한다. 이러한 행정형벌을 과할 때에는 원칙적으로 법원에서의 형사소송절차에 의한다. 행정질서벌은 형법에 없는 과태료가 과하여지는 행정벌이며, 이는 일정한 신고, 보고, 서류비치 등 행정법상의 의무를 태만히 하는 것과 같이 직접적으로 행정목적을 침해하는 것이 아니라, 간접적으로 행정목적의 달성에 장해를 미칠 위험성이 있는 행위에 대한 제재로 과하여지는 것이 원칙이다.

「원자력안전법」의 사례로는 행정형벌로서 벌칙과 행정질서벌로서 과태료 규정이 여기에 속한다.

4) 인·허가의 취소(取消) 및 정지(停止)

행정목적을 달성하기 위하여 국민의 권리와 자유를 침해하는 행정권의 권력작용은 1차적으로 법령 또는 이에 의거한 행정처분이다. 그러나 이로써도 그 행정목적을 달성할 수 없을 때에 2차적으로 행정벌이나 행정강제에 의하는 것이다. 그러나 많은 국민의 생업이 인·허가 사업으로 되어 있기 때문에 인·허가의 취소와 정지는 가장 실효성 있는 의무 확보수단의 하나가 되고 있다. 다만 인·허가가 취소되면 국민이 생업을 잃게 되거나 일반 공중의 이용을 불가능하게 하기 때문에 함부로 발동할 수 없는 것이어서 여기에도 일정한 한계가 있다.

「원자력안전법」상의 사례로는 발전용원자로 설치자가 관련 규정을 위반한 경우에 건설허가 취소 또는 공사정지 명령, 발전용원자로 운영자가 관련 규정을 위반한 경우에 운영허가 취소 또는 운영정지 명령, 원자로시설의 성능이 미흡한 경우 시설의 사용정지 명령 등이 있다.

5) 과징금(부담금)

행정청이 일정한 행정법상의 의무위반에 대한 제재로 국민에게 부과·징수하는 금전적 부담을 말한다. 당해 위반행위로 얻은 경제적 이익을 박탈하는 것으로, 법률의 근거가 필요함은 물론이다. 「원자력안전법」에서도 사업정지를 명해야 할 경우에 그 사업정지에 갈음하여 과징금을 부과할 수 있도록 하는 제도를 설정하고 있다.

7.3 원자력 안전규제 특성과 개념

7.3.1 원자력 안전규제 특성

원자력을 이용함에 따른 잠재적 위험은 방사선을 방출하는 방사성물질에 기인한다. 방사선은 인체나 환경에 심각한 위해를 가할 수 있으며, 인간의 감각으로 느낄 수 없고, 또한 방사능을 인간이 직접 제어할 수 없기 때문에 방사성물질이 자연환경으로 나오지 않도록 관리하는 것이 필요하다.

방사성물질의 대규모 방출에 의한 피해의 범위가 광범위하고 피해대상이 다수의 일반대중이 될 수 있기 때문에 원자력의 안전은 작업자 안전도 중요하지만 원자력 위험의 특성상 공중의 안전에 초점이 맞추어져 있다. 이러한 대중 중심의 안전개념은 법령상에서도 확인된다. 「원자력안전법」 제1조(목적)에서 "이 법은 원자력의 연구·개발·생산·이용에 따른 안전관리에 관한 사항을 규정하여 방사선에 의한 재해의 방지와 공공의 안전을 도모함을 목적으로 한다."라고 규정하고 있다. 반면에 「산업안전보건법」 제1조(목적)에서는 "…산업재해를 예방하고 쾌적한 작업환경을 조성함으로써 근로자의 안전과 보건을 유지·증진함을 목적으로 한다."라고 규정되어 있다. 즉 원자력 안전관리의 목적을 공공의 안전에 두고 있는 반면에, 산업안전은 근로자의 안전에 초점을 두고 있다.

따라서 원자력 안전규제란 "원자력의 개발과 이용에 수반될 수 있는 방사선 위해로부터 공중과 환경을 보호하기 위하여 국가가 기업과 개인의 행위를 제약하는 것"이라고 할 수 있으며, 이는 일반 산업안전이 근로자의 안전을 대상으로 하는 것과 구별되는 것이다. 특히 국토면적이 협소하고 인구밀도가 높은 우리나라의 경우 원자력에 의한 피해는 치명적일 수 있으므로 원자력 안전성 확보와 이를 위한 안전규제는 원자력 이용에 있어 최우선 과제라고 할 수 있다.

원자력 안전규제의 대상은 잠재적 위험이며 현존화한 위험은 안전규제의 대상이라기보다는 비상대응의 대상이 된다. 그런데 원자력 위험은 발생가능성은 희박하지만 한번 발생하면 피해가 크다는 특성을 가지고 있다. 그러나 발생가능성이 희박하므로 안전규제의 효과는 통상 잘 드러나지 않게 되고, 사업자들은 원자력 안전규제를 불필요한 규제로 오해하게 되며, 경제성을 악화시키는 규제로 불평하게 되는 현상이 발생한다. 이럴 경우 원자력사업자는 여러 가지 수단을 동원하여 규제기관에 압력과 영향력을 행사하여 규제를 완화하고자 한다. 이때 규제의 독립성 문제가 발생하게 된다.

한편 원자력은 기술집약적 산업이며 안전성 확보를 위해 최신의 기술을 적용하고 있어 원자력의 안전규제를 위해서는 고도의 전문성을 필요로 한다. 만약 규제기관이 피규제기관보다 전문성이 뒤질 경우 규제기관은 피규제자의 정보와 기술에 의존해야 하는 경우가 발생하며 이럴 경우 규제기관의 포획현상이 나타나기도 한다.

7.3.2 규제기관의 포획

일반적으로 정부규제를 담당하는 규제기관은 당연히 공익목적을 위해 규제업무를 효과적으로 수행해야 하나 실제에 있어서는 당초의 목적으로부터 유리되거나 일탈하여 규제업무를 수행하는 현상이 흔히 발생한다. 이를 보통 시장실패를 치유하기 위한 규제가 실패한다고 하여 규제실패로 부른다. 이러한 현상이 발생하는 이유로 규제기관의 관료가 부패할 경우, 규제기관이 무능할 경우, 규제기관이 피규제자에 포획될 경우로 대별할 수 있다. 규제실패의 보편적이면서도 고질적인 원인을 야기하는 규제기관의 포획현상 (Regulatory Capture)에 대해서 다음과 같은 원인을 지적할 수 있다[최병선, 1993].

 i) 침해된 정보 : 규제기관의 전문성이 결여될 경우 규제기관은 피규제자의 정보에 의존하게 되는데, 피규제자는 객관적이고 정확한 정보가 아닌 피규제산업의 이익과 입장을 반영하기 위해 전략적으로 선택되고 조작되는 정보를 제공함으로써 규제기관은 피규제자의 입장을 대변하게 된다.

 ii) 자원의 비대칭성 : 규제기관이 갖는 자원이 피규제산업보다 상대적으로 미약할 경우 피규제산업은 자신의 이익을 도모하는 유인 또는 보상체계를 마련하여 규제기관을 포획한다.

 iii) 갈등의 회피 : 규제기관은 피규제산업의 이익을 극도로 침해함으로써 이들로부터 반격을 받을 가능성이 있는 정책은 섣불리 시행하려고 하지 않는다.

 iv) 외부신호 의존 : 규제의 효과는 가시적으로 측정되지 않는 경우가 많은데, 이 경우 규제기관은 다른 외부기관이 자신의 정책이나 역할에 대해 보이는 반응, 즉 외부신호를 관찰함으로써 자신의 행위가 공익을 만족시키는 정도를 판단하는 경우가 많다. 이처럼 규제기관이 스스로 순수한 합리성의 관점에서 공익을 정의하고 판단하기보다는 외부기관들의 반응을 살펴 주관적으로 만족할만한 선에서 규제를 행할 때 피규제산업에 포획될 가능성이 많아진다.

7.3.3 원자력 안전규제 독립성

원자력 안전규제에서 이러한 포획현상을 막기 위해 일찍이 규제의 독립성을 확보하기 위한 지속적인 노력이 경주되어 왔다. 규제기관의 독립성은 일반대중의 입장에서 규제기관을 얼마나 신뢰하느냐에 대한 중요한 척도가 될 수 있다. 독립성은 규제조직의 독립, 규제기능의 독립 그리고 규제기관의 독자적 지위에 의해 확보된다. 규제조직의 독립이란 '규제기관은 원자력 진흥에 대한 책임을 지고 있는 국가기관과 실질적으로 분리되어야 하고 원자력사업자로부터 독립적이어야 한다.'는 것이며, 규제기능의 독립이란 '규제기관은 원자력 진흥에 대한 책임을 져서는 안된다.'는 것이다. 또한 규제기관은 외부의 압력과 간섭으로부터 보호되어야 하며, 고도의 전문성을 확보하여 규제판단에 객관성과 공정성을 부여할 수 있는 독자적 지위를 가져야 한다.

원자력안전규제에서 독립성의 중요성을 감안하여 국제원자력기구(IAEA)는 다양한 방법을 통하여 회원국들이 규제기관의 독립성을 확보할 것을 요구하고 있다.

   i) 1996년 발효한 원자력안전협약 제8조(규제기관) 제2항에는 "각 체약국은 규제기관의 기능을 원자력의 이용 또는 증진과 관련된 어떤 다른 기관이나 조직의 기능과 효과적으로 분리하도록 적절한 조치를 취해야 한다."라고 규정하고, 3년마다 체약국 검토회의를 통하여 각 규제기관의 독립성 확보 여부에 대한 검토를 수행하고 있다.

   ii) 2006년 안전기본문서로 발간한 '기본안전원칙'(SF-1)에서 "정부는 독립적인 규제기관을 포함하여 안전을 위한 효과적인 법적 및 행정 체계를 수립하고 유지해야 하며, 규제기관은 이해관계자로부터 부당한 압력을 받지 않도록 사업자로부터 효과적으로 독립되어야 한다."라고 규정하고 있다.

   iii) 2010년 안전기준문서인 '안전을 위한 정부, 법적 및 규제 체계'(GSR Part 1)에서 "정부는 규제기관이 안전 관련 의사결정에서 효과적으로 독립적이어야 하며, 이러한 의사결정에 부당하게 영향을 미칠 수 있는 조직으로부터 기능적으로 분리되어야 한다."라고 규정하고 있다.

이와 함께, 국제원자력기구는 안전지침문서인 '원자력시설에 대한 규제기관의 조직과 인적 구성'(GS-G-1.1)에서 원자력 안전규제의 독립성 확보를 위한 6개의 구체적 요소를 다음과 같이 제시하고 있다.

   i) 정치적 요소 : 규제기관은 안전에 관한 의사결정에서 정치적 영향이나 압력을 받아서는 안된다.

   ii) 법적 요소 : 규제기관의 기능과 독립성은 법령의 형태로 규정되어야 하며, 안전규제 요건의 개발, 의사결정과 규제집행에 관한 권한을 포함해야 한다.

   iii) 재정적 요소 : 규제기관은 주어진 책임을 완수하기 위하여 적합한 인력과 재원을 확보해야 하며, 규제기관의 예산에 대하여 원자력의 이용 또는 진흥을 책임지는 정부부처가 검토나 승인을 해서는 안된다.

   iv) 전문능력 요소 : 규제기관은 안전을 책임지는 분야에 대한 독립적인 기술적 전문성을 확보해야 한다.

v) 정보공개 요소 : 규제기관은 규제의 투명성과 신뢰성 확보를 위하여 규제요건과 규제결정, 그리고 그 배경을 대중에게 독립적으로 공개할 수 있는 권한을 가져야 한다.

vi) 국제협력 요소 : 규제기관은 규제정보의 상호 교환과 협력을 증진하기 위하여 타국의 규제기관이나 국제기구와 협력할 수 있는 권한을 가져야 한다.

7.3.4 원자력 안전규제 전문성

원자력 안전규제에서 전문성의 확보는 피규제산업에 포획되지 않기 위해서나 안전규제의 효율적인 수행을 위해 필수적인 것이다. 특히 규제기관이 정부조직으로 구성되어 있으면 관료들의 잦은 이직과 보직전환으로 전문성 저하가 발생하는데 이를 보완할 수 있는 수단이 강구되어야 한다. 이에 규제기관은 규제전문기관을 설치하여 기술적이고 전문적인 업무를 위임하여 수행하기도 하며, 외부의 전문가에게 자문을 구할 수도 있다. 규제전문기관이나 전문가의 활용에서 중요한 것은 이들이 원자력사업자와 독립적이어야 하며 객관적이고 공정한 입장에서 업무를 수행해야 한다는 것이다.

원자력 안전규제 연구는 안전규제의 효율적인 수행에 필수적인 독자적이고 기술적인 전문성을 확보하기 위하여 수행하는 것으로, i) 기술기준과 규제지침의 개발, ii) 독립적이고 적시의 규제판단을 위한 기술능력 확보, iii) 안전현안의 도출과 해결을 위한 기술적 근거의 제공, iv) 안전규제 정책과 제도의 정비 및 개발 등을 목적으로 한다. 기술기준의 확립은 국제규범화 되어가고 있으며, 국제원자력기구는 원자력안전기준 프로그램을 통하여 안전기준과 안전지침을 개발하여 각 국가에 이들을 반영할 것을 권고하고 있다. 또한 원자력안전협약에서는 규제기관의 기능으로 안전규제 기술기준의 확보를 의무화하고 있다. 즉 원자력시설의 부지선정, 설계, 건설, 운전, 해체에 이르는 각 단계의 안전성확인을 위한 적절한 규제요건의 확보와 법적위상 부여를 요구하고 있다.

세계 각국의 규제기관들은 규제의 전문성 확보를 위하여 기술지원 기관이나 기술지원 체제를 갖추고 원자력 안전규제와 관련된 독자적인 연구를 위탁 또는 자체 수행하고 있다. 이를 통해 안전규제를 위한 기술기준을 제정하거나 안전현안을 해결하는 등 규제판단을 위한 독립적인 분석능력과 전문성을 확보하기 위해 노력하고 있다. 한편으로 다양한 전문가로 구성된 자문위원회의 활동을 활성화하여 규제의 전문성과 더불어 객관성 및 공정성을 확보하고 있다.

7.4 원자력 안전규제 정책

7.4.1 정책의 개념

정책이란 "바람직한 사회상태를 이룩하려는 목표와 이를 달성하기 위해 필요한 수단에 대하여 권위있는 정부기관이 공식적으로 결정한 기본방침"으로 정의할 수 있다. 정책은 이를 통하여 달성하고자 하는 목표를 지니며, 목표를 달성하기 위한 수단이 정책의 또 다른 중요한 구성요소가 된다. 정책은 원칙적으로 정책목표와 수단의 기본방침만을 포함하며, 미래성과 방향성을 가진다.

정책과 유사 개념으로 계획과 법률이 있다. 계획은 가장 상위적인 개념으로 정부가 수행하고자 하는 목표와 수단에 대하여 사전에 설계된 문서로, 보다 많은 세부 정책을 포함하고 장기적인 시계를 가지며 포괄성과 일관성을 강조하나 구체적이지는 못하다. 계획에서의 사업은 예산화 되어야 지출이 가능하고, 정책으로 구체화되어야 집행력을 가진다. 법률은 정책의 구현수단으로서의 규범화, 즉 정부, 관계기관, 일반국민 사이의 정책에 대한 일종의 합의문서로, 내용이 구체적이며 집행수단으로서의 강제력을 가진다. 따라서 정책은 법률의 형태를 지닐 때 집행수단으로 강제력을 행사할 수 있으며 안정적이고 예측가능하게 된다.

이러한 맥락에서 규제정책은 개인이나 일부집단에 대해 재산권 행사나 행동의 자유를 구속 또는 억제하여 반사적으로 많은 다른 사람들을 보호하려는 목적을 지닌 정책으로 해석할 수 있다. 또한 규제정책은 정책의 불응자에게 강제력을 행사하기 위하여 필요에 따라 법률의 형태를 취해야 한다.

7.4.2 원자력 안전정책 현황

우리나라는 원자력의 이용·진흥과 관련한 국가정책으로 원자력진흥종합계획, 원자력 연구개발계획, 국가에너지기본계획, 전력수급기본계획을 수립하여 시행하고 있다. 또한 원자력안전과 관련한 정책으로 원자력안전종합계획(2010년), 방사선안전종합발전계획(2008년), 방사능방재발전계획(2009년)을 수립하여 시행하고 있으며, 원자력안전헌장(2001년)과 원자력안전정책성명(1994년)을 제정하여 원자력 안전과 규제에 대한 이념과 철학, 그리고 안전규제의 기본 원칙을 제시하고 있다.

1990년대 들면서 원자력사업의 확장으로 종합적이고 일관된 정책추진의 필요성이 강조되었고, 이러한 상황변화를 반영하여 1995년 1월 「원자력법」 개정을 통하여 '원자력

진흥종합계획의 수립'에 관한 사항이 법제화되었다. 이를 근거로 1997년 제1차 원자력
진흥종합계획(1997년~2001년)에 이어 2011년 11월 제4차 원자력진흥종합계획(2012
년~2016년)이 수립되었다. 원자력진흥종합계획에는 원자력의 이용 및 안전관리에 대한
현황과 전망을 토대로 원자력정책의 비전과 정책목표가 제시되어 있으며, 정책목표별로
추진과제들이 설정되어 있다. 제4차 원자력진흥종합계획에서는 '세계 일류의 원자력 모
범 국가 실현'을 비전으로 설정하고, 슬로건으로 '원자력진흥·이용 2.0 시대 : 더 안전
한 원자력 선도의 시대로'를 제시하고 있다. 또한 향후 5년간의 목표로써 원자력 신뢰
확보, 고부가가치 성장동력 창출과 지속 가능한 기반 강화를 통한 '원자력의 새로운 도
약을 위한 동력 확보'를 설정하고 있다. 이를 달성하기 위한 6대 추진 전략을 다음과
같이 제시하고 있다.

① 국민이 신뢰하는 원자력 안전 확보
② 원자력 기술 강국으로서 국제적 역할 강화
③ 기술 혁신을 통한 원자력 수출 활성화
④ 전략적 지원 확대로 방사선 신시장 창출
⑤ 안정적 에너지 공급을 위한 원자력 이용 확대
⑥ 원자력 인프라의 선순환형 구조 강화

정부는 2002년부터 원자력 안전규제 정책방향을 수립하여 원자력 안전성 향상을 위
해 중점을 두어 추진할 정책방향과 추진과제를 사전에 투명하게 제시해 왔다. 정부는
원자력 안전정책을 보다 일관되고 체계적으로 추진하기 위하여 2010년 3월 원자력안전
분야 전체를 포괄하는 '원자력안전종합계획(2010~2014)'을 수립하였다. 이 계획에서는
'글로벌 Top 3 수준의 원자력안전관리체계 확립'을 비전으로 제시하고 이를 달성하기
위한 5대 정책목표를 다음과 같이 설정하고 있다.

① 원자력 안전규제 체계의 선진화
② 원자력시설 안전규제의 효율화
③ 방사선방호 및 비상대응능력 강화
④ 원자력 안전규제 기반 확충
⑤ 글로벌 리더십 강화 및 안전문화 확산

2011년 7월 25일 제정(10월 26일 시행)된 「원자력안전법」에서는 원자력안전위원회가
원자력이용에 따른 안전관리를 위하여 5년마다 원자력안전종합계획을 관계 부처의 장
과 협의하여 수립하도록 규정하고 있다. 또한 위원회와 관계 부처의 장은 종합계획에
따라 소관 사항에 대하여 5년마다 부문별 시행계획을 수립하고, 이를 토대로 연도별 세
부사업추진계획을 수립·시행하도록 규정하고 있다. 이에 따라 지금까지 '원자력진흥종

합계획'의 한 부문으로 추진되어 왔던 '원자력안전종합계획'의 독립적 추진에 대한 법적
위상을 갖게 되었다.

이 외에도 정부는 2001년 9월 원자력안전이 원자력사업의 추진에 우선하는 최고의
목표임을 밝히고, 원자력계의 모든 종사자로 하여금 안전성 확보를 위한 사명감과 책임
의식을 고취시키고자 '원자력안전헌장'을 제정하였다(표 7.1). 또한 정부는 1994년 9월
규제활동에 대한 일관성, 적절성 및 합리성을 도모하고 원자력안전에 대한 정부의 기본
입장을 원자력관계자들과 일반국민들에게 알리기 위하여 '원자력안전 정책성명'을 제정
하여 공포한 바 있다.

표 7.1 원자력 안전 헌장

우리는 원자력의 평화적 이용이 국가의 발전과 국민의 삶의 질 향상에 기여
함을 인식하고, 원자력을 안전하게 관리하여 국민을 보호하고 환경을 보존하
는 것이 최우선임을 확인하면서 다음과 같이 다짐한다.

1. 원자력의 이용에 있어 최상의 안전수준을 유지한다.
1. 원자력 안전에 관한 정보를 신속하고 투명하게 공개한다.
1. 원자력 안전 시책 수립에 있어 국민의 의견을 수렴한다.
1. 원자력 안전규제의 독립성과 공정성을 보장한다.
1. 원자력 안전에 관한 연구와 기술개발을 강화한다.
1. 원자력 안전에 관한 법규와 국제조약을 성실히 이행한다.
1. 원자력 안전에 관한 법과 제도를 지속적으로 보완·발전시킨다.
1. 원자력 안전문화를 창달하고 이를 생활화한다.

7.4.3 원자력안전 정책성명

정책성명은 정책의 개념에서 언급한 바와 같이 정책 목표와 수단에 대하여 정부기관
이 공식적으로 결정한 기본방침을 공식적으로 천명한 문서로 이해할 수 있다. 원자력사
업을 추진하고 있는 대부분의 국가에서는 원자력법령에 원자력안전에 관한 정책의지를
반영하고 있어 별도의 정책성명을 공포하고 있지 않으나, 미국 등 일부 국가에서는 정
책성명 또는 유사한 형태의 문서를 통해 원자력안전에 대한 기본철학과 정책방향 등을
국민에게 알리고 있다.

미국의 원자력규제위원회(USNRC)는 정책성명을 통하여 특정 주요 현안에 대한 규제
입장과 방향을 국민과 산업계에 사전에 고지하며, 규제 조치방향을 규제요원에게 제공

하고 있다. 예로서 '안전목표 정책성명'(1986), '중대사고 정책성명'(1985), '신형원자로 규제 정책성명'(2008) 등이 있다. 일본 원자력위원회에서는 2003년 11월 일본의 원자력 시설에 대한 리스크정보활용 안전규제 도입 방침을 성명의 형태로 공포한 바 있으며, 이 방침의 이행을 위한 계획을 수립하여 추진하고 있다. 캐나다 원자력안전위원회는 규제정책, 규제기준, 규제지침, 규제방침, 규제절차서 등 5단계의 안전규제문서 체계를 갖추고 있다. 규제정책은 위원회가 규제프로그램에 사용할 철학, 원칙과 기본요소 등을 기술하는 문서로 인적요인 정책, 비용−편익정보의 고려 정책 등이 포함되어 있다. 또한 2010년 11월 서유럽규제자협의회에서는 신규 원자력발전소의 안전목표를 성명의 형태로 공포한 바 있다. 우리나라는 '원자력안전 정책성명'(1994년)과 '중대사고 정책성명'(2001년)을 제정한 바 있다.

이상에서 보는 바와 같이, 정책성명의 성격은 대부분 행정기관의 정책에 대한 지침과 업무방향을 대내외적으로 공포하는 것이다. 성명은 강제성이 없지만 행정주체가 성명만 발표하고 실천하지 않을 경우 국민의 신뢰를 상실할 우려가 있으므로, 나름대로의 구속력이 있다고 할 수 있다. 실제로 이들은 법적 규제요건은 아니나, 규제요원들이 성명의 내용을 규제실무에 적용시키므로 준 규제요건으로 적용된다고 볼 수 있다.

1994년 공포된 '원자력안전 정책성명'에서는 안전성 확보가 원자력 개발과 이용의 대전제이며, 이를 위해서는 원자력 관계 업무에 종사하는 모든 사람이 안전우선 원칙을 철저히 준수해야 함을 명시하고, 원자력 안전문화 정착의 중요성을 강조하고 있다. 또한 원자력시설의 안전에 관한 궁극적인 책임이 운영자에게 있으며, 이러한 책임은 설계자, 공급자, 시공업자 또는 규제자의 독립된 활동과 책임에 의하여 경감될 수 없음을 밝히고, 원자력의 개발과 이용에 수반되는 방사선위해로부터 국민과 환경을 보호해야 할 정부의 포괄적인 책임을 명시하고 있다.

7.4.4 원자력 안전규제 기본원칙

원자력 안전규제는 개념적 특성에서 살펴본 바와 같이 규제조직과 기능의 독립성, 규제자의 전문성과 권한, 규제활동의 객관성 및 공정성, 공공의 신뢰 등 다양한 특성을 가지고 있다. 따라서 높은 품질의 안전규제를 추구하기 위하여 안전규제를 위한 규제 체계와 제반 활동의 기본적인 철학과 원칙을 설정할 필요가 있다. 우리나라는 1994년 '원자력안전 정책성명'을 통하여 독립성, 공개성, 명확성, 효율성, 신뢰성 등의 원자력 안전규제 5대 원칙을 표명하였다. 5대 원칙은 원자력 안전규제의 기본적인 철학과 지향하는 방향 그리고 규제활동의 기본적인 원칙을 제시하고 있으며, 그 내용은 다음과 같다.

1) 독립성

정부는 원자력 안전규제 업무를 책임지는 독립된 규제조직에 대한 법적 제도를 확립한다. 정부는 규제기관이 원자력에너지의 개발 또는 이용과 관련된 다른 기관이나 조직으로부터 기능상 효과적으로 분리되도록 보장하기 위한 적절한 조치를 취한다. 또한 정부는 규제기관이 정치적 입장에 영향을 받지 않고 객관적인 기술적 판단에 근거하여 업무를 수행할 수 있도록 보장한다. 규제기관은 중요한 사안을 결정함에 있어서 사업자 측의 주장에 대한 타당성을 기술적 측면에서 독립적으로 검증할 수 있도록 충분한 인력과 재원을 확보하고 폭넓은 연구계획을 유지한다.

규제기관 관계자들은 고도의 도덕성과 전문적인 직업의식을 갖고 업무에 임한다. 규제자의 판단과 결정은 상충될 수 있는 국민의 다양한 입장을 고려하여 객관적이고 공정하게 이루어져야 하며, 그 결과는 반드시 문서화한다. 규제기관은 안전문화에 바탕을 두고 규제기관의 독립성을 저해하지 않는 범위 내에서 안전성 확보를 위해 사업자의 애로사항을 지원하고 선도한다.

2) 공개성

원자력 안전규제 업무는 국민의 안전을 보장하기 위하여 국민을 대표하여 수행하는 것이므로 정부는 이를 적법하고 공개적으로 처리하고, 원자력안전 관련 정보와 규제내용에 대해 일반국민이 쉽게 접할 수 있는 여건을 조성하여 규제내용을 이해하고 신뢰를 갖도록 한다. 또한 정부는 안전문제를 포함한 국가의 제반 원자력활동이 국민들에게 바르게 알려지고 이해되도록 노력함으로써 원자력안전에 관한 공정한 사회적 시각이 정립되도록 한다.

정부는 국민의 알 권리를 존중하여 국민의 합의를 기반으로 원자력정책을 추진하는 풍토를 조성한다. 이를 위하여 정부는 '원자력행정의 공개와 민주화'라는 원칙하에 원자력에 관한 시책의 수립과 추진에 있어서 각계각층의 국민적 참여를 확대하고 관련 자료를 공개한다. 다만 산업적으로 또는 개인적으로 보호받아야 하는 정보나 정책적으로 보안을 요하는 정보에 대해서는 관련규정에 따라 처리한다.

정부는 최근의 지역주민들의 다양한 주장을 보다 건전한 방향으로 수렴하기 위해서 객관적 사실에 입각하여 홍보하고, 규제기관·사업자와 주민 간의 꾸준한 대화와 이해증진을 통한 국민적 합의를 도출하기 위해 노력한다.

3) 명확성

원자력 안전규제는 국가의 정책목표에 기반을 둔 선명한 안전규제 정책과 명확한 규제근거를 설정하여 체계적으로 수행되어야 한다. 규제기관의 목표와 규제업무 간에는 일관성이 있어야 하며, 이러한 기관의 입장은 관계자들이 쉽게 이해할 수 있도록 문서화하여 시행될 수 있어야 한다.

정부는 사업자가 규제기관의 규제방향을 사전에 알고 충분한 대비를 함으로써 스스로 안전성을 확보할 수 있도록 한다. 이러한 예측 가능한 안전규제를 위하여 규제정책과 지침을 사전에 고지하고, 안전성 관련 정보를 조기에 전달하여 규제요건 변동에 따른 사업자의 시행착오를 최소화하는 규제관행을 수립한다.

사업자는 원자력법령 및 기술기준과 규제지침을 철저히 준수하고, 개정할 필요가 있거나 불합리한 법령과 기술기준 등이 있으면 규제기관과의 충분한 협의를 통해 해결해 나가도록 한다.

4) 효율성

규제기관은 모든 활동에 있어 가능한 최상의 관리와 행정을 사업자나 국민에게 제공할 책임이 있다. 이를 위해 규제능력을 평가하고 계속적으로 향상시키는 노력을 기울인다. 다양한 전문분야가 밀접하게 연계된 안전규제업무를 위해서는 적정규모의 조직적 수행능력이 확보되어야 하며, 규제행위는 '원자력 위험도 감소'라는 실질적 목표달성에 기여할 수 있도록 효율적으로 수행되어야 한다. 또한 안전규제에 투입되는 가용자원을 최대한 활용하여 적기에 규제결정을 함으로써 원자력사업의 불필요한 저해요인이 발생되지 않도록 한다.

안전성 개선과 관련한 규제결정에 앞서 개선으로부터 얻어진 위험도의 감소 규모와 경제성이 함께 검토되어야 한다. 제한된 능력과 시간 내에 효율적인 규제업무를 수행하기 위하여 위험이나 비용, 기타 요소에 근거하여 규제활동의 순위를 조정한다. 위험도가 증가하지 않는 한 비용이 최소화되는 규제대안을 채택하며, 안전성 증진에 도움이 되지 않고 단순한 개선만을 위해 자원을 낭비하는 것은 피해야 한다.

5) 신뢰성

규제기관은 전문적·기술적 판단에 근거한 공정한 규제를 수행함으로써 일반 국민들의 원자력안전에 대한 막연한 불신이나 공포를 해소하여 범국민적인 지지를 확보하고 신뢰를 얻어야 한다. 이를 위하여 규제업무는 연구와 운전경험으로부터 얻어진 활용 가능한 최고의 지식을 근거로 행정적으로 신속·공평·확실하게 처리되어야 한다.

정부는 최신의 기술정보와 안전정보를 신속히 입수하여 안전규제에 활용한다. 규제요건 변경 또는 신규요건 제정 시에는 요건적용에 따른 이행방법의 실효성, 기술적 불확실성 등을 충분히 검토한 후 최적방안을 도출하여 추진한다. 정부는 안전성 확보체제에 관한 국민적 신뢰를 확보하기 위해서 각종 제도와 절차 등이 합리적이고 체계적으로 운영되도록 최선을 다하며, 각종 규제조치를 문서화된 내용과 일치시켜야 한다.

7.5 원자력 안전규제 기법의 변화

7.5.1 개요

미국을 비롯한 원자력선진국들은 원자력안전규제의 합리화 및 효율화를 위한 노력의 일환으로 새로운 규제기법의 도입을 추진하여, 기존의 규제기법과 병행하여 또는 보완적 방법으로 이의 활용을 활성화하고 있다. 대표적인 추세로서 결정론적 안전성평가방법과 병행하여 확률론적 안전성평가방법의 채택, 심층방어 기반의 안전성 확보와 병행하여 위험도기반의 안전성 확보, 규정적 규제에서 성능적 규제로의 전환 등이 추진되고 있다(그림 7.1). 이러한 새로운 규제기법의 추진은 규제의 합리화 및 효율화를 요구하는 산업계 등의 요구를 적극 반영하고, 규제기관 자체에서도 자원의 적절한 배분을 통하여 규제의 효율성과 효과성을 도모하기 위한 것이다.

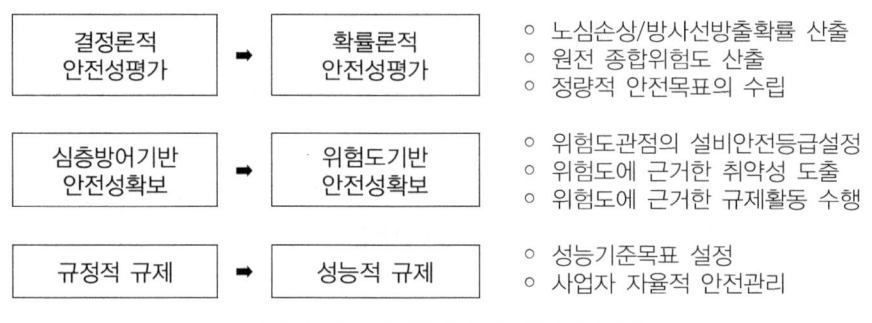

그림 7.1 원자력 안전규제 개념의 변화

기존의 심층방어개념에 근거한 결정론적 규제방식과 병행하여 위험도를 기반으로 한 성능규제방법론의 도입은 궁극적으로 기존 안전성평가 및 규제방식의 비효율성을 보완하고 원자력의 안전을 위험도의 차원에서 재조명하자는 의도이다. 또한 확률론적 안전성평가방법의 활성화를 통하여 원자력시설의 종합안전도(위험도)의 산출과 이를 기반으로 한 원자력시설의 규제방법론을 개발하고, 원자력시설의 성능목표 설정을 통하여 사업자 자율의 안전관리를 유도함으로써 원자력안전의 확고한 기틀을 마련하자는데 그 의미를 두고 있다. 변화되는 규제방식의 개념에 대하여 살펴보면 다음과 같다.

7.5.2 규정적 규제와 성능적 규제

지금까지 보편적으로 채택하고 있는 규정적(Prescriptive) 규제방식은 규제목표를 달성하기 위하여 설계, 건설 및 운전상의 모든 단계와 그 단계에서 기능하는 개별요소들에 대하여 규제기관이 구체적이고 세부적인 요건을 설정하고 이를 준수할 것을 강제하는 것이다. 즉 설정된 절차와 기준을 사업자가 잘 준수하느냐에 초점을 두고 그렇지 않을 경우 제재조치를 취하는 규제방식이다. 따라서 규정적 규제방식은 원자력사업의 규모가 작거나 원자력개발의 초기단계에서는 바람직한 규제방식일 수 있다. 그러나 원자력사업의 규모가 방대해지고 이에 따른 규제수요의 증가와 자료의 방대함으로 원자력 전 분야에 대한 규제기관의 직접적인 규제는 비효율적일 수 있다. 또한 사업자의 수동적 안전관리를 초래하게 되고 창의적이고 자발적인 안전성확보 노력에 저해요인이 될 수도 있다.

이에 반하여 성능기반(Performance-based) 규제는 규제기관이 안전성확보를 위한 측정 가능한 성능목표와 지표를 설정하고 이의 달성을 위한 수단과 방법에 대해서는 사업자의 자율에 일임하는 규제방식이다. 즉 규정적 규제가 구체적인 절차를 준수하느냐에 초점을 두는 반면에, 성능기반규제는 규제결정의 일차적인 판단근거로 성능목표의 달성여부에 초점을 두는 것이다. 따라서 성능기반규제는 사업자의 창의적이고 자발적인 안전관리를 유도할 수 있고, 성능목표 달성정도에 따라 차등규제할 수 있는 규제방식으로 규제의 효율화를 도모할 수 있는 방법이다.

7.5.3 위험도 기반의 확률론적 안전성평가

원자력시설의 안전성평가방법으로 사용되고 있는 심층방어 기반의 결정론적 안전성평가방법은 원전의 안전성을 총체적으로 평가할 수 있는 능력이 충분히 구비되지 않은 원전의 개발 초기단계에 채택되어 사용되어져 왔다. 원전 설계와 운영에서의 심층방어 개념은 사고의 예방과 완화를 위한 다단계 방호망의 구축을 기본으로 하고 있다. 즉 초기사건 빈도의 제한, 주요 안전기능의 다중성 및 다양성, 방사성물질의 유출방지를 위한 다중의 물리적 방벽, 비상대응조치 등으로 이행되어 진다. 또한 결정론적 안전성평가방법은 원전의 사고 진행에 대한 불확실성을 보완하고 경험과 공학적 판단에 따른 충분한 안전여유도의 확보에 초점을 두고 있다.

그러나 기존의 심층방어개념에 근거한 결정론적 안전성평가방법은 원자력시설의 계통·기기 및 구조물에 대한 성능과 건전성을 해당 안전기능에 따라 평가할 수 있으나,

이들이 원전의 총체적인 안전에 미치는 개별적인 영향을 정량화할 수 없으며, 원전의 종합안전도(위험도)를 산출할 수 없다. 또한 심층방어개념에 근거한 안전기능에 따른 결정론적 설비안전등급 설정 등으로 이들이 원전의 위험도에 미치는 영향과는 괴리가 있는 경우가 많다. 즉 비안전등급으로 분류된 계통들이 실제적으로는 원전의 위험도에 미치는 영향이 지대한 것으로 나타나는 사례가 있다. 이에 따라 각 계통·기기 및 구조물이 원전의 총체적인 안전에 미치는 중요도에 따라 등급을 분류하고 그에 합당한 규제관리의 필요성이 대두하게 된다.

안전에 중요한 기기에 대해서는 충분한 규제자원을 투입하면서 엄격한 안전기준을 적용하고, 덜 중요한 기기에 대해서는 규제자원을 줄임으로써 안전규제의 효율성과 효과성을 제고하자는 것이다. 특히 확률론적 안전성평가 기법의 개발로 원전의 안전성을 총체적으로 평가할 수 있는 능력을 확보하여, 원전의 궁극적 안전목표인 '공공의 예기치 않는 위험으로부터의 적절한 보호'를 달성하기 위하여 위험도 관점에서의 안전성확보방안을 추구하자는 의도이다.

제 8 장

원자력 안전규제 체계

8.1 정부의 책임과 기능

8.1.1 개요

　원자력 안전성 확보를 위하여 국가정책적인 차원에서 원자력 안전규제 행정체계와 인·허가절차 등을 포함하는 합리적인 원자력 안전규제 체계의 구축과 효과적인 규제집행을 위한 법적 기반이 확고히 제공되어야 한다. 국제원자력기구(IAEA)는 안전기본문서로 발간된 '기본안전원칙'(Fundamental Safety Principles, No. SF-1, 2006)에서 정부의 역할을 "독립적인 규제기관의 설치를 포함하여 안전을 위한 효과적인 법적 및 행정체계를 수립하고 유지해야 한다."라고 규정하고 있다. 이와 함께 안전기준문서인 '안전을 위한 정부, 법적 및 규제 체계'(GSR Part 1)에서 원자력 안전성 확보를 위한 정부의 책임과 기능에 대한 다양한 안전기준을 제시하고 있다.

　이 장에서는 국제 규범에서의 원자력안전에 관한 정부의 역할과 기능을 살펴보고, 원자력 법령체계, 원자력 규제행정체계, 원자력 안전기준체계의 본질과 현황에 대하여 살펴보기로 한다.

8.1.2 정부의 책임

1) 국가 원자력안전 정책 및 전략 수립

정부는 원자력 시설 및 활동에서 야기될 수 있는 방사선위험과 국가의 여건을 고려하여 원자력 안전목표를 달성하고 기본안전원칙을 이행하기 위하여 원자력안전에 관한 국가 정책과 전략을 수립하고 이행해야 한다. 국가정책은 안전의 장기적인 이행계획을 포함해야 하며, 정부의 성명 형태로 공포되어야 한다.

2) 원자력 안전체계 구축

정부는 원자력안전에 대한 책임을 명확히 규정하는 규제체계를 수립하고 유지해야 한다. 이러한 체계는 법률의 형태로 공포해야 하며 다음 사항을 포함해야 한다.

- 원자력 안전목표의 달성을 위한 안전원칙과 안전관리의 대상이 되는 원자력 시설 및 활동의 종류
- 원자력 시설 및 활동에 대한 인·허가 형태, 기준 및 절차와 이해관계자의 의견수렴
- 원자력사업자의 안전에 대한 법적 책임과 그 책임의 승계 및 운영기술능력
- 독립적인 규제기관의 설치와 규제기관의 권한과 책임(규제요건과 지침의 설정, 규제심사, 규제검사, 규제역량)
- 방사선비상대책, 핵물질 계량관리, 규제관리 면제기준, 핵물질과 방사성물질의 수출입 관리, 원자력보안
- 규제결정에 대한 청원절차 및 벌칙
- 방사성폐기물 및 사용후핵연료의 관리와 원자력시설 해체에 관한 비용 부담의무

정부는 안전규제체계의 범주에서 작업자와 공공의 안전, 환경보전, 방사선의 의학적·공학적 이용, 식음료 안전, 토지의 사용과 건축 등에 책임이 있는 다른 규제기관과 규제의 중복을 피하고 일관성 유지를 위하여 규제기능의 효과적인 조정을 해야 한다. 또한 정부는 과거에 규제되지 않았던 방사선원과 과거의 원자력행위로 인한 오염에서 야기되는 방사선위험의 감소를 위해 효과적인 방호체계를 수립해야 한다.

이 외에 정부는 원자력안전에 책임이 있는 모든 기관이 안전기술 역량을 향상할 수 있도록 해야 하며, 원자력안전에 관여하는 종사자의 기술적 자격을 명문화해야 한다. 독립적 규제기관의 설치에 대해서는 '8.5절'에서 자세히 다루기로 한다.

3) 원자력사업자의 안전에 대한 일차적 책임

정부는 원자력안전의 일차적 책임이 원자력사업자에게 있음을 명확히 하고, 원자력사업자가 규정된 규제요건을 준수하도록 요구하는 권한을 규제기관에 부여해야 한다. 또

한 정부는 규제요건의 준수가 원자력사업자의 안전에 대한 일차적 책임을 경감하는 것이 아님을 명문화해야 한다.

4) 범세계적 원자력안전체제에 참여

정부는 범세계적인 안전성 향상을 위하여 국제적인 의무를 충실히 이행하고 국제협약의 가입과 협력을 증진해야 한다. 원자력안전체제는 국제협약, 국제원자력기구(IAEA)의 안전기준과 원자력안전에 대한 국제 전문가의 검토, 국제협력 등을 통하여 두드러질 수 있다. 또한 규제기관은 운전과 규제경험을 통하여 교훈을 도출하고, 이러한 경험과 교훈을 다른 기관과 상호 공유할 수 있는 체계를 구축해야 한다.

8.2 법령의 본질

8.2.1 법령의 의의와 분류

법령이란 사회규범 또는 사회통제의 유형이며, 그 공통적인 특징은 일반인이나 조직에 대하여 작위(作爲)나 부작위(不作爲) 등을 명령함으로써 일반적 사회관계를 법률관계 즉 권리와 의무관계로 규율하는 것으로, 이를 위반하는 경우에는 형벌이나 손해배상 등의 제재가 가해지도록 하는 것이다. 원칙적으로 입법기관에 의해 제정되어 법원에 의해 권위적인 판단의 기준으로 사용되는 규범을 의미하는 것이라고 볼 수 있다. 보통은 헌법, 법률, 조약, 명령, 조례, 규칙 등의 성문법 전체를 말하나, 좁은 의미로는 법률과 명령만을 가리킨다. 물론 각 실정법상에서 그 목적에 따라 법령의 정의를 규정하여 입법적 해석이 가능하도록 하고 있다. 예로서 "법령 등이란 법률, 대통령령, 총리령, 부령과 그 위임을 받는 고시 등을 말한다."라는 「행정규제기본법」에서의 정의처럼 고시도 법령의 정의에 포함하는 규정을 들 수 있을 것이다.

각종 법령들은 그 존재형식이 다양하고 제정 목적이나 취지가 일치하지 않을 뿐만 아니라, 각각 그 소관부처를 달리하고 있기 때문에 해석과 집행에 있어서 충돌할 여지가 있다. 국민의 행정주체에 대한 법률관계를 명확하고 효율적으로 정립하기 위하여 법령들을 일정한 기준에 따라 분류하기도 하며, 일반적으로 다음과 같이 형식, 내용과 체계에 따라 구분한다.

형식에 따른 분류에서 법령은 통상 성문법과 불문법으로 나누어진다. 성문법은 문장으로 표현되어 일정한 형식과 절차에 따라서 공포된 법을 말하며, 제정법이라고도 한다. 성문법은 법의 통일과 정비가 용이하고, 법의 안정성을 유지할 수 있으며, 법의 내용이 명확하다는 장점이 있다. 반면에 성문법은 법이 고정화됨에 따라 개정과 폐지에 복잡한 절차를 필요로 하며, 사회변천에 대한 적응이 지연되고, 법과 사회 간에 일정한 괴리가 생기는 단점이 있다. 불문법은 성문법에 상대되는 개념으로 성문법 이외의 법으로, 판례법이나 관습법이 있다. 불문법은 문자라는 형식으로 법이 고정되지 않기 때문에 변천하는 사회현실에 적응하기 쉬운 장점이 있지만, 국가의 법을 통일적으로 정비하기 어렵고, 그로 인해 법적 안정성 측면에서 문제가 제기될 수 있다. 행정법은 획일성과 강행성을 갖기 때문에 그 내용을 명확히 하여 장래의 예측을 가능하게 하고, 법률생활의 안정을 도모하기 위하여 원칙적으로 성문법으로 되어 있다. 「원자력안전법」 역시 행정법의 일부이므로 성문법의 형식을 갖고 있다.

법령은 그 내용에 따라, 국제법과 국내법, 공법, 사법과 사회법, 실체법과 절차법, 일반법과 특별법 등으로 다양하게 분류된다. 「원자력안전법」은 공익을 추구한다는 측면에서 공법에 속하며, 그 내용이 대부분 사업자와 행정주체 간의 권리와 의무 관계를 규정하고 있기 때문에 실체법에 속한다고 할 수 있다.

체계에 따른 분류로써 단일법체계와 복수법체계로 구분할 수 있다. 단일법체계는 개별적인 법 분야가 규율하고자 하는 대상들이 성질과 내용의 차이에도 불구하고 공통의 목적을 가지고 있기 때문에 단일의 법령으로 구성하는 것을 말한다. 이에 비하여 복수법체계는 개별적인 법 분야가 규율하고자 하는 대상과 그 방법을 구체적인 목적에 따라 서로 각기 다른 법령들에 규정하는 것을 말한다. 원자력분야의 법령들은 「원자력안전법」, 「생활주변 방사선 안전관리법」, 「원자력손해배상법」, 「원자력진흥법」, 「방사성폐기물 관리법」 등으로 법 목적에 따라 별도의 법령 체계를 갖고 있으므로 복수법 체계로 볼 수 있다.

8.2.2 위임입법

위임(委任)입법이란 입법사항에 관하여 법률에서 구체적으로 범위를 정하여 입법부 이외의 국가기관, 특히 행정기관에게 입법을 위임한 경우 위임에 따른 입법행위 자체 또는 입법행위의 결과인 법규명령을 말하며, 통상적으로 행정입법이라고도 한다. 법규(위임)명령은 법률에서 위임받은 사항에 대하여 법률과 같으며, 사실상 법률의 내용을 보충하는 것이기 때문에 이를 보충명령이라고 한다.

오늘날 사회의 복잡화·전문화 등으로 국회가 법률의 형식으로 모든 것을 규정한다는 것은 사실상 불가능하므로 국회는 법률로써 일반적이고 추상적인 기준을 정하고, 구체적 규정은 행정기관 등 다른 기관이 발하는 명령에 위임하는 경향이 현저해지고 있다.

전문적이고 기술적 판단을 요한다거나, 행정현실의 다양한 변화에 따라 탄력성 있게 능동적으로 대처를 요하는 사항들에 대해서는 기본적인 목적과 요건만을 국회가 법률로 정하고, 개별적인 세부사항은 행정주체로 하여금 정하게 한다는 것이 바람직하다는 입장에서 위임입법 또는 행정입법의 존재의의가 인정되고 있다.

위임입법 또는 행정입법은 일반적으로 행정주체와 국민에 대하여 구속력을 가지며 재판규범으로써의 성격을 갖는 법규명령과, 국민에 대하여 직접적인 영향을 미치지 않고 행정주체 내부에서의 조직과 활동을 규율하는 행정규칙으로 구분할 수 있다. 법규명령의 경우 보통 발령권자를 기준으로 하여 대통령령, 총리령, 부령으로 구분하고, 대통령령은 시행령으로 총리령과 부령은 시행규칙의 명칭을 사용하는 것이 일반적이다. 또한 법률이 어떤 행정기관에 대하여 명령으로 입법사항을 규정할 수 있는 권한을 일정한 범위를 정하지 않고 포괄적으로 위임하는 일반적 위임과, 어떤 특정사항에 대하여 명령으로 정할 것을 위임하는 특정적 위임이 있다.

그러나 이러한 위임입법은 일정한 한계 속에서 설정되어야 한다. i) 국회전속 사항의 위임금지로써 헌법이 어떠한 사항을 법률로 정하게 한 경우, 그 사항은 반드시 국회가 정해야 하며 이를 행정부에서 정하도록 위임할 수는 없다. ii) 포괄적 위임입법의 금지로써 행정부에게 입법권을 전면적으로 위임한다거나 포괄적으로 위임할 수 없으며, '법률에서 구체적으로 범위를 정하여 위임받은 사항'만 위임명령으로 정할 수 있게 하고 있다. iii) 처벌규정의 위임금지로써 헌법상 죄형법정주의의 원칙으로 벌칙을 명령으로 규정하도록 일반적으로 위임할 수는 없으나, 근거법률이 구성요건의 구체적 기준을 설정하고 다만 그 범위 내에서 세부적 사항을 정하도록 한 경우에는 위임명령으로도 처벌대상인 행위를 정하는 것이 가능할 수도 있다.

원자력 관련 법령은 과학적이고 기술적인 판단을 요하는 경우나 과학기술의 진보에 탄력적으로 대처할 필요성 등의 요인에 의하여 위임입법의 역할이 많은 전형적인 분야이다. 예로서 「원자력안전법」에서 발전용원자로의 건설허가에 관하여 "대통령령이 정하는 바에 따라" 허가 받을 것을 규정하고 있으며, 건설허가 신청시 "그 밖에 위원회 규칙으로 정하는 서류"라고 규정하여 신청서류를 시행규칙에서 추가로 열거할 수 있도록 하고 있다. 또한 건설허가의 허가기준으로 "원자로시설의 위치, 구조 및 설비가 위원회 규칙으로 정하는 기술기준에 적합"해야 함을 명시하고 있어, 이들 기술기준의 설정을 규칙에 위임하고 있다. 한편 「원자력시설 등의 방호 및 방사능방재대책법」에서는 "방사선비상의 종류에 대한 기준, 대응절차 및 그 밖에 필요한 사항은 대통령령으로 정한다."라고 규정하고 있다.

8.2.3 준용규정

준용(準用)이란 어떤 사항에 관한 규정을 그와 유사하지만 본질이 다른 사항에 대하여 필요한 경우 약간의 수정을 가하여 적용시키는 것을 말하며, 입법기술상 중복규정에 따른 번잡을 피하고 법규를 간결하게 하기 위해 이용된다. 그러나 준용은 실제 법조 적용에 있어서 법규정의 검색을 곤란하게 하고, 해석의 분규를 가져온다는 단점이 있을 수 있다. 법규에 의한 의제(擬制)를 말하는 것으로 실정법에서는 '…로 본다.'라고 규정하고 있다. 원래 준용이란 '필요한 수정을 하여'(with adequate revision: mutatis mutandis) 적용하는 것을 의미하므로 별도의 간주(看做)규정을 반드시 두어야 하는 것은 아니지만, 준용시 해석의 불확실성을 줄이기 위하여 이러한 간주규정을 두는 것이다.

우리나라 원자력 관련 법령에도 준용규정을 통하여 많은 법조의 간결화를 도모하고 있다. 발전용원자로 설치자에 적용하는 「원자력안전법」의 규정을 기준으로 하여 그 운영자, 연구용원자로 설치자, 핵연료주기사업자, 핵연료물질사용자 등에게 계량관리규정, 검사, 운영에 관한 안전조치, 기록과 비치 등 중복되는 많은 규정을 준용으로 처리하고 있다. 예로서 「원자력안전법」에서는 "연구용원자로 등 설치자의 각종 의무에 대해서는 제15조, 제16조, … 제28조까지의 규정을 준용한다."라고 규정하고, "제1항의 준용에 있어서 '발전용원자로 설치자' 또는 '발전용원자로 운영자'는 '연구용원자로 등 설치자'로 본다."라고 규정하고 있다.

이러한 준용규정의 활용은 법조문의 반복을 피하고 간결하게 법령체계를 구성할 수 있다는 그 입법기술상의 이점이 있다. 또한 적용배제 규정을 두어 준용하기 곤란하거나 기술적인 면에서 준용하지 않아도 안전상 지장이 없다고 인정하는 경우에는 예외규정을 두고 있다. 그러나 원자력 관련 사업이 갖는 전문기술성이 광범위하고 그에 따라 국민생활에 미치는 막대한 영향을 무시할 수 없으며, 원자력시설이 갖는 상이한 기술적 특징과 기능을 고려하면 포괄적으로 과다하게 준용규정을 활용하는 것은 바람직하지 않을 수 있다. 또한 일반 법이론 상으로도 준용이 법규의 검색을 번잡하게 만들며, 사안의 본질이 다른 데도 성질상 유사하다는 점만으로 의제한다는 것은 해석상의 의문을 야기하며 종래의 고정된 개념에 전적으로 의존하여 급변하는 입법 대상에 대한 구체적 타당성을 결여할 수 있다는 문제점이 제기될 수 있다.

8.2.4 법의 종적 체계(법단계)

일반적으로 법령의 형식은 헌법→법률→시행령(대통령령)→시행규칙(총리령·부령) 단계로 체계화되어 있다. 그리고 법령체계상의 것은 아니지만 행정규칙의 일종인 고시(告

示)도 그에 보충적으로 기능하고 있다.

　법률은 국민의 대의기관인 국회의 의결을 거쳐 대통령이 서명하고 공포함으로써 성립하는 국법으로써의 법률을 말한다. 시행령은 법률의 시행을 위하여 발하는 집행명령과 법률이 특히 위임한 위임명령을 말한다. 집행명령은 보통 모법에 "이 법의 시행에 관하여 필요한 사항은 대통령령으로 정한다."는 규정형식을 취하며, 위임명령은 이미 앞 절에서 설명한 바와 같다. 시행규칙은 법령의 시행에 필요한 세부적 규정으로써의 법규명령을 말한다. 그 내용은 주로 법령의 집행에 필요한 세부적 절차를 규정하는 것이 보통이다.

　고시란 대개 행정청이 결정한 사항을 불특정 일반에게 알리는 통지행위의 성질을 가지는 것으로, '통지행위적 고시'를 말한다. 그러나 고시의 형식으로 일반처분의 성질을 가지는 행위를 할 때도 있고(일반처분적 고시), 고시가 특별한 법규와 결합되어 실질적으로 법규의 내용을 보충하는 법규적 성질을 가지는 경우도 있다(입법적 고시, 행정규칙적 고시, 법규명령적 고시).

　이처럼 단계상의 법령들은 각각 그 고유한 기능적 내용을 가지고 있으며, 실무상의 규정사항을 살펴보면 다음과 같다. 법률에서는 헌법에서 위임한 사항, 국민의 권리나 의무에 관련되는 사항, 국민의 기본권 제한에 관련되는 사항, 국가 정책의지를 표현하는 사항 등이 규정되어야 한다. 시행령에서는 법의 시행을 위하여 필요한 구체적인 사항, 법에서 위임하는 사항, 국무회의에서 국무위원의 토의가 필요한 사항, 대통령이 서명하여 공포하는 것이 적절한 사항 등을 규정해야 한다. 시행규칙(총리령·부령)에서는 국무위원 토의가 불필요한 사항, 서식이나 신청 절차 등에 관한 사항, 기술기준 등의 기술적인 내용을 포함하는 것이 일반적이다.

　원자력 관련 법령들도 이러한 일반적인 논리에 따라 법, 시행령, 시행규칙, 고시의 체계로 구성되어 있다. 원자력 관련 개별법의 체계에 대해서는 다음 절에서 다루기로 한다.

8.3 원자력 관련 법령체계

8.3.1 원자력 관련 법률 분류

　우리나라의 원자력 관련 법률은 그림 8.1에서 보는 바와 같이 크게 원자력에 관한 사항을 전적으로 다루기 위하여 제정된 원자력 관계법률과, 타 분야 목적으로 제정되었으나 원자력에 관련된 사항을 일부 포함하고 있는 여타법률의 두 가지로 분류될 수 있다. 원자력 관계법률에는 원자력의 안전관리에 관한 사항을 규정하고 있는 원자력 안전·규제 관련 법률, 원자력의 이용과 진흥에 관한 사항을 규정하고 있는 원자력 이용·진흥 관련 법률, 원자력으로 야기되는 손해의 배상에 관한 사항을 규정하고 있는 원자력 손해배상 관련 법률이 있다.

원자력 관련 여타법률들로서는 행정조직 관련 법률, 에너지 관련 법률, 건설과 국토개발 관련 법률, 환경과 폐기물 관련 법률, 의료와 보건 관련 법률, 재해와 재난 관련 법률, 항공·선박과 해양 관련 법률 등 약 40여개 법률들이 있다[김효정, 1999].

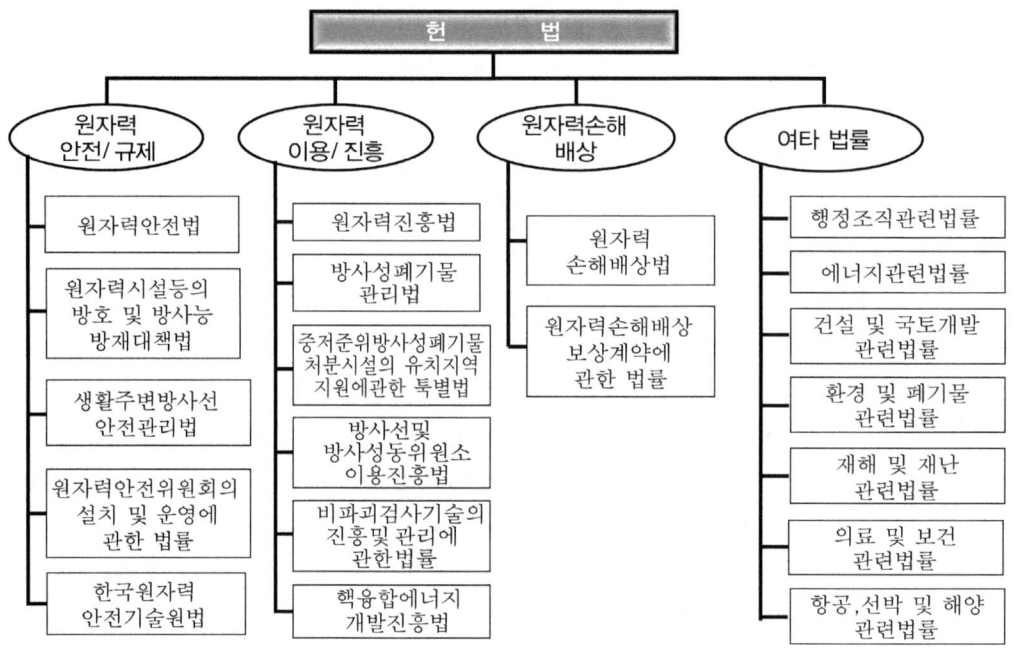

그림 8.1 원자력 관련 법률

8.3.2 원자력 관계법령 연혁

우리나라 원자력 관계법령은 1958년 3월 11일 최초로 제정된 「원자력법」에서 시작한다. 「원자력법」은 2011년 7월 제26차 전면 개정을 통하여 「원자력진흥법」으로 명칭을 바꾸고, 「원자력안전법」과 「원자력위원회의 설치 및 운영에 관한 법률」의 제정으로 원자력 안전관리에 관한 사항을 별도로 분리하기까지 원자력의 이용·개발과 안전관리에 관한 사항을 총 망라하는 원자력 관계법령의 중추적 역할을 하여 왔다. 그림 8.2는 「원자력법」의 변천과 원자력 관계법령의 제정 현황을 도식화하고 있다.

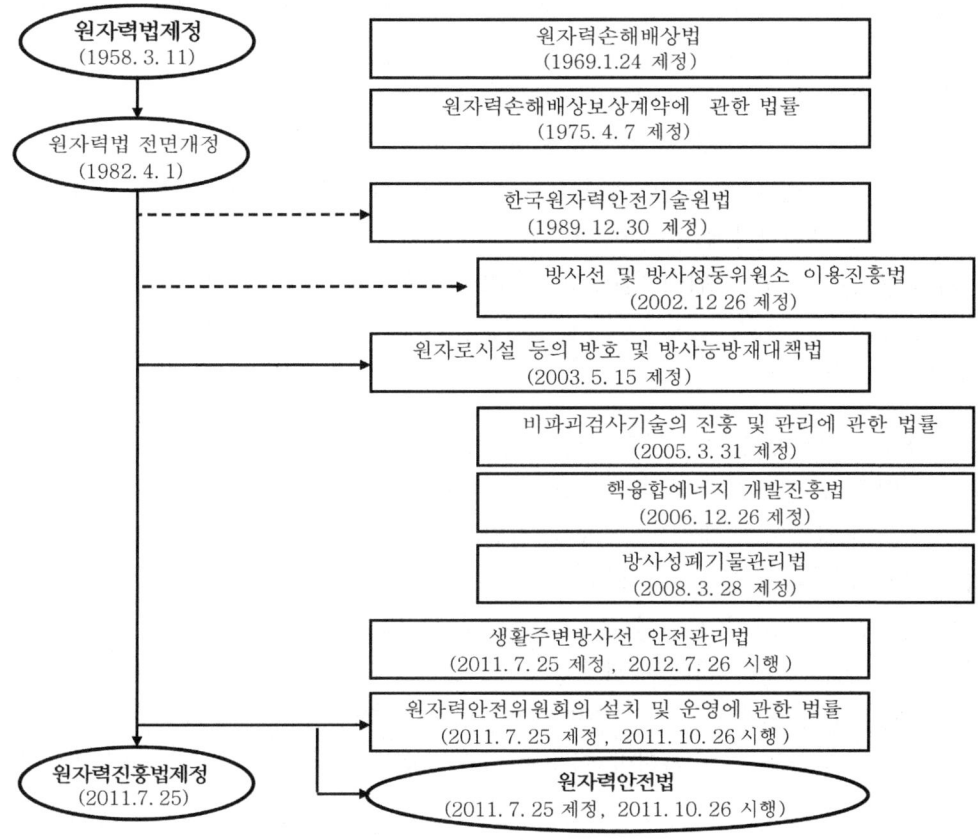

그림 8.2 원자력법 변천과 원자력 관계법령 제정

1) 원자력법의 제정(1958년)

「원자력법」이 제정될 당시에는 국내에서 원자력의 산업적 이용이 없었기 때문에 그 내용도 원자력의 평화적 이용, 연구 및 개발에 관한 개념적 골격을 구성한 것에 불과하였다. 제정된 「원자력법」은 표면상으로는 원자력의 평화적 이용을 진흥한다는 목표를 내걸었고, 내면적으로는 국가가 배타적으로 원자력을 독점하기 위한 법적 근거를 제공하는 것이 중요한 목적이었다. 제정 당시 「원자력법」은 총칙, 원자력원, 원자력의 개발과 생산기관, 원자력에 관한 물질과 방사성동위원소의 관리, 원자로와 원자력관계 시설의 관리, 원자력에 관한 특허·발명에 관한 조치, 방사선에 의한 장해방어, 보수, 벌칙 등의 9개 장(전문 33조와 부칙)으로 구성되었다.

주요 법조문을 살펴보면 대통령 소속의 원자력원 설치, 원자력원 산하의 원자력위원회와 원자력연구소, 원자력개발기관, 원자력생산기관의 설치 등이다. 또한 원자력원장이 지정 또는 허가한 자만이 핵물질, 원자로와 원자력관계시설 등을 취급할 수 있도록 하고, 정부는 핵분열물질 등의 생산자, 소유자 등으로부터 그 권리를 수용하거나 원자력원장이 지정하는 자에게 그 권리를 양도할 수 있도록 규정하였다.

제정 당시의 「원자력법」은 국내에서 본격적인 상업용 원전의 가동 이전까지는 커다란 골격의 변화가 없었으며, 헌법 개정이나 권력구조 변경에 따르는 국부적 개정이었다. 특기할 사항은 우리나라에 최초의 연구용원자로(TRIGA Mark II)가 도입될 당시(1962년) 원자력시설의 보안을 위해 원자로의 인접지역에 일반인의 주거와 출입을 통제할 수 있는 제한구역 설정권을 부여하였는데, 1973년 제8차 개정시 「원자력법」에 반영되었다는 것이다.

2) 원자력법 전면개정(1982년)과 안전관리 규정의 확대

국내 상업용 원전의 건설과 운영, 핵연료주기사업의 추진, 방사성동위원소 이용기관의 증가 등 원자력이용 확대는 이에 수반되는 잠재적인 방사선의 위해로부터 국민과 환경을 보호하기 위한 안전규제체제의 구축을 요구하게 되었다. 특히 우리나라 최초의 상업용 원전인 고리1호기의 건설·운영(1970~1978) 등으로 1980년대 원자력사업 규모가 급격하게 확대됨에 따라 이에 대한 안전규제 업무도 증가할 수밖에 없었으며, 이에 효율적으로 대응하기 위해서는 기존 「원자력법」의 전면적인 개정이 불가피하게 되었다.

1982년 4월 1일 제9차 「원자력법」의 전면개정은 원자력 이용·개발의 확대에 따른 안전성을 강화한다는 배경 하에서 추진되었다. 주요 개정내용으로는 운영허가와 보안규정 승인을 운영허가로 일원화, 핵연료주기사업의 세분화와 이에 대한 인·허가 절차 개선, 방사성폐기업의 허가제 및 그 운반과 폐기사업의 신고제 도입, 환경보전기준의 준수 의무화, 일부 권한의 한국에너지연구소 위탁 규정 등을 들 수 있다. 또한 개정 이전의 9개 독립 시행령과 시행규칙들을 단일의 「원자력법」 시행령과 시행규칙으로 통합하였다.

3) 한국원자력안전기술원법 제정(1989년)

1980년대에는 원자력발전소의 건설·운영이 활발해지고 원자력 관련 산업이 급격히 증가하였으며, 원자력발전소의 설계 등 핵심기술의 자립을 위한 노력이 적극적으로 추진되었다. 이에 따라 원자력 안전규제 영역이 확대되고 원자력안전에 대한 국민의 관심이 고조되는 등 안전규제의 환경변화는 독립적이고 객관적인 원자력 안전규제의 필요성을 제기하였다. 이러한 환경변화에 부응하기 위하여 정부는 1989년 12월 30일 「한국원자력안전기술원법」을 제정하여, 한국에너지연구소 부설 원자력안전센터를 확대 개편하여 독립적 원자력안전전문기관인 한국원자력안전기술원을 설립하여 원자력 안전규제 체계를 보다 강화하였다.

4) 원자력진흥종합계획 수립과 방사선피폭선량 판독사업 허가(1995년)

1995년 1월의 제12차 「원자력법」 개정은 원자력을 둘러싼 국내외의 급격한 환경변화에 능동적으로 대처하기 위하여 국가 원자력정책의 수립·결정과 조정기능을 강화하고, 원자력 이용·개발을 촉진하며 원자력의 이용과 안전관리에 관한 원자력진흥종합계획의 수립과 시행의 근거를 신설하였다. 또한 원자력 작업종사자와 원자력시설 출입자의 방사선 안전관리를 강화하기 위하여 방사선피폭선량의 판독에 관한 사업의 승인 또는 허가 제도를 신설하였다.

5) 원자력안전위원회의 신설과 공청회 제도 도입(1996년)

1996년 12월의 제13차 「원자력법」 개정은 원자력 안전규제의 독립성을 확보하고 원자력안전에 관한 중요사항을 심의·의결하기 위하여 과학기술부장관 산하에 원자력안전위원회를 신설하였으며, 발전용원자로 및 관계시설의 건설허가 신청시 제출하는 방사선환경영향평가서는 공람 또는 공청회 등 지역주민의 의견수렴을 거쳐 작성·제출하도록 하였다. 또한 원자력연구개발사업의 추진에 소요되는 재원을 안정적으로 확보하기 위하여 원자력 연구개발기금을 설치하고 발전용원자로 운영자는 당해 원자로를 운전하여 생산되는 전력량에 일정요율(1.2원/kWh)을 곱한 금액을 새로 설치되는 원자력 연구개발기금에 납부하도록 하였다.

6) 표준설계인가 및 주기적 안전성평가 제도 도입(2001년)

2001년 1월의 제16차 「원자력법」 개정은 동일한 설계의 발전용 원자로시설을 반복적으로 건설하고자 할 경우 그 설계에 대한 인가제도를 신설하였으며, 가동중 원자로의 안전성을 종합적이고 체계적으로 확보하기 위하여 주기적(10년)으로 안전성평가의 수행을 의무화하는 규정을 신설하였다. 또한 방사성동위원소 및 방사선발생장치의 허가사용자 또는 신고사용자를 대행하여 업무를 수행하는 업무대행자의 등록제도를 신설하여 안전관리 요건을 강화하였다.

7) 원자로시설 등의 방호 및 방사능방재대책법 제정(2003년)

2003년 5월 15일 정부는 핵물질과 원자력시설의 방사능방재와 시설방호 체계를 강화하고, 방사능재난에 효율적으로 대처할 수 있는 법적·제도적 기틀을 마련하기 위하여 「원자로시설 등의 방호 및 방사능방재대책법」을 제정하였다. 이 법은 「원자력법」의 일부개정(제18차)을 통하여 「원자력법」에서 규정하고 있는 물리적 방호 규정과 방사선비상계획에 관한 규정을 분리하고 방사능방재대책과 방사능재난 대비태세 등에 대한 규정을 신설하여 제정되었다.

8) 한국원자력통제기술원의 설립(2005년)

2005년 12월의 제20차 「원자력법」 개정은 원자력 관련시설 및 핵물질 등에 대한 안전조치와 수출입 통제 등의 업무를 효율적으로 추진하기 위하여 한국원자력통제기술원의 설립에 관한 규정을 신설하였다. 또한 「원자력법」 시행규칙에 위임한 표준설계인가의 유효기간(10년)을 법에서 규정하고, 인가기준을 신설하였다.

9) 원자력법의 분법화와 독립 행정조직인 원자력안전위원회 설치(2011년)

2011년 7월 25일의 제26차 개정은 「원자력법」의 명칭을 「원자력진흥법」으로 변경하여 원자력의 이용에 관한 사항만 이 법에서 규정하고 안전관리에 관한 사항은 따로 분리하였다. 이는 원자력의 안전규제체제를 이용·진흥체제와 효과적으로 분리함으로써 국제규범을 이행함은 물론 원자력 안전규제의 독립성을 확립하려는 것이었다. 따라서 「원자력법」에서 규정한 원자력의 안전관리에 관한 사항은 「원자력안전법」의 제정을 통하여 분리하였으며, 원자력안전위원회에 관련된 사항은 「원자력안전위원회의 설치 및 운영에 관한 법률」을 제정하여 별도로 규정하였다. 이로써 교육과학기술부에서 원자력 이용·개발과 함께 수행하던 원자력 안전관리에 관한 업무를 신설되는 별도의 독립 행정조직인 대통령 소속의 원자력안전위원회에서 수행할 수 있는 법적 기반을 마련하였다.

10) 생활주변방사선 안전관리법 제정(2011년)

생활주변에서 일상적으로 접할 수 있는 방사선으로부터 국민의 건강과 환경 보호를 위하여 2011년 7월 25일 제정되었다. 천연방사성핵종이 포함된 제품과 우주방사선에 피폭될 우려가 있는 항공 승무원에 대한 안전관리체계를 도입하고, 공항·항만 등에 방사선·방사능 감시기를 설치하여 일정 수준 이상의 방사능 농도를 가진 물질과 재활용 고철에 대한 방호체계를 구축하는데 주안점을 두고 있다.

8.3.3 원자력 안전과 규제 관련 법령

1) 원자력안전법

앞에서 설명한 바와 같이 2011년 7월 25일 「원자력법」 제26차 개정에서 「원자력법」의 명칭을 「원자력진흥법」으로 변경하여 원자력의 이용·개발에 관한 사항만 이 법에서 규정하고, 이 법에서 규정하고 있던 원자력 안전관리에 관한 사항은 「원자력안전법」의 제정(2011년 10월 26일 시행)으로 별도로 분리하였다. 이 법은 원자력의 연구·개발·생산·이용에 따른 안전관리에 관한 사항을 규정하여 방사선에 의한 재해의 방지와 공공의 안전을 도모함을 목적으로 하고 있으며, 표 8.1에서 보는 바와 같이 총 11장 121조로 구성되어 있다.

표 8.1 원자력안전법 구성

장·절	주요 규정 사항
제1장 총칙	제1조~제2조: 목적, 용어의 정의
제2장 원자력안전종합계획의 수립·시행 등	3조~9조: 원자력안전종합계획의 수립·시행, 원자력안전연구개발사업, 한국원자력통제기술원설치
제3장 원자로 및 관계시설의 건설·운영	
제1절 발전용원자로 및 관계시설의 건설	
제2절 발전용원자로 및 관계시설의 운영	• 제10조~제83조에 명시
제3절 연구용원자로 등의 건설·운영	• 허가절차, 허가기준, 허가 결격사유, 허가취소, 승계, 시설의 사용정지와 사업정지, 규제검사, 특정핵물질의 계량관리, 운영에 관한 안전조치, 기록과 비치, 시설의 해체
제4장 핵연료주기사업 및 핵물질사용 등	
제1절 핵연료주기사업	• 표준설계인가(발전용), 주기적 안전성평가(발전용), 외국원자력선의 입·출항신고(연구용), 방사선발생장치 설계승인(방사선발생장치), 방사성폐기물의 처분제한(폐기), 운반용기의 설계 승인(운반)
제2절 핵물질사용	
제5장 방사성동위원소 및 방사선발생장치	∗ 원자력 관련 시설 및 활동에 대한 규제사항으로 대개가 공통적으로 적용되며, 특정시설 및 활동에 국한되는 경우는 괄호 안에 명시
제6장 폐기 및 운반	
제7장 방사선피폭선량 판독 등	
제8장 면허 및 시험	84조~88조: 면허종류, 취득, 시험, 면허취소
제9장 규제·감독	89조~98조: 제한구역의 설정, 위해시설 설치제한, 방사선장해방지조치, 장해방어조치 및 보고, 원자력이용시설의 취급제한, 보고·검사
제10장 보칙	99조~112조: 허가 또는 지정 조건, 특정기술주제보고서의 승인, 청문, 종업원에 대한 보호, 주민의 의견수렴, 환경보전, 전국 환경방사능 감시, 교육훈련, 보상, 권한의 위탁, 수수료
제11장 벌칙	113조~121조: 벌칙, 과태료, 양벌규정, 벌칙적용에서의 공무원 의제

「원자력안전법」의 주요 규정 내용을 요약하면 다음과 같다.
• 원자력안전위원회의 5년 단위의 원자력안전종합계획 수립과 부문별 시행계획에

따른 원자력안전 연구개발계획의 수립과 추진
- 원자력시설과 핵물질, 원자력활동에 대한 인·허가 및 이의 변경과 취소를 포함하는 규제절차, 규제요건, 기술기준과 벌칙
- 원자로의 운전이나 핵연료물질·방사성동위원소 등의 취급시의 면허 요건과 원자력사업 종사자의 교육·훈련
- 원자력시설 인근에 위해시설 설치제한, 방사선장해의 방지조치, 원자력이용시설의 취급제한
- 원자력사업자의 보고 및 서류제출 의무와 공무원의 시정조치 및 수시검사권한
- 원자력사업 종사자의 보호규정과 행정처분에 대한 청문제도
- 방사선환경영향평가서 작성에서의 주민 의견수렴과 공청회 제도
- 원자력사업자의 정기적 방사선환경조사 및 방사선환경영향평가 의무와 원자력안전위원회의 전국 환경방사능 감시
- 원자력안전위원회의 권한 위탁

「원자력안전법」의 종적체계는 그림 8.3에서 보는 바와 같이 이 법의 시행에 필요한 행정적인 사항을 규정한 시행령(대통령령), 법 및 시행령의 이행에 필요한 상세한 규제절차, 규제방법, 기술기준 등을 규정한 규칙, 기술기준과 행정절차에 관한 사항을 상세히 규정한 고시의 4단계로 구성되어 있다. 「원자력안전법」 시행령은 이 법에서 위임한 사항과 그 시행에 필요한 사항을 규정하기 위하여 2011년 10월 25일 제정되었으며, 총 10장 176조로 구성되어 있다. 시행규칙은 「원자력안전법」과 시행령에서 위임한 사항과

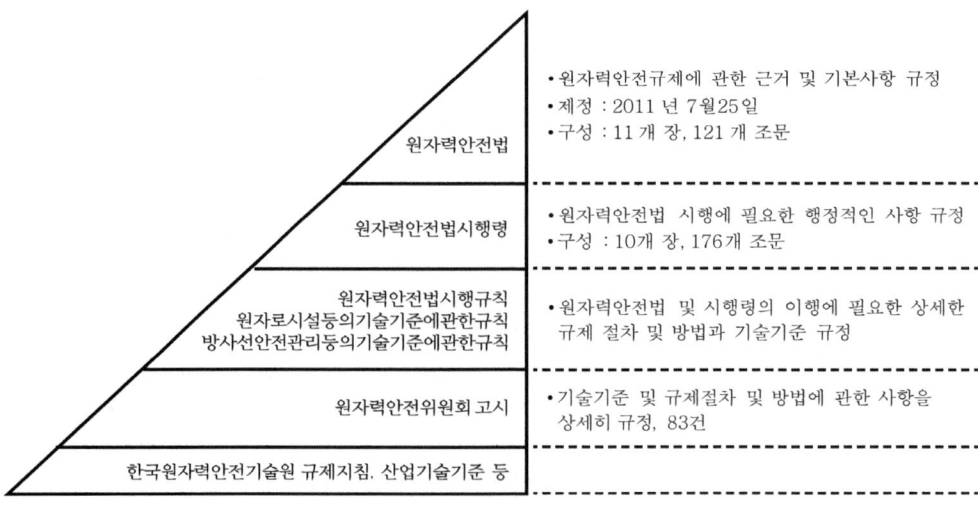

그림 8.3 원자력안전법의 종적 체계

그 시행에 관하여 필요한 사항을 규정하기 위하여 2011년 11월 11일 제정되었으며 총 11장 155조로 구성되어 있다.

원자력 관련 시설과 활동에 대한 허가기준으로 기술기준을 규정한 2개의 규칙이 있다. 「원자로시설 등의 기술기준에 관한 규칙」은 2000년 4월 18일 제정되어 4차례의 개정이 있었으며, 101조로 구성되어 있다. 「방사선안전관리 등의 기술기준에 관한 규칙」은 2000년 4월 18일에 제정되어 6차례의 개정이 있었으며, 128조로 구성되어 있다. 또한 「원자력안전법」, 시행령, 시행규칙 및 기술기준규칙에서 위임한 사항과 그 시행에 필요한 세부 규제요건 및 기술기준을 규정하기 위하여 총 83건의 고시가 활용되고 있으며, 원자로, 방사선, 폐기물, 방사선량, 면허, 규제, 보칙 등의 7개 분야로 구분하여 발간되어 있다(부록 C).

2) 원자력시설 등의 방호 및 방사능방재대책법

정부는 핵물질 및 원자력시설의 안전한 운영을 위한 방사능방재와 시설 방호체계를 강화하고, 방사능재난에 효율적으로 대처할 수 있는 방사능재난관리체제를 구축하기 위하여 2003년 5월 15일 제정하였다. 이 법은 표 8.2에서 보는 바와 같이 총 5장 52조로 구성되어 있다.

이 법의 주요 규정 내용을 요약하면 다음과 같다.

- 정부의 핵물질 및 원자력시설에 대한 물리적 방호체제 수립, 원자력안전위원회 소속의 물리적방호협의회와 시·도 및 시·군·구 지역방호협의회 설치
- 핵물질의 불법이전, 원자력시설에 대한 위협에 대응하기 위한 원자력사업자의 당해 원자력시설에 대한 물리적 방호운영체제, 방호규정과 방호비상계획의 수립
- 원자력안전위원회가 방사능사고시 방사선재해 또는 오염확산을 방지하기 위해 긴급조치를 할 수 있는 법적근거 마련
- 피폭방사선량이 일정 수치 이상인 경우 원자력안전위원회의 방사능재난 선포와 방사능재난 상황 및 긴급대응조치사항에 대한 대통령 보고
- 원자력안전위원회 소속 하에 중앙방사능방재대책본부와 원자력시설 인접지역에 현장 방사능방재지휘센터의 설치
- 방사능재난의 대비태세 유지를 위한 원자력사업자의 방사능재난대응 시설과 장비의 확보

방사능방재대책법 시행령은 이 법에서 위임한 사항과 그 시행에 필요한 사항을 규정하기 위하여 2004년 3월 29일 제정되었으며, 총 4장 42조로 구성되어 있다. 또한 시행규칙은 2004년 5월 20일 제정되었으며, 총 25조로 구성되어 있다.

표 8.2 방사능방재대책법 구성

장·절	주요 규정 사항
제1장 총칙	제1조~제2조: 목적, 용어 정의
제2장 핵물질 및 원자력 시설의 물리적 방호	3조~16조: 물리적 방호시책 강구, 물리적 방호체계 수립, 물리적 방호협의회, 물리적 방호대상 핵물질의 분류, 원자력사업자의 책임, 규제검사
제3장 물리적 방재대책	–
제1절 방사능재난관리 및 대응체계	17조~34조: 방사선비상종류, 국가(지역)방사능방재계획 수립, 원자력사업자 방사선비상계획, 방사능사고의 신고, 안전위원회의 긴급조치, 방사능재난선포, 중앙(지역)방사능방재대책본부 설치, 현장방사능방재지휘센터 설치, 합동방재대책협의회
제2절 방사능재난 대비태세의 유지	35조~40조: 방사능재난 대응시설, 방사능방재 교육·훈련, 국가방사선비상진료체계 구축, 규제검사
제3절 사후조치	41조~43조: 중장기 방사능영향평가 및 피해복구계획, 방사능재난사후대책의 실시, 재난조사
제4장 보칙	44조~46조: 보고·검사, 업무위탁, 지방자치단체 등에 대한 지원
제5장 벌칙	47조~52조: 벌칙, 과태료, 양벌규정

3) 생활주변방사선 안전관리법

생활주변에서 일상적으로 접할 수 있는 방사선으로부터 국민의 건강과 환경 보호를 위하여 2011년 7월 25일 제정(2012년 7월 26일 시행)되었다. 이법은 생활주변에서 접할 수 있는 방사선의 안전관리에 관한 사항을 규정함으로써 국민의 건강과 환경을 보호하여 삶의 질을 향상시키고 공공의 안전에 이바지함을 목적으로 하고 있으며, 표 8.3에서 보는 바와 같이 총 6장 31조로 구성되어 있다.

주요 규정 내용을 요약하면 다음과 같다.

- 원자력안전위원회의 5년마다 생활주변 방사선방호 종합계획의 수립과 연구개발사업의 추진
- 원료물질 또는 공정부산물의 취급자 등록과 수출입 관리, 취급·관리시 준수사항과 가공제품의 안전기준
- 우주방사선 피폭우려가 있는 항공승무원에 대한 안전관리체계 도입
- 공항과 항만에 방사선·방사능 감시기 설치와 재활용고철에 대한 방호체계 구축
- 일정 수준 이상의 방사능 농도를 가진 유의물질의 검출·분석 및 조치

표 8.3 생활주변 방사선 안전관리법 구성

장·절	주요 규정 사항
제1장 총칙	제1조~제4조 : 목적, 용어 정의, 국가의 책무
제2장 생활주변 방사선방호 종합계획의 수립 등	5조~8조 : 생활주변 방사선방호 종합계획의 수립과 연구개발사업의 추진, 안전지침의 작성·배포
제3장 원료물질·공정부산물 및 가공제품에 대한 관리	9조~18조 : 원료물질·공정부산물 취급자의 등록, 수출입 관리, 취급·관리시 준수사항, 가공제품의 안전기준, 우주방사선의 안전관리
제4장 방사선·방사능 감시기의 설치·운영	19조~22조 : 공항·항만 및 재활용고철취급자의 감시기 설치, 유의물질의 검출·분석 및 조치
제5장 보칙	23조~28조 : 생활주변 방사선 안전관리 실태조사, 정보의 관리, 전문기관의 지정·운영 및 업무 위탁
제6장 벌칙	29조~31조 : 벌칙, 과태료, 양벌규정

「생활주변방사선 안전관리법」의 시행일이 2012년 7월 26일이므로 이 법의 시행령 및 시행규칙은 현재 준비 중에 있다.

4) 원자력안전위원회의 설치 및 운영에 관한 법률

2011년 7월 25일 「원자력법」 제26차 개정에서 이 법의 명칭을 「원자력진흥법」으로 변경하여 원자력의 이용·개발에 관한 사항만 규정하고, 이 법에서 규정하고 있던 원자력안전위원회에 관련된 사항은 「원자력안전위원회의 설치 및 운영에 관한 법률」의 제정(2011년 10월 26일 시행)을 통하여 분리하였다. 이 법의 제정 배경은 교육과학기술부에서 원자력 이용·개발과 함께 수행하던 원자력 안전관리에 관한 사항을 신설되는 별도의 독립 행정조직인 원자력안전위원회가 주관하도록 하여 원자력의 안전관리체제를 이용·개발체제와 효과적으로 분리함으로써 국제규범을 이행함은 물론 원자력 안전규제의 독립성을 확보하려는 것이었다.

이 법은 원자력안전위원회를 설치하여 원자력의 생산과 이용에 따른 방사선재해로부터 국민을 보호하고, 공공의 안전과 환경보전에 이바지함을 목적으로 하고 있으며, 총 4장 19조로 구성되어 있다. 시행령은 이 법에서 위임한 사항과 그 시행에 필요한 사항을 규정하기 위하여 2011년 10월 25일 제정되었으며, 7조로 구성되어 있다. 원자력안전위원회에 관한 구체적인 내용은 '8.5절'에서 다루기로 한다.

5) 한국원자력안전기술원법

원자력 관련 산업의 확대에 따른 안전규제의 전문성 확보와 독립적이고 객관적인 원자력 안전관리를 위하여 1989년 12월 30일 제정되었다. 이 법은 원자력 안전규제 전문기관으로 한국원자력안전기술원을 설립하여 원자력의 생산과 이용에 따른 방사선재해로부터 국민을 보호하고, 공공의 안전과 환경보전에 이바지함을 목적으로 하고 있으며, 24조로 구성되어 있다.

6) 원자력손해배상법 및 원자력손해배상보상계약에 관한 법률

원자력손해배상법은 원자력시설의 운영과 핵연료물질의 사용 등으로 인하여 원자력손해가 발생한 경우의 손해배상에 관한 사항을 규정함으로써 피해자를 보호하고 원자력사업의 건전한 발전에 기여함을 목적으로 1969년 1월 24일 제정되었으며, 22조로 구성되어 있다. 여기서 '원자력손해'란 핵연료물질의 핵분열과정의 작용 또는 핵연료물질이나 그에 의하여 오염된 것의 방사선작용 또는 독성적 작용에 의하여 생긴 손해를 말하며, 원자력사업자와 그 종업원이 업무상 받은 손해는 제외하고 있다.

원자력사업자는 원자력사고마다 3억 계산단위(국제통화기금의 특별인출권에 상당하는 금액 단위)의 한도에서 원자력손해에 대한 배상책임을 지며, 사업자는 손해배상 조치를 위하여 보험회사와 손해배상책임보험계약을, 정부와 손해배상보상계약을 체결하도록 규정하고 있다. 손해배상조치액은 발전용원자로의 경우 500억원, 연구용원자로의 경우 60억원, 핵연료물질의 사용에 대해서는 2천만원 등 원자력시설의 종류, 핵연료물질의 성질에 따라 차이를 두고 있으며, 이 법의 시행령에서 규정하고 있다. 사업자의 손해배상금액이 손해배상조치액을 초과할 경우 정부는 사업자에 대하여 원조를 제공할 수 있으며, 이 경우 국회의 의결을 거쳐 허용된 범위에서 하도록 규정하고 있다. 또한 원자력손해의 배상에 관한 분쟁을 조정하기 위하여 원자력안전위원회에 원자력손해배상 심의회를 둘 수 있도록 규정하고 있다.

정부와 체결하는 손해배상보상계약에 관한 사항을 규정하기 위하여 「원자력손해배상보상계약에 관한 법률」이 1975년 4월 7일 제정되었으며, 19조로 구성되어 있다. 이 법에서는 정부의 손해배상보상계약에 대한 계약금액, 계약기간, 보상금의 반환 등에 관한 사항을 규정하고 있다. 보상계약금액은 「원자력손해배상법」의 손해배상조치액에 해당하는 금액으로 하되, 사업자가 보험계약과 보상계약 이외의 조치를 하고 있는 때에는 그 금액을 공제한 금액으로 규정하고 있다.

8.3.4 원자력 이용·진흥 및 여타 법령

1) 원자력진흥법

1958년 3월 11일 제정된 「원자력법」은 2003년 5월 제18차 개정을 통하여 물리적 방호 규정과 방사선비상계획에 관한 규정을 분리하고, 2011년 7월 제26차 전면 개정을 통하여 원자력 안전관리에 관한 사항을 별도로 분리하고 「원자력진흥법」으로 명칭을 변경함으로써 원자력 이용·개발에 관한 사항만을 규정하는 법령으로 개편되었다. 이 법은 원자력의 연구·개발·생산·이용에 관한 사항을 규정하여 학술의 진보와 산업의 진흥을 촉진함으로써 국민생활의 향상과 복지증진에 이바지함을 목적으로 하고 있으며, 총 6장 23조로 구성되어 있다. 주요 규정 내용을 요약하면 다음과 같다.

- 원자력의 연구·개발·생산·이용에 관한 중요 사항을 심의·의결하는 국무총리 소속의 원자력진흥위원회의 설치
- 5년마다 원자력진흥종합계획의 수립과 원자력연구개발사업의 추진
- 원자력연구개발사업의 재원확보를 위한 원자력연구개발기금의 설치와 발전용원자로 운영자의 비용부담(원자로에서 생산되는 전력량의 kWh당 1.2원을 초과하지 않는 범위)

시행령은 이 법에서 위임한 사항과 그 시행에 필요한 사항을 규정하기 위하여 2011년 10월 25일 제정되었으며, 4장 23조로 구성되어 있다.

2) 방사성폐기물관리법

「전기사업법」 등 개별 법률에 산발적으로 규정되어 있던 방사성폐기물의 관리에 관한 사항을 통합하여 체계적으로 규정함으로써 실효성있는 방사성폐기물 관리정책을 추진하기 위하여 2008년 3월 28일 제정되었다. 이 법은 방사성폐기물의 안전하고 효율적인 관리에 필요한 사항을 규정함으로써 방사성폐기물로 인한 위해를 방지하고 공공의 안전과 환경보전에 이바지함을 목적으로 하고 있으며, 7장 42조로 구성되어 있다. 주요 규정 내용을 요약하면 다음과 같다.

- 지식경제부장관의 방사성폐기물의 안전하고 효율적 관리를 위한 기본계획의 수립과 이 과정에서 광범위한 의견수렴 절차(공론화)
- 방사성폐기물 관리사업의 범위와 관리사업자로 한국방사성폐기물관리공단의 설립과 지정
- 폐기물발생자의 폐기물 관리부담금, 원자력발전사업자의 사용후핵연료 관리부담금의 부과 및 원자력발전소 해체에 필요한 충당금의 적립
- 폐기물 관리부담금과 사용후핵연료 관리부담금 등을 재원으로 하는 방사성폐기물 관리기금의 설치

시행령은 이 법에서 위임한 사항과 그 시행에 필요한 사항을 규정하기 위하여 2008년 12월 24일 제정되었으며, 24조로 구성되어 있다. 시행령에서는 폐기물 관리부담금,

사용후핵연료 관리부담금과 해체 충당금의 산정기준을 규정하고 있다.

3) 방사선 및 방사성동위원소 이용진흥법

이 법은 방사선 및 방사성동위원소의 연구·개발과 이용을 증진하고 관련 산업의 육성을 위한 기반을 조성하기 위하여 2002년 12월 26일 제정되었으며, 5장 23조로 구성되어 있다. 주요 규정 내용을 요약하면 다음과 같다.

- 교육과학기술부장관의 5년마다 방사선·방사성동위원소 이용진흥계획의 수립
- 정부의 연구기반 확충 및 지원, 기술개발 활동 지원, 관련 산업체의 지원, 산업 단지의 조성 및 지원과 방사선·방사성동위원소 관련 제품의 임상·검정체제 마련
- 방사선·방사성동위원소의 의학적 이용과 연구·개발 업무의 효율적 추진을 위한 한국원자력의학원 설립
- 방사선·방사성동위원소의 이용을 촉진하고 관련 산업과 기술의 진흥을 도모하기 위한 협회와 공제조합의 설립

4) 핵융합에너지 개발진흥법

이 법은 핵융합에너지 연구개발을 촉진하여 핵융합에너지의 생산과 평화적 이용에 필요한 기반을 조성하고 핵융합에너지 관련 과학기술과 산업을 진흥하기 위하여 2006년 12월 26일 제정되었으며, 17조로 구성되어 있다. 주요 규정 내용을 요약하면 다음과 같다.

- 교육과학기술부장관의 5년마다 핵융합에너지 개발진흥 기본계획 수립과 연구개 · 발사업 추진
- 핵융합에너지 연구개발에 관한 중요사항을 심의하기 위한 교육과학기술부장관 소속하의 국가핵융합위원회 설치
- 핵융합에너지 연구개발기관 또는 핵융합에너지 관련 용역 및 제품생산기관의 설립 (따로 법률로 정함)과 전문인력 양성계획 및 교육·훈련프로그램에 관한 시책 강구
- 정부의 핵융합에너지 연구개발에 필요한 시설의 확충과 전문인력 양성계획 및 교육·훈련프로그램에 관한 시책 강구

5) 비파괴검사기술의 진흥 및 관리에 관한 법률

이 법은 비파괴검사기술의 진흥과 연구개발을 촉진하여 기술경쟁력을 높이고, 이를 산업활동에서 효과적으로 활용함으로써 검사 대상물의 안전성을 증진하기 위하여 2005년 3월 31일 제정되었으며, 27조로 구성되어 있다. 여기서 비파괴검사란 물리적 현상의 원리를 이용하여 검사할 대상물을 손상시키지 아니하고 그 대상물에 존재하는 불완전성을 조사하고 판단하는 기술적 행위로서, 시행령에서 방사선, 초음파, 자기, 침투, 와

전류, 누설, 음향방출, 육안, 열화상, 중성자, 응력측정 등에 의한 비파괴검사로 정의하고 있다. 주요 규정 내용을 요약하면 다음과 같다.

- 교육과학기술부장관의 5년마다 비파괴검사기술 진흥계획 수립과 비파괴검사기술 및 사업자의 육성과 지원 시책의 강구
- 비파괴검사업의 등록과 수행절차, 검사자의 자격관리 및 안전·보호조치
- 비파괴검사협회의 설립과 업무위탁

6) 중·저준위 방사성폐기물 처분시설의 유치지역지원에 관한 특별법

이 법은 중·저준위 방사성폐기물 처분시설을 유치한 지역에 대한 지원체계를 마련하여 유치지역의 발전과 주민의 생활 향상에 이바지하기 위하여 2005년 3월 31일 제정되었으며, 6장 20조로 구성되어 있다. 주요 규정 내용은 다음과 같다.

- 유치지역의 지원에 관한 중요 사항을 심의하기 위하여 국무총리 소속의 유치지역지원위원회 설치와 지식경제부장관의 유치지역에 대한 지원계획 수립
- 주민투표를 통한 유치지역의 선정과 원자력발전사업자의 유치지역 관할 지방자치단체에 대한 특별지원금 지원 및 지역주민의 우선 고용
- 국가나 지방자치단체의 국유재산·공유재산에 대한 무상 또는 할인 대부, 수의계약으로의 매각, 국고보조금의 인상
- 유치지역이 정해진 후 1년 이내에 원자력발전사업자의 본사 이전계획 확정과 폐기물처분시설 실시계획 승인 시점부터 3년 이내 유치지역으로 이전 완료

이 법의 시행령에서는 원자력발전사업자의 유치지역 특별지원금의 규모를 3천억 원으로 규정하고 있으며, 지원금의 지원은 처분시설 운영기간의 개시일 이전까지 완료하도록 규정하고 있다.

7) 여타법률

여타법률은 타 분야 목적으로 제정되었으나 원자력에 관련된 사항을 일부 포함하고 있는 법률들로서, 표 8.4는 이들 중에서 원자력 안전규제와 관련한 일부 법률에 대하여 규정 내용을 요약하고 있다.

8.4 규제기관의 개념과 유형

8.4.1 규제기관의 본질과 역할

규제기관은 정부규제를 둘러싸고 형성되는 경제적·사회적 집단들 간의 이해관계를

표 8.4 원자력 안전규제 관련 여타법률

법 령	규 정 내 용
전기사업법	원자력발전에 관한 사업규제사항을 이 법에서 규정
전원개발촉진법	전원개발사업 실시계획 승인의 경우 「원자력안전법」에 따른 발전용원자로의 부지사전승인 면제
환경정책기본법	방사성물질의 환경오염방지조치는 「원자력안전법」에 위임
환경영향평가법	환경영향평가 대상사업으로 에너지개발, 폐기물처리 시설 등을 포함 (비방사선 환경규제)
폐기물관리법	「원자력안전법」에 따른 방사성물질 및 이에 오염된 물질은 적용 대상에서 제외
산업안전보건법	방사선영향에 대해서는 「원자력안전법」에 위임
의료법	진단용 방사선발생장치의 신고·설치·운영·검사·피폭관리 등 전반적인 안전 관련 사항 규정
약사법	의약품도매상 허가시 방사성의약품은 「원자력안전법」에 위임
건축법	건축물의 방화구획 설치의무에서 원자로 및 관계시설은 제외
항공법	해발 15km 이상 비행 항공기에 방사선투사량 계기 구비 규정, 관할 공역에 영향을 미치는 방사성물질의 대기방출에 관한 사항은 관할 항공교통업무기관에 통보

조정하여 합의할 수 있는 규칙이나 기준을 마련하고, 이에 따라 규제업무를 관리·집행하는 준입법적·준사법적 기능을 가진 권력기관으로 정의될 수 있다[김용우, 1998]. 따라서 규제기관은 일반적인 행정기관과는 성격을 달리한다. 특히 규제의 결과로 많은 사람의 이익이 영향을 받기 때문에 규제행위의 과정에는 여러 경제적·사회적 집단들이 상반되는 이해관계를 가지고 다양한 정치적 경로를 통하여 영향력을 행사하려고 한다. 따라서 규제기관은 상반되는 이해관계 집단의 이해를 조정하여 일정한 방향으로 경제적·사회적 질서를 창출하고 유지하는 역할을 담당해야 한다.

이처럼 다양한 이해관계 집단의 정치경제적 상호작용 속에서 규제기관이 합리적으로 규제업무를 수행할 수 있으려면, 정치적 영향력을 배제시킬 수 있고 기술적 전문성을 확보하여 효율적인 규제업무가 수행될 수 있는 체제가 마련되어야 한다.

8.4.2 규제기관 설치시 고려요소

규제기관은 규제를 시행하는데 필요한 법적 근거를 제공하는 법령에 따라 새로이 설립되기도 하고, 법적 근거에 명시된 규제업무 수행에 적합한 행정기관이 있을 때는 이러한 기관에게 규제업무를 수행할 수 있는 권한을 부여함으로써 그 모습을 나타내게 된다. 규제기관은 입법부와 사법부로부터 일정 권한을 위임받아 규칙제정과 판정기능을 수행할 수 있을 뿐만 아니라, 실제 규제업무를 효율적이고 효과적으로 집행할 수 있도록 조직되어야 한다. 입법부와 사법부가 규칙 제정기능과 판정기능을 직접 수행하지 않고 별도의 규제기관을 조직하여 이들에게 위임하는 이유는 다음과 같다[김용우, 1998].

첫째, 규제는 사법부나 입법부가 다루기에 적합하지 않은 세부적이고 전문적인 행정행위를 필요로 한다. 규제업무를 수행하기 위해서는 특정 영역에 대한 기술적 능력과 고도의 전문성이 요구되며 일관된 규칙과 절차를 통하여 업무가 수행되어야 한다. 많은 분량의 업무를 처리하고 이에 필요한 기록이나 정보의 확보 및 유지가 필요하며 지속적이고 일관된 방법으로 규제업무를 수행하기에는 입법부나 사법부는 제도적·행정적 제약이 많은 것이다.

둘째, 입법부는 상황의 변화에 따라 적용할 수 있는 법규를 신속하게 준비하는 것이 불가능하기 때문에 상당한 신축성을 가지고 있는 규제기관이 업무를 수행하는 것이 합리적이다. 의회가 상세한 성문법을 통과시키고, 법원이 바람직하지 않은 결과가 이미 발생한 사후에 법적 절차에 의한 제재를 하는 것보다는, 상황에 신축적으로 대처할 수 있는 규제기관이 상황 예측에 따라 적절한 규제방향을 설정해 실시하는 것이 바람직하다.

셋째, 규제기관은 특정 규제업무에 요구되는 전문성과 구체적인 기술을 가지고 있다. 보통 기술적·법적 지식을 보유하고 있는 전문인으로 구성된 규제기관은 특정분야에서 장기적인 규제업무를 담당하여 얻은 경험을 축적하고 있어 업무별 전문화가 가능하고 신축적, 지속적으로 업무를 운영할 수 있다.

이와 같은 규제기관의 필요성을 감안하여 규제기관 조직을 결정할 때 고려해야 하는 사항을 다음과 같이 제시할 수 있다[김용우, 1998].

i) 규제기관이 독립적이어야 하는지 또는 집행부의 부속기관으로 설치되어야 하는지에 관한 것이다. 규제대상 산업의 초기 단계에서는 산업의 발전과 진흥이 우선적인 과제가 되기 때문에 국가발전을 위한 차원에서 집행부 부속기관에서 규제를 수행하는 것이 적합하다고 볼 수 있다. 그러나 산업이 발전함에 따라 산업의 사회적 역할과 책임이 강조되는 시점이 되면 산업의 진흥과 규제의 두 가지 기능이 제대로 수행되는 조직을 갖추어 나가야 한다. 특히 규제대상 산업이 다양하고 거대해지면서 규제기관의 포획현상에 의한 규제실패의 가능성도 높아지기 때문에 규제기관의 독립성과 전문성 확보는 가장 중요한 현안이 될 수 있다. 따라서 규제기관은 산업계를 포함한 외부의 부당한 간섭과 압력에 구애받지 않고 공정하고

객관적인 규제의 의사결정과 행정조치를 할 수 있는 지위와 권위를 확보하고 있
어야 한다.

ii) 규제기관이 단독제로 운영될 것인지, 합의제로 운영될 것인지에 관한 것이다.
합의제 형태 조직은 단일 책임자의 결정보다는 다양한 전문가 집단의 결정이 객
관적이고 공정할 것이며, 위원을 정당이나 단체 등 여러 분야에서 선발하여 정
치적 영향력을 중화할 수 있다는 장점이 있다. 그러나 합의 도달이 어렵고, 업
무절차가 너무 중시되며, 결정시 익명성에 의한 책임 소재가 불분명하고, 신속
한 의사결정이 어렵다는 것이 단점으로 지적되고 있다.

iii) 규제가 사회에 미치는 영향력이 상대적으로 크므로 최소한의 안전장치가 마련되
어야 한다. 독립적 규제위원회의 경우 책임소재를 정확히 밝힐 수 없다는 취약
점을 보완하기 위해 회의과정을 시민들에게 공개함으로써 시민과 피규제자들이
보호받을 수 있는 기회가 제공되어야 한다. 또한 집행부의 부속기관일 경우에는
별도의 전문위원회에서 검토할 수 있는 체계를 마련하여 규제의 객관성과 공정
성을 확보해야 한다.

iv) 규제행정 과정에서 실제적으로 당면하고 있는 문제로서 지연현상, 이익집단의
압력, 부정·부패 행위, 갈등의 회피, 외부신호 의존 등의 규제포획 현상 등이
있다. 이러한 문제들을 극복할 수 없다면 규제에 대한 국민의 신뢰를 상실하게
되고 규제의 실패를 초래하게 될 것이다.

8.4.3 규제기관의 유형

규제기관의 유형에 대하여 다양한 견해들이 제시되어 있다. 규제기관의 유형을 행정
부처, 행정부처의 하부조직, 행정부처 산하의 독립기관, 독립규제위원회, 기타 특수목
적의 규제기관 등으로 구분하기도 하고[최병선, 1993], 독립적 규제위원회, 집행부 소
속 규제기관, 공기업, 지방자치단체, 민간위탁 등으로 구분하기도 한다[김용우, 1998].
이 외에도 나름대로의 규제기관 유형에 대해 제시한 문헌이 많으나 대개가 위에서 제
시한 유형과 유사하다.

이들을 종합하면 규제기관의 유형은 크게는 독립규제위원회, 행정부처 또는 행정부처
산하 조직, 전문행정위원회 모델로 나눌 수 있다. 이들 모델에 대해 보다 상세히 살펴
보면 다음과 같다[최병선, 1993; 김용우, 1998].

1) 독립규제위원회 모델
독립규제위원회는 입법부·행정부·사법부의 직접적 통제권 밖에 위치하여, 입법부로부

터 법의 집행에 필요한 규칙과 규제를 채택할 수 있는 권한을 위임받아 이러한 규칙과 규제를 실제적 또는 구체적으로 시행하는 독립적 기구로 운영된다. 미국에서 가장 보편적으로 사용되는 조직유형으로, 미국의 경우를 실례로 하여 독립규제위원회의 성격을 살펴보면 다음과 같다.

   i) 대부분의 피규제 부문은 고도로 전문화된 분야인 경우가 많아 전문화된 위원회가 해당 전문분야를 담당함으로써 규제판단의 건전성과 명확성을 확보할 수 있다.

   ii) 위원회의 결정과 행위에 미치는 정치적 또는 기타 영향력을 가능한 배제하기 위한 독립적 지위가 주어지며, 정당의 대표성이 동등하게 반영되도록 위원을 구성하고 있다.

   iii) 위원회의 결정은 행정부의 거부권 행사에 종속되지 않고 오직 법원의 판결로 변경될 수 있다.

   iv) 영구적 기구로서 위원은 중기 임명제로 임용되고 일정 주기로 소수 위원의 임기가 만료되어 새로운 위원이 (재)임용되므로 업무의 지속성과 안정성이 보장된다.

   v) 위원회는 합의제 형태로 운영되므로 의견 통합이 이루어지지 않을 경우 지속적인 자료의 제출과 결정에 대한 정당성을 입증할 근거를 제시함으로써 합의에 도달할 수 있게 하고 있다.

   vi) 위원회는 하부 조직의 직원으로부터 업무지원을 받고 있다.

독립규제위원회는 이러한 특징을 가지고 있지만 너무 경직된 조직으로 끊임없이 변화하는 경제사회 환경에 적절히 적응하지 못한다는 비판이 제기될 수 있다. 대통령으로부터 독립적이길 바랐던 의회의 의도대로 대통령으로부터 독립적이지만, 의회의 영향력으로부터도 벗어나서 경제사회적 환경과 여건 변화에 신속하게 대응하지 못한다는 것이다. 당연히 취해야 할 행동을 취하지 않거나, 주요 현안에 대하여 입장을 명확히 표명하지 않는 등 의사결정 지연은 관례처럼 되고 있지만 독립규제위원회에 보장된 독립성으로 인해 그 책임을 묻기가 어렵다는 것이다. 또한 독립규제위원회는 다른 위원회 또는 행정기관들과도 독립적이기 때문에 정책조정이 원만하지 못하여 많은 비효율성을 초래할 수 있다.

이에 대한 반론으로 대부분의 위원회가 그 임무를 잘 수행하고 있으며, 일부 규제정책의 실패현상은 규제정책 그 자체의 특성에 의한 것이지 조직형태나 의사결정 방식 때문에 야기된 것이 아니라는 것이다. 오히려 규제권한을 강화하고 의회로부터 위임된 임무를 명확히 하는 것이 필요하다는 주장도 제기되고 있다.

우리나라에서는 원자력안전위원회와 방송통신위원회가 있다. 외국의 경우 미국의 원자력규제위원회(USNRC), 캐나다의 원자력안전위원회(CNSC)가 원자력 분야의 대표적인 유형이다.

2) 행정부처 또는 행정부처 산하 조직

국가 발전정책이 국가적 계획의 틀 안에서 일관성 있게 추진될 필요가 있는 대개의 개발도상국에서는 집행부 소속의 규제기관이 설치되고 있으며, 총리 소속으로 운영되거나 행정부처 또는 행정부처 소속 단위부서가 규제기능을 수행한다. 일반적으로 부처 내에 속한 '국(관)'이나 '과'로 조직되고, 규제의 책임은 장관에게 있다.

이러한 조직형태에서는 규제업무가 일반 행정업무와 혼재되어 있는 경우가 많으며, 규제기관의 임무가 특정산업에 대한 규제와 더불어 그 산업의 진흥과 중복될 수 있다. 이 경우 규제기관이 피규제산업에 포획되어 그 산업의 이익을 대변하면서 그것이 바로 자신들의 조직목표인 것처럼 되기 쉽다. 이와 관련된 몇 가지 문제점과 특성을 살펴보면 다음과 같다.

   i) 규제기관의 상위 감독기관이 어디에 속해 있는지에 따라 그 규제기관의 정책목표와 수단이 영향을 받을 수 있다. 구체적으로 규제기관의 고급관료에 대한 임면권을 누가 행사하느냐, 규제업무의 결정과 집행과정이 간섭없이 진행될 수 있느냐 여부는 진흥과 규제가 혼재되어 있는 기관에서 규제의 기능이 제대로 되기 위한 중요한 요소이다.

   ii) 규제정책의 효과는 가시적으로 측정하기 어려운 반면에 진흥정책의 효과는 쉽게 인지될 수 있기 때문에 규제는 비판을 회피하는 입장에서 수행하는 경향이 강하다. 또한 규제기관의 노력으로 엄청난 재앙을 피할 수 있었다면 그것은 당연한 것으로 치부되지만, 규제실패는 사회적으로 호된 비난을 면키 어렵다. 따라서 장기적인 규제정책보다는 눈앞의 현실적 규제에만 치중하게 되고 진흥부분에 보다 많은 관심을 두게 된다.

   iii) 규제대상 산업의 초기 단계에서는 산업의 발전과 진흥의 일사불란한 추진을 위하여 집행부 부속기관에서 규제를 수행하는 것이 적합하다고 볼 수 있다. 그러나 규제대상 산업이 다양하고 거대해지게 되면 규제기관의 포획현상이 가장 잘 나타나는 조직 형태로 규제실패의 가능성이 높아지게 된다.

우리나라의 예를 들면, 환경부의 물환경정책국, 자연보전국, 국토해양부의 항공안전정책관, 해사안전정책관, 고용노동부의 산재예방정책관, 근로개선정책관 등이 있으며, 원자력규제 독립행정조직인 원자력안전위원회 설치 이전의 교육과학기술부 소속의 원자력국 또는 원자력안전국이 좋은 사례이다. 외국의 경우 일본 경제산업성(MEI) 소속의 원자력안전보안원(NISA), 중국 환경보전부(MEP) 소속의 국가원자력안전국(NNSA)

이 원자력분야의 대표적 사례이다.

3) 전문행정위원회

국무총리 직속기구로 운영되거나 행정부처 산하에 설치되어 운영되는 합의제 전문행정위원회 형태로 규제기관을 운용할 수 있다. 예산, 인사 등 일반 행정업무만 일반 행정부서의 업무에 의존하고 그 외의 규제업무는 독립적으로 수행함으로써 일반 행정부서와 독립적인 관계를 유지한다. 이러한 조직형태는 민간인의 권리와 의무에 대한 심판업무를 주로 수행함으로써 개인의 권리를 제한할 수 있는 것들이 많다. 따라서 정책결정에 참여하고 있는 공직자의 철학이나 가치관에 따라 민간행위의 공익 부합 여부에 대한 결정이 이루어지므로 비민주적이고 합리적이지 못할 수 있는 단점을 가진다. 또한 심판업무에 의해 개인의 권리를 제한할 수 있기 때문에 국민들로부터 큰 저항을 받을 가능성도 있다. 그러나 여러 규제분야의 정책과 행정을 조정·통합하여, 국가 정책에 맞는 규제정책을 수행할 수 있다는 점은 행정부서 소속 규제기관에 비해 장점이라고 할 수 있다.

우리나라의 「정부조직법」에서 "행정기관에는 그 소관사무의 일부를 독립하여 수행할 필요가 있는 때에는 법률로 정하는 바에 의하여 행정위원회 등 합의제 행정기관을 둘 수 있다"고 규정하여 행정위원회의 법적근거를 제공하고 있다. 행정위원회는 원칙적으로 행정조직 체계상 행정 각부에 소속되어 있으나 직무상으로는 행정의 상대방에게 직접 행정을 수행할 수 있는 권한을 가지고 있다. 특히 각 행정위원회의 설치와 관련된 법령에 규정되어 있는 권한은 소속 부서장으로부터 지휘·명령을 받지 않고 독립적으로 행사할 수 있다. 국무총리 산하의 공정거래위원회, 금융위원회, 국민권익위원회 등이 이런 조직유형에 해당한다. 외국의 경우 영국 노동 및 연금성(DWP) 소속의 보건안전위원회(HSC)가 원자력 분야의 대표적 사례이다.

8.5 원자력 안전규제 행정체계

8.5.1 개요

국제원자력기구(IAEA)는 안전기본문서로 발간한 '기본안전원칙'(SF-1)에서 정부는 독립적인 규제기관의 설치에 대한 책임이 있음을 규정하고 있다. 규제기관은 i) 임무수행에 필요한 적절한 법적 지위, 기술적 및 경영 역량과 더불어 충분한 인력과 예산을 가져야 하며, ii) 이해관계자로부터 부당한 압력을 받지 않도록 사업자로부터 효과적으로 독립되어야 하며, iii) 원자력시설의 인근 주민과 일반 대중에게 원자력시설의 안전현황과 규제절차를 공개하고 의견을 수렴하도록 규정하고 있다.

이와 함께 안전기준문서인 '안전을 위한 정부, 법적 및 규제 체계'(GSR Part 1)에서 정부의 독립적인 규제기관의 설치에 대하여 명문화하고 있으며, 규제기관의 책임과 기능에 대한 기준을 제시하고 있다. 또한 안전지침 문서인 '원자력시설에 대한 규제기관의 조직과 인적구성'(GS-G-1.1)에서 규제기관의 독립성, 조직, 규제요원의 구성과 훈련에 대한 지침을 제공하고 있다.

이러한 국제규범을 통하여 원자력 안전규제기관의 기능, 조직, 예산, 규제요원의 자격과 훈련 등에 대한 일반적 체계를 살펴보고, 이러한 체계 속에서 우리나라는 원자력 안전규제 행정체계를 어떻게 수립하고 있는지에 대하여 알아보기로 한다.

8.5.2 규제기관의 일반적 체계

1) 규제기관의 기능

규제기관의 주 기능은 i) 규제활동의 근거가 되는 규제요건과 지침의 개발, ii) 인·허가 등을 위하여 사업자가 제출한 안전서류의 규제심사, iii) 인·허가 발급, iv) 안전성 확인을 위한 규제검사, v) 규제요건 위반시의 행정조치 등이다. 이 외에도 규제기관은 독립적인 방사능환경감시, 시험 및 품질관리, 비상대책, 정보공개와 의견수렴, 핵 비확산 감시 등의 기능을 수행해야 한다. 이러한 기능을 수행하기 위하여 규제기관은 사업자에게 규제요건의 준수, 안전성평가 수행과 자료의 제출을 요구하고, 규제검사를 위하여 원자력시설에 어느 때라도 출입할 수 있는 권한을 가져야 한다. 규제기관의 기능과 권한은 법률로 규정되어 있어야 한다. 규제기관의 주 기능에 대해서는 '9.1절'에서 자세히 다루기로 한다.

2) 규제기관의 조직

규제기관의 조직 구조와 크기는 규제대상 원자력 시설 및 활동의 종류와 특성에 따라 달라질 수 있으며, 규제기관이 하나 이상일 경우에는 규제의 책임과 기능을 명확히 규정해야 한다. 규제기관의 조직구조가 어떠한 형태를 갖더라도 본부 이외의 지역사무소를 설치할 것인지를 결정해야 하며, 이 경우 원자력시설의 종류와 지리적 분포, 이동거리, 체류시간을 고려해야 한다. 규제기관은 부족한 기술적 분야에 대하여 전문기관이나 외부의 전문가를 활용할 수 있으나, 이들은 사업자와 독립적이어야 한다. 또한 규제결정의 다양한 의견수렴과 규제의 투명성을 확보하기 위하여, 자문 또는 기술위원회를 운영할 수 있다.

규제기관의 주 기능에 따른 조직체계를 살펴보면 다음과 같다. i) 규제요건 및 지침의 신규 개발이나 개정이 빈번할 경우에는 전담부서 또는 연구개발 부서를 두는 것이 바람직하다. ii) 규제심사 업무의 연속성을 고려하여 개인이나 부서 단위에 책임을 부여하고, 심사의 규모와 난해성에 따라 전담팀을 구성할 수 있다. iii) 규제검사 활동의 종합조정을 위하여 전담부서를 설치하고, 검사업무를 계획하고 감독하기 위한 책임자를 임명하는 것이 바람직하다. 또한 검사원을 원자력시설에 상주시킬 경우 언제라도 현장에서 사업자의 활동을 감시·감독할 수 있는 장점이 있다.

3) 규제기관의 예산

규제기관은 그 임무를 효과적으로 수행할 수 있는 적절한 예산을 확보해야 하며, 예산확보는 법률 또는 국가회계절차를 통하여 이루어져야 한다. 이는 타 규제기관의 전례, 규제대상 시설 및 활동의 종류와 규모, 규제기관의 조직 형태에 따라 달라질 수 있다. 규제기관의 예산은 정부로부터 또는 사업자의 비용징수를 통하여 확보할 수 있다. 비용징수는 규제심사와 규제검사 등 규제활동에 필요한 비용을 사업자가 부담하는 것으로, 규제기관의 독립성 관점에서 규제기관의 예산계정과 직접적으로 연계하지 않고 국고를 통하여 집행해야 한다.

4) 규제요원

규제기관은 그 책임과 임무를 수행하기 위하여 필요한 자격과 전문성 및 경험을 가진 충분한 인력을 확보해야 한다. 규제요원의 수는 규제대상 시설 및 활동의 종류와 수, 원자력사업자의 수, 규제의 방식 등에 따라 결정될 수 있으며, 규제기관이 경험을 축적하고 성숙해짐에 따라 변화될 수 있다. 새로운 형태의 원자력시설의 도입, 입증되지 않은 기술의 도입, 원자력시설의 노후화, 원자력시설의 도입단계별 진척도 등은 경험이 부족한 규제기관에 상당한 위협적 요인이 될 수 있다. 따라서 규제기관은 교육훈련 및 연구개발 프로그램을 마련하여 전문성 향상 및 규제기술의 개발과 새로운 변화에 적응할 수 있는 역량을 갖출 수 있도록 지속적으로 노력해야 한다.

8.5.3 원자력 관련 행정체계 현황

원자력에 관련된 정부조직은 그림 8.4에서 보는 바와 같이, 원자력사업의 추진과 사업규제를 담당하는 지식경제부, 방사선환경을 제외한 일반환경(비 방사선) 규제를 담당하는 환경부, 원자력안전규제를 담당하는 원자력안전위원회와 원자력 연구개발을 담당하는 교육과학기술부로 구성되어 있다. 또한 국가 원자력이용에 관한 중요사항을 심의·의결하기 위하여 원자력정책 최고의결기구로 국무총리 소속의 원자력진흥위원회가 있다.

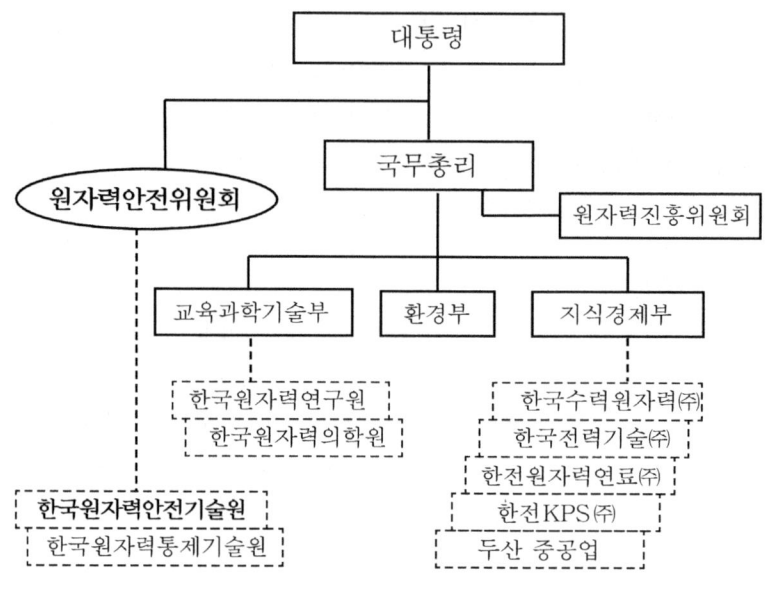

그림 8.4 원자력 관련 행정체계

원자력진흥위원회의 기능은 원자력이용에 관한 사항의 종합·조정, 원자력진흥종합계획의 수립, 원자력이용에 관한 경비의 추정과 배분계획, 원자력이용에 관한 시험·연구의 조성, 원자력이용에 관한 연구자·기술자의 양성과 훈련, 방사성폐기물 관리 기본계획, 사용후핵연료의 처리·처분 등에 관한 사항이다. 위원회는 위원장(국무총리)를 포함한 9~11명의 위원으로 구성하며, 당연직 위원(기획재정부장관, 교육과학기술부장관, 외교통상부장관, 지식경제부장관)과 그 밖의 위원은 대통령이 임명하고 임기는 3년으로 연임할 수 있다.

교육과학기술부 산하에는 원자력의 연구·개발 업무를 수행하는 한국원자력연구원과 방사선의 의학적 이용과 연구·개발 업무를 수행하는 한국원자력의학원이 있다. 의학원에는 방사선의학연구소, 원자력병원, 국가방사선비상진료센터, 동남권 원자력의학원이 설치되어 있다. 지식경제부 산하의 산업계 조직으로 원자력과 수력에 의한 발전업무를 수행하는 한국수력원자력(주), 원자력시설의 설계와 엔지니어링 역무 등의 종합설계기술 업무를 수행하는 한국전력기술(주), 원자로에 장전되는 핵연료의 설계, 제조 및 가공 업무를 수행하는 한전원자력연료(주), 발전설비의 정비를 전문으로 하는 한전KPS(주), 원자력을 포함하는 각종 발전설비의 제작업무를 수행하는 두산중공업(주)이 있다.

각 부처별 원자력 관련 업무와 소관 법률은 표 8.5에 나타나 있다.

표 8.5 부처별 원자력 관련 업무와 소관 법률

담당 부처	주요 업무	소관 법률
원자력안전 위원회	• 원자력 시설 및 활동의 안전관리 및 규제 • 환경방사능규제, 방사선 환경감시 및 방재대책 • 원자력손해배상 업무	원자력안전법, 원자력시설 등의 방호 및 방사능 방재대책법, 생활주변 방사선 안전관리법, 원자력손해배상법, 원자력 손해배상 보상계약에 관한 법률
지식경제부	• 원자력발전소의 건설·운영 • 핵연료주기사업 • 방사성폐기물사업	전기사업법, 전원개발촉진법, 방사성폐기물관리법
환경부	• 일반환경(비방사선)규제	환경정책기본법 환경영향평가법
교육과학 기술부	• 원자력진흥종합계획 수립 • 원자력 관련 연구개발 • 방사선이용 및 의학적 연구 • 원자력 관련 기초산업의 육성 및 지원	원자력진흥법, 방사선 및 방사성 동위원소 이용진흥법, 핵융합에너지 개발진흥법, 비파괴검사기술의 진흥 및 관리에 관한 법률

8.5.4 원자력 안전규제 행정체계 현황

1) 행정체계의 구조

원자력 안전규제 행정체계는 그림 8.5에서 보는 바와 같이 원자력안전위원회와 위원회 소속의 사무처로 구성되어 있다. 또한 위원회가 원자력 안전규제의 전문성과 기술적 특성을 감안하여 업무의 일부를 위탁하고 있는 한국원자력안전기술원과 한국원자력통제기술원 등의 전문기관이 있다. 한국원자력안전기술원에 위탁된 업무는 원자력시설의 인·허가 관련 안전성 심사, 원자력시설의 검사, 기술기준의 개발 등이며, 한국원자력통제기술원에는 원자력시설 및 핵물질에 관한 안전보장조치와 수출입 통제의 업무를 위탁하고 있다. 이 외에도 한국방사성동위원소협회에는 방사선 작업종사자의 피폭기록 관리, 방사성동위원소 수출입 신고 접수와 조치 등의 업무가 위탁되어 있다.

2) 원자력안전위원회

「원자력안전위원회의 설치 및 운영에 관한 법률」에 의하여 원자력안전에 관한 업무를

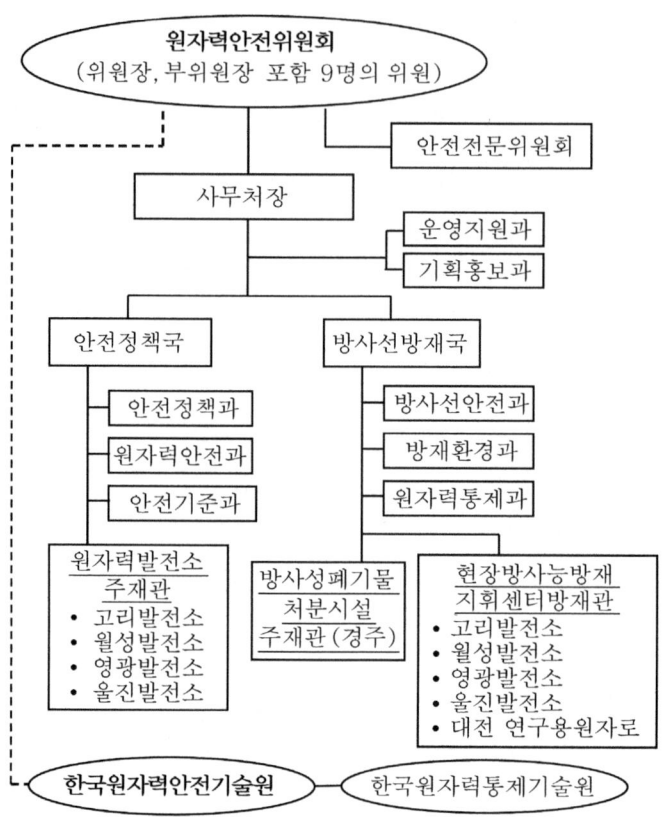

그림 8.5 원자력안전규제 행정체계

수행하기 위하여 대통령 소속의 중앙행정기관으로 2011년 10월 26일 설립되었다. 위원회는 위원장 및 부위원장(각 1인의 상임위원)을 포함한 7인 이상 9인 이하의 위원으로 구성하도록 되어 있으며, 현재 9명의 위원이 임명·위촉되어 있다. 위원장과 부위원장은 국무총리의 제청으로 대통령이 임명하고 그 밖의 위원은 위원장의 제청으로 대통령이 위촉하며, 원자력, 환경, 보건의료, 과학기술, 공공안전, 법률, 인문사회 등 원자력안전에 이바지할 수 있는 관련분야 인사를 고루 포함하도록 하고 있다. 위원의 임기는 3년으로 1회에 한하여 연임할 수 있다.

　위원회는 원자력안전관리와 그에 따른 연구·개발 등에 관한 사항을 담당하고 있으며, 주요 심의·의결사항은 다음과 같다.

　① 원자력안전관리에 관한 사항의 종합·조정
　② 원자력안전종합계획의 수립에 관한 사항
　③ 핵물질 및 원자로의 규제에 관한 사항

④ 원자력이용에 따른 방사선피폭으로 인한 장해의 방어에 관한 사항

⑤ 원자력이용자의 허가·재허가·인가·승인·등록 및 취소 등에 관한 사항

⑥ 원자력이용자의 금지행위에 대한 조치 및 과징금 부과에 관한 사항

⑦ 원자력안전관리에 따른 경비의 추정 및 배분계획에 관한 사항

⑧ 원자력안전관리에 따른 조사·시험·연구·개발에 관한 사항

⑨ 원자력안전관리에 따른 연구자·기술자의 양성 및 훈련에 관한 사항

⑩ 방사성폐기물의 안전관리에 관한 사항

⑪ 방사선재해대책에 관한 사항

⑫ 원자력안전 관련 국제협력에 관한 사항

⑬ 위원회의 예산 편성 및 집행에 관한 사항

⑭ 소관 법령 및 위원회규칙의 제정·개정 및 폐지에 관한 사항

⑮ 다른 법률에 따라 위원회의 심의·의결 사항으로 정한 사항

위에 명시한 사항중 '⑤ 원자력이용자의 허가·재허가·인가·승인·등록 및 취소 등에 관한 사항'과 한국원자력안전기술원 및 한국원자력통제기술원의 임원 선임에 대해서는 「정부조직법」에 의한 국무총리의 행정감독권을 적용할 수 없도록 하여 규제의 독립성을 보장하고 있다. 또한 위원회는 매 회계년도 종료일 이후 3개월 이내에 해당 회계년도의 업무수행에 관한 보고서를 국회에 제출해야 한다.

위원회는 그 소관사무의 실무적인 자문이나 심의·의결 사항에 관한 사전검토 또는 위원회로부터 위임받은 사무를 효율적으로 수행하기 위하여 필요하면 위원회 소속으로 전문위원회를 둘 수 있다. 전문위원회의 위원은 규제대상의 원자력사업에 종사하는 사람으로부터 금품이나 그 밖의 이익을 제공받아서는 아니 된다. 현재 안전전문위원회가 설치되어 15명의 위원으로 구성되어 있다.

3) 원자력안전위원회 사무처

원자력안전위원회의 사무를 처리하기 위하여 사무처를 두고 있으며, 현재 80여명의 공무원이 소속되어 있다. 그 계선조직으로 원자력안전규제에 관한 사무를 관장하는 안전정책국과 방사선방재국을 두고 있다. 안전정책국은 안전정책과, 원자력안전과, 안전기준과 등의 3개 '과'로 구성되어 있으며, 4개의 발전소 부지에 주재관실을 운영하고 있다. 방사선방재국은 방사선안전과, 방재환경과, 원자력통제과 등의 3개 '과'로 구성되어 있으며, 4개의 발전소 부지 및 대전의 연구용원자로 인근에 현장방사능방재지휘센터와 경주의 방사성폐기물 처분시설에 주재관실을 운영하고 있다. 각 부서의 주요 업무내용은 표 8.6에 나타나 있다.

원자력발전소 4개 부지에 상주하고 있는 원자력발전소 주재관은 원자력발전소의 건설·운영상황의 점검·보고, 원자로 및 핵물질관계 주요시설의 검사입회, 원자력발전소 현장의 안전관리 확인과 시정조치 업무를 담당하고 있다. 원자력발전소 4개 부지의 인근에 설치되어 있는 현장방사능방재지휘센터의 방재관은 원자력재난시에 재난정보의 수집과 통보, 신속한 지휘와 상황관리, 재난대책 활동을 수행하며, 연합정보센터의 기능을 담당하고 있다. 경주의 방사성폐기물 처분시설에 상주하고 있는 주재관은 방사성폐기물 처분시설의 건설·운영 현황 파악 및 보고와 검사 입회, 안전관리 확인과 시정조치 업무를 담당하고 있다.

표 8.6 원자력안전규제 담당부서와 주요 업무

담당 부서	주요 업무
안전정책국	
안전정책과	원자력안전종합계획 및 원자력안전연구개발사업, 원자력안전 관련 법령·제도, 국제협약 및 국제협력 정책, 한국원자력안전기술원 운영 지원
원자력안전과	원자로시설과 핵연료주기시설 인·허가, 검사, 사고조사, 원자로시설의 표준설계인가, 안전성평가, 계속운전, 원자로조종감독자면허 및 원자로조종사면허의 관리, 원자력안전에 관한 국제협약 이행
안전기준과	원자력 관련시설과 방사성물질 등의 허가·지정·등록·신고 기준 및 관련 기술기준
방사선방재국	
방사선안전과	방사성물질, 방사성폐기물, 방사성동위원소 및 방사선발생장치의 허가, 감독 및 안전규제, 관련 면허관리, 방사선작업종사자 피폭관리, 건강진단 등 장해방어대책, 원자로시설과 핵연료주기시설의 해체에 따른 안전규제, 사용후핵연료 및 방사성폐기물 안전 국제협약 이행
방재환경과	방사능방재, 물리적방호, 방사능테러, 핵안보 관련 업무, 국가방사선비상진료체제 구축·운영, 원자력 손해배상 체제 구축 및 보상계약 관련 업무, 물리적방호 및 방사능방재에 관한 국제협약 이행, 원자력시설 주변의 환경영향평가 및 전국 환경방사능 감시
원자력통제과	국제핵비확산체제, 국가원자력통제계획에 관한 정책·법령, 핵물질 계량관리 및 원자력 물자·기술의 수출입 통제, 핵비확산 및 안전조치에 관한 조약 및 협정 이행, 한국원자력통제기술원의 운영 지원

4) 한국원자력안전기술원

한국원자력안전기술원의 최초 조직은 1981년 12월 21일 한국원자력연구원의 내부 조직인 '원자력안전센터'로 시작되었으며, 1980년대의 원자력발전소 운영과 원자력 관련 산업의 급격한 발전에 따른 안전규제 영역의 확대에 따라 1987년 6월 한국원자력연구원 부설기관으로 확대·개편되었다. 그러나 원자력안전에 대한 국민의 관심이 높아지고 원자력안전규제의 독립성과 전문성에 대한 논란이 제기됨에 따라 1989년 12월 30일 제정된 「한국원자력안전기술원법」에 의하여 "원자력의 생산 및 이용에 따른 방사선의 재해로부터 국민을 보호하고 공공의 안전과 환경보전에 이바지함을 목적"으로 독립된 원자력 안전규제전문기관으로 1990년 2월 14일 발족하였다.

한국원자력안전기술원의 주요 기능은 다음과 같다.

① 「원자력안전법」 및 「원자력시설 등의 방호 및 방사능방재대책법」에 따라 위탁받은 업무
② 원자력안전규제에 관한 연구·개발
③ 원자력안전규제에 관한 정책 및 제도개발을 위한 기술 지원
④ 방사선방호에 관한 기술 지원
⑤ 원자력안전규제에 관한 정보 관리
⑥ 환경방사능에 관한 조사 및 평가
⑦ 원자력안전규제에 관한 교육
⑧ 원자력안전규제에 관한 국제협력 지원

한국원자력안전기술원이 「원자력안전법」과 「원자력시설 등의 방호 및 방사능방재대책법」에 따라 원자력안전위원회로부터 위탁받아 수행하고 있는 업무는 원자력시설 및 방사성물질의 인·허가에 관련된 안전심사와, 제작, 건설 및 운영에 관한 안전규제검사, 원자로시설의 안전규제 관련 기술기준의 개발, 원자로시설의 운전과 핵물질·방사성동위원소의 취급 관련 면허시험의 실시 등을 포함하고 있다. 2011년 말 기준으로 기술원 직원의 수는 406명이며, 원자력 안전규제 업무와 관련 연구수행에 소요되는 예산은 「원자력안전법」에 의한 정부의 보조금과 원자력사업자의 비용부담으로 충당하고 있다.

그림 8.6은 대전시 대덕연구단지 내에 있는 원자력안전규제 전문기관인 한국원자력안전기술원 실제 전경을 보이고 있다.

5) 한국원자력통제기술원

한국원자력통제기술원은 원자력시설 및 핵물질 등에 관한 안전조치와 수출입 통제, 물리적 방호, 이와 관련한 연구개발 등의 업무를 수행하기 위하여 2006년 6월에 설립

그림 8.6 한국원자력안전기술원 실제 전경

되었다. 통제기술원의 주요 업무로 「원자력안전법」의 규정에 따라 위원회로부터 위탁받은 핵물질에 관한 안전보장조치 관련 업무와 핵물질 등 국제규제물자에 관한 수출입통제 관련 업무가 있다. 또한 「원자력시설 등의 방호 및 방사능방재대책법」에 따라 위원회로부터 위탁받은 물리적 방호 관련 업무, 원자력통제에 관한 연구·개발, 그리고 원자력통제에 관한 국제협력 지원과 교육을 포함하고 있다. 2011년 말 기준으로 통제기술원 직원의 수는 53명이며, 정부의 보조금으로 운영되고 있다.

8.5.5 원자력 행정체계 연혁

우리나라 원자력 관련 행정체계는 1956년 3월 9일 문교부 소속의 원자력과가 신설되면서 시작된다. 원자력과의 주요 업무는 원자력법령의 제정, 전담 행정기구의 조직과 직제 구성, 도입예정인 연구용원자로의 노형선정 등으로 원자력의 기본 체제를 구축하기 위한 것이었다. 1958년 3월 11일 「원자력법」이 제정되고, 이를 근거로 1959년 1월 21일 대통령 소속의 원자력원의 설립과 원자력원 소속의 원자력위원회가 설치되었다.

당시에는 안전규제의 대상이 되는 원자력시설이 없었기 때문에 안전규제 측면보다는 원자력의 평화적 이용을 위한 연구·개발이 원자력행정의 주된 관심사였다. 이에 따라 1959년 2월 3일 원자력원 소속의 원자력연구소가 설립되고, 1963년 12월 17일 방사선의학연구소, 1966년 11월 30일 방사선농학연구소가 원자력연구소에서 독립하여 각각 설립되었다.

대통령 소속의 원자력원은 1967년 4월 정부조직개편에 따른 과학기술처의 신설로 과학기술처의 외청(원자력청)으로, 1973년 2월 과학기술처의 내부 단위국(원자력국)으로 개편되었다. 과학기술처의 원자력국은 원자력실(1993년 2월 22일)로 확대 개편되었다가 다시 원자력국으로 개편(1999년 5월 24일)되어 그 형태를 유지하고 있다가, 2011년 2월 25일 안전규제의 독립성을 위하여 원자력안전국으로 개편되었다. 원자력안전국은 2011년 10월 26일 대통령 소속의 별도의 독립 행정조직으로 원자력안전위원회가 설치되면서 위원회의 사무처로 개편되었다.

한국원자력연구소는 1973년 1월 15일 「한국원자력연구소법」이 제정되면서 원자력청 소속의 2개 연구소를 통합하여 특수법인으로 민영화되었다. 한국원자력연구소는 1981년 1월 5일 한국에너지연구소로 명칭을 변경하였다가 1990년 1월 1일 다시 원자력연구소로 환원되었으며, 2007년 3월 28일 한국원자력연구원으로 명칭을 변경하여 현재에 이르고 있다. 또한 한국원자력연구소는 1994년 3월 21일 국내 특정핵물질의 계량관리와 국제원자력기구의 국제사찰 업무를 지원하기 위하여 연구소 소속으로 원자력통제기술센터를 설치하였다. 원자력통제기술센터는 2004년 10월 한국원자력안전기술원 부설 국가원자력관리통제소로 개편되었다가, 2006년 6월 한국원자력통제기술원으로 독립하였다.

1978년 우리나라 최초 원전인 고리1호기의 상업운전과 계속되는 원전의 건설에 따라 원전의 안전성을 체계적이고 기술적으로 접근할 필요성이 대두되어, 과학기술처는 1981년 12월 21일 원자력연구소 내부조직으로 원자력안전센터를 설치하여 기술적인 규제지원업무를 수행하게 하였다. 그러나 1980년 초부터 시작된 원자력설계기술의 자립화 계획에 따라 원자력연구소가 그 주도적인 역할을 수행함에 따라 원자력연구소 소속 하에서 규제업무를 수행하는 원자력안전센터의 독립성 문제가 제기되었다. 이에 따라 1987년 6월 원자력안전센터는 원자력연구소 산하의 부설독립기관으로 분리되었다가, 원자력안전규제의 독립성과 전문성을 강화하기 위하여 1990년 2월 14일 「한국원자력안전기술원법」에 따라 독립적인 원자력안전전문기관으로 발족하여 현재에 이르고 있다.

한편 1997년 8월 20일 원자력위원회(2011년 10월 26일 원자력진흥위원회로 명칭 변경)는 국무총리 소속으로 개편되고, 원자력안전규제의 객관성과 독립성을 보장하기 위하여 원자력위원회 산하의 원자력안전전문위원회는 원자력안전위원회로 개편되었으며 원자력안전에 관한 중요사항을 심의·의결하기 위하여 과학기술부장관 소속하에 설치되었다. 원자력안전위원회는 원자력안전규제의 독립성에 관한 국제규범을 이행하기 위하여 2011년 7월 제정된 「원자력안전위원회의 설치 및 운영에 관한 법률」에 따라 2011년 10월 26일 대통령 소속의 별도의 독립 행정조직으로 개편되었다. 그림 8.7은 원자력 행정체계와 관련 조직의 변천과정을 보이고 있다.

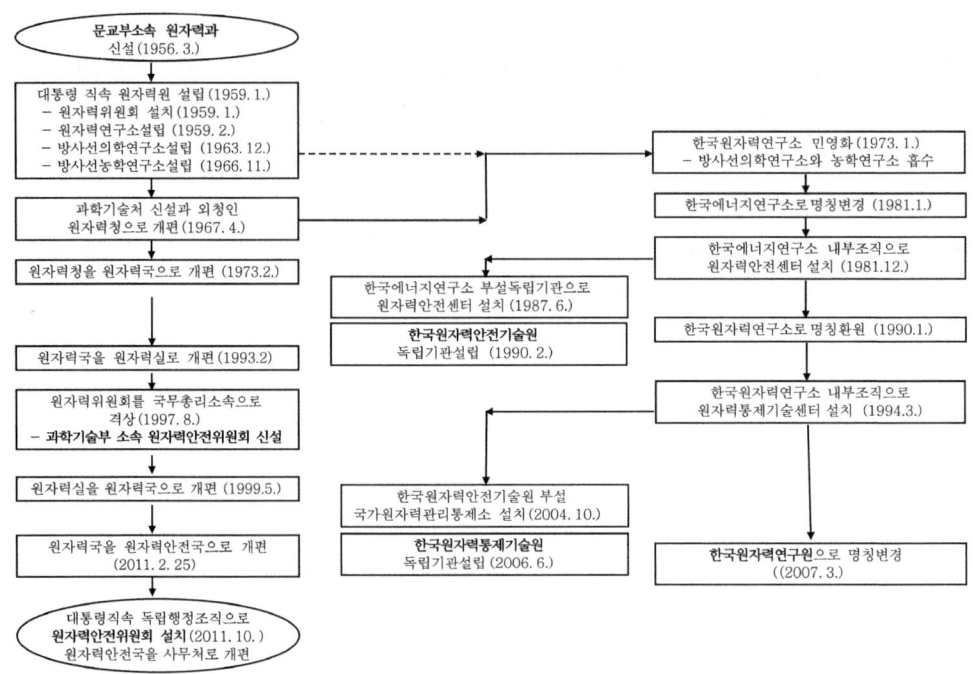

그림 8.7 원자력 행정체계와 관련 조직 연혁

8.6 원자력 안전기준 체계

8.6.1 개요

안전기준은 원자력시설, 방사성물질 등의 안전관리에 적용되는 기술적 잣대로서 규제자에게는 명확한 규제판단의 기준이며, 사업자에게는 안전성을 확보하기 위해 필히 준수해야 할 기본적인 요건으로 법령에 규정해야 한다. 안전지침은 안전기준을 명확하고 객관적으로 적용할 수 있도록 기술적으로 상세한 지침을 제시한 것으로, 안전기준과는 달리 강제성을 갖지 않는다.

우리나라의 원자력 안전기준은 그림 8.8에서 보는 바와 같이 「원자력안전법」에 명시한 안전목표와 원자력 시설 및 활동에 대한 일반적인 허가기준과 안전운영에 관련한 기술기준 및 기술지침으로 구분된다. 예로서 「원자력안전법」에 규정한 발전용원자로의 건설 및 운영 허가기준을 살펴보면 i) 위원회 규칙으로 정하는 건설 및 운영에 필요한 기술능력을 확보하고, ii) 원자로의 위치·구조·설비 및 성능이 위원회 규칙으로 정하는 기술기준에 적합하여 방사성물질 등에 따른 인체·물체 및 공공의 재해방지에 지장이 없어야 하며, iii) 원자로의 건설 및 운영으로 인하여 발생하는 방사성물질 등으로부터 국민의 건강 및 환경상의 위해를 방지하기 위하여 대통령령으로 정하는 기준에 적합해야 하고, iv) 품질보증계획서의 내용이 위원회 규칙으로 정하는 기준에 적합하도록 규정하고 있다. 또한 발전용원자로의 운영자는 인체·물체 및 공공의 안전을 위하여 원자로의 운영에 관한 안전조치를 취하도록 규정하고 있으며, 그 기술적인 기준에 대해서는 안전위원회 규칙으로 정하도록 하고 있다.

이처럼 기술기준에 관한 사항은 대개 하위 법령으로 위임하고 있으며, 일반 기술기준은 규칙에서 규정하고 상세한 기술기준은 고시로 규정하고 있다. 일반 기술기준에 관한 규칙으로 「원자로시설 등의 기술기준에 관한 규칙」과 「방사선안전관리 등의 기술기준에 관한 규칙」이 있으며, 상세한 기술기준을 규정한 원자력안전위원회 고시가 있다. 또한 안전지침으로 한국원자력안전기술원의 규제지침과 산업계에서 자체적으로 설정한 산업기준이 있다.

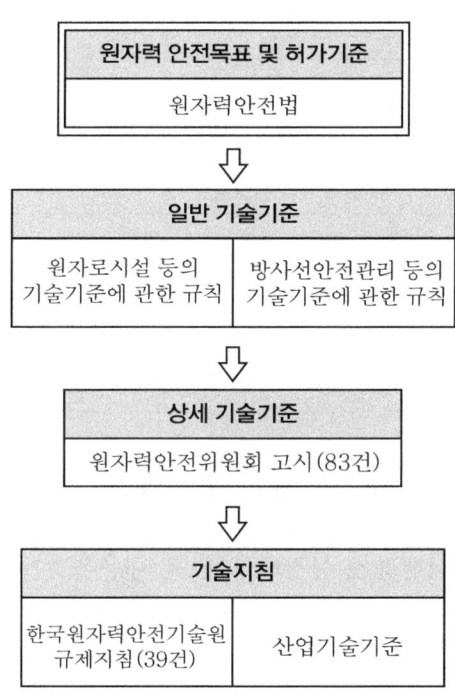

그림 8.8 원자력안전기준 체계

8.6.2 원자로시설 등의 기술기준에 관한 규칙

이 규칙은 「원자력법」 시행령에 규정되어 있던 내용을 분리하여 2000년 4월에 제정되었으며, 표 8.7에서 보는 바와 같이 101조로 구성되어 있다. 「원자력안전법」과 시행령에서 위임한 원자로 및 관계시설과 핵연료주기시설의 위치·구조·설비·성능·운영 및 품질보증에 관한 기술기준을 규정하고 있다. 이 규칙에서 규정하고 있는 발전용원자로시설의 기술기준은 연구용원자로시설, 핵연료주기시설 등의 주요 원자력시설에 준용되고 있다. 이러한 준용에 따른 시설별 특성을 고려하기 위하여 규칙의 적용범위에서 당해 원자력시설의 사용목적, 원리적 차이 또는 설계의 특성상 그대로 적용할 수 없거나 적용하지 않더라도 안전상 지장이 없다고 인정하는 경우에는 일부규정을 적용하지 않을 수 있도록 규정하고 있다.

표 8.7 원자로시설 등의 기술기준에 관한 규칙 구성

장	절
제1장 총칙	제1조~제2조: 목적, 용어 정의
제2장 원자로 시설의 기술기준	제1절 원자로시설의 위치(제3조~제10조)
	제2절 원자로시설의 구조·설비 및 성능(제11조~제49조)
	제3절 원자로시설의 운영(제50조~제66조)
	제4절 원자로시설의 건설·운영에 관한 품질보증(제67조~제85조)
제3장 핵연료주기 시설의 기술기준	제1절 핵연료주기시설의 위치(제86조)
	제2절 핵연료주기시설의 구조·설비 및 성능(제87조~제95조)
	제3절 핵연료주기시설의 운영(제96조~제100조)
	제4절 핵연료주기사업 운영에 관한 품질보증(제101조)

8.6.3 방사선안전관리 등의 기술기준에 관한 규칙

이 규칙은 「원자력법」 시행령에 규정되어 있던 내용을 분리하여 2000년 4월에 제정되었으며, 표 8.8에서 보는 바와 같이 128조로 구성되어 있다. 「원자력안전법」과 시행령에서 위임한 사항 중 핵물질의 사용, 방사성동위원소 및 방사선 발생장치, 방사성폐기물 등의 안전관리와 방사선으로 인한 장해의 방지를 위하여 필요한 기술기준에 관한 사항을 규정하고 있다.

표 8.8 방사선안전관리 등의 기술기준에 관한 규칙 구성

장	절
제1장 총칙	제1조~제3조: 목적, 용어 정의, 방사선관리구역
제2장 핵물질의 사용	제1절 핵연료물질사용시설 등의 시설기준(제4조~제5조)
	제2절 핵연료물질 등의 취급기준(제6조~제10조)
	제3절 핵원료물질의 취급기준(제11조~제15조)
제3장 방사성동위원소 및 방사선 발생장치의 안전관리	제1절 시설기준(제16조~제34조)
	제2절 취급기준(제35조~제48조)[1]
	제3절 의료분야의 안전관리(제49조~제54조)
	제4절 이동사용의 안전관리(제55조~제58조)
	제5절 판매분야의 안전관리(제59조~제63조)
제4장 방사성폐기물의 안전관리	제1절 폐기시설 등의 시설기준(제64조~제74조)
	제2절 폐기시설 등의 성능기준(제75조~제83조)
	제3절 방사성폐기물의 폐기(제84조~제88조)
제5장 방사성물질 등의 포장 및 운반 안전관리	제1절 운반물 및 운반용기의 기술기준(제89조~제94조)
	제2절 포장 및 운반의 기술기준(제95조~제119조)
	제3절 송하인 등의 의무(제120조~제123조)
	제4절 운반수단별 기술기준(제124조~제128조)

주 1) 개봉선원, 밀봉선원, 방사성발생장치로 구분하여 규정

8.6.4 기타 기술기준 및 규제지침

원자력안전위원회 고시는 「원자력안전법」의 '장'별 분류에 따라 원자로, 방사선, 폐기물, 방사선량, 면허, 규제, 보칙 등의 7개 분야로 구분하고 있으며, 2012년 1월 현재 83건이 제정되어 있다. 고시 목록은 부록 C에 분야별로 수록되어 있다.

한국원자력안전기술원이 개발하여 규제업무에 사용하고 있는 규제지침은 총 39건으로, 심사지침 9건, 검사지침 22건, 기술지침 8건이 있다.

제 9 장

원자력시설의 안전과 규제

9.1 원자력 안전규제의 주요 기능과 규제대상

9.1.1 개요

원자력 안전규제 기능은 규제기관의 주 기능에서 살펴본 바와 같이 i) 규제활동의 근거가 되는 규제요건과 지침의 개발, ii) 인·허가 등을 위하여 사업자가 제출한 서류에 대한 규제심사, iii) 인·허가, iv) 안전성 확인을 위한 규제검사, v) 규제요건 위반 시의 행정조치로 구분된다. 이러한 기능은 원자력시설의 부지선정, 설계, 건설, 시운전, 운전, 해체에 이르는 수명주기의 각 단계에서 공히 적용되며, 원자력활동에 대하여도 활동의 시작에서 종료 시점까지 선별적으로 적용된다.

일반적으로 인·허가는 규제심사의 결과를 토대로, 행정조치는 대개 규제검사의 결과를 토대로 규제기관의 공식적인 결정을 법적인 요건으로 표현하는 규제활동이다. 따라서 안전규제의 주요 기능에 대하여 규제요건과 지침 개발, 규제심사와 인·허가, 규제검사와 행정조치로 구분하여, 각 기능의 일반적인 내용과 수행방법에 대하여 살펴보기로 한다.

9.1.2 규제요건 및 지침

규제요건은 규제기능의 수행에서 규제판단의 척도를 제공하는 것으로, 크게 규제절차

요건, 규제서류 요건과 규제기술 요건으로 구분할 수 있다. 일반적으로 절차와 서류 요건은 성격상 법령의 형태로 규정하여 규제기능의 수행에서 필수적인 요건임을 나타내고 있다. 그러나 기술요건은 필수적인 요건에 대해서는 법령에 명시하고 있으나, 법령 이외의 다른 형태로 선택적인 요건도 제시하고 있다. 규제요건은 규제대상인 원자력 시설 및 활동의 특성과 규모에 따라 차등적으로 규정될 수 있으며, 규정적 규제 또는 성능적 규제방식의 선택에 따라 그 형태는 매우 다르게 정의될 수 있다.

규제요건의 개발절차는 우선 규제의 필요성과 규제의 범위를 결정하고, 관련 자료를 수집하며, 초안의 작성과 검토, 의견수렴 단계를 거쳐 최종 결과는 공포되어야 한다. 규제요건 개발에 필요한 자료는 기존의 규제요건 또는 타 산업에서의 관련 요건, 국제기구의 기준, 타 국가의 관련 규제요건, 원자력산업에서의 경험, 원자력 안전연구 결과 등에서 확보할 수 있다. 원자력공급국 또는 타 국가의 규제요건을 채택하여 사용할 경우에는 자국의 법적 및 규제 체계와 양립할 수 있도록 하고, 부지특성이나 전원공급방식 등 특정 요건에 대해서는 자국의 환경조건을 반영해야 하며, 특히 공급국가에서 해당 규제요건의 개정이 있을 때에는 신속히 이를 검토하여 반영해야 한다.

일반적으로 규제요건은 관련 법령의 개정, 정책의 변화, 인·허가 과정에서의 경험, 운전과 사고 경험의 반영, 원자력시설의 대규모 교체나 설비 개선, 원자력 안전연구 결과, 과학과 기술의 진보 등의 요인에 의하여 개정의 필요성을 갖게 된다. 기존요건의 개정에서 중요한 것은 기존요건의 개정된 부분과 개정되지 않고 남아 있는 부분 간에 상반된 모순과 부조화가 발생하지 않도록 하고, 기존의 규정으로 허가받은 원자력시설에 적용시 야기되는 소급적용의 정도를 고려해야 한다. 기존요건의 개정도 대개 신규 규제요건의 제정절차와 동일하게 진행된다.

9.1.3 규제심사와 인·허가

1) 규제심사의 목적과 범위

규제심사의 목적은 원자력시설이 안전목표와 안전기준을 만족하고 있다는 것을 원자력사업자가 제출한 자료에서 입증하고 있는지를 확인하기 위한 것이다. 규제심사는 일반적으로 원자력시설 수명주기의 각 단계에서 수행되며, 각 단계별 주요 규제심사 범위는 그림 9.1에서 보는 바와 같다.

부지선정 단계에서는 해당 부지의 지형, 지질, 기상, 수문, 해양, 인구분포 등의 부지특성 자료를 토대로 부지의 적합성에 대하여 심사를 수행하며, 원자력시설의 예비 설계 자료를 참조하게 된다. 설계 및 건설 단계에서는 원자력시설의 기본설계와 이를 토대로

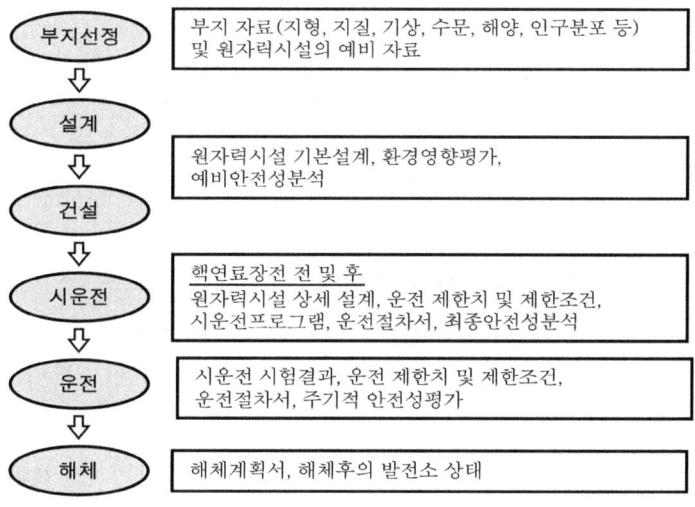

그림 9.1 원자력시설 수명주기 단계별 규제심사 범위

수행한 예비 안전성분석 결과, 그리고 원자력시설의 설치에 따른 환경영향평가가 심사의 주안점이 된다. 시운전단계는 핵연료장전 이전과 이후로 구분되며, 핵연료장전 이후는 방사선이 발생하므로 상당한 주의가 요구되는 단계이다. 따라서 핵연료의 원자로장전 전에 원자력시설의 상세설계와 이를 토대로 수행한 최종 안전성분석 결과, 운전 제한치와 제한조건, 운전절차서 등 원자력안전을 입증할 수 있는 다양한 자료에 대한 심사가 수행된다. 운전단계에서는 주기적으로 안전성을 평가하고 그 결과를 심사하게 된다. 해체단계에서는 해체계획서와 해체 후의 발전소상태에 대한 심사를 수행한다.

2) 규제심사 방법

규제기관은 제출서류의 구성과 내용, 제출일정에 대한 지침을 마련하고, 원자력사업자는 정해진 절차와 일정에 따라 관련 서류를 제출해야 한다. 규제기관은 제출된 서류에 대한 적합성 검토를 수행하고, 서류의 구성과 내용이 불완전하거나 규제심사에 불충분할 경우에는 보완을 요구하거나 반려할 수 있다.

규제기관은 규제심사의 수행에서 원자력시설의 설계와 설계의 근거가 되는 안전개념, 그리고 사업자가 제안한 운영원칙에 대하여 충분하게 인지하고 있어야 한다. 또한 제출된 서류가 원자력시설의 안전성을 입증할 수 있는 유용한 내용을 포함하고 있는지, 그 내용이 규제요건을 만족하고 있음을 정확하고 상세하게 보여주고 있는지, 그리고 제안된 기술, 특히 새로운 기술이 경험이나 시험에 의하여 입증되어 있는지를 확인해야 한다. 필요한 경우에는 이들의 확인을 위하여 독립적인 규제검증계산을 수행하는 것이 바람직하다.

규제기관은 규제심사를 체계적이고 효과적으로 수행하고 안전에 중요한 모든 내용이 심사에 포함되었음을 보장하기 위하여 심사계획과 절차를 수립해야 한다. 심사계획과 절차에는 심사의 범위, 심사의 목적과 허용기준을 포함한 기술적 근거, 추가 요청자료의 도출절차, 규제요건의 충족을 판단할 수 있는 단계별 심사수행 절차, 안전에 대한 최종 판단절차 등을 포함해야 한다. 규제심사의 효율성을 위하여 사전에 예비검토를 통하여 주요 현안을 도출하고, 심사의 효과성을 위하여 새로운 기술이나 설계 등 주요 현안에 심사의 주안점을 두는 것이 필요하다.

이미 다른 국가에서 허가되어 건설된 원자력시설과 유사하거나 약간의 차이가 있는 참조시설을 도입한다 하더라도 인·허가는 도입국가의 책임이므로 독립적인 규제심사를 수행해야 한다. 이 경우 공급국가에서 수행한 심사결과와 운전경험을 참조하면서, 인·허가 이후에 변경된 규제요건이나 기술의 진보를 검토해야 하며, 특히 부지와 전력공급체계, 안전목표와 안전요건의 차이점에 대하여 각별한 주의를 기울어야 한다.

3) 심사결과와 인·허가

규제기관은 심사결과를 보고서로 작성해야 하며, 내부의 정해진 절차에 따라 검토하고 승인해야 한다. 보고서에는 제출된 인·허가 서류, 심사의 근거, 심사내용, 규제요건에의 적합성, 참조 원자로시설과의 비교, 규제기관이 수행한 규제검증계산 결과, 안전에 관한 결론과 근거, 사업자가 추가로 수행해야 하는 부가조건 등을 포함해야 한다. 규제심사 결과는 외부의 전문가로 구성된 관련 위원회에서 심의하는 것이 일반적이며, 이를 통하여 심사의 객관성과 투명성을 확보할 수 있다.

규제기관은 규제심사의 결과를 토대로 사업자가 신청한 인·허가를 발급하거나 거절할 수 있다. 인·허가 발급에는 그 종류에 따라 차이는 있지만 관련 법령요건, 발급관청과 사업자, 규제요건의 충족, 인·허가 서류, 다른 인·허가와의 관계, 인·허가 기간, 인·허가 시설과 그 위치 및 활동, 사업자의 책임 등을 포함해야 한다. 또한 인·허가 발급과 함께 조건을 부여할 수 있다. 원자력시설의 인·허가에 공통적으로 부여되는 일반적인 조건은 대개 법령에 규정하고 있으므로 단순히 인용하면 되고, 특정 조건은 개별적으로 인·허가에 명시해야 한다.

9.1.4 규제검사와 행정조치

1) 규제검사의 목적과 범위

규제검사의 목적은 원자력시설의 인·허가 과정에서 그리고 원자력시설의 수명주기 각 단계에서 사업자가 관련 규제요건과 인·허가 조건을 충실히 이행하고 있는지를 확인하는 것이다. 검사내용은 일반적으로 i) 원자력시설과 사업자의 활동이 관련 요건을 만족하고 있는지, ii) 관련 서류와 절차서가 구비되어 있으며 이를 준수하고 있는지, iii) 종사자는 각자의 임무수행에 적합한 능력을 가지고 있는지, iv) 규제요건의 위반사항이 도출되고 적시에 시정되고 있는지, v) 운영경험이 공유되고 적절히 반영되고 있는지 등을 포함해야 한다. 규제검사의 수행을 위하여 규제기관은 언제라도 해당 원자력시설에 출입할 수 있고, 사업자에게 자료의 제출을 요구할 수 있는 법적 권한을 가져야 한다. 모든 원자력시설은 공통의 기준에 따라 검사되어야 하고 일관성 있는 안전수준을 유지해야 하며, 원자력시설의 종류와 규모, 위험도 수준을 고려하여 검사의 주기, 범위와 내용을 차등적으로 적용할 수 있다.

원자력시설의 수명주기 각 단계에서 수행되는 규제검사의 범위는 그림 9.2에서 보는 바와 같다. 부지선정 단계에서는 해당 부지의 지형, 지질, 기상, 수문, 해양, 인구분포 등의 부지특성, 부지굴착과 토목공사에 대한 검사를 수행한다. 건설단계에서는 계통·기기 및 구조물의 제작과 설치 현황, 건설 활동, 품질보증 체계와 절차가 검사의 주안점이 된다. 시운전단계는 핵연료장전 이전과 핵연료 초기 장전 및 핵연료장전 이후의 활동으로 구분하여 검사가 수행되며, 핵연료 초기장전 단계는 상당한 주의가 요구되는 단계로 규제검사원이 필히 현장에 상주하여 사업자의 활동을 입회해야 한다. 운전단계에서는 일상적인 원자력시설의 운영에 관련된 활동에 대하여 정기적인 검사를 수행하게 되며, 규제기관은 검사프로그램을 수립하여 체계적으로 이행해야 한다. 해체단계에서는 작업자의 방사선피폭에 대한 사항이 검사의 주안점이 된다.

2) 규제검사의 형태

규제검사는 그 성격에 따라 계획검사와 대응검사로 구분할 수 있다. 계획검사는 사전에 설정된 검사주기와 일정에 따라 수행하는 정기검사와 원자로시설의 개조와 변경 등의 특별한 현안이 있을 경우 수행하는 특별검사로 세분할 수 있으며, 사업자의 활동을 사전에 점검하여 가능한 문제점을 도출하는 사전예방적 성격을 띠고 있다. 정기검사의 주기와 범위에 대해서는 일반적으로 규제요건의 일환으로 법령에서 규정하고 있다. 반면에 대응검사는 사고 등의 예기치 않은 상황이 발생하였을 경우 그 상황의 심각성과 영향을 평가하고 시정조치를 강구하기 위하여 수행하는 검사로 사후조치적 성격을 갖고 있다. 또한 검사의 형식에 따라 사업자의 특정 활동이나 시험을 확인하기 위하여 검사수행을 사전에 통고하여 수행하는 예고검사와 별도의 통고 없이 임의적으로 수행하는 불시검사가 있다. 예고검사는 검사원이 수행할 검사사항에 대하여 사업자와 사전에 협의하여 자료를 획득하고 현장담당자와 면담일정을 사전에 확정하는 등 효율적으로 검사를 수행

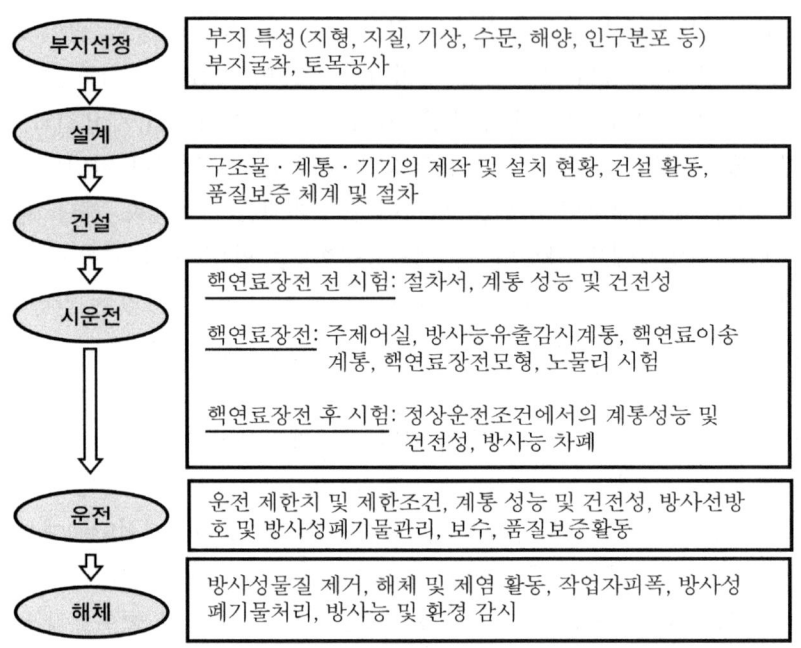

그림 9.2 원자력시설 수명주기 단계별 규제검사 범위

할 수 있는 장점이 있다. 반면에 불시검사는 원자력시설의 실제 상태와 운전현황을 점검할 수 있으며, 시간의 제약없이 수행할 수 있는 장점이 있다.

3) 규제검사 방법

규제기관은 검사프로그램을 수립하고 검사지침서를 작성하여, 이에 따라 체계적으로 검사를 수행해야 한다. 검사프로그램은 이전의 검사결과, 안전성평가와 규제심사 결과, 사업자의 운영실적을 평가할 수 있는 성능지표, 원자력시설의 운영경험과 연구결과의 반영 등을 고려하여 수립해야 한다. 검사프로그램은 검사원이 현장에 상주하는 지역사무소의 설치 여부에 따라 달라질 수 있다. 검사지침서는 검사자의 업무수행에 대한 지침을 제공하는 것으로, 규제검사의 법적 근거와 검사원의 권한, 해당 검사의 규제요건과 지침, 검사대상 분야, 검사방법, 관련 기술정보와 질의서, 검사원의 보고요건, 행정조치의 절차 등을 포함해야 한다.

검사주기는 원자력시설의 종류와 규모, 사건발생 및 규제요건의 위반 횟수와 이전의 검사결과 등을 반영한 운영실적, 지역사무소의 설치를 포함한 검사방법, 규제심사 결과 등을 고려하여 결정할 수 있다.

검사방법은 대개 절차서와 관련 서류의 검토, 현장입회, 토의와 면담, 독립적 시험과 측정으로 구분할 수 있다. 서류의 검토는 사업자가 수행한 시험, 운전, 보수, 교육훈련, 방사선안전, 품질보증 관련 자료와 사건기록에 대한 확인으로, 현장에서 꼭 수행할 필요는 없다. 현장입회는 사업자의 활동이나 시험 등을 검사원이 현장에서 직접 입회하여 확인하는 것으로, 주제어실 근무조의 교대, 방사선방호의 이행, 화재 방화벽의 유지, 내·외부 의사소통은 대표적인 실례가 될 수 있다. 특히 시운전 단계에서의 시험이나 시정조치의 이행에 대해서는 필수적으로 현장에 입회하여 확인할 필요가 있다. 토의와 면담은 원자력시설의 활동이나 시험을 수행한 담당자와 직접적인 대화를 통하여 사실을 확인하는 방법이다. 시험과 측정은 규제기관이 사업자와 별도로 시편이나 시료를 채취하여 독립적인 시험을 수행하여 사업자의 결과와 비교하는 것으로, 원자력시설 주변의 시료채취와 방사능의 측정은 대표적인 실례가 될 수 있다

4) 검사결과와 행정조치

규제기관은 규제검사 결과를 보고서로 작성해야 하며, 내부의 정해진 절차에 따라 검토하고 승인해야 한다. 보고서에는 검사 분야, 목적 및 일정과 검사자 성명, 검사방법과 관련 규제요건, 규제요건 대비 확인결과와 담당자와의 토의내용, 검사결과 발견한 규제요건의 위반사항과 요구되는 시정조치 등을 포함해야 한다.

행정조치는 사업자가 규제요건과 인·허가 조건을 위반하거나 안전조치가 미흡할 경우 규제기관이 부과하는 행정적인 조치이다. 따라서 행정조치의 종류와 절차는 법령에 의하여 규정되고, 행정조치에 대한 사업자의 청원에 관한 사항도 함께 규정되어야 한다. 행정조치를 결정하기 위하여 위반 또는 미흡한 사항이 안전에 미치는 영향과 심각성, 반복성과 고의성, 발견자 또는 보고자, 이전의 운영실적 등을 고려해야 하며, 행정조치의 일관성과 투명성을 보장해야 한다.

행정조치는 서면상의 경고로부터 벌칙이나 허가의 취소에 이르는 다양한 종류가 있으며, 그 성격과 내용은 다음과 같다.

  i) 서면 경고 : 위반 또는 미흡한 사항에 대해 일정한 기간 내에 시정할 것을 서면으로 명령하는 것으로 행정조치의 가장 보편적인 방법이다.

 ii) 특정 활동의 제한 : 위반사항이 중대할 경우 원자력시설의 출력 또는 다른 운전인자의 제한이나 일시 정지를 명할 수 있다.

iii) 허가의 변경, 정지 또는 취소 : 위반사항이 지속적으로 매우 중대하고, 심각한 환경의 오염을 초래하였을 경우의 행정조치이다.

iv) 벌칙 : 위반사항이 중대하거나, 반복적인 위반이거나, 고의적 또는 악의적일 경우 운영자, 법인 또는 개인에게 부과하는 것으로 벌금 또는 형벌이 있다.

9.1.5 원자력 안전규제 대상

원자력에 대한 규제는 크게 원자력시설 및 핵물질과 원자력 관련 활동을 대상으로 사업규제, 안전규제와 환경규제로 구분할 수 있으며, 원자력시설과 사업별로 규제대상과 책임부처가 상이할 수 있다. 우리나라는 표 9.1에서 보는 바와 같이 발전용 원자로시설의 경우 전기사업의 허가 등 사업규제는 지식경제부에서, 시설의 건설 및 운영허가, 방사선환경영향평가 등 안전규제는 원자력안전위원회에서, 방사선환경영향을 제외한 일반(비방사선) 환경영향평가는 환경부에서 각각 역할을 분담하고 있다.

또한 방사성폐기물의 처리와 처분 등에 관한 사업규제에 관하여는 지식경제부에서, 방사성폐기물시설의 건설·운영허가와 안전규제에 관하여는 원자력안전위원회가 주관하고 있다. 그러나 연구용원자로, 핵연료주기사업, 핵물질의 사용시설, 방사성동위원소 및 방사선발생장치, 방사선 피폭선량 판독 등에 관한 규제사항은 원자력안전위원회에서 종합적으로 다루고 있다. 다만 핵연료주기사업 중 사용후핵연료 처리에 관한 사업지정에 관하여는 주무부장관으로 규정하고 있어 해당 부처가 결정되어 있지 않다.

표 9.1 원자력시설별 인·허가 담당 부처

원자력시설 및 사업		담당 부처 및 주요 인·허가 사항		
		원자력안전위원회	지식경제부	환경부
원자로 시설	발전용 원자로	부지사전승인, 건설허가, 운영허가, 표준설계인가, 해체승인	전기사업허가, 전원개발사업실시계획승인	비방사선 환경영향평가
	연구용 원자로	건설·운영 통합허가	–	–
핵연료 주기사업	정련·가공(변환)사업	사업허가	–	–
	사용후핵연료처리사업	사업지정 (담당부처 미정)		
핵물질 사용시설	핵연료물질 사용	사용허가	–	–
	핵원료물질 사용	사용신고	–	–
방사성동위원소 및 방사선발생장치		사용허가(신고), 설계승인, 업무대행자등록	–	–
폐기시설		건설·운영 통합허가	사업지정	비방사선 환경영향평가
방사성물질 운반		운반신고, 운반용기설계승인	–	–
방사선피폭선량 판독		판독업 등록	–	–

이러한 분류에 따라 원자력안전위원회에서 주관하고 있는 안전규제 대상 원자력 시설

및 활동을 살펴보면 표 9.2에서 보는 바와 같다.

표 9.2 안전규제 대상 원자력 시설 및 활동

(2011년 12월 기준)

구 분		사업기관	시설규모	시설내용 (허가일)
발전용 원자로	가동중	한국수력원자력(주)	23기(부록 표 B.3 참조)	
	건설중	한국수력원자력(주)	5기(부록 표 B.4 참조)	
연구용 원자로	하나로	한국원자력연구원	30MW 연구용(20% 농축우라늄) ('95. 2)	
	AGN-201	경희대학교	10W 교육용(20% 농축우라늄) ('82. 12)	
핵연료 주기 시설	중수로용 핵연료가공	한전원자력연료(주)	700tU/년 ✳ tU: ton U	• 소결체 제조 • 핵연료집합체 조립시설 ('95. 6. 2)
	경수로용 핵연료가공	한전원자력연료(주)	650tU/년 ✳ tU: ton U	• 핵연료집합체 조립시설 ('86. 9. 12)
	경수로용 핵연료가공	한전원자력연료(주)	7000tU/년 ✳ tU: ton U	• 소결체 제조 ('97. 6. 2)
	연구로용 핵연료가공	한국원자력연구원	420kgU/년	• 핵연료집합체 조립시설 ('01. 3. 20)
	사용후 핵연료처리	한국원자력연구원	Pool : 3 Cell : 6	• 조사후 시험시설(PIE) ('84. 5. 10)
방사성동위원소 사용, 판매, 생산		연구기관, 산업체 등 5,155기관	• 기관별: 산업체(3,787), 연구기관(334), 교육기관(283), 의료기관(185) • 목적별: 생산(56), 사용(4,828), 판매(216) ✳ 표 9.15 참조	
방사성 폐기물	중·저준위 폐기물 처분시설	방사성 폐기물 관리공단	• 10만드럼(1단계) • 80만드럼	• 지하 영구처분시설 • 지상 부속시설 ('08. 7. 31)
핵연료물질 사용		한전원자력연료 등 7개 기관		
방사성물질 운반용기		한국수력원자력 KN-18 등 28개 운반용기		
방사선피폭선량 판독업		전문판독기관(5), 자체판독기관(16)		

9.2 원자력발전소 안전규제 현황

9.2.1 안전규제 체계

원자력발전소 수명주기 동안의 인·허가, 규제검사 및 안전성평가의 전체적인 규제체계를 종합하면 그림 9.3에서 보는 바와 같다. 원자력발전소의 허가는 크게 건설허가 및 운영허가의 2단계로 구분하고 있다. 부지사전승인 신청은 사업자의 선택사항으로 건설허가의 일환으로 다루고 있다. 또한 특정핵물질의 계량관리규정, 물리적 방호규정, 방사선비상계획 및 발전소해체에 관한 승인 규정을 두고 있다.

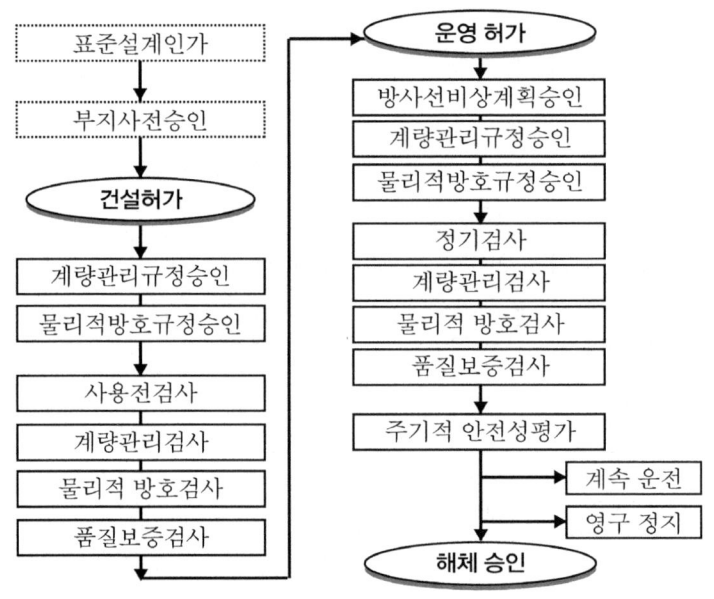

그림 9.3 원자력발전소의 안전규제 전체 체계

건설허가 이후 발전소의 건설과 기기설치에 따른 사용전 검사가 수행되며, 검사결과는 운영허가에 대한 규제심사에 활용된다. 발전소설치자는 운영허가와 더불어 방사선비상계획, 계량관리규정, 물리적 방호규정 등의 승인을 받은 후에 발전소의 운전을 개시할 수 있다. 운영허가 이후에는 정기검사와 주기적 안전성평가를 수행해야 하며, 설계수명이 만료된 발전소에 대해서는 주기적 안전성평가 결과를 토대로 계속운전 여부를 결정해야 한다. 이러한 규정 사항은 「원자력안전법」에 근거를 두고 있으나, 물리적 방호규정 승인과 방사선비상계획 승인에 관한 사항은 「원자로시설 등의 방호 및 방사능방재대책법」에서 규정하고 있다. 물리적 방호규정과 방사선비상계획 승인에 대해서는 '제12장'에서 별도로 다루기로 한다.

9.2.2 규제심사와 인·허가

원자력발전소의 인·허가를 위한 제출서류 요건에 대해서는 「원자력안전법」에서, 제출서류의 목차와 내용에 대해서는 이 법의 시행규칙에서 규정하고 있다. 허가기준에서 명시한 기술기준에 대해서는 「원자로시설 등의 기술기준에 관한 규칙」에서 규정하고 있으며, 상세한 규정에 대해서는 원자력안전위원회의 고시에서 다루고 있다. 원자력발전소의 인·허가를 위하여 사업자가 제출해야 하는 서류와 허가기준은 표 9.3에서 보는 바와 같으며, 주요 인·허가 사항의 내용과 절차를 살펴보면 다음과 같다.

표 9.3 원자력발전소 인·허가 제출서류와 허가기준

인·허가	제출 서류	허가 기준
표준설계 인가	• 표준설계기술서 • 원자로 사용목적 설명서 • 원자로 설계에 관한 기술능력 설명서 • 표준설계안전성분석보고서 • 비상운전절차서 작성계획서	• 위치·구조·설비 및 성능에 관한 기술기준 • 방사성물질로부터 국민건강 및 환경상 위해방지 기준
부지 사전승인	• 방사선환경영향평가서 • 부지조사보고서	• 위치에 관한 기술기준
건설허가	• 예비안전성분석보고서 • 방사선환경영향평가서[1] • 건설에 관한 품질보증계획서 • 원자로 사용목적 설명서 • 원자로시설 설치에 관한 기술능력 설명서	• 건설에 필요한 기술능력 확보 • 위치·구조 및 설비에 관한 기술기준 • 방사성물질로부터 국민건강 및 환경상 위해방지 기준 • 품질보증에 관한 기술기준
운영허가	• 최종안전성분석보고서 • 운영기술지침서 • 방사선환경영향평가서[2] • 운전에 관한 품질보증계획서 • 원자로 운전에 관한 기술능력 설명서 • 핵연료 장전계획 설명서 • 비상운전절차서 작성 기술적 근거 및 검증방법 설명서	• 운영에 필요한 기술능력 확보 • 발전소 성능에 관한 기술기준 • 방사성물질로부터 국민건강 및 환경상 위해방지 기준 • 품질보증에 관한 기술기준
해체승인	• 해체계획서	—

주, 1) 부지사전승인을 받았을 경우에는 제출하지 않아도 됨.
  2) 건설허가시 제출한 서류의 내용과 달라진 부분만 기술

1) 표준설계인가

동일한 설계를 반복적으로 적용하여 원자력발전소를 건설하는 경우 사전에 표준설계의 인가를 받을 수 있도록 하여 건설에 따른 규제의 효율성과 인·허가의 안정성을 제고하기 위하여 2001년 1월 16일 「원자력법」 제16차 개정에서 신설된 규정으로, 사업자의 선택적 사항이다. 인가의 유효기간은 10년으로, 인가된 설계내용에 대해서는 건설허가 또는 운영허가 제출서류에 그 내용을 기재하지 않아도 되므로 심사에서 제외된다. 그러나 유효기간 중이라도 설계의 안전성에 중대한 영향이 있을 경우에는 인가받은 사항에 대하여 시정 또는 보완을 요구할 수 있다.

원자력안전위원회는 신청서류의 적합성을 검토하고, 그 결과와 심사계획을 60일 이내에 신청자에게 통보해야 하며, 인가를 위해서는 업무위탁기관인 한국원자력안전기술원의 심사보고서를 토대로 위원회에서 심의해야 한다. 인가의 첨부서류인 표준설계기술서에는 발전소의 계통·기기 및 구조물에 대한 설계기준 및 설계내용과 설계·시공·성능의 검증계획을 포함해야 한다. 검증계획은 건설허가 또는 운영허가 신청 단계에서 이행되어야 하며, 원자력안전위원회는 사용전 검사와 품질보증검사를 통하여 그 이행현황을 확인할 수 있다.

현재까지 표준설계인가를 받은 원자로의 설계는 APR-1400 모델로 신고리3/4호기 및 신울진1/2호기로 건설되고 있다. APR-1400은 우리나라 표준원전인 OPR-1000을 기본으로 전기출력을 1,400MWe급으로 증대한 설계이며, 아랍에미리트(공)의 수출용원자로 설계모델이다.

2) 부지사전승인

원자력발전소를 건설하고자 하는 사업자는 건설허가 신청 전에 일정범위의 공사를 하기 위하여 부지사전승인을 신청할 수 있으며, 이는 사업자의 선택사항이다. 여기에서 일정범위의 공사는 발전소를 설치할 지점의 굴착과 그 지점의 암반 보호와 보강을 위한 콘크리트 공사를 말하며, 발전소의 안전성을 높이기 위하여 필요한 경우 공사범위를 조정할 수 있다.

부지사전승인을 받기 위하여 사업자는 방사선환경영향평가서 초안을 작성하여 부지 인근의 주민에게 공람하고, 주민의 요구가 있을 경우에는 공청회를 개최해야 한다. 방사선환경영향평가서에는 시설과 부지 주변지역의 환경 현황, 주변환경에 미치는 방사선영향 예측, 방사선환경 감시계획, 사고로 인하여 환경에 미치는 방사선영향, 주민 의견수렴과 공청회 개최시 그 결과를 기재해야 한다. 방사선환경영향평가서 기재사항은 표 12.1에서 보는 바와 같으며, 환경영향평가에 관한 자세한 내용은 '12.1절'에서 자세히 다루기로 한다. 또한 사업자는 비방사선 분야의 일반 환경영향에 대해서 「환경영향평가법」의 규정에 따라 환경부의 평가를 받아야 한다.

한편 「원자력안전법」의 규정에도 불구하고 「전원개발촉진법」의 규정에 따라 전원개발사업자가 지식경제부장관으로부터 전원개발사업 실시계획의 승인을 받았을 때에는 부지사전승인을 받은 것으로 본다.

3) 건설허가

원자력발전소의 건설허가 신청자가 동일 부지 안에 동일한 종류·열출력 및 구조의 발전소를 둘 이상 건설하려는 경우 하나의 신청서로 함께 신청할 수 있다. 부지사전승인을 받았을 경우에는 방사선환경영향평가서를 제출하지 않아도 되며, 그렇지 않은 경우에는 방사선환경영향평가서 초안을 작성하여 주민 공람과 필요시 공청회를 개최해야 한다. 제출서류인 예비안전성분석보고서의 목차와 내용은 표 9.4에서 보는 바와 같다.

원자력안전위원회는 신청서류의 적합성을 검토하고, 그 결과와 심사계획을 60일 이내에 신청자에게 통보해야 한다. 건설허가의 처리기간은 24개월 이내이며, 이미 건설이 허가된 원자로와 동일한 설계이거나 표준설계인가를 받은 경우에는 15개월 이내에 처리해야 한다. 건설허가를 위해서는 업무위탁기관인 한국원자력안전기술원의 심사보고서를 토대로 위원회에서 심의해야 한다. 또한 원자로시설을 설치하는 사업소의 명칭 변경 등 경미한 사항에 대해서는 신고해야 하나, 사고해석 및 기술지침서의 변경 등 안전에 중요한 건설허가 사항의 변경시에는 그 변경 전에 허가를 받아야 한다.

4) 운영허가

운영허가의 절차는 동일 부지 내에 둘 이상의 동일 발전소에 대한 하나의 허가신청서, 서류의 적합성 검토, 허가의 처리기간, 위원회의 심의, 안전성분석보고서 기재내용 등에 관하여 건설허가와 동일하게 규정을 적용하고 있다. 방사선환경영향평가서에는 건설허가시 제출한 서류의 내용과 달라진 부분만 기술하면 된다. 원자로시설의 운영 중에 시설의 안전에 영향을 주거나 줄 우려가 있는 사고해석과 운영기술지침서의 변경 등 운영허가 사항을 변경하고자 할 경우에는 그 변경 전에 원자력안전위원회로부터 변경허가를 받아야 한다. 운영기술지침서의 주요내용은 표 3.6에서 보는 바와 같다.

5) 해체승인

원자로시설 운영자가 원자로시설을 해체하고자 할 경우에는 해체계획서를 작성하여 원자력안전위원회의 승인을 받아야 하며, 이를 변경하려는 때에도 경미한 사항을 제외하고는 승인을 받아야 한다. 해체계획서에는 해체방법과 공사일정, 방사성물질과 그에

표 9.4 안전성분석보고서 목차 및 내용

목 차	주요 내용
1. 일반 사항	원자로시설 및 부지 일반사항, 유사발전소 비교, 참여기관과 책임, 추가 제출 자료
2. 부지 특성	지리적 특성과 인구현황, 주변 산업·수송·군사 시설, 기상·해양·수문 특성, 지질·지진 및 지반공학 특성
3. 구조물·계통·기기설계	설계기준 적합여부, 구조물·계통·기기 분류 및 설계, 자연사건 재해 및 내부사건의 방호조치. 내진 및 환경검증 설계
4. 원자로	핵연료계통설계, 노심설계, 열수력설계, 원자로재료, 반응도제어계통 설계
5. 원자로냉각재계통	원자로냉각재압력경계, 용자로용기, 기기 및 부속계통 설계
6. 공학적안전설비	재료, 격납계통, 비상노심냉각계통, 제어실 안전보장 계통, 핵분열생성물 제거 및 제어계통, 계통 및 기기의 가동중검사
7. 계측 및 제어 계통	원자로보호계통, 공학적안전설비 작동계통, 안전정지계통
8. 전력계통	발전소외 전력계통, 발전소내 교류 및 직류 전력계통
9. 보조계통	핵연료저장·취급계통, 용수계통, 공정보조계통, 냉난방·환기계통
10. 증기와 동력변환계통	터빈발전기, 주증기공급계통, 복수 및 급수계통(보조급수)
11. 방사성폐기물 관리	발생원, 고체·액체·기체 폐기물관리계통, 감시 및 시료채집계통
12. 방사선방호	작업종사자 방호계획, 방사선원, 방사선방호설계, 방사선량평가(작업자, 일반인). 보건물리(방사선방호)계획
13. 발전소 운영조직	관리체계, 직무교육 및 훈련, 관리절차, 비상계획, 보안
14. 초기시험	시험계획 및 조직, 유사발전소 운전 및 시험 경험 이용방안, 적용기술기준, 초기핵연료장전 및 임계도달(최종안전성보고서)
15. 사고분석	방법론, 사건분류, 계통해석 및 방사능영향 분석
16. 기술지침서	원자로시설의 운전, 방사선 및 환경관리, 운영관리
17. 품질보증	품질보증계획
18. 인간공학	적용방법 및 분석체계, 주제어실 및 원격제어실 인간공학 설계

따른 오염의 제거방법, 방사성폐기물의 처리 및 처분 방법, 방사선재해의 방지에 필요한 조치, 방사성물질이 환경에 미치는 영향평가와 그 대책, 해체에 관한 품질보증계획을 포함해야 한다.

위원회는 해체가 완료되기 전에 해체상황을 확인·점검하고, 그 결과 해체계획서에 따라 이행되지 않은 경우에는 시정이나 보완을 명할 수 있다. 해체승인신청에 대한 안전심사는 해체기간 중 방사선방호와 해체 후 원자로시설의 주변 환경에 미치는 영향과 그 최소화 방안 등에 초점을 두고 수행된다.

6) 계량관리규정 승인

원자력발전소의 건설허가 또는 운영허가를 받은 사업자는 특정핵물질(국제규제물자 중 핵물질)의 계량관리규정을 정하여 특정핵물질의 사용개시 전에 원자력안전위원회의 승인을 받아야 한다. 계량관리의 대상이 되는 특정핵물질은 우라늄-238, 우라늄-233, 토륨, 플루토늄과 이들 핵종의 화합물을 말한다. 계량관리규정의 내용은 항목별로 정량적이고 객관적인 방법으로 상세히 기술해야 하고, 비밀에 속하는 사항은 별책으로 분리하여 작성할 수 있다. 계량관리규정의 작성에 대한 세부사항은 '특정핵물질의 계량관리규정 작성에 관한 규정'(원자력안전위원회고시 제2012-78호)에 명시되어 있으며, 계량관리규정에 포함되어야 할 주요 사항은 다음과 같다.

- 특정핵물질의 사용목적 및 사용허가
- 특정핵물질의 특성, 종류 및 취급량, 형태변화, 저장
- 계량관리에 관계하는 직무 및 조직
- 특정핵물질을 사용하는 시설의 설계정보
- 계량관리를 위한 기록 및 보고
- 계량관리를 위한 주요측정지점, 측정방법 및 측정기기
- 특정핵물질의 반·출입 절차 및 계량관리
- 계량관리를 위한 교육 및 훈련

이상에서 살펴본 바와 같이 원자력발전소의 주요 인·허가 사항은 크게 건설허가 단계, 운영허가 단계와 상업운전 단계로 구분할 수 있으며, 그 절차와 관련 기관의 역할을 도식화하면 그림 9.4에서 보는 바와 같다. 그림에서는 건설 및 운영허가와 이와 관련하여 수행되는 규제검사와의 절차상 연계를 포함하고 있다.

9.2.3 안전규제검사

원자력발전소의 건설과 운영기간에 수행되는 안전규제검사는 「원자력안전법」에 의한 발전소의 설치에 관한 사용전 검사, 가동중 발전소의 정기검사, 품질보증검사, 특정핵물질(국제규제물자 중 핵물질)의 계량관리 검사, 주재관 일상검사와 특별검사 등으로 구분된다. 사용전 검사는 운영허가 단계에서 수행되며 그 결과는 운영허가 심사에 반영되고,

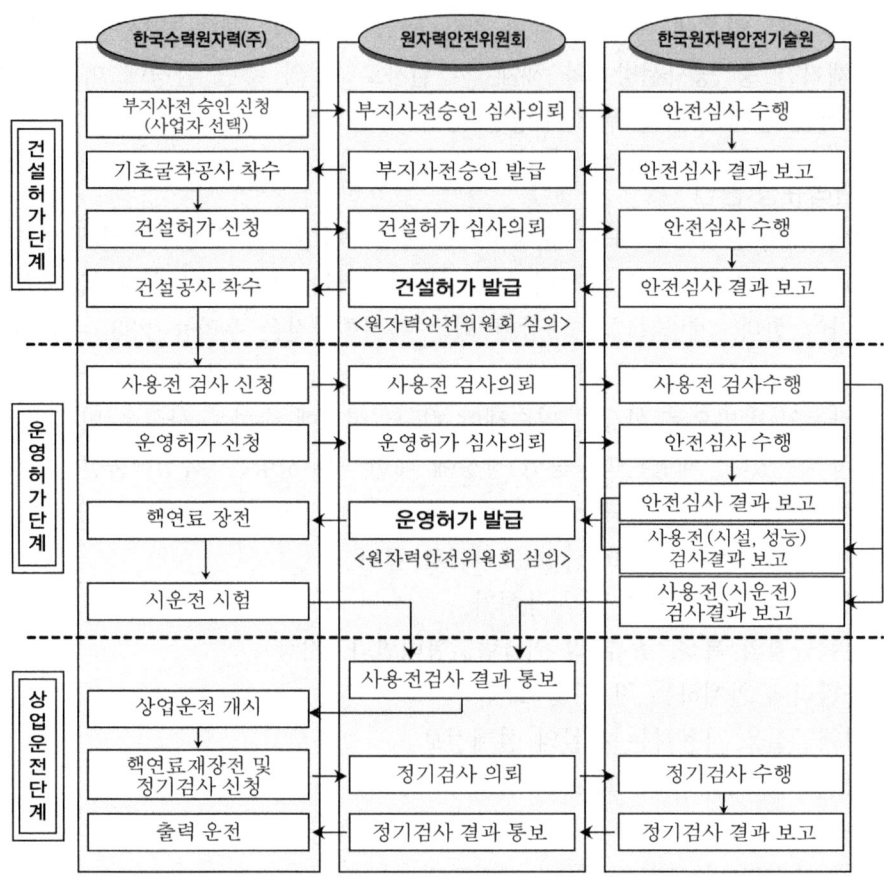

그림 9.4 원자력발전소 허가와 규제검사의 절차상 연계

정기검사는 상업운전 단계에서 수행된다.

또한 「원자력시설 등의 방호 및 방사능 방재대책법」에 의한 물리적 방호검사, 사업자의 방사능재난 예방·확산방지·수습 조치에 관한 검사, 방사능재난 대응시설과 방사능방재 교육 및 훈련에 대한 검사가 있다. 여기에서는 원자력발전소의 시설과 연관된 규제검사에 대하여 살펴보기로 하고, 원자력시설의 물리적 방호 및 방사능방재에 관련된 검사는 '제12장'에서 다루기로 한다.

1) 사용전 검사

사용전 검사는 원자로시설이 건설허가를 받은 사항에 일치되게 건설되는지를 확인하고, 완공된 원자로시설이 수명기간 동안 안전하게 운전될 수 있는지를 확인하기 위하여 수행된다. 이 검사는 원자로시설의 공사와 성능에 대하여 각 공정별로 입회검사와 서류

검사의 방법으로 수행되며, 각 공정은 다음과 같이 4단계로 구분된다.

- 주요 구조물에 대한 공사를 착공하였을 때와 주요 공정별 강도시험이 가능할 때
- 원자로시설의 공사가 완료되어 계통별 기능시험이 가능할 때
- 상온수압시험 및 고온기능시험이 가능할 때
- 핵연료장전 및 시운전시험이 가능할 때

검사결과 건설허가 기준에 미달하거나, 건설허가 제출서류의 내용을 위반하였을 경우에는 시정 또는 보완을 명할 수 있다. 사업자는 공정별로 검사에 합격한 후가 아니면 해당 시설을 사용하지 못한다.

2) 정기검사

정기검사는 원자로시설이 운영허가를 받은 사항에 일치되게 운영되고 있는지를 점검하고, 원자로시설의 내압 및 내방사선 등의 성능이 사용전 검사에 합격한 상태로 유지되고 있는지를 확인하기 위하여 수행된다. 발전용원자로의 경우 최초로 상업운전을 개시한 후 또는 정기검사를 받은 후 20개월(연구용원자로 24개월) 이내에 정기적으로 수행되어야 한다. 가압경수로의 경우 핵연료교체기간 중에, 가압중수로의 경우 정기보수기간 중에 입회검사와 서류검사의 방법으로 수행된다.

원자로의 임계 전까지 실시한 검사결과가 관련 규정을 만족할 경우 원자로의 출력상승 시험을 위한 원자로의 임계를 허용할 수 있다. 검사결과 허가 기준에 미달하거나, 운영에 관한 안전조치가 미흡하거나, 운영허가 제출서류의 내용을 위반하였을 경우에는 시정 또는 보완을 명할 수 있다.

그림 9.5는 안전규제검사를 수행하는 실제 현장 모습을 예시하고 있다.

3) 품질보증검사

품질보증검사는 승인된 품질보증계획서에 일치되게 원자로시설의 설계, 건설 및 운전단계에서 사업자의 품질보증활동이 적절히 수행되고 있는지를 확인하는 검사이다. 가동 중인 원자로에 대해서는 2년 주기로 건설 중인 원자로에 대해서는 1년 주기로 실시되고 있다.

4) 특정핵물질 계량관리 검사

원자력사업자는 특정핵물질(국제규제물자 중 핵물질)을 보유한 시설에 대하여 계량관리에 관한 검사를 받아야 한다. 원자력안전위원회는 검사를 하려는 경우 검사자 명단, 검사일정, 검사내용 등이 포함된 검사계획을 검사 개시 최소 2시간 전까지 사업자에게 통보해야 한다. 검사결과 승인된 계량관리규정을 위반하였을 경우에는 시정 또는

그림 9.5 안전규제검사 수행 현장 모습

보완을 명할 수 있다. 위원회는 사업자가 계량관리검사에 관하여 국제원자력기구 (IAEA) 의 검사를 받은 경우에는 검사를 생략할 수 있다.

5) 주재관 일상검사 및 특별검사

원자력발전소 부지에 상주하고 있는 주재관의 일상검사는 건설 및 가동 중인 원자로 시설의 일상점검이 주목적으로, 주요 정기점검사항에 대한 입회조사, 원자로의 이상사 태 발생시 조치사항 조사, 원자로시설 운영자의 방사선 안전관리 이행여부 확인 등이 포함된다.

특별검사는 중요한 안전현안과 원자로정지사고 등 주요 사건발생시 이에 대한 조사와 잠재적 사고에 대비한 현장에서의 점검 등이 포함된다. 특히 원자력시설의 안전계통에 서 중대한 사고가 발생한 경우, 방사선으로 인한 환경오염사고가 발생한 경우, 방사선에 의한 중대한 피폭사고가 발생한 경우 원자력안전위원회가 별도의 전문위원회를 구성하여 조사할 수 있도록 법령에서 규정하고 있다.

9.2.4 운영에 관한 안전조치

원자력사업자가 원자력발전소의 운영허가를 받고 발전소를 운영할 때에는 인체·물체 및 공공의 안전을 위하여 필요한 안전조치를 해야 한다. 안전조치는 다음과 같으며, 상세한 기준은 「원자로시설 등의 기술기준에 관한 규칙」과 관련 원자력안전위원회 고시에서 규정하고 있다.

- 방사선 관리구역·보전구역·제한구역의 설정과 구역별 안전조치
- 방사선작업종사자, 수시 및 임시출입자 피폭방사선량에 관한 조치
- 원자로시설의 순시 및 점검에 관한 조치
- 원자로시설의 운영조직, 종사자 훈련 및 유자격 종사자 확보, 운영(정상, 비정상, 비상)절차서 구비, 운전경험반영, 화재방호 및 방사선방호 계획, 원자로 정지운전과 노심관리 및 핵연료취급 등 안전운전에 관한 조치
- 원자로시설 계통·기기 및 구조물의 안전기능 및 성능에 대한 시험·감시·검사·보수 계획과 자체점검에 관한 조치
- 원자로시설 펌프 및 밸브의 가동 중 점검 및 시험에 관한 조치
- 원자로압력용기 재질 및 성능의 취약화에 대한 감시·평가 조치
- 사업소 안에서 방사성물질의 안전운반에 관한 조치
- 사업소 안에서 방사성물질의 저장에 관한 조치
- 사업소 안에서 방사성폐기물 처리·배출 및 저장에 관한 조치

이 외에도 원자력사업자와 그 종업원은 운영허가 신청서류로 제출한 운영기술지침서를 준수해야 한다. 또한 원자력사업자는 원자로마다 원자로조종감독자면허를 받은 사람과 원자로조종사면허를 받은 사람 각 1명 이상을 항상 원자로의 운전업무에 종사하게 해야 하며, 핵연료물질취급감독자면허를 받은 사람과 방사선취급감독자면허를 받은 사람 각 1명 이상을 발전소의 핵물질 및 방사선안전관리를 위한 업무에 종사하게 해야 한다.

9.2.5 행정조치

원자력안전위원회는 원자력안전을 위하여 필요하다고 인정할 때에는 원자력사업자에게 그 업무에 대한 보고와 서류의 제출을 요구할 수 있으며, 서류의 현장 확인을 위하여 검사를 수행하고 그 결과 위반되는 사항이 있을 때에는 시정 또는 보완을 명할 수

있다. 또한 다음 사항이 발생한 경우에는 건설 또는 운영허가를 취소하거나, 1년 이내의 기간을 정하여 그 사업의 정지를 명할 수 있다.

- 변경허가를 받지 않고 허가사항을 변경한 경우
- 허가기준에 미달하게 되거나, 허가조건을 위반한 경우
- 원자력안전위원회의 시정 또는 보완 명령을 위반한 경우
- 계량관리규정을 승인받지 않고 특정핵물질을 사용한 경우
- 18세 미만인 자의 원자력시설이나 방사성물질 취급제한 규정을 위반한 경우
- 원자로시설 운영에 관한 안전조치, 방사성폐기물의 처분제한(해양 투기 금지), 제한구역의 설정, 방사성물질 및 방사선발생장치의 소지·양도·양수의 제한, 방사선작업종사자와 방사선관리구역 출입자에 대한 교육·훈련 등에 관한 규정을 위반한 경우
- 정당한 사유없이 허가받은 공사를 2년 이내에 개시하지 않거나 1년 이상 계속하여 공사를 중단한 때, 그리고 허가받은 운영을 5년 이내에 개시하지 않거나 1년 이상 계속하여 운영을 중단한 경우

원자력안전위원회는 건설공사의 정지가 해당 사업의 이용자 등에게 심한 불편을 주거나 공익을 해칠 염려가 있을 때에는 그에 갈음하여 5천만원 이하의 과징금을 부과할 수 있다. 또한 위원회는 원자력발전소의 성능이 운영허가의 기술기준에 적합하지 않거나 운영에 관한 안전조치가 미흡할 경우 사업자에게 발전소의 사용정지, 개조, 수리, 이전, 운영방법의 지정 또는 운영기술지침서의 변경이나 오염제거와 그 밖의 안전을 위하여 필요한 조치를 명할 수 있다.

한편 「원자력안전법」에 명시된 관련 규정을 위반하였을 경우 그 위반의 정도에 따라 부과되는 벌칙과 과태료에 관한 규정이 「원자력안전법」에 명시되어 있다.

9.2.6 면허 및 보수교육

1) 면허 및 시험

원자로의 운전이나 핵연료물질·방사성동위원소의 취급은 원자력안전위원회의 관련 면허를 받은 사람이나 「국가기술자격법」에 따른 방사선관리기술사가 아니면 할 수 없다. 그러나 원자력 안전성 확보와 방사선장해 방지에 필요한 교육·훈련을 받은 사람이 면허를 받은 사람 또는 방사선관리기술사의 지시·감독 하에 운전하거나 취급하는 경우에는 예외로 하고 있다. 면허의 종류와 취급업무, 그리고 면허 현황은 표 9.5에서 보는 바와 같다.

표 9.5 면허종류별 취급업무 및 현황

면 허 종 류	취급업무	발급면허	취소면허	유효면허
원자로조종감독자	원자로운전	1,357	108	1,249
원자로조종사	원자로운전	1,535	226	1,309
핵연료물질취급감독자	핵연료물질	65	1	64
핵연료물질취급자	핵연료물질	19	0	19
방사성동위원소취급자일반	방사성동위원소	6,778	166	6,612
방사성동위원소취급자특수	방사성동위원소	933	64	869
방사선취급감독자	방사성동위원소	908	37	871
합 계		11,595	602	10,993

면허의 취득은 원자력안전위원회가 시행하는 면허시험에 합격해야 하며, 시험은 필기시험으로 치러지나 원자로조종감독자면허와 원자로조종사면허에 대해서는 원자로의 종류와 용량급에 따라 필기와 실기시험을 병행한다. 원자로의 종류 및 용량급에 따른 면허의 종류는 '원자력관계 면허시험 시행에 따른 경력(교육훈련 포함)의 내용 및 산출방법 등에 관한 규정'(원자력안전위원회고시 제2012-71호)에서 규정하고 있으며, 표 9.6에서 보는 바와 같다.

표 9.6 원자로의 종류 및 용량급별 면허

원자로 종류	용량급	취급 범위
발전용원자로 (가압경수로)	600MWe급 1000MWe급 1400MWe급	500MWe 이상 800MWe 미만 800MWe 이상 1,200MWe 미만 1,200MWe 이상 1,600MWe 미만
발전용원자로 (가압중수로)	600MWe급	500MWe 이상 800MWe 미만
연구용원자로	1kWth급 2MWth급 10MWth급	1kWth 미만 1kWth 이상 10MWth 미만 10MWth 이상 100MWth 미만

면허의 종류별 시험과목은 「원자력안전법」 시행령에서 규정하고 있다. 예로서 원자로조종감독자면허의 시험과목은 필기시험으로 i) 원자로이론, ii) 원자로시설의 구조, 재

료 및 설계, iii) 원자로의 운전제어, iv) 핵연료물질의 취급 및 관리, v) 방사선 안전관리, vi) 원자력 관계법령 등이 있다. 또한 실기시험에서는 해당 원자로의 모의제어반(없는 경우 주제어실)을 이용하여 i) 원자로의 예비운전·시운전 절차 및 운전조작, ii) 지시신호의 판별 및 대책, iii) 계측시설의 이용 및 판독방법, iv) 원자로시설의 동 특성 및 운전, v) 방사능감시시설의 기능 및 사용법, vi) 방사선장해 방어, vii) 비상시의 대책 등에 관한 실무능력을 검정한다.

외국에서 면허를 취득한 경우에는 면허시험의 과목 중 원자력 관계법령을 제외한 과목은 면제한다.

2) 보수교육

면허를 받은 자는 3년마다 원자력안전위원회가 실시하는 보수교육을 받아야 하며, 이를 위반하는 경우에는 면허가 취소된다. 원자로조종감독자면허와 원자로조종사면허 소지자에 대한 보수교육은 그 소속기관에서 실시할 수 있다. 원자로 관련 면허소지자의 보수교육은 5일 이상으로 교육내용에는 원자력 신기술과 세계 원자력 동향, 원자력 중대사고, 원자력 법령과 원자력 안전규제, 원자력 고장사례 발표와 토의, 모의제어반 실습(총 교육시간의 20% 이상), 정신교육 등의 과목이 포함되어야 한다.

9.2.7 기타 안전규제 요건

1) 제한구역의 설정

원자로시설, 핵연료주기시설 또는 폐기시설을 설치하는 때에는 방사선에 따른 인체·물체와 공공의 재해를 방어하기 위하여 일정 범위의 제한구역을 설정하고, 제한구역에는 일반인의 출입이나 거주를 제한해야 한다. 제한구역 경계에는 울타리 또는 표지를 설치하는 등의 방법으로 제한구역 경계 내에 출입 및 통행하는 사람에 대하여 통제할 수 있는 상태를 유지해야 한다. 제한구역은 원자로시설의 사고발생부터 2시간 동안에 원자로시설에서 배출된 방사성물질에 의한 제한구역 경계에서의 개인의 피폭선량이 전신 0.25Sv, 갑상선 3Sv를 초과하지 않는 장소로 설정해야 한다(표 9.9참조). 원자로시설별로 설정되어 있는 제한구역의 경계거리는 표 9.7에 나타나 있다.

국가가 제한구역을 설정하는 경우에는 지형과 그 밖의 자연조건을 고려하여 원자력안전위원회가 관계기관의 장과 협의한 후 범위를 정하며, 제한으로 발생하는 손실을 보상해야 한다. 국가 이외의 원자력사업자가 제한구역을 설정할 경우의 부지확보는 소유권 취득 또는 지상권 설정의 방법으로 해야 한다. 그러나 국유·공유의 도로, 철도, 도랑, 하천, 해양, 임야와 공원에 대해서는 원자력사업자가 일반인의 출입 및 통행에 대한 통제를

표 9.7 원자로시설별 제한구역 경계거리

원자로시설	원자로형	제한구역 경계거리(m)
고리 1/2/3/4 호기	가압경수로	700
영광 1/2/3/4 호기	가압경수로	700
울진 1/2/3/4 호기	가압경수로	700
월성 1/2/3/4 호기	가압중수로	914
영광 5/6 호기	가압경수로	560
울진 5/6 호기	가압경수로	560
신고리 1/2/3/4 호기	가압경수로	560
신월성 1/2 호기	가압경수로	560
신울진 1/2 호기	가압경수로	560

할 수 있는 경우로, 원자력안전위원회가 시설의 안전운영에 지장이 없다고 인정하는 경우에는 부지가 확보된 것으로 본다.

2) 위해시설 설치제한

원자로시설, 핵연료주기시설 또는 폐기시설의 중심으로부터 반경 8km 이내에 해당 시설의 운영에 위해가 되는 시설을 설치할 경우, 설치하고자 하는 위해시설의 허가·인가 또는 승인을 담당하는 행정기관장은 원자력안전위원회와 미리 협의해야 한다. 대상 위해시설은 공항, 포사격장과 미사일 기지, 댐 및 하구둑, 그리고 폭발, 진동, 유독물질 배출로 원자력시설의 안전에 중대한 지장을 줄 수 있는 시설을 말한다. 공항의 경우에는 반경 16km를 적용한다.

3) 원자력시설의 취급제한 및 종업원 보호

누구든지 18세 미만인 사람으로 하여금 원자력시설이나 방사성물질을 취급하게 해서는 안 되며, 교육훈련의 목적인 경우에는 예외를 인정하고 있다. 원자력사업자는 종업원의 안전 관련 규정의 준수 행위나 사업자의 안전 관련 규정의 위반사실을 원자력안전위원회에 알리는 행위, 검사나 조사에 응하기 위하여 증언을 하거나 증거를 제출하는 행위를 이유로 종업원을 해고하거나 불이익을 주어서는 안 된다.

4) 방사선장해 방지조치

원자력사업자는 방사선장해를 방지하기 위하여 i) 방사선장해의 우려가 있는 장소와 원자력시설 출입자에 대한 방사선량 및 방사성오염의 측정, ii) 방사선작업종사자에 대한 최초 방사선작업 종사 전 그리고 매년 건강진단의 실시, iii) 피폭관리와 방사성물질의 방출량 및 피폭방사선량을 가능한 한 합리적으로 낮게 유지하기 위하여 필요한 조치를 해야 한다. 또한 방사선작업종사자와 수시출입자의 피폭방사선량이 선량한도를 초과하지 않도록 필요한 조치를 해야 하며, 방사선장해를 받거나 의심되는 사람에게 원자력시설에의 출입제한과 의사의 진단 등 보건상 필요한 조치를 해야 한다. 방사선장해 방지조치에 대한 상세한 사항은 '11.4절'에서 다루기로 한다.

5) 방사선장해 방어조치

원자력사업자는 지진·화재·홍수·태풍 및 유해가스 누출 등의 재해로 원자력시설이나 방사성물질에 위험이 발생하거나 발생할 가능성이 있을 때, 원자력시설의 고장이 발생한 때, 방사선장해가 발생한 때에는 안전조치를 하고 그 사실을 지체 없이 원자력안전위원회에 보고해야 한다. 이 경우 위원회는 사업자에게 원자력시설의 사용정지, 방사성물질의 이전과 오염의 제거 등 방사선장해를 방지하기 위하여 필요한 조치를 명할 수 있다. 방사선장해 방어조치에 대한 상세한 사항은 '11.4절'에서 다루기로 한다.

6) 환경보전

원자력시설(100kW 미만의 연구용원자로 제외)의 설치자와 운영자는 3년마다 방사선환경조사계획을 수립하여 시료채취 위치와 방사성 핵종에 따라 주기적으로 방사선환경을 조사하고 이에 따른 방사선환경영향평가를 실시하여 원자력안전위원회에 보고해야 한다. 환경조사는 시설의 운영으로 인한 영향을 평가할 수 있도록 충분한 시간적·공간적 범위를 정하여 수행해야 하며, 위원회는 사업자의 결과를 확인하기 위하여 필요하면 방사선환경조사를 실시할 수 있다. 위원회는 방사선환경조사 결과 그 주변 환경에 나쁜 영향을 미칠 우려가 있다고 인정되면 원자력사업자에게 환경보전에 필요한 조치를 명할 수 있다. 방사선환경조사와 방사선환경영향평가에 관한 상세한 사항은 '12.2절'에서 다루기로 한다.

7) 교육·훈련

원자력사업자는 방사선작업종사자와 방사선관리구역 출입자에 대하여 안전성 확보와 방사선장해 방지에 필요한 교육·훈련을 실시해야 하며, 작업종사 또는 출입 전 교육훈련과 정기적 교육훈련으로 구분하여 실시해야 한다. 이에 대한 상세한 사항은 '11.4절'에서 다루기로 한다.

이 외에도 허가신청자의 결격사유, 사업의 승계, 허가·지정·등록·면허의 취소를 하려는 경우 청문 실시, 기록과 비치, 특정기술주제보고서의 승인, 핵물질의 수용·양도, 방사성물질 및 방사선발생장치의 소지 및 양도·양수제한, 허가의 취소 또는 사업폐지에 따른 조치, 방사선발생장치 또는 방사성물질의 도난·분실·화재 및 사고 발생시 신고 등에 관한 규정이 있다.

9.3 원자력발전소 인·허가 기술기준

9.3.1 개요

원자력발전소의 건설 또는 운영허가 기준으로 「원자력안전법」에서 다음과 같이 규정하고 있다. i) 원자력발전소의 건설 또는 운영에 필요한 기술능력을 확보하고, ii) 발전소의 위치·구조 및 설비 그리고 성능(운영허가의 경우)에 관한 기술기준에 적합하여 방사성물질에 따른 인체·물체 및 공공의 재해방지에 지장이 없어야 하며, iii) 건설 또는 운영으로 인하여 발생되는 방사성물질로부터 국민의 건강 및 환경상의 위해를 방지하기 위하여 기준에 적합해야 하고, iv) 품질보증계획서의 내용이 기준에 적합해야 한다.

허가기준에서 명시한 기술기준은 「원자력안전법」 시행령과 「원자로시설 등의 기술기준에 관한 규칙」에서 규정하고 있으며, 상세한 규정에 대해서는 원자력안전위원회의 고시에서 다루고 있다. 법령에서 규정한 기술기준 중 당해 원자로시설의 사용목적, 원리적 차이 또는 설계의 특성상 그대로 적용할 수 없거나 적용하지 않더라도 안전상 지장이 없다고 원자력안전위원회가 인정하는 경우에는 일부규정을 적용하지 않을 수 있다. 원자력발전소의 건설 및 운영 허가기준을 종합하면 표 9.8에서 보는 바와 같다.

환경상의 위해방지 기준으로 시설에서 배출되는 액체 및 기체 상태의 방사성물질의 제한구역 경계에서의 배출관리기준인 농도제한치(표 12.2참조)와 연간 방사선량 기준치(표 12.3참조)를 적용하고 있으며, 농도제한치와 방사선량 기준치는 '방사선방호 등에 관한 기준'(원자력안전위원회고시 제2012-29호)에서 규정하고 있다. 「원자로시설 등의 기술기준에 관한 규칙」에서 규정하고 있는 위치기준, 구조·설비 및 성능 기준, 품질보증계획에 관한 기준을 살펴보면 다음과 같다.

9.3.2 위치에 관한 기술기준

원자로시설의 위치기준에 대한 세부적인 사항은 '원자로시설의 위치에 관한 기술기준'

표 9.8 원자력발전소 건설 및 운영 허가기준

구 분	기 술 기 준
위치기준	지질 및 지진, 위치제한, 기상조건, 수문 및 해양, 인위적 사고에 의한 영향, 비상계획 실행가능성, 다수기 건설
구조·설비 및 성능 기준	안전등급 및 규격, 외적 요인·화재방호·환경영향에 관한 설계기준, 설비 공유 원자로설계, 원자로 고유보호, 원자로출력 및 출력분포 진동제어, 계측 및 제어장치, 원자로냉각재압력경계, 원자로냉각계통, 원자로격납건물, 전력공급설비, 원자로제어실, 원자로보호계통, 다양성보호계통, 반응도제어계통, 잔열제거설비, 비상노심냉각장치, 최종 열제거설비, 방사성폐기물 처리 및 저장시설, 연료취급장치 및 저장설비, 방사선방호설비, 원자로노심, 제어재구동장치, 과압방지장치, 경보장치 급경사지 붕괴방지, 성능검증부품사용, 시험·감시·검사·보수, 설계기준사고, 기동·정지·저출력운전 보호설계, 신뢰성, 인적요소, 방사선방호 최적화, 비상대응시설·설비, 운전제한조건 설정·조정, 초기시험
환경상의 위해방지	• 제한구역경계에서의 방사성물질의 농도가 일정기준 이하(표 12.2) • 제한구역경계에서의 방사선량이 일정기준 이하(표 12.3)
운영기술 능력	운영조직, 자격·훈련, 운영절차서, 인적 요소 관리, 운전경험 반영, 시험·감시·검사·보수 요원 자격
품질보증 계획서	품질보증조직, 품질보증계획, 설계관리, 구매서류관리, 지시서·절차서·도면, 구매품목과 용역관리, 품목식별·관리, 특수작업관리, 검사, 서류관리, 시험관리, 측정·시험장비 관리, 취급·저장·운송, 검사·시험·운전 상태, 부적합한 품목관리, 시정조치, 품질보증기록, 감사

(원자력안전위원회고시 제2012-03호)에서 지질과 지진, 위치제한, 인위적 사건에 대하여 미국의 관련 규제기준을 준용하도록 규정하고 있다. 부지의 기상조건, 수문 및 해양특성 등에 대해서는 '원자로시설 부지의 기상조건에 관한 조사·평가 기준'(원자력안전위원회고시 제2012-19호)과 '원자로시설 부지의 수문 및 해양특성에 관한 조사·평가 기준'(원자력안전위원회고시 제2012-20호) 등에서 규정하고 있다.

1) 지질 및 지진

원자로시설은 지진 또는 지각의 변동이 일어날 가능성이 희박하다고 인정되는 곳에 설치해야 하며, 그 설치지점 및 주변의 지표면이 붕괴되거나 함몰될 가능성이 없고, 경사면과 지반이 안정된 곳에 설치해야 한다. 지질 및 지진에 대한 기준은 미국 연방규제규칙 10CFR100 Appendix A(Seismic and Geologic Siting Criteria for Nuclear Power Plants)를 준용하고 있다.

원자력발전소의 위치선정에서 지형, 지질 및 지진활동도 등에 대하여 부지반경 320km 이내의 지역은 광역적 특성을 조사·분석하며, 부지반경 8km 이내의 지역에 대해서는 세부 정밀조사를 실시하고 있다. 이러한 조사를 통하여 원자로시설 부지에서 예측되는 최대 지진동을 분석·평가하여 원자로시설의 설계에 반영하고 있다('3.6절' 참조).

2) 위치제한

원자로시설은 방사성물질의 누출사고가 발생하는 경우 주민에 대한 피폭방사선량의 총량이 기준치를 초과하지 않는 곳에 위치해야 하며, 인구밀집지역으로부터 떨어져서 위치하도록 규정하고 있다. 위치제한에 대한 기준은 미국 연방규제규칙 10CFR100.11 (Determination of Exclusion Area, Low Population Zone and Population Center Distance)을 준용하고 있으며, 세부 규정은 표 9.9에 보이고 있다. 원자로시설의 위치제한은 제한구역 경계, 저인구지역과 인구밀집지역 등으로 구분하고 있으며, 제한구역 내에는 일반인의 출입이나 거주를 제한해야 한다.

표 9.9 원자력발전소 위치제한 기준

위치제한	기 술 기 준
제한구역경계 (Exclusion Area Boundary)	사고발생부터 2시간 동안에 원자로시설에서 배출된 방사성물질에 의한 제한구역 경계에서의 개인의 피폭선량이 전신 0.25Sv, 갑상선 3Sv 이하이어야 한다.
저인구지역 (Low Population Zone)	사고 후 전기간동안(통상 28일) 원자로시설에서 배출된 방사성물질에 의한 저인구지역에 거주하는 개인의 피폭선량이 전신 0.25Sv, 갑상선 3Sv 이하이어야 한다.
인구밀집지역 (Population Zone)	인구밀집지역 중심지는 원자로에서 저인구지역 외곽경계까지 거리의 적어도 4/3에 해당하는 거리에 위치해야 한다.

3) 기상, 수문 및 해양

원자로시설은 태풍·폭설·폭우 또는 회오리바람 등의 기상현상을 조사·평가하여 심각한 사고가 일어날 가능성이 희박하다고 인정되는 곳에 설치해야 한다. 구체적으로 다음 사항을 고려하여 원자로시설로부터 방사성물질이 대기 중에 방출되는 경우에 확산·희석되는 특성을 조사·평가하여 방사선장해가 없다고 인정되는 곳에 설치해야 한다; i) 폭풍에 대하여 연간 최대풍속과 순간 최대풍속에 대한 최소한 30년 이상의 자료 조사, ii) 폭우에 대하여 1시간 및 24시간 동안의 연간 최다 강우량에 대한 최소한 30년 이상의 자료 조사, iii) 폭설에 대하여 최소한 30년 이상의 자료를 사용하여 향후 100년 동안 예상되는 최심적설량에 대한 상당 강우량과 48시간 동안의 동계 예상 최다 강우량 분석.

원자로시설은 상류의 저수지나 댐의 유실과 폭우 등에 의한 하천범람의 영향을 받지 않아야 하고, 해일·해수위·파랑 등의 자연현상에 의한 해수범람의 영향으로부터 시설의 안전에 장해가 없다고 인정되는 곳에 설치해야 한다. 또한 원자로시설로부터 방사성물질이 지표수·지하수와 해수 중에 방출되는 경우에 확산·희석·흡착되는 특성을 조사·평가하여 방사선장해가 없는 곳에 설치해야 하며, 시설의 운영에 필요한 공업용수나 냉각용수를 공급받을 수 있는 곳에 위치해야 한다.

4) 인위적 사고와 비상계획 실행가능성

원자로시설은 위험물을 생산 또는 취급하는 산업시설·수송수단 등으로부터 사고에 의한 영향을 조사·평가하여 장해가 없다고 인정되는 곳에 설치해야 한다. 부지주변의 공항에 대하여 부지와의 이격거리, 사고발생확률, 운항횟수, 항공로를 조사·분석하여 항공기에 의한 충돌이 발생하지 않도록 적절한 수단이 취해졌는지 평가·확인하며, '9.2절'에서 기술한 위해시설 설치제한과 연계하여 이행되어야 한다.

방사선 비상사고시 주민을 보호하기 위하여 방사선비상계획의 실행이 가능한 지역에 위치해야 한다.

5) 다수기 건설

동일한 부지 안에 2개 이상의 원자로시설을 설치하는 경우 각각 다른 원자로시설에 영향을 미치지 않는 곳에 이를 설치해야 한다. 제한구역의 범위는 원자로시설마다 각각 산정하여 원자로시설 전체면적의 외곽경계를 그 제한구역으로 설정해야 한다.

9.3.3 구조·설비 및 성능에 관한 기술기준

「원자로시설 등의 기술기준에 관한 규칙」에서 규정하고 있는 구조·설비 및 성능 기준에 대한 세부적인 사항은 원자력안전위원회 고시에서 규정하고 있다(부록 C). 설비와 계통 분야('제2장', '제3장'), 방사성폐기물 분야('제10장'), 그리고 방사선방호 분야('제11장')에 관련되는 요건은 별도의 '장'에서 다루고, 여기에서는 구조와 설비에 공통적인 기준과 성능기준을 중심으로 다루기로 한다.

1) 안전등급 및 규격

안전에 중요한 계통·기기 및 구조물 등의 설비는 안전기능의 중요도에 상응하는 안전등급 및 규격에 따라 설계·제작·설치·시험 및 검사되어야 한다. 여기서 안전등급은 안전기능에 따라 원자로시설의 설비에 부여한 등급으로 안전등급(Safety Class)-1, 2 및 3으로 분류하고, 비안전등급은 안전등급-1, 2 또는 3에 속하지 않는 설비에 부여한 등급을 말한다. 안전등급별 규격은 부여된 안전등급에 따라 설비의 재료·설계·제작·설치·시험과 검사에 적용되는 요건을 말한다. 안전등급 및 등급별 규격은 '원자로시설의 안전등급과 등급별 규격에 관한 규정'(원자력안전위원회고시 제2012-09호)에서 규정하고 있다.

안전등급-1은 해당 설비의 손상이 원자로냉각재 보충능력을 초과하는 원자로냉각재의 상실을 초래할 수 있는 설비로써 원자로냉각재 압력경계를 구성하는 설비의 내압부분과 그 지지물에 대하여 적용된다. 안전등급-2는 안전등급-1에 포함되지 않으나 원자로냉각재 압력경계 내의 기기와 격납건물에 적용되며, 그 외의 안전 관련 설비를 안전등급-3, 안전과 관련없는 설비를 비안전등급으로 분류한다. 예로서 안전등급-1은 원자로용기, 가압기 등 원자로냉각재 압력경계의 대형 기기를 포함하며, 안전등급-2는 격납건물, 비상노심냉각계통, 격납건물 살수계통, 붕산주입계통을 포함하고, 안전등급-3은 보조급수계통, 제어봉집합체, 제어실계통, 원자로냉각재 보충수계통을 포함한다.

이 외에도 등급분류에는 내진범주(Seismic Category), 전기등급(Electric Class), 품질그룹(Quality Group)이 있으며, 품질그룹과 안전등급은 상호 대응하여 분류한다. 내진등급 분류에서는 안전정지지진(SSE)이 발생하여도 안전기능을 수행할 수 있어야 하는 설비를 내진범주-I, 안전정지지진에서 안전기능은 수행하지 않아도 구조적 건전성은 유지해야 하는 설비를 내진범주-II, 그 외의 설비를 비내진범주로 구분한다. 예로서 격납건물, 제어봉구동장치, 비상노심냉각펌프, 보조급수펌프, 격납건물 살수계통 등은 내진범주-I에 속하며, 사용후핵연료 취급기, 주제어실 등은 내진범주-II로 분류된다. 전기등급은 안전기능 수행에 필수적인 전기계통을 1E등급, 그 외의 전기계통을 비1E등급으로 분류한다.

2) 외적 요인에 관한 설계기준

안전에 중요한 계통·기기 및 구조물은 지진·태풍·홍수·해일 등을 포함한 예상가능한 자연현상의 영향과 항공기 충돌, 폭발 등을 포함한 예상가능한 외부 인위적 사건의 영향에 의하여 그 안전기능이 손상되지 않도록 설계해야 한다. 설계기준의 설정시에는 다음의 사항을 고려해야 한다.

- 해당 부지 및 인근 지역에서의 역사적 기록을 고려할 때 가장 심한 자연현상과 외부 인위적 사건

- 동시발생 확률을 고려한 정상운전 또는 사고조건의 영향과 자연현상 및 외부의 인위적 사건 영향의 조합
- 안전기능의 중요도
- 발전소 건물배치 및 건물설계 단계에서 외부인의 침입으로부터 방어하기 위한 대책

지진·태풍·홍수·해일과 화재 등의 외부사건에 대한 위험도는 원자로시설에 대한 확률론적 안전성평가에서 다루고 있으며, 외부사건으로 인해 손상 받는 기기와 구조물을 파악하여 이들 고장으로 인한 노심손상빈도를 평가하고 있다.

3) 화재방호에 관한 설계기준

안전에 중요한 계통·기기 및 구조물 등의 설비는 화재 및 폭발의 가능성과 그로 인한 영향이 최소화될 수 있도록 다음의 기준에 적합하도록 설계하고 배치해야 한다.

  i) 원자로시설에서 화재가 발생하는 경우 원자로안전정지, 잔열제거와 방사성물질 유출방지 능력에 현저한 지장을 초래하지 아니할 것.

  ii) 원자로시설에 가능한 한 비가연성 또는 내화·내열 재료를 사용해야 하며, 화재가 발생하더라도 안전에 중요한 설비에 미치는 악영향을 최소화할 수 있도록 해당 설비의 안전중요도에 따라 적절한 능력을 가진 화재탐지 및 소화계통을 설치할 것.

  iii) 소화계통의 고장·손상 또는 오동작으로 인하여 안전에 중요한 설비의 안전성 능력이 심각하게 저하되지 않도록 할 것.

안전설비들에 대한 화재의 영향을 완화시키기 위해 적절한 격리기능을 가질 수 있도록 화재방호구역을 설정해야 하며, 화재방호구역은 방화지역 및 방화구역으로 구분한다. 여기서 방화지역은 주어진 시간동안 화재의 확산을 방지하기 위해 다른 지역과 내화방벽으로 분리된 건물의 부분을 말하며, 방화구역은 가연성물질의 제한, 공간적인 격리 또는 화재진압설비에 의해 화재가 전파되지 않도록 방화지역을 세분한 부분을 말한다.

원자로시설에 대하여 화재방호구역의 구분, 가연성물질의 종류 및 크기, 설계기준화재의 범주, 화재감지 및 진압설비, 화재위험도의 평가, 원자로안전정지·잔열제거·화재감시와 방사성물질 유출방지 능력 등을 고려하여 화재위험도 분석을 하여야 한다. 화재위험도분석(Fire Hazard Analysis)은 화재발생시 원자로의 안전정지능력을 확보하고 환경으로의 방사성물질 누출가능성이 최소화됨을 입증하기 위하여 각 방화지역별 가상화재에 대한 위험성을 검토하고, 화재예방과 화재방호조치가 적합한지를 평가하기 위한 정량적 또는 정성적인 위험도분석을 말한다. 이에 대한 세부적인 사항은 '화재위험도분석에 관한 기술기준'(원자력안전위원회고시 제2012-22호)에서 규정하고 있다.

4) 환경영향에 관한 설계기준

안전에 중요한 계통·기기 및 구조물 등의 설비는 환경 및 동적 영향에 의한 손상을 방지하기 위하여 다음의 기준에 적합하도록 설계해야 한다.

i) 정상운전, 예상운전과도 및 설계기준사고의 환경조건(압력, 온도, 방사선 등)에 적합해야 하고, 그 영향을 수용할 수 있을 것.

ii) 정상운전, 예상운전과도 및 설계기준사고의 환경조건에 의한 경년열화 현상을 고려할 것.

iii) 원자로시설 내부기기 파손으로부터 생길 수 있는 비산물, 배관의 동적 움직임 및 방출유체의 영향을 포함한 동적 영향과 내부 홍수로부터 적절하게 보호되도록 할 것. 예외적으로 유체계통 배관의 파단 가능성이 극히 낮다는 것이 입증되는 경우에는 가상 배관파단과 관련된 동적 영향은 설계기준에서 제외할 수 있다.

핵연료집합체·감속재·반사체와 이들을 지지하는 구조물과 열차폐체를 포함하여 1차 냉각계통에 속하는 용기·배관·펌프와 밸브는 1차 냉각재 또는 2차 냉각재의 순환·비등 등에 따라 발생하는 진동에 의하여 손상을 받지 않도록 설치해야 한다.

5) 설비의 공유

안전에 중요한 계통·기기 및 구조물 등의 설비는 2개 이상의 원자로시설 간에 원칙적으로 공유할 수 없다. 그러나 해당 공유설비가 모든 안전요건을 만족하거나, 공유하는 원자로시설에서 사고가 발생하는 경우에도 나머지 다른 원자로시설의 순차적인 정지·냉각 및 잔열제거가 이루어지는 경우에는 공유를 허용할 수 있다.

6) 성능검증 부품의 사용과 시험·감시·검사 및 보수

원자로시설의 부품 중에서 원자로의 가동기간 동안 성능유지가 필요한 부품은 경험에 의한 방법, 해석에 의한 방법 또는 시험에 의한 방법 등의 적절한 방법으로 그 성능을 검증한 후 원자로시설에 설치해야 한다. 원자로시설의 안전에 중요한 계통·기기 및 구조물은 설치한 후에도 구조적 건전성·누설밀봉·기능수행 능력과 작동성을 수명기간 동안 보장하기 위하여 안전기능의 중요도에 따른 시험·감시·검사 및 보수가 가능하도록 설계해야 한다. 또한 원자로시설에 속하는 압력용기, 배관, 주요 펌프와 밸브는 내압시험에 따른 누설기준에 적합해야 한다.

내압시험은 설비의 건전성을 확인하기 위하여 설계압력 이상에서 수행하는 압력시험으로 액체시험매체에 의한 수압시험이나 기체시험매체에 의한 기압시험으로 구분하고, 누설검사는 수압시험이나 기압시험을 수행한 후 설비의 누설여부를 확인하는 검사를 말한다. 내압시험의 세부적인 사항에 대해서는 '원자로시설 주요부품의 내압시험에 관한 기준'(원자력안전위원회고시 제2012-12호)과 '원자로격납건물 기밀시험에 관한 기준'(원자력안전위원회고시 제2012-16호)에서 규정하고 있다. 이 외에도 계통·기기 및 구조물의 시험과 검사를 위한 세부 사항을 규정하고 있는 고시로 '원자로시설의 가동중검사에 관한 규정'(원자력안전위원회고시 제2012-10호), '안전 관련 펌프 및 밸브의 가동중 시험에 관한 규정'(원자력안전위원회고시 제2012-23호), '원자로압력용기 감시시험 기준'(원자력안전위원회고시 제2012-08호) 등이 있다.

7) 기동, 정지 및 저출력 운전의 보호설계

원자로시설은 기동, 정지 및 저출력 운전에서 발생 가능한 사고로부터 방사성물질의 유출을 가능한 한 낮게 유지하기 위하여 반응도제어 기능, 잔열제거 기능과 격납용기 건전성을 유지하거나 신속히 복구할 수 있도록 설계해야 한다. 또한 저온정지와 재장전 조건에서 수행하는 보수활동을 포함한 기동, 정지 및 저출력 운전에서 화재 등의 발생 가능성을 확률론적 방법으로 평가할 수 있어야 하며, 그 결과로 인한 정상 잔열제거 기능의 상실을 예방할 수 있어야 한다.

8) 신뢰성 및 인적요소

안전기능을 수행하는 계통·기기 및 구조물은 안전기능의 중요도에 따라 충분히 높은 신뢰성을 확보할 수 있도록 설비의 구조, 작동원리, 요구되는 안전기능을 고려하여 다중성, 다양성, 독립성 및 물리적 격리성을 갖추어야 하며, 단일전력·단일고장이 발생하는 경우에도 안전기능을 달성할 수 있어야 한다. 여기서 단일고장은 하나의 기기가 의도된 안전기능 수행능력을 상실하는 고장으로 그 고장에 의하여 연이어 발생하는 고장도 단일고장으로 다루며, 단일전력·단일고장은 발전소 내·외의 전력원 중에서 하나만 이용가능한 상태에서의 기기의 단일고장을 말한다.

9) 인적 요소

종사자와 인간-기계의 연계(Man-Machine Interface)와 관련된 원자로시설의 설계에는 인적 요소가 체계적으로 반영되어야 한다. 원자로시설의 운전에서 인적 오류의 발생을 최소화하기 위하여 i) 운전원에게 정확한 정보를 제공하여 운전원의 판단을 용이하게 하고 잘못된 판단을 방지하며, ii) 오류를 감지하고 이를 정정하거나 보상하는 수단을 제공하고, iii) 운전원에게 의사결정과 조치수행에 충분한 시간을 허용할 수 있도록 원자로시설을 설계해야 한다.

10) 운전제한조건의 설정 및 초기시험

원자로시설에는 운전제한조건과 안전설정치 및 제한치를 설정해야 하며, 운전제한조건은 발전소의 운전조건이 설계기준 및 안전해석 결과를 만족하도록 초기시험기간 동안 설비의 운전특성을 반영하여 조정되어야 한다. 운전제한조건과 안전설정치 및 제한치는 운영허가 신청서류로 제출하는 운영기술지침서(표 3.6)에 포함되어 있으며, 안전제한치(그림 3.11)에는 노심안전제한치와 원자로냉각재계통 압력 안전제한치가 있다. 운전제한조건(그림 3.12)은 주요 안전 계통 및 기기에 대하여 운전제한조건, 적용 운전모드, 불만족시 조치, 점검요구사항을 포함하고 있다.

초기시험계획은 안전운전에 중요한 설비가 설계시 의도된 성능을 발휘하는지를 실증하기 위하여 수립 및 이행되어야 한다. 초기시험은 정상운전 및 예상운전과도에 대한 운전절차와 발전소 운영시 수행되는 성능시험절차의 유효성을 입증할 수 있어야 하며, 안전에 중요한 기기에 대한 상세 성능자료를 수집하고 각 계통들의 초기운전변수를 기록해야 한다. 초기시험계획은 발전소 건설허가 신청서류로 제출하는 안전성분석보고서(표 9.4)에 포함되어 있다.

9.3.4 품질보증에 관한 기술기준

「원자로시설 등의 기술기준에 관한 규칙」에서 규정하고 있는 품질보증에 관한 18개 기술기준(표 9.8)의 세부적인 사항은 '원자로시설의 품질보증 세부요건에 관한 기준'(원자력안전위원회고시 제2012-17호)에서 규정하고 있다. 원자로시설별 및 단계별 세부기준은 다음과 같다.

　i) 발전용원자로 건설단계 : '전력산업기술기준의 원자로시설 기술기준 적용에 관한 지침'(원자력안전위원회고시 제2012-13호)에서 적용을 규정한 전력산업기술기준(KEPIC)의 원자력품질보증기준(QAP) 또는 이와 동등한 기준

　ii) 발전용원자로 운영단계 : '전력산업기술기준의 원자로시설 기술기준 적용에 관한 지침'(원자력안전위원회고시 제2012-13호)에서 적용을 규정한 전력산업기술기준(KEPIC)의 원자력품질보증기준(QAP) 또는 이와 동등한 기준과 미국원자력학회의 안전기준인 ANSI/ANS3.2(Administrative Controls and Quality Assurance for the Operational Phase of Nuclear Power Plants, 1994 Edition)

　iii) 연구용원자로의 건설·운영 단계 : ANSI/ANS 15.8(Quality Assurance Program Requirements for Research Reactors, 1995 Edition)

여기서 전력산업기술기준(KEPIC)은 전력산업에 적용할 목적으로 개발된 산업기술기

준으로 대한전기협회에서 관리하는 기술기준을 말한다.

9.4 원자력발전소 주기적 안전성평가와 계속운전

9.4.1 주기적 안전성평가 배경 및 목적

원자력발전소의 운영 초창기에는 가동원전에 대하여 일상적인 검사와 보수 등의 통상적인 방법만으로도 원전의 안전성을 보장할 수 있다고 확신하였다. 그러나 원전의 가동년수의 증가와 노후화에 따른 새로운 안전현안의 발생, 경험적 지식의 축적, 안전개념 변천에 따른 안전기준의 변화와 해석기법의 진보 등으로 기존의 안전성 보장활동만으로는 가동원전의 안전성을 보장할 수 있는지에 대한 의문이 제기되었다. 특히 가동원전이 신규원전에 적용되는 안전기준을 어느 정도까지 만족시킬 수 있는가에 대한 불확실성과 의구심이 커짐에 따라 신규원전 뿐만 아니라 가동원전에 대해서도 보다 높은 수준의 안전성확보를 위한 구체적인 대책을 수립해야 한다는 공공의 요구가 높아져 왔다.

국제원자력기구(IAEA)는 가동원전의 안전수준 저하를 방지하고 나아가 실행가능한 정도까지 안전수준을 개선시키기 위해서는 주기적으로 체계적이고 종합적인 안전성평가를 수행하는 것이 가장 효과적인 방책임을 인식하고, 1994년 주기적 안전성평가에 관한 안전지침(50-SG-O12)을 제시하였다. 또한 1996년 10월 24일 발효한 국제원자력기구 주관의 '원자력안전협약'에서도 원전의 수명기간 동안 포괄적이고 체계적인 안전성평가의 수행과 안전성평가에서 운전경험과 최신정보의 지속적인 반영을 체약국의 의무사항으로 규정하였다.

안전지침에서는 주기적 안전성평가(Periodic Safety Review; PSR)를 "가동원전에 대해 경년열화, 시설변경, 운전경험, 기술발전 등의 누적된 영향을 다루고, 원전 운전기간 동안 고도의 안전성을 보증하기 위하여 일정주기로 수행되는 체계적인 안전성재평가"로 정의하고 있다. 또한 가동원전이 현재의 안전기준과 관행의 관점에서 안전한지와 안전을 유지하기 위해 적절한 대책이 이행되고 있는지를 종합적으로 평가하기 위한 것임을 목적으로 제시하고 있다. 그러나 현재의 안전기준을 모두 만족시켜야 하는 것은 아니다. 현재의 안전기준과의 비교를 통해서 도출된 취약점이 있으나 수정 또는 보완이 현실적으로 어려운 사항(예로서 내진설계, 발전소배치)에 대해서는 이들 취약점으로부터 야기되는 위험도를 평가하여 계속운전 여부에 대한 정당성을 평가해야 한다. 이러한 위험도를 평가하기 위하여 확률론적 안전성평가 기법의 사용을 권장하고 있다.

안전지침에서는 안전성평가를 10년 주기로 수행하도록 권고하고 있으며, 안전성평가시 고려해야 할 11개의 안전인자를 제시하고 있다. 또한 수행절차에 있어서 평가수행의 책임은 원전운영자에게 있으며, 규제자는 이행요건을 설정하고 수행결과에 따른 시정조치 또는 적절한 인·허가 조치를 취할 책임과 그 결과를 국민에게 알릴 책임이 있음을 규정하고 있다.

우리나라는 1999년 12월 21일 제11차 원자력안전위원회에서 가동원전의 안전성 확인과 향상을 위하여 국제원자력기구의 안전지침을 참조하여 주기적 안전성평가 추진방안을 확정하였으며, 고리1호기부터 시범 적용하기로 하였다. 이 제도는 2001년 1월 「원자력법」 개정을 통하여 법제화되었으며, 2001년 7월 이 법 시행령과 시행규칙에 세부 요건을 규정하였다. 주기적 안전성평가는 원자력시설 중에서 원자력발전소에 대해서만 적용하고 있다.

9.4.2 주기적 안전성평가 평가인자 및 수행방법

우리나라는 국제원자력기구에서 제시한 안전지침과 국제적 관례의 적극적인 수용이 원자력안전에 대한 국제적 신인도 확보와 국민의 신뢰도 확보에도 유익할 것으로 판단하고, 국제원자력기구의 안전지침을 대부분 수용하고 있다. 안전성평가의 범위로 안전지침에서 제시하고 있는 11개 안전인자를 채택하고 있으며, 그 내용은 표 9.10에서 보는 바와 같다.

안전인자로서 경년열화의 평가항목인 '계통·기기·구조물의 경년열화 완화대책 및 관리계획'은 항목의 특성을 고려하여 최초평가는 운영허가일로 부터 20년이 경과한 후부터 수행하는 것으로 규정하고 있다. 원자로시설의 시간경과에 따라 나타날 수 있는 경년열화 현상에 대하여 안전기능을 유지할 수 있어야 하며, 평가기준일부터 10년 후까지의 기간 동안 안전성을 보장할 수 있는 안전여유도가 확보되어야 한다. 안전인자별 각 평가항목은 개별적인 평가와 상호 연관성이 있는 사항에 대한 종합적인 평가를 수행하고, 각 평가에는 해당 사항이 있는 경우 품질보증과 방사선방호에 관한 사항을 포함하여 수행해야 한다. 또한 안전성평가 당시 해당 원자로시설에 유효한 기술기준을 활용하여 평가하고, 안전인자에 대한 평가와 그 평가에 따른 안전조치 결과를 고려하여 원자로시설의 종합적인 안전성을 평가하도록 하고 있다.

원자력발전소 운영자는 해당 원자로시설의 운영허가일부터 10년마다 안전성을 종합적으로 평가하고, 평가보고서를 작성하여 원자력안전위원회에 제출해야 한다. 건설허가와 운영허가를 동시에 받은 경우(고리1호기 및 월성1호기)에는 원자로가 최초로 임계에 도달한 날을 운영허가일로 본다. 평가보고서는 원자로시설마다 별도로 작성하되, 최종안전

표 9.10 주기적 안전성평가 안전인자 및 범위

안전 인자	주요 평가 범위 및 항목
1. 원전의 실제 물리적 상태	원자로시설의 평가 당시 물리적인 상태 파악과 현재 유효한 기록이 발전소 상태를 정확히 나타내고 있는지 여부 확인 • 계통·기기·구조물 기능, 시험결과, 검사결과, 보수기록, 지원시설 • 인구밀도·산업시설과 교통시설 등 원자로시설 주변 특성
2. 안전성 분석	평가 당시의 상태 및 10년 후 상태를 고려하여 기존 안전성분석이 어느 정도의 타당성을 유지하고 있는지 확인 • 초기사고와 해석방법, 코드의 최신기준과 비교 • 사고시 방사선량과 방출제한치 • 운전원조치, 공통원인사고, 교차결합효과, 단일고장기준 등 규제원칙 • 태풍·홍수·단층·지진 등 부지주변 자연현상, 기상조건, 인구분포
3. 기기검증	안전 관련 설비가 10년 후 기간 동안 의도된 안전기능을 수행할 수 있음이 검증되어 있는지 확인 • 기기검증 목록 및 관리절차, 검증방법 및 품질보증 • 기기고장의 영향분석과 검증기기 유지조치 및 보호대책
4. 경년열화	안전여유도 유지를 위한 계통·기기·구조물의 경년열화가 효과적으로 관리되고 있는지와 경년열화관리계획이 확립되어 있는지 확인 • 평가대상 계통·기기·구조물 분류, 경년열화현상, 기능, 안전여유도 분석 • 계통·기기·구조물의 성능미달시점 및 미래상태 예측 • 계통·기기·구조물의 경년열화 완화대책 및 관리계획(가동 20년 후 수행)
5. 안전성능	안전성능의 변화경향 확인 • 안전 관련 사건의 분류 및 근본원인 분석결과 이행체제 • 보수·시험 및 검사 등 운전자료 선별, 경향분석, 안전성능지표 분석 • 작업자 피폭방사선량, 방사선감시자료 및 방사성물질 방출량 기록
6. 운전경험, 연구결과 활용	유사 원자로시설의 운전경험 및 안전성 연구결과 반영 확인 • 운전경험 및 연구결과 반영 계획 및 체제의 적절성 • 운전경험 및 연구결과 반영 및 조치 방안
7. 절차서	운전·보수·점검·시험·변경 및 비상대응을 위한 절차서 작성 확인 • 안전 관련 절차서 수립, 개정체계, 주기적 검토 및 보완 계획 • 인적 요소의 원리를 고려한 절차서 명확성, 징후기반의 비상운전절차
8. 조직 및 행정	조직 및 행정이 안전운전을 위하여 적절하게 운영되고 있는지 확인 • 안전목표 및 안전 우선원칙 이행체제, 개인과 단체의 역할 및 책임 • 직원의 교육훈련시설 및 계획, 품질보증감사와 품질보증계획
9. 인적인자	안전운전에 영향을 줄 수 있는 인적요소 관리상태 확인 • 교대근무 등 직원관리, 유자격 직원의 임무수행 및 업무량 • 모의제어반 사용을 포함한 교육훈련계획과 인간－기계 연계체제 분석
10. 비상계획	비상사태 대응에 적합한 계획과 자원 및 관련 기관 협조관계 확인 • 비상시의 전략·조직 및 계획서·절차서, 설비 및 통신시설 • 비상훈련, 경험반영 및 상호 공조체계, 정기적인 평가계획
11. 환경영향	환경영향감시계획 수립 및 이행 확인 • 방사능 유출경로에 대한 방출제한치 및 방출기록, 경보장치 • 주변 주민에 대한 피폭방사선량, 발전소외부 방사선 환경감시

성분석보고서를 공유하는 원자로시설에 대해서는 먼저 설치된 원자로시설의 평가일정에 따라 평가를 동시에 수행하여 하나의 보고서로 제출할 수 있다. 이 경우 원자로시설의 운전기간에 따른 설비노후의 정도와 운전조건의 차이 등을 평가에서 별도로 고려해야 한다. 평가보고서는 운영허가일로부터 매 10년이 되는 날을 평가기준일로 하여 기준일부터 1년 6개월 이내에 제출해야 한다.

위원회가 평가보고서를 제출받은 경우에 업무위탁기관인 한국원자력안전기술원에서 12개월 이내에 심사하고, 위원회는 그 결과를 운영자에게 통보해야 한다. 위원회는 평가결과 또는 그에 따른 안전조치가 미흡하다고 인정되는 때에는 운영자에게 시정이나 보완을 명할 수 있으며, 운영자는 3개월 이내에 이행계획을 수립해야 한다. 시정조치의 이행에 관하여 위원회는 반기별로 이행현황을 확인한다. 안전성평가의 기술기준은 「원자로시설 등의 기술기준에 관한 규칙」에서 규정하고 있는 원자로시설의 위치, 구조·설비 및 성능, 운영, 품질보증에 관한 기준을 적용하고 있다. 그림 9.6은 주기적 안전성평가와 계속운전 수행절차를 도식화하고 있다.

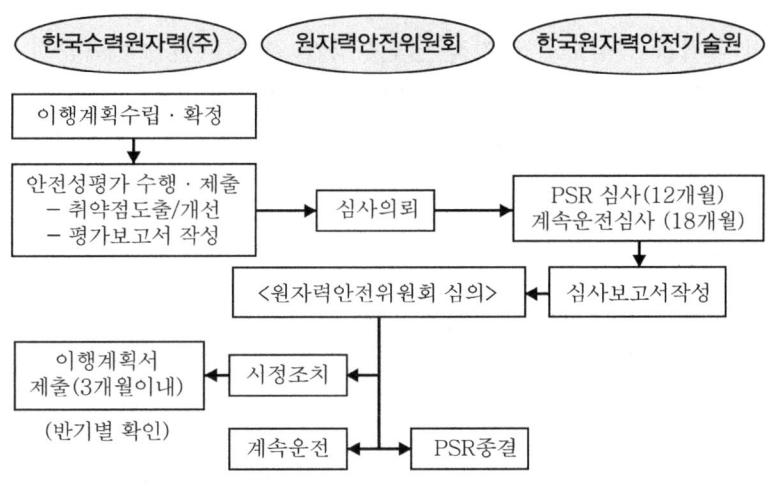

그림 9.6 주기적 안전성평가(PSR)와 계속운전 수행절차

9.4.3 주기적 안전성평가 수행 현황

원자력발전소 운영자인 한국수력원자력(주)은 제도의 도입에 따라 2000년 5월 고리1호기에 대한 시범평가를 착수하여 2002년 11월 주기적 안전성평가 결과보고서를 제출하였으며, 2004년 5월 한국원자력안전기술원의 심사와 원자력안전위원회의 심의를 거친 바 있다. 현재까지 고리1호기, 고리2호기, 고리3/4호기, 영광1/2호기, 영광3/4호기,

월성1호기, 월성2호기, 월성3/4호기, 울진1/2호기, 울진3/4호기 등 16기의 원전에 대한 PSR이 완료되었으며, 영광5/6호기에 대한 PSR은 수행중에 있다.

이 제도의 도입과 운영으로 원전의 가동년수 증가와 노후화에 대응하는 확고한 안전관리 체계가 구축되었으며, 운전경험과 최신기술의 지속적 반영, 원전 운영 자료의 체계적 확보와 운영체계 효율화 등 그 효과가 크게 나타나고 있다. 또한 원전 현장요원들의 안전성 제고 노력과 안전에 대한 이해증진에 기여한 바가 지대하며, 국제규범의 반영으로 국제적 신인도 제고와 국민의 신뢰증진 차원에서도 그 성과가 가시화 되고 있다. 특히 가장 오래된 원전인 고리1호기의 경우 위험도가 30%로 감소하는 등 상당한 안전성 증진효과를 보이고 있다.

9.4.4 주기적 안전성평가 지침의 개정

국제원자력기구는 지금까지 수행된 주기적 안전성평가 경험을 반영하고, 현행 안전기준과 관행에 따른 원자력발전소 설계·운영의 평가와 원전 수명기간 동안의 최상의 안전 수준을 유지하기 위하여 2003년 주기적 안전성평가 지침(NS-G-2.10)을 개정하였다. 이는 유럽 국가를 중심으로 주기적 안전성평가 결과를 원전 계속운전 및 수명연장의 허용여부 판단을 위한 주요 기술적 근거자료로 활용함에 따라, 이를 수용할 수 있는 안전인자의 확대와 평가 범위 및 내용을 명확히 하기 위한 의도가 내포되어 있었다.

개정된 주요 내용은 안전성평가 범위를 나타내는 안전인자를 기존의 11개에서 14개로 확대한 것이다. 표 9.11에서 보는 바와 같이 '원전의 실제 물리적 상태'를 '발전소설계' 및 '구조물·계통·기기의 실제 상태'로 확대하고, '안전성분석'을 '결정론적 안전성평가', '확률론적 안전성평가' 및 '위해도 분석'의 3개 안전인자로 확대하였다. 개정된 안전인자에 대한 그 적용성과 효과성을 살펴보면 다음과 같다.

1) 원전의 실제 물리적 상태

기존의 안전인자인 '원전의 실제 물리적 상태'는 원전의 물리적 상태를 파악하고 유효한 기록이 이들을 정확히 나타내고 있는지를 확인하는 것이나, 개정된 지침에서는 '발전소설계' 및 '구조물·계통·기기의 실제 상태'로 세분화하고 있다. '발전소설계'의 평가 세부내용은 현행 국제 표준과 관행의 관점에서 원전설계의 적합성을 확인하고 원전의 실제상태가 이러한 설계목적에 적합한지 그리고 적절하게 문서화되어 있는지를 확인하는 것이다. 평가범위는 발전소 안전정지에 필요한 구조물·계통·기기의 적절성, 발전소 안전을 위협하는 사건의 예방과 완화 특성, 심층방어 적용 수준, 안전요건과 설계기준, 안전성분석보고서와 인·허가서류를 포함하고 있다.

표 9.11 개정된 주기적 안전성평가 안전인자

기존 안전인자 (50-SG-O12 : 1994)	개정 안전인자 (NS-G-2.10 : 2003)
원전의 실제 물리적 상태	① *발전소 설계*
	② *구조물·계통·기기의 실제 상태*
기기 검증	③ 기기 검증
경년열화	④ 경년열화
안전성분석	⑤ *결정론적 안전성 평가*
	⑥ *확률론적 안전성평가*
	⑦ *위해도 분석*
안전 성능	⑧ 안전 성능
운전경험/연구결과 활용	⑨ 운전경험/연구결과 활용
조직 및 행정	⑩ 조직 및 행정
절차서	⑪ 절차서
인적인자	⑫ 인적인자
비상계획	⑬ 비상계획
환경영향	⑭ 방사선 환경영향

원전설계가 현재 유효한 안전기준에 적합한지를 평가하는 것은 원전의 가동년수 증가와 노후화에 따른 안전성평가와 더불어 현재의 안전수준을 평가하는데 필수적인 항목이다. 특히 우리나라의 경우 소급적용 규정이 제도화되어있지 않아 운전경험과 신기술을 반영한 새로운 안전기준의 적용을 통하여 가동원전의 안전성을 제고할 수 있는 제도적 장치가 없다는 측면을 고려할 때 매우 중요한 평가인자이다. 또한 주기적 안전성평가에서 규정된 안전인자가 원전 계속운전의 평가범위 및 내용과 직접적으로 연계되어 있는 측면에서도 필히 안전인자로 반영되어야 할 사항이다.

2) 안전성분석

기존의 안전인자인 '안전성분석'은 결정론적 방법을 통한 안전성분석만을 평가범위로 설정하고 있으나, 개정된 지침에서는 '결정론적 안전성평가', '확률론적 안전성평가' 및 '위해도 분석'의 3개 안전인자로 확대하여 확률론적 안전성평가와 위해도 분석까지 그

평가범위를 포함한 것이다. 이는 원전의 안전을 리스크 차원에서 접근하고 있는 최근의 추세를 반영한 것으로, 원전의 안전도(리스크)를 종합적으로 평가하고 내·외부 재해요인에 대응하는 원전의 방호능력을 평가하기 위하여 필수적인 항목이다.

확률론적 안전성평가는 우리나라의 경우 법적 규제요건은 아니지만 사업자의 자발적인 안전성 확보 노력의 일환으로 각 원전에 대하여 현재에도 수행되고 있다. 또한 위해도 분석의 범위는 화재, 침수, 배관휩 등의 내부재해와 부지특성, 지진 및 지진해일, 홍수, 강풍, 항공기충돌, 유독기체, 폭발 등의 외부재해를 포함하고 있으며, 대부분의 평가내용이 「원자력시설 등의 기술기준에 관한 규칙」에 규정되어 신규원전에 대해서는 이미 적용되고 있다.

9.4.5 원자력발전소 계속운전

1) 계속운전의 개념

원자력발전소의 수명은 운영허가기간 또는 설계수명기간으로 구분될 수 있다. 운영허가기간이란 사업자가 규제기관으로부터 인·허가 절차에 따라 운영을 허가받은 기간을 말한다. 설계수명기간은 발전소 설계에서 설정한 운영의 목표기간으로써 발전소의 안전과 성능 기준을 만족하면서 안전성평가에 의하여 설정된 운전 가능한 최소한의 기간을 의미하며, 안전성분석보고서에 명시되어 있다. 설계수명기간은 발전소의 기기공급 기관과 설계기관의 기술과 경험에 의하여 결정되며, 실제 운전 가능한 기간은 정비·보수·관리·고장이력 등의 운영경험과 환경조건에 따라 달라질 수 있다.

따라서 원자력발전소의 수명연장은 일반적으로 "가동원전을 운영허가기간 또는 안전성평가에 의하여 설정된 기간(설계수명기간)을 초과하여 수용가능한 수준의 안전도를 유지하면서 계속 운전하는 것"으로 정의하고 있다. 수명연장은 '설계수명 이후의 계속운전', '장기운전' 또는 '운영허가기간 갱신' 등으로 표현하기도 하지만, 나라마다 수명연장에 대한 제도적 성격에 따라 선택적으로 사용하고 있다. 우리나라의 법규에서는 발전소의 설계수명기간이 만료된 후에 계속하여 운전하는 것을 '계속운전'으로 표현하고 있다.

운영허가기간 갱신은 운영허가기간을 법적 또는 제도적으로 명시하고 운영허가 갱신 절차를 통하여 운영허가 종료 이후 일정기간 계속운전을 허용하는 제도이다. 40년의 운영허가기간과 최대 20년의 운영허가기간 갱신제도를 두고 있는 미국을 비롯하여, 스페인(운영허가기간: 10년), 헝가리(12년), 핀란드(5~10년) 등의 국가가 이 제도를 채택하고 있다. 영국, 프랑스, 스웨덴, 일본 등의 국가는 운영허가기간을 명시하지 않고 일정기간의 운전 후 안전성평가를 통하여 계속운전을 허용하는 제도를 채택하고 있다. 운영허가 갱신제도를 법적으로 규정하고 있는 미국을 제외하고 대부분의 국가들은 어떤 제도를 채택하느냐에 무관하게 계속운전을 위한 안전성평가에 국제원자력기구가 제시한 주기적 안전성평가에 대한 안전지침을 적극적으로 활용하고 있다. 이러한 추세를 반영하여 국제원자력기구는 안전지침의 규정을 계속운전과 밀접하게 연계될 수 있도록 안전인자의 확대와 평가범위 및 수행절차를 명확히 하고 있으며, 2003년의 안전지침 개정도 이와 맥락을 같이 하고 있다.

2) 우리나라의 계속운전 제도

우리나라는 원자력발전소의 운영허가시 운영허가기간을 명시하지 않고, 허가서류로 제출된 안전성분석보고서에 명시되어 있는 설계수명을 발전소의 운영기간으로 간주하고 있다. 따라서 고리1호기의 설계수명이 2008년에 도래하게 되어 설계수명 이후의 계속운전에 대한 제도화가 요구됨에 따라, 2005년 9월 14일 「원자력법」(현재 「원자력안전법」) 시행령과 시행규칙의 개정을 통하여 계속운전에 대한 제반 절차와 요건이 규정화되었다. 또한 2005년 12월 1일 '원자력시설의 계속운전 평가를 위한 기술기준 적용에 관한 지침'이 과학기술부고시 제2005-31호(원자력안전위원회고시 제2012-25호로 개정)로 제정되었다.

계속운전 제도의 주요 내용으로 원자력발전소 운영자는 설계수명기간 만료일 5년 내지 2년 이전에 평가보고서를 원자력안전위원회에 제출해야 하며, 10년 단위로 계속운전을 신청할 수 있도록 규정하고 있다. 특기할 사항은 계속운전 대부분의 요건과 절차가 주기적 안전성평가의 요건과 직접적으로 연계되어 있으며, 11개 안전인자를 포함하여 발전소 주요기기의 수명평가와 방사선환경영향평가를 평가내용으로 규정하고 있다는 것이다.

11개 안전인자의 평가내용은 주기적 안전성평가의 내용과 동일하며, 추가로 규정된 수명평가와 방사선환경영향평가의 내용은 다음과 같다.

  i) 수명평가는 계속운전기간동안 주요 계통·기기·구조물의 기능이 확보되어 있는지를 확인하는 것으로 평가항목은 다음과 같다.
- 수명평가 대상인 계통·기기·구조물의 분류 및 선정
- 계통·기기·구조물의 수명에 대한 영향분석
- 주변 영향을 고려한 계통·기기·구조물의 수명평가

  ii) 방사선환경영향평가는 계속운전이 환경에 미치는 방사선영향을 평가하기 위한 것으로 평가항목은 다음과 같다.
- 부지특성의 변화

- 부지주변의 환경변화
- 방사성폐기물처리 관련계통의 주요 설계변경사항
- 계속운전으로 인한 주변 환경에의 영향
- 환경감시계획

계속운전을 위한 안전성평가는 주기적 안전성평가에 대하여 규정한 기술기준에 추가하여 계통·기기 및 구조물에 대하여 최신 운전경험과 연구결과 등을 반영한 기술기준을 활용하여 평가하고, 방사선환경영향에 대해서는 최신 기술기준을 활용하여 평가하도록 규정하고 있다.

원자력안전위원회가 평가보고서를 제출받은 경우에 업무위탁기관인 한국원자력안전기술원에서 18개월 이내에 심사하고, 위원회는 그 결과를 원전 운영자에게 통보해야 한다. 위원회는 평가결과 또는 그에 따른 안전조치가 미흡하다고 인정되는 때에는 운영자에게 시정 또는 보완을 명할 수 있으며, 운영자는 3개월 이내에 이행계획을 수립해야 한다. 운영자가 원자로시설을 계속운전하지 않으려면 그 원자로시설의 영구정지를 위하여 운영허가에 대한 변경허가를 신청해야 한다. 계속운전의 절차는 그림 9.6에 도식화되어 있다.

원자력발전소 운영자인 한국수력원자력(주)은 계속운전의 절차와 요건에 따라 2006년 6월 고리1호기에 대한 평가보고서를 제출하였으며, 한국원자력안전기술원의 심사와 원자력안전위원회의 심의를 거쳐 2007년 12월 계속운전이 허용되었다.

9.5 원자력발전소 이외의 원자력시설 안전규제 현황

9.5.1 안전규제 공통 사항

원자력발전소 이외의 원자력시설에 대하여 「원자력안전법」의 규정에 따라 원자력발전소의 많은 규정이 준용되고 있으며, 원자력시설 또는 시설을 설치·운영하는 사업자에게 공통적으로 적용되는 규정이 있다. 또한 「원자로시설 등의 방호 및 방사능 방재대책법」의 규정에 따라 물리적 방호규정과 방사선비상계획 승인, 물리적 방호 검사, 방사능재난조치에 관한 검사, 방사능재난 대응시설과 방사능방재 교육·훈련에 대한 검사에 관한 사항은 원자력시설을 설치·운영하는 원자력사업자에 대하여 공통적으로 적용되고 있다.

원자력시설의 안전규제는 시설의 사용목적과 특성, 시설의 규모와 위험도 수준 등을 고려하여 차등적으로 규정하고 있다. 규제의 시행에 있어서도 사업자의 운영실적과 안전에 대한 자체적인 노력 수준에 따라 검사의 면제나 검사주기의 연장 등 규제의 효과성과 효율성 측면에서 다양한 방법을 채택하고 있다.

지금까지 논의한 원자력발전소의 주요 안전규제 사항을 중심으로 각 원자력시설에 적용되는 규제사항을 비교하면 표 9.12에서 보는 바와 같다. 표준설계인가와 주기적 안전성평가는 발전용원자로에 대해서만 적용되고 있으며, 부지사전승인과 주민 의견수렴은 발전용원자로와 방사성폐기물시설에만 적용되고 있음을 알 수 있다. 또한 발전용원자로의 경우 건설허가와 운영허가를 분리하고 있으나, 다른시설에 대해서는 건설·운영 통합허가 또는 하나의 사업(사용)허가로 일원화하고 있다. 이 외에도 발전용원자로 이외의 원자력시설에 적용되는 규제사항이 시설의 특성에 따라 별도로 규정되고 있으며, 특히 방사선방호, 물리적 방호 및 방사능방재에 관한 사항은 원자력시설을 운영하거나 방사성물질을 사용하는 대개의 사업자에게 공통적으로 적용되고 있다.

여기에서는 발전용원자로 이외의 원자력시설에 대하여 다루되, 방사성폐기물을 포함한 핵연료주기시설('제10장'), 모든 원자력시설에 공통적인 방사선방호('제11장')와 물리적 방호 및 방사능방재대책('제12장')에 대해서는 별도의 장에서 각각 다루기로 한다.

9.5.2 연구용원자로와 외국 원자력선

연구용 또는 교육용 원자로시설을 건설·운영하려는 자는 「원자력안전법」의 규정에 따라 그 종류별로 원자력안전위원회의 허가를 받아야 한다. 허가를 위한 제출서류는 방사선환경영향평가서, 운영기술지침서, 안전성분석보고서, 건설 및 운전에 관한 품질보증계획서와 원자로 사용목적 설명서, 설치 및 운영에 관한 기술능력 설명서이며, 10kW 미만의 원자로에 대해서는 품질보증계획서의 제출을 면제하고 있다. 허가 제출서류의 주요 내용은 발전용원자로의 규정을 준용하고 있다.

허가의 안전위원회 심의, 변경허가 절차, 허가기준, 허가의 취소, 계량관리규정 승인 및 검사, 사용전 검사 및 정기검사(24개월), 품질보증검사, 기록과 비치, 운영에 관한 안전조치, 사용정지 조치, 원자로의 해체에 대해서는 발전용원자로의 규정을 준용하거나 유사하게 규정하고 있다. 발전용원자로의 허가기준을 준용함에 있어서 원자로시설의 사용목적, 원리적 차이 또는 설계의 특성상 연구용 원자로시설에 그대로 적용할 수 없거나 적용하지 않더라도 안전성에 지장이 없는 경우에는 적용을 배제할 수 있다. 또한 100kW 이상의 연구용원자로에 대해서는 발전용원자로와 동일하게 방사선환경조사계획을 수립하여 방사선환경을 조사하고 이에 따른 방사선환경영향평가를 실시하여 원자력안전위원회에 보고해야 한다.

연구용원자로를 설치하는 때에는 발전용원자로의 경우와 동일하게 방사선에 따른 인

표 9.12 원자력시설의 주요 규제사항

발전용원자로 주요 규제사항	연구용 원자로	핵연료 주기	핵연료 물질	핵원료 물질	동위 원소	폐기 시설
표준설계인가	X	X	X	X	X	X
부지사전승인	X	X	X	X	X	O
건설허가	통합 허가	사업 허가1)	사용 허가	사용 신고	사용 허가	통합허가
운영허가						
계량관리규정승인	O	O	O	X	X	O
물리적방호규정승인	O	O	O	X	O	O
방사선비상계획승인	O	O	O	X	O	O
해체승인	O	O	X	X	X	X
사용전(시설)검사	O	O2)	O	X	O	O
계량관리검사	O	O	O	X	X	O
물리적방호검사	O	O	O	X	O	O
품질보증검사	O	O2)	X	X	X	O
정기검사	O	O	O	X	X	O
주기적 안전성평가	X	X	X	X	X	X
운영에 관한 안전조치	O	O	O	X	X	X
방사선종사자교육	O	O	O	O	O	O
제한구역 설치	O3)	O	X	X	X	X
위해시설 설치제한	X	O	X	X	X	O
원자력시설취급제한	O	O	O	O	O	O
종업원 보호	O	O	O	O	O	O
방사선장해방지조치	O	O	O	O	O	O
방사선장해방어조치	O	O	O	O	O	O
환경보전	O4)	O	X	X	X	O5)
주민의견수렴	X	X	X	X	X	O5)

주 1) 사용후핵연료 처리사업은 사업지정   2) 정련사업의 경우 제외
   3) 열출력 10MW 이상의 연구용원자로   4) 열출력 100kW 이상의 연구용원자로
   5) 사용후핵연료 (중간)저장시설 포함

체·물체 및 공공의 재해를 방어하기 위하여 일정 범위의 제한구역을 설정하고, 제한구역에는 일반인의 출입이나 거주를 제한해야 한다. 그러나 열출력 10MW 이하의 연구용 또는 교육용 원자로시설에 대해서는 제한구역을 설정하지 않아도 된다.

연구용 또는 교육용 원자로시설은 발전용원자로와 달리 건설·운영의 통합허가 제도를 채택하고 있으며, 표준설계인가, 부지사전승인, 주기적 안전성평가, 계속운전에 대한

규정을 채택하지 않고 있다. 연구용 또는 교육용 원자로시설 규제의 전체적인 흐름은 그림 9.7에서 보는 바와 같다.

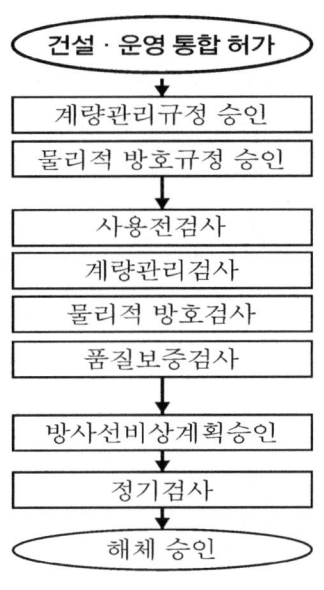

그림 9.7 연구용원자로 안전규제

외국인이 소유하는 선박으로 원자로를 설치한 선박(군함 제외)을 우리나라의 항구에 입항 또는 출항시키려는 외국 원자력선 운항자는 20일 전에 원자력안전위원회에 신고해야 한다. 위원회는 신고를 받은 경우 외국 원자력선 운항자가 원자로 또는 방사성물질에 따른 재해를 방지하기 위하여 취해야 할 조치를 국토해양부장관에게 통지해야 한다. 통지의 내용에는 원자로 열출력 한도, 정박장소로부터 거주지까지의 거리, 사고시 예인에 소요되는 시간 등을 포함해야 한다.

우리나라에는 표 9.2에서 보는 바와 같이 한국원자력연구원이 운영하는 열출력 30MW급의 하나로(HANARO) 연구용원자로가 있으며, 경희대학교에서 운영하는 열출력 10W의 교육용원자로(AGN-201)가 있다. 이 외에도 한국원자력연구원에서 1962년 가동을 시작한 TRIGA Mark II 연구용원자로(250kW)와 1972년 가동을 시작한 TRIGA Mark III 연구용원자로(2MW)가 있었으나, 1996년 가동을 중지하고 해체되었다.

9.5.3 핵물질 사용시설

핵물질은 핵연료물질과 핵원료물질로 구성되며, 핵연료물질은 원자력을 발생할 수 있는 물질로써 우라늄, 토륨 및 플루토늄과 그 화합물이며, 핵원료물질은 우라늄광 및 토륨광, 핵연료물질의 원료가 되는 물질로써 우라늄 및 토륨과 그 화합물을 함유한 물질을 말한다. 핵연료물질을 사용 또는 소지하려는 자는 원자력안전위원회의 허가를 받아야 한다. 그러나 발전용 및 연구용 원자로와 핵연료주기사업에서 핵연료물질을 그 허가 또는 지정받은 사업에 사용하는 경우, 그리고 우라늄-235의 비율이 천연혼합률 이하인 우라늄의 양이 300그램 이하인 경우와 토륨의 양이 900그램 이하인 경우에는 허가를 받지 않아도 된다. 허가서류로 안전관리규정, 기술능력 설명서, 오염된 물질에 대한 방사선 차폐와 처리·저장 및 배출시설에 대한 설명서, 방사선환경영향 및 환경보전에 관한 사항, 사고에 따른 재해방지조치에 관한 설명서를 제출해야 한다.

허가서류로 제출하는 안전관리규정의 주요 내용은 다음과 같으며, 사업자와 종업원은 핵물질의 사용에서 안전관리규정을 준수해야 한다.

- 관리 조직 및 기능
- 종사자 안전관리교육
- 재해 방지를 위한 관련 기기의 운전
- 방사선관리구역 설정과 출입제한, 피폭방사선량 감시와 오염 제거
- 배기 및 배수 감시설비
- 방사선측정기 관리 및 방사선 측정방법
- 사용시설 점검 및 검사와 조치
- 핵연료물질의 반출·반입·운반·저장 및 취급
- 방사성폐기물의 저장·처리·배출 및 인도
- 비상시에 취해야 할 조치
- 환경보전

허가기준으로 핵연료물질의 사용에 필요한 기술능력 확보와 사용시설의 위치·구조 및 설비가 기술기준에 적합해야 하며, 방사선/능 측정기와 관련 면허소지자를 포함한 장비와 인력을 확보하고 있어야 한다. 위치·구조 및 설비에 관한 기술기준은 「방사선안전관리 등의 기술기준에 관한 규칙」에서 규정하고 있다. 주요 기술기준으로 i) 핵연료물질의 사용시설은 화재·침수 또는 지반붕괴의 우려가 없는 곳에 설치해야 하고, ii) 사용시설은 핵연료물질이 임계에 도달하는 것을 방지할 수 있는 구조를 가져야 하며, iii) 사용시설에 설치된 케이브(Cave)는 외부 방사선량률이 주당 1mSv 이하의 차폐능력을 가지는 구조로 부압상태를 유지해야 한다. 여기서 케이브는 고방사성물질을 기계적 원격조작기기에 의하여 취급할 수 있도록 만들어진 두꺼운 차폐를 한 하나의 구획을 말하며, 셀(Cell)과 동일한 의미로 사용된다.

핵연료물질 사용자는 기술기준과 허가서류로 제출한 안전관리규정을 준수해야 하며, 기술기준에 미흡할 경우 원자력안전위원회는 해당시설의 수리·개선·이전 또는 사용의 정지, 취급방법의 변경과 그 밖의 안전에 필요한 조치를 명할 수 있다. 또한 핵연료물질 사용자는 시설검사, 정기검사(1년 주기), 특정핵물질의 계량관리검사, 물리적 방호검사를 받아야 하며, 계량관리규정의 승인과 검사에 대해서는 발전용원자로의 규정을 준용하고 있다. 이 외의 안전규제에 관한 사항은 표 9.12에 나타나 있다.

핵연료물질 사용허가는 허가가 면제되는 원자로시설 운영자(한국수력원자력, 한국원자력연구원)와 핵연료주기시설 운영자(한전원자력연료)를 제외하고 한국원자력통제기술원, 태광산업(주), 대구텍(주) 등 5개 기관이 보유하고 있다.

핵원료물질을 사용하려는 자는 원자력안전위원회에 신고해야 한다. 그러나 발전용 및 연구용 원자로와 핵연료주기사업에서 핵원료물질을 그 허가 또는 지정받은 사업에 사용하는 경우, 핵원료물질의 방사능농도가 그램당 74베크렐(고체상인 경우 370베크렐) 이하의 물질로서 우라늄량에 3을 곱한 것과 토륨량을 합한 총량이 900그램 이하인 경우에는 신고하지 않아도 된다. 핵원료물질의 사용, 저장, 운반, 처리 및 배출에 관한 기술기준은 「방사선안전관리 등의 기술기준에 관한 규칙」에서 규정하고 있다.

9.5.4 방사성동위원소 및 방사선발생장치

방사성동위원소는 방사선을 방출하는 동위원소와 그 화합물 중에서 핵종별 규제면제 수량 및 농도를 초과하는 물질로써, 핵연료 및 핵원료 물질을 제외한 것을 말한다. 핵종별 규제면제 수량 및 농도는 '방사선방호 등에 관한 기준'(원자력안전위원회고시 제2012-29호)에서 약 300여종의 방사성핵종에 대하여 규정하고 있으며, 주요 핵종의 최소 수량 및 농도는 표 9.13에서 보는 바와 같다.

방사선발생장치는 하전입자를 가속시켜 방사선을 발생시키는 장치로써, 엑스선발생장치, 사이클로트론, 신크로트론, 신크로사이클로트론, 선형가속장치, 베타트론, 반·데 그라프형 가속장치, 콕크로프트·왈톤형 가속장치, 변압기형 가속장치, 마이크로트론, 방사광가속기, 가속이온주입기 등을 말한다.

방사성동위원소 또는 방사선발생장치를 생산·판매·사용하거나 이동사용하려는 자는 사업의 종류별로 원자력안전위원회의 허가를 받아야 하며, 일정 용도나 수량 이하의 밀봉된 방사성동위원소 또는 방사선발생장치를 사용하거나 이동사용하려는 자는 위원회에 신고해야 한다. 허가 제출서류로 안전성분석보고서, 품질보증계획서, 방사선안전보고서 및 안전관리규정을 포함하여 사업 종류별로 원자력안전위원회 규칙으로 정하는

표 9.13 방사성핵종별 규제면제 대상 최소 수량 및 농도 예시

원자번호	핵종	최소수량 (Bq)	최소농도 (Bq/g)	원자번호	핵종	최소수량 (Bq)	최소농도 (Bq/g)
1	H-3	1×10^9	1×10^6	50	Sn-113	1×10^7	1×10^3
4	Be-7	1×10^7	1×10^3	50	Sn-125	1×10^5	1×10^2
19	K-40	1×10^6	1×10^2	51	Sb-122	1×10^4	1×10^2
25	Mn-53	1×10^9	1×10^4	53	I-126	1×10^6	1×10^2
25	Mn-54	1×10^6	1×10^1	53	I-129	1×10^5	1×10^2
25	Mn-56	1×10^5	1×10^1	53	I-132	1×10^5	1×10^1
26	Fe-59	1×10^6	1×10^1	54	Xe-133	1×10^4	1×10^3
27	Co-56	1×10^5	1×10^1	55	Cs-134	1×10^4	1×10^1
27	Co-58	1×10^6	1×10^1	55	Cs-135	1×10^7	1×10^4
27	Co-60	1×10^5	1×10^1	55	Cs-136	1×10^5	1×10^1
28	Ni-59	1×10^8	1×10^4	55	Cs-137	1×10^4	1×10^1
28	Ni-63	1×10^8	1×10^5	58	Ce-141	1×10^7	1×10^2
28	Ni-65	1×10^6	1×10^1	58	Ce-143	1×10^6	1×10^2
30	Zn-65	1×10^6	1×10^1	77	Ir-190	1×10^6	1×10^1
30	Zn-69	1×10^6	1×10^4	77	Ir-192	1×10^4	1×10^1
38	Sr-85	1×10^6	1×10^2	77	Ir-194	1×10^5	1×10^2
38	Sr-85	1×10^7	1×10^2	82	Pb-210	1×10^4	1×10^1
42	Mo-90	1×10^6	1×10^1	82	Pb-212	1×10^5	1×10^1
42	Mo-93	1×10^8	1×10^3	88	Ra-227	1×10^6	1×10^2
42	Mo-99	1×10^6	1×10^2	88	Ra-228	1×10^5	1×10^1
43	Tc-99	1×10^7	1×10^4	90	Th-226	1×10^7	1×10^3
43	Tc-99m	1×10^7	1×10^2	90	Th-227	1×10^4	1×10^1
47	Ag-105	1×10^6	1×10^2	90	Th-228	1×10^4	1×10^0
47	Ag-111	1×10^6	1×10^3	90	Th-229	1×10^3	1×10^0
48	Cd-109	1×10^6	1×10^4	95	Am-241	1×10^4	1×10^0

서류를 첨부해야 하며, 안전성분석보고서 및 품질보증계획서의 제출은 생산허가를 받는 경우에만 적용한다. 또한 허가소지자나 신고자를 대행하여 방사선오염의 제거, 방사성동위원소 및 방사성폐기물의 수거·처리와 운반, 방사선안전보고서·안전관리규정의 작

성, 사용시설의 설치에 대한 감리, 방사선안전관리와 장해방지 업무를 하려는 자는 원자력안전위원회에 등록해야 한다.

　허가서류인 안전성분석보고서, 방사선안전보고서와 안전관리규정의 주요 내용은 표 9.14에서 보는 바와 같으며, 허가를 받은 사업자와 종업원은 방사성동위원소 또는 방사선발생장치의 사용에서 안전관리규정을 준수해야 한다.

표 9.14 방사성동위원소 허가서류의 주요 내용

허가서류	주요 내용
안전성분석 보고서	• 방사성동위원소 등의 개요 및 제원 • 방사성동위원소 등의 재질·구조 및 안전성평가 • 방사성동위원소 등의 성능시험계획서
방사선안전 보고서	• 시설 개요 • 시설주변 환경 • 운영계획 개요 • 방사선원의 특성·위치 및 제원 • 안전시설 개요 • 방사선취급방법 및 방사선안전관리계획 • 예상피폭선량의 평가에 관한 절차·방법 및 결과 • 주변환경에 대한 방사선영향 • 사고의 위험 및 그 대책 • 방사성폐기물 발생 및 처리계획 • 방사선안전보고서 작성자 인적사항 및 자격
안전관리규정	• 오염된 물질의 취급 조직 및 기능 • 방사성동위원소 등의 구매·사용 및 판매 • 오염된 물질의 분배·보관·운반·처리·배출·저장, 자체처분 및 인도 • 오염상황의 측정 및 측정결과의 기록과 보존 • 방사선안전관리장비의 보관·관리 및 교정 • 작업종사자의 피폭선량 평가 및 개인선량계 관리 • 방사선장해방지를 위한 교육훈련 • 방사선장해발생 여부의 발견에 필요한 조치 • 방사선장해를 받은 또는 우려가 있는 자의 보건상 조치 • 기록과 비치 • 위험시의 조치 • 방사성동위원소 등의 분실·도난 등 사고시의 조치 및 사고예방 • 방사선안전관리자의 권한·책임 및 직무수행

주) '방사성동위원소 등'이란 방사성동위원소와 방사선발생장치를 뜻함.

　허가기준으로 i) 시설의 위치·구조 및 설비가 기술기준에 적합하고, ii) 피폭방사선량이 선량한도(표 11.4 참조)를 초과하지 않아야 하며, iii) 생산하려는 방사성동위원소의 성능 및 품질보증계획서의 내용이 기술기준에 적합하고, iv) 방사선/능 측정기, 방사선 취급감독자면허 등의 면허소지자를 포함하는 장비 및 인력을 확보해야 한다. 기술기준은 「원자력안전법」 시행령 및 「방사선안전관리 등의 기술기준에 관한 규칙」에서 사업 종류 및 시설별로 규정하고 있다. 허가소지자 및 업무대행자는 시설검사, 정기검사, 물리적 방호검사를 받아야 하며, 방사성동위원소의 생산허가 소지자는 생산검사를 받아야 한다. 정기검사의 주기는 1~5년으로 방사성동위원소의 종류와 방사능 농도에 따라 달리 적용하고 있다.

방사선발생장치 또는 방사성동위원소가 내장된 방사선기기를 제작하려는 자나 외국에서 수입하려는 자는 원자력안전위원회의 승인을 받아야 하며, 방사선기기의 설계자료, 안전성평가자료, 제작에 관한 품질보증계획서, 외국 수입의 경우 제작국에서 인증한 제작검사 증명서 또는 제작사가 발행한 품질보증 증명서를 첨부해야 한다. 방사선기기의 승인을 받은 자는 제작 또는 수입한 기기의 검사를 받아야 한다.

방사성동위원소 및 방사선발생장치의 이용기관은 각 분야별로 표 9.15에서 보는 바와 같으며, 매년 약 10%씩 증가하고 있다.

9.5.5 방사성물질의 운반

원자력사업자는 일정 수량의 방사성물질을 해당 사업소 밖의 장소나 외국에서 국내의 해당 사업소로 운반하려는 경우 운반개시 5일 전까지 원자력안전위원회에 신고해야 하며, 「방사선안전관리 등의 기술기준에 관한 규칙」에서 규정한 포장 및 운반에 관한 기술기준에 적합해야 한다. 또한 일정 수량의 방사성물질을 실은 선박이나 항공기를 우리나라 항구 또는 공항에 입항시키거나 영해를 경유할 경우 운항개시 7일 전까지 위원회에 신고해야 한다.

원자력사업자는 방사성물질의 운반작업자에게 방사선피폭의 점검과 안전교육을 실시해야 하며, 운반이나 포장 중에 발생할 수 있는 사고에 대비하여 비상대응계획을 수립·시행해야 한다. 운반이나 포장 중에 방사성물질의 누설·화재와 도난·분실, 작업종사자의 선량한도 이상 피폭 등의 사고가 발생한 경우에는 방사선장해 방어조치를 취하고 지체 없이 이를 위원회에 보고해야 한다. 원자력사업자는 방사성물질을 포장하거나 운반할 때마다 원자력안전위원회의 검사를 받아야 하며, 방사성동위원소 생산 및 판매업자는 생산·판매량에 따라 1~3년마다 그 외의 사업자는 1년마다 정기적으로 검사를 받아야 한다.

표 9.15 방사성동위원소 및 방사선발생장치

(2011년 12월 기준)

구분 \ 종류		허가 및 신고 수			이용 기관 수
		방사성 동위원소	방사선 발생장치	계	
산업기관	일반사용	1,158	2,612	3,770	3,480
	비파괴	55	53	108	55
	판매	87	153	240	211
	생산	21	20	41	41
	소계	1,321	2,838	4,159	3,787
의료기관	일반사용	183	83	266	171
	판매	3	0	3	3
	생산	11	1	12	11
	소계	197	84	281	185
연구기관	일반사용	266	170	436	330
	판매	2	2	4	2
	생산	2	0	2	2
	소계	270	172	442	334
교육기관	일반사용	173	212	385	281
	생산	2	0	2	2
	소계	175	212	387	283
공공기관	일반사용	321	238	559	503
군사기관	일반사용	13	54	67	63
총 계		2,297	3,598	5,895	5,155

원자력사업자가 일정 수량의 방사성물질의 포장이나 운반을 위한 용기를 제작하거나 수입하려는 때에는 원자력안전위원회의 승인을 받아야 하며, 승인신청서에 운반용기의 설계자료, 제작에 관한 품질보증계획서, 안전성분석보고서, 성능시험계획서를 첨부하여 위원회에 제출해야 한다. 안전성분석보고서에는 운반용기의 재원, 재질·구조·열·격납·차폐와 핵임계 평가결과, 조작 및 운영절차, 시험과 유지·보수 절차를 포함해야 한다. 승인의 기준으로 운반용기의 파손·마모 등에 의하여 방사선원 또는 그 오염물이 쉽게 누설되거나 방사선장해가 발생할 우려가 없어야 하며, 운반용기의 설계·재료와 구조가 위원회가 정하여 고시하는 기준에 적합해야 한다. 또한 승인을 받아 제작 또는 수입된

운반용기에 대해서는 위원회의 제작검사와 정기적으로 사용검사를 받아야 한다.

　방사성물질의 운반용기는 한국수력원자력(주)의 KN-18, HI-STAR 63, 한전원자력연료(주)의 HERMES-L과 HERMES-S, 한국원자력연구원의 KT-500과 TN-BGC1 등 26개 모델에 대하여 설계승인 되어 있다.

제 10 장

핵연료주기와 폐기시설의 안전과 규제

10.1 핵연료주기 안전관리 개요

10.1.1 핵연료주기 공정

자연에 존재하는 우라늄이나 토륨 등의 원광을 채굴하여 핵연료를 제조하고, 이 핵연료를 원자로에 장전하여 사용한다. 그리고 원자로에서 사용한 사용후핵연료를 재처리하여 다시 핵연료로 만들어 이를 원자로에 이용하거나, 재처리하지 않은 사용후핵연료를 포함한 방사성폐기물을 최종적으로 처분하게 되는데 이러한 일련의 과정을 핵연료주기 (Nuclear Fuel Cycle)로 정의하고 있다. 핵연료주기 공정은 그림 10.1에서 보는 바와 같이 일반적으로 우라늄의 채광, 정광, 정련 및 변환, 농축, 재변환, 핵연료가공, 핵연료의 원자로에서의 사용(핵연료 연소), 사용후핵연료 저장, 사용후핵연료 재처리, 그리고 방사성폐기물(사용후핵연료 포함)의 영구처분 단계로 진행된다.

핵연료주기는 우라늄의 채광에서 핵연료가공까지의 과정을 선행 핵연료주기(Front-end Fuel Cycle), 핵연료연소 이후의 사용후핵연료 및 방사성폐기물의 영구처분 과정을 후행 핵연료주기(Back-end Fuel Cycle)로 구분한다. 이들 각 과정을 살펴보면 다음과 같다.

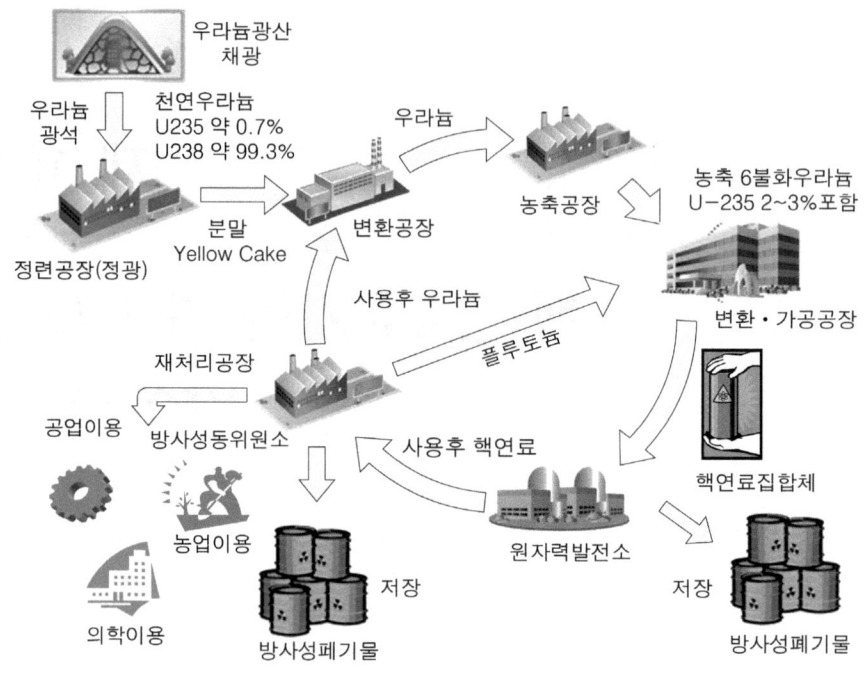

그림 10.1 핵연료주기 개략도

10.1.2 선행 핵연료주기

1) 채광(Mining) 및 정광(Milling)

우라늄광산에서 우라늄원광을 채굴하는 과정을 채광이라 하며, 우라늄광맥의 형상에 따라 노천채광, 지하채광, 현장회수 등으로 분류할 수 있다. 노천채광(Open Pit Mining)은 우라늄광맥이 지표로부터 100m 이내에 존재하는 경우에 채광하는 방법으로, 광맥 상부의 토양과 암석을 제거하고 우라늄원광을 채굴한다. 지하채광(Underground Mining)은 우라늄광맥이 지표에서 100m 이상의 깊이에 존재하는 경우에 채광하는 방법으로, 지표에서 터널을 굴착하여 원광을 채굴한다. 반면에 현장회수(In situ Recovery)는 우라늄광에 채광액을 주입하여 우라늄을 용해시켜 지상으로 양수하여 추출하는 방법으로 지질학적 조건이 적합한 경우에 가능하다. 그림 10.2는 우라늄의 노천 및 지하채광 전경을 보이고 있다.

정광은 채광한 우라늄원광에서 원광에 함유된 흙과 같은 불순물(약 25%)을 제거한 후 우라늄정광(Yellow Cake: U_3O_8)을 만드는 과정이다. 우라늄의 정광은 분쇄, 침출, 정제, 침전의 4단계 과정으로 구분되며, 침출용액의 종류에 따라 황산 침출법과 알카리

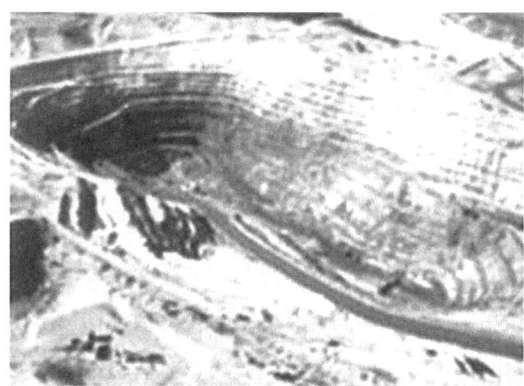

그림 10.2 우라늄의 노천 및 지하채광 전경

침출법이 일반적으로 사용된다. 고체상태의 원광을 분쇄하고, 산성 또는 염기성 용액으로 처리하여 불필요한 광물질과 우라늄을 분리하여 우라늄만 선택적으로 침출시키고, 그 용액을 화학적으로 처리하여 잔유 고형물에서 우라늄을 분리하여 침전시킨다. 우라늄침전물을 건조시키면 분말상태의 우라늄정광을 얻을 수 있다. 그림 10.3은 우라늄정광의 모습을 보이고 있다.

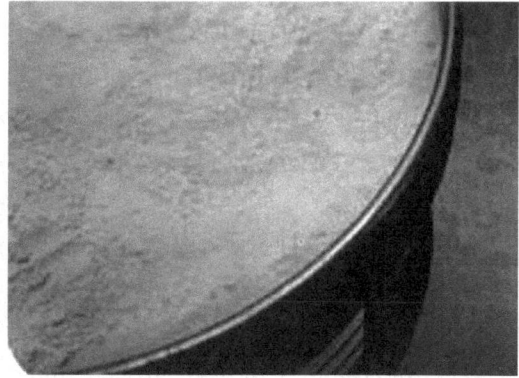

그림 10.3 우라늄정광의 실제 모습

2) 정련(Refining) 및 변환(Conversion)

정련은 우라늄정광(U_3O_8) 분말에 남아있는 불순물을 추가로 정제하여 고순도의 삼산화우라늄(UO_3) 또는 이산화우라늄(UO_2)을 제조하는 과정이다. 천연우라늄을 핵연료로 사용하는 가압중수로의 경우 U-235의 농축이 필요 없기 때문에 정련과정에서 얻은 UO_3를 UO_2로 변환하거나 또는 정련과정에서 얻은 UO_2를 직접 핵연료 가공공장으로 보낸다. 그러나 저농축우라늄을 핵연료로 사용하는 가압경수로의 경우 U-235의 농축이 필요하기 때문에 정련과정에서 얻은 UO_2 또는 UO_3를 기체상태의 육불화우라늄(UF_6)으로 변환시켜 농축과정으로 보낸다. UF_6는 열적으로 안정되고 비교적 높은 휘발성을 갖기 때문에 농축공정에 적합한 유일한 우라늄화합물로 알려져 있다.

3) 농축(Enrichment) 및 재변환(Re-Conversion)

농축은 2종 이상의 동위원소로 구성되는 원소에서 특정한 동위원소의 존재비를 높이는 것으로, 우라늄농축은 천연상태의 우라늄에 0.72%의 질량비로 존재하는 U-235의 비율을 높이는(가압경수로의 경우 2~5%) 과정이다. 변환과정에서 얻은 UF_6 상태에서 U-235의 농축을 수행하게 되는데, 농축공정으로 기체확산법과 원심분리법이 주로 사용되고 있으며, 노즐법이나 레이저농축법 등도 개발되어 있다.

기체확산법은 $^{235}UF_6$와 $^{238}UF_6$의 근소한 질량차이에 따른 막(Membrane)을 통과하는 기체 확산속도의 차이를 이용하는 방법으로, 상대적으로 가벼운 $^{235}UF_6$가 $^{238}UF_6$보다 더 빠른 속도로 확산하는 현상을 이용하여 U-235를 분리한다. 근소한 질량차이를 이용하기 때문에 목표로 하는 농축도를 얻기 위하여 수많은(수천개) 다단계 확산통(컬럼)을 거쳐야 하며, 이를 가동하기 위해서는 많은 양의 전력이 필요하다.

원심분리법은 고속원심분리기에 UF_6를 주입하면 가벼운 $^{235}UF_6$는 회전축 부근에 많이 모이고 무거운 $^{238}UF_6$는 벽면 부근에 모이게 되는 것을 이용하여 분리하는 방법이다. 기체확산법에 비하여 전력량의 소모가 적고 기기가 소형이라는 장점이 있으나, 원심분리기의 처리용량이 상대적으로 작다는 단점이 있다.

재변환은 농축된 UF_6를 핵연료가공을 위하여 UO_2 분말로 다시 변환하는 공정이다.

4) 핵연료가공(Fabrication)

핵연료가공은 원자로에 장전할 수 있는 형태의 핵연료를 제조하기 위하여, i) UO_2 분말을 압축 및 소결하여 고밀도의 UO_2 소결체(펠렛, Pellet)를 만들고, ii) 이 소결체를 지르칼로이(Zircaloy) 재질의 피복관(Cladding) 내에 넣고 기체(헬륨)로 충전하고, iii) 양끝을 밀봉용접하여 핵연료봉을 만들고, iv) 핵연료봉들을 지지격자(Grid) 또는 간격체(Spacer) 등으로 조립하여 경수로용의 핵연료집합체 또는 중수로용의 핵연료다발로 성형하는 과정으로 구성된다. 성형가공된 핵연료의 원자로 노형에 따른 우라늄동위원소의 구성비는 그림 10.4에서 보는 바와 같다.

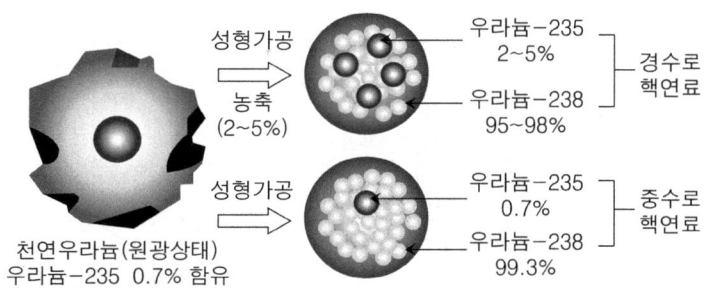

그림 10.4 핵연료의 우라늄동위원소 구성비

5) 핵연료의 원자로 장전(Loading) 및 연소(Burning)

제조된 핵연료집합체 또는 핵연료다발을 원자로의 노심에 장전하여 핵분열 반응을 일으키는 과정을 연소라고 하며, 노심에서 일정기간(경수로의 경우 약 36개월) 연소된 핵연료는 주기적으로 교체된다. 노심에서 영구적으로 인출된 핵연료를 사용후핵연료라 부른다.

10.1.3 후행 핵연료주기

1) 사용후핵연료 재처리(Reprocessing)

원자로에서 연소된 후에 인출된 사용후핵연료(Spent Nuclear Fuel) 내에 잔류하는 우라늄과 연소 중에 생성된 플루토늄 등의 유용한 핵연료물질을 분리하여 회수하는 과정을 재처리라고 한다. 회수된 핵연료물질은 주로 혼합산화물(Mixed Oxide: MOX) 핵연료로 가공되어 원자로에 다시 이용된다. 재처리는 다량의 핵분열성 물질을 취급하는 높은 방사능 환경에서 진행되는 공정이므로 차폐와 원격조작 등의 방법으로 작업자들이 방사선에 피폭되지 않도록 상당한 방사선 방호조치가 요구되며, 고준위 방사성폐기물이 다량으로 발생하므로 철저한 안전관리가 필요하다. 또한 핵연료의 임계 위험성이 있으므로 임계제어 등 운전관리에도 각별한 주의가 필요하다.

사용후핵연료의 재처리는 자원의 재활용 측면에서도 의미를 갖지만 고준위 방사성폐기물의 발생을 최소화할 수 있다는 이점도 있다. 사용후핵연료를 재처리하여 핵연료로 재활용할 경우 중·저준위 폐기물의 양은 증가하나, 고준위폐기물의 양을 획기적(약 1/15)으로 줄일 수 있어 방사성폐기물의 안전관리 측면에서 유리하게 된다. 사용후핵연료를 재처리한 후 생성되는 우라늄동위원소 구성비는 그림 10.5에서 보는 바와 같다.

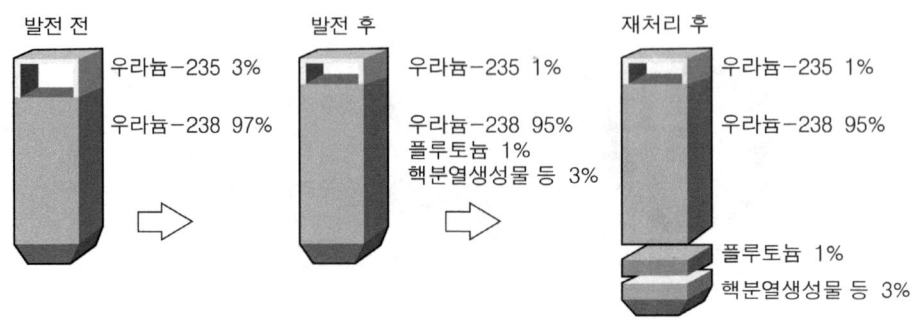

그림 10.5 재처리 후의 우라늄동위원소 구성비

2) 사용후핵연료 저장(습식저장조)

노심에서 영구적으로 인출된 사용후핵연료는 처리, 저장, 처분 등의 단계로 가기 전에 핵연료에서 발생하는 붕괴열을 제거하고 반감기가 짧은 방사성핵종의 감쇄를 통해 방사선량률을 줄이기 위해 원자로에 인접하게 설치된 사용후핵연료 저장조에 일정기간 저장된다. 저장조는 대개 물로 채워진 습식저장조로써 사용후핵연료는 습식상태에서 일정기간(길게는 수십년) 저장된 후 재처리를 위해 이송되거나 중간저장시설로 이송되어 저장된다.

습식저장조는 콘크리트 구조물로 벽면은 주로 스테인리스 강 또는 에폭시 도장으로 라이닝되어 있으며, 사용후핵연료는 수조 내의 격자형 적치대(Rack)에 저장된다. 저장조의 용량이 부족할 경우에는 적치대의 간격을 축소하고 저장수에 붕소 등의 중성자 흡수물질을 삽입하여 핵임계 안전성을 확보하는 조밀저장(Reracking) 방법으로 저장용량을 늘리기도 한다. 이 외에도 핵연료집합체를 해체하여 핵연료봉과 기타 부품을 원통형 소형용기(Canister)에 보다 좁은 간격으로 장입하여 저장하는 연료봉 밀집저장(Rod Consolidation) 방식이 있다.

3) 사용후핵연료 저장(건식 중간저장)

중간저장시설은 사용후핵연료를 재처리 또는 직접(영구)처분하기 전에 임시 저장하는 시설로 사용후핵연료에서 발생하는 붕괴열을 냉각시키는 방법에 따라 수냉식의 습식저장과 공냉식의 건식저장으로 구분하고 있다. 최근에는 건식저장 방식을 주로 적용하고 있다.

건식저장방식은 핵연료의 냉각을 위하여 물 대신 공기를 사용하고 있으나, 핵연료의 산화 방지에 유리한 헬륨 등의 불활성기체나 반응도가 약한 질소를 사용하기도 한다. 또한 방사선 차폐체로 물 대신 콘크리트나 금속을 사용한다. 건식저장을 위해서는 사용

후핵연료를 습식저장조에 일정기간 저장하여 핵연료에서 발생하는 붕괴열을 건식저장
이 가능한 수준으로 낮추어야 한다. 건식저장시설은 붕괴열 제거방법, 저장구조물 형태
등에 따라 볼트(Vault), 사일로(Silo), 캐스크(Cask) 방식 등이 있다.

볼트형 건식저장은 밀봉된 저장용 튜브 또는 실린더 내에 다수의 사용후핵연료 집합
체를 적치하여 대형 콘크리트 건물 내에 저장하는 방식이다. 외부 구조물을 방사선차폐
체로 이용하며, 붕괴열은 강제대류 또는 자연대류 현상을 이용하여 제거한다. 이 방식
은 저장시설의 건설을 위한 초기 비용은 많지만 단일 시설에서 많은 수량의 핵연료를
저장할 수 있다는 이점이 있다.

사일로형 건식저장은 핵연료를 수평 또는 수직 형태의 콘크리트 실린더 내에 저장하
는 방식으로, 실린더에는 금속재 내부라이너 또는 금속캐니스터(Canister)가 장착된다.
콘크리트는 방사선 차폐기능을, 밀봉된 내부 금속라이너 또는 캐니스터는 격납기능을
수행한다. 붕괴열은 공기의 자연대류에 의해 이루어진다. 이 방식의 저장설비는 우리나
라 월성원자력발전소에 설치되어 있다.

캐스크형 건식저장에는 차폐기능과 격납기능을 동시에 수행하는 금속 캐스크와 금속
재 내부 라이너를 가진 콘크리트 캐스크가 있다. 콘크리트 캐스크에는 핵연료 저장을
위해 밀봉된 금속 캐니스터를 사용하며, 캐니스터는 주변 공기의 자연대류에 의해 냉각
된다. 캐스크는 운반과 저장용으로 사용할 수 있으며 단위별 모듈화로 초기 비용이 적
고 운영상의 유연성을 확보할 수 있는 이점이 있다.

4) 사용후핵연료 및 고준위폐기물의 영구처분

영구처분은 재처리를 하지 않는 사용후핵연료와 고준위폐기물을 궁극적으로 생태계에
서 영구히 격리시키는 것으로, 감시나 유지보수에 의존하지 않고 안전하게 폐기물을 영
구히 격리할 수 있는 처분시설(Disposal Facility)에 적치하는 것이다. 사용후핵연료 또
는 고준위폐기물 처분은 주로 금속재 처분용기(캐니스터) 내에 이들을 장입한 후 처분
시설에서 영구적으로 격리하는 방식이다. 영구처분의 방식에 대해서는 다음 절에서 자
세히 다루기로 한다.

10.1.4 핵연료주기시설의 안전관리

핵연료주기시설 안전관리의 주안점은 원자력발전소와 여러 가지 측면에서 차이가 있
다. 첫째, 핵연료주기시설은 핵분열성 물질과 폐기물의 처리과정에서 독성, 부식성, 가
연성을 가진 다량의 유해한 화학물질이 시설의 전역에 널리 분포하게 되므로 작업상의

안전에 각별한 주의가 요구된다. 반면에 원전의 경우 핵분열성 물질은 원자로 내의 핵연료 또는 핵연료저장조 등의 제한된 공간에 위치하고 있다. 둘째, 핵연료주기시설은 원전에서 다양한 안전설비의 설치·운영과 달리 운전원의 안전조치에 많이 의존하고 있으며, 운전원의 수동개입을 요건으로 하기도 한다. 셋째, 원전에서 임계는 운전상의 과정이나, 핵연료주기시설에서는 임계가 발생하지 않도록 관련 설비를 설계해야 하므로, 정지(Shutdown)를 위한 설계는 적용하지 않는다.

따라서 핵연료주기시설의 안전성은 임계, 방사선, 화학적 독성, 화재와 폭발, 시설의 노화, 시설의 해체, 방사성물질의 유출, 보수 등에 초점을 두고 있다. 임계안전성은 가장 중요한 안전의 고려요소이며, 방사선안전은 핵물질의 사용에서 공통적인 요소이다. 또한 공정에서 화학적 독성물질의 발생, 공정에서 사용하는 가연성물질에 의한 화재나 폭발, 공정에서 발생하는 방사성물질 또는 화학적 독성물질의 외부 유출, 시설의 보수나 해체과정에서 방사성물질 또는 독성물질에 의한 작업자 피해 등에 대한 대처방안이 마련되어야 한다.

핵연료주기는 각 공정별로 취급하는 물질의 형태와 기술이 상이하기 때문에 안전의 주안점이 서로 다를 수 있다. 예로서 농축된 우라늄의 경우 육불화우라늄(UF_6)의 임계안전성을 고려해야 하나, 천연우라늄의 경우 임계안전성은 문제가 되지 않는다. 표 10.1은 핵연료주기공정에 따른 안전관리의 주안점을 표시하고 있다.

표 10.1 핵연료주기 공정별 안전관리 주안점

주안점\공정	임계	방사선	화학 독성	화재, 폭발	시설 노회	시설 해체	유출물	보수
채광/정광	–	○	○	△	○	○	○	–
변환	△	○	○	○	○	△	–	–
농축	△	○	○	○	△	○	–	–
가공	○	○	○	○	△	○	○	△
원자로(연소)	○	○	–	○	○	○	○	○
중간저장	○	○	–	–	○	△	–	–
재처리	○	○	○	○	○	○	○	○
처분	△	○	–	○	○	△	○	–
운반	△	○	△	○	–	△	–	–

○ : 안전관리 주안점
△ : 핵분열성물질의 농축도와 성분에 따라 안전관리 주안점이 될 수 있음

10.2 방사성폐기물 안전관리 개요

10.2.1 방사성폐기물의 특성과 분류

방사성폐기물은 방사성물질로 오염되어 있어 관리에 계속적인 감시가 필요한 폐기물을 말하며, 일반 산업폐기물과는 달리 방사능을 띠고 있는 특성이 있다. 방사성폐기물은 원자력발전을 포함한 핵연료주기의 전 과정에서 부산물로 발생한다. 또한 병원, 대학, 연구소, 산업체 등에서 방사성동위원소나 방사선발생장치를 이용하는 과정에서도 발생하고 있다.

방사성폐기물은 일반적으로 표 10.2에서 보는 바와 같이 폐기물의 형태, 방사능준위나 발생원에 따라 분류된다. 방사성폐기물의 형태에 따른 분류로 기체, 액체 및 고체 상태의 폐기물로 분류할 수 있으며, 고체 폐기물의 경우 가연성 또는 비가연성, 압축성 또는 비압축성으로 세분된다. 방사성폐기물은 발생원에 따라 특성이 상이하여 처리방법이 다르며, 원자력발전폐기물, 핵연료주기폐기물, 방사성동위원소폐기물 등으로 구분할 수 있다. 또한 방사성폐기물에 함유되어 있는 방사성핵종과 농도에 따라 폐기물의 처리방법이 다르기 때문에 고준위, 중준위 또는 저준위 폐기물로 분류하고 있다. 방사성폐기물에 함유되어 있는 방사성핵종의 반감기에 따라 단반감기 또는 장반감기 폐기물로 구분하기도 한다.

표 10.2 방사성폐기물의 분류

구분	종류
형태	기체, 액체, 고체 (고체의 경우 가연성 또는 비가연성, 압축성 또는 비압축성으로 세분)
방사능 준위	고준위, 중준위, 저준위
발생원	원자력발전소, 핵연료주기시설, 사용후핵연료재처리시설, 방사성동위원소 취급장치, 방사선발생장치
반감기	단반감기, 장반감기

방사성폐기물은 원자력발전소를 포함한 핵연료주기시설에서 많은 양이 발생하고 있으며, 사용후핵연료 재처리과정에서 대부분의 고준위 방사성폐기물이 생성되고 있다. 방

사성동위원소의 이용에서 발생하는 폐기물은 소량이나 일반인의 생활권 내의 다양한 분야에서 발생하고, 영세한 사업자에 의하여 관리되는 경우가 많아 안전관리에 상당한 주의가 요구되고 있다. 따라서 방사성폐기물의 안전관리는 발생에서부터 처리, 저장, 운반, 처분까지의 전 과정에 걸쳐 방사선작업자의 피폭과 오염물의 발생을 최소화하도록 수행되어야 하며, 궁극적으로는 인간의 생활권으로부터 격리시켜 방사성폐기물에 의한 방사선위해를 영구적으로 방지할 수 있도록 수행되어야 한다. 이러한 맥락에서 방사성폐기물은 다음의 원칙을 기본으로 관리되어야 한다.

- 희석과 분산(Dilution and Dispersion) : 기체 또는 액체폐기물이 배출 허용농도 부근의 방사능을 가질 경우 안전기준에 따라 최대한 희석시켜 자연계로 방출한다.
- 농축과 격납(Concentration and Containment) : 중·고준위 방사성폐액은 농축처리를 하고, 방사성물질은 영구히 격리하여 처분한다.
- 지연과 붕괴(Delay and Decay) : 반감기가 짧은 방사성핵종을 함유한 폐기물은 일정기간 동안 저장하여 방사능을 감쇠시킨 후 희석하여 분산시킨다.

10.2.2 방사성폐기물의 발생원

원자력발전소의 방사성폐기물은 발전소에서 발생하는 방사성물질의 오염에 의하여 발생한다. 원자력발전소의 방사성물질은 주로 핵분열생성물, 방사화 부식생성물과 기타 화학물질의 방사화생성물로 구분할 수 있다. 핵분열생성물은 핵분열 반응에 의하여 생성되며 주로 핵연료피복재 내에 존재하지만, 피복재가 손상될 경우 원자로냉각재로 유출하게 된다. 원자로냉각재 내의 핵분열생성물은 그 화학적 특성에 따라 할로겐원소그룹, 불활성기체그룹, 입자물질그룹으로 나눌 수 있다. 할로겐원소그룹은 원자로냉각재 내의 요오드(Iodine) 동위원소(I-131, I-132, I-133 등)가 대표적인 것으로, 이들은 서로 반감기가 상이하고 감마선을 방출한다. 불활성기체로는 제논(Xe-133, Xe-135, Xe-138)과 크립톤(Kr-85, Kr-87, Kr-88) 동위원소가 있으며, 가압기의 증기영역과 체적제어탱크의 기체영역에 존재한다. 입자물질은 금속성 핵분열생성물로 주로 산화물의 형태로 존재하는 세슘(Cs-134, Cs-136, Cs-137 등)과 스트론튬(Sr-89, Sr-90 등) 동위원소들이다.

방사화 부식생성물은 금속이 물과 접촉하여 부식된 생성물이 원자로를 통과하면서 중성자에 조사(방사화)되어 방사능을 띠게 된다. 핵연료피복관과 노심구조물들은 이미 방사화되어 있으므로 이들이 부식되면서 원자로냉각재로 유출될 경우 계통의 방사능준위를 높이게 된다.

기타 화학물질의 방사화생성물은 원자로냉각재 자체의 방사화생성물(N-16, N-17) 또는 냉각재 내부의 불순물에서 발생하는 방사화생성물(Na-24, F-18)들이며, 중수소(H-2)나 붕소(B-10) 등의 중성자 반응에 의한 삼중수소(H-3, Tritium)가 여기에 속한다.

한편 원자력발전소에서 발생하는 방사성핵종들이 계통으로부터 유출되어 물과 공기를 오염시킴으로써 방사성폐기물이 발생하게 된다. 발전소에서 발생하는 폐기물의 형태에 따른 예시는 표 10.3에서 보는 바와 같다.

표 10.3 원자력발전소의 방사성폐기물 형태별 예시

형태	종 류
기체폐기물	체적제어 탱크의 가스교환(수소와 질소), 액체증발기 및 붕소증발기 배기, 각종 저장탱크 상부 배출기체(질소), 원자로냉각수 붕산 희석 및 제거기체(수소), 각종 기기의 배기 및 보호밸브 배기, 산소 및 수소 검출을 위한 자동기체 분석기의 시료
액체폐기물	기기배수 및 누출수, 시료채취 폐액, 붕소 재순환계통 폐액, 세탁 및 샤워실 배수, 원자로냉각수 탈염기의 재생 및 수지교환 폐액
고체폐기물	폐수지, 폐필터, 기체처리용(주로 고성능입자 및 탄소 필터), 액체처리용(정수용 카트리지 필터), 농축폐액 고화체, 잡고체(가연성 또는 비가연성, 압축성 또는 비압축성으로 구분), 폐수 찌꺼기, 각종 탱크 청소 후의 남은 슬러지

10.2.3 방사성폐기물의 처리

방사성폐기물의 처리는 폐기물의 부피를 감소시키고, 물리적·화학적 및 방사선학적으로 안정한 형태로 전환시켜 취급·수송·임시저장과 최종처분에 적합하게 하고, 그리고 공공과 환경에 방사선에 의한 영향을 최대한 줄이기 위하여 수행된다. 따라서 우선적으로 방사성폐기물의 발생을 최소화하고, 가능한 한 작은 부피의 고체형태로 저준위방사능을 갖도록 처리하는데 중점을 두고 있다.

방사성폐기물의 처리는 그 형태와 발생원, 방사성물질의 농도에 따라 차이가 있을 수 있다. 기체폐기물의 경우 적절한 처리과정을 거쳐 대기로 방출하고, 액체폐기물도 적절한 처리과정을 거친 후 외부로 방출하며, 그리고 처리과정에서 발생한 2차 폐기물(폐필터, 폐수지, 슬러지 등)은 고화시켜 처분시설에 영구 격리시킨다. 고체폐기물은 소각이나 압축의 방법으로 처리하며, 소각 후의 2차 폐기물과 압축된 폐기물은 처분시설에 영구 격리시킨다. 폐기물의 형태에 따른 처리공정은 그림 10.6과 같으며, 그 내용을 살펴보면 다음과 같다.

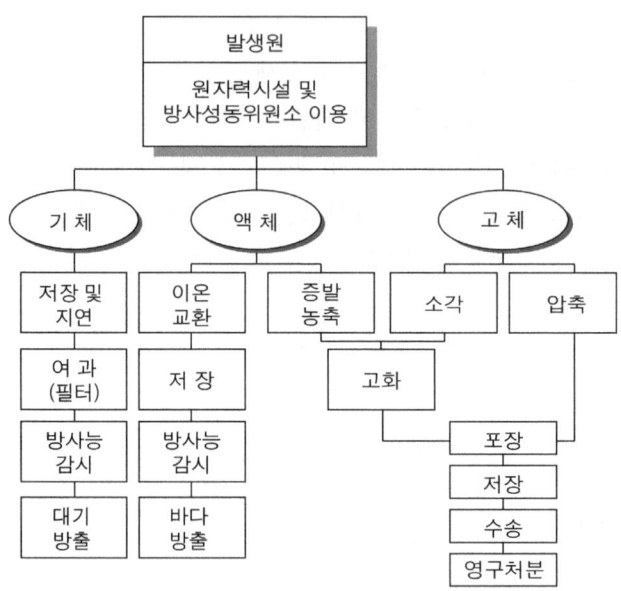

그림 10.6 방사성폐기물의 형태별 처리공정

1) 기체방사성폐기물 처리

기체방사성폐기물의 처리는 주로 불활성기체, 방사성요오드, 입자, 삼중수소를 대상으로 하고 있다. 불활성기체는 원자력발전소에서 발생되는 전체 기체폐기물의 대부분을 차지하고 있으며, 주로 Xe-133과 Kr-85이다. 불활성기체의 처리는 감쇠법, 활성탄 흡착법, 저온 증류법, 용매 흡수법, 격막법 등이 있으나, 주로 감쇠법, 활성탄 흡착법, 저온 증류법이 사용되고 있다.

감쇠법은 기체폐기물을 탈수·건조하고 $14{\sim}21kg/cm^2$로 압축시켜 감쇠탱크(Decay Tank)에 30~60일간 저장하고 방사능농도를 충분히 자연 감쇠시켜 대기로 배출시키는 방법으로, 장치가 많은 공간을 차지하고 탱크의 안정성에 문제가 발생할 수 있다. 활성탄 흡착법(Charcoal Absorber)은 활성탄(흡착재)에 기체폐기물이 통과할 때 불활성기체가 선택적으로 흡착·탈착되어 이동이 지연되는 성질을 이용한 것으로 불활성기체를 활성탄에서 45~60일간 체류시켜 감쇠시킨 후 대기로 배출하는 방법이다. 저온증류법(Cryogenic Distillation)은 기체폐기물에 압력을 가하여 액화시키고 기체의 비등점 차이를 이용하여 이산화탄소와 수증기를 동결시켜 제거한 후 저온 증류탑에 공급하고, 증류탑 내에서 온도 강하에 따라 불활성기체를 응축시켜 섬프에 모아 제거하는 방법이다. 방사성요오드는 휘발성이 강하므로, 주요 핵종인 I-131을 활성탄 흡착법 등의 방법으로 처리하고 있다.

원자력발전소에서 발생되는 기체폐기물 중에는 방사성물질로 오염되어 있는 미세한 입자(초미립자)들이 존재하므로 적절한 필터를 사용하여 부유입자를 제거한 후 대기 중으로 배출해야 한다. 이들 부유입자 중에는 직경이 $3\mu m$ 이하의 미세입자가 대부분이므로 일반산업분야에서 사용하는 필터나 정전기집진기로는 제거가 곤란하기 때문에 고성능입자공기필터(HEPA: High Efficiency Particulate Air Filter), DBS필터(Deep-Bed Sand Filter), DBGF필터(Deep-Bed Glass Fiber Filter)와 같은 특수 필터장치를 사용하여 처리한다. HEPA필터는 주름잡힌 알루미늄이나 석면으로 만든 분리기를 사이에 두고 유리섬유포가 연속적으로 접혀 있으며, 목재나 내식성 강철 상자로 싸여 있다. HEPA필터는 99.97%의 높은 입자제거효율을 가지면서 사용이 간편하여 원자력시설에서 널리 사용되고 있다.

기체폐기물 중에 함유되어 있는 삼중수소(H-3)는 보통 HT(수소와 삼중수소의 결합물) 형태로 촉매반응기를 이용하여 산소와 재결합시켜 HTO(수소와 삼중수소 및 산소의 화합물) 형태의 액체(물)로 전환시켜 제거한다. 이때 사용되는 재결합기는 대체가 가능한 카트리지나 동제탱크에 촉매를 충전시킨 층으로 되어 있고, 촉매는 일반적으로 팔레듐(Pd) 또는 백금(Pt) 화합물이 사용된다.

2) 액체방사성폐기물 처리

액체방사성폐기물의 처리는 크게 전처리 단계와 고화처리 단계로 구분된다. 즉 폐기물의 농도를 희석에 의해 저하시켜 환경으로 배출시키거나 일시저장, 이온교환, 증발농축 공정 등을 거쳐 처리수는 환경으로 배출시키고, 처리 후에 발생한 농축폐액 등은 고화 처리하여 격리 처분한다.

전처리 방법으로는 이온교환법(Ion Exchange), 증발처리법(Evaporation), 역 삼투압법(Reverse Osmosis)이 있다. 이온교환법은 원자로냉각재, 응축수와 증기발생기 취출수 등의 처리에 사용되며, 사용되는 이온교환체는 고분자 유기합성수지로서 양이온 교환수지와 음이온 교환수지로 나눌 수 있다. 증발처리는 고농도의 불순물을 함유하는 액체폐기물의 처리에 적합하며, 높은 제염효과와 높은 감용비를 얻을 수 있다는 이점이 있다. 역 삼투압법은 반투막을 이용하여 압력을 가함으로써 삼투현상과 역방향으로 용매를 이동시켜 폐기물을 처리하는 압력 분리공정이다. 이 방법은 원자로보충수 정화, 세탁 폐액, 샤워 폐액의 처리와 공정수의 전처리 등에 이용되고 있다.

고화처리는 액체방사성폐기물의 전처리에 의해 생성되는 증발농축폐액과 응집침전 슬러지를 운반과 처분에 적합한 고화체로 만들어 용기에 충전한다. 일반적으로 시멘트, 아스팔트, 폴리머 또는 유리를 고화제로 사용하여 고화한다.

시멘트 고화(Cementation)는 중·저준위 방사성폐기물의 고화에 가장 많이 사용되고 있으며, 주로 고체를 많이 함유하고 있는 슬러지, 농축폐액, 폐수지 등을 처리하는데 적합하다. 시멘트에 대한 폐기물의 중량비는 20~30% 정도이며 농축폐액 중의 붕산 중량비는 20% 이하이다. 아스팔트 고화법은 100℃ 이상의 아스팔트와 폐기물을 혼합시켜 고화시키며, 아스팔트에 대한 폐기물의 중량비는 40% 정도이다.

폴리머 고화(Polymerization)에 이용되는 폴리머 종류로는 열경화성 수지인 불포화 폴리에스테르, 에폭시(Epoxy) 등과 열가소성 수지인 폴리에틸렌 등이 있으며, 불포화 폴리에스테르가 고화매체로 널리 이용되고 있다.

파라핀 고화(Paraffin Stabilization)는 농축된 폐액을 혼합기에서 증발시켜 붕산만을 추출하고 파라핀을 첨가하여 혼합한 다음 고정화시키는 방법이다. 이 방법은 농축폐액을 증발시켜 슬러지와 붕산만의 고화체만 추출하기 때문에 시멘트 고화보다 고화드럼의 양을 약 1/10로 줄일 수 있다. 최종생성물의 조성은 파라핀 20%, 붕산 80%이다.

유리화(Vitrification)는 물리적·화학적으로 견고한 유리구조 속에 방사성폐기물을 용융시켜 유리고화체로 만들어 영구적으로 격리시키는 방법으로, 우수한 물리적·화학적 내구성을 가지며 폐기물의 부피도 획기적으로 줄일 수 있다. 유리화 방법은 질이 좋은 유리생성물로 매우 낮은 침출률과 높은 온도에서의 안전도가 좋은 반면에 처리과정이 복잡하고 취급이 까다로우며 값이 비교적 비싸다는 단점이 있다. 세계적으로 사용후핵연료의 재처리 과정에서 발생된 고준위 폐액의 고화처리에 사용하고 있으나, 우리나라에서는 울진5/6호기에서 중·저준위폐기물 처리설비로 설치되어 있다. 울진 원자력발전소의 중·저준위폐기물 유리화 처리설비는 유도가열식 저온용융 방식으로 유도코일로 둘러싸인 수냉식 저온용융로 내에 유리를 넣고 고주파발생기를 통하여 유도코일에 고주파의 전류를 보내면 유리에 유도전류와 함께 고온의 열이 발생하면서 유리를 녹이게 된다. 유리용탕이 형성되어 있는 용융로 상단의 투입구를 통하여 방사성폐기물을 투입하면 용융유리와 접촉하여 열분해가 일어나면서 폐기물 내의 유기성분은 제거되고 중금속 및 방사성핵종과 같은 무기성분들은 유리용융물에 포획된다. 유리용융물은 용융로 하단의 배출밸브를 통하여 몰드(Mold)에 부어져 저장된다.

3) 고체방사성폐기물 처리

고체폐기물의 처리방법으로 압축처리, 소각처리, 해체처리 등이 있다. 압축처리(Compaction)는 폐기물을 압축시켜 폐기물의 부피를 감소시키는 방법으로, 70~90%의 압축률을 가지며 기술적으로 충분히 개발되어 널리 활용되고 있다. 그러나 폐기물의 조직이 너무 치밀하고 단단하여 압축하더라도 부피감소를 기대할 수 없거나, 인화성 또는 폭발성 물질을 함유하고 있는 경우에는 적용하지 않는다. 압축처리에 사용되는 압력은 대략 4.5톤에서 2,200톤 정도로 다양하며, 사용압력이 100톤 미만일 때는 저압압축, 그 이상일 때는 고압압축이라 한다.

소각(Incineration)처리는 원자력시설에서 발생되는 고체폐기물의 상당부분이 가연성 물질로 구성되어 있어 이를 소각하는 방법으로 처리하며, 감용비는 40~100정도이다. 소각처리는 폐기물의 감용효과가 클 뿐 아니라, 폐기물을 불활성 또는 반응성이 작은 재의 형태로 전환시켜 추후 수송과 저장시의 문제발생을 감소시키는 이점이 있다. 그러나 폐기물의 불완전연소, 배기기체 처리계통의 과도한 부식, 필터와 배기체 장치에 타르와 매연의 오염, 배기체 처리효율 저하, 방사선 환경에서의 소각기 조작에 따른 문제 등이 생길 수도 있다. 방사성폐기물 소각처리에서 중요한 점은 완전연소에 있으며, 이를 위해 소각로 내에서 폐기물의 체류시간과 연소온도가 적절해야 하고 난류연소와 충분한 산소공급이 보장되어야 한다. 그 밖에도 방사성물질이 누출되지 않도록 격납이 잘 이루어져야 하며, 운전원을 방사선피폭으로부터 보호할 수 있어야 하고, 대기환경오염 방지에 각별한 주의를 하여야 한다.

10.2.4 방사성폐기물의 처분

1) 방사성폐기물의 처분방식

방사성폐기물의 처분방식은 그 처분장소에 따라 육지처분과 해양처분의 2가지로 구분할 수 있다. 해양처분의 방법인 해양투기(Sea Dumping)는 1946년 미국에서 시작되어 국토가 협소하고 인구밀도가 높은 유럽국가들을 중심으로 행해져 왔으며, 1967년 이후 대서양의 4,500m 수심에 공동으로 투기하기도 하였다. 그러나 해양투기가 증가하여 해양의 방사능오염 우려가 제기됨에 따라 1972년 '폐기물과 기타 물질의 투기에 의한 해양오염 방지에 관한 런던조약'이 체결되어 해양투기는 사실상 중단되어 왔다. 우리나라도 런던조약의 정신에 따라 방사성폐기물의 해양투기를 「원자력안전법」에서 금지하고 있다. 따라서 여기에서는 방사성폐기물의 육지처분 방식에 대하여만 다루기로 한다.

영구처분은 방사성폐기물 안전관리의 최종단계로, 감시나 유지보수에 의존하지 않고 안전하게 폐기물을 영구히 격리할 수 있는 처분시설에 적치하는 것이다. 폐기물의 영구격리는 주변 환경으로 방사성핵종의 유출을 제한할 수 있는 물리적 방벽을 통하여 이루어진다. 물리적 방벽은 암반과 토양 등의 천연방벽과 처분용기 등의 공학적 방벽으로 구분할 수 있으며, 하나 이상의 다중방벽으로 구성된다. 이들 방벽은 일정한 기간동안 방사성핵종의 누설을 억제하거나 지연하게 되며, 이 동안에 방사성핵종은 반감기에 의하여 시간에 따라 붕괴해 간다.

방사성폐기물의 영구처분은 천층처분(Near-Surface Disposal), 심지층처분(Deep Geological Disposal)과 심해저 퇴적층처분(Sea Bed Disposal) 방식으로 구분할 수 있다. 중·저준위폐기물의 처분은 지표로부터 수십 미터 이내의 지하에 처분하는 천층처분 방식이 주로 사용되고 있으나, 고준위폐기물과 사용후핵연료의 처분은 지하 수백 미터 심도의 암반에 처분하는 심지층처분 방식이 주로 사용된다.

2) 중·저준위폐기물 천층처분

천층처분 방식은 그림 10.7에서 보는 바와 같이 처분시설 내부에 콘크리트 등으로 인공방벽을 설치하는가에 따라 단순천층처분 또는 인공방벽 천층처분, 단순동굴처분 또는 인공동굴처분으로 구분한다. 단순천층처분은 지표면에 수직 또는 경사로 지반을 판 공간(Trench)에 폐기물을 넣은 후 1m 이상의 두께로 흙이나 점토를 혼합하여 덮는 방식이다. 이 방식은 가장 단순한 방법으로 방사성폐기물의 유출 가능성이 다른 천층처분 방식에 비해 상대적으로 높을 수 있으나 극저준위 단반감기 폐기물(예로서 대량의 원전 해체시 발생되는 폐기물) 처분에는 경제적으로 매우 유용한 방식이다.

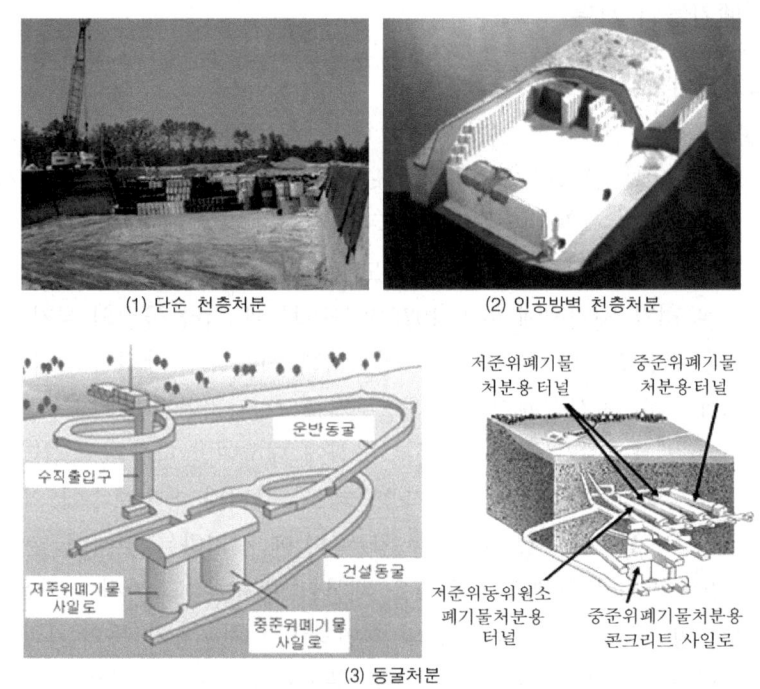

(1) 단순 천층처분   (2) 인공방벽 천층처분

(3) 동굴처분

그림 10.7 천층처분방식 개념도

　인공방벽 천층처분은 단순천층처분의 단점을 보완하기 위하여 부지의 자연적 특성에 콘크리트 등으로 공학적 방벽을 보강하여 폐기물을 격리시키는 방식이다. 일반적으로 지하공간(Trench) 내에 폐기물을 정치한 후 폐기물 사이 또는 폐기물과 공간벽 사이에 뒷채움재(Backfill)로 채워 공간전체를 일체화물(Monolith)로 만든다. 뒷채움재로는 방사성핵종의 흡수능력이 우수한 점토나 콘크리트 등이 사용되고 있으며, 프랑스, 스페인, 일본 등 많은 국가에서 사용하고 있는 방법이다.

　동굴처분방식은 지하에 위치한 다수의 처분용 동굴과 지상으로 연결하는 통로로 구성되며, 폐기물을 동굴에 넣은 후 동굴의 빈공간에 점토나 콘크리트를 채워 일체화물을 만드는 방식이다. 동굴이 폐기물로 완전히 채워지면 입구는 콘크리트로 밀봉하고, 모든 동굴이 포화상태에 이르면 진입 및 연결통로에도 콘크리트 등으로 밀봉하여 외부와 완전히 격리시킨다. 이 방식은 비용이 많이 소요되나 자연 및 인위적 사건으로부터 폐기물의 격리기능이 우수하다는 이점이 있다. 스웨덴, 핀란드에서 대표적으로 사용하고 있으며, 우리나라도 현재 경주에 건설 중인 처분시설이 이 방법을 채택하고 있다. 단순동굴처분은 폐광이나 천연동굴을 개조하여 처분시설로 이용하는 방식으로, 독일이 암염폐광을 이용한 사례가 있다.

3) 사용후핵연료 및 고준위 방사성폐기물 처분

　원자력발전소에서 발생된 사용후핵연료를 재처리하지 않고 그대로 영구처분하거나 사용후핵연료 재처리과정에서 발생된 고준위폐기물을 고화하여 영구처분하는 경우에는 중·저준위폐기물 처분의 경우보다 훨씬 엄격한 제한이 가해져야 한다. 사용후핵연료를 포함한 고준위폐기물은 그 유해기간이 수십만 년에서 수백만 년에 이르므로 유해기간 동안 안전하게 인간환경과 생태계로부터 격리시킬 수 있다는 것이 보장되어야 한다.

　고준위폐기물의 처분법으로는 심지층처분과 심해저 퇴적층처분이 있다. 심지층처분은 지표로부터 수백 미터 지하에 위치한 모암(Hot Rock) 내에 방사성폐기물 처분시설을 건설하여 처분하는 방식이다. 그림 10.8은 심지층처분의 개념을 나타내고 있으며, 일반적으로 다음의 조건을 갖추어야 한다.

 i) 의도적 또는 비의도적인 침입이나 사고에 의한 침입을 방지할 수 있도록 충분히 깊어야 하며, 폐기물의 포장물은 물리적·화학적 특성이 적합해야 한다.

 ii) 처분장은 건조하거나 대단히 작은 지하수 흐름이 형성되는 극히 낮은 투수성의 모암에 위치해야 하며, 모암은 폐기물의 격리기간보다 장기간 견딜 수 있는 특성을 가져야 한다.

 iii) 처분장은 지진·지질학적으로 안정된 지역에 위치해야 하며, 방사성핵종의 이동을 방지하거나 지연시킬 수 있는 물리적·화학적 방벽이 제공되어야 한다.

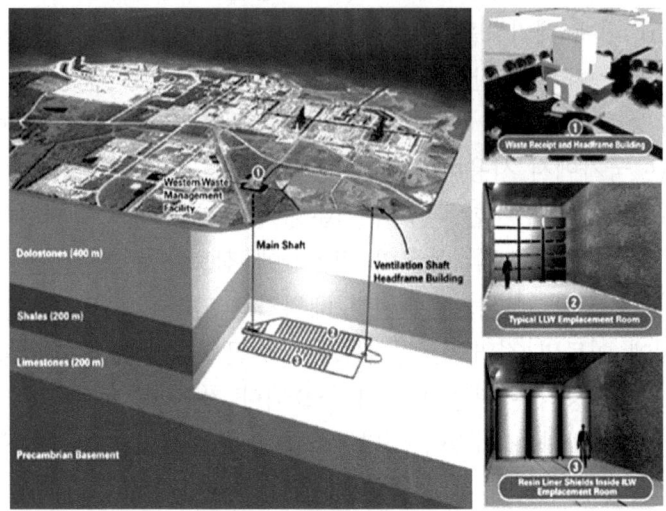

그림 10.8 심지층처분 개념도

심해저 퇴적층처분은 폐기물을 생태계로부터 격리시키는 능력이 우수하고, 폐기물로부터 방사성핵종이 유출되어도 해수의 희석능력이 높아 인체에 대한 방사선장해를 방지할 수 있다는 이점이 있다. 심지층처분의 대안으로 제시되어 적용가능성에 대한 연구가 수행되고 있으며, 이 처분방식을 이용한 국제처분장의 가능성이 거론되고 있으나, 실현되려면 앞으로 많은 시간이 걸릴 것으로 보인다.

10.3 핵연료주기시설 안전규제

10.3.1 안전규제 체계

「원자력안전법」에서는 핵연료주기사업을 정련·변환·가공 또는 사용후핵연료처리 사업으로 정의하고 있다. 또한 사용후핵연료 처리를 원자로의 연료로 사용된 핵연료물질 또는 그 밖의 방법으로 원자핵분열을 시킨 핵연료물질을 연구나 시험 목적으로 취급하거나, 물리적·화학적 방법으로 처리하여 핵연료물질과 그 밖의 물질로 분리하는 것으로 정의하고 있다.

핵연료주기시설에 대한 인·허가 및 규제검사의 전체적인 주요 규제체계를 종합하면 그림 10.9에서 보는 바와 같다.

그림 10.9 핵연료주기사업 안전규제 흐름도

핵연료주기시설의 안전규제는 원자력발전소와 상당한 차이를 갖고 있다. 우선 인·허가 측면에서 시설과 사업을 통합하여 사업의 허가 또는 지정(사용후핵연료 처리사업의 경우)의 단일허가로 규정하고 있다. 반면에 원자력발전소의 경우 시설은 「원자력안전법」에 의한 건설과 운영허가로, 그리고 사업은 「전기사업법」에 의한 발전사업 허가로 분리하고 있다. 방사성폐기물의 경우에도 시설은 「원자력안전법」에 의한 건설·운영 통합허가로, 그리고 사업은 「방사성폐기물관리법」에 의한 사업지정으로 분리하고 있다. 핵연료주기시설에 대한 시설과 사업의 통합된 단일허가는 규제의 단순화와 인·허가 안정성 측면에서 장점이 있으나, 시설의 안전성과 사업운영상의 경제적 측면을 하나의 허가에서 다루는 것은 바람직하지 않을 수 있다.

핵연료주기시설은 표준설계인가와 부지사전승인 제도를 채용하고 있지 않으며, 주기적 안전성평가와 주민의견수렴에 대한 규정을 적용하지 않는다. 이는 표 9.12에서 보는 바와 같이 원자력발전소를 제외한 대개의 원자력시설에 공통적인 개념으로 원자력시설의 규모와 이에 따른 위험도 수준을 고려한 안전규제의 차등적 접근방법이다. 반면에 핵연료주기시설은 제한구역을 설치하도록 규정하고 있다.

핵연료주기시설의 안전규제는 「원자력안전법」에 근거를 두고 있으나, 물리적 방호규정의 승인과 검사, 그리고 방사선비상계획 승인에 관한 사항은 「원자로시설 등의 방호 및 방사능 방재대책법」에서 규정하고 있다. 여기에서는 핵연료주기사업에 특정한 인·허가 및 규제검사 등의 규제사항에 대하여 기술하고, 모든 원자력시설에 공통적인 방사선 방호('제11장')와 물리적 방호 및 방사능방재대책('제12장')에 대해서는 별도의 장에서 각각 다루기로 한다.

10.3.2 인·허가 절차 및 규제검사

핵원료물질 또는 핵연료물질의 정련사업이나 가공사업(변환사업 포함)을 하려는 자는 사업의 종류에 따라 원자력안전위원회의 허가를 받아야 한다. 사용후핵연료 처리사업의 경우는 주무부장관의 지정을 받아야 하며, 주무부장관은 원자력안전위원회와 협의해야 한다. 아직까지 사용후핵연료의 처리방식에 대한 국가정책이 결정되어 있지 않으며, 이에 따라 사업지정의 주무부장관도 결정되지 않고 있다.

허가 또는 지정을 위한 제출서류로 방사선환경영향평가서, 안전관리규정, 설계 및 공사방법 설명서, 사업 운영에 관한 품질보증계획서, 사업계획 및 공사계획, 기술능력 설명서, 위치·구조·설비 및 공정 또는 가공방법에 관한 서류를 첨부해야 한다. 사용후핵연료 처리사업 지정의 경우에는 이 외에도 사업목적 설명서, 사용후핵연료 처리방법, 분리된 핵연료물질의 처리 및 처분방법, 시설의 안전설계 설명서 등을 포함해야 한디. 방사선환경영향평가서와 품질보증계획서의 기재 사항은 발전용원자로의 규정을 준용하고 있다.

허가서류로 제출하는 안전관리 규정은 원자로시설의 허가시 제출하는 운영기술지침서와 유사한 성격을 가지며, 허가 또는 지정을 받은 사업자와 종업원은 시설의 운영과 방사성물질의 사용에서 안전관리규정을 준수해야 한다. 핵연료주기사업의 주요 허가서류와 내용은 표 10.4에서 보는 바와 같다.

허가 또는 지정에는 업무위탁기관인 한국원자력안전기술원의 심사보고서를 첨부하여 원자력안전위원회의 심의를 거쳐야 하나, 정련사업에 대해서는 이를 적용하지 않는다.

시설의 설치·운영과 관련하여 사용전 검사(가공사업의 경우 시설검사), 정기검사, 품질보증검사, 계량관리검사, 물리적 방호검사에 대한 규정이 있으나, 정련사업에 대해서는 사용전 검사와 품질보증검사를 적용하지 않는다. 정기검사의 주기는 1년이나 사용후

표 10.4 핵연료주기사업별 주요 허가서류와 내용

허가서류		주요 내용
방사선환경영향평가서		• 발전용원자로의 방사선환경영향평가서 규정 준용(표 12.1)
품질보증계획서		• 발전용원자로의 품질보증계획서 규정 준용(표 9.8)
안전 관리 규정	정련 및 가공(변환) 사업	• 관리 조직 및 기능 • 시설의 순시·점검 및 자체검사와 조치 • 핵물질의 반출·반입·운반·저장 및 취급 • 가공시설에 관계되는 보전기록
	사용후 핵연료 처리사업	• 운영·관리 조직과 기능 • 종사자 안전관리교육 • 안전관리설비의 조작 • 시설의 안전운전 • 방사선관리구역·보전구역·제한구역 설정과 출입제한 • 배기 및 배수 감시설비 • 방사선관리구역·보전구역·제한구역의 피폭방사선량, 방사성물질의 농도, 방사성물질에 의하여 오염된 물질의 표면오염도 감시 및 오염제거 • 방사선측정기의 관리 및 방사선 측정방법 • 시설에 대한 순시 및 점검과 조치 • 자체 정기검사 • 핵연료물질의 반입·운반·저장 및 취급 • 방사성폐기물의 폐기 • 배수구 주변 수역의 방사선관리 • 비상시에 취해야 할 조치 • 안전관리기록

핵연료 처리사업에 대해서는 2년을 적용하고 있다. 계량관리규정의 승인과 검사에 대해서는 발전용원자로의 규정을 준용하고 있다.

핵연료주기사업자가 핵연료주기시설을 해체할 때에는 해체계획서를 작성하여 원자력안전위원회의 승인을 받아야 한다. 해체계획서에는 핵연료주기시설의 해체방법과 공사일정, 방사성물질과 오염의 제거방법, 방사성폐기물의 처리·처분 방법, 방사선으로부터의 재해를 방지하는 데에 필요한 조치사항이 포함되어야 한다.

10.3.3 인·허가 기준

핵연료주기사업의 허가 또는 지정 기준은 사업수행에 필요한 기술능력의 확보와 시설의 위치·구조·설비 및 성능이 「원자로시설 등의 기술기준에 관한 규칙」에서 규정하고 있는 기술기준에 적합하여 방사성물질에 따른 인체·물체와 공공의 재해방지에 지장이 없어야 한다. 또한 시설의 운영으로 인하여 발생되는 방사성물질로부터 국민의 건강과 환경상의 위해를 방지하기 위한 기준에 적합해야 한다.

핵연료주기시설의 위치기준과 품질보증계획서의 작성기준에 대해서는 원자력발전소의 기술기준을 준용하고 있으며, 시설의 위치·구조·설비 및 성능과 환경상의 위해방지에 대한 기술기준은 표 10.5에서 보는 바와 같다. 핵연료주기시설의 사용목적이 연구·실험용이거나 시설 및 기술상의 특성으로 인하여 기술기준을 그대로 적용할 수 없거나 적용하지 않더라도 안전상 지장이 없는 경우에는 일부규정을 적용하지 않을 수 있다.

표 10.5 핵연료주기시설의 허가기준

구 분	기 술 기 준
위치기준	발전용원자로의 위치에 관한 기술기준 준용(표 9.8)
구조·설비 및 성능 기준	방사성폐기물 처리설비, 방사성폐기물 저장설비, 핵연료집합체 또는 사용후핵연료 저장설비, 핵연료집합체 및 사용후핵연료 취급장치, 비상전원, 재료 및 구조, 사용후핵연료 처리시설의 성능 *발전용원자로 기술기준 준용* : 외적요인에 의한 설계기준, 화재방호에 관한 설계기준, 방사선방호설비, 방사선관리구역에 대한 조치
환경상의 위해방지	• 제한구역경계에서의 방사성물질의 농도가 일정기준 이하(표 12.2) • 제한구역경계에서의 방사선량이 일정기준 이하(표 12.3)
운영기술능력	• 사업수행에 필요한 조직과 부서, 책임과 권한 • 안전 관련 사항의 검토를 위한 공학적·기술적 지원조직 • 책임과 권한에 상응하는 자격과 경험 • 안전 관련 주요 구조물 및 설비의 시험 및 검사 계획
품질보증계획서	발전용원자로의 품질보증계획에 관한 기술기준 준용(표 9.8)

환경상의 위해방지 기준으로 시설에서 배출되는 액체 및 기체 상태의 방사성물질의 제한구역 경계에서의 배출관리기준인 농도제한치(표 12.2 참조)와 연간 방사선량 기준치(표 12.3 참조)를 적용하고 있으며, 농도제한치와 방사선량 기준치는 '방사선방호 등에 관한 기준'(원자력안전위원회고시 제2012-29호)에서 규정하고 있다. 핵연료주기시설의 구조·설비 및 성능에 관한 주요 기술기준을 살펴보면 다음과 같다.

i) 폐기물처리설비 : 처리설비는 제한구역 경계에서 공기중 및 수중의 방사성물질 농도가 기준치(표 12.2 참조) 이하가 되도록 핵연료주기시설로부터 발생하는 방사성폐기물을 처리하는 능력이 있어야 한다. 허용농도 이하로 방출되는 것을 계속적으로 감시하여, 그 농도를 초과하여 방출하는 경우에는 즉시 경보를 발하고 방출을 중단할 수 있는 설비를 갖추어야 한다.

ii) 폐기물저장설비 : 정상운전시 발생하는 방사성폐기물을 저장할 수 있는 용량으로 붕괴열에 의하여 발생하는 열에 견디고, 방사선조사와 화학약품 등에 의하여 현저히 부식될 우려가 없어야 하며, 방사성폐기물에 의한 오염이 확산되지 않아야 한다.

iii) 핵연료집합체 또는 사용후핵연료 저장설비 : 임계의 우려가 없는 구조로 붕괴열에 의하여 핵연료가 녹지 않아야 한다.

iv) 핵연료집합체 또는 사용후핵연료 취급장치 : 임계의 우려가 없는 구조로 붕괴열에 의하여 연료가 파손되거나 용융되지 않아야 하며, 연료를 넣는 용기는 취급중에 충격·열 등에 견디고 쉽게 파손되지 않아야 한다.

v) 비상전원 : 핵연료주기시설에 연계되어 있는 송전선과 상시 사용되고 있는 발전기로부터 전원공급이 정지된 경우 안전에 필요한 장치의 기능을 유지할 수 있도록 내연기관을 원동력으로 하는 발전설비 또는 이와 동등한 기능을 가진 장치를 설치해야 한다.

vi) 재료 및 구조 : 핵연료주기시설에 속하는 용기·배관·펌프·밸브 및 주요 구조물의 재료와 구조는 안전성 등급별 규격에 적합해야 한다.

vii) 사용후핵연료 처리시설의 성능 : 경보장치, 비상용장치, 안전보호회로와 연동장치가 지정신청서에 기재한 조건대로 작동해야 하며, 방사선관리시설의 성능이 지정신청서에 기재한 성능수준에 적합해야 한다.

10.3.4 운영에 관한 안전조치

핵연료주기사업자가 그 시설을 운영할 때에는 허가서류로 제출한 안전관리규정을 준수해야 하며, 인체·물체와 공공의 안전을 위하여 다음 사항에 대한 안전조치를 해야 한다.
- 방사선관리구역, 보전구역, 제한구역의 설정과 구역별 안전조치
- 방사선작업종사자, 수시 및 임시출입자 피폭방사선량
- 핵연료주기시설의 순시 및 점검
- 핵연료주기시설의 안전운전

- 핵연료주기시설의 자체점검
- 사업소 안에서의 방사성물질의 안전운반
- 사업소 안에서의 방사성물질의 저장
- 사업소 안에서의 방사성폐기물의 처리·배출 및 저장

핵연료주기시설의 사용목적이 연구용 또는 실험용인 경우나 시설의 특성과 기술적인 차이로 인하여 안전조치에 관한 사항을 그대로 적용하기 어려운 경우에는 적용하지 않아도 된다. 안전조치에 관한 세부사항은 「원자로시설 등의 기술기준에 관한 규칙」에 규정되어 있으며, 대부분의 사항이 발전용원자로의 규정을 준용하고 있다.

핵연료주기시설에 대해서도 발전용원자로와 동일하게 방사선환경조사계획을 수립하여 방사선환경을 조사하고 이에 따른 방사선환경영향평가를 실시하여 원자력안전위원회에 보고해야 한다. 또한 핵연료주기시설을 설치하는 때에는 발전용원자로와 동일하게 방사선에 의한 인체·물체와 공공의 재해를 방어하기 위하여 일정 범위의 제한구역을 설정하고, 제한구역에는 일반인의 출입이나 거주를 제한해야 한다.

10.4 방사성폐기물 폐기시설 안전규제

10.4.1 안전규제 체계

「원자력안전법」에서는 방사성폐기물을 방사성물질 또는 그에 따라 오염된 물질로서 폐기의 대상이 되는 물질(사용후핵연료 포함)로 정의하며, 고준위와 중·저준위 방사성 폐기물로 十분하고 있다. 폐기시설은 방사성폐기물의 저장·처리·처분시설과 그 부속시설을 포함하고 있으며, 여기서 부속시설은 방사선안전에 관계되는 폐기물의 인수시설과 검사시설을 말한다. 방사성폐기물의 처리란 폐기물의 저장·처분·재활용 등을 위하여 폐기물을 물리적·화학적 방법으로 다루는 것을 말하며, 처분이란 폐기물을 인간의 생활권으로부터 영구히 격리시키는 것을 말한다.

고준위 방사성폐기물은 반감기 20년 이상의 알파선을 방출하는 핵종으로 4,000Bq/g의 방사능농도를 가지고 열발생률이 $2kW/m^3$ 이상인 방사성폐기물을 말하며, 중·저준위 방사성폐기물이란 고준위 방사성폐기물 이외의 방사성폐기물을 말한다. 그림 10.10은 방사성물질의 농도에 따른 방사성폐기물의 분류를 도식화하고 있다.

한편 개인의 연간 피폭선량이 $10\mu Sv$ 미만이고 집단의 총 피폭선량이 1man·Sv 미만인 폐기물과 방사성핵종별 제한농도가 100Bq/g를 초과하지 않는 폐기물을 규제해제(Clearance) 대상으로 규정하고 있다(표 10.6). 규제해제된 방사성폐기물은 일반폐기물

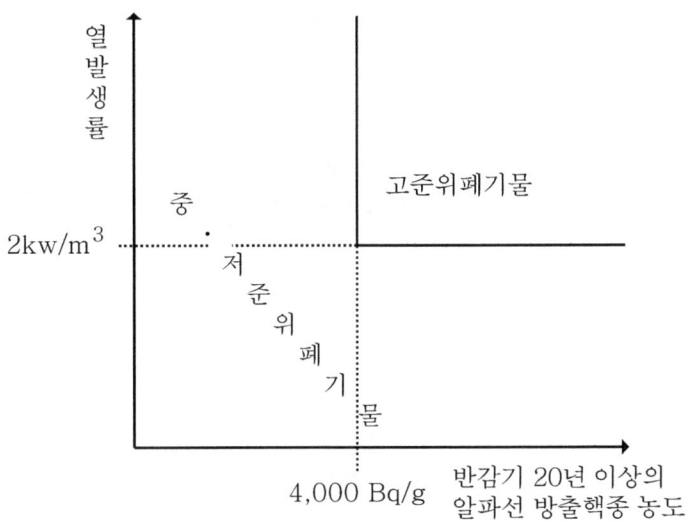

그림 10.10 방사성물질의 농도에 따른 방사성폐기물 분류

로 분류되므로 방사선 관련 규제의 적용을 받지 않는다.

표 10.6 방사성폐기물 규제해제 대상 핵종별 제한농도

방사성 핵종					제한 농도
H–3,	C–14,	F–18,	Na–24,	P–32,	
S–35,	K–42,	Ca–45,	Ca–47,	SC–46,	
Cr–51,	Fe–59,	Ga–67,	Ge–71,	Se–75,	
Br–82,	Sr–85,	Rb–86,	Mo–99,	Tc–99m	100Bq/g
In–111,	Sn–113,	I–123,	I–125,	I–131,	
Pr–144,	Yb–169,	Au–198,	Tl–201,	Hg–203	
및 반감기 100일 이하의 베타/감마 방사선 방출 핵종					
기타 방사성핵종					개인 연간피폭선량이 10μSv 미만 이고 집단 총 피폭선량이 1man·Sv 미만이 입증되는 농도

 방사성폐기물의 폐기시설에 대한 인·허가와 규제검사의 전체적인 주요 규제체계를 종합하면 그림 10.11에서 보는 바와 같다. 폐기시설의 안전규제는 원자력발전소와 달리 시설에 대한 건설·운영을 통합한 단일허가로 규정하고 있으며, 표준설계인가와 주기적 안전성평가 제도를 적용하지 않고 있다. 이는 표 9.12에서 보는 바와 같이 원자력발전소를 제외한 원자력시설에 공통적인 개념으로, 원자력시설의 규모와 이에 따른 위험도

수준을 고려한 안전규제의 차등적 접근방법이다.

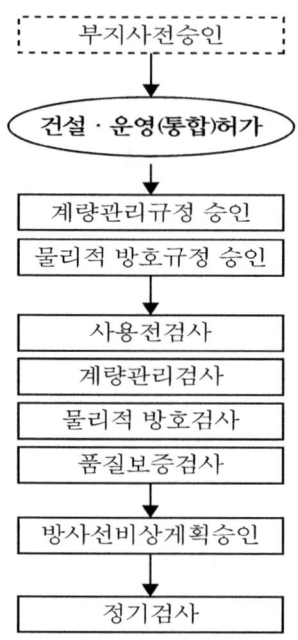

그림 10.11 방사성폐기물 폐기시설 안전규제 흐름도

반면에 폐기시설에 대해서는 원자력발전소의 규정을 준용하여 제한구역을 설치하도록 규정하고 있으며, 부지사전승인(사업자의 선택사항) 제도와 주민의견수렴에 대한 규정을 적용하고 있다. 이는 방사성폐기물의 특성상 처분에 대한 제도적 관리기간이 상당히 장기간(예로서 동굴처분의 경우 약 100년 이상, 천층처분의 경우 약 300년 이상)이기 때문에 부지 선정에서 주민의 합의를 바탕으로 하고자 하는 개념이다. 한편 폐기시설의 처분에 관한 장기적 관리기간을 고려하여 폐기시설의 해체에 관한 규정은 설정하지 않고 있다.

방사성폐기물 폐기시설의 안전규제는 「원자력안전법」에 근거를 두고 있으나, 물리적 방호규정의 승인과 검사, 그리고 방사선비상계획 승인에 관한 사항은 「원자로시설 등의 방호 및 방사능 방재대책법」에서 규정하고 있다. 여기에서는 폐기사업에 특정한 인·허가와 규제검사 등의 규제사항에 대하여 기술하고, 모든 원자력시설에 공통적인 방사선 방호('제11장')와 물리적 방호 및 방사능방재대책('제12장')에 대해서는 별도의 장에서 각각 다루기로 한다.

10.4.2 인·허가 절차 및 규제검사

방사성폐기물의 저장·처리·처분 시설과 그 부속시설을 건설·운영하려는 자는 원자력 안전위원회의 허가를 받아야 한다. 허가 제출서류로 방사선환경영향평가서, 안전성분석 보고서, 안전관리규정, 설계 및 공사 방법에 관한 설명서, 건설·운영에 관한 품질보증 계획서, 건설·운영 계획 서류, 방사성폐기물의 저장·처리·처분 방법에 관한 서류, 방사 성폐기물의 종류와 수량에 관한 서류, 건설·운영에 관한 기술능력 설명서, 장비와 인력 의 확보에 관한 입증 서류를 첨부해야 한다.

방사선환경영향평가서와 품질보증계획서의 기재사항은 발전용원자로의 규정을 준용하 고 있다. 허가서류로 제출하는 안전성분석보고서와 안전관리 규정의 주요 내용은 표 10.7에서 보는 바와 같으며, 허가받은 사업자와 종업원은 시설의 운영과 방사성물질의 사용에서 안전관리규정을 준수해야 한다.

부지사전승인에 대하여 발전용원자로의 규정을 준용하고 있으나, 발전용원자로의 경 우와 달리 「전원개발촉진법」에 따른 전원개발사업 실시계획의 규정에 포함되지 않는다. 또한 부지사전승인을 신청하지 않은 경우에는 폐기시설의 허가신청 전에 방사선환경영 향평가서 초안을 작성하여 주민 공람 및 필요시 공청회를 개최해야 한다.

규제검사로 사용전 검사, 정기검사, 처분검사, 물리적 방호검사에 대한 규정이 있으 며, 계량관리규정의 승인 및 검사와 품질보증검사에 대해서는 발전용원자로의 규정을 준용하고 있다. 정기검사는 1년 주기로 수행되며, 처분검사는 방사성폐기물의 처분작업 시 수행된다. 방사성폐기물 폐기시설의 인·허가 및 규제검사 수행절차는 그림 10.12에 서 보는 바와 같다.

폐기시설(사용후핵연료 중간저장시설 포함)의 허가소지자는 방사선환경조사계획을 수 립하여 방사선환경을 조사하고 이에 따른 방사선환경영향평가를 실시하여 원자력안전 위원회에 보고해야 한다. 또한 폐기시설을 설치하는 때에는 발전용원자로와 동일하게 방사선에 따른 인체·물체 및 공공의 재해를 방어하기 위하여 일정 범위의 제한구역을 설정하고, 제한구역에는 일반인의 출입이나 거주를 제한해야 한다.

10.4.3 인·허가 기준

방사성폐기물 폐기시설의 허가기준으로 i) 폐기시설의 건설·운영에 필요한 기술능력을 확보하고, ii) 폐기시설의 위치·구조·설비 및 성능이 기술기준에 적합하여 방사성물질에 따른 인체·물체 및 공공의 재해방지에 지장이 없어야 하며, iii) 국민의 건강 및 환경 상의 위해를 방지하기 위하여 대통령령으로 정하는 기준에 적합하고, iv) 대통령령으로

표 10.7 방사성폐기물 폐기시설 주요 허가서류 및 내용

허가서류	주요 내용
방사선환경영향평가서	• 발전용원자로의 방사선환경영향평가서 규정 준용(표 12.1)
품질보증계획서	• 발전용원자로의 품질보증계획서 규정 준용(표 9.8)
안전성분석 보고서	• 시설의 개요 및 현황 • 부지특성 • 시설의 설계 및 건설 • 시설의 운영 및 관리 • 부지폐쇄 및 제도적 관리 • 안전성평가 및 사고분석 • 방사선장해방어 • 기술지침
안전관리규정	• 운영·관리조직 및 기능 • 방사선안전관리자의 선임·권한·책임 및 직무수행 • 종사자 안전관리교육 • 안전관리설비 운전 • 폐기시설 안전운전 • 방사선관리구역·보전구역 및 제한구역 출입제한 • 배기 및 배수 감시설비 • 방사선관리구역·보전구역 및 제한구역에서의 방사선량률, 방사성물질 농도, 표면오염도 감시 및 오염제거 • 방사선측정기 관리 및 방사선측정방법 • 작업종사자 피폭선량과 개인선량계 관리 및 평가방법 • 폐기시설의 순시 및 점검과 조치 • 폐기시설의 사제 섬검 • 방사성폐기물의 운반·저장 및 취급 • 방사성폐기물의 처리 • 주변지역의 방사선감시 • 비상시 취해야 할 조치 • 폐기시설에 관계되는 안전관리기록

정하는 장비 및 인력을 확보해야 한다. 폐기시설의 건설·운영허가 소지자는 폐기 시설의 저장·처리 또는 처분에 관한 기술기준을 준수해야 한다. 허가기준을 포함한 기술기준에 대해서는 「방사선안전관리 등의 기술기준에 관한 규칙」에서 규정하고 있으며, 표 10.8에서 보는 바와 같다. 상세한 기술기준은 원자력안전위원회의 해당 고시에서 규정하고 있다.

그림 10.12 폐기시설 인·허가 및 규제검사 수행 절차

10.4.4 방사성폐기물 처분 안전규제

방사성폐기물은 해양에 투기하는 방법으로 처분할 수 없다. 또한 폐기시설의 건설·운영 허가를 받지 않은 자가 개인의 연간 피폭선량이 $10\mu Sv$ 이상이고 집단의 총 피폭선량이 1man·Sv 이상이거나 방사성핵종별 제한농도가 100Bq/g를 초과하는 폐기물(표 10.6 참조)을 땅속에 천층처분(동굴처분 포함) 또는 심층처분의 방법으로 처분할 수 없다. 핵종별 제한농도와 자체처분의 절차 등에 대해서는 '방사성폐기물의 자체처분에 관한 규정'(원자력안전위원회고시 제2012-59호)에서 규정하고 있다.

폐기시설 허가소지자는 앞에서 기술한 핵종별 제한농도 미만의 방사성폐기물로써 자체적으로 발생시키거나 다른 사업자로부터 위탁받아 관리하고 있는 방사성폐기물에 대

표 10.8 방사성폐기물 폐기시설의 허가 및 기술 기준

구 분	기 술 기 준
운영기술능력	핵연료주기사업의 운영기술능력에 관한 기술기준 준용(표 10.5)
위치기준	천층처분시설의 위치, 심층처분시설의 위치, 사용후핵연료 중간저장시설의 위치
구조·설비 기준	환기설비, 방사성물질에 의한 오염의 방지, 폐기물저장설비, 천층처분시설의 구조 및 설비, 심층처분시설의 구조 및 설비, 사용후핵연료 중간저장시설의 구조 및 설비, 폐기물처리설비
성능기준	구조물·계통 및 기기의 정상작동상태 유지, 정상 및 사고시의 환기 및 배기, 화재대비 방사성물질의 확산 및 누출 방호시설, 안전계통의 감시 및 제어, 비상용 전원장치, 배수시설, 방사선관리, 방사성물질의 취급 및 처리능력
환경상의 위해방지	• 제한구역경계에서의 방사성물질의 농도가 일정기준 이하(표 12.2) • 제한구역경계에서의 방사선량이 일정기준 이하(표 12.3)
장비 및 인력 확보	장비 : 방사선 및 방사능 측정기 각 3대 이상, 방사성폐기물 취급 및 운반 장비 1대 이상 인력 : 방사선취급감독자면허 소지자 또는 방사선관리기술사 1명 이상
저장·처리 또는 처분	천층처분시설에서의 저장·처리 또는 처분, 심층처분시설에서의 저장·처리 또는 처분, 처분시설 안에서의 저장·처리
품질보증계획서	발전용원자로의 품질보증계획에 관한 기술기준 준용(표 9.8)

해서는 소각, 매립 또는 재활용 등의 방법으로 자체 처분할 수 있다. 이 경우 자체처분계획서에 자체처분의 절차와 방법에 대한 사항이 기재된 서류를 첨부하여 원자력안전위원회에 제출해야 하며, 처분계획이 제출된 방사성폐기물은 한국원자력안전기술원의 안전성검토와 필요에 따라서는 현장검사를 통하여 안전성이 확인되면 2개월 후에 처분할 수 있다.

  방사성폐기물 처분을 폐기시설 건설·운영허가 소지자에게 위탁하려는 자는 인도기준에 적합하게 해야 하며, 인도기준은 다음과 같다.
- 방사성폐기물은 종류와 방사능 농도에 따라 분류하고 처분장의 처분요건에 적합해야 한다.
- 방사성폐기물은 처분 후의 안전성 확보를 위해 고체형태이어야 한다.
- 포장물은 운반과 취급시 파손되지 않도록 구조적 건전성을 유지해야 한다.

- 포장 내의 유리수(Free Water)를 최소화하고 고화체가 함유하고 있는 핵종의 침출률도 적절히 제한되도록 해야 한다.
- 방사성폐기물은 폭발·인화 및 유해성 물질 등에 의한 위험성이 제거되도록 해야 한다.
- 포장물 외부에 방사성폐기물의 주요 정보를 알아보기 쉽게 표시해야 한다.

10.5 핵연료주기시설 안전관리 현황

10.5.1 개요

우리나라에는 충청북도 괴산과 옥천지역에 우라늄광석이 존재하고 있으나 우라늄 함유량이 아주 낮아 경제성이 없으므로 외국에서 우라늄정광을 수입하고, 수입된 우라늄정광의 변환과 농축을 해외에 위탁하여 수행하기 때문에 채광, 정광, 정련, 변환, 농축시설은 없다. 또한 사용후핵연료의 관리에 대한 국가 정책이 수립되어 있지 않아 재처리시설도 없다. 따라서 핵연료주기에서 핵연료 가공시설만을 보유하고 있으며, 농축 UF_6를 UO_2로 변환하는 재변환공정은 가공공정의 일환으로 함께 수행하면서 핵연료펠렛(소결체) 제조와 핵연료집합체 조립을 하고 있다. 중수로용 핵연료는 천연우라늄을 사용하기 때문에 외국에서 제조한 UO_2 분말을 소결하여 핵연료펠렛 제조와 핵연료다발 조립을 하고 있다.

한국원자력연료(주)에서 운영하고 있는 핵연료 가공시설은 1989년에 운영을 시작한 제1공장과 1998년에 운영을 시작한 제2공장이 있으며, 핵연료펠렛 제조와 핵연료집합체 조립을 하고 있다. 가공공장의 핵연료 생산설비 용량은 중수로용 핵연료 연간 700톤, 경수로용 핵연료 연간 650톤의 규모를 갖고 있다.

가공공장에서 생산하여 국내 원자력발전소에 공급하는 원자력발전소별 핵연료 모델은 표 10.9에서, 각 핵연료 모델의 사양은 표 10.10에서 보는 바와 같다.

10.5.2 경수로용 핵연료 제조공정

실린더에 충진되어 있는 농축 육불화우라늄(UF_6)을 UO_2로 재변환하는 공정을 시작으로 UO_2 분말을 제조하고 이를 소결하여 핵연료펠렛를 만든다. 핵연료펠렛을 피복관에 장입하여 핵연료봉을 만들고 이들을 조립함으로써 핵연료집합체를 생산하고 있다. 경수로용 핵연료의 전체 생산공정은 그림 10.13(www.knfc.co.kr)에 보는 바와 같으며, 주요

표 10.9 국내 생산중인 핵연료 제품 현황

원자력발전소	원자로형	핵연료 모델	연료봉 배열
고리1호기	가압경수로 (웨스팅 하우스형)	14OFA	14x14
고리2호기		16ACE7	16x16
고리3/4호기 영광1/2호기		17ACE7	17x17
울진1/2호기		17REA	17x17
영광3/4호기 영광5/6호기 울진3/4호기 울진5/6호기 신고리1호기	가압경수로 (표준원전 : OPR-1000)	PLUS7	16x16
월성1/2호기 월성3/4호기	가압중수로 (CANDU6)	CANDU6	37연료봉

표 10.10 핵연료 모델별 사양

핵연료 모델	집합체 재원(cm) (가로x세로x높이)	집합체당 연료봉 수	집합체당 무게(kgU)	원자로 장전다발수
PLUS7	20.1x20.1x452.8	236개	430.8	177개
ACE7	21.4x21.4x406.3	264개	461.3	157개
CANDU	49.6x10.2(직경)	37개	19.2	4,560개

공정은 다음과 같다.

1) 재변환 공정

우라늄 농축공장에서 저농축(약 4.5%)된 육불화우라늄(UF_6)을 이산화우라늄(UO_2) 분말로 재변환하는 공정이다. 이 공정에는 물이 우라늄과 접촉하는 습식법과 수증기가 우라늄과 접촉하는 건식법이 있으나, 설비가 간단하며 제조비용이 적게 들어 경제적인 장점이 있는 건식법을 적용하고 있다.

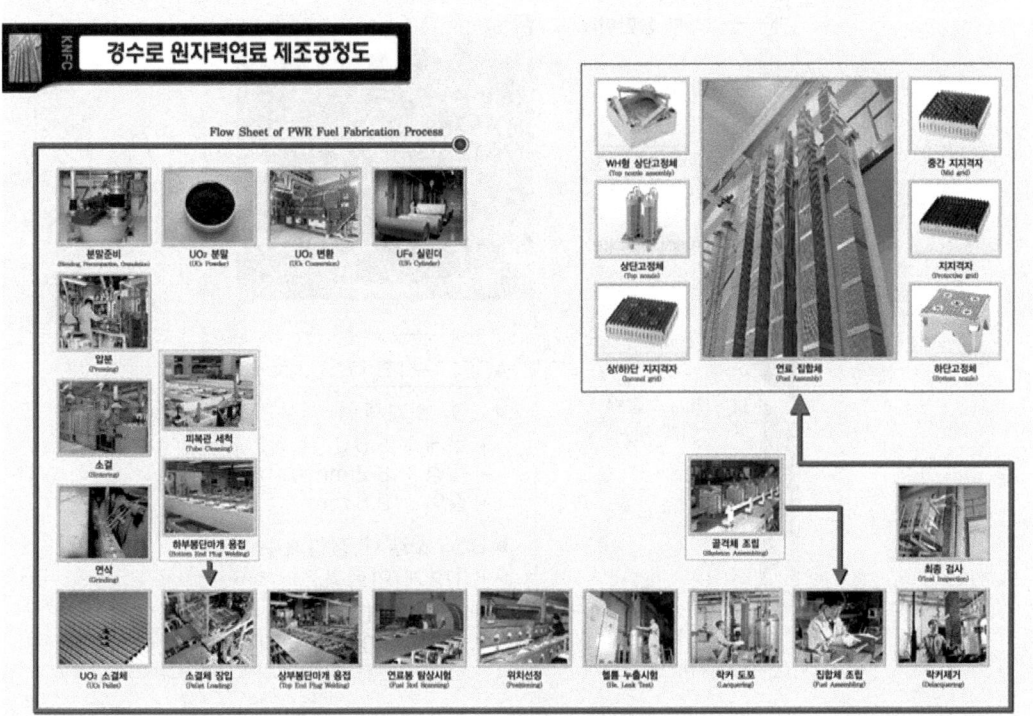

그림 10.13 경수로용 핵연료집합체 제조공정

2) 핵연료펠렛 및 핵연료봉 제조공정

건식 재변환 공정에 의해 제조된 UO_2 분말을 균질혼합하고 분말 준비공정을 거쳐 길이 10mm의 원주형 압분체로 만든다. 이 압분체를 1,700~1,750℃의 고온에서 소결한 후 일정한 직경을 갖는 핵연료펠렛(소결체)을 만든다.

핵연료봉은 그림 10.14에서 보는 바와 같이 피복관, 상·하부 봉단마개, 플레넘 스프링과 핵연료펠렛 등으로 구성되어 있다. 핵연료펠렛을 150℃의 건조로에서 1시간 30분 동안 건조시킨 후, 하부 봉단마개를 전기용접한 지르칼로이(Zircaloy) 피복관에 진공상태에서 장입(연료봉 1개당 약 372개)하고, 여기에 플레넘 스프링과 헬륨기체를 넣어 압출한 후 상부 봉단마개를 용접한다. 지르칼로이 피복관은 원자로 내에서 핵분열 반응시 핵연료펠렛에서 나오는 핵분열성물질을 방호하는 역할을 하며, 핵연료펠렛과 함께 심층방어 개념의 물리적 방벽기능을 수행한다.

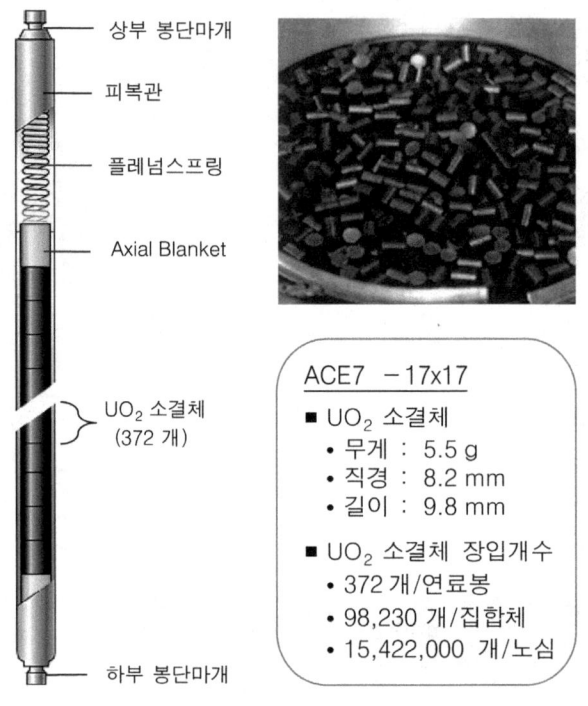

상부 봉단마개

피복관

플레넘스프링

Axial Blanket

UO$_2$ 소결체
(372 개)

하부 봉단마개

ACE7 −17x17
- UO$_2$ 소결체
  - 무게 : 5.5 g
  - 직경 : 8.2 mm
  - 길이 : 9.8 mm
- UO$_2$ 소결체 장입개수
  - 372 개/연료봉
  - 98,230 개/집합체
  - 15,422,000 개/노심

그림 10.14 경수로용 핵연료봉(ACE7 모델) 사양

3) 골격체 및 핵연료집합체 제조공정

골격체는 핵연료봉을 고정시키고 핵연료봉 간의 간격을 유지하는 역할을 한다. 골격체는 상단고정체(Top Nozzle), 하단고정체(Bottom Nozzle), 지르칼로이와 인코넬 재질의 지지격자(Spacer Grid), 안내관(Guide Tube)과 지지격자슬리브 등으로 구성되며, 이들을 조립대에 고정시킨 후 용접 등의 방법으로 조립된다(그림 2.25 참조).

핵연료집합체 조립시 핵연료봉 표면의 흠집을 방지하고 지지격자내 스프링의 손상을 방지하기 위해 핵연료봉의 표면에 락커를 도포하여 골격체에 장입하며, 상·하단 고정체를 부착하여 고정시킴으로써 핵연료집합체의 조립과정이 종결된다. 완성된 핵연료집합체의 락커를 제거한 후 핵연료봉 간의 간격, 뒤틀림, 전장, 치수 등을 검사하고 안전성이 확인된 제품만이 원자력발전소로 공급된다. 그림 10.15는 제작된 핵연료집합체의 모형과 사양을 나타내고 있다.

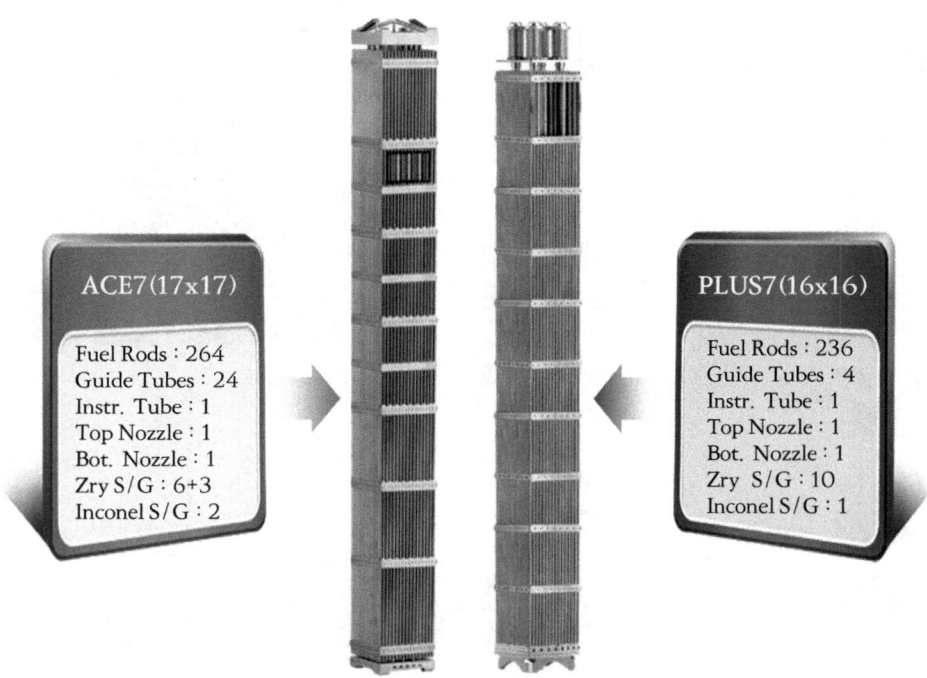

그림 10.15 경수로용 핵연료집합체 사양

10.5.3 중수로용 핵연료 제조공정

중수로용 핵연료는 천연우라늄(U−235 존재비 0.72%)을 사용하기 때문에 UO₂ 분말을 소결하여 핵연료펠렛 제조와 핵연료다발 조립을 하고 있다. 중수로용 핵연료의 전체 생산공정은 그림 10.16(www.knfc.co.kr)에 보는 바와 같으며, 주요 공정은 다음과 같다.

핵연료펠렛 제조공정으로 천연우라늄 분말을 원통형 압분체로 만들어 1,600℃ 정도의 고온에서 소결한 후 연삭하여 직경 12mm, 길이 15mm의 핵연료펠렛을 만든다. 부품 및 피복관 제조공정에서는 부착물(간격체와 지지체)을 가공하여 지르코늄합금 튜브에 용접하고, 튜브 내면에 흑연을 도포한 후 튜브 양끝을 가공하여 피복관을 제조한다.

핵연료봉과 핵연료다발 제조공정으로 피복관에 핵연료펠렛을 장입하고 헬륨을 충전하여 압축한 후 양끝을 봉단마개로 용접하여 핵연료봉을 만들고, 37개의 핵연료봉을 하나의 다발로 구성하여 양단에 봉단접합판을 용접함으로써 핵연료다발이 완성된다. 제작된 핵연료다발에 대한 헬륨 누출시험과 최종 육안 및 치수검사를 거쳐 안전성이 확인된 제품만이 원자력발전소에 공급된다.

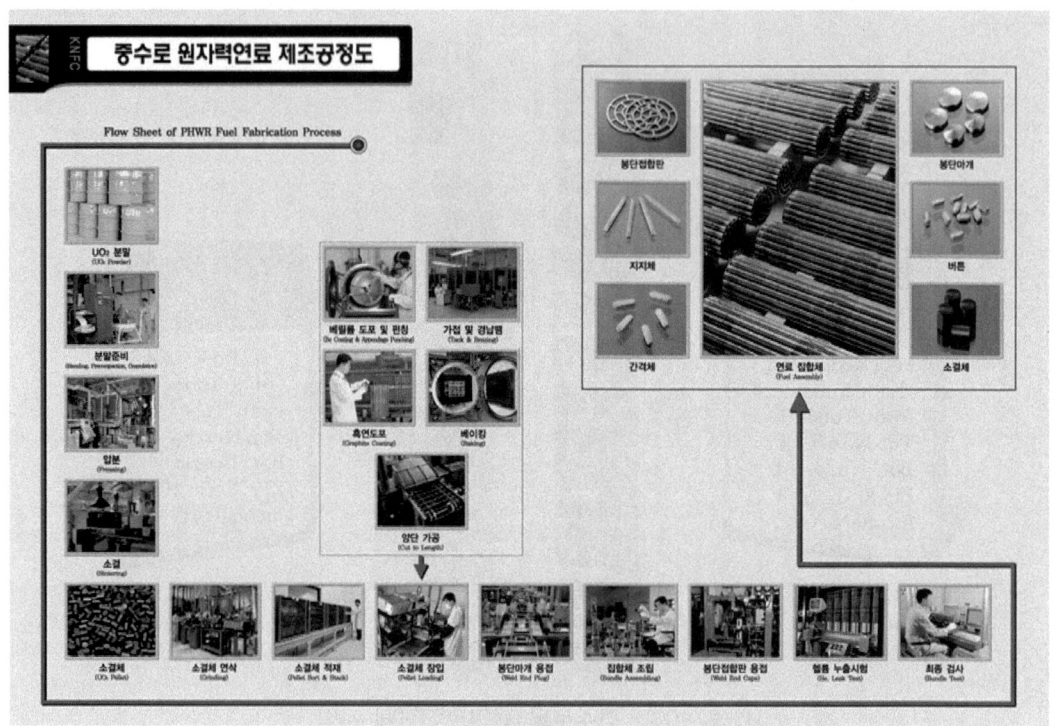

그림 10.16 중수로용 핵연료다발 제조공정

10.5.4 핵연료가공시설 안전관리

핵연료 제조공정에서 안전상의 문제는 주로 우라늄의 취급에서 발생하는 기체상 육불화우라늄(UF$_6$), 이산화우라늄(UO$_2$) 분말, 소결체, 핵연료다발이 대상이 된다. 이에 따라 시설의 운영에서 예상될 수 있는 장해는 방사성물질의 오염에 의한 방사선장해, 화학적 장해, 폭발과 화재, 자연재해(지진, 태풍, 홍수 등)에 의한 장해와 핵임계사고로 구분할 수 있다. 방사선장해는 주로 기체상의 UF$_6$와 UO$_2$ 분말의 취급에서 발생할 수 있으며, 화학적 장해는 기체상 UF$_6$가 증기나 공기 중의 수분과 반응하여 생성하는 기체 또는 액체상의 불산(HF)에 의해 발생할 수 있다. 폭발에 의한 장해는 핵연료 생산공정의 변환로나 변환로 배기가스 처리장치(불산처리장치) 등에서 발생하는 수소가스의 취급에서 발생할 수 있다. 화재에 의한 장해는 건물 내의 각종 가연성물질의 취급으로 발생할 수 있으며, 핵임계사고는 농축우라늄을 취급하는 경수로용 핵연료의 제조공정에서 발생할 수 있다.

이러한 안전상의 장해를 방지하기 위하여 설계에 고려되어 있는 주요 사항을 정리하면 다음과 같다.

   i) UF_6와 UO_2 분말의 취급장치는 누출을 방지하기 위해 기밀구조를 갖도록 하고, 불가피할 경우 밀폐구조물 내에 설치하며 부유분말 제거장치를 설치하고 그 공간은 주위보다 부압을 유지하도록 한다.

   ii) 방사성 오염가능 정도에 따라 구역을 구분하고, 이에 따른 환기설비와 방사선 측정장비를 설치하며 출입통제를 한다.

   iii) UF_6를 취급하는 기기의 주위에는 가스의 누출을 감시할 수 있는 설비를 설치한다.

   iv) 농축우라늄 취급설비의 핵설계 인자를 항상 감시하고, 기준치 초과시 운전정지와 미임계 유지 조치를 취할 수 있도록 한다.

   v) 수소 등의 폭발성 가스를 취급하는 기기의 주위에는 이들 가스의 누출시에도 폭발을 방지할 수 있도록 한다.

UF_6 누출사고는 누출탐지계획과 확산방지조치에 의하여 그 영향을 최소화하고 있다. 가상의 사고를 가정하더라도 환경으로의 누출은 UF_6가 공기 중의 수분과 반응하여 생성된 UO_2F_2의 방출에 국한된다. 최대 누출사고를 가정할 경우에도 시설구역 경계에서의 개인 피폭선량이 안전기준치(전신피폭선량 250mSv)를 만족하는 것으로 평가되고 있다.

공정기기들은 화재나 폭발사고가 발생하지 않도록 설계되어 있으며, 운전중 다양한 방지조치들이 취해진다. 또한 화재구역별로 방화구획이 설정되어 있고, 방화벽은 최소 2시간 동안의 화재에 견딜 수 있도록 설계되어 있으며, 화재확산 방지조치로 타 구역으로 화재확산은 일어나지 않는다. 각 공정에서의 배기계통은 공정특성별로 독립된 필터뱅크가 설치되어 있으며, 각 필터뱅크는 2~5대의 필터단위로 구성되어 있다. 필터 룸에는 필터 이외의 가연성 물질이 존재하지 않으며, 각 필터들은 철재용기에 넣어지므로 어떠한 원인에 의하여 화재가 발생하더라도 다른 필터로 화재가 전파될 가능성은 없다.

핵임계사고는 2개 이상의 신뢰성있는 상호 독립적인 제어기능이 상실되었을 경우에 가능하다. 그러나 1개의 제어기능도 상실할 가능성이 희박하고 감시계통에 의하여 그 기능의 상실이 즉각 감지되어 복구되므로 핵임계사고의 가능성은 없다고 볼 수 있다. 핵임계방지를 위한 제어방법으로는 핵분열물질을 취급하는 기기에 영구적으로 붕소함유물질 등의 중성자 흡수체를 사용하여 임계크기를 확장하는 방법, 핵분열물질의 수량을 임계질량 이하로 유지하는 방법, 우라늄의 농도를 무한증배계수가 1보다 작도록 통제하는 방법 등이 있다.

10.6 방사성폐기물 및 사용후핵연료 안전관리 현황

10.6.1 개요

방사성폐기물은 원자력발전소, 핵연료주기시설, 방사성동위원소 및 방사선발생장치의 이용시설에서 발생한다. 특히 사용후핵연료 재처리과정에서 고준위 방사성폐기물이 다량 발생하고 있으나, 우리나라에는 사용후핵연료 재처리시설이 없기 때문에 대부분의 방사성폐기물은 중·저준위 방사성폐기물이다.

우리나라 중·저준위 방사성폐기물의 안전관리는 원자력발전소, 핵연료가공시설, 연구용원자로에서 발생한 기체 및 액체폐기물을 적절한 처리과정을 거쳐 외부로 방출하고, 고체폐기물에 대하여 각 시설의 부지 내에 설치된 임시저장고에 저장한 후 처분시설에 영구 처분하는 체계로 이행되고 있다. 액체폐기물처리과정에서 발생한 2차 폐기물(폐필터, 폐수지, 슬러지 등)은 고화시켜 처분시설에 영구 격리시킨다. 고체폐기물은 소각 또는 압축의 방법으로 처리하며, 소각 후의 2차 폐기물과 압축된 폐기물은 처분시설에 영구 격리시킨다. 따라서 영구처분되는 방사성폐기물은 고화 또는 압축된 폐기물의 형태를 가지며, 이들은 폐기용 드럼에 장입되어 처분시설에 영구 처분한다.

사용후핵연료는 대부분 발전용원자로의 운영과정에서 발생되며, 각 원자력발전소 내의 습식(중수로의 경우 건식과 병행) 저장시설에 저장되고 있다. 연구용원자로에서 발생한 소량(3.95톤)의 사용후핵연료는 해당 시설의 습식저장조에 저장되고 있다. 사용후핵연료의 관리방식에 대해서는 아직까지 국가 정책이 확정되지 않은 상태이다.

원자력발전소에서 발생하는 중·저준위 방사성폐기물 및 사용후핵연료의 부지별 저장능력과 저장실적은 표 10.11에서 보는 바와 같다.

방사성동위원소는 개봉선원과 밀봉선원의 형태로 이용하고 있으며, 개봉선원 폐기물은 가연성, 비가연성, 비압축성, 폐필터, 동물사체, 유기폐액, 무기폐액 등으로 분류된다. 방사성동위원소 이용기관에서 발생된 폐기물 중 개봉선원 폐기물은 한국동위원소협회가 수거하여 한국방사성폐기물관리공단에 인도하고, 밀봉선원 폐기물은 발생기관이 직접 또는 대행기관을 통하여 한국방사성폐기물관리공단에 인도하고 있다. 한국방사성폐기물관리공단은 방사성동위원소 폐기물을 방사성동위원소 폐기물관리시설에 안전하게 저장관리하고 있다. 원자력발전소 이외의 분야에서 발생하는 방사성폐기물에 대한 저장시설의 저장능력과 저장실적은 표 10.12에 나타나 있다.

원자력발전소를 포함한 각 원자력시설의 부지 내에 저장되어 있는 중·저준위 방사성폐기물은 현재 경주에 건설 중인 중·저준위 방사성폐기물 처분시설(2014년 6월 준공

표 10.11 원자력발전소 중·저준위 방사성폐기물 및 사용후핵연료 현황

(2011년 6월 기준)

부 지	중·저준위폐기물 (단위: 200ℓ 드럼)			사용후핵연료 (단위: 톤)		
	저장능력	저장실적	예상포화년도	저장능력	저장실적	예상포화년도
고 리	50,200	40,783	2014	2,253	1,869	2016
신고리[1]	10,000	54	2020	219	–	2030
영 광	23,300	21,247	2012	2,686	1,893	2019
울 진	17,400	15,658	2008 (2015)[2]	2,328	1,591	2021
월 성	9,000	10,171	2009 (2015)[2]	9,441[3]	6,350	2018
계	109,900	87,913	–	16,927	11,703	–

주, 1) 신고리1호기(2011년 2월 상업운전 개시), 사용후핵연료 조밀저장대 설치
    2) 소내 임시저장지역 내에서 관리
    3) 습식저장(3,204톤)과 건식저장(6,237톤)의 합

예정)로 이송되어 영구 처분될 예정이다.

여기에서는 방사성폐기물의 처리 및 저장과 사용후핵연료의 저장에 따른 안전관리 현황에 대하여 최근에 가동을 시작한 신고리1호기를 중심으로 살펴보기로 한다. 또한 중수형원자로의 사용후핵연료에 대한 건식저장시설과 현재 건설 중인 중·저준위 방사성폐기물 처분시설에 대하여 알아보기로 한다.

표 10.12 비발전시설의 중·저준위 방사성폐기물 현황

(2011년 6월 기준)

부지/시설		저장능력 (200ℓ 드럼)	저장실적 (200ℓ 드럼)	예상포화년도
한국원자력 연구원[1]	중간저장	16,018	12,347	2016
	우라늄변환시설(대전)	9,600	9,204	–[1]
	연구로 1,2호기(서울)	5,800	1,460	–[1]
한전원자력연료(주)		8,900	6,057	2015
방사성폐기물관리공단		9,750	5,494	2018
핵연료물질사용기관[2]		–	7,183	–
계			41,745	

주, 1) 우라늄 변환시설과 연구로(서울)는 패쇄 후 시설해체
    2) 2004년부터 핵연료물질 사용을 중단한 태광산업(주) 7,131드럼과 대구텍(주) 52드럼 포함

10.6.2 기체방사성폐기물 처리계통

기체방사성폐기물 처리계통은 신고리1/2호기 공용으로 복합건물 내에 설치되어 있으며, 탈기체처리 기기에서 배기되는 고방사능 농도의 방사성기체를 수집하여 일정기간 지연 및 붕괴시킨 후 외부로 방출한다. 저방사능 농도의 방사성기체는 해당 건물의 공기조화계통에서 여과 처리되어 대기로 방출된다. 저준위 방사성기체를 처리하는 계통에는 건물배기계통, 복수기 진공계통과 터빈축 밀봉계통이 있다.

기체방사성폐기물 처리계통은 2개의 모관(호기별 1개), 1개의 모관배수탱크, 각 100% 용량을 가진 2개의 제습계열, 4대의 활성탄 지연대, 1대의 고효율 입자여과기, 자동 질소세정 기능을 갖춘 폐기체 분석기와 방사선 감시기 등으로 구성된다. 주로 수소나 질소가 함유되어 있는 방사성기체를 저압 및 실온에서 운전되는 활성탄 지연대를 통해 지연처리하며, 제논(Xe)에 대해서 45일 이상, 크립톤(Kr)에 대해서는 2.6일 이상 지연할 수 있도록 설계되어 있다. 활성탄 지연대에서 지연 처리된 방사성기체는 고효율 입자여과기와 방사선감시기를 거쳐 복합건물 배기구에서 건물 내의 다른 배기공기에 의해 희석된 후 대기로 방출된다. 기체방사성폐기물계통의 방출관과 복합건물 공기조화계통 배기관에는 방사선감시기가 설치되어 있으며, 이 감시기에서 고방사선 준위가 감지되면 활성탄 지연대 방출관의 격리밸브가 자동 폐쇄되도록 연동되어 있다. 그림 10.17은 기체방사성폐기물 처리계통을 개념적으로 나타내고 있다

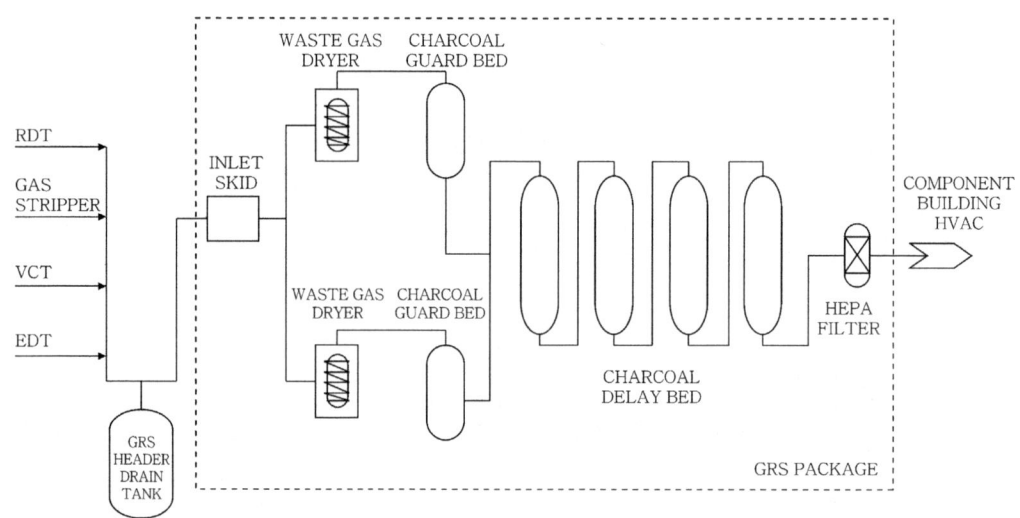

그림 10.17 기체방사성폐기물계통 개략도(신고리1/2호기)

기체방사성폐기물 처리계통은 방사성기체의 방출을 제한함으로써 '방사선방호 등에 관한 기준'(원자력안전위원회고시 제2012-29호)에서 규정하고 있는 발전소 제한구역경계에서의 개인 피폭선량 기준치(표 12.3)와 방사성핵종별 유출물 농도제한치(표 12.2)를 준수하도록 설계되어 있다.

10.6.3 액체방사성폐기물 처리계통

액체방사성폐기물 처리계통은 예상운전과도사건을 포함한 정상운전 기간 동안 발생되는 방사능오염 폐액을 수집하여 처리한 후 소외로 방출하는 기능을 수행한다. 이 계통은 복수탈염계통과 증기발생기 취출계통으로 구성되는 2차측 화학제어계통, 사용후핵연료저장조 냉각과 정화계통, 방사성배수계통, 방사성세탁계통, 액체방사성폐기물계통 등으로 구성되어 있다.

액체방사성폐기물계통은 액체방사성폐기물 처리기능만을 수행하며, 신고리1/2호기 공용으로 설치되어 양 호기에서 발생된 폐기물을 수집 처리하고 고체방사성폐기물계통으로 이송되는 고체폐기물량의 최소화 기능을 수행한다. 이 계통은 전처리설비, 역삼투압설비, 정화설비와 농축폐액 공급설비로 구성된 100% 용량의 2계열로 설치되어 있다. 이 계통은 '방사선방호 등에 관한 기준'(원자력안전위원회고시 제2012-29호)에서 규정하고 있는 방사성핵종별 유출물 농도제한치(표 12.2) 이하로 방사성핵종의 농도를 감소시키기에 충분한 처리용량과 다중성을 갖도록 설계되어 있다. 이 계통에서 처리된 폐액은 최종적으로 감시탱크에 수집되며, 시료채취 분석을 통하여 세정수 또는 용수로 재사용할 수 있도록 계통사용처로 이송되거나 환경으로 방출된다. 이 계통에는 2대의 감시탱크와 100% 용량을 가진 2대의 원심형 감시펌프가 있다. 그림 10.18은 액체방사성폐기물계통을 개념적으로 나타내고 있다.

방사성세탁계통은 신고리1/2호기 공용으로 복합건물 내에 설치되어 양 호기에서 발생된 인체 제염수와 오염된 세탁폐수 등을 수집·감시 및 처리한다. 이 계통은 2대의 배수탱크와 2대의 배수탱크 펌프 및 여과기로 구성되어 있으며, 수집된 폐액들을 여과처리하여 액체방사성폐기물계통의 감시탱크 방출배관을 통해 방출한다.

10.6.4 고체방사성폐기물 처리계통

고체방사성폐기물 처리계통은 신고리1/2호기 공용으로 복합건물 내에 설치되어 있으며, 발전소의 운영으로 발생하는 고체방사성폐기물을 저장, 처리 및 포장하는 기능을

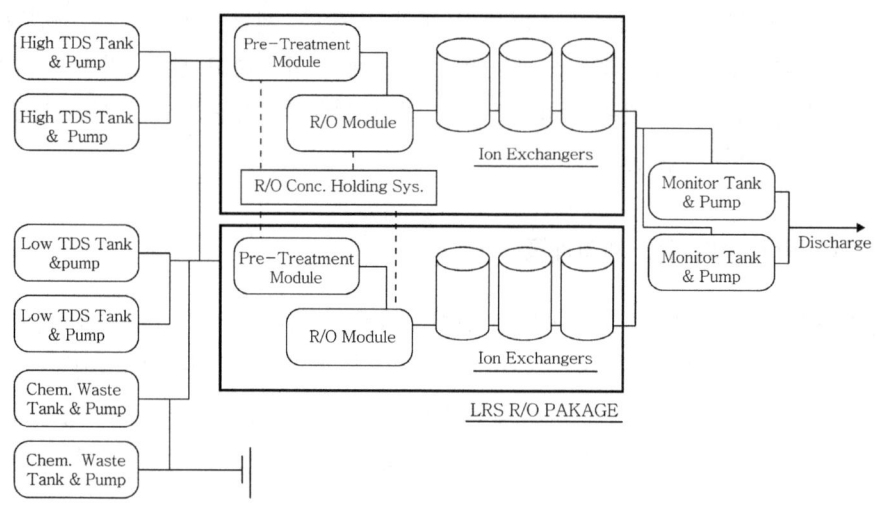

그림 10.18 액체방사성폐기물계통 개략도(신고리1/2호기)

갖는다. 포장된 폐기물은 발전소 부지 내의 임시저장고 또는 영구처분장으로 이송하기 전에 복합건물 내에 일정기간(약 30일) 저장된다. 복합건물에 저장된 폐기물드럼과 발전소에서 발생된 포장 폐기물을 영구처분장으로 이송하기 전까지 임시로 저장하기 위해 발전소 부지 내에 중·저준위 방사성폐기물 임시저장고가 설치되어 있다.

고체방사성폐기물 처리계통은 탈염기로부터 발생된 폐수지를 저장에 적합한 형태로 처리 및 포장할 수 있도록 설계되어 있다. 방사능준위가 높은 폐수지는 방사능붕괴를 위해 장기간(10년) 저장하며, 방사능준위가 낮은 폐수지는 단기간 저장한 후 탈수하여 처분에 적합하도록 고화처리 및 포장한다. 이 계통은 액체방사성폐기물계통의 역삼투압 설비에서 발생되는 농축폐액을 건조 및 고화처리한 후 복합건물 내의 폐기물저장구역으로 이동하여 저장하고, 화학 및 체적제어계통, 사용후핵연료 저장조 냉각과 정화계통, 증기발생기 취출계통 등에서 발생된 폐여과기, 카트리지 등을 저장과 처분에 적합한 형태로 포장·취급할 수 있도록 설계되어 있다. 또한 오염된 종이, 천조각, 의류, 장갑, 신발덮개 등과 같은 저준위 방사성잡고체를 압축하여 포장하며, 오염된 금속물질, 소형공구와 기기부품 같은 비압축성 고체폐기물 등을 포장할 수 있도록 설계되어 있다. 폐여과기 카트리지, 폐역삼투막, 농축폐액 건조폐기물과 기타 잡고체는 200ℓ(55gal) 드럼에 넣어 포장 처리하며, 폐수지는 1,400ℓ 용량의 철재용기에 담아 고화 처리한다. 농축폐액건조폐기물과 폐수지 등의 고화처리는 폴리머고화처리 방식을 채택하고 있다. 그림 10.19는 고체방사성폐기물 처리계통을 개념적으로 나타내고 있다.

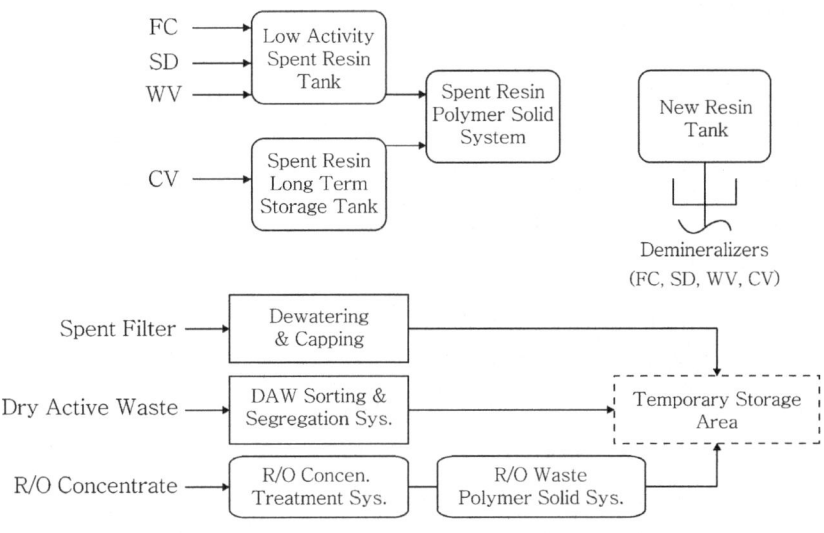

그림 10.19 고체방사성폐기물 처리계통 개략도(신고리1/2호기)

중·저준위 방사성폐기물 임시저장고에 저장된 폐기물드럼은 최종 처분장으로 이송하기 전에 핵종분석장치로 비파괴검사를 통하여 드럼 내의 핵종별 방사능농도와 총 방사능량을 측정한다. 핵종분석장치는 고정식과 이동식이 있다. 고정식 핵종분석장치는 감마선을 이용하여 핵종별 방사능농도를 측정하는 감지기장치와 방사능분석을 위한 전송선원장치 등으로 구성되어 있으며, 고리발전소와 공용으로 사용하고 있다. 이동식 핵종분석장치는 고건전성용기 등 고정형 핵종분석장치에서 측정할 수 없는 폐기물드럼의 핵종별 방사능농도와 총 방사능량을 측정하는데 사용되며, 전 원전 공용으로 사용된다. 그림 10.20은 중·저준위 방사성폐기물 임시저장고와 폐기물드럼의 비파괴검사 모습을 보이고 있다.

그림 10.20 폐기물 임시저장고와 폐기물드럼 비파괴검사 모습

10.6.5 사용후핵연료 습식저장

1) 사용후핵연료 저장조

사용후핵연료 저장조는 핵연료건물을 구성하는 일부로써 사용후핵연료를 습식저장하는 철근콘크리트 구조물이며, 저장조 내벽은 스테인리스 강판으로 라이닝되어 있다. 저장조의 단면적 크기는 10.4m×8.6m이다. 저장조는 그림 10.21에서 보는 바와 같이 붕소를 함유한 물로 채워져 있으며, 저장조의 증발을 보충하기 위한 탈염수와 붕소의 농도조정을 위한 붕산수가 공급되고 있다. 정상 붕산수 보충원으로 재장전수탱크가 있으며 화학 및 체적제어계통을 통하여 붕산수를 공급받는다. 저장조의 물이 완전히 상실되는 가능성을 배제하기 위하여 저장조의 벽을 관통하는 모든 배관을 핵연료 상부로부터 충분히 높은 위치에 설치함으로써 중력에 의한 배수를 방지하고 있다. 사용후핵연료 저장시설은 사용후핵연료집합체가 최대 설계용량까지 저장되어 있을 경우를 가정하여 주변지역의 방사선준위가 해당 방사선구역의 설계준위를 만족하도록 콘크리트와 물로 차폐설계되어 있다.

그림 10.21 사용후핵연료 습식저장조 전경

사용후핵연료 저장조는 핵연료취급계통과 연계되어 있으며, 저장조를 포함한 각 계통의 배치는 그림 10.22에 나타나 있다.

2) 사용후핵연료 저장대

사용후핵연료 저장조 내에 핵연료를 장입하기 위하여 설치된 사용후핵연료 저장대는 그림 10.23에서 보는 바와 같이 중성자흡수체로 보랄(Boral)을 사용하는 조밀저장대로써

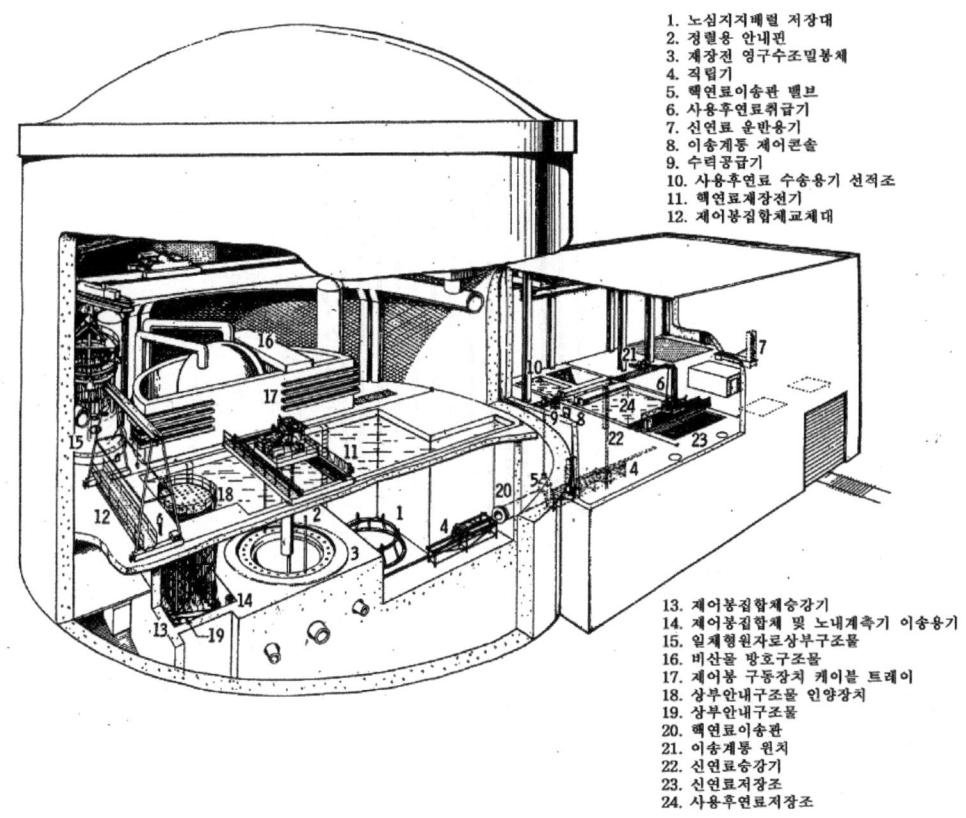

1. 노심지지배럴 저장대
2. 정렬용 안내핀
3. 재장전 영구수조밀봉체
4. 직립기
5. 핵연료이송관 밸브
6. 사용후연료취급기
7. 신연료 운반용기
8. 이송계통 제어콘솔
9. 수력공급기
10. 사용후연료 수송용기 선적조
11. 핵연료재장전기
12. 제어봉집합체교체대

13. 제어봉집합체승강기
14. 제어봉집합체 및 노내계측기 이송용기
15. 일체형원자로상부구조물
16. 비상물 방호구조물
17. 제어봉 구동장치 케이블 트레이
18. 상부안내구조물 인양장치
19. 상부안내구조물
20. 핵연료이송관
21. 이송계통 윈치
22. 신연료승강기
23. 신연료저장조
24. 사용후연료저장조

그림 10.22 핵연료취급계통 배치도(신고리1호기)

구조적으로는 스테인리스 강으로 제작되어 있는 4각 저장셀의 연속체이다. 핵연료의 저장용량을 극대화하기 위하여 보랄이 4각 저장셀에 부착되어 있다. 여기서 보랄 (Boral)은 탄화붕소(B_4C)와 알루미늄을 혼합하여 소결한 후 압연하여 알루미늄으로 피 복한 것으로, 높은 중성자 흡수성능을 가지며 가볍고 열전도도가 높다.

사용후핵연료 저장대는 두 영역 저장개념으로 제1영역(Region I)은 5개의 손상핵연료 와 비상노심 저장용으로 신연료나 부분연소된 핵연료를 저장하고, 제2영역(Region II) 은 사용후핵연료 저장용으로 U-235의 최대 초기농축도를 5.0%로 가정하여 설계되어 있다. 두 영역 저장개념에 근거한 설계저장용량은 5개의 손상핵연료, 비상노심 및 최대 핵연료재장전 1회분과 20년 저장용량인 6주기의 노심분이다. 저장대는 저장조 바닥이 나 벽면에 고정되지 않는 자립형으로 설계되었으며, 각 저장대 모듈은 4개의 지지발로 지탱하고 제1영역 저장셀의 상부인 입구에는 핵연료의 삽입이 용이하도록 인입안내구가 설치되어 있다.

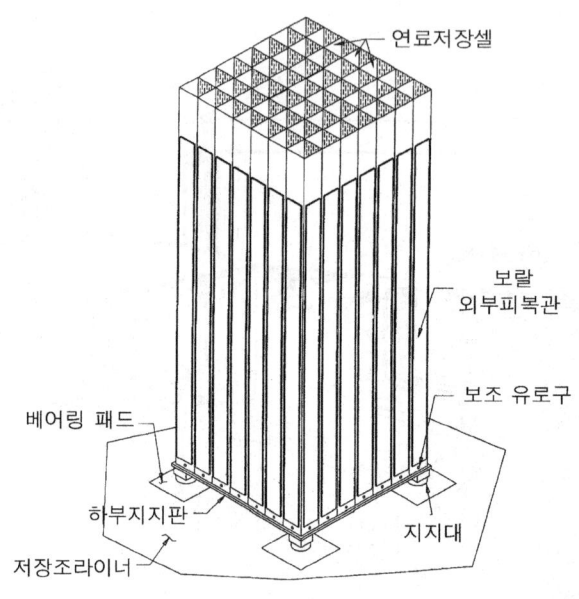

그림 10.23 사용후핵연료 저장대

사용후핵연료 저장대의 설계에서는 핵연료집합체가 자유낙하하는 핵연료취급사고 등의 가상사고를 고려하여 임계안전성을 평가하고 있으며, 중성자 유효증배계수가 0.95 이하로 유지됨을 확인하고 있다. 또한 사용후핵연료 저장대는 지진이나 핵연료취급사고와 같은 사고조건에서도 저장된 핵연료가 손상되지 않고, 미임계 여유도가 감소되지 않으며, 핵연료의 삽입과 인출이 가능하고, 저장된 핵연료가 냉각 가능한 구조를 유지하도록 설계되어 있다. 사용후핵연료 저장대와 저장시설은 핵연료 취급과 저장시 핵연료집합체들이 허용간격 이하로 접근하지 않도록 설계되어 있으며, 저장대의 구조재는 설계수명기간 동안 예상되는 방사선 집적선량에 견딜 수 있으며 저장수는 내식성을 갖도록 설계되어 있다.

3) 사용후핵연료 저장조 냉각 및 정화계통

냉각 및 정화계통은 저장조 냉각루프(Loop)와 정화루프로 구성되어 있다. 저장조 냉각루프는 저장조의 물을 100% 용량의 2계열로 구성된 펌프와 열교환기 등을 통하여 냉각시킨 후 다시 저장조로 이송함으로써 저장조의 핵연료에서 발생하는 붕괴열을 제거하여 저장조의 온도를 60℃ 이하로 유지하도록 설계되어 있다. 또한 사용후핵연료 저장조는 자연대류순환에 의하여 핵연료피복재 온도가 344℃ 이하로 유지되도록 설계되어 있다.

저장조 정화루프는 여과기와 탈염기를 이용하여 저장조, 핵연료이송수로와 재장전수조 등의 저장수를 정화하며, 부유물 제거장치를 이용하여 수면 부유물을 제거하고 있다. 부유물 제거장치는 저장조 수면의 물을 넘쳐흐르게 하여 사용후핵연료 저장조 정화루프에서 부유물을 제거하도록 설치되어 있다.

10.6.6 사용후핵연료 건식저장

월성원자력발전소에는 CANDU형 중수로 4기가 가동 중이며, 각 호기에서 매년 약 5,000다발의 사용후핵연료를 발생시키고 있다. 사용후핵연료는 원자로건물(격납건물)내의 사용후핵연료 습식저장수조에서 약 6년의 냉각기간을 거친 후 건식저장시설로 이송되고 있다. 월성원자력발전소의 건식저장시설은 사일로 형식으로 300개의 캐니스터(Canister)가 설치·운영되어 왔으나, 저장용량의 포화가 예상됨에 따라 2009년 조밀건식저장시설(MACSTOR/KN-400)을 발전소 부지 내에 추가로 건설하였다(그림 10.24). 우리나라에서 사용후핵연료 건식저장시설은 월성원자력발전소에만 설치되어 있다.

그림 10.24 사용후핵연료 건식저장시설 조감도

2007년 10월 착수하여 2009년 9월 준공된 핵연료 조밀건식저장시설은 7개의 모듈이 설치되어 총 168,000개의 핵연료다발을 저장할 수 있으며, 이는 월성원자력발전소 4개 호기에서 발생하는 사용후핵연료의 약 7년 치를 저장할 수 있는 용량이다. 각 모듈은

길이 21.9m, 폭 12.9m, 높이 7.6m의 크기를 가진 콘크리트 구조물로, 내부에 10x4 배열로 40개의 실린더(Cylinder)를 저장할 수 있다. 각 실린더는 10개의 밀폐형 연료바스켓(Basket)을 내장하고 각 연료바스켓은 60개의 핵연료다발을 장전하고 있어, 각 모듈은 24,000개의 핵연료다발을 저장할 수 있다. 건식저장시설의 사양은 표 10.13에 나타나 있으며, 그림 10.25는 모듈의 개념도를 보이고 있다.

조밀건식저장시설 모듈의 냉각방식은 공기의 자연대류에 의한 순환냉각으로 각 모듈의 한쪽 면에 5개씩 10개의 공기 입구유로와 한쪽 면에 6개씩 12개의 공기 출구유로가 있다. 콘크리트 구조물의 온도는 설계수명기간 동안 정상운전 조건에서 65℃(국부온도 93℃) 이하로, 사고조건에서 176℃ 이하로 유지하도록 설계되어 있다. CANDU형 원자로는 천연우라늄을 핵연료로 사용하기 때문에 자연적으로 임계에 도달할 수 없으며, 사용후핵연료의 유효증배계수가 설계기준인 0.95를 초과하지 않으므로 핵임계 안전성을 보장할 수 있다.

표 10.13 사용후핵연료 조밀건식저장시설 사양

항 목	사 양
설계수명	50년
핵연료저장 총 용량	168,000개 핵연료다발
모듈 개수	7개
모듈크기(길이x폭x높이)	21.9m x 12.9m x 7.6m
모듈별 저장용량(다발)	24,000(60다발/바스켓x10바스켓/실린더x40실린더)
모듈의 저장실린더 배열	10 x 4 배열 (40개 실린더/모듈)
모듈의 공기냉각유로	공기입구 10개 유로(한쪽 면에 5개씩) 공기출구 12개 유로(한쪽 면에 6개씩)
차폐두께	1m 두께의 상부슬라브, 0.98m 두께의 벽
열차단판	상부슬라브와 측면 벽 내부에 5cm 두께 단열재

방사선작업자와 일반인에 대한 방사선피폭 영향을 최소화하고 방사성물질의 외부 유출을 방지하기 위하여 물리적 2중 방벽구조(연료바스켓, 실린더)로 설계되어 있다. 1m 두께의 상부슬라브와 0.98m 두께의 벽은 방사선차폐 역할을 하며, 상부슬라브와 측면 벽 내부에는 5cm 두께의 단열재가 부착되어 열차단 기능과 콘크리트 구조물의 열응력

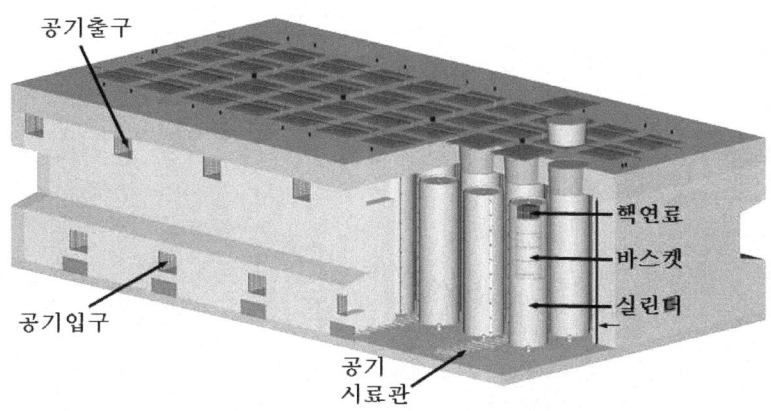

그림 10.25 조밀건식저장시설 모듈 개념도

감소 역할을 한다.

조밀건식저장시설에는 방사선관리구역 내의 누적선량을 측정하고 있으며, 공기 출구의 배기 중 방사성물질의 농도에 대한 주기적 감시를 위한 방사선감시장치가 설치되어 있다. 또한 방사선관리구역 및 오염구역의 출입제한을 위한 물리적 방호설비(철책, 시건장치)와 공학적 방호시설(카메라, 전자센서)이 갖추어져 있다.

10.6.7 중·저준위 방사성폐기물 처분

1) 방사성폐기물 처분시설 개요

우리나라는 원자력발전소, 핵연료가공시설, 한국원자력연구원, 방사성동위원소 및 방사선발생장치 이용시설 등에서 발생한 중·저준위 방사성폐기물을 영구 처분하기 위하여 경주에 중·저준위 방사성폐기물 처분시설을 건설하고 있다. 처분시설은 국내 최초의 동굴처분방식으로 1단계로 2014년 6월 말까지 지하 80m~130m에 수직형 사일로 6기를 설치하여 10만 드럼(200리터 기준) 용량으로 완공될 예정이다. 향후 처분시설을 확장하여 총 80만 드럼의 처분용량을 확보할 예정이다. 1단계 처분시설(10만 드럼)의 운영기간은 10년이며, 시설의 폐쇄 후 제도적 관리기간은 100년으로 설정하고 있다. 처분시설의 건설과 운영은 2009년 1월 1일 「방사성폐기물관리법」에 따라 설립된 '한국방사성폐기물관리공단'의 사업소인 '월성원자력환경관리센터'에서 담당하고 있다.

중·저준위 방사성폐기물 처분시설은 그림 10.26에서 보는 바와 같이 크게 지상시설과 지하시설로 구분된다. 지상시설은 인수저장건물, 방사성폐기물건물, 지원건물과 동굴설비건물 등으로 구성되어 있다. 지상시설에서는 원자력발전소를 비롯한 폐기물 발생 기관으로부터 처분대상 방사성폐기물을 인수하여 처분기준의 만족 여부를 확인하고, 필요 시 처분에 적절하도록 처리하는 등의 작업이 수행된다.

그림 10.26 경주 중·저준위 방사성폐기물 처분시설 조감도

지하시설에는 그림 10.27에서 보는 바와 같이 건설·운영을 위한 건설동굴, 운영동굴, 수직출입구와 하역동굴이 있으며, 폐기물을 처분하기 위한 6기의 처분고(사일로)가 있다. 사일로는 해수면 이하 80~130m의 화강암지역에 위치하며, 모든 사일로는 숏크리트와 콘크리트 라이닝으로 보강되어 있다. 사일로는 높이 50m, 직경 23.6m의 크기를 가지며, 사일로 1기에 16,700 드럼을 처분할 수 있다. 그림 10.28은 방사성폐기물 처분고(사일로)의 단면을 보이고 있으며, 그림 10.29는 폐기물처분시설의 공사현장 전경을 보이고 있다.

방사성폐기물을 사일로에 처분할 때에는 폐기물의 크기와 특성 등을 고려하여 처분용기의 건전성을 유지하고, 처분용기 사이의 빈 공간을 최소화할 수 있도록 6기의 사일로에 구분하여 처분한다. 처분시의 적재효율 등을 고려하여 200리터 드럼용 16-Pack(4×4) 처분용기와 320리터 드럼용 9-Pack(3×3) 처분용기 등을 사용한다. 처분용기 내에 폐기물 드럼을 넣어 포장하고, 처분용기 취급시에는 크레인 등의 원격 취급장치를 이용한다.

2) 방사성폐기물 처분시설 안전관리
처분되는 방사성폐기물의 총 방사능량은 $5.63 \times 10^{15} Bq$이며, 폐기물에 존재하는 대표

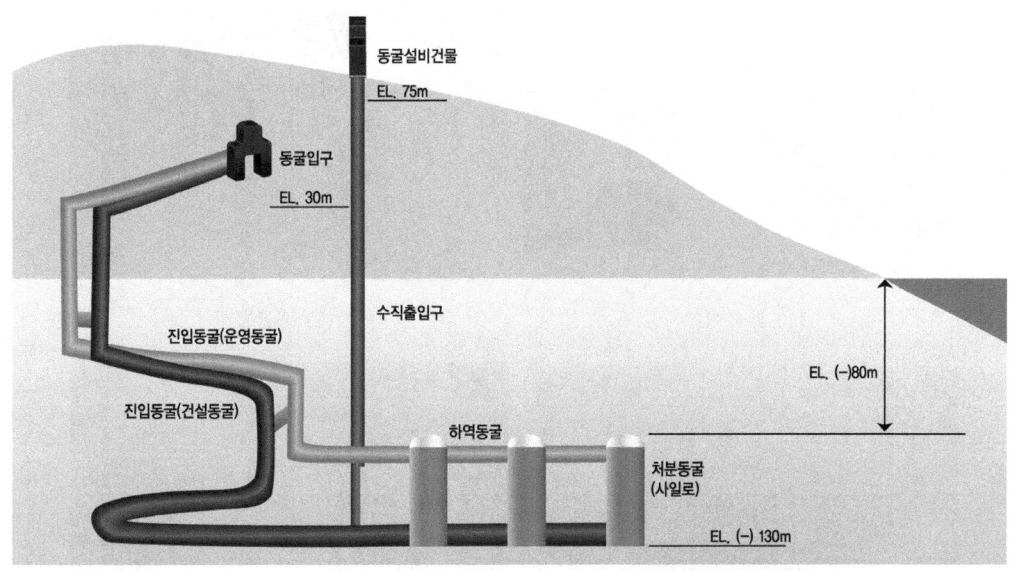

그림 10.27 경주 중·저준위 방사성폐기물 처분시설 지하시설 단면도

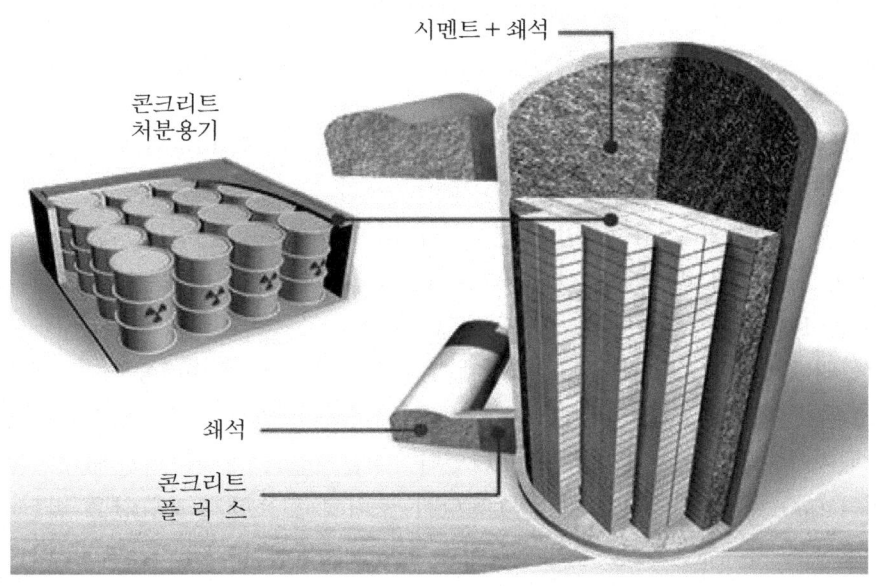

그림 10.28 중·저준위 방사성폐기물 사일로 단면

적인 방사성핵종은 H-3, C-14, Fe-55, Co-60, Ni-59, Ni-63, Sr-90, Tc-99, I-129, Cs-137, 전알파 핵종 등이 있다. 처분시설의 운영과 폐쇄 후 방사선 영향으로부터 작업종사자와 주민의 보호를 위한 처분시설의 설계목표치는 다음과 같다.

| (1) 동굴입구 | (2) 동굴공사 |
| (3) 수직출입구 | (4) 처분고 (사일로) |

그림 10.29 중·저준위 방사성폐기물 처분시설 공사현장 전경

- 운영 중 설계목표 : 기체방출물에 의한 피폭선량을 0.05mSv/년 이하로, 액체방출물에 의한 피폭선량을 0.03mSv/년 이하로 제한
- 폐쇄 후 설계목표 : 정상적인 자연현상에 의한 피폭선량을 0.1mSv/년 이하로, 부주의한 침입자에 의한 피폭선량을 1.0mSv/년 이하로, 자연 또는 인위적 사고발생 확률을 10^{-6}/년 이하로 설정

처분시설의 정상, 비정상 및 사고 조건에서 폐기물의 장기 격리기능을 확보하기 위하여 지반조건이 가장 양호한 위치에 처분시설을 배치하고, 동굴입구를 고지대(해발 30m 이상)에 배치하여 물의 유입을 차단하고 있다. 처분시설과 제한구역경계(시설외곽에서 최소거리 110m) 사이에 부지감시 및 비정상시 조치에 필요한 완충공간을 마련하고 있다. 완충공간은 지하매질을 통한 방사성핵종 이동, 처분시설 운영 중의 방사선학적 영향평가, 안전관리 수행 등의 요인을 고려하여 설치되어 있다.

처분시설에는 기상, 수문, 지진, 지질과 지질공학 등에 대한 부지감시 계획과 함께 사일로 공기정화기와 방사성배수계통, 방사성폐기물계통 공기정화기, 그리고 유출물 방사선감시기의 계측제어와 관련된 공정제어 및 감시설비가 설치되어 있다. 모든 액체 및 기체 폐기물의 환경배출을 감시하기 위하여 액체폐기물 처리계통과 방사성배수계통에 각 2대씩의 액체폐기물 방사선감시설비가 설치되어 있으며, 방사성폐기물건물, 인수저장건물, 사일로터널과 지원건물에 각 1대씩의 기체폐기물 방사선감시설비가 있다. 시설에서 배출되는 액체 및 기체 상태의 방사성물질의 제한구역 경계에서의 농도에 관한 기준은 '방사선방호 등에 관한 기준'(원자력안전위원회고시 제2012-29호)에서 규정하고 있으며, 주요 방사성핵종에 대하여 표 12.2에 예시하고 있다.

처분시설에서 작업종사자의 방사선피폭을 최소화하기 위하여 방사선량률 준위에 따른 차폐설계, 방사성물질의 역류방지, 방사능농도 저감을 위한 공기조화계통, 크레인 등의 원격 취급장치 등이 설계에 반영되어 있다. 공기조화계통은 사일로지역, 방사성폐기물건물과 인수저장시설 등 오염가능성이 있는 방사선관리구역을 주변보다 부압으로 유지함으로써 오염공기의 역류를 방지할 수 있도록 설계되어 있다.

처분시설 사일로(처분고)의 구조건전성 확보기간을 60년으로 설정하고, 폐쇄 후에도 상당기간(약 1,400년) 동안 방사성핵종의 유출을 지연시키는 공학적 방벽을 설치하여 그 성능을 유지할 수 있도록 건설하고 있다. 또한 사일로의 숏크리트와 콘크리트 라이닝 사이에 방수막을 설치하여 지하수를 배수하는 등 물과 폐기물의 접촉을 최소화하고 있다. 사일로 구조물에 대한 성능을 주기적으로 감시·평가하기 위하여 간극수압계, 라이닝 응력계와 변형률계, 철근 변형률계를 설치하고 있으며, 침투수 집수조에서 수위와 유량을 확인하도록 하고 있다. 사일로는 콘크리트 라이닝 내부에 폐기물을 처분하고 뒤채움과 밀봉을 통해 폐쇄하기 때문에 폐쇄 후 별도의 유지와 보수가 필요하지 않는다.

3) 방사성폐기물의 운반과 저장

일부 원자력발전소 내의 방사성폐기물 저장시설이 포화되어 저장공간이 없기 때문에, 한국방사성폐기물관리공단은 처분시설 부지 내에 인수저장건물을 우선 준공하여(2010년 12월) 원자력발전소에 저장 중인 방사성폐기물 2,000드럼을 인수저장건물에 저장·관리 중이다. 울진원자력발전소에서 중·저준위 방사성폐기물 1,000드럼을 운송선박으로 해상 운반하여 처분시설 인수저장건물에 반입하여 저장·관리하고 있다. 또한 월성원자력발전소에서 중·저준위 방사성폐기물 1,000드럼을 육상 운반하여 인수저장건물에 반입·저장하였다. 한국방사성폐기물관리공단은 방사성폐기물 운반차량(15톤) 5대, 운반용기 300개를 보유하고 있다.

중·저준위 방사성폐기물 운송선박(한진청정누리)은 국제원자력기구(IAEA)와 국제해사기구(IMO) 등의 국제기준과 「선박안전법」, 「원자력안전법」 등의 국내기준에 따라 설계·건조되어 국토해양부로부터 승인을 받았으며, 한국원자력안전기술원의 점검을 통해 선박의 안전성과 운영절차의 적절성이 확인되었다. 운송선박은 충돌예방레이더, 선박자동식별

장치 등 최신 항해 장비를 갖추고 있어 선박의 충돌을 예방하며, 이중선체 구조로 되어 있어 만일의 사고에도 선박의 침몰과 방사성폐기물의 손상을 방지하도록 설계되어 있다.

방사성폐기물이 적재되는 선박의 화물창에는 방사선차폐체가 설치되어 있어 외부로의 방사선 누출을 차단하며, 선박의 주요지점에 설치된 방사선감시기를 통해 실시간으로 방사선 누출여부를 감시한다. 선실 출입문은 보안시스템을 적용해 지문감식을 통한 신분확인 절차를 거쳐야 출입이 가능하도록 함으로써 외부인의 침입을 방지하도록 되어 있다. 운송선박은 방사성폐기물 운반 중 화재, 충돌, 침몰, 태풍 및 지진해일 등 만일의 사고에 대비하여 비상대응계획 및 방사선방호계획을 수립·운영하고 있으며, 주기적인 교육을 통해 승무원들이 비상대응절차와 방법을 숙지하도록 하고 있다. 그림 10.30 은 운송선박의 제원과 특징을 보여주고 있다.

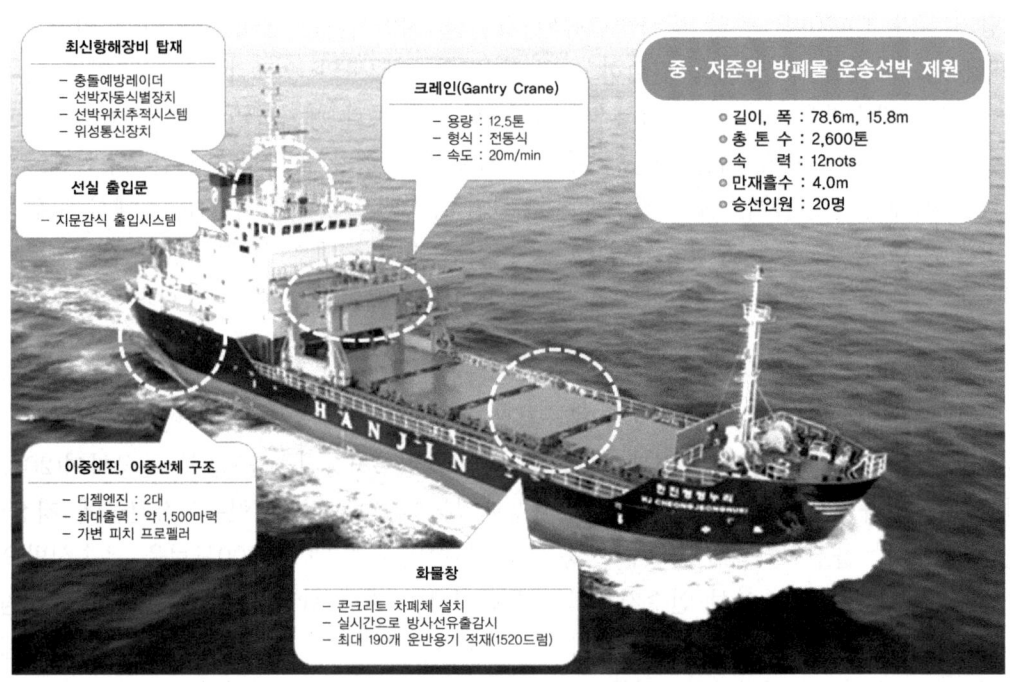

그림 10.30 방사성폐기물 운송선박

제 11 장

방사선방호와 안전관리

11.1 방사선의 생물학적 영향과 방사선장해

11.1.1 방사선의 생물학적 영향 발생과정

방사선이 물질에 영향을 미치는 것은 방사선이 가지는 에너지 때문으로, 방사선이 물질을 통과할 때 에너지의 전달로 인한 방사선과 물질 간의 상호작용이 일어난다. 방사선에너지를 받은 물질의 분자나 원자가 에너지를 흡수해서 여기(Excitation)되거나 전리(Ionization)됨으로써 물질은 변화를 시작하게 되며, 방사선이 생물체를 통과할 때도 동일하게 작용한다.

인체가 방사선을 쬐게 되면 인체 내의 세포분자가 전리(이온화)작용을 일으키며, 이때 생성된 음이온이 주변세포 원자와 반응하여 손상이나 장해를 초래한다. 예를 들어 유전정보가 수록된 디옥시리보핵산(DNA) 근처의 물 분자가 이온화되면 음이온이 유전자와 반응하여, 그 결합을 끊어서 세포에 손상을 주게 되며 세포가 손상된 정도에 따라 조직과 장기에 영향을 주거나 주지 않기도 한다. 그림 11.1은 방사선에 의한 생물학적 영향의 발생과정을 도식적으로 보이고 있다.

아주 낮은 선량(수십 mSv 이하)으로 세포가 손상된 경우 대부분의 세포가 스스로 손상을 복구하여 조직이나 장기에 영향을 미치지 않으나, 비교적 높은 선량(수십 mSv~1Sv)에

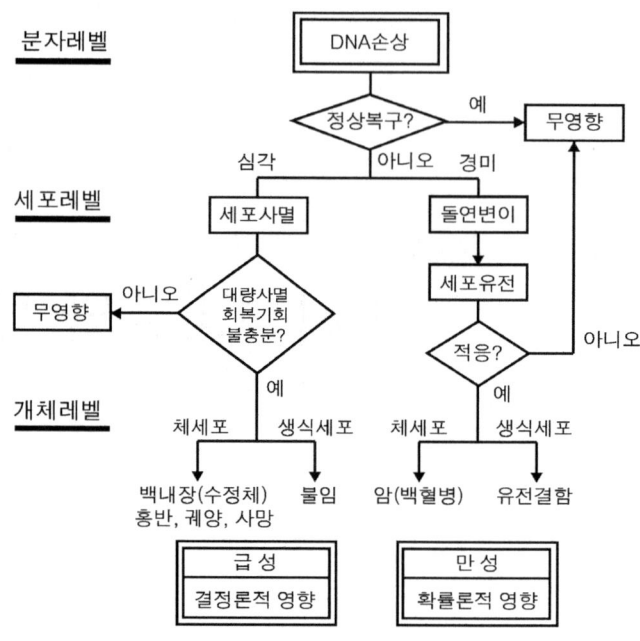

분자레벨

세포레벨

개체레벨

그림 11.1 방사선의 생물학적 영향 발생과정

서는 손상된 세포의 자체 복구가 불가능하여 세포가 영원히 변형되거나 또는 사멸하게 된다. 세포가 사멸하는 경우 다른 세포가 이를 대체하여 조직이나 장기에 영향을 미치지 않으나, 변형된 세포가 계속 증식하면 인체에 영향을 미치게 된다. 높은 선량(1~3Sv)에서는 사멸된 세포가 빨리 대체되지 않아 조직의 기능이 상실되어 방사선장해 증세가 나타난다. 예로서 높은 선량에 의해 장 내벽이 손상되면 불 및 영양분의 흡수기능과 감염 방어기능이 상실되어 구토나 설사 등의 증세가 나타나게 된다.

11.1.2 생물학적 영향의 구분

방사선에 의한 인체의 영향은 발생시기별, 영향이 나타나는 개체별 그리고 방사선방호 목적별로 구분할 수 있다.

1) 발생시기별 급성영향과 만성영향

영향의 발생시기별로 볼 때, 많은 양의 방사선을 비교적 짧은 시간 내에 받는 것을 단기피폭(Acute Exposure)이라 하며, 이 경우 생물학적인 현상은 상대적으로 단기간 내에 나타난다. 이러한 방사선 영향을 급성영향(Acute Effect)이라 하며, 증세가 나타나게 되는 잠복기가 수십 일 이내이다. 반면에 소량의 방사선을 오랫동안 반복해서 받는 것을 장기피폭(Chronic Exposure)이라 하며, 이 경우 생물학적 증세는 오랜 시간에 걸쳐서 서서히 나타난다. 이러한 방사선 영향을 만성영향(Chronic Effect)이라 하며, 수개월에서 수십 년의 잠복기를 거쳐 영향이 나타난다.

2) 영향 개체별 신체적 영향과 유전적 영향

방사선의 영향이 나타나는 개체별로 볼 때, 피폭된 개체에 영향이 나타나는 것을 신체적 영향(Somatic Effect)이라 하며, 피폭한 개체의 후손에게서 영향이 나타나는 것을 유전적 영향(Genetic Effect)이라 한다.

3) 방사선방호 목적별 확률론적 영향과 결정론적 영향

방사선방호의 목적별로 볼 때, 확률론적 영향(Stochastic Effects)과 결정론적 영향(Deterministic Effects)으로 분류할 수 있다. 확률론적 영향은 생물학적 장해가 일어날 확률이 선량의 함수로 나타나는 것으로, 문턱선량(Threshold Dose)의 개념이 없기 때문에 아무리 적은 양의 선량이라도 방사선장해가 일어날 가능성이 있다고 가정한다. 확률론적 영향은 적은 선량이라도 확률론적 수치로 발생가능성을 나타내게 되므로 선량이 증가함에 따라 발생확률 즉 위험도가 증가하는 것이나, 원인(피폭)과 결과(영향)의 인과관계가 확률론적이므로 불분명하다. 유전적 영향과 암(백혈병 포함)의 유발 등은 문턱선량이 없다고 가정되어 확률론적 영향이라 불린다. 확률론적 영향은 아무리 적은 선량이라도 방사선장해를 일으킬 수 있는 가능성을 내포하고 있으므로, 방사선 안전관리를 가능한 한 보수적으로 수행해야 한다는 방사선방호의 기본 전제를 제시하고 있다.

반면에 결정론적 영향이란 생물학적 장해의 심도가 선량의 함수로 나타나는 것으로, 문턱선량 이상의 피폭이 있어야만 영향이 나타나며 선량의 크기가 증가함에 따라 방사선장해의 심도도 증가한다. 또한 방사선피폭이 장해를 유발하였다는 원인(피폭)과 결과(영향)의 인과관계가 분명하다. 피부의 홍반, 탈모, 수정체의 백내장, 골수세포의 감퇴 등이 이 범주에 속한다. 표 11.1은 결정론적 영향과 확률론적 영향의 특성을 비교하고 있다.

4) 방사선 호메시스(Radiation Hormesis)

방사선 호메시스란 다량의 방사선은 생물체에 피해를 주지만 소량의 방사선은 반드시 해롭지만은 않으며, 오히려 세포기능을 자극하여 생명체의 생리활동을 촉진시켜 수명의 연장, 성장촉진 또는 종양 발생률의 저하 등 유익한 효과를 줄 수 있다는 것을 말한다.

표 11.1 결정론적 영향과 확률론적 영향의 특성 비교

영향	결정론적 영향	확률론적 영향
발생 메커니즘	급성 고선량 피폭으로 세포사 또는 급성반응에 의한 현상	세포의 돌연변이와 세포 유전의 결과로 발생 가능한 영향
인과관계	피폭과 영향 발현의 인과관계가 필연적	영향의 발현을 우연성이 지배
영향세포	큰 무리의 세포	개별 세포
선량효과	영향의 심각도가 선량에 비례	영향의 발현 확률이 선량에 비례
문턱선량	영향의 정도가 임상학적으로 중요하게 되는 문턱선량 존재	문턱선량 없이, 위험도가 선량에 비례
발현시기	대체로 급성	지발성
임상적 특성	증상의 특이성 있음	다른 원인에 의한 영향과 구분이 불가능
방호개념	선량을 문턱치 이하로 유지하면 방지 가능	위험을 합리적 범위에서 최소화(ALARA)
영향의 예	홍반, 탈모, 백내장, 골수세포 감퇴, 불임	암, 백혈병, 유전결함

이 개념은 1980년 미국 미주리 대학의 T. D. Luckey교수가 제시한 이후 일부 생물학자들이 연구와 실험결과를 토대로 주장하고 있는 것으로, 저준위방사선의 인체피폭은 면역학적 반응의 증진과 체내 호르몬의 평형조절 등으로 인하여 인체의 자연방어 메커니즘을 향상시킨다는 것이다. 그러나 실험결과들이 연구자마다 다르게 나오는 등 아직 객관적인 입증이 되지 않고 있다.

국제방사선방호위원회(ICRP)는 이 효과에 대하여 통계학적으로 의미 있는 실험결과가 아직 동물실험에 한정되어 있으며, 더구나 인체에 대한 입증자료가 거의 없는 상태이므로 방사선방호의 관점에서 이 효과를 고려하고 있지 않다.

11.1.3 방사선장해의 종류

방사선장해(Harm)는 방사선과 인체세포의 반응결과 나타나는 영향의 정도를 표현하는 것으로, 세포의 심각한 손상과 상해로 인하여 피폭된 개인 또는 그 자손에게 임상학적으로 관찰이 가능한 신체적 장해효과 또는 유전적 장해효과가 나타나는 것을 말한다. 또한 손상(Damage)이란 세포자체가 변화하여 세포수준에서 어느 정도의 해로운 변화가 나타나는 것으로, 이로 인한 영향이 반드시 나타나는 것은 아니다.

1) 조혈기관 장해

조혈기관은 인체 내에서 방사선에 대해 가장 민감한 장기이므로 쉽게 혈류의 변화로써 관찰할 수 있으며, 피폭 수시간 후에는 백혈구 수의 감소를 볼 수 있다. 백혈구 수(정상치 5,000~7,000/mm^3)가 3,000~4,000이 되면 메스꺼움, 전신권태 등의 자각증상이 나타나며, 방사선피폭이 중단되면 수주 이내에 정상으로 회복한다. 적혈구와 혈색소 양의 감소는 백혈구의 변화보다 늦게 나타나며, 그 회복도 오래 걸린다.

조혈장기 중에서 가장 빨리 그리고 미량조사로 변화가 나타나는 것은 임파선 조직이다. 방사선조사 수시간 후부터 임파절과 임파세포가 파괴되어 12~24시간 후 임파세포는 현저하게 감소한다. 골수에는 조사 직후부터 충혈이 생기며, 세포에는 우선 핵 위축이 뚜렷해진다. 정상치 8~10만의 골수세포가 2~3만 정도로 되면 중병이다.

방사선에 의한 혈액장해는 가장 민감하게 나타나고, 쉽게 검사할 수 있기 때문에 방사선 및 방사성물질을 취급하는 사람은 6개월에 1회 또는 사고가 있을 경우에는 즉시 혈액검사를 받아야 한다. 그러나 백혈구의 문턱선량이 0.5Gy, 적혈구와 혈소판의 문턱선량이 1.0Gy이므로 흡수선량이 그 이하이면 혈액에서는 변화를 인지할 수 없기 때문에 혈액검사는 선량한도 초과 여부를 조사하는 목적으로는 사용할 수 없다.

2) 생식선 장해

생식선은 방사선에 대한 감수성이 크며, 피폭으로 인해 일시적으로 무정자 또는 무월경 상태가 되는 일도 있으나 선량이 크지 않으면 회복된다. 예로서 흡수선량 3Gy의 피폭에서 40세 여자의 경우 폐경을 초래하나, 20세 여자는 일시적인 월경불순만 초래하게 한다. 남자의 경우 새로운 정자가 계속 생성되므로 현재까지의 자료에 의하면 0.25Gy의 짧은 시간 피폭에서 일시적으로 정자의 수가 감소한다.

3) 피부 장해

피부는 외부피폭이 가장 용이한 부위로서, 피부장해는 투과력이 큰 감마선보다는 0.2MeV 정도의 치료용 엑스선이 피부장해를 일으키기 쉬우며 엑스선 기사나 방사선을 다루는 의사에게서 가장 많이 발생하고 있다. 피부의 급성 장해에는 탈모, 홍반, 수포형성, 궤양형성 등의 단계가 있다. 탈모는 피폭 2~3주 후에 나타나며, 홍반은 피폭 2~3시간 후에 피부가 빨갛게 되며(혈관의 확장), 2~3주 후에는 진짜 홍반(진피의 염증)이 생긴다.

적은 선량으로 반복 조사되는 만성피폭의 경우 홍반도 수반하지 않고 점차적으로 장해 변화가 일어나 만성피부염을 일으킨다. 증상으로 각질층이 굳어져서 탄성을 잃고 열편이 생기고, 손톱은 광택을 잃고 물러지며, 피부의 건조, 탈모, 지문의 소실 등으로 나타난다.

4) 수정체 장해

눈에서 가장 민감한 부분은 수정체로서 X선이나 감마선과 같은 방사선에 피폭하는 경우 수정체의 혼탁이 나타나는 선량은 0.5~1Gy이며, 백내장으로까지 발전하는 문턱선량은 약 1.5Gy로 알려져 있다. 이 장해는 잠복기가 길고 비교적 많은 선량에 의해서도 여러 해가 경과해야 나타난다. 결막염, 각막염 등은 더 많은 선량을 조사하지 않으면 일어나지 않는다.

5) 전신피폭에 의한 급성 신체장해

전신피폭에 의한 인체장해는 먼저 조혈기관에서 나타난다. 표 11.2에서 보는 바와 같이 0.25~0.5Gy 정도의 피폭에서 백혈구와 임파구의 변화가 발생하며, 0.5Gy 이상의 피폭을 받으면 거의 모든 사람에게서 혈액변화의 개별적 확인이 가능하다. 조혈기관 장해는 골수의 조혈조직이 손상되는 것을 시작으로 구토와 구역질 등의 증세가 나타나고 피로와 무기력함이 뒤따르며 거의 항상 탈모현상이 생긴다.

표 11.2 전신피폭에 의한 신체장해 증상

선량 (Gy)	증 상
0.05~0.25	염색체 이상이 확인되는 최소선량
0.25~0.5	백혈구, 임파구 변화 (집단 대조로 판별가능)
0.5~0.75	혈액변화의 개별적 확인 가능
0.75~1.25	피폭자의 10% 정도 구토
1~2	피폭자의 20~70% 구토, 피폭자의 30~60% 무력증, 피폭자의 20~35% 혈구생산 감소, 합병증으로 사망자 발생가능(~5%)
3~5	조혈기능 장해로 수개월 내에 50% 사망
6~8	위장계 증후군으로 수개월 내에 100% 사망
8~10	각혈, 폐수종 등 발현, 수주 내에 사망
15 이상	중추신경계 증후군(코마 등)으로 수일~수주 내에 사망

소화기관 장해로서 1~3Gy 정도의 피폭에서는 장 내벽이 손상되어 물과 영양분의 흡수기능이 상실되고, 감염 방어기능도 잃게 되어 구토와 설사 등의 증세가 나타나게 된다. 3Gy 이상의 피폭에서는 신체의 면역체계가 손상되어 감염과 질병에 대한 방어기능이 상실되며, 4~5Gy의 피폭을 받은 경우 적절한 치료를 받지 못하면 피폭자의 50%가 수개월 이내에 사망하게 된다. 피폭량이 10Gy 정도에 이르면 피폭자의 대부분이 소화기 증후군으로 인하여 수개월 내에 사망하게 된다.

전신에 대한 방사선 피폭량이 15~20Gy 정도에 이르면 인체조직 중 방사선에 대한 감수성이 가장 낮은 중추신경계가 심한 장해를 받게 된다. 중추신경이 장해를 입을 정도로 많은 피폭을 받으면 수시간 이내에 의식을 잃게 되고 며칠 이내에 사망하게 된다.

6) 방사선 유발 암

소량의 방사선을 반복적으로 받을 경우 발생 가능한 만성영향 중 발생확률이 가장 높은 것이 암 발생임에도 불구하고 방사선으로 인해 발생한 암을 구분해서 진단하기는 매우 어렵다. 역학조사라는 통계적인 방법을 이용할 수 밖에 없으므로, 한 개인이 방사선으로 암이 생겼는지 여부를 정확하게 판단하는 것은 어렵다.

역학조사를 하기 위해서는 방사선에 피폭된 집단을 먼저 찾아야 한다. 집단 피폭된 자료로 일본의 원자폭탄 희생자 집단과 병원에서 환자의 진료나 치료시 직업적으로 방사선을 사용하는 사람들에게서 찾을 수 있다. 이들을 대상으로 조사한 결과에 따르면 약 1Sv 정도의 방사선피폭으로 암이 발생한 경우가 가장 많으며, 방사선피폭으로 인한 암은 주로 조혈기관, 갑상선, 뼈, 피부 등에 많이 발생하는 것으로 알려져 있다.

암 발생 인과관계에서 중요한 사실은 방사선 피폭량이 적어도 암 발생확률은 존재한다는 사실이다. 또한 암 발생 여부를 확인하는 것이 어려운 점은 방사선에 피폭된 후 암으로 진단되기까지는 꽤 오랜 시간이 걸린다는 것이다. 소위 잠복기라 하는 기간이 있어서 암의 종류에 따라서는 수년 내지 수십 년이 지난 후에야 암으로 진단되는 경우가 많기 때문이다.

7) 유전 장해

방사선에 의하여 체세포에 발생하는 돌연변이는 자손에게 전해지는 일이 없이 피폭된 개체에 머물게 되나, 생식세포에 유발된 돌연변이는 자손에게 전해지게 되며 이를 유전적 영향이라 한다. 자연계에는 어느 정도의 돌연변이가 존재하며, 자연발생적인 돌연변이와 방사선에 의한 돌연변이는 구별할 수 없으므로 방사선에 의한 돌연변이의 발생은 돌연변이 발생빈도의 증가라고 할 수 밖에 없다. 방사선에 의한 유전자 돌연변이 발생은 확률론적 영향으로 문턱선량이 존재하지 않고 발생확률이 피폭선량에 비례하기 때문에 아무리 적은 선량이라 할지라도 생물학적 영향의 가능성은 존재한다.

8) 태아에 대한 방사선장해

임신한 여성의 복부에 방사선이 피폭되면 활발하게 세포분열을 하는 태아에게 치명적 장해를 입힐 수 있다. 특히 태아가 세포분열을 하여 각종 기관을 형성시키는 임신 후 1~2월 정도의 기관 형성기에 피폭으로 인한 변화가 발생하면 신생아는 여러 가지 신체적 결함을 가질 수 있다. 산모가 임신 중에 방사선에 피폭되어 나타나는 태아에 대한 인체장해는 크게 태아의 사망, 기형 또는 불구, 지능장애, 유전형질의 변화로 나타난다. 이러한 장해는 피폭방사선량과 선량률, 피폭시의 임신시기 등에 크게 의존한다.

11.1.4 방사선장해의 영향 인자

방사선피폭에 의한 인체장해는 투과성 방사선의 외부피폭에 의한 것과 방사성물질의 호흡 또는 섭취로 인한 내부피폭에 의한 것으로 구분될 수 있으며, 방사선장해에 영향을 미치는 인자는 다음과 같다.

i) 흡수선량 : 가장 지배적인 인자로 방사선장해는 인체의 방사선 흡수선량에 직접 비례하여 발생한다.

ii) 선량의 시간분포(흡수선량률) : 손상받은 세포는 회복이나 재생능력이 있으므로 단시간에 받아서 치명적인 선량준위도 장기간 나누어 받으면 중대한 장해를 받지 않을 수 있다.

iii) 선량분포 : 동일한 흡수선량이 특정장기에 집중 피폭되었을 경우 장해 발생의 가능성이 더 커진다.

iv) 피폭범위 : 피폭되는 조직의 범위가 전신인지 또는 일부 장기·조직인지에 따라 방사선장해의 발생확률은 다르게 나타난다.

v) 피폭조직의 방사선 감수성 : 신체조직의 방사선 감수성은 세포나 조직의 종류에 따라 다르다. 세포분열 중에 피폭되는 경우가 감수성이 높으므로 세포분열 빈도가 높은 조직일수록 감수성이 더 커진다. 이것이 태아 또는 유아, 성장기 어린이의 방사선피폭을 더욱 엄격히 제한하는 이유이다.

vi) 방사선의 선질 : 방사선의 종류와 에너지, 즉 방사선의 선질(Quality)에 따라 흡수선량의 선량당량(Dose Equivalent)이 달라지므로 장해가 달라진다.

vii) 방사선가중치 : 방사선의 종류와 에너지, 즉 방사선가중치에 따라 같은 흡수선량이더라도 등가선량이 다르므로 장해가 달라진다.

viii) 방사성핵종의 장기·조직 내의 침착부위 : 인체의 내부피폭시 방사성핵종의 화학적 활성에 따라 장기 또는 조직에 침착하는 정도가 달라지므로 핵종에 따라 방사선장해가 다르게 나타난다. 예로서 방사성요오드는 주로 갑상선에 영향을 주며 라듐, 플루토늄 및 우라늄은 뼈조직과 골수조직에 친화하여 장해를 일으킨다.

ix) 방사성핵종의 인체내 유효반감기 : 체내의 방사성핵종은 자체의 물리학적 반감기에 의한 붕괴 외에도 인체의 신진대사에 의한 생물학적 배출(땀, 대·소변 등)에 의해서도 방사능량이 감소되므로 이로 인한 장해효과가 다르게 나타난다.

11.2 방사선피폭의 특성과 방호

11.2.1 방사선피폭의 정의와 분류

방사선이 물질을 통과하면 알파선과 베타선 같은 하전입자는 직접 원자를 전리(이온화)시키며, 광자(감마선)와 중성자 같은 중성입자는 간접 전리작용을 한다. 방사선피폭이란 방사선에 노출된 물체로 입사된 방사선과 물체 구성 원자들 간의 상호작용에 의해 방사선에너지가 물체에 전달되어 흡수됨을 의미한다. 방사선에너지가 물질에 전달되는 특성은 방사선의 종류나 에너지에 따라 다르다. 방사선이 물질 내에서 단위거리를 이동하는 동안 전달하는 에너지의 양은 일반적으로 입자의 전하가 클수록 크며, 중성입자인 광자나 중성자의 경우는 생성되는 2차 하전입자의 종류나 에너지에 의해 좌우된다.

방사선피폭은 원인행위와 피폭집단에 따라 자연방사선 피폭, 직업상 피폭, 의료상 피폭, 사고시 피폭으로 구분할 수 있다. 또한 인체의 방사선피폭을 피폭원의 위치에 따라 외부피폭과 내부피폭으로 나누고 있으며, 방사선방호계획의 수립이나 방사선 안전관리에서는 이러한 피폭의 형태에 따라 구분하여 다루고 있다.

1) 자연방사선 피폭

자연계에는 지구 탄생 이래 지각에 존재하거나 우주선(Cosmic Rays)에 의하여 생성된 것 등 다양한 방사성핵종이 존재하는데, 이러한 핵종을 포함하는 물질을 천연방사성물질(Naturally Occurring Radioactive Materials: NORM)이라 부른다. 천연방사성물질을 구성하는 아주 긴 반감기를 가진 방사성원소로는 우라늄, 토륨, 포타슘과 이들의 방사성붕괴 생성물인 라듐, 라돈 등이 있다.

국제연합(UN) 산하의 방사선영향과학위원회(UNSCEAR)의 2000년 보고서에 의하면 자연방사선원에 의한 일반인 피폭의 세계 평균은 연간 2.4mSv로 평가되고 있다. 이 중에서 우주선 자체와 우주선에 의하여 생성된 방사성핵종에 의한 외부피폭이 0.38mSv, 대지 기원의 방사성핵종(건축재료 포함)으로부터의 외부피폭이 0.48mSv, 라돈 등의 흡입에 의한 내부피폭이 1.26mSv, 음식물 섭취에 의한 내부피폭이 0.29mSv이다. 가장 큰 피폭 요인으로 자연에 존재하는 U-238과 Th-232의 방사성붕괴 계열 핵종이 전체의 약 70%를 차지하고 있다.

일반적으로 자연에 존재하는 물질 내의 천연방사성물질의 농도는 낮지만, 인간활동에 의하여 농도가 높아지기도 한다. 핵원료물질을 가공 또는 처리하는 산업체에서 취급, 저장, 운송, 처분 등의 과정에서 방사선방호를 위한 예방조치가 필요한 수준으로 방사성물질의 농도가 증가될 수도 있다. 천연방사성물질이 상당량 존재하여 경우에 따라 작업종사자의 피폭선량을 저감하기 위한 방사선방호 대책이 필요할 수도 있는 산업체는 다음과 같다.

   i)   광물 채취 및 처리 : 인산비료 산업체와 연마 및 내화 산업체 등에서 천연방사성물질을 함유하는 광석을 처리하는 공정에서 방출되거나 농축될 수 있다.

   ii) 석유 및 천연가스 생산 : 탄화수소를 함유하는 지질구성 물질에서 발생된 액체 및 기체에 천연방사성물질이 포함될 수 있다.

  iii) 고철 재활용 : 천연방사성물질에 오염된 물질이 다른 산업체에 유통되어 새로운 오염물을 발생시킬 수 있다.

  iv) 목재생산 및 화력발전 : 목재나 석탄의 연소 후에 남은 재에는 자연상태의 목재나 석탄 보다 천연방사성물질을 더 높은 농도로 함유하고 있다

   v) 정수 시설 : 흡착재 또는 이온교환수지를 통하여 물에서 광물과 불순물을 제거하기 위하여 생수 또는 폐수를 처리할 때 라돈이 방출될 수 있다.

 vii) 굴착공사 및 지하작업 : 지하 동굴, 전기 공동, 터널, 하수도 등에서 소량의 방사성 광물 또는 가스가 존재할 수 있다.

2) 직업상 피폭

직업상 피폭은 방사선피폭을 줄 수 있는 작업에 종사함으로써 개인에게 발생하는 피폭을 말한다. 직업상 피폭에 대한 전통적인 정의는 피폭원에 관계없이 직장에서 발생하는 모든 피폭을 포함한다. 그러나 자연방사선은 도처에 존재하기 때문에 국제방사선방호위원회(ICRP)는 피폭이 경영관리자의 책임이라고 합리적으로 인정할 수 있는 직장에서의 피폭으로 한정하여 적용하고 있다.

국제방사선방호위원회는(ICRP)는 1990년 권고(ICRP-60)를 통하여 지표에서의 우주

선이나 신체 내의 포타슘-40과 같이 본질적으로 제어 불가능한 피폭원은 규제범위에서 제외(Exclusion)하고, 자연방사선 피폭 중 직업상피폭에 포함하여 관리해야 할 특별한 사안들에 대한 지침을 제공하고 있다. 예로서 규제기관이 관리를 요구하는 장소에서의 라돈 피폭, 규제기관이 정하는 양의 천연방사성물질의 취급과 고공비행 및 우주선 탑승으로 인한 자연방사선피폭을 직업상 피폭으로 포함하여 관리하도록 권고하고 있다.

3) 의료상 피폭

의료상 피폭은 방사선에 의한 진단이나 치료를 받는 환자의 피폭, 자의적인 보호자의 피폭, 생의학 연구대상 자원자의 피폭, 법의학 과정의 피폭 등 의료상의 목적으로 받는 피폭을 말하며, 선량한도의 적용대상에서 원칙적으로 제외된다. 이는 방사선의 사용이 최선의 선택이며, 피폭으로 인한 이득이 피폭자(환자)에게 돌아온다는 판단아래 정당화되기 때문이다.

4) 사고시 피폭

사고시 피폭은 긴급작업에 종사하는 자나 사고의 진압 등 피해의 확대를 방지하기 위해 불가피하게 작업에 참여하는 자가 받는 피폭을 말한다. 사고시 피폭에 대해서는 일반적인 선량한도보다 높은 한도를 적용하고 있으며, 인명의 구조를 위한 긴급작업에 대해서는 선량한도를 적용하지 않는다. 또한 긴급작업에 의한 피폭선량은 개인피폭방사선량에 합산하지 않을 수 있다.

11.2.2 외부피폭의 특성과 방호

1) 외부피폭의 특성

외부피폭(External Exposure)은 신체의 외부에서 오는 모든 방사선에 의한 피폭으로, 우리나라 법령에는 '사람의 신체 외부에 있는 방사선원으로부터 방출된 방사선에 의한 피폭'으로 정의하고 있다. 주로 베타선, 감마선, 엑스선, 중성자선과 같이 투과력이 큰 방사선은 외부에서 피폭되더라도 인체 내부의 기관에 도달하기 때문에 문제가 되며, 알파선은 투과력이 약하기 때문에 외부피폭의 방호에서 고려할 필요가 없다.

2) 외부피폭에 대한 방호

외부피폭에 대한 방호의 원칙으로 거리, 시간, 차폐의 원리가 적용된다(그림 11.2). 방사선의 세기는 거리의 제곱에 반비례하므로 선원으로부터 거리가 멀리 떨어져 있을수록 피폭량은 줄어들게 된다. 즉 선원이 동일하더라도 거리가 2배 또는 3배로 멀어지면 방사선의 세기나 이에 비례하는 방사선량률은 1/4배 또는 1/9배로 감소된다. 보통 방사선작업에서 선원과의 거리를 멀리 하기 위하여 원격 조작기구를 사용하기도 한다.

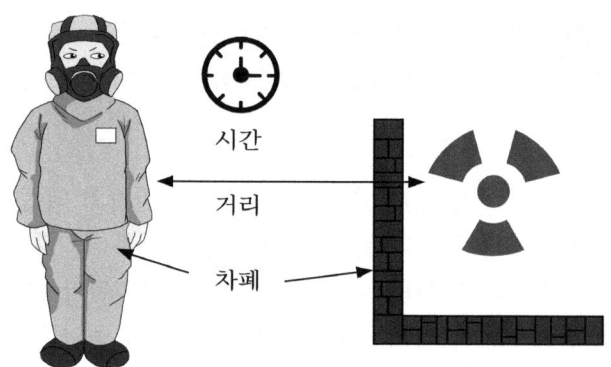

그림 11.2 방사선 외부피폭에 대한 방호원칙

피폭방사선량은 방사선량률과 작업시간의 곱으로 나타나므로 방사선에 피폭되는 시간을 단축하면 피폭방사선량이 감소된다. 동일한 방사선량률의 조건 하에서 작업을 하더라도 작업시간(또는 체류시간)을 줄인다면 결과적으로 피폭방사선량을 감소시킬 수 있다. 작업시간을 축소하여 피폭방사선량을 줄이기 위해서는 사전에 면밀한 작업계획을 수립하여 불필요하게 체류하는 시간을 줄여야 하며, 모의훈련과 기능숙련 등으로도 체류시간을 줄일 수 있다.

방사선의 세기는 어떤 물질을 통과하는 동안 그 물질의 구성 원자와 반응하여 감쇠(Attenuation)된다. 이 현상을 이용하여 방사선의 세기를 물리적으로 감쇠시키는 것을 방사선차폐(Radiation Shielding)라 하며, 차폐에 사용되는 물질이나 재료를 차폐체라 한다. 방사선차폐는 외부피폭의 방호에 대한 매우 중요한 수단으로 방사선의 종류에 따라 차폐체를 선정해야 한다.

원자번호가 크고 밀도가 높을수록 방사선의 감쇠계수가 커지므로 투과력이 강한 감마선이나 엑스선의 차폐에는 밀도가 높은 납, 철, 텅스텐, 감손우라늄과 콘크리트가 주로 사용된다. 베타선의 차폐에는 베타선이 금속차폐물질과 반응하여 에너지를 잃으면서 발생하는 제동방사선(엑스선)을 방지하기 위해서 원자번호가 작은 물질(플라스틱, 알루미늄 등)로 1차 차폐하고, 이후 발생되는 제동방사선을 차폐하기 위하여 납이나 철 등의 원자번호가 높은 물질을 사용한다. 중성자의 차폐에는 중성자가 차폐체의 원자번호가 작을수록 에너지를 잘 잃기 때문에 보통 물이나, 파라핀, 폴리에틸렌, 탄소와 콘크리트가 사용된다.

11.2.3 내부피폭의 특성과 방호

1) 내부피폭의 특성

내부피폭(Internal Exposure)은 방사성물질을 섭취 또는 흡입하여 신체 내에 침착하였을 때, 그 물질의 방사능이 물리적으로 감쇠하든가 또는 체외로 누설될 때까지 체내의 각 기관이 방사선에 피폭되는 것을 말한다. 우리나라의 법령에는 내부피폭을 '사람의 신체 내부에 유입되어 체내에 존재하는 방사성핵종으로부터 방출되는 방사선에 의한 피폭'으로 정의하고 있다

방사성물질은 호흡기계통(코), 소화기계통(입), 기공과 혈관(피부, 피부상처)을 통해 인체 내로 흡수된다. 내부피폭의 특징으로는 투과력이 약한 알파선이나 베타선이 특히 유해하고, 생물학적 반감기가 고려된 유효반감기가 사용되며, 핵종에 따라서는 특정장기에 모이는 경향이 있다. 여기서 유효반감기(Effective Half Life)는 체내에 섭취된 방사성물질의 양이 물리적 붕괴와 함께 생물학적 제거(신진대사에 의한 배설)에 의하여 최초 양의 절반으로 되는데 걸리는 시간을 말하며, 물리적 반감기와 생물학적 반감기의 조합에 의해 결정된다. 내부피폭이 외부피폭보다 방호하기 어려운 이유는 거리와 시간의 효과가 없으며, 차폐의 설정이 불가능하고, 제염이 거의 불가능하며, 방사성물질의 양, 분포 그리고 선량을 정확히 평가하기 힘들기 때문이다.

2) 내부피폭에 대한 방호

내부피폭에 대한 방호의 가장 기본적인 원리는 방사성물질의 체내섭취와 호흡경로를 차단하는 것이다. 내부피폭에 대한 방호의 원칙으로 선원의 격납, 농도의 희석과 섭취경로의 차단 등 세 가지가 기본적으로 적용된다. 선원의 격납(Containment)은 방사성물질을 격납하여 외부의 공기 또는 수중으로 누출되거나 확산되는 것을 방지하는 것으로, 개봉선원의 밀봉화(밀봉선원), 원자로의 격납건물 등이 대표적인 예이다.

비밀봉(개봉)선원을 취급하는 작업장에서는 선원의 완전한 격납이 불가능하므로 방사성물질의 누출과 확산으로 인한 공기오염과 표면오염의 가능성이 상존한다. 따라서 공기정화설비나 배기설비를 설치하여 방사성물질의 농도를 희석(Dilution)시키고, 표면오염농도를 관리기준치 이하로 제한하기 위하여 작업장 또는 표면에 대해 필요에 따라 제염작업을 수행한다.

섭취경로의 차단으로 방사선작업장 내에서의 음식물 섭취금지, 금연, 마스크와 방호복 착용 등의 방법이 있으며, 신체외부 오염검사와 제염이 개인에 대하여 적용된다. 마스크 등 호흡방호장구를 착용할 경우에는 공기오염 예상물질의 물리화학적 특성과 농도의 준위에 따라서 적절한 마스크를 선택해야 한다.

3) 내부피폭 이후의 방호

방사성물질이 체내에 섭취되었을 경우 킬레이트제 화합물(Chelating Agent)을 인체에 투여하는 화학적 처치법을 이용하여 체내의 방사성물질을 신속하게 배설시켜 내부피폭을 줄이는 방법이 있으며, 적절한 약품을 인체에 투여하여 방사성물질이 체내에 흡수되는 것을 방지하는 방법도 있다. 예로서 원자력발전소 사고시 외부로 누출되는 방사성기체 중에서 방사성요오드에 의한 집단피폭이 우려될 경우, 안정동위원소인 요오드화칼륨(KI)을 투여하여 체내 요오드의 양을 포화시킴으로써 호흡을 통하여 폐로 들어온 방사성요오드의 체내 흡수를 최대한 방지할 수 있다. 이러한 방법을 블로킹(Blocking)이라 하며, 이 목적으로 투여되는 요오드화칼륨(KI) 등을 차단제(Blocking Agent)라 한다.

이 방법은 가압중수로의 주요한 방사성핵종인 삼중수소(H-3)의 내부피폭을 최소화하는 데에도 적용된다. 즉 삼중수소로 오염된 환경에 들어가기 앞서 다량의 물을 섭취함으로써 공기 중의 수분에 함유된 삼중수소가 체내로 침투하는 양을 줄이거나 체내의 삼중수소를 신속히 제거하는데 도움을 준다. 그러나 화학적 처치에 따른 부작용이 있을 수 있으므로 화학적 처치를 취할 때에는 방사선 및 의학전문가의 권고나 평가가 수행되어야 한다.

11.2.4 피폭방사선량의 평가와 측정

1) 외부 피폭방사선량의 측정

방사선을 취급하는 방사선작업종사자와 방사선관리구역의 수시출입자는 개인선량계를 착용해야 한다. 개인선량계는 사람의 신체 외부에 피폭되는 방사선량을 측정할 수 있는 장치로서, 측정의 정확성과 착용이 간편하고 소형으로 가격이 저렴하고 안정성이 높아야 한다. 또한 일정 기간 누적된 피폭량을 평가하는 것이 목적이므로 적산형이 사용된다. 실용되는 개인선량계로 필름뱃지, 열형광선량계(TLD), OSL(Optically Stimulated Luminescence) 등의 검출물질을 내장한 뱃지형 선량계, 소형 전리함을 내장한 포켓선량계, 실리콘아이오드처럼 작은 검출기를 갖춘 능동형 전자선량계 등이 있다(그림 11.3).

개인선량계는 남자는 가슴에 여자는 복부에 착용하며, 방사선장이 매우 불균질하거나 특정방향에서 방사선이 오는 경우에는 둘 이상의 선량계를 착용하여 측정한다. 만약 측정값들이 크게 차이가 있다면 각각의 선량계가 위치한 신체부위에 가까운 곳에 위치하는 체내 조직들의 가중치의 합을 고려하여 최종선량을 평가하는 방법을 사용한다. 개인선량계는 실용량인 심부선량 및 표층선량을 측정하도록 교정된 장치이므로 유효선량

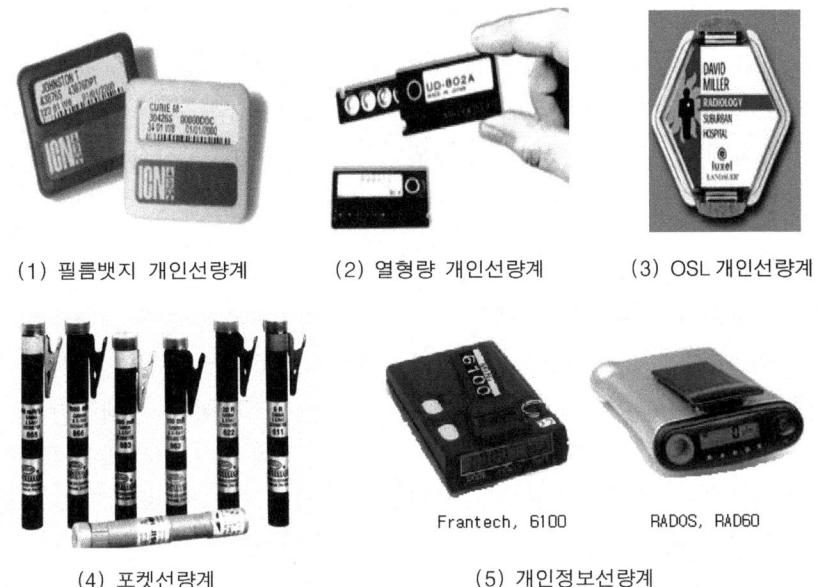

(1) 필름뱃지 개인선량계   (2) 열형량 개인선량계   (3) OSL 개인선량계

Frantech, 6100   RADOS, RAD60

(4) 포켓선량계   (5) 개인정보선량계

그림 11.3 개인선량계 실제 모양

자체는 아니다. 그러나 심부선량으로 심부조직의 등가선량을 보수적으로 단일한 값으로 대체하고, 표층선량으로 피부의 등가선량을 대체한다. 주로 사용되는 개인선량계의 특성은 다음과 같다.

i) 필름뱃지(Film Badge) : 필름의 방사선에 의한 감광현상을 이용하여 필름에 조사된 방사선의 양에 따라 감응된 필름을 현상하고 필름의 농도를 측정하여 선량을 결정한다. 필름에는 감마선과 고속중성자용의 2종류가 있으며, 감마선 필름으로 감마선, 베타선, 열중성자선이 측정된다. 1~3개월 집적선량 축적이 가능하고, 방사선량 측정기록을 영구 보존할 수 있어 기록보존용으로 이용된다. 개인방사선 측정용으로 우수한 검출기 중의 하나로 많이 사용되고 있으며, 환경방사선 감시용으로도 사용된다.

ii) 열형량선량계(Thermoluminescence Dosimeter: TLD) : LiF(Mg), CaSO$_4$(Tm), CaF$_2$(Mn)와 같은 형광물질에 방사선을 조사하고 가열(200~260℃)하면 빛을 방사하는데, 이 형광량이 선량에 비례하는 원리를 이용한 것이다. 이 선량계는 아주 큰 범위에 걸쳐 선량측정이 가능하다.

iii) 포켓선량계(Pocket Dosimeter) : 방전식의 소형 전리함을 사용한 만년필형의 휴대용 선량계로서, 100볼트로 충전한 후 방사선조사에 의한 방전결과로 생긴 양극간의 전압 강하량인 전위차를 측정하여 선량을 계산한다. 선량계의 렌즈를

통하여 직접 선량을 읽을 수 있다. 상당한 수준으로 피폭하는 종사자는 열형광
선량계와 직독식 포켓선량계를 병행 착용하는 것이 관례이다.

iv) 개인정보선량계 : 직독식 전자선량계에 경보기능까지 추가한 것으로, 경보는
선량 값이나 선량률 값으로 설정할 수 있으며 청각, 시각 또는 진동으로 발생
한다.

2) 내부 피폭방사선량의 측정

내부피폭 선량의 측정은 방사성핵종이 흡입, 섭취, 피부침투 등의 경로를 통해 인체
내부로 들어와 조직에 분포하면서 방출하는 방사선에 의한 피폭을 측정하고 평가하는
것이다. 내부선량 측정은 방사능 섭취량(Bq)를 구하고, 전형적 신체조건과 생물역동학
적 거동의 모델에 의해 산출한 예탁선량환산계수를 적용하여 섭취에 따른 조직 등가선
량 또는 유효선량을 산출한다. 방사능 섭취량을 구하는 일반적 방법으로 직접 생체분석
법과 간접 생체분석법이 있다.

i) 직접 생체분석(Direct Bioassay, in Vivo Bioassay) : 전신계수법(Whole Body
Counting)으로도 부르며, 백그라운드가 낮은 측정환경에서 체내의 방사능을 민
감한 검출기로 외부에서 직접 계측하는 방법이다. 방사선 검출기로는 반도체검
출기(HPGe)나 섬광검출기(NaI(Tl))가 사용되며, 측정 대상 방사선은 주로 감마
선이다. 그림 11.4는 내부피폭선량에 대한 전신계측기의 실제 모양을 보이고
있다.

ii) 간접 생체분석(Indirect Bioassay, in Vitro Bioassay) : 배설물이나 분비물 등
의 생체시료를 채취하여 함유된 방사능을 측정하고 감응함수인 배설함수 등을
이용하여 섭취량을 추산한다. 생체시료로는 소변시료, 대변시료, 혈액, 타액,
손톱, 머리카락 등이 이용된다. 채취한 시료는 저준위방사능 계측이 용이하도
록 화학적 처리, 핵종의 분리, 계측시료의 제조를 거쳐 방사능을 계측한다. 대
개 HPGe를 이용한 감마 스펙트로메트리가 적용되지만 감마선을 방출하지 않는
핵종에 대해서는 알파 스펙트로메트리, 저준위 베타계수, 액체섬광계수법(특히
H-3, C-14)이 사용된다.

iii) 공기샘플링(Air Sampling) : 작업자가 노출되는 환경을 감시하는 방법으로 작
업환경의 공기중 방사능농도를 측정하여 작업자의 노출시간과 평균 호흡률을
이용하여 흡입량을 평가하는 방법이다. 구체적 적용을 위해 입자의 화학형과
입자크기 분포를 측정하는 것도 필요하며, 시료채취는 입자필터, 활성탄 카트
리지 등이 사용된다.

(1) NaI 검출기   (2) Bed type 전신계측기

(3) 원자력발전소 출입구 전신계측기

그림 11.4 전신계측기 실제 모양

11.3 방사선방호 원칙과 국제규범

11.3.1 개요

국제방사선방호위원회(ICRP)는 방사선피폭으로 인한 인체의 장해를 방지하고 제한하여 인류의 건강을 보호하고 환경을 보전하기 위하여 방사선방호에 관한 기본 원칙과 지침을 마련하여 제공하고 있다('4.6절' 참조). 위원회에서 제공하는 권고는 강제성이 있는 것은 아니지만, 세계적으로 방사선방호와 관리 분야에 관한 독보적인 지침서로 많은 국가들과 국제기구에서 이를 수용하고 있다. 우리나라는 ICRP가 1990년에 발간한 권고(ICRP-60)를 수용하여 원자력 관계 법령에 반영하였으며, ICRP가 2007년에 발간한 새로운 권고(ICRP-103)를 반영하기 위한 연구를 수행하고 있다.

이 절에서는 ICRP-60 권고를 중심으로 국제 규범화되고 있는 방사선방호에 관한 목표와 원칙, 방사선방호 체계, 방사선방호의 선량한도와 준위, 방사선피폭의 형태와 특성 등에 대하여 알아보기로 한다.

11.3.2 방사선방호 목표와 체계

1) 방사선방호 목표

국제방사선방호위원회에서는 방사선방호의 기본목표를 다음과 같이 제시하고 있다.

- 방사선피폭을 수반하는 행위가 이득을 가져올 경우 이 행위를 부당하게 제한하지 않으면서 인체의 안전을 확보하며,
- 방사선피폭의 유해한 결정론적 영향의 발생을 예방하고,
- 방사선피폭의 확률론적 영향을 사회에서 용인가능한 수준까지 제한한다.

이러한 기본목표를 달성하기 위하여 국제방사선방호위원회는 방사선피폭의 결정론적 영향이 일어나는 문턱선량 이하로 선량한도를 충분히 낮게 설정하거나, 확률론적 영향의 발생을 사회에서 용인할 수 있는 수준으로 제한하기 위한 방사선방호 체계를 제시하고 있다. 방사선방호 체계는 방사선피폭을 증가시키는 인간 활동으로서의 행위(Practice)와 방사선피폭을 감소시키는 인간활동으로서의 개입(Intervention)으로 구분하여 설정하고 있다.

2) 행위에 대한 방사선방호 체계

행위에 대한 방호체계는 사전예방적인 성격을 갖고 있으며, 다음과 같은 원칙을 제시하고 있다.

- i) 행위의 정당화(Justification) : 방사선피폭은 이를 수반하는 어떤 행위나 작업으로 인한 손해 또는 위험보다 이로부터 얻어지는 이득이 클 경우에만 정당화될 수 있다.
- ii) 방호의 최적화(Optimization) : 개인의 방사선피폭, 피폭자의 수, 개인과 집단의 잠재피폭(Potential Exposure) 가능성은 경제적·사회적 요소를 고려하여 합리적으로 달성 가능한 한 낮게(As Low As Reasonably Achievable: ALARA) 유지되어야 한다. 이러한 최적화 과정은 사회적·경제적 판단의 결과로 초래할 수 있는 불공정성(예로서 이득과 손해의 불균형 분포)을 제한할 수 있도록 개인의 선량을 제약하거나(선량제약, Dose Constraint), 잠재피폭의 경우에는 위험을 제약(위험제약, Risk Constraint)할 수 있도록 수행되어야 한다.

iii) 개인선량의 한도(Dose Limitation) : 개인의 피폭은 선량한도 이하로 제한되어야 하며, 잠재피폭과 관련된 개인의 위험은 사회에서 용인하는 수준 이하로 제한되어야 한다.

이 원칙들은 각각 독립적으로 적용되기 보다는 상호 연관되어 작용한다. 즉 방사선의 이용과정에서 발생하는 순이득의 관점에서 방사선피폭이 정당화된다 하더라도 개인선량 한도를 초과하지 않는 조건에서 합리적으로 달성 가능한 한 충분히 낮게 유지되어야 한다는 것이다. 방호의 최적화 원칙에서 개인피폭(선량) 제약치는 개인선량의 상한치가 되어야 하고, 이 상한치는 개인선량 한도를 넘지 않아야 한다는 특징을 갖고 있다. 또한 직업상 피폭의 선량제약치는 직종에 대하여, 일반인 피폭의 경우는 선원에 대하여, 의료피폭의 경우는 전형적인 진료에 대하여 설정되어야 한다.

3) 개입에 대한 방사선방호 체계

개입에 대한 방호체계는 피폭의 경로(선원-환경-사람)가 이미 존재할 경우에 적용하는 것으로, 개입의 구체적인 조치로 사고시의 실내 대피, 피난이나 라돈농도가 높은 건물에 대한 대책 등이 포함된다. 이 체계는 사후조치적인 성격을 갖고 있으며, 다음과 같은 원칙을 제시하고 있다.

i) 개입의 정당화 : 개입의 도입은 손해보다는 이익이 더 커야 한다. 즉 선량저감에 의한 손해의 저감은 사회적 비용을 포함한 개입에 따른 손해와 비용을 정당화할 수 있어야 한다.

ii) 개입의 최적화 : 개입의 종류, 규모와 기간은 선량저감의 순이득이 최대가 될 수 있도록 최적화되어야 한다.

11.3.3 방사선방호 선량한도와 준위

1) 방사선방호 선량한도의 설정 원칙

국제방사선방호위원회(ICRP)는 방사선방호를 위한 선량한도를 직업상 피폭자와 일반 대중으로 분리하여 권고하고 있으며, 선량한도에 대한 권고의 기본방침을 요약하면 다음과 같다.

i) 방사선피폭의 영향을 결정론적 영향과 확률론적 영향으로 구분하여, 결정론적 영향을 예방하고 확률론적 영향의 발생을 제한한다.

ii) 결정론적 영향의 예방을 위하여 선량한도를 생애 또는 작업기간 동안의 피폭시 결정론적 영향 발생의 문턱선량보다 충분히 낮게 설정한다.

iii) 확률론적 영향의 제한을 위하여 확률론적 영향의 발생위험이 ALARA 개념에 따라 사회적으로 용인가능한 수준의 선량한도를 설정하며, 이 선량한도는 피폭되는 조직과 장기의 방사선위험도의 총합의 개념에 의하여 설정한다.

iv) 연간선량한도는 연간 외부피폭에 의한 선량과 체내 섭취된 방사성물질로 인한 예탁선량(방사성물질의 신체 내의 섭취로 어떤 장기가 일정기간 받는 총 선량)의 합을 적용한다.

v) 직업상 피폭의 선량한도에 자연방사선원에 의한 피폭이나 의료목적에 의한 피폭은 고려하지 않는다.

vi) 선량한도는 제어가능한 피폭의 경우에 한하여 적용하며, 사고와 같이 제어가 불가능한 경우의 피폭은 별도로 정한다.

2) 방사선방호의 선량한도

ICRP는 방사선방호의 한도로 일차(기본)한도, 이차(보조)한도, 유도한도, 인정한도 및 운영한도를 명시하고 있다.

i) 일차한도(기본한도) : 개인이나 인구집단에 적용되며, ICRP가 제시한 확률론적 영향과 결정론적 영향에 대한 연간선량한도(Annual Dose Limit: ADL)가 기본한도이다(표 11.3). 확률론적 영향의 발생을 제한하기 위한 선량한도에는 유효선량이 적용되며, 결정론적 영향 발생의 방지를 위해서는 등가선량이 적용된다.

표 11.3   ICRP-60 권고 연간선량한도

구　분	작업자 (mSv/년)	일반인 (mSv/년)
● 확률론적 영향 － 유효선량	20[1]	1[2]
● 결정론적 영향 (조직등가선량) － 눈의 수정체 － 단일 장기/조직 － 피부 － 손, 발	150 500 500 500	15 50 50 －

주. 1) 조건부로 연간 50mSv까지 허용되나, 연속 5년간의 평균선량이 20mSv/년을 넘을 수 없음.
　　2) 특수한 상황에서는 5년간 평균치가 연간 1mSv를 초과하지 않는 조건에서 어떤 한 해에는 더 높은 유효선량이 허용될 수 있음.

ii) 이차(보조)한도 : 일차한도를 직접 적용할 수 없을 때 일차한도와 부합하는 것을 입증하기 위하여 사용되는 한도로써, 외부방사선피폭 관리의 실용량인 개인선량한도와 내부방사선피폭 관리를 위한 방사성물질의 연간섭취한도, 공기중 및 수중의 최대 허용농도 등이 이차한도에 속한다.

iii) 유도한도(Derived Limit) : 보통 모델링에 의하여 유도되며 이 한도를 준수하면 기본한도가 만족되는 것으로, 연간섭취한도로부터 유도되는 유도공기중 농도, 표면오염한도, 선량률한도 및 유도방출한도 등이 있다.

iv) 인정한도(Authorized Limit) : 위에서 언급한 한도의 범위 내에서 규제기관에 의하여 재설정되는 한도이다. 우리나라는 일차, 이차 및 유도한도의 대부분이 법정 인정한도로 적용되고 있다.

v) 운영한도(Operational Limit) : 규제기관에서 정한 인정한도를 준수하기 위하여 사업자가 인정한도 이하로 재설정하는 실무측면의 한도로 사업자의 방사선 안전관리 관련규정에 적용된다.

3) 연간섭취한도(Annual Limit on Intake: ALI)

연간섭취한도는 방사성물질의 섭취에 의한 인체의 예탁유효선량이 연평균 20mSv를, 단일조직에 대한 조직등가선량이 연간한도인 500mSv를 초과하지 않도록 제한되는 방사성물질의 연간섭취한도량(Bq/년)으로 정의되며, 이 한도를 준수하면 기본한도를 만족하는 것으로 고려된다. 연간섭취한도는 섭취되는 핵종의 화학적 특성(수용성, 불용성, 화합물의 형태 등)과 인체의 신진대사 모델 및 생물학적 반감기 등에 따라 변화하므로, 매우 복잡한 계산과 평가과정을 거쳐 결정된다.

4) 유도공기중 농도(Derived Air Concentration: DAC)

공기 중에 방사성오염이 상존하는 곳에서는 오염공기의 호흡 섭취로 인한 내부피폭의 가능성이 높기 때문에 선량한도나 연간섭취한도만으로는 방사선안전관리를 수행하는데 문제가 있다. 이러한 문제점을 해소하기 위하여 연간섭취한도를 만족하는 유도공기중 농도를 설정함으로써 오염공기에 의한 인체의 피폭을 제한할 수 있다. 즉 유도공기중 농도를 준수하면 연간섭취한도를 준수하는 것으로 고려된다.

5) 방사성물질의 표면오염한도

공기 중에 방사성오염이 상존하는 곳에는 침적으로 인한 표면오염이 발생되며, 표면오염이 발생한 장소에서는 재부유에 의한 공기중 오염이 예상된다. 방사성물질의 표면오염한도는 표면오염의 특성상 방사선방호의 한도라기보다는 방사선 안전관리 목적상의 한도로, 이 한도 이하로 유지되면 연간섭취한도나 유도공기중 농도가 관련 한도를 넘지 않는 것으로 고려된다.

11.3.4 연간선량한도 적용상의 원칙

ICRP는 방사선방호의 목표를 달성하기 위하여 방사선피폭에 의한 결정론적 영향의 발생을 예방하고 확률론적 영향의 발생을 사회적으로 용인하는 수준으로 제한하기 위하여 표 11.3에서 제시한 개인의 연간선량한도(ADL)를 권고하고 있으며, 다음과 같이 적용상의 원칙을 제시하고 있다.

i) 임신하지 않은 여성에 대해서는 남성과 동일한 선량한도를 적용한다. 임신한 사실을 사업자에게 보고하여 임신이 확인된 방사선작업종사자에 대해서는 임신이 확인된 시점부터 출산시까지 하복부 표면에서의 등가선량한도를 2mSv로 하고, 같은 기간 동안 섭취하는 방사성핵종의 한도는 연간섭취한도(ALI)의 1/20로 한다. 이때 외부피폭과 내부피폭이 병존한다면 2mSv와 ALI의 1/20에 대한 각각의 분율의 합이 1을 초과하지 않아야 한다.

ii) 의료상 피폭은 일반적으로 피폭한 개인에게 직접적인 이익을 주기 위한 것으로 피폭이 정당화되고 방사선방호가 최적화되었다면 그 환자에 대한 피폭방사선량은 의료목적상 최소한으로 유지되었다고 볼 수 있으므로, 의료상 피폭에 대해서는 선량한도를 적용하지 않는다.

iii) 공중(일반인)에 대한 선량한도는 행위(Practice)의 결과로 인하여 받게 되는 선량에 국한하여 적용되며, 주거공간 또는 대기 중의 라돈이나 이미 환경 중에 존재하고 있는 방사성물질과 같은 방사선원에 대한 개입(Intervention)에 따른 피폭에 대해서는 선량한도를 적용하지 않는다.

11.3.5 방사선방호 참고준위

방사선방호의 참고준위(Reference Level)는 방사선방호의 한도는 아니나, 방사선작업 동안 사전에 설정된 준위를 초과하거나 초과할 우려가 있을 경우의 특정 조치나 절차를 결정하는데 적용된다. 조치나 절차의 정도와 규모에 따라 기록준위, 조사준위 및 개입준위로 구분한다.

i) 기록준위(Recording Level) : 초과할 경우 방사선방호의 관점에서 피폭선량을 기록·유지할 필요가 있다고 고려되는 준위로써, '기록준위 이하'로 평가된 결과들은 방사선방호 목적상 연간유효선량 또는 연간섭취량을 평가할 때 0으로 처리한다. 설정범위는 규정된 것이 없으나 기본한도의 1/100~1/1,000선이 적당하다.

ii) 조사준위(Investigation Level) : 이 준위를 초과하여 방사선에 피폭되었거나 방사성물질을 섭취하였을 경우, 그 원인을 조사할 필요가 있다고 고려되는 준위로써, 보통 관련한도의 1/10을 적용한다.

iii) 개입준위(Intervention Level) : 조사준위 이상의 비정상적인 상황이 발생할 경우 상황의 확대가 불가능하도록 개입이 필요할 때 적용되는 준위로써, 대개 기본한도에 상응하는 값으로 적용한다.

11.4 방사선방호 안전규제 요건

11.4.1 개요

방사선방호와 안전관리에 관한 규정은 「원자력안전법」, 시행령과 시행규칙, 「방사선 안전관리 등의 기술기준에 관한 규칙」 등의 법령에 근거하고 있으며, 이 법령에서 위임한 기술기준 등의 세부사항에 대해서는 원자력안전위원회 고시에서 규정하고 있다. 방사선 분야와 관련하여 '방사선방호 등에 관한 기준'(원자력안전위원회고시 제2012-29호)을 포함하여 20개의 고시가 있으며, 방사선량과 관련하여 '개인 피폭방사선량의 평가 및 관리에 관한 규정'(원자력안전위원회고시 제2012-69호)을 포함하여 4개의 고시가 있다(부록 C 참조).

「원자력안전법」에서는 방사선방호의 대상이 되는 방사성물질을 핵연료물질, 사용후핵연료, 방사성동위원소 및 핵분열생성물로 정의하고 있다. 따라서 방사선방호에 관한 안전규제는 원자력시설을 운영하거나 방사성물질을 사용하는 모든 원자력사업자를 대상으로 공통적으로 적용된다. 발전용원자로에 대해서는 방사성물질의 규모와 이에 따른 위험도를 고려하여 종사자와 주민의 방사선피폭을 가능한 한 최소화하기 위하여 방사선피폭을 일으키는 모든 활동을 관리하고 평가하는 방사선방호계획을 별도로 수립하도록 하고 있다. 이 계획은 원자로시설의 설계 및 운전과 관련하여 방사선방호에 대한 충분한 지식과 실무경험을 갖춘 보건물리요원에 의하여 이행되도록 하고, 보건물리요원은 필요시 수행해야 할 보호조치를 숙지하도록 교육·훈련을 받게 하고 있다. 또한 방사선방호계획의 내용과 이행상태를 주기적으로 평가하고, 이에 위반된 사항이 발생할 경우 즉시 재발방지 조치를 해야 한다.

한편 방사성동위원소 및 방사선발생장치의 이용은 비록 원자로에 비하여 소규모의 방사성물질을 사용하고는 있으나 다양한 분야에서 많은 사업자(표 9.15 참조)가 관여되어 있고, 생활 주변에 널리 분포되어 있어 일반인의 접근성이 용이하며 사소한 사고의 발생도 심각한 사회적 우려를 야기할 수 있기 때문에 방사선방호에서 각별히 관심을 기울어야 할 대상이다.

이 절에서는 인공방사선과 자연방사선의 특성을 고려하여 「원자력안전법」에 따른 방사성물질의 사용과 원자력시설의 운영에 대한 방사선방호에 관한 사항을 다루고, 「생활 주변 방사선 안전관리법」에 따른 자연방사선에 대한 안전관리는 분리하여 '11.6절'에서 다루기로 한다.

11.4.2 방사선방호 선량한도

방사선방호의 선량한도에 관한 규제규정은 국제규범의 수용 측면에서 앞에서 언급한 ICRP의 1990년 권고(ICRP-60)를 대부분 따르고 있다. 「원자력안전법」과 이에 따른 관계 법령에서 규정하고 있는 내용은 다음과 같다.

1) 개인의 연간선량한도

개인의 연간선량한도(ADL)는 외부에 피폭하는 방사선량과 내부에 피폭하는 방사선량을 합한 연간 개인에게 허용되는 피폭방사선량의 상한값으로, 표 11.4에서 보는 바와 같이 방사선작업종사자, 수시출입자와 운반종사자, 일반인으로 구분하여 규정하고 있다. 여기서 수시출입자는 방사선관리구역에 업무상 출입하는 사람(일시적 출입자 제외)으로 작업종사자 이외의 사람을 말한다. 이 선량한도는 ICRP-60에서 권고하고 있는 한도(표 11.3)와 실질적으로 동일하다.

표 11.4 개인의 연간선량한도 규제기준

구분		방사선작업종사자	수시출입자 및 운반종사자	일반인
유효선량한도		연간 50mSv 이하로 5년간 100mSv	12mSv	1mSv[1]
등가선량 한도	수정체	150mSv	15mSv	15mSv
	손, 발, 피부	500mSv	50mSv	50mSv

주, 1) 일반인의 경우 5년간 평균하여 연 1mSv를 넘지 않는 범위에서 단일한 1년에 대하여 1mSv를 넘는 값이 인정될 수 있다.

임신한 사실이 확인된 작업종사자의 경우 임신이 확인된 시점부터 출산시까지 하복부 표면에서의 등가선량한도를 2mSv로 하고, 같은 기간 동안 섭취하는 방사성핵종의 한도는 연간섭취한도(ALI)의 1/20로 한다. 만약 외부피폭과 내부피폭이 병존한다면 2mSv

와 연간섭취한도의 1/20에 대한 각각의 분율의 합이 1을 초과하지 않아야 한다.

방사성동위원소 및 방사선발생장치를 제한적 또는 일시적으로 사용하는 경우 일반인에 대한 선량은 연간 선량한도를 초과하지 않는 범위 내에서 주당 0.1mSv와 시간당 20μSv까지 허용할 수 있다. 또한 긴급작업에 종사하거나 사고의 진압 등 피해의 확대를 방지하기 위하여 불가피한 작업에 참여하는 자에 대해서는 유효선량 0.5Sv, 피부의 등가선량 5Sv까지 허용할 수 있으며, 인명의 구조를 목적으로 하는 긴급작업에 대해서는 선량의 제한을 두지 않는다. 이러한 작업으로 인한 피폭선량은 개인 피폭선량에 합산하지 않을 수 있다.

2) 허용표면오염도

허용표면오염도는 물체나 인체 표면의 방사성오염도로써 알파선을 방출하는 방사성물질에 대해서는 $4kBq/m^2$, 알파선을 방출하지 않는 방사성물질에 대해서는 $40kBq/m^2$를 적용한다.

3) 연간섭취한도

연간섭취한도는 방사선작업종사자가 1년 동안 섭취할 경우 피폭선량이 선량한도에 이를 것으로 예상되는 방사능의 양을 말한다. 단일 방사성핵종일 경우의 흡입과 경구섭취에 대한 연간섭취한도는 '방사선방호 등에 관한 기준'(원자력안전위원회 고시 제2012-29호)에서 각 핵종별(약 800여개의 핵종과 그 화합물)로 규정하고 있으며, 표 11.5는 주요 방사성핵종의 흡입과 섭취에 대한 연간 한도를 예로서 나타내고 있다. 연간섭취한도의 산출에서 공기 중에 자연적으로 함유되어 있는 방사성핵종의 농도는 제외한다.

4) 유도공기중 농도

유도공기중 농도는 방사선작업종사자가 1년 동안 흡입할 경우 방사능 섭취량이 연간섭취한도에 이를 것으로 보이는 공기 중의 농도이다. 단일 방사성핵종일 경우의 유도공기중 농도는 '방사선방호 등에 관한 기준'(원자력안전위원회 고시 제2012-29호)에서 각 핵종별(약 800여개의 핵종과 그 화합물)로 규정하고 있으며, 표 11.5는 주요 방사성핵종의 대한 흡입에 따른 유도공기중 농도를 예로서 나타내고 있다. 유도공기중 농도의 산출에서 공기 중에 자연적으로 함유되어 있는 방사성핵종의 농도는 제외한다.

11.4.3 방사선방호 관련 구역의 설정

1) 방사선관리구역 및 보전구역

방사선관리구역은 방사선 안전관리를 위하여 사람의 출입을 관리하고 출입자에 대해서

표 11.5 주요 방사성핵종의 연간섭취한도와 유도공기중 농도 예시

| 핵 종 | 흡 입 | | | 섭 취 | |
| | 화학적 형태 | 연간 섭취한도 | 유도 공기중농도 | 화학적 형태 | 연간 섭취한도 |
		Bq	Bq/m³		Bq
H-3	G: 삼중수소가 결합된 물 (피부흡수 포함)	1E+09	3E+05	삼중수소가 결합된 물	1E+09
C-14	G: 증기	3E+07	1E+04	표지 유기화합물	3E+07
Cl-36	F: H, Li, Na, K, Rb, Cs 및 Fr 원소와의 염화물	4E+07	2E+04	모든 화합물	2E+07
K-40	F: 모든 화합물	7E+06	3E+03	모든 화합물	3E+06
K-42	F: 모든 화합물	1E+08	4E+04	K-40과 동일	5E+07
Co-55	M: 기타 모든 화합물	3E+07	1E+04	기타 모든 화합물	2E+07
	S: 산화물, 수산화물, 할로겐화물 및 질산염	2E+07	1E+04	산화물, 수산화물 및 무기화합물	2E+07
Co-60	M: Co-55와 동일	3E+06	1E+03	Co-55와 동일	6E+06
Sr-80	F: 기타 모든 화합물	2E+08	6E+04	기타 모든 화합물	6E+07
	S: 티탄산 스트론튬(SrTiO3)	1E+08	4E+04	티탄산 스트론튬(SrTiO3)	6E+07
Sr-90	F: Sr-80과 동일	7E+05	3E+02	Sr-80과 동일	7E+05
Mo-90	F: 기타 모든 화합물	7E+07	3E+04	기타 모든 화합물	6E+07
	S: 황화 몰리브덴, 산화 및 수산화물	4E+07	1E+04	황화 몰리브덴	3E+07
Mo-93	F: Mo-90과 동일	1E+07	6E+03	Mo-90과 동일	8E+06
	S: Mo-90과 동일	2E+07	7E+03	Mo-90과 동일	1E+08
I-120	F: 모든 화합물	1E+08	4E+04	모든 화합물	6E+07
	G: 원소형	7E+07	3E+04		
	G: 메틸 화합물	1E+08	4E+04		
I-121	F: I-120과 동일	5E+08	2E+05	모든 화합물	2E+08
	G: 원소형	2E+08	1E+05		
	G: 메틸 화합물	4E+08	1E+05		
Cs-125	F: 모든 화합물	9E+08	4E+05	모든 화합물	6E+08
Cs-137	F: Cs-125와 동일	3E+06	1E+03	Cs-125와 동일	2E+06

주) • 화학적 형태에서 F, M, S 구분은 입자상 방사성동위원소가 흡입에 의해 호흡기로 침적된 이후에 혈액으로 흡수되는 정도를 나타낸 것임 : F(Fast), M(Moderate), S(Slow)
 • G는 기체 또는 증기 형태를 나타낸 것임.

방사선장해의 방지를 위한 조치가 필요한 구역을 말한다. 이 구역은 외부의 방사선량률이 1주당 $400\mu Sv$를, 공기 중의 방사성물질의 농도가 유도공기중 농도를, 또는 오염된

물질의 표면오염도가 허용표면오염도를 초과할 우려가 있는 곳으로 설정한다. 방사선관리구역은 벽·울타리 등의 구획물로 구획하여 그림 11.5에서 보이는 표지를 부착함으로써 다른 장소와 구별하고, 방사선작업종사자 이외의 사람이 이 구역에 출입하는 경우에는 방사선작업종사자의 지시에 따르도록 해야 한다. 표지에는 「방사선안전관리 등의 기술기준에 관한 규칙」에서 정하는 바와 같이 방사성동위원소 생산시설, 사용시설, 저장시설, 처리시설, 배출시설 등으로 구분하고, 구분에 따라 표지의 반경을 2.5~15cm로 해야 한다.

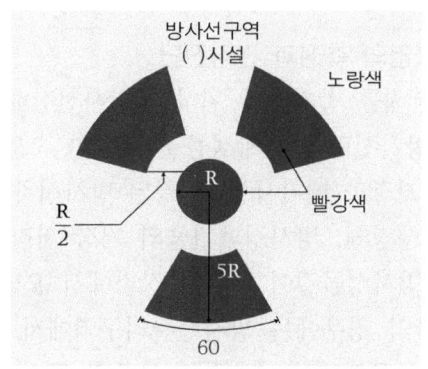

그림 11.5 방사선관리구역의 표지

바닥·벽 기타 사람이 접촉할 우려가 있는 물체의 표면이 방사성물질에 오염된 경우 그 오염도가 허용표면오염도를 초과하지 않도록 해야 한다. 방사선관리구역에서 사람이 퇴거하거나 물품을 반출하는 경우에는 인체와 의복·신발 등 인체에 착용하고 있는 물품과 반출하는 물품 표면의 방사성물질의 오염도가 허용표면오염도의 10분의 1을 초과하지 않도록 해야 한다. 또한 방사선원 표면 또는 차폐체 표면에서 30cm 떨어진 곳에서의 외부 방사선량률이 시간당 1mSv를 초과하거나 초과할 우려가 있는 방사선관리구역의 출입구에는 무단출입을 방지하는 장치와 위험을 알리는 표지를 설치해야 한다.

보전구역은 원자력시설의 보전을 위하여 특별한 관리가 필요한 장소를 말한다. 보전구역에는 표지를 설치하는 등 다른 장소와 구별하고 관리의 필요에 따라 출입제한, 열쇠관리, 물품반출제한 등의 조치를 해야 한다.

2) 제한구역

원자로시설, 핵연료주기시설 또는 폐기시설을 설치하는 경우 방사선에 따른 인체·물체 및 공공의 재해를 방어하기 위하여 일정 범위의 제한구역을 설정하고, 제한구역에는 일반인의 출입이나 거주를 제한해야 한다. 그러나 열출력 10MW 이하의 연구용 및 교육용 원자로시설에 대해서는 제한구역을 설정하지 않아도 된다. 제한구역은 방사선관리구역 및 보전구역의 주변 구역으로, 원자력시설의 사고발생부터 2시간 동안에 원자력시설에서 배출된 방사성물질에 의한 제한구역 경계에서의 개인의 피폭선량이 전신 0.25Sv, 갑상선 3Sv를 초과하지 않는 장소를 말한다(표 9.9 참조). 제한구역 설정의 상세한 사항은 '9.2절'에 기술되어 있다.

11.4.4 방사선장해 방지조치

1) 방사선량 및 방사성오염의 측정과 건강진단

원자력사업자는 방사선장해를 방지하기 위하여 방사선장해의 우려가 있는 장소와 원자력시설 출입자에 대한 방사선량과 방사성물질에 의한 오염상황을 측정해야 한다. 방사선량의 경우 사용·분배·저장과 폐기시설, 고정된 방사선차폐시설 안에 있는 밀봉방사성동위원소 또는 방사선발생장치, 방사성폐기물의 저장·처리와 처분시설, 방사선관리구역, 그리고 비정상적으로 방사성물질이 누출된 장소에서 오염상황을 측정해야 한다. 방사성물질에 의한 오염상황의 경우에는 방사선관리구역에서 공기 중의 방사성물질농도와 오염된 물체의 표면, 이 구역에서 반출하는 물품의 표면, 배기구 또는 배수구, 비정상적으로 방사성물질이 누출된 장소에서 측정해야 한다.

오염상황의 측정은 피폭방사선량의 경우 방사선작업종사자, 수시출입자, 방사선관리시설에 일시적으로 출입하는 자로서 선량한도(표 11.4)를 초과하여 피폭될 우려가 있는 자를 대상으로 수행해야 한다. 방사성물질에 의한 오염상황의 경우 방사선작업종사자와 수시출입자의 손·발·작업복·보호구와 그 밖에 오염의 우려가 있는 부위의 표면을 대상으로 해야 한다.

원자력사업자는 방사선작업종사자에 대한 건강진단을 실시해야 하며, 검사내용은 말초혈액 중의 백혈구·적혈구의 수 및 혈색소의 양, 심폐기능을 포함해야 한다. 건강진단은 최초 방사선작업에 종사하기 전, 방사선작업에 종사중인 자에 대해서는 선량한도를 초과한 때와 그리고 매년 정기적으로 실시해야 한다. 그러나 전년도 건강진단 이후 12개월 간의 피폭선량이 일반인에 대한 선량한도를 초과하지 않은 경우에는 생략할 수 있다.

2) 피폭저감화 조치

원자력사업자는 방사성물질의 방출량과 피폭방사선량을 가능한 한 합리적으로 낮게 유지하기 위하여 필요한 조치를 해야 한다. 원자력시설의 정상운전 및 비정상상태(사고는 제외)에서 방사선작업종사자 및 수시출입자와 시설 주변 주민의 방사선피폭을 최소화하기 위하여 방사선 작업특성에 부합하는 방호조치, 방사선차폐와 시설의 적절한 배치, 선량저감에 효과적인 재료 및 기기의 사용과 적절한 작업공간을 확보해야 한다.

3) 방사선장해를 받은 경우의 조치

원자력사업자는 방사선작업종사자 또는 수시출입자가 방사선장해를 받았거나 받은 것으로 보이는 경우 지체 없이 의사의 진단 등 필요한 보건상의 조치를 해야 한다. 또한 방사선장해의 정도에 따라 방사선관리구역 출입시간의 단축, 출입금지 또는 방사선피폭 우려가 적은 업무로의 전환 등의 조치를 해야 한다. 방사선관리구역에 일시적으로 출입하는 사람이 방사선장해를 받았거나 받은 것으로 보이는 경우에는 지체 없이 의사의 진단 등 필요한 보건상의 조치를 해야 한다.

11.4.5 방사선장해 방어조치

원자력사업자는 지진·화재·홍수·태풍 및 유해가스 누출 등의 재해로 원자력시설이나 방사성물질에 위험이 발생하거나 발생할 염려가 있을 경우, 그리고 방사선작업종사자가 안전운영과 관련된 직무를 수행하는데 위협을 받을 경우에는 그 원인을 제거하고 피해확대방지를 위한 조치를 해야 한다. 또한 원자력시설에 고장이 발생하여 시설의 안전성이 위협을 받을 경우에는 고장의 원인을 제거하여 정상상태로 복구해야 하며, 정상복구가 불가능할 경우에는 고장의 확대방지를 위한 조치를 해야 한다.

방사성물질이 비정상적으로 누설되어 시설경계(또는 제한구역경계)에서 공기중 및 수중 농도가 '방사선방호 등에 관한 기준'(원자력안전위원회 고시 제2012-29호)에 규정된 배출관리기준치(표 12.2 참조)를 초과하거나, 방사선작업종사자 또는 수시출입자가 선량한도를 초과하여 피폭된 경우에는 다음의 조치를 해야 한다.

- 원자력시설 및 제한구역 내부 또는 부근의 사람에 대한 피난경고
- 방사선장해를 받은 또는 우려가 있는 사람의 구출·피난 등 긴급조치
- 방사성물질로 오염이 발생한 경우 오염의 확대 방지 및 제거
- 방사성물질을 다른 장소에 옮길 여유가 있을 경우 안전한 장소로의 이전과 그 장소 주위에 표지 설치 및 관계자 이외의 출입 또는 접근의 금지
- 방사선긴급작업을 하는 경우에는 적절한 보호용구의 사용과 방사선피폭시간 단축 등으로 작업종사자에 대한 방사선피폭의 방지

원자력사업자는 방사선장해가 발생한 경우 안전조치를 하고 그 사실을 지체 없이 원자력안전위원회에 보고해야 한다. 위원회는 사업자에게 원자력시설의 사용정지, 방사성

물질의 이전과 오염의 제거 등 방사선장해를 방지하기 위하여 필요한 조치를 명할 수 있다. 또한 위원회는 긴급조치를 하는 방사선응급의료구호 관련자에게 방사선응급구호에 대한 전문교육을 실시할 수 있다.

원자력사업자는 원자력시설에 사고 또는 재해가 발생하거나 심각한 방사선장해가 발생하여 긴급작업을 수행할 경우에는 다음의 절차에 따라야 한다.

- i) 긴급작업으로 예상되는 피폭선량을 피할 대안이 없거나 현실적으로 불가능한 극히 예외적인 상황일 경우에만 이를 승인해야 한다.
- ii) 긴급작업 참여자는 작업 시작 전에 사업자의 서면 승인을 받아야 한다.
- iii) 긴급작업 참여자의 피폭선량을 가능한 한 합리적으로 낮게 유지하기 위하여 필요한 방사선방호 조치를 취해야 한다.
- iv) 긴급작업의 승인을 하기 전에 작업 참여자에게 계획된 긴급작업의 목적, 예상되는 피폭선량, 잠재적 위험도, 구체적인 방사선준위 또는 작업조건, 방사선방호 조치에 관한 구체적 지침을 통보해야 한다.

11.4.6 피폭관리와 판독특이자

원자력사업자는 방사선작업종사자와 수시출입자의 피폭방사선량이 선량한도를 초과하지 않도록 피폭방사선량을 평가하고 관리해야 한다. 방사선작업종사자와 수시출입자가 방사선관리구역에 출입하는 때에는 피폭방사선량을 평가하기 위하여 개인선량계를 착용하도록 해야 한다. 방사선작업종사자가 착용하는 개인선량계는 감광(흑화) 등의 화학작용을 이용한 선량계의 경우 1개월 마다, 형광 또는 섬광의 여기작용을 이용한 선량계 등의 경우는 3개월 마다 교체하여 판독해야 한다.

신체의 외부에서 피폭하는 방사선량의 판독에 관한 업무는 판독업무자가 수행해야 하며, 판독업무자는 원자력안전위원회에 등록해야 한다. 판독업무자 등록신청서에는 품질보증계획서, 기술능력 입증서류, 장비의 성능입증 서류와 성능시험계획서, 판독시설의 목록을 첨부해야 한다. 판독업무자는 판독시설의 설치·운영과 판독성능에 대하여 판독업무 개시전 검사와 매년 정기검사를 받아야 한다.

원자력사업자는 방사선량의 판독에서 판독특이자가 발생한 경우에는 필요한 조치를 해야 한다. 여기서 판독특이자는 선량한도를 초과하여 방사선에 피폭된 사람, 선량계의 훼손·분실 등으로 선량판독이 불가능하게 된 사람, 선량계 교체주기를 2개월 이상 지난 후 선량계를 제출한 사람을 말한다. 판독업무자는 판독특이자가 발생한 경우, 판독특이자의 인적사항과 선량판독 결과 등을 즉시 한국원자력안전기술원장에게 보고해야 한다.

판독특이자가 발생한 사업소의 사업자는 발생사실을 인지한 날로부터 20일 이내에 보고서를 작성하여 안전기술원장에게 보고해야 하며, 판독특이자의 피폭방사선량이 확정될 때까지 선량한도가 초과하지 않도록 판독특이자에 대한 피폭을 최소화하기 위한 조치를 취해야 한다.

안전기술원장은 사업자가 제출한 보고서 내용을 기초로 사업자의 추정선량을 평가하고 평가결과를 심의·확정하기 위하여 피폭방사선량평가위원회를 구성하여 운영해야 한다. 판독특이자로 확정된 경우, 사업자는 건강검진 결과 등 방사선장해 관련 사항과 비방사선작업으로의 전환 등 조치내용과 관리 현황을 안전기술원장에게 1년간 반기별로 보고해야 한다.

원자력안전위원회는 방사선작업종사자와 수시출입자의 피폭방사선량 분석과 방사선영향의 평가를 위하여 안전기술원에 국가 방사선작업종사자 안전관리센터를 설치·운영해야 한다.

11.4.7 방사선 안전관리 교육

원자력사업자는 방사선작업종사자와 방사선관리구역 출입자에 대하여 안전성 확보와 방사선장해 방지에 필요한 방사선 안전관리 교육을 실시해야 하며, 작업종사 또는 출입 전 교육훈련과 정기적 교육훈련으로 구분하여 실시해야 한다. 안전관리 교육에는 원자력시설의 이용에 따른 안전관리, 방사성물질의 취급, 방사선장해방어, 방사선안전관리 규정과 관계법령의 내용을 포함해야 한다.

방사선관리구역에 출입하는 작업종사자는 작업종사 전 20시간 이상 그리고 매년 6시간 이상의 교육훈련을 받아야 한다. 방사선관리구역의 수시출입자에 대해서는 4시간 이상의 교육을 실시해야 하며, 일시적 출입자(규제검사 수행 등)에 대해서는 안내자의 안전관리수칙 설명으로 갈음할 수 있다.

핵연료물질의 계량관리 업무를 수행하는 종업원 또는 핵연료주기 공정이나 계통개발에 관련된 연구개발과제 책임자는 원자력통제에 관한 교육을 받아야 하며, 교육은 신규교육과 보수교육으로 구분하여 실시한다. 종업원 또는 과제책임자는 각각 16시간 또는 8시간 이상의 신규교육과 매년 8시간 또는 4시간 이상의 보수교육을 받아야 하며, 3회 이상 보수교육을 이수한 경우에는 매년 2시간 이상으로 한다.

11.4.8 의료분야 방사선 안전관리

1) 관련 규정

의료분야에서 방사선발생장치, 밀봉된 방사성동위원소(밀봉선원), 밀봉선원이 내장된 기기, 밀봉되지 않은 방사성동위원소(개봉선원)를 사용할 경우에는 방사성동위원소 및 방사선발생장치의 시설기준과 취급기준을 준수해야 하며, 의료분야의 안전관리를 위한 사항도 함께 준수해야 한다. 의료분야의 안전관리에 관한 규제사항은 「방사선 안전관리 등의 기술기준에 관한 규칙」과 '의료분야의 방사선 안전관리에 관한 기술기준'(원자력안 전위원회고시 제2012-37호)에서 규정하고 있다.

2) 방사선진료장비의 관리

진료의 목적으로 방사성동위원소 또는 방사선발생장치를 인체에 사용하는 의료기관은 환자의 피폭방사선량을 의사의 처방대로 유지해야 하며, 치료용 방사선 진료장비를 다 음의 규정에 따라 유지·관리해야 한다.

  i) 품질관리 : 방사선발생장치와 밀봉선원이 내장된 기기(방사선기기)에 대하여 문서 화된 품질관리절차서를 수립하고 이행해야 한다. 절차서는 장비의 교정과 조작, 방사선측정, 관리요원의 훈련, 독립적인 품질감사, 방사선기기의 품질에 영향을 미치는 변경사항이 발생하는 경우의 품질관리 조치계획 등을 포함해야 한다.

  ii) 안전요건 준수 : 의료기관은 방사선기기를 사용하기 위한 취급절차서를 구비해 야 하며, 치료용 방사선조사 장비의 안전요건을 준수해야 한다. 안전요건은 전 원의 공급이 중단되는 경우 자동으로 방사선원이 차폐되고 제어판에서 빔 제어 기능이 재 작동될 때까지 차폐된 상태로 유지되어야 하며, 방사선조사를 중단 또는 종결시키는 독립된 장치를 2개 이상 갖추어야 한다. 또한 밀봉선원이 장 착된 치료실에는 연속적으로 방사선량 상태를 감시할 수 있는 방사선 감시장비 를 설치하고, 높은 방사선준위에 대한 경고등이나 경고음을 발령하여 종사자가 알 수 있도록 해야 하며, 그리고 방사선치료 종료 후 방사선원이 안전하게 회 수되었는지 여부를 확인해야 한다.

  iii) 기기 교정 : 치료용 방사선 조사장비는 교정을 해야 하며, 교정에 적합한 선량 평가용 측정장비와 방사성동위원소를 준비하여 일정한 거리에서의 흡수선량이 나 흡수선량률로 교정해야 한다. 교정은 장비를 설치하고 처음 사용할 때, 예 상출력치와 실제출력치의 차이가 ±5 % 이상인 경우, 방사선원을 교체하거나 새 로운 시설로 이전한 경우, 선량평가에 영향을 미칠 수 있는 보수를 한 경우, 그리고 1년마다 정기적으로 수행해야 한다.

3) 취급자 자격

치료용 방사선 조사장비의 취급, 선량측정, 품질관리 등은 방사성동위원소취급자 특수면허를 소지한 방사선진료전문의 또는 방사선안전과 장해방지에 필요한 교육을 받은 자로서 방사선진료전문의의 지시·감독을 받는 자가 수행해야 한다. 또한 물리학, 원자력공학 분야의 석사학위 소지자로서 방사선진료전문의의 지도 아래 치료분야 실무경험이 4년 이상이거나 물리학, 원자력공학 분야의 박사학위 소지자로서 방사선진료전문의의 지도 아래 치료분야 실무경험이 2년 이상인 자(의학물리사)는 이 업무에 참여할 수 있다.

4) 입원실 및 진료환자 관리

진료의 목적으로 방사성동위원소를 인체에 투입 또는 투여하여 환자의 체내에 잔류하는 방사성동위원소로 인하여 다른 개인의 유효선량이 5mSv를 초과할 가능성이 있는 경우에는 일반환자와 격리하여 수용해야 한다. 방사성동위원소를 인체에 사용하는 의료기관은 환자의 입원실에 전용화장실을 설치해야 하며, 진료환자의 배설물을 배출하는 경우에는 '방사선방호 등에 관한 기준'(원자력안전위원회 고시 제2012-29호)에서 각 핵종별로 규정하고 있는 배출관리기준(표 12.2)을 초과하지 않아야 한다.

진료환자의 체내에 잔류하는 방사성동위원소로 인하여 다른 개인의 유효선량이 5mSv를 초과할 가능성이 있는 경우에는 진료환자를 퇴원시키지 않아야 한다. 또한 진료환자의 퇴원으로 다른 개인의 유효선량이 1mSv를 초과할 우려가 있는 경우에는 다른 개인의 선량을 합리적으로 가능한 낮게 유지하기 위한 지침서를 퇴원환자에게 제공해야 한다. 이 경우 수유 중인 신생아나 어린이에 대해서는 유효선량이 1mSv를 초과하지 않아야 한다.

간병인에 대한 피폭방사선량이 방사선작업종사자의 선량한도를 초과하지 않도록 해야 한다.

11.5 방사선방호와 안전관리 현황

방사성물질의 규모와 이에 따른 위험도를 고려하여 원자력발전소를 중심으로 방사선방호와 안전관리에 대한 사업자의 활동을 살펴보기로 한다. 원자력발전소를 운영하는 원자력사업자는 「원자력안전법」과 관련 법령에서 규정하고 있는 원자로시설의 운영과 방사성물질의 사용에 따른 방사선방호와 안전관리에 관한 사항을 발전소의 설계와 운영에 반영하고, 최종안전성분석보고서(표 9.4)에 수록하여 운영허가 서류로 규제기관에 제출하여 그 적합성을 평가받고 있다. 또한 운영상의 중요한 사항을 운영기술지침서(표 3.6)에 규정하여 종사자가 준수하도록 하고 있다.

여기에서는 신고리1/2호기의 최종안전성분석보고서와 운영기술지침서의 내용을 토대로 원자력발전소의 방사선방호와 안전관리에 대한 사업자의 이행 현황을 살펴보기로 한다. 따라서 여기에 인용되는 자료는 신고리1/2호기에 국한된 것이나, 일반적으로 다른 발전소도 개념적으로 유사하게 접근하고 있다.

11.5.1 방사선방호 설계

방사선방호 설계의 주요 목표는 방사선피폭을 합리적으로 달성 가능한 한 낮게 (ALARA) 유지하는 것이다. 구체적으로 방사선관리구역 작업자의 정비빈도와 작업시간의 최소화, 소내 상시 출입구역과 기기주변의 방사선준위 최소화, 기기의 선정과 설치 위치 결정, 계통과 구조물 설계에서 정비로 인한 작업자 피폭 최소화를 세부목표로 설정하고 있다. 이러한 세부목표를 달성하기 위하여 설계 고려사항으로 기기와 배관들에 대한 가장 보수적인 운전모드와 방사선원 결정, 기기와 배관의 위치·방향 및 격리, 직사 방사선의 저감, 방사성물질의 제어, 방사선구역의 설정, 일반출입구역에 대한 설계 선량률과 이의 만족을 위한 차폐체 및 차폐벽 두께 결정, 작업자와 작업장비의 제염, 공기조화계통과 방사선감시계통의 설치 등이 포함된다.

11.5.2 방사선방호구역 설정

1) 방사선관리구역

원자력발전소를 운영하는 원자력사업자는 「원자력안전법」의 규정에 따라 방사선관리구역, 보전구역과 제한구역을 설정하고, 각 구역에 따른 방사선방호 조치를 이행하고 있다. 사업자는 방사선관리구역을 그림 11.6에서 보는 바와 같이 원자로건물(격납건물), 보조건물 일부, 복합건물 일부, 핵연료건물, 방사성폐기물 임시저장고로 설정하고 있다. 또한 방사선관리구역과 보전구역을 정상운전시와 사고시의 예상 방사선준위와 작업자의 예상 체류시간을 고려하여 특정방사선구역으로 세분하여 차등화된 방사선방호 조치를 하고 있다(표 11.6).

2) 출입관리

방사선관리구역의 출입은 방사선작업허가서가 발급된 자에 한해서 출입하도록 하고 있으며, 일시적인 방문자가 방사선관리구역에 들어갈 때는 방문부서의 감독자 또는 방사

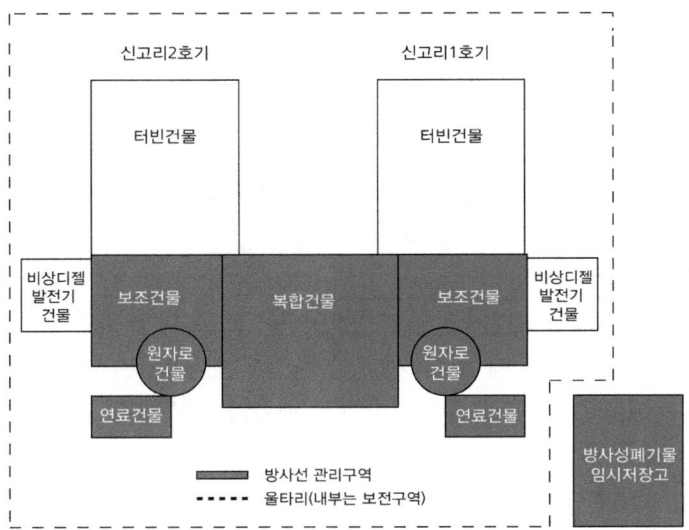

그림 11.6 방사선관리구역과 보전구역

표 11.6 정상운전 및 사고시 방사선구역 분류

	구역분류	설계선량률(DR) (mSv/hr)	방사선 방호 조치
정상운전	1[1]	DR ≤ 0.001	일반출입통제, 비제한 출입
	2	0.001 < DR ≤ 0.01	통제, 제한출입, 40시간/주 이하
	3	0.01 < DR ≤ 0.05	통제, 제한출입, 8시간/주 이하
	4	0.05 < DR ≤ 0.2	통제, 제한출입, 2시간/주 이하
	5	0.2 < DR ≤ 1	통제, 제한출입, 0.5시간/주 이하
	6	1 < DR ≤ 10	통제, 출입허가 필요
	7	10 < DR ≤ 5,000	통제, 출입허가 필요
	8	DR > 5,000	통제, 출입허가 필요
사고	1	DR ≤ 0.15	연속적인 체류 허용
	2	0.15 < DR ≤ 1	수시출입 가능
	3	1 < DR ≤ 10	출입 가능(5시간~50시간)
	4	10 < DR ≤ 100	제한 출입(30분~5시간)
	5	100 < DR ≤ 1,000	통제 출입(3분~30분)
	6	1000 < DR ≤ 5,000	통제 출입(40초~200초)
	7	DR > 5,000	인명구조시에만 출입

주, 1) 방사선구역은 일반관리구역으로 구역내 방사선감시가 필요한 지역에 대해 주기적으로
     방사선준위를 측정하고 필요시 출입통제

선안전관리원이 동행하고 있다. 또한 방사선관리구역에 출입하는 자는 개인선량계와 작업용품을 착용하고, 작업 후 퇴거시는 전신오염검사기 또는 휴대용 표면오염측정기로 오염검사를 받고 있다. 오염된 경우 즉시 방사선안전관리원이 오염제거 등의 필요한 조치를 하고 있다. 방사선관리구역에 처음 출입하는 종사자와 수시출입자에 대해서는 출입 전에 방사선방호교육과 건강진단 및 전신피폭 검사를 하고 있다.

3) 보전구역 및 제한구역

보전구역은 그림 11.6에서 점선으로 표시한 구역으로 표지를 설치하는 등 다른 장소와 구별하고 있으며, 관리의 필요에 따라 사람의 출입제한, 열쇠관리, 물품반출 제한 등의 조치를 하고 있다. 또한 보전구역에는 경비원을 배치하여 발전소 근무자 이외의 자에 대하여 출입을 제한하고 있다. 제한구역의 경계에는 울타리와 표지를 설치하고 있으며, 경비원을 배치하여 업무상 출입하는 자 이외의 자에 대하여 출입을 제한하고 있다.

11.5.3 방사선 안전관리

1) 방사선방호계획의 수립과 방사선 피폭관리

원자력발전소 운영자는 방사선방호의 목표와 책임을 포함하는 방사선방호계획을 최초 핵연료장전 전까지 수립하여 종사자가 방사선작업에서 준수하도록 하고 있다. 방사선방호의 목표로 방사선피폭을 합리적으로 달성 가능한 한 낮게(ALARA) 유지하고, 방사선작업종사자와 수시출입자의 피폭선량과 발전소의 운영으로 인해 일반인이 받는 피폭선량이 선량한도를 초과하지 않도록 설정하고 있다. 방사선방호의 일차적인 책임은 종사자 개인에게 있으며, 발전소의 방사선안전관리 부서장은 방사선방호계획에 따라 종사자와 수시출입자의 피폭선량 관리와 발전소 외부로 배출되는 방사성물질을 관리하는 책임을 지도록 하고 있다.

방사선피폭선량의 측정 및 평가와 연간피폭선량한도, 방사선장해를 받은 경우의 조치 등에 대하여는 「원자력안전법」의 요건에 따라 운영기술지침서에 명시하여 준수하고 있다. 신고리1/2호기의 운영에 따른 작업구분별 작업자의 연간집단선량 예상치는 표 11.7에서 보는 바와 같으며, 총 작업자 집단선량은 1.07man·Sv/년으로 예상되고 있다. 이 값은 미국의 호기별(신고리1호기 유사 발전소) 작업자의 연간집단선량 평균치인 2.95man·Sv와 비교할 때 상당히 낮은 수준으로 선행 호기의 운전경험과 ALARA 개선사항의 반영에 기인한 것으로 평가되고 있다.

표 11.7 작업별 작업자의 예상 연간집단선량

작업구분	선량비율 (%)	작업자집단선량 (man·Sv/년)
일상운전/감시	16.8	0.18
정기보수	16.8	0.18
가동중검사	7.5	0.08
특수보수	26.2	0.28
방사성폐기물처리	14.0	0.15
핵연료교체	18.7	0.20
합계	100.0	1.07

2) 방사선관리구역에서의 작업관리

방사선관리구역 내의 작업자는 방사선작업허가를 신청하여 방사선 안전관리 부서장의 승인을 받아야 한다. 작업허가서에는 작업장소, 작업내용, 작업기간, 개인선량계와 작업장구 착용요건, 방사선/능 준위, 작업자 인적사항과 연간집적선량, 방사선 안전관리 준수사항을 포함하고 있다. 작업장의 방사선량률이 1.0mSv/hr 이상이고 예상집단선량이 10man·mSv를 초과할 경우에는 방사선작업허가서에 추가하여 방사선작업계획서를 작성해야 한다. 방사선작업계획서에는 작업장소, 작업내용, 방사선/능 준위와 작업중 예상피폭선량 계산내용 등을 포함하고 있다.

방사선작업허가서에 따라 방사선관리구역 내에서 작업을 할 경우 작업책임자와 작업자는 방사선방호절차에 따라 안전하게 작업을 수행할 책임이 있으며, 작업 중 비정상상태 등이 발생하였을 경우 즉시 방사선안전관리원에게 통보해야 한다. 방사선관리구역 내에서는 음식물 섭취와 흡연을 금지하고 있다. 개인의 피폭선량이 1.0mSv/hr를 초과하는 고방사선구역은 구획물을 설치하여 주위와 구분하고 입구에 고방사선구역임을 알리는 표지를 설치하는 등 특별관리를 하고 있다.

3) 방사선관리구역에서의 방사성물질 반·출입 제한

오염방지를 위하여 업무상 필요치 않은 물품의 방사선관리구역 반입을 금지하고, 물품을 반출할 경우 방사선안전관리원의 지원을 받아 제염, 포장 등의 필요한 안전조치를 강구해야 한다. 반출물품의 방사선량률과 표면오염도를 측정하여 표 11.8에서 정한 값을 만족하는 경우 방사선 안전관리 부서장의 승인을 받아 반출할 수 있으며, 허용표면오염도를 초과하는 경우 오염제거 또는 오염 확산방지 등의 필요한 조치를 해야 한다.

표 11.8 표면오염 및 방사선량률 제한치

작업구분	항 목	제한치
표면오염	• 허용표면오염도 – 알파선을 방출하는 방사성물질 – 알파선을 방출하지 않는 방사성물질	$4kBq/m^2$ $40kBq/m^2$
	• 방사선관리구역에서 사람이 퇴거 또는 물품을 반출하는 경우 인체 및 반출물품 표면의 방사성물질 오염도	허용표면오염도의 1/10
	• 사업소 내에서 운반물 표면의 방사성물질오염도	허용표면오염도
방사선량률	• 사업소외 운반 – 운반물 및 덧포장의 외부표면[1] – 운반물 및 덧포장의 외부표면에서 1m 떨어진 장소[2]	2mSv/hr 이하 0.1mSv/hr 이하
	• 사업소내 운반 – 운반물의 외부표면으로부터 10cm 떨어진 곳 – 운반물의 외부표면으로부터 2m 떨어진 곳	10mSv/hr 이하 0.1mSv/hr 이하

주, 1) 전용운반인 경우 10mSv/hr 이하
2) 전용운반인 경우 1m 떨어진 곳의 선량률은 제한없음

11.5.4 핵연료물질 안전관리

핵연료물질을 운반할 때에는 어떠한 경우에도 임계에 도달할 위험이 없도록 하고, 사용후핵연료를 운반할 때에는 용기의 표면온도가 정해진 온도를 초과하지 않도록 하고 있다. 신핵연료 및 사용후핵연료를 운반할 때에는 방사선관리구역 내에서 운반할 때를 제외하고는 반드시 규격 수송용기를 사용하고, 용기표면에 핵연료물질의 종류와 양을 명시한 표지를 부착하고 있다. 또한 핵연료물질을 운반하는 용기표면의 방사선량률은 표 11.8에 규정한 값을 넘지 않도록 하고, 표면오염도가 허용표면오염도의 1/10을 초과하지 않도록 하고 있다. 방사선관리구역 내에서 운반할 때에는 이 제한을 적용하지 않는다. 신핵연료는 신핵연료 저장고 또는 사용후핵연료 저장조에 저장할 수 있으며, 사용후핵연료는 일정한 수위를 유지하는 사용후핵연료 저장조에 저장하고 냉각을 위한 필요한 조치를 취하고 있다. 사용후핵연료 저장조 수면에서의 공간선량률이 설계선량률을 초과하는 경우에는 냉각수정화계통을 운전하고 있다. 핵연료물질의 저장은 임계에 도달할 위험이 없도록 필요한 조치를 하고, 저장시설이 잘 보이는 곳에 저장상 필요한 주의사항을 게시하고 있다.

11.5.5 방사선 방호설비와 감시계통

방사선방호를 위한 설비는 발전소의 오염가능지역으로의 출입이 편리한 장소에 위치하고 있으며, 다음의 설비를 포함한다.
- 방사능량과 방사능농도를 분석하기 위한 계측실
- 보건물리실 및 출입관리 통제소
- 작업자 갱의실 및 보관함
- 작업자 제염설비
- 방호의류 및 방호장구 저장시설
- 고정지역 방사선감시계통
- 방사선관리구역에서 나가는 작업자의 방사성 오염을 검사하기 위한 전신오염감시기와 휴대용 오염측정기
- 계측기의 정비를 위한 계측기 작업장

실험실용 방사선 측정장비로써 액체섬광계측기, 알파계측기, 베타계측기, 감마핵종 분석장비가 있으며, 휴대용 방사선 측정기기로는 광역, 중간영역 및 협역의 베타와 감마선측정기, 중성자측정기, 휴대용 표면오염 측정기, 베타입자 공기감시기, 그리고 이동형 미립자, 요오드와 가스 감시기가 있다. 비상시를 대비하여 방사선량률 측정기, 표면오염 측정기, 공기시료 채집기, 개인선량계, 호흡방호장비를 비상기술지원실 등에 보관하고 있다.

발전소 내의 방사선감시계통은 특정지역의 공간선량률을 측정·감시하는 지역방사선감시기, 방사성물질을 함유하는 계통의 방사능농도를 감시하는 공정계통감시기, 그리고 소외로 방출되는 배수와 배기 중의 방사능농도를 측정·감시하는 방출물감시기로 구성되어 있는 발전소의 필수적인 설비이다. 감시계통은 방사선준위가 비정상적으로 증가될 경우 음향과 표시램프로 방사선 위험경보를 발생시켜 운전원이나 작업자에게 사전에 적절한 조치를 취할 수 있도록 한다.

방사선감시계통의 주요 설비요건으로 주제어실과 현장에 지시계와 경보장치가 설치되어 현장 작업자에게 방사선준위를 알릴 수 있어야 한다. 또한 지시계는 보기 쉬운 곳에 설치하여 정확한 값을 읽을 수 있어야 하며, 고장, 저준위, 최대 눈금초과에 대한 경보를 설정하여 감시기의 이상 여부를 알릴 수 있어야 한다.

11.5.6 개인 방사선 안전관리와 감시

개인 방사선 안전관리의 기본원칙은 적절한 개인선량계의 착용, 피폭선량의 정확한

기록, 판독치의 적절한 평가, 그리고 필요에 따라 의학적·생체학적 검사와 전신계측을 실시하는 것이다. 외부 방사선량의 측정을 위한 개인선량계로는 열형광선량계와 직독식 개인선량계 등이 있으며, 모든 방사선작업자들은 고유번호를 가진 열형광선량계를 발급받아 방사선관리구역 내에 체류하는 동안 착용하고 있다. 열형광선량계는 월 단위로 판독하여 평가하지만 종사자가 사고로 인해 피폭된 경우나 개인의 피폭이 의심스러울 경우에는 그 때마다 판독하며, 종사자는 판독이 완료될 때까지 추가피폭이 제한된다. 또한 방사선관리구역에 들어가는 종사자는 직독식 개인선량계를 발급받으며, 작업 후 즉시 판독값을 기록하고 있다.

방사선작업종사자는 방사선관리구역에 최초로 출입하기 전에 건강진단과 체내 피폭여부에 대한 전신계측 검사를 받고 있다. 방사선관리구역에서 일하는 작업자의 체내 방사성물질 침적은 전신계측 또는 뇨분석에 의해 평가되며, 뇨분석은 방사선 안전관리 부서장이 필요하다고 인정할 경우 실시하고 있다. 또한 방사선작업자는 적어도 매년 전신계측을 받으며, 체내 방사선량이 있을 것으로 추정될 경우 방사선안전관리원은 특별 전신계측을 요청한다.

11.6 생활주변방사선 안전관리

11.6.1 개요

생활주변방사선의 안전관리에 관한 사항은 「생활주변방사선의 안전관리법」에서 규정하고 있다. 이 법에서 정의하고 있는 생활주변방사선은 i) 원료물질, 공정부산물 및 가공제품에 함유된 천연방사성핵종에서 방출되는 방사선(「원자력안전법」에 따라 관리되는 핵물질에서 방출되는 방사선은 제외), ii) 태양 또는 우주로부터 지구 대기권으로 입사되는 방사선(우주방사선), iii) 지구표면의 암석 또는 토양에서 방출되는 방사선(지각방사선), iv) 국내 또는 외국에서 수집되어 판매되거나 재활용되는 고철에 포함된 방사성물질에서 방출되는 방사선으로 정의하고 있다.

여기서 원료물질은 우라늄-235, 우라늄-238, 토륨-232와 각각의 붕괴계열 내의 핵종 또는 포타슘-40 등 천연방사성핵종이 포함된 물질로 원자력안전위원회가 정하여 고시하는 방사능 농도와 수량을 초과하는 것을 말한다. 공정부산물은 원료물질이나 그 밖의 물질을 취급하는 시설에서 부수적으로 발생하는 물질로 핵종별 규제면제 수량과 농도를 초과하는 천연방사성핵종이 포함된 물질을 말한다. 가공제품은 원료물질 또는 공정부산물을 가공하거나 이를 원료로 하여 제조된 제품을 말한다.

「생활주변방사선의 안전관리법」은 2011년 7월 25일 제정되어 있으나, 2012년 7월 26일부터 시행될 예정이며, 2012년 3월 현재 시행령, 시행규칙과 관련 고시 등 하위규정이 준비 중에 있다. 따라서 여기에서는 법의 규정을 중심으로 생활주변방사선의 안전관리를 위한 국가의 정책방향과 개념을 살펴보기로 한다.

11.6.2 국가의 책임과 역할

1) 안전관리 정책과 안전지침

국가는 생활주변방사선으로부터 국민의 건강과 환경을 보호하기 위하여 생활주변방사선의 안전관리에 필요한 시책을 마련해야 한다. 원자력안전위원회는 관계 중앙행정기관의 장과 협의하여 5년마다 생활주변방사선방호 종합계획을 수립해야 한다. 종합계획에는 생활주변방사선방호 정책의 목표와 기본방향, 환경보호, 안전관리의 현황과 전망, 연구개발, 원료물질과 공정부산물 및 가공제품의 조사·분석, 공정부산물의 처리·처분 또는 재활용, 우주방사선과 지각방사선의 안전관리체계 구축 등에 관한 사항을 포함해야 한다. 원자력안전위원회는 매년 종합계획의 연도별 시행계획을 수립하고, 이를 관계 중앙행정기관의 장에게 통보해야 하며, 중앙행정기관의 장은 연도별 시행계획 중 소관 업무에 관련된 사항을 추진해야 한다.

원자력안전위원회는 생활주변방사선의 안전관리를 위하여 필요한 안전지침을 작성하여 원료물질이나 공정부산물 취급자, 가공제품의 제조업자와 항공운송사업자에게 배포해야 한다. 안전지침에는 공정부산물 처리·처분 또는 재활용 방법과 절차, 원료물질이나 공정부산물의 취급·관리시 준수사항, 가공제품의 안전기준, 우주방사선과 지각방사선에 피폭할 우려가 있는 사람의 안전조치에 관한 사항을 포함해야 한다.

2) 방사선/능 감시기의 설치·운영

원자력안전위원회는 원료물질, 공정부산물 및 가공제품에 함유된 천연방사성핵종에서 방출되는 방사선과 국내 또는 외국에서 수집되어 판매되거나 재활용되는 고철에 포함된 방사성물질에서 방출되는 방사선의 안전관리를 위하여 관계 중앙행정기관의 장과 협의하여 공항·항만에 방사선/능 감시기를 설치·운영해야 한다. 위원회는 설치한 감시기의 운영을 공항운영자 또는 항공운송사업자와 항만시설운영자에게 위탁할 수 있다. 또한 재활용고철을 판매하거나 재활용하는 재활용고철취급자는 방사선/능 감시기를 설치·운영해야 한다.

방사선/능 감시기의 운영에서 원자력안전위원회가 정하여 고시하는 방사능 농도를 초과하거나 초과할 것으로 의심되는 유의물질이 검출된 때에는 위원회에 보고해야 한다.

위원회는 보고를 받은 경우 유의물질에 포함된 방사능 농도와 종류, 유의물질의 사용 목적과 용도, 유의물질에 대한 조치에 필요한 사항에 대하여 조사·분석해야 한다. 위원회는 조사·분석 결과 유의물질이 포함된 가공제품이 안전기준에 부적합한 경우이거나 수출입 신고를 하지 않은 원료물질이나 공정부산물이 감시기에서 검출되는 경우에는 보완·반송 또는 수거 등의 조치를 명하거나, 직접 관련 조치를 취할 수 있다. 위원회는 명령을 이행하지 않는 경우에는 「행정대집행법」에 따라 필요한 조치를 할 수 있다.

3) 안전관리 실태조사 및 정보관리

원자력안전위원회는 생활주변방사선의 안전관리 실태를 점검하기 위하여 매년 원료물질과 공정부산물의 유통현황, 가공제품의 제조 또는 수출입 현황, 그리고 원료물질이나 공정부산물 취급자가 운영하는 시설 주변의 방사능 농도와 환경오염 정도에 관한 조사계획을 수립하여 시행해야 한다. 위원회는 안전관리 실태조사와 분석결과를 생활주변방사선방호 종합계획과 연도별 시행계획 수립에 반영해야 한다.

원자력안전위원회는 생활주변방사선의 안전관리에 관한 정보를 체계적으로 관리하기 위하여 생활주변방사선 종합정보시스템을 구축하여 운영해야 한다.

11.6.3 사업자의 의무

1) 원료물질 또는 공정부산물 취급자의 등록과 수출입 관리

원료물질의 채광·수출입 또는 판매, 공정부산물의 수출입 또는 판매, 공정부산물 발생 시설의 운영, 공정부산물의 처리·처분이나 재활용을 하려는 취급자는 원료물질 또는 공정부산물의 종류와 수량 등을 원자력안전위원회에 등록해야 한다. 그러나 등록대상이 되는 취급자의 구체적인 범위와 등록사항은 원료물질이나 공정부산물의 방사능 농도와 수량 등을 고려하여 대통령령으로 정한다.

취급자는 원료물질이나 공정부산물을 수출입할 때마다 원자력안전위원회에 신고해야 하며, 원료물질이나 공정부산물의 취득·발생·보관·판매·처분 현황(유통현황)을 기록·보관하고 위원회에 보고해야 한다. 또한 공정부산물을 처리·처분 또는 재활용할 경우에도 위원회에 신고해야 한다.

2) 가공제품의 안전기준과 행정조치

가공제품을 제조 또는 수출입하는 제조업자는 제품이 다음의 안전기준에 적합하도록 해야 한다. i) 가공제품에 포함된 천연방사성핵종을 함유한 물질이 공기 중에 흩날리거나 누출되지 않아야 하고, ii) 가공제품이 신체에 닿았을 때 가공제품에 포함된 천연방사성핵종이 신체에 전이되지 않아야 하며, iii) 가공제품에서 방출되는 방사선에 의하여 사람이 피폭하는 양과 가공제품에 포함된 방사능 농도와 수량이 원자력안전위원회가 정하여 고시하는 기준을 초과하지 않아야 한다.

제조업자는 가공제품이 안전기준에 적합하지 않은 사실을 알게 된 경우 그 사실을 공개하고 보완·교환·수거 및 폐기 등의 조치를 하며, 원자력안전위원회에 보고해야 한다. 위원회는 가공제품이 안전기준에 적합하지 않은 경우 제조업자에게 그 사실을 공개하고 보완·교환·수거 및 폐기 등의 조치를 명할 수 있으며, 위원회는 명령을 이행하지 않는 경우 「행정대집행법」에 따라 대집행을 할 수 있다.

3) 원료물질 또는 공정부산물의 취급·관리시 준수사항

취급자와 제조업자는 원료물질이나 공정부산물을 취급·관리할 때에 관련 종사자의 건강과 환경 보호를 위하여 다음 사항을 준수해야 한다.

- 화재예방과 침수 발생의 방지를 위한 시설의 설치 또는 필요한 조치
- 원료물질 또는 공정부산물의 공기 중 흩날림을 방지하기 위한 시설의 설치 또는 필요한 조치
- 원료물질 또는 공정부산물 취급장소의 방사능농도 또는 방사선량의 측정과 관리
- 원료물질 또는 공정부산물 취급·관리 종사자의 연간 생활주변방사선 피폭량의 조사·분석과 안전조치

4) 우주방사선의 안전관리

항공운송사업자는 우주방사선에 피폭할 우려가 있는 운항 및 객실 승무원의 건강보호와 안전을 위하여 노력해야 한다. 승무원의 범위는 비행노선, 비행고도와 운항횟수 등을 고려하여 대통령령으로 정한다. 항공운송사업자는 항공노선별로 승무원의 우주방사선 피폭량과 연간 우주방사선 피폭량을 조사·분석하고, 그 결과를 반영하여 승무원의 건강보호와 안전을 위한 조치를 해야 한다.

제 12 장

환경방사능 안전관리와 방재대책

12.1 방사선 환경영향 평가

12.1.1 개요

방사선은 지구의 탄생에서부터 환경 중에 천연상태로 존재하여 왔으며, 인간은 방사선과 더불어 살아가고 있다고 하여도 과언이 아니다. 그러나 원자력시설의 운영과 핵물질의 사용으로 다양한 방사성핵종이 환경으로 유출되어 발생시킬 수 있는 인공방사선에 대해서는 국민건강과 환경보전 차원에서 엄격히 통제되고 감시되어야 한다. 원자력시설의 설치와 운영에서 "방사선 위해로부터 인간과 환경을 보호한다."는 기본안전목표를 달성하기 위해서는 무엇보다도 방사성물질의 환경으로 유출과 인간의 방사선피폭이 적절히 제어되어야 한다. 또한 방사성물질의 유출에 따른 환경에 미치는 영향을 최소화해야 하며, 이를 위하여 방사선에 의한 영향을 정량적으로 평가할 수 있어야 한다.

환경에 미치는 영향이 어느 정도인지에 대한 명확한 결론을 내린다는 것이 그렇게 쉬운 것은 아니다. 안전과 위험의 경계가 불분명하지만 이를 판단하기 위한 기준이 필요하듯이 환경에 대한 영향이 있는지에 대해서도 어떤 기준이 필요하다. 이 기준의 설정에는 객관적으로 평가한 위험을 근거로 하되, 어느 정도의 사회적 합의가 있어야 한다.

환경영향평가는 대규모 시설의 설치·운영으로 야기될 수 있는 환경에의 영향을 사전에 조사하고 예측·분석하여, 예상되는 해로운 영향을 제거하거나 최소화하기 위한 방안을 체계적이고 지속적으로 이행함으로써 환경을 보전하기 위하여 수행되는 활동이다. 따라서 환경영향평가는 원자력시설의 부지선정 단계에서 시작하여 해체에 이르는 원자력시설 수명주기 동안에 지속적으로 수행되어야 한다. 시설의 설치단계에서 수행되는 환경영향평가는 사전예방적인 성격을 띠고 있는 반면에, 운영단계에서 수행하는 조사·평가는 사후조치적 성격을 갖고 있다. 환경영향평가에 무엇이 포함되어야 하고, 어떠한 방법으로 수행되어야 하며, 어느 정도의 수준을 유지해야 하는가는 규제의 일환으로 요건화 되어야 하고 지속적으로 확인되어야 한다.

또한 기술공학적으로 조사·분석한 환경영향평가에 따른 원자력시설의 설치와 운영에는 사회적 합의가 있어야 하며, 이는 국가의 정책이나 법령으로 명확하게 규정되어 있어야 한다. 신규 원자력시설의 부지선정과 건설허가 단계에서 지역주민의 반발로 사업이 무산되거나 진행이 지연되었던 사례를 보더라도 객관적인 기술공학적 기준만이 전부가 아닌 것으로 보인다. 원자력발전소를 포함한 주요 원자력시설의 부지선정 단계에서 주민의견 수렴과 필요시 공청회 개최 요건을 법령에 규정하고 있는 우리나라 원자력 추진체계는 이러한 측면을 어느 정도 고려한 것으로 보인다.

12.1.2 제도의 연혁

일반산업에 대한 환경영향평가는 1971년 제정된 「공해방지법」에서 도시개발이나 산업입지를 조성할 경우 지리·기상·수리·산업분포 등의 사항을 조사하도록 하여 환경영향평가의 관련사항을 반영하기 시작하였으며, 1977년 12월 제정된 「환경보전법」, 1990년 제정된 「환경정책기본법」, 그리고 1993년 제정된 「환경영향평가법」으로 변천되어 왔다. 「환경영향평가법」에서는 환경영향평가 실시의 기본원칙을 다음과 같이 설정하고 있다.
  i) 환경영향평가는 보전과 개발이 조화와 균형을 이루는 지속가능한 발전이 되도록 해야 하고,
  ii) 환경보전방안 및 그 대안은 과학적으로 조사·예측된 결과를 근거로 하여 경제적·기술적으로 실행할 수 있는 범위에서 마련되어야 하고,
  iii) 환경영향평가의 대상이 되는 계획이나 사업에 대하여 충분한 정보를 제공함으로써 환경영향평가의 과정에 주민 등이 원활하게 참여할 수 있도록 노력해야 하고,
  iv) 환경영향평가의 결과는 지역주민과 의사결정권자가 이해할 수 있도록 간결하고 평이하게 작성되어야 하고,

    ⅴ) 환경영향평가는 계획이나 사업이 특정 지역 또는 시기에 집중될 경우에는 이에
         대한 누적 영향을 고려하여 실시해야 한다.

  이 법은 환경영향평가의 대상사업과 평가항목, 이행절차와 주민의견 수렴에 관한 사항을 규정하고 있으며, 대상사업으로 에너지개발사업의 범주에 10MW 이상의 발전시설을 규정함으로써 원자력발전소를 포함하고 있다.

  한편 1970년대 원자력발전소의 건설·운영이 시작되면서 1982년 4월 「원자력법」의 전면개정에서 원자력시설에 대한 환경영향평가에 관한 요건이 도입되었으며, '원자력발전소 환경영향평가 작성지침'(당시의 과학기술처고시 제84-8호)이 제정되어 영광3/4호기 건설허가의 일환인 부지사전승인에서 최초로 적용되었다. 이 당시 환경 관련 법령에는 원자력발전소가 환경영향평가 대상사업으로 규정되어 있지 않아 온배수에 의한 영향을 포함한 일반환경과 방사선환경 분야를 종합적으로 원자력법령 체계에서 다루었다. 1990년 제정된 「환경정책기본법」에서 방사성물질에 의한 환경오염과 방지조치에 관한 사항을 규정하였으나, 「원자력법」에 위임하였다. 1993년 제정된 「환경영향평가법」에서 대상사업에 원자력발전소를 포함함에 따라 1996년의 「원자력법」 개정에서 방사선환경 분야만을 규정함으로써, 일반환경은 「환경영향평가법」에서 방사선환경은 「원자력법」(현재 「원자력안전법」)의 테두리에서 시행되고 있다. 비록 평가분야는 그 특성에 따라 각기 별도의 법에서 다루어지고 있지만, 주민의견 수렴 등의 이행절차는 유사하게 규정되어 있다. 따라서 여기에서는 「원자력안전법」에서 명시하고 있는 방사선환경영향평가의 주요 규정사항에 대하여 살펴보기로 한다.

12.1.3 방사선환경영향평가 규제요건

  발전용원자로, 연구용원자로, 핵연료주기시설과 방사성폐기물 폐기시설의 인·허가 신청 첨부서류로 원자력사업자는 방사선환경영향평가서를 제출해야 한다. 발전용원자로에 대해서는 건설허가 신청의 일환인 부지사전승인을 신청할 경우 부지사전승인 신청시에 제출해야 하며, 부지사전승인을 받았을 경우 건설허가 신청시 평가서를 제출하지 않아도 된다. 또한 운영허가시 제출하는 평가서에는 건설허가시 제출한 서류의 내용과 달라진 부분만 기술하면 된다.

  방사성환경영향평가서에는 시설과 부지 주변지역의 환경현황, 주변환경에 미치는 방사선영향 예측, 방사선환경 감시계획, 사고로 인한 환경에 미치는 방사선영향, 주민의견수렴 결과를 기재해야 한다. 평가서의 작성요령은 '원자력이용시설 방사선환경영향평가서 작성 등에 관한 규정'(원자력안전위원회고시 제2012-04호)에 각 시설별로 규정하

고 있으며, 원자력발전소에 대한 평가 내용은 표 12.1과 같다.

표 12.1 원자력발전소 방사선환경영향평가서 구성

평가 항목	세부 항목
1. 건설계획의 개요	건설 필요성, 환경영향평가 실시근거, 사업 추진경위, 건설계획, 당해부지 선정이유
2. 환경현황	부지 현황, 토지이용, 해양이용, 기상 및 대기 확산, 수문 및 수문 확산, 해황 및 해양 확산, 인구, 환경방사선/능 현황
3. 발전소의 현황	시설의 외관, 원자로와 증가-전기계통, 연료저장시설, 방사성폐기물처리계통, 방사선원의 유출
4. 건설로 인한 영향	운영 중인 원자력시설의 주변에 건설시 운영시설의 방사선원과, 이로 인한 건설작업자 예상피폭선량
5. 운영으로 인한 영향	기체 및 액체 경로를 통한 피폭, 원자력시설로부터 직접 피폭, 모든 피폭원에 의한 집단 피폭선량
6. 사고로 인한 영향	사고의 가정, 방사선원, 평가방법, 피폭선량 평가, 주민보호대책
7. 환경감시계획	운영 전 환경감시, 운영 중 환경감시
8. 주민의견수렴	의견수렴 개요, 의견수렴 결과
9. 종합평가	시설의 당위성에 대한 결론적 평가

환경영향평가서의 작성은 과학적인 사실에 근거를 두고 객관적·논리적으로 작성되어야 하며, 환경현황은 직접 조사함을 원칙으로 하되 필요한 경우에는 기존의 문헌이나 공신력이 있는 기관의 자료 등을 인용할 수 있다. 원자력시설의 설치위치 또는 설계의 특성상 세부작성항목 중 적용하기 곤란하거나 적용할 필요가 없다고 판단하여 제외한 항목에 대해서는 그 사유나 타당성을 명시해야 한다. 또한 동일부지 내에 다수의 원자력시설을 건설·운영하는 경우에는 기존의 원자력시설에 의한 영향을 포함하여 복합적으로 평가해야 한다.

원자력시설의 허가기준에서는 원자력시설의 건설·운영으로 인하여 발생되는 방사성물질로부터 국민의 건강과 환경상의 위해를 방지하기 위하여 관련 기준에 적합하도록 규정하고 있다. 환경상의 위해방지를 위하여 원자력시설에서 배출되는 액체 및 기체 상태의 방사성물질의 제한구역 경계에서의 농도와 연간 방사선량에 관한 기준은 '방사선방호 등에 관한 기준'(원자력안전위원회고시 제2012-29호)에서 규정하고 있다. 고시에서는 시설에서 배출되는 액체 및 기체상태의 제한구역 경계에서의 농도제한치(배출관리기준)를 각 핵종별(약 800여개의 핵종과 그 화합물)로 규정하고 있으며, 표 12.2는 주요 방사성핵종에 대한 배출관리기준을 예로서 나타내고 있다. 또한 고시에서 규정하고 있는 기체 및 액체상태의 유출물에 의한 제한구역 경계에서의 방사선량 기준치와 동일부지 내에 다수 호기를 운영할 경우의 기준치는 표 12.3에서 보는 바와 같다.

12.1.4 주민의견 수렴

발전용원자로의 건설허가(부지사전승인 포함) 또는 방사성폐기시설(방사성폐기물 처분시설 및 사용후핵연료 저장시설)의 건설·운영 허가를 신청할 경우 원자력사업자는 방사선환경영향평가서 초안을 작성하여 부지인근의 주민에게 공람하고, 주민의 요구가 있을 경우에는 공청회를 개최해야 한다. 여기서 부지인근 주민은 원자력시설의 비상계획구역 내의 주민과 비상계획구역 경계를 포함하는 읍·면·동(의견수렴 대상지역)의 주민을 말한다. 의견수렴 대상지역을 관할하는 특별자치도지사·시장·군수 또는 구청장은 평가서초안을 의견수렴 대상지역의 주민 등에게 공람하고 의견을 수렴해야 한다.

공청회 개최가 필요하다는 의견을 제출한 주민이 30명 이상인 경우, 또는 5명 이상 30명 미만인 경우로 초안에 대한 의견을 제출한 주민 총수의 100분의 50 이상인 경우 원자력사업자는 공청회를 개최해야 한다.

12.2 환경방사능 감시

12.2.1 개요

환경방사능 조사와 감시는 환경에 존재하는 자연 및 인공 방사선량 또는 방사선량률 준위와 방사성물질의 방사능농도 현황을 조사하여 환경에 미치는 영향을 평가하고, 예상되는 환경피해를 제거하거나 최소화하기 위한 방안을 이행함으로써 국민건강과 환경보전을 위하여 수행되는 활동이다. 또한 원자력 및 방사선 사고를 조기에 탐지하여 주민들에게 적절한 보호대책을 제공하고, 방사능 방재대책을 원활히 수행할 수 있는 신뢰성 있는 현황자료를 제공한다. 이러한 기본적인 목적 외에도 핵실험에 의한 방사능 낙진의 조사와 영향 평가, 방사성물질의 해양투기에 따른 방사능오염 감시를 위한 활동도 포함하고 있다.

표 12.2 주요 방사성핵종의 배출관리기준 예시

| 핵 종 | 흡 입 | | 섭 취 | |
	화학적 형태	배기 중의 배출관리기준 Bq/m^3	화학적 형태	배수 중의 배출관리기준 Bq/m^3
H-3	G: 삼중수소가 결합된 물 (피부흡수 포함)	3E+03	삼중수소가 결합된 물	4E+07
C-14	G: 증기	1E+02	표지 유기화합물	1E+06
Cl-36	F: H, Li, Na, K, Rb, Cs 및 Fr 원소와의 염화물	2E+02	모든 화합물	7E+05
K-40	F: 모든 화합물	3E+01	모든 화합물	1E+05
K-42	F: 모든 화합물	5E+02	K-40과 동일	2E+06
Co-55	M: 기타 모든 화합물	1E+02	기타 모든 화합물	7E+05
	S: 산화물, 수산화물, 할로겐화물 및 질산염	1E+02	산화물, 수산화물 및 무기화합물	6E+05
Co-60	M: Co-55와 동일	7E+00	Co-55와 동일	2E+05
Sr-80	F: 기타 모든 화합물	9E+02	기타 모든 화합물	2E+06
	S: 티탄산 스트론튬 (SrTiO3)	5E+02	티탄산 스트론튬(SrTiO3)	2E+06
Sr-90	F: Sr-80과 동일	4E+02	Sr-80과 동일	1E+06
Mo-90	F: 기타 모든 화합물	4E+02	기타 모든 화합물	2E+06
	S: 황화 몰리브덴, 산화 및 수산화물	2E+02	황화 몰리브덴	1E+06
Mo-93	F: Mo-90과 동일	6E+03	Mo-90과 동일	8E+06
	S: Mo-90과 동일	7E+03	Mo-90과 동일	1E+08
I-120	F: 모든 화합물	7E+07	모든 화합물	2E+06
	G: 원소형	2E+02	-	-
	G: 메틸 화합물	3E+02	-	-
I-121	F: I-120과 동일	2E+03	모든 화합물	8E+06
	G: 원소형	8E+02	-	-
	G: 메틸 화합물	1E+03	-	-
Cs-125	F: 모든 화합물	5E+03	모든 화합물	2E+07
Cs-137	F: Cs-125와 동일	1E+01	Cs-125와 동일	5E+04

주) • 화학적 형태에서 F, M, S 구분은 입자상 방사성동위원소가 흡입에 의해 호흡기로 침적된 이후에 혈액으로 흡수되는 정도를 나타낸 것임 : F(Fast), M(Moderate), S(Slow)
• G는 기체 또는 증기 형태를 나타낸 것임.

표 12.3 제한구역 경계에서의 방사선량 기준치

종류	방사선량	기준치
기체상태	감마선에 의한 공기의 흡수선량	0.1 mGy/년
	베타선에 의한 공기의 흡수선량	0.2 mGy/년
	외부피폭에 의한 유효선량	0.05 mSv/년
	외부피폭에 의한 피부등가선량	0.15 mSv/년
	입자상 방사성물질, H-3, C-14 및 방사성요오드에 의한 인체 장기 등가선량	0.15 mSv/년
액체상태	유효선량	0.03 mSv/년
	인체 장기 등가선량	0.1 mSv/년
다수호기	유효선량	0.25 mSv/년
	갑상선 등가선량	0.75 mSv/년

　우리나라의 환경방사능 감시체계는 감시대상과 목적에 따라 원자력시설 주변의 환경방사능 감시와 전국토 환경방사능 감시의 2가지로 구분할 수 있다. 원자력시설 주변의 환경감시는 그 시설을 운영하는 사업자가 수행하고, 그 결과를 규제기관이 확인하는 체계로써 안전규제의 일환으로 수행되고 있다. 최근에는 원자력발전소와 방사성폐기물 처분시설에 대하여 시설이 위치하는 지역의 지방자치단체에서 운영하는 민간환경감시기구가 상설로 설치되어 시설주변 지역의 환경방사능 조사와 감시활동을 수행하고 있다. 반면에 전국토 환경방사능 감시는 규제기관인 원자력안전위원회의 주도하에 업무를 위탁받은 한국원자력안전기술원에서 수행하고 있는 체계로써 안전규제가 아닌 정부 주도의 환경감시 활동이다.

12.2.2 원자력시설 주변의 환경방사능 감시

1) 법적 요건
　원자력시설의 인·허가 단계에서 수행하는 방사선환경영향평가와 더불어 시설의 운영단계에서도 원자력사업자는 원자력시설 주변의 방사선환경조사 및 방사선환경영향평가를 주기적으로 실시하도록 법령에 규정하고 있다. 방사선환경조사 및 방사선환경영향평가의 세부적인 사항은 「원자력안전법」과 시행규칙의 위임에 따라 '원자력이용시설 주변의 방사선환경조사 및 방사선환경영향평가에 관한 규정'(원자력안전위원회고시 제2012-05

호)에서 규정하고 있다.

「원자력안전법」에서 발전용원자로, 연구용원자로(열출력 100kW이상), 핵연료주기시설 또는 방사성폐기물처분시설(사용후핵연료 중간저장시설 포함)을 운영하는 원자력사업자는 3년마다 방사선환경조사계획을 수립하여 시료채취 위치와 방사성핵종에 따라 주기적으로 방사선환경을 조사하고, 그 결과를 바탕으로 방사선환경영향평가를 실시하여 원자력안전위원회에 보고하도록 규정하고 있다. 위원회는 사업자의 결과를 확인하기 위하여 필요하면 방사선환경조사를 실시할 수 있으며, 방사선환경조사 결과 그 주변환경에 나쁜 영향을 미칠 우려가 있다고 판단되면 사업자에게 환경보전에 필요한 조치를 명할 수 있다.

방사선환경조사는 사전에 조사계획을 수립하여 수행하고, 동일한 부지에 2개 이상의 시설이 있는 경우 하나의 환경조사계획을 수립하여 운영할 수 있다. 또한 환경조사는 품질관리계획을 수립하여 주기적으로 수행결과에 대한 검증을 수행하며, 시설의 운영으로 인한 영향을 평가할 수 있도록 충분한 공간적·시간적 범위를 정하여 조사해야 한다. 방사선환경조사의 조사항목, 조사주기와 조사지점에 대한 규제요건은 표 12.4에 나타나 있다. 조사지점의 선정에서 최소 풍하지역, 청정해역, 시설로부터 거리를 고려하여 시설로 인한 영향이 없을 것으로 예상되는 지점을 비교지점으로 선정하고, 각 환경조사 항목마다 1개 이상의 비교지점을 설정한다.

방사선환경조사의 착수 시기는 해당시설의 운영으로 인한 환경영향평가의 기준이 되는 기초 환경조사 자료를 충분히 확보할 수 있는 시점으로 하되, 최소한 해당시설을 운영하기 2년 전으로 해야 한다. 종결 시기는 해당시설을 폐쇄한 후의 조사결과를 평가하여 환경영향이 없을 것으로 판단되는 시점으로 한다. 환경조사를 위한 시료의 채취, 전처리, 분석과 측정은 관련 고시에서 정한 '환경방사능 분석을 위한 검출하한치'를 만족할 수 있는 방법과 기술에 따라 수행해야 하며, 조사대상 핵종별 및 시료별 각각의 절차를 기술한 절차서를 작성하여 이에 따라 수행해야 한다. 환경영향평가의 수행방법은 다음과 같다.

i) 시설에서 방출된 방사성물질에 의하여 주민이 받는 피폭방사선량을 계산하고 기준치와 비교·평가한다.

ii) 환경조사 결과를 근거로 시설주변 환경의 장기적인 방사성물질 축적경향과 변동을 평가하고, 예기치 않은 방사성물질의 방출에 의한 단기적 변동을 평가한다.

iii) 사람이 섭취 가능한 환경시료의 조사결과를 근거로 그 시료를 섭취할 경우의 피폭방사선량을 평가한다.

표 12.4 원자력시설 주변 환경방사능 조사항목, 주기 및 지점 규제요건

구분	조사항목		조사주기		조사지점
	환경매체	감시핵종	채취빈도	분석빈도	
방사선	환경방사선	공간감마선량률	연속감시	월 1회	인구밀집지역, 지표 1m높이에서 측정, 일반토양 또는 잔디밭
		집적선량(TLD)		분기 1회	
육상시료	공기	전베타, ^{14}C, ^{131}I, U, 감마동위원소	연속채취	월 1회	거리와 방위별로 균등하게 안배하되 오염가능성 높은 지역 우선 선정.

조사항목, 지리적 특성, 시료채취 가능성 고려 최적의 채취지점 선정한 후 동일지점에서 채취 |
	공기중 수분	^{3}H		월 2회	
	식수·지하수	^{3}H, U, 감마동위원소	분기 1회	분기 1회	
	빗물·지표수	전베타, ^{3}H, U, 감마동위원소	월 1회	월 1회	
	표층토양	^{90}Sr, Pu, U, 감마동위원소	연 2회	연 2회	
	하천토양	U, 감마동위원소	분기 1회	분기 1회	
	농산물	^{3}H, ^{14}C, ^{90}Sr, U, 감마동위원소	수확기	연 2회	
	육류	^{14}C, 감마동위원소	연 2회	연 2회	
	우유	^{3}H, ^{90}Sr, ^{129}I, ^{131}I, 감마동위원소	월 1회	월 1회	
		^{14}C		분기 1회	
	지표생물	^{90}Sr, 감마동위원소	연 2회	연 2회	
해양시료	해수	전베타, ^{3}H	주 1회	월 1회	해수유동 고려 오염가능성 높은 지역 우선 선정, 취수구/배수구 포함, 해양 이용현황 고려 선정.
		^{90}Sr, Pu, 감마동위원소		분기 1회	
	해저퇴적물	^{90}Sr, Pu, 감마동위원소	연 2회	연 2회	
	어·패류	^{90}Sr, Pu, 감마동위원소	연 2회	연 2회	
	해조류	^{90}Sr, ^{99}Tc, ^{129}I, ^{131}I, 감마동위원소	연 2회	연 2회	

　원자력사업자는 환경조사 결과에서 다음에 해당하는 사항을 발견한 경우에는 발견 후 1주일 이내에 원자력안전위원회에 보고해야 한다.

i) 고정지점에서 연속측정 중인 공간감마선량률의 1시간 평균치가 최근 3년 이상 자료(그 이하의 경우에는 확보된 자료)의 평균치보다 10μR/h를 초과한 경우

ii) 조사계획에 의한 시료채취지점에서의 방사능분석결과가 최근 3년 이상 자료(그 이하의 경우에는 확보된 자료)의 평균치의 5배를 초과한 경우

iii) 최근 3년 동안 최소검출가능농도 미만으로 계측된 환경시료에서 인공 방사성핵종이 검출된 경우

2) 원자력발전소 운영자의 발전소 주변 환경방사능 감시

원자력발전소 운영자인 한국수력원자력(주)은 「원자력안전법」과 고시에서 정하는 환경조사계획을 수립하고 환경방사능감시활동을 수행하고 있다. 방사선환경조사를 위한 조사항목, 시료채취지점의 선정과 환경시료별 조사 및 분석 주기는 시설주변의 인구분포, 방사성물질의 착지 예상 최대농도, 해상조건, 지형, 방위, 기상조건과 대기확산인자 등을 일차적으로 고려하고, 각 시설별 고유의 설계특성과 방사성물질의 방출형태 등을 감안하여 결정하고 있다. 예로서 중수로형인 월성 원자력발전소의 경우 원자로 특성상 H-3와 C-14가 다른 원전에 비하여 상대적으로 많이 생성된다는 점을 감안하여 대기와 빗물 시료에 대한 이들 핵종을 중점적으로 감시하고 있다. 방사선환경 조사항목, 발전소별 시료채취지점의 선정과 환경시료별 조사 및 분석 주기는 표 12.5에 보이고 있다.

환경방사선감시기는 지형, 인구분포, 대기확산인자 등을 고려하여 원자력발전소 주변 30km 이내의 10여개 지점에 설치되어 지상 1m의 공간방사선량률을 연속으로 감시하고 있다. 이들 감시기는 온라인으로 연결되어 중앙제어실과 환경방사능실험실에서 수시로 감시기 상태와 측정치를 확인할 수 있도록 되어 있다. 열형광선량계(TLD)는 발전소 주변 30km 이내 지역의 공간선량률을 분기마다 측정·평가하기 위하여 40여개의 지점에 설치·운영되고 있다. 시료의 채취 및 분석 빈도는 시료의 종류와 분석내용에 따라 연속 샘플링으로부터 분기별 또는 연 2회까지로 구분되어 있다.

원자력발전소 운영자는 전반기 조사결과를 당해 연도 9월까지, 1년 동안의 환경조사 및 환경영향평가 결과를 다음 연도 3월까지 보고서로 작성하여 원자력안전위원회에 제출하고 있다. 또한 조사결과를 홈페이지에 게재하여 일반에 공개하고 있다.

3) 규제기관의 원자력시설 주변 환경방사능 감시

원자력안전위원회의 업무위탁에 따라 한국원자력안전기술원은 원자력사업자와는 독립적으로 주요항목에 대하여 선별적으로 원자력시설 주변의 환경방사능 감시를 수행하고 있다. 표 12.6은 안전기술원이 수행하고 있는 환경방사능 감시계획이다.

원자력안전기술원은 원자력발전소 주변의 환경방사선을 실시간으로 감시하기 위하여 공간감마선량률계를 발전소 부지마다 1개씩 설치하여 연중 계속 감시하고 있다. 연속적으로 측정된 공간감마선량률은 지역주민이 현장에서 볼 수 있도록 수치표시판에 표시함과 동시에 통신망을 통하여 실시간(15분 주기)으로 국가환경방사선자동감시망(IERNet, http://iernet.kins.re.kr)을 통하여 일반에 공개하고 있다.

원자력발전소 주변의 환경감시 체계를 종합적으로 도식화하면 그림 12.1과 같다.

표 12.5 원자력발전소 주변 방사선환경조사 계획(사업자)

조 사 항 목			주 기		조사지점수(시료수)			
구분	환경매체	감 시 핵 종	채취빈도	분석빈도	고리	월성	영광	울진
환경 방사선	공간감마 선량률	감마선량(ERMS)	연속	월 1회	12	10	10	10
		감마선량(휴대용측정기)	월, 분기	월, 분기	49(436)	30(120)	30(120)	22(78)
		집적선량(TLD)	연속	분기 1회	53(212)	42(168)	43(172)	43(172)
육상 시료	공기	분진 입자, 가스 전β	연속	주 1회	10(520)	10(520)	10(520)	10(520)
		^{131}I		주 1회	10(520)	10(520)	10(520)	10(520)
		분진 γ선 방출핵종		월 1회	10(120)	10(120)	10(120)	10(120)
		CO$_2$ ^{14}C		월 1회	–	3 (36)	–	–
		수분 ^{3}H		월 2회	–	10(240)	–	–
	식 수	^{3}H, γ선 방출핵종	분기 1회	분기 1회	4 (16)	4 (16)	2 (8)	3 (12)
	지 하 수	^{3}H, γ선 방출핵종	분기 1회	분기 1회	3 (12)	4 (16)	2 (8)	3 (12)
	지 표 수	^{3}H, γ선 방출핵종	월 1회	월 1회	3 (36)	4 (48)	2 (24)	3 (36)
	빗 물	전β, ^{3}H, γ선방출핵종	월 1회	월 1회	4 (48)	7 (84)	4 (48)	4 (48)
	하천토양	γ선 방출핵종	분기 1회	분기 1회	4 (16)	3 (12)	2 (8)	3 (12)
	표층토양	γ선 방출핵종(^{131}I포함)	연 2회	연 2회	12 (24)	10 (20)	10 (20)	12 (24)
		^{90}Sr			3 (6)	3 (6)	3 (6)	3 (6)
	우 유	γ선방출핵종(^{131}I포함)	월 1회	월 1회	2 (24)	2 (24)	2 (24)	1 (12)
		^{90}Sr	월 1회	분기 1회	2 (8)	2 (8)	2 (8)	1 (4)
		^{14}C, ^{3}H	월 1회	분기 1회	–	2 (8)	–	–
	농 산 물	γ선 방출핵종	수확기	연 2회	11 (14)	11 (14)	12 (12)	8 (10)
		^{90}Sr			6 (8)	6 (8)	8 (8)	8 (10)
		^{14}C, ^{3}H			–	8 (10)	–	–
	지표생물	γ선 방출핵종(^{131}I포함)	연 2회	연 2회	7 (14)	6 (12)	8 (16)	6 (12)
		^{90}Sr			2 (4)	2 (4)	2 (4)	2 (4)
	계 란	γ선 방출핵종	연 2회	연 2회	2 (4)	2 (4)	2 (4)	2 (4)
		^{14}C, ^{3}H			–	2 (4)	–	–
해양 시료	해 수	전β, ^{3}H	주 1회	월 1회	11(132)	4 (48)	4 (48)	4 (48)
		γ선 방출핵종		분기 1회	11 (44)	4 (16)	4 (16)	4 (16)
		^{90}Sr			3 (12)	2 (8)	2 (8)	2 (8)
	해저 퇴적물	γ선 방출핵종	연 2회	연 2회	10 (20)	4 (8)	4 (8)	4 (8)
		^{90}Sr			3 (6)	2 (4)	2 (4)	2 (4)
	어·패류	γ선 방출핵종(^{131}I포함)	연 2회	연 2회	10 (20)	7 (14)	9 (18)	6 (12)
		^{90}Sr			4 (8)	4 (8)	4 (8)	4 (8)
	저생생물	γ선 방출핵종	연 2회	연 2회	6 (12)	3 (6)	3 (10)	3 (6)
	해 조 류	γ선 방출핵종(^{131}I포함)	연 2회	연 2회	7 (14)	3 (6)	4 (8)	3 (6)
		^{90}Sr			3 (6)	2 (4)	2 (4)	2 (4)

표 12.6 원자력시설 주변 환경방사능 감시계획(규제기관)

시료명			분석항목	분석주기	지점수
방사선 조사	공간감마선량률		공간감마선량률	연속감시	발전소 주변 1개소
	공간집적선량		공간집적선량	매 분기	부지당 12개 지점
방사능 분석	환경 시료	토양	감마동위원소 ^{90}Sr, Pu동위원소 U동위원소	연 2회 연 1회 연 1회	부지당 10개 지점 부지당 2개 지점 대덕부지 3개 지점
		해저퇴적물 (하천토양)	감마동위원소 ^{90}Sr, Pu동위원소 U동위원소	연 2회 연 1회 연 1회	부지당 2~3개 지점
		대기	^{3}H, ^{14}C	매 월	월성원전 주변 3개 지점
		솔잎	^{3}H, ^{14}C	매 월	월성원전 주변 3개 지점
	물 시료	해수	감마동위원소, ^{3}H, ^{90}Sr, Pu동위원소	매 분기 연 1회	취·배수구 3~6개 지점
		지하수	감마동위원소, ^{3}H	연 2회	부지당 2개 지점
		빗물	^{3}H	매 월	각 원전 기상관측소 (월성은 13개 지점)
	식품 시료	우유	감마동위원소 ^{90}Sr ^{3}H, ^{14}C	매 분기 연 2회 매 월	부지당 1개 목장 월성 원전주변 1개 목장
		배추	감마동위원소	연 1회	부지당 2개 지점
		쌀	감마동위원소	연 1회	부지당 2개 지점
	해양 시료	어류	감마동위원소	연 2회	부지당 2개 지점
		해조류	감마동위원소	연 2회	부지당 2개 지점

12.2.3 환경방사능 감시방법과 방사능 교차분석

1) 환경방사능 감시방법

환경에 존재하는 방사성물질의 농도측정은 주로 감마분광분석법(Gamma Spectrometry)에 의한 기기분석이지만, 채취한 시료를 증발농축, 건조, 회화 등의 전처리에 의해서도 검출하한치에 미달하는 경우에는 방사화학분석을 하게 된다. 이는 환경방사능 감시에서 대상으로 하는 시료 중의 방사성핵종 농도가 핵실험 직후나 방사선사고의 경우를 제외하고는 매우 낮은 준위이기 때문이다. 그러나 시료 중의 방사능준위가 어느 수준 이상이면 직접 또는 증발농축, 회화 등의 전처리 과정을 거쳐 계측효율(감도)이 우수한 측정장치를 이용하여 계측이 가능할 수가 있다. 최근에는 고순도 게르마늄 검출기 시스템(HPGe

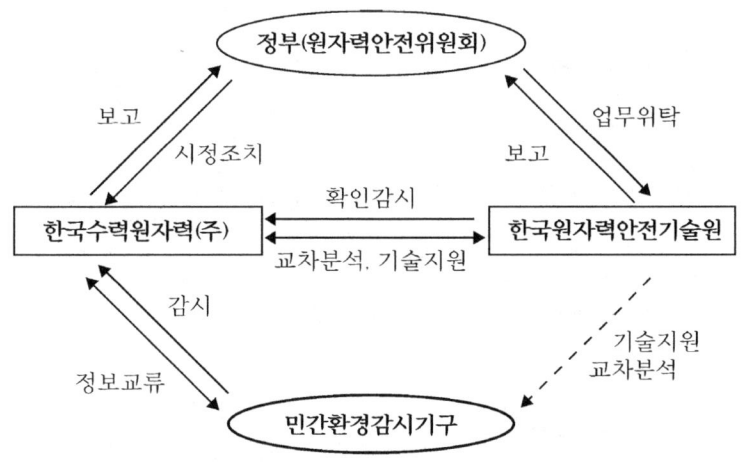

그림 12.1 원자력발전소 주변 환경감시 체계

Detector and MCA System)을 사용하여 약간의 전처리를 하는 정도로 시료 중의 방사성 핵종 농도를 측정할 수 있다. 그러나 H-3, C-14, Sr-90 등 감마선을 방출하지 않는 핵종에는 적용할 수가 없다.

베타선 방출핵종의 측정에서는 방사화학분석에 의한 핵종의 분리와 정제가 필수적으로 요구되며, 이 과정의 수행에는 화학적인 지식과 숙련된 기술이 필요하다. 기기분석에 의한 경우에도 방사능준위가 낮을 때에는 대상 핵종이 포함되어 있는 시료를 미리 농축하거나 분리·정제를 하는 것도 효과적이다. 방사화학분석법에서는 다른 핵종을 완전히 분리 제거하는 화학적 전문성이 필요하지만, 순수한 단일핵종이 얻어지기 때문에 상당히 낮은 준위까지 측정이 가능하고 기기분석법에 비하여 감도와 정밀도도 훨씬 높다. 그림 12.2는 환경시료를 채취해서 분석과 평가까지의 일련의 과정을 도식화하고 있다.

2) 방사능 교차분석

국내의 방사능 교차분석은 방사능 분석결과의 상호 비교를 통한 결과의 객관성을 확보하고, 분석자료의 신뢰도 제고, 분석기술의 향상과 품질관리, 작업자의 분석능력 향상과 상호 정보교환을 목적으로 1997년부터 한국원자력안전기술원의 주도로 매년 수행되고 있다. 최근에는 감마핵종, 삼중수소, 전베타 및 Sr-90 등을 대상 핵종으로 원자력사업자, 지방방사능측정소, 민간환경감시기구, 대학교와 연구소 등 50여개 유관기관이 참여하고 있다. 약 900여 교차분석 항목수에 대하여 신뢰도 인정등급-A(Acceptable) 수준의 비율이 96%로 나타나고 있어 분석기술의 신뢰도를 보이고 있다.

한국원자력 안전기술원은 1991년부터 국세원자력기구(IAEA) 주관의 국제 방사능 교차

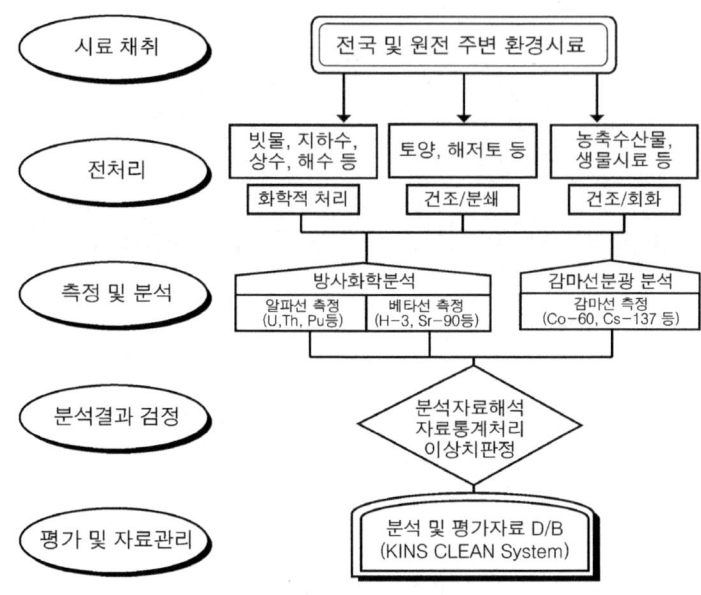

그림 12.2 환경시료의 방사능분석 절차

분석에 매년 참여하고 있다. 2007년부터 IAEA/ALMERA 아시아태평양 지역 허브실험실 역할을 수행하고 있으며, 2011년 IAEA 협력센터로 지정되어 활동하고 있다. 또한 1991년부터 일본화학분석센터(JCAC)와 교차분석 및 기술협력을 하고 있다. 이 외에도 미국 환경방사능측정연구소(EML), 중국방사선감시기술센터(RMTC)와 교차분석을 수행하고 있다.

12.2.4 전국토 환경방사능 감시

1) 법적 요건

「원자력안전법」에서는 원자력안전위원회가 국내외 방사능 비상사태를 조기에 탐지하여 방사선으로부터 국민의 건강을 보호하고 환경을 보전하기 위하여 국토 전역에 대하여 환경상의 방사선과 방사능을 감시하고 그 결과를 평가하도록 규정하고 있다. 또한 감시업무를 체계적으로 수행하기 위하여 중앙방사능측정소와 지방방사능측정소를 설치·운영할 수 있으며, 전국토 환경방사선 자동감시망을 운영해야 한다.

2) 국가 환경방사능 감시망 및 측정소 운영

국가 환경방사능 감시망은 그림 12.3에서 보는 바와 같이 한국원자력안전기술원에서 운영하는 중앙방사능측정소를 중심으로 서울을 포함하여 전국의 주요 인구밀집지역 12개

그림 12.3 국가 환경방사능 감시망

소에 설치된 지방방사능측정소와 울릉도, 독도, 백령도 등 도서지역를 포함한 국토 전역에 설치된 59개의 간이방사능측정소 등 총 71개의 측정소로 구성되어 있다. 지방방사능측정소는 12개 지역의 대학교에 설치되어 있으며, 간이방사능측정소는 원자력발전소 주변 (4개), 군부대(19개), 각 지역의 기상대 또는 기상관측소(34개)와 기타 지역(백령도, 독도)에 설치되어 있다. 그림 12.4는 각 방사능측정소의 실제 모습을 보이고 있다.

지방방사능측정소에서는 전담 측정요원이 상주하면서 대기 부유진, 낙진, 빗물 등의 시료의 채취와 방사선 분석업무를 수행하고 있으며, 환경방사선량률의 준위 변동을 신속하게 탐지하기 위하여 무인 측정기를 설치하여 공간감마선량률을 실시간으로 측정하고 있다. 간이측정소에서는 무인 측정기를 설치하여 공간감마선량률을 실시간으로 측정하고 있다. 중앙방사능측정소는 방사성핵종을 정밀하게 분석할 수 있는 장비와 기술 능력을 갖추고 자체 측정시설에서 채취한 대기 부유진, 빗물, 낙진시료와 대덕연구단지 주변

(1) 중앙방사능측정소

(2) 지방방사능측정소

(3) 간이방사능측정소

(4) 원자력발전소주변측정소

그림 12.4 방사능측정소 실제 모습

목장에서 채취한 우유시료에 대한 정밀 감마핵종 분석을 매월 수행하고 있다. 또한 각 지방방사능측정소와 원자력발전소 주변을 포함한 간이측정소에서 채취한 빗물시료에 대한 삼중수소 방사능을 분석하고 있으며, 그 지역의 누적선량을 열선량계(TLD)를 이용해서 측정 및 평가하고 있다. 각 측정소의 감시대상, 분석항목, 감시주기, 시료채취는 표 12.7에 나타나 있다.

3) 자료의 처리 및 활용

한국원자력안전기술원에서는 12개 지역측정소에서 측정된 환경방사능 자료와 함께 환경시료의 채취, 전처리와 분석결과에 대한 이력, 방사선/능 준위자료의 연도별, 지역별, 핵종별, 환경시료별 통계자료를 국가 환경방사능 자료관리시스템(CLEAN)을 통하여 관리하고 있다. 각 측정소에서 측정된 공간감마선량률은 기술원이 운영하는 국가 환경방사선 자동감시망인 IERNet(Integrated Environmental Radiation Monitoring Network)을 통하여 실시간(15분 주기)으로 일반에 공개되고 있다.

이와 같이 축적된 전국토의 환경방사선 준위는 평상시 원자력시설의 운영으로 인한 환경에의 영향이 어느 정도인지를 비교·평가할 수 있는 중요한 자료로 활용될 수 있으며,

표 12.7 전국토 환경방사선/능 감시프로그램

구분	감시대상	측정 항목	분석 주기	시료채취(감시) 지점
중앙측정소	공간감마선 〃 공기부유진 낙 진 강 수 우 유 해 수	공간감마선량률 집적선량(TLD) 감마핵종 감마핵종 감마핵종 감마핵종 감마핵종, ^3H $^{239,240}Pu$, ^{90}Sr	연 속 매분기 매 월 매 월 매 월 매 월 연 2회	자동감시망(71개소) 지방측정소, 간이측정소 및 군 연계 간이측정소 중앙측정소 Post 〃 〃 대전인근 지역 동·서·남해 해역(21개)
지방측정소	공간감마선 공기부유진 낙 진 강 수 상 수	공간감마선량률 전베타/감마핵종/I-131 감마핵종 전베타/감마핵종 감마핵종	연 속 매주 매월 강수시/매월 매 주	지방측정소 Post
	토 양 솔잎/쑥 소비식품 공간감마선	감마핵종 감마핵종 감마핵종 공간감마선량률	연 2회 연 1회 연 1회 연 1회	지방측정소 Post 및 주변 지방측정소 소재 지역 관할지역내 유통 상점 관할지역내 5개지점 (토양 감마핵종 포함)
간이측정소	공간감마선 〃 강 수	공간감마선량률 집적선량(TLD) ^3H 분석	연 속 매분기 매 월	울릉도기상대 등 40개 지역 울릉도, 백령도, 고리, 월성, 영광, 울진, 강남
군연계측정소	공간감마선 〃	공간감마선량률 집적선량(TLD)	연 속 매분기	국군화학방어연구소등 19개지역 국군화학방어연구소, 인천, 철원, 양구, 문산, 간성 및 상기 공간 감마선량률 측정 지역

비상시에는 방사능방재대책을 강구할 수 있는 기초자료로 이용될 수 있다. 그림 12.5는 IERNet를 통하여 공개되고 있는 전국토 환경방사능 감시자료를 예시하고 있다.

4) 해양 방사능 감시

1993년 러시아의 방사성폐기물 동해 투기사건을 계기로 우리나라 주변 해역에 대한 해양 환경방사능 감시 필요성이 제기되었다. 이에 따라 한국원자력안전기술원은 1995년부터 국립수산과학원 산하의 동·서·남해 수산연구소의 협조로 20여개 해상 정점에서 해수

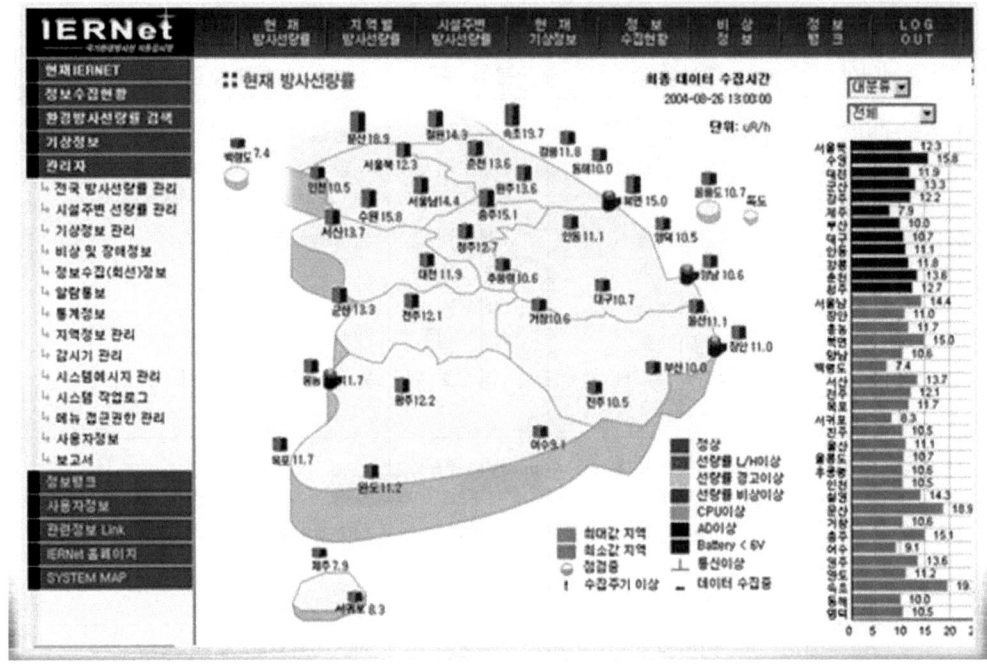

그림 12.5 IERNet 전국토 환경방사능 감시자료(예시)

시료를 채취하여 연 2회 정밀 방사능분석을 하고 있다. 특히 2005년부터는 해양의 깊이에 따른 층별 해수, 해양생물과 해저퇴적물에 대해서도 방사능감시를 수행하고 있다.

해양 환경방사능 감시 자료는 해양 방사능오염 사고가 발생한 경우에 비교·평가 자료로 활용할 수 있으며, 방사능오염에 대한 국가 간의 분쟁이 일어났을 때 기초 자료로 활용할 수 있다. 표 12.8은 해양 환경방사능 감시 계획을 나타내고 있으며, 그림 12.6은 해수의 방사능 조사정점을 나타내고 있다.

표 12.8 해양 환경방사능 감시계획

감시대상	감시주기	분석항목	시료채취
표층 해수	연 2회	감마핵종, Pu동위원소, ^{3}H, ^{90}Sr	국립수산과학원의 동·서·남해 수산연구소 협조로 20여개 정점
층별 해수	연 1회		
해저 퇴적물	연 1회		
어류	연 2회	감마핵종, Pu동위원소, ^{90}Sr	
패류			
해조류			

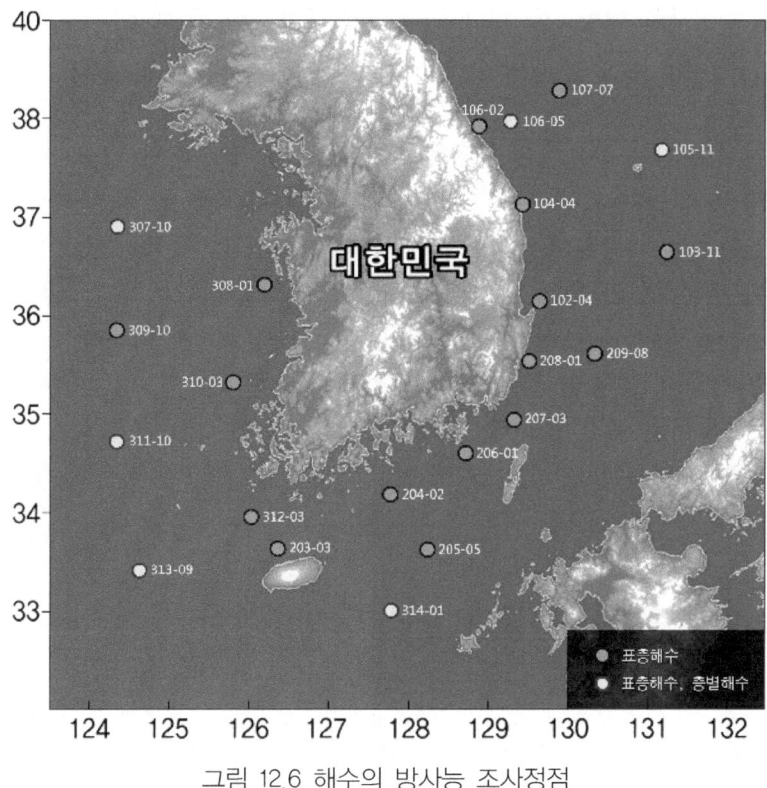

그림 12.6 해수의 방사능 조사정점

5) 핵활동 탐지분석체계

2006년 10월 9일 북한이 지하 핵실험을 실시하였다는 의혹이 제기됨에 따라 정부에서는 주변국의 핵실험 진위여부를 판단하기 위한 독자적 기술 확보를 위해 공기중 방사성제논 탐지장비(SAUNA II-IMS)와 이동식 방사성제논 포집기(SAUNA II-OSI) 및 분석기(SAUNA II-Lab)를 도입하였다. 고정식 방사성제논 탐지장비는 핵실험 탐지 측정소에서 12시간 마다 공기중 방사성 제논동위원소(^{131m}Xe, ^{133}Xe, ^{133m}Xe, ^{135}Xe)를 측정하고, 그 비율과 기류분석 등을 통해 생성기원을 판별하여 주변국 핵실험 실시의 진위여부를 판단하는데 사용된다. 이동식 방사성제논 포집기는 평상시 휴전선인근, 동해 해상과 울릉도 등에서 주기적으로 공기시료를 포집하여 우리나라의 방사성제논 배경준위를 확보하기 위하여 사용되고, 비상시에는 기류분석 결과를 바탕으로 최적의 장소로 이동하여 공기중 방사성제논의 농도를 측정하는데 사용된다. 한국원자력안전기술원은 정부로부터 업무의 위탁을 받아 2007년 9월부터 연중무휴로 주변국의 핵활동을 감시하고 있다.

정부에서는 주변국의 핵활동에 대한 관계기관 간의 신속한 대응을 위해 '북핵 우발사
태 위기대응 실무매뉴얼'을 개발하여 비상대응에 활용하고 있다. 또한 북한의 지하 핵
실험에 대한 국방부, 기상청 등 유관기관 간의 협력체제 점검과 실무매뉴얼의 실효성
검증을 위하여 상반기와 하반기에 한차례씩 정부주도의 모의훈련을 실시하고 있다.

2009년 5월 25일 함경북도 길주군 인근에서 지하 핵실험으로 의심되는 인공지진파가
기상청의 지진관측망에 감지되어, 정부는 '북핵 우발사태 위기대응 실무매뉴얼'에 따라
핵실험 진위여부의 확인과 함께 만일의 방사능 오염사고에 대비하여 7월 2일까지 비상
시 환경방사능 감시체제를 운영하였다. 또한 전국 12개 지방방사능측정소를 포함한 국
가 환경방사능 감시망을 통한 시료채취, 고정식 방사성제논 탐지장비(SAUNA II-IMS)
와 이동식 방사성제논 포집기(SAUNA II-OSI)를 탑재한 항공기를 이용한 대기부유진
포집 및 동해안 해양시료를 통하여 환경방사능 준위 변동을 감시한 바 있으며, 평상시
의 변동범위를 유지하고 있음을 확인한 바 있다.

12.3 핵물질과 원자력시설의 물리적 방호

12.3.1 개요

원자력의 이용이 다양한 분야로 확대됨에 따라 핵물질 및 원자력시설의 사고와 더불
어 방사성물질을 이용한 방사능테러 등의 위험 요인이 날로 증가하고 있다. 2001년 9
월 11일 미국의 세계무역센터(WTC) 테러사태 이후 방사성물질을 이용한 테러가 현실적
으로 가능하다는 인식이 확산되면서 국가 안보차원에서 주요 현안으로 대두되었으며,
각 국가는 방사능테러 위협의 감소와 이의 대응을 위한 방호체계의 수립에 많은 노력
을 기울이고 있다. 또한 국제원자력기구(IAEA)에서는 테러의 유형에서 원자력시설에
대한 공격이나 방사성물질을 이용한 방사능폭탄(Dirty Bomb)을 가정하고, '핵물질 및
원자력시설의 물리적 방호'에 관한 안전지침과 '핵물질의 물리적 방호에 관한 국제협약'
을 개정하였다.

방사선사고나 방사능테러는 방사선장해를 일으킬 뿐만 아니라 방사능에 대한 공포심
으로 인해 심각한 사회적 혼란을 유발할 수 있으므로 이를 사전에 예방하고 이에 대응
할 수 있는 방호체계의 구축은 필히 갖추어야 할 중요한 요소이다. 우리나라의 방호체
계는 2003년 5월 제정된 「원자력시설 등의 방호 및 방사능 방재대책법」에 따라 구축되
어 이행되고 있으며, 이 법은 국제원자력기구의 안전지침서인 '핵물질 및 원자력시설의
물리적 방호'와 '핵물질의 물리적 방호에 관한 국제협약'의 내용을 반영하여 제정되었다.

이 법에서의 정의에 따르면 '물리적 방호'란 핵물질과 원자력시설에 대한 안팎의 위협을 사전에 방지하고, 위협이 발생한 경우 신속하게 탐지하여 적절한 대응조치를 하며, 사고로 인한 피해를 최소화하기 위한 모든 조치를 말한다. 여기서 '위협'이란 사보타주, 사람의 생명·신체를 해치거나 재산·환경에 손해를 끼치기 위하여 핵물질을 사용하거나, 개인이나 조직에 어떤 행위를 강요하기 위하여 핵물질을 취득하는 것을 말한다. 또한 '사보타주'란 정당한 권한 없이 방사성물질을 배출하거나 방사선을 노출하여 사람의 건강·안전과 재산 또는 환경을 위태롭게 할 수 있는 행위들로써, 핵물질 또는 원자력시설을 파괴·손상하거나 그 원인을 제공하는 행위와 원자력시설의 정상적인 운전을 방해하거나 방해를 시도하는 행위를 말한다.

12.3.2 정부의 책임과 역할

핵물질과 원자력시설의 물리적 방호에 관한 법적 요건은 「원자력시설 등의 방호 및 방사능 방재대책법」에서 규정하고 있으며, 주요 규정을 살펴보면 다음과 같다. 정부는 핵물질 및 원자력시설에 대한 물리적 방호시책을 마련해야 하며, 여기에는 핵물질의 불법이전에 대한 방호, 분실되거나 도난당한 핵물질을 찾아내고 회수하기 위한 대책, 핵물질 및 원자력시설에 대한 사보타주의 방지와 이에 따른 방사선 영향에 대한 대책을 포함해야 한다. 원자력안전위원회는 물리적 방호시책을 이행하기 위하여 3년마다 핵물질 및 원자력시설에 대한 위험을 평가하고, 위협요인, 위협발생 가능성, 위협발생에 따른 결과를 고려하여 위협별 대응기준(위협대응 설계기준)을 설정해야 한다. 또한 설정된 위협대응 설계기준을 반영하여 핵물질 및 원자력시설에 대한 물리적 방호체제를 수립해야 한다.

「원자력시설 등의 방호 및 방사능 방재대책법」 시행령에서는 물리적 방호의 대상이 되는 핵물질을 잠재적 위험의 정도에 따라 표 12.9에서 보는 바와 같이 3개의 등급으로 분류하도록 규정하고 있다. 또한 불법이전과 사보타주와 관련하여 사용·저장 중인 핵물질과 운반 중인 핵물질로 구분하여 각 등급별 방호요건을 규정하고 있으며, 예로서 사용·저장 중인 등급-I 핵물질의 불법이전에 대한 방호요건은 다음과 같다. i) 등급-III과 등급-II에서 규정하는 방호요건(출입자와 차량의 검색, 군·경찰 등 외부대응인력과 통신체계 유지, 중앙통제실의 비상시 독립전원 공급, 방호비상계획 수립과 비상훈련 등)을 적용하고, ii) 해당 방호구역 내에 개인차량의 출입을 금지하며, 출입시는 2인이 동행하여 감시하는 체계를 유지하고, iii) 방호구역의 출입구를 최소화하여 일반통행로와 격리시키고, iv) 방호구역에 24시간 경계근무를 유지하고, v) 방호구역의 상시 순찰을 유지하도록 규정하고 있다.

표 12.9 핵물질의 등급별 분류

핵물질		등급		
물질	형태	등급-I	등급-II	등급-III
플루토늄[1]	미조사[2]	2kg 이상	0.5~2kg	0.015~0.5kg
우라늄 -235	농축도 20%이상, 미조사	5kg 이상	1~5kg	0.015~1kg
	농축도 10~20%, 미조사	–	10kg 이상	1~10kg
	농축도 10%미만, 미조사	–	–	10kg 이상
우라늄 -233	미조사	2kg 이상	0.5~2kg	0.015~0.5kg
조사된 연료	–	–	천연 및 10% 미만 감손 우라늄, 토륨, 저농축연료	–

주, 1) Pu-238의 농축도가 80%를 초과하지 않는 플루토늄
   2) 미조사 : 원자로 내에서 조사되지 않은 물질 또는 1m 떨어진 지점에서 시간당 1그레이(Gy) 미만의
      방사선준위를 가진 원자로에서 조사된 물질

원자력안전위원회는 물리적 방호체제의 수립에 필요한 경우 관계 중앙행정기관장에게 협조를 요청할 수 있다. 또한 방사선비상계획구역의 전부 또는 일부를 관할하는 지방자치단체장과 관련 공공기관장(주로 경찰서, 소방서, 교육청, 보건소, 군부대), 원자력사업자 등에게 방호 관련 시설·장비의 설치와 운영관리, 조직과 인력의 운용, 방호업무 수행자의 교육·훈련, 방호조치 등을 요구하거나 명할 수 있다.

원자력안전위원회는 핵물질 및 원자력시설의 물리적 방호에 관한 국가의 중요 정책을 심의하기 위하여 위원회 소속으로 물리적방호협의회를 운영해야 한다. 협의회는 원자력 안전위원회 위원장을 의장으로, 기획재정부차관, 교육과학기술부차관, 국방부차관, 행정안전부차관, 농림수산식품부차관, 지식경제부차관, 보건복지부차관, 환경부차관, 국토해양부차관과 국가정보원 소속 차관급 공무원, 한국통제기술원장 등의 위원으로 구성된다. 또한 발전용 및 연구용 원자로(출력 2MW 이상)와 사용후핵연료 저장·처리시설에 대해서는 관할 지방자치단체에 시·도 방호협의회와 시·군·구 방호협의회 등의 지역방호협의회를 설치해야 한다.

12.3.3 원자력사업자의 의무

원자력사업자는 다음에 명시한 사항에 대하여 핵물질 및 원자력시설의 사용개시 5개월 전에 원자력안전위원회의 승인을 받아야 하고, 위원회는 승인 또는 변경승인을 할 때 원자력시설이 보안측정 대상시설에 해당하는 경우에는 사전에 국가정보원장과 협의해야 한다.

- 물리적 방호를 위한 시설·설비 및 운영체제
- 핵물질 및 원자력시설의 물리적 방호를 위한 규정(물리적 방호규정)
- 핵물질의 불법이전과 핵물질 및 원자력시설의 위협에 대한 조치계획(방호비상계획)

각 승인 사항에 대한 세부항목은 표 12.10에 기술된 바와 같으며, 세부적인 작성내용에 대해서는 '물리적방호규정 등의 작성내용의 항목별 세부작성기준'(원자력안전위원회고시 제2012-46호)에서 규정하고 있다.

원자력사업자는 핵물질 및 원자력시설의 물리적 방호에 대하여 원자력안전위원회의 검사를 받아야 한다. 검사의 종류는 다음과 같으며, 검사의 특성상 대개 입회검사로 수행해야 한다. 검사의 방법과 범위 등의 세부사항은 '원자력시설 등의 방호검사에 관한 규정'(원자력안전위원회고시 제2012-45호)에서 규정하고 있다.

- 최초검사 : 핵물질을 원자력시설에 반입하기 전에 원자력시설의 방호에 관한 검사
- 정기검사 : 사업소 또는 부지별로 2년마다 핵물질 및 원자력시설의 방호에 관한 검사
- 운반검사 : 핵물질을 사업소 이외의 장소로부터 사업소로 운반하거나 외국에서 국내에 반입하여 사업소로 운반할 경우 핵물질의 방호에 관한 검사
- 특별검사 : 핵물질 및 원자력시설에 물리적 방호와 관련한 사고가 발생한 경우

원자력안전위원회는 검사결과 방호요건과 물리적 방호규정을 위반하였을 경우, 방호비상계획에 대한 조치계획이 미흡하거나 물리적 방호를 위한 시설·설비 또는 운영체제가 기준에 미치지 못할 경우에는 원자력사업자에게 시정을 명할 수 있다.

12.3.4 물리적 방호 이행 현황

원자력안전위원회는 물리적 방호업무의 전담부서로 방재환경과를 설치하여, 국가 물리적 방호 관련 정책수립 및 물리적 방호의 이행과 평가를 총괄하고 있다. 또한 물리적 방호 관련 중요 정책과 방호체제 등을 심의하는 물리적방호협의회를 구성하고 있으며, 지역별 원자력시설의 물리적 방호 이행상태 점검과 재난발생시 현장대응을 위해 각 원자력발전소(월성, 영광, 울진, 고리)와 연구용원자로(대전)의 방사선비상계획 구역 외부에

표 12.10 물리적 방호규정 등에 대한 작성내용

승인 사항	세부 항목
물리적 방호 시설·설비 및 운영체제	핵물질 불법이전에 대한 방호를 위한 시설·설비의 설치 및 유지관리, 운영조직 및 인력
	분실 또는 도난된 핵물질을 찾아내고 회수하기 위한 장비의 설치 및 유지관리, 운영조직 및 인력, 절차
	사보타주를 방지하기 위한 시설·설비의 설치 및 유지관리, 운영조직 및 인력
	사보타주에 따른 방사선 영향에 대한 대책을 위한 시설·설비의 설치 및 유지관리, 운영조직 및 인력
물리적 방호규정	**핵물질 및 원자력시설** 조직 및 임무, 등급별 핵물질의 특성과 관리방법 및 반입·반출, 방호시설의 설계정보와 설치 및 관리, 방호구역, 출입관리, 경비 및 순찰, 비상 연락체제, 교육·훈련, 기록·보고, 문서 및 정보 관리
	운반중인 핵물질 방호조직 및 임무, 방호계획 및 조치, 비상 연락체제, 문서 및 정보 관리, 국가간 운반
방호 비상계획	**핵물질 및 원자력시설** 불법이전 및 위협에 대한 대응 조직 및 임무, 시설 및 설비, 교육·훈련, 방사선 영향의 최소화 방안
	운반 중인 핵물질 불법이전 및 위협에 대한 대응 조직 및 임무, 대응조치, 대응체제, 방사선 영향의 최소화 방안

현장방사능방재지휘센터를 운영하고 있다. 핵물질 및 원자력시설의 물리적 방호에 관한 제반 규정의 승인을 위한 안전심사와 방호검사, 교육·훈련 등의 업무는 「원자력시설 등의 방호 및 방사능 방재 대책법」의 규정에 따라 한국원자력통제기술원에서 원자력안전위원회의 업무를 위탁받아 수행하고 있다. 그림 12.7은 핵물질 및 원자력시설의 물리적 방호체제를 도식적으로 보이고 있다.

2009년 12월 물리적방호협의회의 심의를 거쳐 위협대응 설계기준을 설정하였으며, 2010년에는 위협대응 설계기준에 근거하여 원자력시설별 위협시나리오와 이에 대한 위협대응시나리오가 작성되었다. 각 원자력시설별로 시설특성에 맞는 5가지 이상의 위협시나리오와 대응시나리오가 작성되어 적정성 여부가 검토되었으며, 2011년에는 원자력시설별 위협과 위협대응 시나리오에 대한 현장검증이 실시된 바 있다.

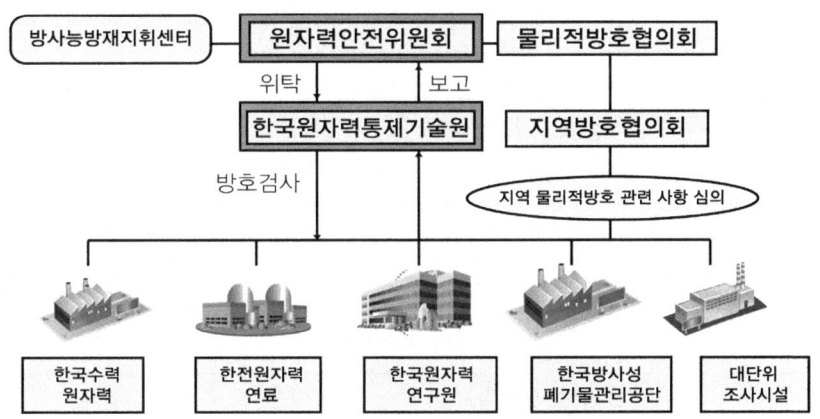

그림 12.7 핵물질 및 원자력시설의 물리적 방호체제

12.4 방사능방재 대책

12.4.1 방사선비상계획 구역과 방사선비상의 종류

　방사능방재 대책은 원자력시설의 방사선비상과 방사능재난에 대응하기 위한 계획으로 「원자력시설 등의 방호 및 방사능방재 대책법」, 「민방위 기본법」과 「재난 및 안전 관리 기본법」에 법적 근거를 두고 있다. 여기서 '방사선비상'이란 방사성물질 또는 방사선이 누출되거나 누출될 우려가 있어 긴급한 대응조치가 필요한 상황을 말하며, '방사능재난'이란 방사선비상이 국민의 생명과 재산 그리고 환경에 피해를 줄 수 있는 상황으로 확대되어 국가적 차원의 대처가 필요한 재난을 말한다.

　방사선비상계획 구역은 원자력시설에서 방사선비상이나 방사능재난이 발생할 경우 주민보호 등의 비상대책을 집중적으로 마련하기 위하여 설정하는 구역을 말한다. 이 구역은 원자력안전위원회가 원자력시설별로 정하여 고시하는 지역(표 12.11)을 기초로 하여, 원자력사업자가 그 지역을 관할하는 광역지방자치단체장과 협의 후 설정한다. 사업자는 비상계획 구역의 설정시 인구분포, 도로망과 지형 등 지역 고유 특성과 비상대책의 실효성을 고려해야 하며, 원자력안전위원회의 승인을 얻어야 한다.

　핵물질 및 원자력시설에 대한 방사선비상의 종류는 사고의 심각성과 상황에 따라 백색비상, 청색비상과 적색비상으로 구분하며, 그 기준과 대응조치는 표 12.12에서 보는 바와 같다. 비상발령 기준은 원자력시설의 상태, 운전변수와 원자력시설 내·외의 방사선준위에 근거하고 있으며, 원자력사업자는 비상발령 상황을 원자력안전위원회와 지방자치단체에 보고하여야 한다.

표 12.11 원자력시설별 방사선비상계획 구역

구 분		범 위
발전용 원자로		반경 8~10km
연구용 원자로		개별적 결정
사용후 핵연료 저장 및 처리시설	시험·연구목적이 아닌 처리시설	반경 5km
	저장시설	반경 1.5km
	시험·연구목적 처리시설	부지 경계
그 밖의 원자력시설		부지 경계

백색비상의 경우 원자력사업자는 방사선비상에 대한 정보의 공개, 방사선사고 방지를 위한 방사선방호조치와 방사선비상 대응시설을 운영해야 한다. 또한 청색 및 적색 비상의 경우 방사선비상계획에 따른 비상대책본부를 설치·운영하고, 방사능에 오염되거나 방사선에 피폭된 자에 대한 응급조치를 취해야 한다.

표 12.12 방사선비상의 종류 및 기준

종 류	기 준
백색비상	방사성물질의 밀봉상태가 손상하거나, 원자력시설의 안전상태 유지를 위한 전원공급기능에 손상이 발생 또는 발생할 우려가 있는 등의 사고로써 방사성물질의 누출로 인한 **방사선영향이 원자력시설의 건물 내에 국한될 것으로 예상되는 비상사태**
청색비상	백색비상에서 안전상태로의 복구기능의 저하로 원자력시설의 주요 안전기능에 손상이 발생하거나 발생할 우려가 있는 등의 사고로써 방사성물질의 누출로 인한 **방사선영향이 원자력시설 부지 내에 국한될 것으로 예상되는 비상사태**
적색비상	노심의 손상이나 용융 등으로 원자력시설의 최후방벽에 손상이 발생하거나 발생할 우려가 있는 사고로써 방사성물질의 누출로 인한 **방사선영향이 원자력시설 부지 밖으로 미칠 것으로 예상되는 비상사태**

한편 원자력안전위원회는 청색 및 적색 비상의 경우 국가방사능방재계획에 따라 중앙방사능방재대책본부와 현장방사능방재지휘센터를 설치·운영하고, 중앙재난안전대책본부 등 유관부처에 보고·전파하여 협력체계를 가동해야 한다. 또한 방사선비상의 사고정도와 그 상황이 방사능재난의 선포기준에 해당 할 경우 이를 선포하고, 특별재난구역 지정을 요청해야 한다. 방사선비상의 종류에 따른 원자력사업자, 원자력안전위원회, 현장방사능방재지휘센터장, 광역 및 기초 자치단체장이 각각 취해야 할 대응절차는 「원자력시설

등의 방호 및 방사능 방재대책법」 시행령에서 규정하고 있다.

　그림 12.8은 방사선비상의 종류와 원자력시설경계, 부지경계(제한구역), 방사선비상계획 구역과의 관계를 보이고 있으며, 제한구역에는 일반인의 거주를 제한하고 출입을 통제하고 있다.

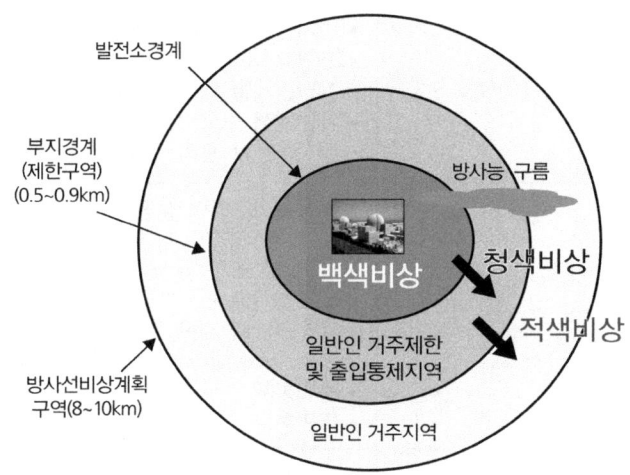

그림 12.8 방사선비상 종류와 방사선 관련 구역

12.4.2 방사능방재계획과 방사능재난의 선포

　원자력안전위원회는 방사선비상 및 방사능재난 업무에 관한 국가방사능방재계획을 수립하여 매년 8월 31일까지 국무총리에게 제출하고, 국무총리는 이를 「재난 및 안전관리 기본법」에 따른 중앙안전관리위원회의 심의를 거쳐 확정하여 관계 중앙행정기관의 장에게 매년 9월 30일까지 통보해야 한다. 방사선비상계획 구역의 전부 또는 일부를 관할하는 광역 및 기초 지방자치단체장은 국가방사능방재계획에 따라 지역방사능방재계획을 수립해야 한다. 국가방사능방재계획은 표 12.13에서 보는 바와 같이 방사능재난 관리체계, 비상분류와 대응, 주민보호조치, 방재시설·장비와 물자의 확보, 교육과 훈련으로 구성되어 있다.

　원자력안전위원회는 방사능사고와 방사능오염확산으로 긴급한 조치가 필요한 경우 방사능오염원의 제거, 방사능오염의 확산방지 등을 위하여 필요한 조치를 취할 수 있으며, 중앙행정기관, 관련 기관과 개인에게 긴급조치를 위하여 필요한 사항을 요청하거나 명할 수 있다. 또한 위원회는 다음과 같은 방사능재난이 발생하였을 때에는 지체 없이 방사능재난이 발생한 것을 선포해야 한다.

표 12.13 국가방사능방재계획 구성요소

목 차	구 성 내 용
1. 방사능재난 관리체계	• 조직 • 방사능재난에 따른 책무 • 피해복구 대책강구
2. 비상분류 및 대응	• 방사능재난 관리 대상 • 재난유형에 따른 단계별 비상구분 • 재난단계별 대응조치 개요 • 재난발생 보고 • 방사능재난 관리 체계강화
3. 주민보호조치	• 비상계획구역의 설정 • 사고지역 주민통지 및 대국민 발표 • 대피 및 소개 • 의료 및 구호 • 음식물 섭취제한 • 가축 등에 대한 보호대책 강구 • 출입통제 • 주민홍보
4. 방재시설·장비 및 물자 확보	• 방재시설의 보강 • 장비 및 장구 • 자금 및 기술지원
5. 교육 및 훈련	• 방사능방재교육 • 방사능방재훈련

- 원자력시설 부지경계에서 판독한 피폭방사선량이 전신선량을 기준으로 시간당 10mSv 이상이거나 갑상선선량을 기준으로 시간당 50mSv 이상인 경우
- 원자력시설 부지경계에서 측정한 공간방사선량률과 오염도가 시간당 1R(렌트겐) 이상인 경우

원자력안전위원회는 방사능재난을 선포한 경우, 관할 광역 및 기초 지방자치단체장이 방사선영향을 받거나 받을 우려가 있는 지역의 주민에게 방사능재난의 발생상황과 주민행동 요령을 즉시 알리게 하고, 대피, 소개, 음식물 섭취제한, 갑상선 방호약품 배포, 식·음료품과 농·축·수산물의 반출이나 소비 통제 등 긴급 주민 보호조치를 취하게 해야 한다. 주민 보호조치는 관계 중앙행정기관, 지방자치단체와 관련기관의 관계관으로 구성된 합동방재대책협의회의 의견을 들어 현장방사능방재지휘센터장이 결정한다. 긴급 주민보호조치 이행을 위한 기준은 표 12.14에 나타나 있다.

표 12.14 긴급 주민보호조치 이행기준

주민 보호 조치	일반 개입준위 (유효선량)
옥내 대피	10 mSv/2일
소개	50 mSv/7일
갑상선 방어	100 mGy
일시 이주	30 mSv/첫월, 10 mSv/다음월
영구 정착	1 Sv/평생

원자력안전위원회는 방사능재난상황이 발생하였을 경우 '핵사고의 조기통보에 관한 협약' 및 '핵사고 또는 방사능긴급사태시 지원에 관한 협약' 등의 국제협약과 국가간 협정에 따라 국제원자력기구와 관련 국가에 방사능재난 발생의 내용을 알리고 필요하면 긴급원조를 요청해야 한다.

12.4.3 방사능방재 조직체계

원자력안전위원회는 방사능방재에 관한 긴급대응조치를 위하여 그 소속으로 중앙방사능방재대책본부를 설치해야 한다. 중앙대책본부는 원자력안전위원회 위원장을 의장으로 기획재정부차관, 교육과학기술부차관, 외교통상부차관, 국방부차관, 행정안전부차관, 농림수산식품부차관, 지식경제부차관, 보건복지부차관, 환경부차관, 국토해양부차관과 한국원자력안전기술원장, 한국원자력의학원장 등을 위원으로 구성한다. 또한 위원회는 방사선비상 및 방사능재난의 신속한 지휘와 상황관리, 재난정보의 수집과 통보를 위하여 발전용 원자로, 2MW 이상의 연구용 원자로, 사용후핵연료 저장·처리시설이 있는 인접지역에 현장방사능방재지휘센터를 설치해야 한다. 현장지휘센터에는 방사선비상 및 방사능재난에 대한 정확하고 통일된 정보를 제공하기 위하여 연합정보센터를 설치·운영한다.

방사선비상계획구역의 전부 또는 일부를 관할하는 광역 및 기초 지방자치단체장은 방사선비상이나 방사능재난의 경우 지역방사능방재대책본부를 각각 설치해야 한다. 또한 방사능재난의 수습에 필요한 기술적 사항을 지원하기 위하여 한국원자력안전기술원장 소속으로 방사능방호기술지원본부를 두고, 방사능재난으로 인하여 발생한 방사선 상해자나 상해우려자에 대한 의료상의 조치를 위하여 한국원자력의학원장 소속으로 방사선

비상의료지원본부를 둔다. 정부는 방사선피폭환자의 응급진료 등 방사선 비상진료 능력
을 높이기 위하여 한국원자력의학원에 설치하는 국가방사선비상진료센터와 원자력안전
위원회가 전국의 권역별로 지정하는 1차 및 2차 방사선비상진료기관으로 구성하는 국
가방사선비상진료체제를 구축해야 한다.

우리나라의 국가 방사능방재 체계는 그림 12.9에서 보는 바와 같이 국무총리를 위원
장으로 하는 중앙안전관리위원회를 중심으로 중앙방사능방재대책본부, 현장방사능방재
지휘센터, 지역방사능방재대책본부, 방사능방호기술지원본부, 방사선비상의료지원본부
및 원자력사업자의 비상대책본부로 구성되어 있다. 원자력안전위원회와 중앙행정기관,
지방자치단체 등의 관계관으로 구성하는 '현장방사능방재지휘센터'는 방사능재난 현장
에서 재난수습 총괄, 주민보호조치(대피, 소개, 음식물 섭취제한 등)의 결정 등 중요한
역할을 담당하고 있다.

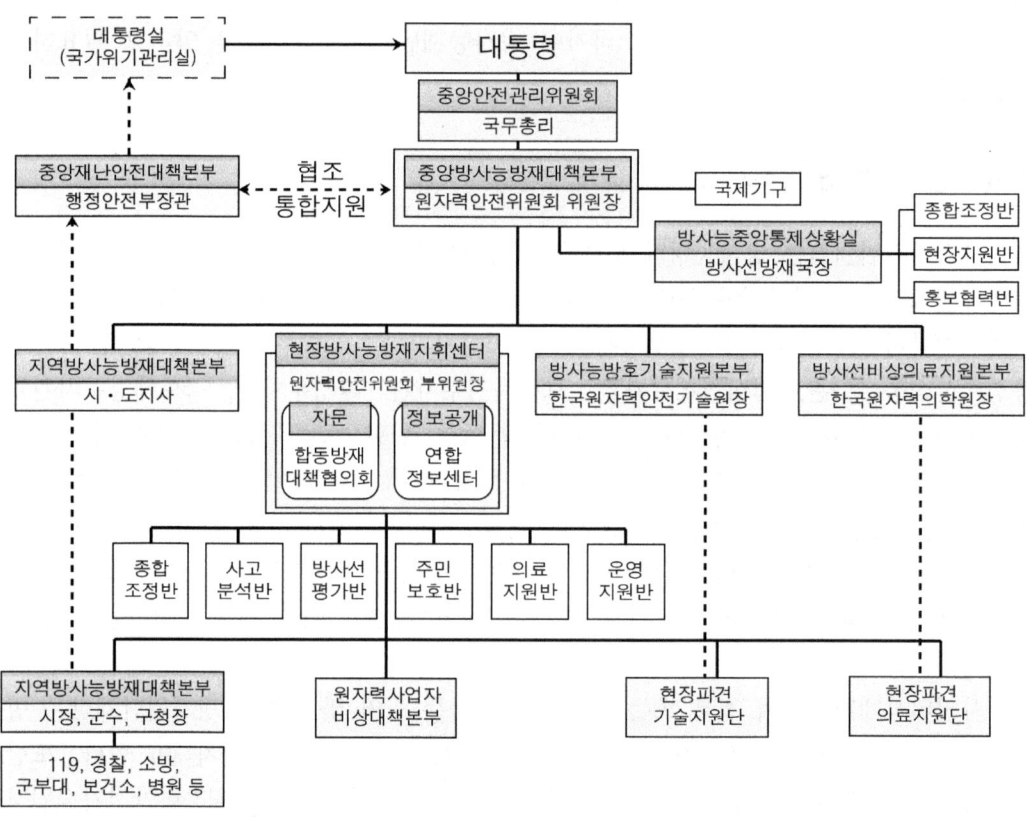

그림 12.9 국가 방사능방재 체계

현장지휘센터에는 방사능재난에 대한 정확하고 통일된 정보를 제공하기 위한 연합정보센터와 함께 6개의 실무반이 편성되고, 센터장의 의사결정 자문기구로서 합동방재대책협의회가 설치된다. 원자력사업자는 사고시 비상대책본부를 구성하여 원자력시설에 대한 사고확대방지, 시설복구와 소내 직원들에 대한 보호조치 등 소내 비상대응조치에 대한 기능을 수행한다. 그림 12.10은 원자력발전소와 연구용원자로가 운영되고 있는 각 지역에 설치된 현장방사능방재지휘센터의 실제 전경을 보이고 있다.

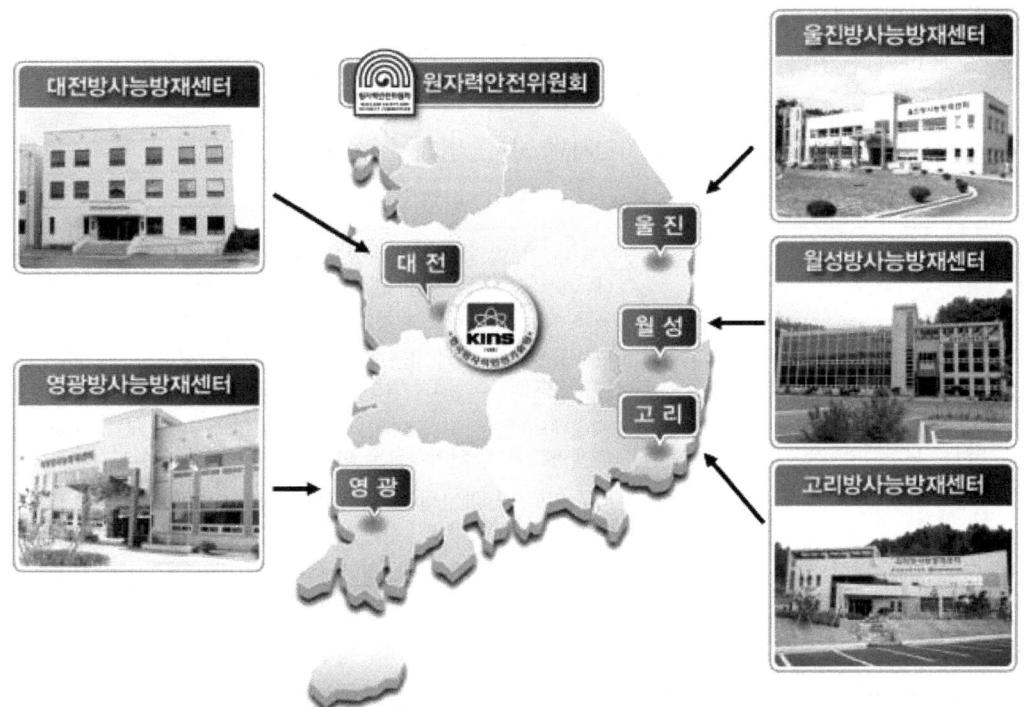

그림 12.10 현장방사능방재지휘센터의 실제 전경

12.4.4 방사능방재 훈련 및 교육

1) 방사능방재 훈련

원자력안전위원회는 5년마다 방사능방재훈련계획을 수립하여 관계 중앙행정기관이 함께 참여하는 방사능방재훈련(연합훈련)을 실시해야 한다. 위원회는 방사능방재훈련계획을 훈련에 참여하는 관계 중앙행정기관장, 방사선비상계획구역의 전부 또는 일부를 관할하는 지방자치단체장과 원자력사업자 등에게 통보 또는 시달해야 한다. 또한 방사선비상계획 구역의 전부 또는 일부를 관할하는 지방자치단체장은 방사능방재훈련계획을 수립하여 관할구역에 소재하는 지정기관과 원자력사업자가 참여하는 방사능방재훈련(합동훈련)을 4년에 1회 이상 실시해야 한다.

원자력사업자는 매년 11월 30일까지 차기 연도의 방사능방재훈련계획을 수립하고 원자력안전위원회에 제출하여 승인을 받아 시행해야 한다. 훈련계획에는 기본방향, 훈련의 종류, 종류별 목적·내용·일정과 대상자, 훈련의 통제와 평가에 관한 사항을 포함해야 한다. 훈련의 종류와 방법 등에 관하여는 '원자력사업자의 방사선비상대책에 관한 규정'(원자력안전위원회고시 제2012-31호)에서 규정하고 있으며, 훈련의 종류는 표 12.15에 나타나 있다. 훈련이 중복되는 연도에는 대규모의 훈련으로 갈음할 수 있다.

표 12.15 원자력사업자별 방사능방재 훈련 종류 및 내용

구분	방사능방재 훈련 종류 및 내용
소규모원자력사업자[1] 이외의 원자력사업자	1. 최초훈련 : 원자력시설의 사용개시전(발전용원자로는 정격열출력 5% 이전)에 아래의 전체훈련을 실시하여야 하나, 신규 부지에 원자력시설을 건설하는 경우 합동훈련 실시
	2. 부분훈련 : 1개 또는 2개 호기(사용후핵연료 저장·처리시설은 부지)에 대하여 시설내의 비상조직별로 분기 1회 이상 실시
	3. 전체훈련 : 시설내의 모든 비상조직이 참여하여 1개 또는 2개 호기별(사용후핵연료 저장·처리시설은 부지)로 연 1회 이상 실시
	4. 합동훈련 : 부지별로 4년에 1회 이상 지방자치단체가 주관하는 훈련에 참여하여 실시
	5. 연합훈련 : 5년마다 원자력안전위원회가 주관하는 방재훈련계획에 따라 훈련에 참여하여 실시
소규모원자력사업자	1. 최초훈련 : 원자력시설 사용개시 전에 전 비상조직이 참여하는 실시
	2. 부분훈련 : 부지내의 비상조직별로 반기 1회 이상 실시
	3. 전체훈련 : 전 비상조직이 참여하는 훈련을 2년에 1회 이상 실시

주, 1) 2MW 이하 연구용원자로, 천연우라늄 정련사업, 우라늄-235 농축도 5% 미만의 핵연료물질가공사업, 연구·시험 목적의 사용후핵연료처리사업, 방사성폐기물시설(사용후핵연료시설 제외) 등의 사업자

원자력사업자의 방사능방재훈련계획 수립에서 전체훈련, 합동훈련과 연합훈련은 부지 외부로 방사능 방출로 인하여 여러 기상조건에서 방사선비상계획 구역 내의 주민이 소개 및 대피할 수 있는 정도의 비상상황을 가정해야 한다. 합동훈련 및 연합훈련을 실시하기 위한 계획과 시나리오는 방사선비상계획 구역의 관할 지방자치단체와 협의하여 작성해야 한다. 부분훈련은 사고평가, 보수와 복구, 통신, 소방, 의료, 환경과 방사선

감시·평가 등 특정한 기술을 시험·개발·유지할 수 있도록 해야 한다. 또한 훈련계획에는 방사선비상계획과 수행절차서의 적합성, 방사능재난 대응시설, 방사능방재요원의 임무 숙지상태와 비상대응능력 등에 관한 사항을 점검하고 그 결과를 평가하여 미비점과 취약점에 대하여 시정·보완하는 방법에 대하여 기술해야 한다.

지방자치단체장과 원자력사업자는 방사능방재훈련을 실시하고, 그 결과를 원자력안전위원회에 보고해야 하며, 원자력안전위원회는 방사능방재훈련에 대하여 평가할 수 있다. 또한 위원회는 평가결과 필요한 경우 지방자치단체장과 원자력사업자에게 방사능방재계획의 보완 등 필요한 조치를 요구하거나 명할 수 있다.

2) 방사능방재 교육

원자력사업자의 종사원, 지방자치단체장이 지정하는 방사능방재요원, 방사선비상진료요원, 그리고 원자력안전위원회가 지정하여 고시하는 기관의 종사자는 원자력안전위원회가 실시하는 방사능방재에 관한 교육을 받아야 한다. 교육은 신규교육과 보수교육으로 구분하며, 화재진압과 긴급구조, 방사능재난관리, 사고완화와 평가, 방사선관리와 주민보호, 방사선비상진료, 비상대응활동 지원 등 교육대상자의 담당 직무별로 실시해야 한다. 원자력사업자의 종업원 중에서 방사능방재업무를 담당하는 종업원, 지방자치단체의 방사능방재요원과 방사선진료요원은 임용 또는 지정된 후 6개월 이내에 18시간 이상의 신규교육과 매년 8시간 이상의 보수교육을 받아야 한다. 교육대상자별 교육 시간과 내용 등에 관하여는 「원자력시설 등의 방호 및 방사능 방재대책법」 시행규칙에서 규정하고 있다.

12.4.5 원자력사업자의 의무

원자력사업자는 핵물질 및 원자력시설에 방사선비상 및 방사능재난이 발생할 경우에 대비하여 방사선비상계획을 수립하여 핵물질 및 원자력시설을 사용하기 전에 원자력안전위원회의 승인을 받아야 한다. 원자력사업자는 방사선비상계획을 수립하거나 변경하려는 경우에는 미리 그 내용을 방사신비상계획 구역의 전부 또는 일부를 관할하는 광역 및 기초 지방자치단체장에게 알려야 하며, 지방자치단체장은 방사선비상계획에 대한 의견을 원자력안전위원회에 제출할 수 있다. 방사선비상계획에는 다음 사항을 포함해야 하며, 세부적인 내용에 대해서는 「원자력시설 등의 방호 및 방사능 방재대책법」 시행규칙에서 규정하고 있다.

- 원자력시설의 방사선비상계획 구역
- 방사선비상 및 방사능재난 대비 조직과 임무

- 방사능재난 대응시설과 장비의 확보
- 방사선비상의 종류별 세부기준
- 사고 초기의 대응조치
- 방사선비상 및 방사능재난 대응활동
- 방사선비상 및 방사능재난의 복구
- 방사능방재 교육과 훈련

원자력사업자는 방사선비상 및 방사능재난의 예방, 확산방지와 수습을 위하여 다음의 안전조치를 해야 한다. 그러나 2MW 이하 연구용원자로, 천연우라늄 정련사업, 우라늄 -235 농축도 5% 미만의 핵연료물질 가공사업, 연구·시험 목적의 사용후핵연료 처리사업, 방사성폐기물시설(사용후핵연료시설 제외) 등의 소규모 사업자에게는 일부를 적용하지 않는다.

- 방사선비상계획에 따라 원자력안전위원회와 지방자치단체장에 보고
- 방사선비상 및 방사능재난 대비 기구 설치·운영(소규모사업자 제외)
- 방사선비상 및 방사능재난에 관한 정보공개
- 응급조치 및 응급조치요원의 방사선피폭 저감을 위한 방사선방호조치
- 방재요원 파견, 기술적 사항 자문, 방사선 측정장비 대여 등 지원
- 방사능재난 업무전담 인원과 조직 확보(소규모사업자 제외)
- 방사선에 오염되거나 피폭된 사람의 응급조치

원자력사업자는 방사능재난 대비태세를 유지하기 위하여 다음의 방사능재난 대응시설과 장비를 확보해야 한다. 그러나 소규모 사업자에게는 일부를 적용하지 않는다.

- 방사선 또는 방사능 감시시설, 방사선 방호장비
- 방사능오염 제거 시설 및 장비
- 방사성물질의 방출량 감시 및 평가 시설(소규모사업자 제외)
- 주제어실, 비상기술지원실, 비상운영지원실, 비상대책실 등 비상대응 시설(소규모 사업자 제외)
- 관련 기관과의 비상통신 및 경보 시설

원자력사업자는 위에서 기술한 방사선비상 및 방사능재난을 위한 안전조치, 방사능재난 대응시설과 장비, 종업원의 방사능방재교육, 방사능방재훈련 등에 대하여 원자력안전위원회의 검사를 받아야 한다. 위원회는 검사결과 관련 기준에 미달하거나 미흡할 경우 사업자에게 시정을 명할 수 있다.

12.4.6 방사능방호 기술지원본부

한국원자력안전기술원은 사고시 방사능방호 기술지원본부를 설치하여 방사능방재대책에 관한 기술적인 사항 지원, 기술지원단 현장파견, 소외방사능 감시 총괄, 방사능 및 방사선 감시차량 지원, 원자로시설 운영자의 대응조치 감시 등의 역할을 맡고 있다. 또한 '전국토 환경방사능 감시계획'에 따라 전국에 산재한 71개소의 방사능 측정소를 비상체제로 운영하여 환경방사능을 감시하고 있다('12.2절' 참조).

한국원자력안전기술원은 원자력발전소의 방사선비상시 주민과 환경을 보호하기 위한 기술지원활동을 효율적으로 수행하기 위하여 방사능방재 기술지원 전산시스템인 AtomCARE (Atomic Computerized Technical Advisory System for a Radiological Emergency)를 개발하여 운영하고 있다. 이 시스템은 원자력시설의 운전자료, 방사선자료, 기상정보 등 온라인으로 수집된 자료를 활용하여 원자력시설로부터 유출된 방사성물질의 확산경로와 방사선 영향을 실시간으로 예측함으로써 주민 대피와 소개, 음식물 섭취제한 등의 주민보호조치에 관한 종합적인 정보를 제공하고 있다. 그림 12.11은 AtomCARE를 통한 운전변수에 대한 정보를 보이고 있으며, 그림 12.12는 고리 원자력발전소의 사고를 가정하여 AtomCARE에서 분석한 방사성물질의 확산경로를 예시하고 있다.

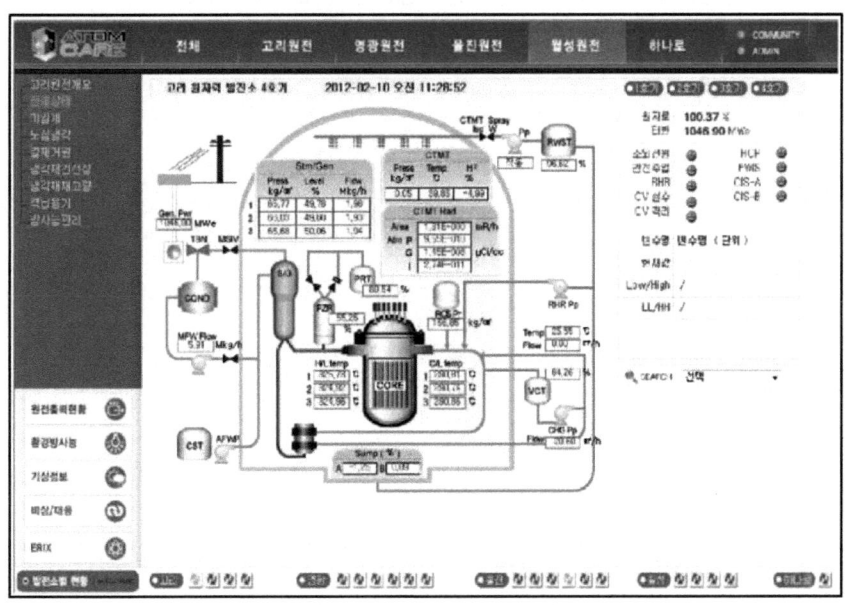

그림 12.11 AtomCARE를 통한 운전변수 확인(예시)

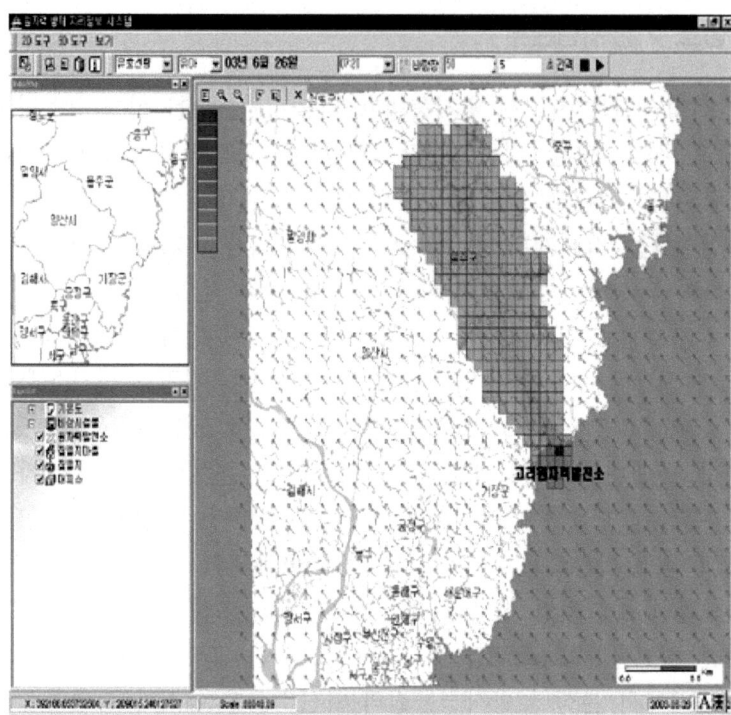

그림 12.12 AtomCARE의 방사성물질 확산경로 예측(예시)

부록 A. 원소와 방사성핵종의 물리적 상수

표 A.1 원소표

원자번호	원소기호	IUPAC[1] 명칭	한글 명칭	원자량[2]
1	H	Hydrogen	수소	1.00794(7)
2	He	Helium	헬륨	4.002602(2)
3	Li	Lithium	리튬	6.941(2)
4	Be	Berylium	베릴륨	9.012182(3)
5	B	Boron	붕소	10.811(7)
6	C	Carbon	탄소	12.0107(8)
7	N	Nitrogen(Azote)	질소	14.00674(7)
8	O	Oxygen	산소	15.9994(3)
9	F	Fluorine	플루오린 (플루오르)	18.9984032(5)
10	Ne	Neon	네온	20.1797(6)
11	Na	Sodium(Natrium)	소듐/나트륨	22.989770(2)
12	Mg	Magnesium	마그네슘	24.3050(6)
13	Al	Aluminium	알루미늄	26.981538(2)
14	Si	Silicon	실리콘	28.0855(3)
15	P	Phosphorus	인	30.973761(2)
16	S	Sulfur(Thion)	황	32.066(6)
17	Cl	Chlorine	염소	35.4527(9)
18	Ar	Argon	아르곤	39.948(1)
19	K	Potassium(Kalium)	포타슘/칼륨	39.0983(1)
20	Ca	Calcium	칼슘	40.078(4)
21	Sc	Scandium	스칸듐	44.955910(8)
22	Ti	Titanium	타이타늄/티타늄(티탄)	47.867(1)
23	V	Vanadium	바나듐	50.9415(1)

주, 1) IUPAC: International Union of Pure and Applied Chemistry, 국제 순수·응용 화학 연합
    2) 원자량에서 ( )안의 숫사는 마지막 숫자의 불확실싱을 나타낸다.

원자번호	원소기호	IUPAC[1] 명칭	한글 명칭	원자량[2]
24	Cr	Chromium	크로뮴(크롬)	51.9961(6)
25	Mn	Manganese	망가니즈(망간)	54.938049(9)
26	Fe	Iron(Ferrum)	철	55.845(2)
27	Co	Cobalt	코발트	58.933200(9)
28	Ni	Nickel	니켈	58.6934(2)
29	Cu	Copper(Cuprum)	구리	63.546(3)
30	Zn	Zinc	아연	65.39(2)
31	Ga	Gallium	갈륨	69.723(1)
32	Ge	Germanium	저마늄/게르마늄	72.61(2)
33	As	Arsenic	비소	74.92160(2)
34	Se	Selenium	셀레늄(셀렌)	78.96(3)
35	Br	Bromine	브로민(브롬)	79.904(1)
36	Kr	Krypton	크립톤	83.80(1)
37	Rb	Rubidium	루비듐	85.4678(3)
38	Sr	Strontium	스트론튬	87.62(1)
39	Y	Yttrium	이트륨	88.90585(2)
40	Zr	Zirconium	지르코늄	91.224(2)
41	Nb	Niobium	나이오븀/니오븀(니오브)	92.90638(2)
42	Mo	Molybdenum	몰리브데넘 (몰리브덴)	95.94(1)
43	Tc	Technetium	테크네튬	[98]
44	Ru	Ruthenium	루테늄	101.07(2)
45	Rh	Rhodium	로듐	102.90550(2)
46	Pd	Palladium	팔라듐	106.42(1)
47	Ag	Silver(Argentum)	은	107.8682(2)
48	Cd	Cadmium	카드뮴	112.411(8)
49	In	Indium	인듐	114.818(3)
50	Sn	Tin(Stannum)	주석	118.710(7)
51	Sb	Antimony(Stibium)	안티모니(안티몬)	121.760(1)
52	Te	Tellurium	텔루륨(텔루르)	127.60(3)

원자번호	원소기호	IUPAC[1] 명칭	한글 명칭	원자량[2]
53	I	Iodine	아이오딘(요오드)	126.90447(3)
54	Xe	Xenon	제논/크세논	131.29(2)
55	Cs	Caesium(Cesium)	세슘	132.90545(2)
56	Ba	Barium	바륨	137.327(7)
57	La	Lanthanum	란타넘(란탄)	138.9055(2)
58	Ce	Cerium	세륨	140.116(1)
59	Pr	Praseodymium	프라세오디뮴	140.90765(2)
60	Nd	Neodymium	네오디뮴	144.24(3)
61	Pm	Promethium	프로메튬	[145]
62	Sm	Samarium	사마륨	150.36(3)
63	Eu	Europium	유로퓸	151.964(1)
64	Gd	Gadolinium	가돌리늄	157.25(3)
65	Tb	Terbium	터븀/테르븀	158.92534(2)
66	Dy	Dysprosium	디스프로슘	162.50(3)
67	Ho	Holmium	홀뮴	164.93032(2)
68	Er	Erbium	어븀/에르븀	167.26(3)
69	Tm	Thulium	툴륨	168.93421(2)
70	Yb	Ytterbium	이터븀/이테르븀	173.04(3)
71	Lu	Lutetium	루테튬	174.967(1)
72	Hf	Hafnium	하프늄	178.49(2)
73	Ta	Tantalum	탄탈럼(탄탈)	180.9479(1)
74	W	Tungsten(Wolfram)	텅스텐	183.84(1)
75	Re	Rhenium	레늄	186.207(1)
76	Os	Osmium	오스뮴	190.23(3)
77	Ir	Iridium	이리듐	192.217(3)
78	Pt	Platinum	백금	195.078(2)
79	Au	Gold(Aurum)	금	196.96655(2)
80	Hg	Mercury(Hydrargryum)	수은	200.59(2)
81	Tl	Thallium	탈륨	204.3833(2)

원자번호	원소기호	IUPAC[1] 명칭	한글 명칭	원자량[2]
82	Pb	Lead(Plumbum)	납	207.2(1)
83	Bi	Bismuth	비스무트	208.98038(2)
84	Po	Polonium	폴로늄	[209]
85	At	Astatine	아스타틴	[210]
86	Rn	Radon	라돈	[222]
87	Fr	Francium	프랑슘	[223]
88	Ra	Radium	라듐	[226]
89	Ac	Actinium	악티늄	[227]
90	Th	Thorium	토륨	232.0381(1)
91	Pa	Protactinium	프로탁티늄	231.03588(2)
92	U	Uranium	우라늄	238.0289(1)
93	Np	Neptunium	넵투늄	[237]
94	Pu	Plutonium	플루토늄	[244]
95	Am	Americium	아메리슘	[243]
96	Cm	Curium	퀴륨	[247]
97	Bk	Berkelium	버클륨	[247]
98	Cf	Californium	캘리포늄	[251]
99	Es	Einsteinium	아인슈타이늄	[252]
100	Fm	Fermium	페르뮴	[257]
101	Md	Mendelevium	멘델레븀	[258]
102	No	Nobelium	노벨륨	[259]
103	Lr	Lawrencium	로렌슘	[262]
104	Rf	Rutherfordium	러더포듐	[261]
105	Db	Dubnium	더브늄	[262]
106	Sg	Seaborgium	시보귬	[263]
107	Bh	Bohrium	보륨	[264]
108	Hs	Hassium	하슘	[265]
109	Mt	Meitnerium	마이트너륨	[268]
110	Ds	Darmstadtium	다름스타튬	[281]
111	Rg	Roentgenium	뢴트게늄	[280]

표 A.2 주요 방사성핵종의 물리적 상수

원소			방사성 동위원소				
원소 (원소기호)	원자량	밀도 (g/cm³)	질량수 (A)	자연존재비 (a/o)	질량[1] (m−A) (MeV)	반감기	붕괴 모드
Neutron($_0$n)			1		8.0714	12min	β^-
Hydrogen($_1$H)	1.0079	gas	1 2 3	99.9852 0.0148	7.2890 13.1359 14.9500	12.3y	β^-
Helium($_2$He)	4.0026	gas	3 4	1.3×10^{-4} 100	14.9313 2.4248		
Lithium($_3$Li)	6.941	0.53	6 7 8	7.42 92.58	14.088 14.907 20.946	0.84s	β^-
Beryllium($_4$Be)	9.0122	1.85	9 10	100	11.351 12.607	2.5×10^6y	β^-
Boron($_5$B)	10.81	2.3	10 11 12	19.8 80.2	12.052 8.6677 13.370	0.02s	β^-
Cabon($_6$C)	12.011	1.60	12 13 14	98.89 1.11	$\equiv 0$ 3.125 3.0198	5730y	β^-
Nitrogen($_7$N)	14.007	gas	14 15 16	99.635 0.365	2.8637 0.100 5.685	7.2s	β^-
Oxygen($_8$O)	15.999	gas	16 17 18 19	99.759 0.037 0.204	−4.7366 −0.808 −0.7824 3.333	29s	β^-

주, 1) 핵종의 원자량(amu)은 질량수(A)+(m−A)/931.5로 계산함.
* 자료출처 : Connolly, T. J., "Foundation of Nuclear Engineering", John Wiley & Sons, 1978

원소			방사성 동위원소				
원소(원소기호)	원자량	밀도 (g/cm³)	질량수 (A)	자연존재비 (a/o)	질량[1] (m−A) (MeV)	반감기	붕괴 모드
Fluorine(₉F)	18.998	gas					
			19	100	−1.486		
			20		−0.012	11.4s	β⁻
Sodium(₁₁Na)	22.990	0.97					
			22		−5.182	2.6y	β⁺
			23	100	−9.528		
			24		−8.418	15.0h	β⁻
Magnesium(₁₂Mg)	24.305	1.74					
			24	78.8	−13.933		
			25	10.2	−13.191		
			26	11.1	−16.214		
Aluminum(₁₃Al)	26.982	2.7					
			27	100	−17.196		
			28		−16.855	2.31min	β⁻
Silicon(₁₄Si)	28.086	2.33					
Argon(₁₈Ar)	39.948	gas					
			40	99.6	−35.038		
			41		−33.061	1.83h	β⁻
Potassium(₁₉K)	39.098	0.86					
			39	93.22	−33.803		
			40		−33.533	1.26×10⁹ y	β⁻
			41	6.77	−35.552		
Titanium(₂₂Ti)	47.90	4.51					
Vanadium(₂₃V)	50.941	6.1	51	99.75	−52.199		
			52		−51.44	2.0min	β⁻
Chromium(₂₄Cr)	51.996	7.19					
Manganese(₂₅Mn)	54.938	7.43					
			55	100	−57.705		
			56		−56.904	2.58h	β⁻
Iron(₂₆Fe)	55.847	7.87					

원소			방사성 동위원소				
원소(원소기호)	원자량	밀도 (g/cm^3)	질량수 (A)	자연존재비 (a/o)	질량[1] (m−A) (MeV)	반감기	붕괴 모드
Cobalt($_{27}$Co)	58.933	8.8	59	100	−62.233		
			60		−61.651	5.26y	β$^-$
Nickel($_{28}$Ni)	58.71	8.9					
Copper($_{29}$Cu)	63.546	8.96					
Zinc($_{30}$Zn)	65.38	7.13					
Krypton($_{36}$Kr)	83.80	gas					
			84	57.0	−82.433		
			85		−81.48	10.76y	β$^-$
			86	17.3	−83.259		
Strontium($_{38}$Sr)	87.62	2.6					
			88	82.6	−87.89		
			89		−86.22	52d	β$^-$
			90		−85.95	28.1y	β$^-$
Yttrium($_{39}$Y)	88.906	5.51					
			89	100	−87.678		
			90		−86.50	64h	β$^-$
Zirconium($_{40}$Zr)	91.22	6.5					
Niobium($_{41}$Nb)	92.906	8.57					
Molybdenum($_{42}$Mo)	95.94	10.2					
Technetium($_{43}$Tc)			99		−87.33	2.1×10^{5}h	β$^-$
Silver($_{47}$Ag)	107.87	10.5					
Cadmium($_{48}$Cd)	112.40	8.65					
Indium($_{49}$In)	114.82	7.31					
			115	95.7	−89.21		
			116		−88.20	54min	β$^-$

원소			방사성 동위원소				
원소(원소기호)	원자량	밀도 (g/cm³)	질량수 (A)	자연존재비 (a/o)	질량[1] (m−A) (MeV)	반감기	붕괴 모드
Iodine(₅₃I)	126.90	4.93	127	100	−88.984		
			129		−88.50	$1.7×10^7$y	β⁻
			131		−87.441	8.05d	β⁻
			135		−84	6.7h	β⁻
Xenon(₅₄Xe)	131.30	gas	135		−86.6	9.2h	β⁻
Cesium(₅₅Cs)	132.91	1.9	134		−86.79	2.05y	β⁻
			137		−86.9	30y	β⁻
Hafnium(₇₂Hf)	178.49	13.4					
Tantalum(₇₃Ta)	180.95	16.6					
Tungsten(₇₄W)	183.85	19.2					
Mercury(₈₀Hg)	200.59	13.6					
Lead(₈₂Pb)	207.2	11.3	210		−14.73	21y	β⁻
Bismuth(₈₃Bi)	208.98	9.7	210		−14.79	5d	β⁻
Polonium(₈₄Po)		9.24	210		−15.95	138.4d	α
Radon(₈₆Rn)		gas	222		16.39	3.82d	α
Radium(₈₈Ra)		5.0	226		23.69	1602y	α
Thorium(₉₀Th)	232.04	11.7	228		26.77	1.91y	α
			230		30.87	$8×10^4$y	α
			232	100	35.47	$1.41×10^{10}$y	α
			233		38.76	22.2min	β⁻

원소			방사성 동위원소				
원소 (원소기호)	원자량	밀도 (g/cm³)	질량수 (A)	자연존재비 (a/o)	질량[1)] (m−A) (MeV)	반감기	붕괴 모드
Protactinium ($_{91}$Pa)			233		37.51	27d	β^-
Uranium ($_{92}$U)	238.03	19.1					
			232		34.60	72y	α
			233		36.94	1.62×10^5y	α
			234	0.0055	38.16	2.47×10^5y	α
			235	0.71	40.93	7.1×10^8y	α
			236		42.46	2.4×10^7y	α
			237		45.41	6.75d	β^-
			238	99.28	47.33	4.51×10^9y	α
			239		50.60	23.5min	β^-
Neptunium ($_{93}$Np)			237		44.89	2.1×10^6y	α
Plutonium ($_{94}$Pu)		19.6					
			236		42.90	2.85y	α
			238		46.18	86y	α
			239		48.60	2.44×10^4y	α
			240		50.14	6580y	α
			241		52.98	13.2y	β^-
			242		54.74	3.8×10^5y	α
			243		57.77	5.0h	β^-
Americium ($_{95}$Am)			241		52.96	458y	α
			243		57.18	7950y	α
Curium ($_{96}$Cm)			242		54.82	163d	α
			244		58.47	17.6y	α

부록 B. 원자력발전소 현황

표 B.1 각국의 원자력발전소 건설 및 운전 현황

(2009년 12월 31일)

국 가	운전중		장기운전 정지 (기수)	건설중 (기수)	발전량(2009년)	
	기수	설비용량 (MWe)			TW(e)h	점유율 (%)
미국	104	100,747		1	796.89	20.17
프랑스	59	63,260		1	391.75	75.17
일본	54	46,823	1	1	263.07	28.89
러시아	31	21,743		9	152.78	17.82
한국	20	17,705		6	141.12	34.79
영국	19	10,137			62.86	17.92
캐나다	18	12,569	4		85.13	14.83
인도	18	3,987		5	14.75	2.16
독일	17	20,480			127.72	26.12
우크라이나	15	13,107		2	77.95	48.59
중국	11	8,438		20	65.71	1.89
스웨덴	10	9,036			50.04	37.43
스페인	8	7,450			50.58	17.49
벨기에	7	5,902			44.96	51.65
체코	6	3,678			25.66	33.77
스위스	5	3,238			26.27	39.50
핀란드	4	2,696		1	22.60	32.87
헝가리	4	1,889			14.30	42.98
슬로바키아	4	1,762		2	13.08	53.50
아르헨티나	2	935		1	7.59	6.95
브라질	2	1,884			12.22	2.93
불가리아	2	1,906		2	14.22	35.90
멕시코	2	1,300			10.11	4.80
파키스탄	2	425		1	2.64	2.74
루마니아	2	1,300			10.82	20.62
남아공	2	1,800			11.57	4.84
아르메니아	1	375			2.29	44.95
네덜란드	1	487			4.02	3.70
슬로베니아	1	666			5.46	37.83
이란				1	NA	NA
대만	6	4,980		2	39.89	20.65
리투아니아	1				10.03	76.23
총 계	437	370,705	5	55	2,558.08	NA

표 B.2 원자로형별 원자력발전소 현황

원자로형	가압 경수로	비등 경수로	가스 냉각로	가압 중수로	흑연감속 비등경수로	고속 증식로
운전 기수 (비율)	265 (60.6)	92 (21.1)	18 (4.1)	45 (10.3)	15 (3.4)	2 (0.5)
설비용량 (GWe)	244.7	83.6	9.0	22.6	10.2	0.7

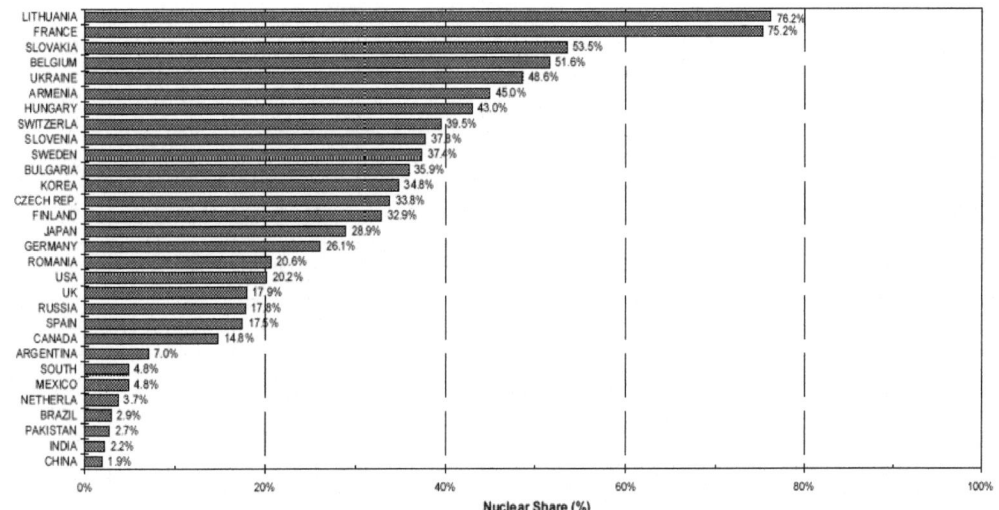

그림 B.1 각국의 원자력 발전 점유율

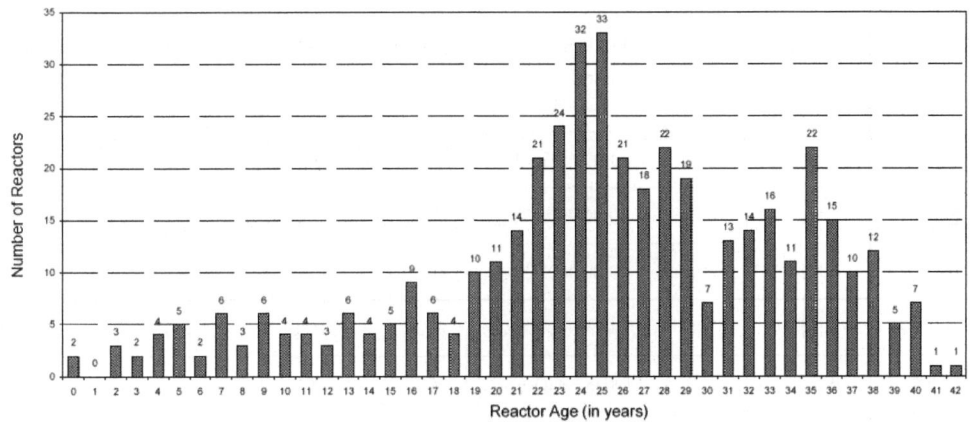

그림 B.2 가동년수별 원자력발전소 기수

표 B.3 우리나라 가동중 원자력발전소 현황

(2011년 12월 31일)

발전소명	원자로 노형	용량 (MWe)	핵증기공급 계통 공급자	건설허가	운영허가	최초임계	상업운전
고리1호기	가압경수로	587	WH	1972. 5. 31	1972. 5. 31	1977. 6. 19	1978. 4. 29
고리2호기	가압경수로	650	WH	1978. 11. 18	1983. 8. 10	1983. 4. 9	1983. 7. 25
고리3호기	가압경수로	950	WH	1979. 12. 24	1984. 9. 29	1985. 1. 1	1985. 9. 30
고리4호기	가압경수로	950	WH	1979. 12. 24	1985. 8. 7	1985.10. 26	1986. 4. 29
월성1호기	중수로	678	AECL	1978. 2. 15	1078. 2.15	1982. 11. 21	1983. 4. 22
월성2호기	중수로	700	KHIC/KAERI/AECL	1992. 8. 28	1996. 11 2	1997. 1. 27	1997. 7. 1
월성3호기	중수로	700	KHIC/KOPEC/AECL	1994. 2. 26	1997. 12. 30	1998. 2. 20	1998. 7. 1
월성4호기	중수로	700	KHIC/KOPEC/AECL	1994. 2. 26	1999. 2. 8	1999. 4.10	1999. 10. 1
영광1호기	가압경수로	950	WH	1981. 12. 17	1985. 12. 23	1986. 1.3 1	1986. 8. 25
영광2호기	가압경수로	950	WH	1981. 12. 17	1986. 9. 12	1986. 10. 15	1987. 6. 10
영광3호기	가압경수로	1,000	KHIC/KAERI/ABB-CE	1989. 11. 21	1994. 9. 9	1994. 10. 13	1995. 3. 31
영광4호기	가압경수로	1,000	KHIC/KAERI/ABB-CE	1989. 11. 21	1995. 6. 2	1995. 7. 7	1996. 1. 1
영광5호기	가압경수로	1,000	DHIC/KOPEC	1997. 6. 14	2001. 10. 24	2001. 11. 24	2002. 5. 21
영광6호기	가압경수로	1,000	DHIC/KOPEC	1997. 6. 14	2002. 7. 31	2002. 9. 1	2002.12.24
울진1호기	가압경수로	950	FRAMA-TOME	1983. 1. 25	1987. 12. 23	1988. 2. 25	1988. 9. 10
울진2호기	가압경수로	950	FRAMA-TOME	1983. 1. 25	1988. 12. 29	1989. 2. 25	1989. 9. 30
울진3호기	가압경수로	1,000	KHIC/ABB-CE	1993. 7. 16	1997. 11. 8	1997. 12. 21	1998. 8. 11
울진4호기	가압경수로	1,000	KHIC/ABB-CE	1993. 7. 16	1998. 10. 29	1998. 12. 14	1999. 12. 31
울진5호기	가압경수로	1,000	DHIC/KOPEC	1999. 5. 17	2003. 10. 20	2003. 11. 28	2004. 7. 29
울진6호기	가압경수로	1,000	DHIC/KOPEC	1999. 5. 17	2004. 11. 12	2004. 12.16	2005. 4. 22
신고리1호기	가압경수로	1,000	DHIC/KEPCO E&C	2005. 7. 1	2010. 5. 19	2010. 7. 15	2011. 2. 28
신고리2호기	가압경수로	1,000	DHIC/KEPCO E&C	2005. 7. 1	2011. 12. 2	－	(2012. 6)
신월성1호기	가압경수로	1,000	DHIC/KEPCO E&C	2007. 6. 4	2011. 12. 2	－	(2012. 6)

표 B.4 우리나라 건설중 원자력발전소 현황

(2011년 12월 31일)

발전소명	원자로 노형	용량 (MWe)	핵증기공급 계통 공급자	건설허가	운영허가	초임계일	상업 운전일
신월성2호기	가압 경수로	1,000	DHIC/ KEPCO E&C	2007. 6. 4	–	–	–
신고리3호기	가압 경수로	1,400	DHIC/ KEPCO E&C	2008. 4. 15	–	–	–
신고리4호기	가압 경수로	1,400	DHIC/ KEPCO E&C	2008. 4. 15	–	–	–
신울진1호기	가압 경수로	1,400	DHIC/ KEPCO E&C	2011. 12. 2	–	–	–
신울진2호기	가압 경수로	1,400	DHIC/ KEPCO E&C	2011. 12. 2	–	–	–

주) 약어 (Glossary of Terms)
- ABB-CE 　　　　 : Asea Brown Boveri-Combustion Engineering
- AECL 　　　　　 : Atomic Energy of Canada, Limited
- KAERI 　　　　　 : Korea Atomic Energy Research Institute
- KHIC 　　　　　 : Korea Heavy Industries Co.
- DHIC 　　　　　 : Doosan Heavy Industries Co.
- KHNP 　　　　　 : Korea Hydro & Nuclear Power Co.
- KOPEC 　　　　 : Korea Power Engineering Co.
- WH 　　　　　　 : Westinghouse Electric Co.
- KEPCO 　　　　 : Korea Electric Power Co.
- KEPCO E&C 　　 : KEPCO Engineering & Construction Co.

표 B.5 우리나라 발전원별 발전설비 및 발전 현황

(2011년 12월 31일)

발전소명	원자력	수력	석탄	유류	가스	집단	대체	총계
발전설비 (MWe)	18,716	6,418	24,205	5,405	20,116	2,623	1,859	79,342
점유율(%)	23.6	8.1	30.5	6.8	25.4	3.3	2.3	100
발전량 (GWh)	154,723	7,978	200,125	14,343	101,351	13,830	3,636	495,986
점유율(%)	31.2	1.6	40.4	2.9	20.4	2.8	0.7	100

표 B.6 우리나라 원자력발전소 설비사양 비교

원자로모델 원전호기 기기사양	웨스팅하우스(WH) 모델			표준형원전 (OPR-1000)	신형원전 (APR-1400)	AECL 모델
	고리 1	고리 2	고리3/4 영광1/2 울진1/2	영광3/4/5/6 울진3/4/5/6 신고리1/2 신월성1/2	신고리3/4 신울진1/2	월성 1/2/3/4
설계수명	$30^{1)}$	40	40	40	60	30
용량(MWe)	587	650	$950^{2)}$	1,000	1,400	$700^{3)}$
노심출력(MWt)	1,723	1,876	$2,775^{2)}$	2,815	3,983	2,061
원전연료	저농축 우라늄	저농축 우라늄	저농축 우라늄	저농축 우라늄	저농축 우라늄	천연 우라늄
감속재	경수	경수	경수	경수	경수	중수
냉각재	경수	경수	경수	경수	경수	중수
연료집합체(다발)	121	121	157	177	241	4,560
연료봉피복재	Zr-4	ZIRLO	ZIRLO	ZIRLO	ZIRLO	Zr-4
제어봉집합체(다발)	29	33	$52^{4)}$	73	93	53
원자로냉각재 펌프(대)	2	2	3	4	4	4
증기발생기(대)	2	2	3	2	2	4
원자로냉각재 순환유로수	2	2	3	2	2	2
가압기(대)	1	1	1	1	1	1
고압/저압터빈(대)	1/2	1/2	1/3	1/3	1/3	1/3

1) 설계수명 이후 10년 계속운전 승인(2007년 12월 11일)
2) 고리3/4호기 : 2,900MWth(1,033MWe)로 출력증강(2006년 12월)
3) 월성1호기   : 678MWe
4) 울진1/2호기 : 48개 (WH모델이나 프랑스 프라마톰사 설계로서 약간의 차이가 있음.)

부록 C. 원자력안전위원회 고시 현황

표 C.1 원자로시설에 관한 고시 목록

(2012년 1월 20일)

고시 번호	고 시 명
제2012-02호	운영기술지침서의 작성에 관한 기준
제2012-03호	원자로시설의 위치에 관한 기술기준
제2012-04호	원자력이용시설 방사선환경영향평가서 작성 등에 관한 규정
제2012-05호	원자력이용시설 주변의 방사선 환경조사 및 방사선 환경영향평가에 관한 규정
제2012-06호	기타 원자로의 안전에 관계되는 시설에 관한 규정
제2012-07호	원자력시설의 검사지적사항 처리에 관한 규정
제2012-08호	원자로압력용기 감시시험 기준
제2012-09호	원자로시설의 안전등급과 등급별 규격에 관한 규정
제2012-10호	원자로시설의 가동중 검사에 관한 규정
제2012-11호	원자력이용시설의 사고·고장 발생시 보고 공개 규정
제2012-12호	원자로시설 주요부품의 내압시험에 관한 기준
제2012-13호	전력산업기술기준의 원자로시설 기술기준 적용에 관한 지침
제2012-14호	원자로시설의 안전밸브 및 방출밸브에 관한 기준
제2012-15호	가압경수로의 비상노심냉각계통의 성능에 관한 기준
제2012-16호	원자로격납건물 기밀시험에 관한 기준 고시
제2012-17호	원자로시설의 품질보증 세부요건에 관한 기준
제2012-18호	원자로시설의 사용전검사에 관한 규정
제2012-19호	원자로시설 부지의 기상조건에 관한 조사평가 기준
제2012-20호	원자로시설 부지의 수문 및 해양특성 조사평가 기준
제2012-21호	화재방호계획의 수립 및 이행에 관한 규정
제2012-22호	화재위험도분석에 관한 기술기준
제2012-23호	안전관련 펌프 및 밸브의 가동중시험에 관한 규정
제2012-24호	원자로시설의 정기검사 대상 및 방법에 관한 규정
제2012-25호	원자로시설의 계속 운전 평가를 위한 기술기준 적용에 관한 지침
제2012-26호	원자력시설 주변에 산업시설 등의 설치협의에 관한 규정
제2012-27호	원자로시설의 설치 및 운영에 관한 기술능력설명서 작성에 관한 규정
제2012-28호	발전용원자로시설의 계기 및 방사선측정기 검·교정에 관한 규정

표 C.2 방사선에 관한 고시 목록

(2012년 1월 20일)

고시 번호	고 시 명
제2012-29호	방사선방호 등에 관한 기준
제2012-30호	방사선발생장치 추가 적용대상에 관한 규정
제2012-31호	원자력사업자의 방사선비상대책에 관한 규정
제2012-32호	방사선안전보고서 작성지침
제2012-33호	방사선안전관리 대행업무의 범위에 관한 규정
제2012-34호	방사성동위원소에서 제외되는 물질 등에 관한 규정
제2012-35호	방사선발생장치에서 제외되는 용도 및 용량 등에 관한 규정
제2012-36호	사용허가 대상에서 제외된 핵연료물질의 종류 및 수량 등에 관한 규정
제2012-37호	의료분야의 방사선 안전관리에 관한 기술기준
제2012-38호	방사선원의 누설점검에 관한 기술기준
제2012-39호	일시적 사용장소의 변경신고에 관한 지침
제2012-40호	방사선기기의 설계승인 및 검사에 관한 기준
제2012-41호	안전관리규정 작성지침
제2012-42호	방사성동위원소 등의 허가 사용자 및 업무대행자에 대한 정기검사 면제에 관한 규정
제2012-43호	방사성동위원소 판매자의 준수 규정
제2012-44호	업무대행규정 작성지침
제2012-45호	원자력시설등의 방호검사에 관한 규정
제2012-46호	물리적방호규정 등의 작성내용의 항목별 세부작성기준
제2012-47호	방사성동위원소등의 생산에 관한 기준
제2012-48호	원자력사업자의 방사능방재 검사에 관한 규정

표 C.3 방사성폐기물 폐기시설에 관한 고시 목록

(2012년 1월 20일)

고 시 번 호	고 시 명
제2012-49호	방사성물질등의 포장 및 운반에 관한 규정
제2012-50호	중·저준위 방사성폐기물 처분시설의 위치에 관한 기술기준
제2012-51호	사용후핵연료 중간저장시설의 위치에 관한 기술기준
제2012-52호	중·저준위 방사성폐기물 천층처분시설의 구조 및 설비에 관한 기준
제2012-53호	중·저준위 방사성폐기물 인도규정
제2012-54호	방사성폐기물 폐기시설 품질보증기준
제2012-55호	중·저준위 방사성폐기물 처분시설에 관한 방사선 위해방지기준
제2012-56호	중·저준위 방사성폐기물 처분시설 부지특성보고서 작성지침
제2012-57호	사용후핵연료 중간저장시설 부지특성보고서 작성지침
제2012-58호	사용후핵연료 인도규정
제2012-59호	방사성폐기물의 자체처분에 관한 규정
제2012-60호	중·저준위 방사성폐기물 소각기준
제2012-61호	방사성물질 운반용기의 제작검사 및 사용검사에 관한 규정
제2012-62호	방사성폐기물 처리설비의 구조 및 설비에 관한 기술기준
제2012-63호	중·저준위 방사성폐기물 처분시설 운영 등에 관한 기술기준
제2012-64호	중·저준위 방사성폐기물 처분시설의 안전성분석보고서 작성지침
제2012-65호	중·저준위 방사성폐기물 처분검사에 관한 규정
제2012-66호	중·저준위 방사성폐기물 운송선박의 방사선안전관리 등에 관한 기술기준

표 C.4 방사선량, 면허, 규제 및 보칙에 관한 고시 목록

(2012년 1월 20일)

분야	고시 번호	고 시 명
선량	제2012-67호	판독업무 등록기준 및 검사에 관한 규정
	제2012-68호	외부피폭선량 판독에 관한 품질보증계획서 작성기준
	제2012-69호	개인 피폭방사선량의 평가 및 관리에 관한 규정
	제2012-70호	내부피폭방사선량의 측정 및 산출에 관한 규정
면허	제2012-71호	원자력관계 면허시험 시행에 따른 경력(교육훈련 포함)의 내용 및 산출방법 등에 관한 규정
	제2012-72호	방사선안전관리 등의 교육·훈련에 관한 규정
	제2012-73호	원자로조종감독자 및 원자로조종사 면허 소지자에 대한 보수교육 규정
	제2012-74호	방사능방재교육에 관한 규정
	제2012-75호	원자력통제교육에 관한 규정
	제2012-76호	물리적 방호 관련 업무를 수행하는 자의 교육 및 훈련에 관한 규정
규제	제2012-77호	국제규제물자의 대상에 관한 규정
	제2012-78호	특정핵물질의 계량관리규정 작성에 관한 규정
	제2012-79호	특정핵물질의 계량관리 검사에 관한 규정
	제2012-80호	국제규제물자등의 보고에 관한 규정
보칙	제2012-81호	원자력손해배상보상계약 약관
	제2012-82호	위탁업무 취급자의 자격기준
	제2012-83호	방사선작업종사자의 업무상 질병 인정범위에 관한 규정
	제2012-84호	원자력관계사업자 등이 부담하는 비용에 관한 규정

참 고 문 헌

고신관 외, "방사선물리학", 대한방사선물리학회, 2009

교육과학기술부, "제5차 원자력안전협약 국가보고서", 2010

교육과학기술부, "2010 원자력안전백서", 2011

김시환 외, "가압경수로 사고등급 분류체계 및 허용기준 정립", KINS/HR-1034, 한국원자력안전기술원 (한국원자력학회), 2010

김영평, "원자력안전과 안전규제의 본질-사회과학적 측면에서", 한국원자력안전기술원 세미나 발표자료, 1998

김영평, 정익재, "원자력 및 기술위험에 대한 인식분석과 정책적 함의", 한국원자력정책포럼 세미나 발표자료, 2003

김영평, "위험도 정보의 사회과학적 적용가능성-위험 커뮤니케이션 전략을 중심으로", 한국원자력정책 포럼 세미나 발표자료, 2005

김용우, "규제 행정론", 대영문화사, 1998

김유현 외, "방사선치료물리학", 대학서림, 2008

김종경, "원자력발전과 방사선안전", 한국원자력정책포럼 세미나 발표자료, 2003

김천우, "방사성폐기물 유리화 기술", 원자력산업, 2011 11/12, 원자력산업회의, pp.67~80, 2011

김효정 외, "비상노심냉각계통 평가방법 개발 및 응용", KAERI/RR-993/91, 한국원자력연구소, 1991

김효정 외, "원자력 법령체계 현황 분석", KINS/AR-662, 한국원자력안전기술원, 1999

김효정 외, "원자력 안전규제 기술요건 체계 분석", KINS/RR-107, 한국원자력안전기술원, 2002

김효정 외, "원자력 안전규제 행정체계 분석 및 모델 정립", KINS/RR-063 (Rev.1), 한국원자력안전기술원, 2003

김효정 외, "원자력안전의 확인체계 최적화 연구", KINS/GR-284, 한국원자력안전기술원, 2005

김효정 외, "원전 설계수명 이후 계속운전 안전 확인체계 제도화 방안", KINS/RR-313, 한국원자력안전기술원, 2005

김효정, "원자력안전협약 추진경과와 이행현황-협약 한 주기를 보내며", 원자력산업, 1999/10, 원자력산업회의, pp.8~18, 1999

김효정, "주기적 안전성평가 제도의 도입과 그 의의", 원자력산업, 2000/2, 원자력산업회의, pp.10~27, 2000

김효정, "환경변화에 부응하는 원자력법령 체계 개선-원자력법의 분법화", 원자력산업, 2001/2, 원자력산업회의, pp.31~47, 2001

김효정, "가동원전의 주기적 안전성 평가", 원자력산업, 2001/8, 원자력산업회의, pp.14~25, 2001

김효정, "원자력 과학기술 발전사", 기계저널 2월호, Vol.44, No.2, 대한기계학회, 2004

김효정, "원전 주기적 안전성평가 제도의 고찰", 원자력산업, 2009 5·6, 원자력산업회의, pp.31~41, 2009

노명현, "우리나라의 지진특성", 2003 대한지질공학회 정기총회 및 학술발표회 발표자료, 2003

류상범 외, "그것이 알고 싶다-지진해일", 기상청(국립기상연구소), 2010

류상범 외, "그것이 알고 싶다-지진", 기상청(국립기상연구소), 2011

박윤흔, "최신 행정법 강의", 국민서관, 1991

박창규, 하재주, "확률론적 안전성 평가", 브레인 코리아, 2003

박창업, "지진을 일으키는 힘-응력과 변형", 과학과 기술, 2005년 6월호, pp.56~58, 2005

사토카즈오(박승언 역), "원자력안전의 논리", 과학기술처 업무참고자료, 1986

양준언, "후쿠시마 원전사고와 확률론적 안전성 평가", 원자력산업, 2011 9/10, 원자력산업회의, pp.10~16, 2010

원자력안전위원회, "원자력안전 통계자료", 2012

유일언 외, "원자력법령체계 개선방안 연구", KINS/HR-271, 한국원자력안전기술원(충남대학교 법학연구소), 1999

이성규 외, "국내 원전의 지진 안전규제 현황 및 해설", KINS/AR-596, 한국원자력안전기술원, 1999

이용수, "현대문명의 빛과 그늘 - 원자력", 한국원자력문화재단, 1996

이재기, "안전규제의 본질과 원자력안전규제-기술공학적 측면", 한국원자력안전기술원 세미나 발표자료, 1998

임창복 외, "원자력발전소 부지에 적용하는 활동성단층의 기준 및 그 배경", 지질학회지, 제40권 제2호, pp.279~284, 2004

임창복 외, "원자력발전소 부지의 지질조사기준에 관한 고찰", 지질학회지 제41권 제2호, 2005

장순흥 외, "원자력안전", 청문각, 1998

조건우 외, "후쿠시마 사고 그 후 1년-후쿠시마 원전사고 1주년 방사선영향 평가보고서", KINS/ER-219, 한국원자력안전기술원, 2012

최병선, "정부규제론", 법문사, 1993

최병선, "위험문제의 특성과 전략적 대응", 한국원자력정책포럼 세미나 발표자료, 2003

통계청, "2010년 사망원인 통계 결과", 2011

한국과학기술원, "일본 후쿠시마 원전 사고: 경과와 영향 그리고 교훈", (중간보고서), 2011

한국방사성동위원소협회, "방사성동위원소 핵종정보", 2010

한국방사성동위원소협회, "원자력이론", 한국방사성동위원소협회, 2011

한국수력원자력(주), "신고리1,2호기 확률론적 안전성평가 보고서", 2009

한국수력원자력(주), "신고리 1,2호기 운영기술지침서", 2010

한국수력원자력(주), "신고리 1,2호기 최종안전성분석보고서", 2010

한국원자력산업회의, "원자력입문", 1988

한국원자력산업회의, "최신 원자력용어사전", 한국원자력산업회의, 1996

한국원자력안전기술원, "가압경수로 원전계통 전문 과정", KINS/TR-173, 2009

한국원자력안전기술원, "우리나라의 방사선 환경", KINS/GR-356, 2009

한국원자력안전기술원, "국내 원전 안전점검 결과보고서", KINS/AR-916, 2011

한국원자력안전기술원, "원자력안전 국제협력 현황 2011", KINS/ER-192, 2011

한국원자력안전기술원, "작업종사자 방사선 방호", KINS/TR-112, Rev.2, 2011

한국원자력안전기술원, "후쿠시마 백서", 2011

한국원자력학회, "한국 원자력 50년사", 2010

American Nuclear Society, "Nuclear Safety Criteria for the Design of Stationary Pressurized Water Reactor Plants", ANSI N18.2, 1973

American Nuclear Society, "Nuclear Safety Criteria for the Design of Stationary Pressurized Water Reactor Plants", ANSI/ANS-51.1, 1983

Buongiorno, J., et al., "Technical Lessons Learned from the Fukushima-Daichii Accident and Possible Corrective Actions for the Nuclear Industry: An Initial Evaluation", MIT-NSP-TR-025 Rev. 1, Massachusetts Institute of Technology, 2011

Cember, H., "Introduction to Health Physics", 3rd Edition, McGraw Hill, NY, 1996

Chang, In Soon, Yoon, Myung Hwan, "Overview of Nuclear Fuel Cycle Engineering", Korea Advanced Energy Research Institute, 1989

Connolly, T. J., "Foundation of Nuclear Engineering", John Wiley & Sons, 1978

Fullwood, R. R., "Probabilistic Safety Assessment in the Chemical and Nuclear Industries, Butterworth-Heinemann, 1999

GE Nuclear Technology, "Nuclides and Isotopes, Chart of the Nuclides", Fourteenth Edition, 1989

Glasstone, S., Sesonske, A., "Nuclear Reactor Engineering", Third Edition, Van Nostrand Reinhold Company, 1981

Green, A. E., Bourne, J., "Reliability Technology", John Wiley & Sons, 1972

Haskin, F. E., Camp, A. L., Hodge, S. A., "Perspectives on Reactor Safety", NUREG/CR-6042(Rev.1), SAND93-0971, USNRC, 1997

Hirschberg, S., Strupczewski, A., "How Acceptable?", IAEA Bulletin, No. 41, 1999

IAEA, "The Safety of Nuclear Installations", IAEA Safety Series No. 110, 1993

IAEA, "Periodic Safety Review of Operational Nuclear Power Plants", IAEA Safety Series, No. 50-SG-O12, 1994

IAEA, "The Principles of Radioactive Waste Management", IAEA Safety Series No. 111-F, 1995

IAEA, "Radiation Protection and the Safety of Radiation Sources", IAEA Safety Series No. 120, 1996

IAEA, "Implementation of Defence in Depth for Next Generation Light Water Reactors", IAEA-TECDOC-986, 1997

IAEA, "Safety Assessment and Verification for Nuclear Power Plants", IAEA Safety Standards Series, Safety Guide, No. NS-G-1.2, 2001

IAEA, "Safety of and Regulation for Nuclear Fuel Cycle Facilities", TECDOC-1221, 2001

IAEA, "Accident Analysis for Nuclear Power Plants", IAEA Safety Reports Series, No.23, 2002

IAEA, "Licensing Process for Nuclear Installations", IAEA Safety Standards, Specific Safety Guide, No. SSG-12, 2010

IAEA, "Organization and Staffing of the Regulatory Body for Nuclear Facilities", IAEA Safety Standards Series, Safety Guide, No. GS-G-1.1, 2002

IAEA, "Review and Assessment of Nuclear Facilities by the Regulatory Body", IAEA Safety Standards Series, Safety Guide, No. GS-G-1.2, 2002

IAEA, "Regulatory Inspection of Nuclear Facilities and Enforcement by the Regulatory Body", IAEA Safety Standards Series, Safety Guide, No. GS-G-1.3, 2002

IAEA, "Documentation for Use in Nuclear Facilities", IAEA Safety Standards Series, Safety Guide, No. GS-G-1.4, 2002

IAEA, "Periodic Safety Review of Nuclear Power Plants", IAEA Safety Standards Series, Safety Guide, No. NS-G-2.10, 2003

IAEA, "Fundamental Safety Principles", IAEA Safety Standards Series No. SF-1, 2006

IAEA, "Best Estimate Safety Analysis for Nuclear Power Plants: Uncertainty Evaluation", IAEA Safety Reports Series, No. 52, 2008

IAEA, "Deterministic Safety Analysis for Nuclear Power Plants", IAEA Safety Standards Series, Specific Safety Guide, No. SSG−2, 2009

IAEA, "Safety Assessment for Facilities and Activities", IAEA Safety Standards Series No. GSR Part 4, 2009

IAEA, "Development and Application of Level 1 Probabilistic Safety Assessment for Nuclear Power Plants", IAEA Safety Standards Series, Specific Safety Guide, No. SSG−3, 2010

IAEA, "Governmental, Legal and Regulatory Framework for Safety", IAEA Safety Standards Series No. GSR Part 1, 2010

IAEA, "Nuclear Power Reactors in the World", Reference Data Series No. 2, 2010 Edition, 2010

IAEA, "Safety of Nuclear Power Plants: Commissioning and Operation", IAEA Safety Standards Series No. SSR−2/2, 2011

IAEA, "Safety of Nuclear Power Plants: Design", IAEA Safety Standards Series, Specific Safety Requirements, No. SSR−2/1, 2012

ICRP, "Radiation Protection: 1990 Recommendation of the International Commission on Radiological Protection: ICRP Publication 60, ICRP, 1990

International Nuclear Safety Advisory Group, "Safety Culture", IAEA Safety Series No. 75−INSAG−4, IAEA, 1991

International Nuclear Safety Advisory Group, "The Safety of Nuclear Power", IAEA Safety Series No. 75−INSAG−5, IAEA, 1992

International Nuclear Safety Advisory Group, "INSAG−10: Defence in Depth in Nuclear Safety", IAEA Safety Series, 1996

International Nuclear Safety Advisory Group, "Basic Safety Principles for Nuclear Power Plants", INSAG Series No. 3(Rev.1), IAEA, 1998

Knief, R. A., "Nuclear Energy Technology: Theory and Practice of Commercial Nuclear Power", McGraw Hill, NY, 1981

Lamarsh, J., Baratta, A. J., "Introduction to Nuclear Engineering", 3rd Edition, Prentice Hall, 2001

Lederer, C. M., Hollander, J. M., Perlman, I. "Table of Isotopes", Sixth Edition, Wiley, 1967

Lewis, E. E., "Nuclear Power Reactor Safety", Wiley, NY, 1977

Lewis, E. E., "Fundamentals of Nuclear Reactor Physics", Academic Press, 2008

Liverhant, S. E., "Elementary Introduction to Nuclear Reactor Physics" Wiley, New York, 1960

Luckey, T. D., "Hormesis with Ionizing Radiation", CRC Press, Boca Raton, Fl., 1980

Nero, A. V., "A Guidebook to Nuclear Reactors", University of California Press, Berkeley & Los Angeles, California, 1979

Petrangeli, G., "Nuclear Safety", Elsevier Butterworth-Heinemann, 2006

Rasmussen, Norman C., "Reactor Safety Study: An Assessment of Accident Risks in US Commercial Nuclear Power Plants", WASH-1400(NUREG-75/014), USNRC, 1975

Rust, J. H., "Nuclear Power Plant Engineering", Haralson Publishing Company, 1979

Thompson, T. J., Beckerley, J. G., "The Technology of Nuclear Reactor Safety", Vol. 1, Massachusette Institute of Technology, 1973

Todreas, M. E., Kazimi, M. S., "Nuclear Systems", Hemisphere, Washington, D.C., 1990

United Nations Scientific Committee on the Effect of Atomic Radiation(UNSCEAR), "Effect of Atomic Radiation", UNSCEAR 2000 Report, UN, 2000

United Nations Scientific Committee on the Effect of Atomic Radiation(UNSCEAR), "Source and Effects of Ionizing Radiation", UNSCEAR Report, Vol. II(Effects), UN, 2000

USNRC, "Standard Format and Content of Safety Analysis Reports for Nuclear Power Plants (LWR Edition)", RG 1.70(Rev.2), 1975

USNRC, "Policy Statement on Severe Reactor Accidents Regarding Future Designs and Existing Plants", Federal Register, Vol. 50, No. 153, 1985

USNRC, "Safety Goals for the Operation of Nuclear Power Plants: Policy Statement", Federal Register(51 FR 30028), Vol. 510, No. 162, 1986

USNRC, "Severe Accident Risks: An Assessment for Five US Nuclear Power Plants", NUREG-1150, 1990

USNRC, "Requirements for Monitoring the Effectiveness of Maintenance at Nuclear Power Plants", 10CFR50.65 (Federal Register, 56 FR 31324), 1991

USNRC, "Use of Probabilistic Risk Assessment Methods in Nuclear Activities: Final Policy Statement", Federal Register, 60 FR 42622, 1995

USNRC, "An Approach for Plant-Specific, Risk-Informed Decisionmaking: Inservice Testing", Regulatory Guide 1.175, 1998

USNRC, "An Approach for Plant-Specific, Risk-Informed Decisionmaking: Graded Quality Assurance", Regulatory Guide 1.176, 1998

USNRC, "An Approach for Plant-Specific, Risk-Informed Decisionmaking: Technical Specification", Regulatory Guide 1.177, 1998

USNRC, "An Approach for Plant-Specific, Risk-Informed Decisionmaking: Inservice Inspection of Piping", Regulatory Guide 1.178, 1998

USNRC, "An Approach for Using Probabilistic Risk Assessment in Risk-Informed Decisions on Plant-Specific Changes to the Licensing Basis", Regulatory Guide 1.174, 1998; Rev.1, 2002

USNRC, "Risk-Informed Categorization and Treatment of Structures, Systems, and Components for Nuclear Power Plants", 10CFR50.69 (Federal Register, 69 FR 68047), 2004

USNRC, "Policy Statement on the Regulation of Advanced Reactors", 73 Federal Register 60612 and 60616, 2008

USNRC, "Prioritization of Recommended Actions to be Taken in Response to Fukushima Lessons Learned", SECY-11-0137, 2011

찾 아 보 기

지은이 **김효정** KIM, Hho Jung

연세대학교 기계공학 학사(1977), 석사(1979)
미국 Northwestern University 기계공학 박사(1983)
한국과학기술원, 연세대학교, 경희대학교 겸직교수/강사

한국원자력안전기술원 안전해석실장, 신형로평가실장, 규제정책실장, 규제기술연구부장, 규제심의위원,
원자력안전규제기술개발사업 총괄 책임자, 원자력안전확인체계 최적화사업 총괄책임자 역임
현재(2012 년) 한국원자력안전기술원 책임연구원으로 근무

과학기술부 원자력연구개발 총괄조정위원회 위원, 원자력연구개발 안전분야 평가위원장,
원전성능혁신분야 평가위원장, 원자력안전위원회 정책제도분과 간사, 원자로계통분과 위원,
국가연구개발사업 에너지-자원 분야 전문위원회 위원 역임

원전 증기발생기 연구협의회 회장, 한국원자력정책포럼 이사, OECD/NEA 원자력시설안전위원회(CSNI) 위원,
원자력규제활동위원회(CNRA) 위원, IAEA 원자력안전협약 국가그룹 부의장

원자력 안전과 규제
발행일 Ⅰ1판 1 쇄 발행 2012년 8월 14일
      수정판 1쇄(5쇄) 발행 2026년 2월 26일
지은이 Ⅰ 김효정
펴낸곳 Ⅰ 한스하우스

등 록 Ⅰ 2000 년 3 월 3 일(제 2-3033 호)
주 소 Ⅰ 서울시 중구 퇴계로50가길 2 평화빌딩 2층
전 화 Ⅰ 02-2275-1600
팩 스 Ⅰ 02-2275-1601
이메일 Ⅰ hhs6186@naver.com

ISBN 978-89-92440-70-7

본 도서는 지식경제부의 재원으로 한국에너지기술평가원(KETEP)의 지원을 받아 2011년 에너지
인력양성사업의 일환으로 발행한 교재입니다.

에너지인력양성사업의 원자력시스템 설계기술 기초트랙에서 2011년 사업으로 발간한 책목록은
아래와 같습니다.

원자력 안전과 규제 (Nuclear Safety and Regulation) _ 김효정
ISBN 978-89-92440-06-6

핵화학공학 (Nuclear Chemical Engineering) _ 박진호
ISBN 978-89-92440-04-2

원자력재료 (Nuclear Materials) _ 홍준화
ISBN 978-89-92440-05-9

솔직한 공학수학(Advanced Engineering Mathematics) _ 노태완
ISBN 978-89-93543-28-5